U0502051

 长江设计文库

国家大坝安全工程技术研究中心支撑项目

清江水布垭水电站设计丛书 **5**

施 工 技 术

总 主 编　杨启贵

本册主编　陈勇伦

长江出版社

图书在版编目（CIP）数据

清江水布垭水电站设计丛书.第五分册,施工技术/
杨启贵总主编;陈勇伦本册主编.
—武汉:长江出版社,2017.5
ISBN 978-7-5492-5134-6

Ⅰ.①清… Ⅱ.①杨… ②陈… Ⅲ.①水力发电站—工程施工—宜昌
Ⅳ.①TV73

中国版本图书馆 CIP 数据核字（2017）第 133836 号

清江水布垭水电站设计丛书.第五分册,施工技术　　　　　　　　　杨启贵 总主编 陈勇伦 本册主编
责任编辑：张蔓
装帧设计：刘斯佳
出版发行：长江出版社
地　　址：武汉市汉口解放大道 1863 号　　　　　　　　　　　　邮　　编：430010
网　　址：http://www.cjpress.com.cn
电　　话：(027)82926557(总编室)
　　　　　(027)82926806(市场营销部)
经　　销：各地新华书店
印　　刷：武汉市首壹印务有限公司
规　　格：880mm×1230mm　　　　　　1/16　　　　23.25 印张 16 页彩页　　　　681 千字
版　　次：2017 年 5 月第 1 版　　　　　　　　　　　　2018 年 12 月第 1 次印刷
ISBN 978-7-5492-5134-6
定　　价：118.00 元（平装）
　　　　　168.00 元（精装）

序一

　　清江宛如长江的一条玉带，洋洋洒洒八百里，穿山越峡，逶迤西去。高坝洲、隔河岩、水布垭如三颗璀璨的明珠，镶嵌在清江这条玉带上，水布垭水电站无疑是其中最耀眼的一颗。

　　水布垭水电站设计及施工过程中，我曾多次参加技术研讨和现场咨询活动，对水布垭工程有着特殊的感情。所以当《清江水布垭水电站设计丛书》编委会邀我作序时，也就欣然应允，写一点自己的亲身感受。

　　水布垭位于鄂西高山峡谷地区，是闻名的鄂西暴雨区，也是世界上著名的岩溶发育区。1993年，《清江流域规划报告（1993年修订）》正式确定水布垭梯级，拉开了水布垭电站建设序幕。工程遇到了高坝选型、大流量泄洪安全、强岩溶地下厂房可靠性等技术难关，建成一座安全而又经济的水电站是摆在我国水电建设者面前的难题，尤其是特高面板堆石坝筑坝技术，引起了国际坝工界的高度关注。15年间，建设者完成了从前期论证到投产运行的全过程。2008年，全部机组并网发电，工程竣工。此后七年的安全运行，时间已证明水布垭电站是一座成功的工程，创造了世界面板堆石坝建设的新纪录。

　　水布垭坝址因地质条件差，不适合修建混凝土坝，修建心墙堆石坝又不经济。经周密的论证，最终选择了混凝土面板堆石坝，坝高达到233m，比当时国际最高的阿瓜米尔巴大坝高出近50m，堪称特高面板堆石坝。世界上当时已运行的120m以上的30多座面板坝中，就有5座坝建成后大修，甚至放空水库修补加固。因此，要建成一座放心工程，确保大坝安全运行，没有创新是不可能的！

　　为论证水布垭大坝采用面板堆石坝的可靠性，业主和设计单位在国家科技部的支持下，精心组织，几乎集中了全国主要的水电研究机构和有关院校，开展了脚踏实地的研究试验工作。研究工作立体推进，既有国家层面的科技攻关，又有自主立项的水布垭工程特殊科研专题，还有针对性极强的国际合作。研究内容的系统性和深度，令人印象深刻。尤其在大坝填料特性、大坝的变形控制、新型的止水结构、混凝土面板防裂和全面监控技术等方面，进行了大量创新性研究。水布垭水电站的成功建设，也是老中青专家集体智慧的结晶。潘家铮、张光斗两位泰斗亲自审查把关，国内面板堆石坝专家长期跟踪指导，老一代设计负责人传帮带，以老带新出人才，又有产、学、研、用四统一出成果。设计研究人员系统掌握了筑坝材料特性，进行了各种分析，优化了设计，落实了各种细部结构、施工技术和监控措施，为工程顺利建设奠定了坚实的技术基础。

时至今日，水布垭大坝仍是世界上最高的面板堆石坝。水布垭水电站的建设成就受到国内外同行的高度赞赏。2008年4月，时任国际大坝委员会主席的路易斯·伯格(Luis Berga)先生称赞道："世界上最高的水布垭面板堆石坝的建成运行，是中国已经走在世界混凝土面板堆石坝建设前列的标志，它无疑是世界同类工程的里程碑。"2009年，在国际大坝委员会评选堆石坝国际里程碑工程奖时，水布垭水电站因以下四个特点得到国内外专家的广泛推荐而当选。即：大坝工程在设计、施工等方面的创新有里程碑意义，在国际上有比较大的影响；工程已建成并经过一定时期的运行，大坝运行状态良好；大坝工程建设和管理重视环境保护和社会和谐发展；工程的业主和设计、施工、监理单位重视创新技术的推广应用。2010年，水布垭水电站获"中国土木工程詹天佑奖"。2014年，水布垭工程获"FIDIC工程项目优秀奖"。

水布垭工程从规划到取得今天的成绩经历了漫长过程，无数参与者为此付出艰辛的汗水。长江委设计院当年的设计者们能抽出时间，系统地、真实地记载设计研究的过程和成果，以及难得的经验教训，十分可贵。希望这种传承知识、积淀文化的氛围能长期保持下去；能基于行业经验，结合亲身的体会，站在国际的角度全面、系统地总结过去，研究未来的创新之路，以取得新的成绩。

这套丛书分枢纽布置与大坝、泄洪建筑物、引水发电建筑物、环境地质与工程治理、施工技术、机电设计与研究，全面总结水布垭水电站设计的技术成果，可供水利水电工程设计、施工、管理和科研人员借鉴使用，亦可供大专院校相关专业师生参考学习。同时，真心期待这套丛书对特高混凝土面板堆石坝未来的研究和设计起到促进作用，祝愿我国水利水电工程技术不断取得新的成就！

是为序。

中国工程院院士
长江水利委员会总工程师

郑守仁

2017年5月

坝高233米的水布垭水电站大坝，是世界最高面板堆石坝，是八百里清江上的一道亮丽风景。

水布垭水电站是清江梯级开发的龙头枢纽，具有发电、防洪、改善航运、环境等巨大效益。电站总装机容量1840MW，多年平均发电量39.84亿kW·h，是中国华中电网骨干调峰调频电源，联合下游电站可承担华中电网10%左右的调峰任务；水库总库容45.8亿m³，调节库容23.83亿m³，与下游水库共同调度，可提高长江流域重灾区——荆江地区的防洪标准，推迟荆江分洪时间、减少百万人口分洪损失；建成后库区形成200km的深水航道，极大改善库区交通运输条件，促进库周地区航运经济的发展；改善库区自然环境，高峡平湖成为"清江画廊"的标志性景观，带动库区旅游和经济发展；提供的清洁电能资源，相当于每年减少火电用煤248万t，减排二氧化碳126万t，减排二氧化硫等有害气体4.9万t，为节能减排作出重要贡献。

水布垭水电站投入运行近10年来，基本处于正常蓄水位的高水位运行，主要建筑物均接受了设计工况考验，面板坝、地下电站、溢洪道、放空洞等建筑物及机电和金属结构均运行正常。

长江设计院在水布垭工程勘察设计中，在设计理论、设计理念、施工技术等方面取得了重大突破，在超高面板坝筑坝技术、大泄量岸边溢洪道泄洪消能、大孔口高水头放空洞、复杂地质条件下大跨度地下厂房等方面取得大量原始创新成果，并应用到工程设计中。经国内知名专家评审均达到了"总体国际领先水平"，不仅解决了水布垭工程自身的难题，也对同类工程具有重要的推广借鉴意义。

水布垭工程代表了世界上行业技术成果的前沿水平，得到了国内外同行的高度认可。2008年4月，国际大坝委员会考察水布垭工程，认为"水布垭大坝是中国面板堆石坝领先于世界各国的标志性工程"。2009年，国际大坝委员会授予水布垭工程"面板坝国际里程碑工程奖"，并在现场召开技术交流与研讨会。2010年，水布垭面板坝筑坝技术获国家科学技术进步二等奖。2014年，水布垭工程获国际工程咨询界"诺贝尔奖"——FIDIC工程项目优秀奖。

水布垭水电站的成功建设，推动了世界面板坝技术的发展，目前面板坝已成为世界高坝建设优先推荐坝型之一。长江设计院的咨询工程师用实践证明，工程科技是改变世界的重要力量，工程科技进步和创新是推动人类社会发展的重要引擎。

水布垭水电站作为我国"九五"计划期间重点建设项目，是一项无先例可寻的开创性工程，面板坝、泄洪消能等关键技术均列入国家科技攻关计划重点项目进行专题研究，张光斗院士、潘家铮院士等行业泰斗也全程参与了关键技术的审查工作。此次长江设计院组织编撰《清江水布垭水电站设计丛书》，全面总结水布垭水电站建设过程中积累的设计与施工新理念、新技术、新工艺、新机具，力图呈现一部珍贵的技术文献，无论在理论还是实践上都有重要意义。

是为序。

中国工程院院士
长江勘测规划设计研究院院长

2017年5月

清江水布垭水电站设计丛书

总 主 编　　　杨启贵

副总主编　　　熊泽斌　廖仁强　陈代华　高光华　程展林

第五分册　施工技术

主　　编　　　陈勇伦

副 主 编　　　刘百兴　杨树明　王仲何　徐文林

主要编写人员（以姓氏笔画为序）

孔繁忠　牛运华　王永玲　王　科　王　哲

刘　波　张拥军　张晓平　张新华　张　澍

李　婧　杨　波　陈　迁　陈勇伦　陈超敏

陈　雯　苗胜坤　赵　峰　徐文林　徐峃东

水布垭水电站工程全貌

水布垭水电站下游鸟瞰

观泄洪

陈勇伦

涓流入库情未灭，
愈抑愈奋志愈烈。
寂寞无闻为蓄力，
咆哮有声乃本色。
晴空何来漫天雨？
彩虹犹跨千堆雪。
此景只应天上有，
巧夺天工仗人杰。

放空洞泄洪

溢洪道泄洪

大坝基础砂砾层强夯

大坝一期填筑

大坝二期填筑

大坝三期填筑

大坝四期填筑

大坝五期填筑

大坝六期（坝顶）填筑

大坝挤压边墙施工

大坝填筑洒水

坝前铺盖

大坝面板钢筋施工

紫铜片止水现场加工

一期面板浇筑后

大坝二三期面板

防空洞有压洞施工

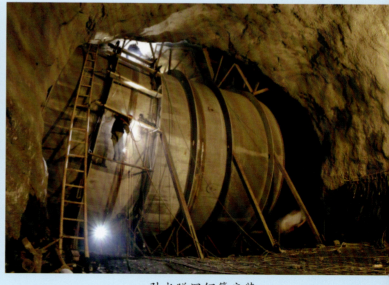

引水隧洞钢管安装

大坝面板施工

溢洪道控制段施工

蜗壳安装

尾水管里衬安装

清江流域梯级开发示意图

水布垭水电站位于清江中游河段巴东县境内，水库正常蓄水位400m、相应库容43.12亿 m³，校核洪水位404m、总库容45.8亿 m³，电站装机容量1840MW。电站枢纽主要建筑物为：混凝土面板堆石坝、河岸式溢洪道、地下电站和放空隧洞，大坝高达233m，是当代世界上最高的混凝土面板堆石坝。施工期导流采用围堰一次性拦断河床、隧洞导流和一汛基坑过水的导流方式。

　　本书结合水布垭水电站具体条件，对水布垭水电站施工导流与度汛、料源规划与土石方平衡、施工分标与布置规划、主体工程施工方案与方法等进行系统总结。

　　如此高的面板堆石坝和在软硬相间的地质环境下进行如此大规模的地下洞室群工程施工，曾被业界视为畏途。为了迎接挑战，长期以来，设计人员攻坚克难，不断地进行诸多专题论证与设计优化，并进行了一系列的试验、研究与攻关，如高面板堆石坝导流与度汛研究、大坝填筑料生产性开采爆破与填筑碾压试验、面板堆石体填筑施工方法与质量控制措施研究、面板堆石坝施工程序研究、面板与趾板防裂措施研究、防淘墙结构与施工方法研究、大型地下洞室施工技术研究，取得了先进、可行的成果，并用于指导具体的设计与施工，有的经验和结论被后来的相关规范所吸收、采纳。

　　水布垭水电站自2001年开工以来，经过7年8个月的奋战，于2008年8月4台机组全部并网发电。较可行性研究批准的发电工期提前近1年、总工期缩短近2年，创造了巨大的经济效益、社会效益及环境效益。

　　按照水布垭水电站设计丛书编委员会的安排，编写了本《施工技术》分册，目的是通过对水布垭水电站土建工程施工技术进行全面总结，进一步提高自身业务水平，同时藉此对业内后续类似工程施工组织设计有所助益。由于水平所限，不当之处，请予批评指正。

　　本工程设计及实施周期长，期间新旧规程规范交替使用，难免出现有关名称、单位(制)、符号等混用现象，将给读者带来不便。

　　本书编写过程中，得到管浩清、王克明、刘少林等专家的审查、指导，刘立新、姜凤海、陈敦科、彭圣华、陈圣平等同志负责并承担了水布垭水电站有关科研及设计，为本书提供了宝贵资料和帮助，在此一并致谢！

编者

2017.10

清江水布垭水电站工程简介

1 工程概况

水布垭水电站位于清江干流中游河段,湖北省巴东县水布垭镇。坝址上距恩施土家族苗族自治州(以下简称"恩施州")州府恩施市 117km,下距隔河岩水电站 92km,距清江与长江汇合口 153km,是清江梯级开发的龙头枢纽。清江是长江出三峡后第一条大支流,发源于鄂西齐岳山龙洞沟,于宜都市注入长江。清江干流全长 423km,总落差 1430m,流域面积约 17000km²。水布垭水电站坝址控制流域面积 10860km²,坝址多年平均流量 296m³/s,相应年径流量 93.4 亿 m³。

水库正常蓄水位 400m,相应库容 43.12 亿 m³。校核洪水位 404m,相应库容 45.80 亿 m³。死水位 350m,调节库容 23.83 亿 m³,是一座具有多年调节性能的水库。电站装机容量 1840MW,保证出力 312 MW,多年平均年发电量 39.84 亿 kW·h。是一座以发电、防洪为主,兼顾其他的一等大(1)型水利水电工程。大坝和泄洪建筑物采用千年一遇洪水设计,万年一遇洪水校核,洪峰流量分别为 20200m³/s 和 24400m³/s。

坝址位于清江一个 S 形河段腰部,腰部直线段长约 800m,流向 NE30°。两侧岸坡高峻陡峭,高差超过 230m,谷坡总体上呈不对称"V"字形,左岸平均坡角 52°,右岸略缓,平均坡角 35°。坝址河段原始地貌见图 1。

坝址区地层为二叠系下统茅口组(P_1m)、栖霞组(P_1q^1—P_1q^{15})、马鞍组(P_1ma)、石炭系黄龙组(C_2h)、泥盆系上统写经寺组(D_3x)、志留系纱帽组(S_2sh)地层。在左坝肩高程 395m 以上还有二叠

图 1 水布垭水电站坝址河段天然地貌

系上统龙潭组(P_2l)地层分布。坝址地震基本烈度为Ⅵ度,挡水建筑物的地震设防烈度为Ⅶ度。

主体建筑物有混凝土面板堆石坝(以下简称"面板坝")、河岸式溢洪道、地下电站、放空洞等。水布垭水电站工程鸟瞰见图 2。施工导流采用围堰一次性拦断河床、隧洞导流方式;初期由枯水期围堰挡水,汛期基坑淹没、坝面过水度汛;中后期由坝体临时挡水度汛。

工程施工设计总工期 9.5 年。2000 年以前为筹建期,2001 年 1 月至 2002 年 10 月为施工准备期,2002 年 10 月下旬截流;2002 年 11 月至 2007

图 2 水布垭水电站工程鸟瞰

年 6 月为主体工程施工期,2006 年 10 月导流洞下闸,2007 年 4 月放空洞下闸,水库开始蓄水。2007 年 7 月首台机组投产发电,2008 年 8 月 4 台机组全部并网运行。工程提前近两年完工。

工程建设单位为湖北省清江水电开发有限责任公司,设计单位为长江水利委员会长江勘测规划设计研究院(以下简称"长江设计院"),监理单位为浙江华东工程咨询有限公司、中国水利水电建设工程咨询中南公司和湖北清江工程咨询公司,主要施工单位为葛洲坝集团公司、中国水电第十四工程局有限公司、中国水电第八工程局有限公司和武警江南水利水电工程公司等。

2 勘察设计过程

1954 年起,长江水利委员会(以下简称"长江委")就对清江流域的水资源开发做了大量的普查工作,1958 年又进行了清江干流全程的综合查勘,1964 年完成了《清江流域规划报告》,1986 年完成了《清江流域补充规划报告》,1993 年再度完成清江流域规划报告的修订本,1994 年 1 月,湖北省人民政府审查通过了《清江流域规划报告(1993 年修订)》。同意清江干流恩施市以下的河段采用高坝洲(正常蓄水位 80m)—隔河岩(正常蓄水位 200m)—水布垭(正常蓄水位 400m)的三级开发方案。

受湖北清江水电开发有限责任公司委托,长江委于 1993 年 2 月正式启动清江水布垭水电站的前期勘测设计工作。

1995 年 2 月,原水利水电规划设计总院会同湖北省计委审查通过了《湖北省清江水布垭水电站预可行性研究报告》(电水规〔1995〕254 号文),同意长江委在报告中提出的水布垭水电站正常蓄水位 400m 和装机容量 1600MW 的工程规模方案。

1995 年底,电力工业部和湖北省人民政府分别行文批复《湖北省清江水布垭水电站可行性研究坝址选择专题报告》审查意见,同意长江委推荐的水布垭坝址(电水规〔1995〕627 号文和鄂政函〔1995〕113 号文)。

1996 年 5 月,长江委在通过审查的《湖北省清江水布垭水电站预可行性研究报告》基础上,提出了《湖北省清江水布垭水电站项目建议书》(大坝为心墙堆石坝)。1997 年 8 月,经过近两年时间对混凝土面板堆石坝的深化设计、科学试验研究和国内外专家的咨询,面板坝方案已经成熟,长江委重新提交了《湖北清江水布垭水电站项目建议书》(大坝为面板坝)。

1997 年 6 月,由电力部水电水利规划设计管理局主持,邀请了国家计委交通能源司、电力工业部计划司、水农司和国家开发行能源水利评审局等单位对《清江水布垭水电站装机容量论证专题报告》进行了专题讨论,会议推荐水布垭水电站装机容量为 1600MW(水电规〔1997〕25 号文)。

1998 年,中国水电水利及新能源发电工程顾问集团有限公司受国家经贸委委托,会同湖北省计委,对《湖北清江水布垭水电站可行性研究报告(等同初步设计)》进行了审查并基本同意该报告。

2001 年 1 月,水布垭水电站正式开工,招标阶段和施工详图阶段设计工作全面展开。

2006 年,长江设计院提交了水布垭水电站电站机组设置最大功率研究报告,推荐水布垭水电站装机容量为 1840MW。

3 水文气象

3.1 水文

清江属典型山溪性河流,洪水陡涨陡落。水布垭坝址地处清江干流的中游,控制流域面积 10860km^2,约占全流域的 64%。水文分析计算的依据站为渔峡口水文站。设计洪水典型选取了 1968

年、1969 年、1997 年三个典型年,进行了坝址设计洪水、入库设计洪水及可能最大设计洪水的计算。计算分析表明,1997 年典型的设计洪水最为不利,因此洪水典型选用 1997 年典型。为确保大坝和溢洪道的安全,采用千年一遇和万年一遇的入库设计洪水进行设计和校核,而其他频率洪水则采用坝址设计洪水。

清江处于鄂西暴雨区,水量充沛,多年平均年降水量约 1500mm。每年 6—9 月为主汛期,每年 11 月—次年 4 月为枯水期。多年平均流量 296m^3/s,实测最小流量 26m^3/s。

坝址全年 10%、5% 频率洪水最大瞬时流量分别为 9480m^3/s,10800m^3/s,3.3% 频率洪水最大瞬时流量 11600m^3/s,0.5% 频率洪水最大瞬时流量 14900m^3/s,0.2% 频率洪水最大瞬时流量 16500m^3/s,11 月至次年 4 月时段 5% 频率洪水最大瞬时流量 3960m^3/s。

坝址水位—流量关系见表 1。

表 1　　　　　　　　　　　　　水布垭坝址水位—流量关系

水位(m)	流量(m^3/s)	水位(m)	流量(m^3/s)
196.0		211.0	5360
197.0	28	212.0	5940
198.0	98	213.0	6520
199.0	233	214.0	7100
200.0	413	215.0	7690
201.0	657	216.0	8290
202.0	958	217.0	8890
203.0	1290	218.0	9490
204.0	1650	219.0	10090
205.0	2095	220.0	10690
206.0	2600	221.0	11310
207.0	3130	222.0	11930
208.7	3670	223.7	12550
209.0	4230	224.0	13170
210.0	4790	225.0	13790

3.2　气象

清江流域多年平均年降水量约 1500mm。降水量年内分配不均,雨季 4—9 月降水量占全年的 75%～78%,其中 5—8 月降水量占全年的 50%～55%,7 月雨量最多为 300mm,冬季雨量较少,一般在 20～30mm。

清江多年平均暴雨天数 2～7d。暴雨最早出现在 4 月,大多于 10 月结束。6—9 月为暴雨集中期,占年暴雨天数的 85%～95%,其中 6 月、7 月暴雨最多,6 月、7 月暴雨日占全年的 50% 左右。

清江流域雾日较多,年平均雾日在 29～62d。中上游地区以冬季雾日最多,下游以 3—6 月较多。

清江流域多年平均气温 13～16℃,1 月最冷,7 月最热。1 月平均气温 2～5℃,7 月平均气温 23～28℃。极端最低气温 −12℃,极端最高气温 42℃。气温的年温差在 22℃ 左右,日温差在 8℃ 左右。

流域年平均风速 0.5～2.3m/s。最大风速 16m/s,全年大风日数(瞬时风≥8 级)在 0.5～1.7d。春季风速较大,夏季次之,秋季较小。

清江流域年平均相对湿度较大,达 80％～84％。各月相对湿度除 7 月稍低于 80％外,均在 80％以上,尤以 10—12 月突出,达 84％～86％。

多年平均悬移质年输沙量 607 万 t,平均含沙量 0.59kg/m³,年平均输沙率 192.5kg/s,多年推移质年输沙量为 63 万 t。

4 基本地质条件

工程区处于长江中下游东西向构造带与新华夏系 NNE 向构造带复合部位。区内褶皱属典型的"隔挡式"褶皱组合形态,背斜紧闭,向斜平缓开阔。

库区为峡谷型水库,地形地质上有良好的封闭条件,且回水支流均有较高的地下水位,不存在库水向相邻水系渗漏的条件。水库分布滑坡体、崩坡积体、危岩体共 203 处,总体积 21.08 亿 m³。体积属中、小型规模的处数占 80％,但体积仅占 20％;干流库段共计 102 处,体积占 66％,支流库段 101 处,体积占 40％。

坝址河谷相对高差 200～360m,呈不对称开阔"V"字形。坝区地层为二叠系下统茅口组(P_1m)、栖霞组(P_1q^1—P_1q^{15})、马鞍组(P_1ma)、石炭系黄龙组(C_2h)、泥盆系上统写经寺组(D_3x)、志留系纱帽组(S_2sh)地层。茅口组地层厚约 70m,为厚层块状灰岩;栖霞组划分为 15 段,地层总厚 192～241m,岩体软硬相间,中厚层灰岩与炭泥质生物碎屑灰岩不等厚互层,其间多层面、多剪切带。马鞍组上部为煤系地层,下部为厚薄不均的砂岩、石英砂岩;黄龙组地层由岩相厚度变化较大的灰岩、白云质灰岩夹砂页岩组成;泥盆系、志留系由砂页岩等岩层组成。

坝址位于三友坪向斜东翼,地层产状平缓,倾向上游偏左岸;区内断层较为发育,以陡倾角为主。坝址区 Ⅰ 类剪切带主要有 151 号、131 号、121 号、101 号、081 号、031 号、011 号等。Ⅱ 类剪切带主要有 141 号、122 号、111 号、091 号、071 号、061 号、051 号、041 号等。次级结构面为裂隙,裂隙走向主要为 NWW、NNE、NE 向,累计占 69％,以高倾角为主,主要充填方解石。

坝址地处鄂西山区,属岩溶强烈发育地区。茅口组、栖霞组地层为强可溶岩。河谷岸坡高峻陡峭,岸坡岩体卸荷裂隙十分发育,平洞揭示强烈卸荷带水平最深达 68m。

水布垭坝址工程地质条件与环境地质条件十分复杂,存在诸多主要工程地质问题。

(1)环境地质问题

滑坡、危岩体、高边坡等构成了坝区地质环境脆弱敏感区,这些环境地质问题,影响并成为控制工程建筑物总体布置方案的重要条件。

(2)岩溶坝址的防渗问题

本工程是一个石灰岩坝址,岩溶化程度很高,连通试验证实坝区共发育岩溶管道系统 14 条,与大坝及防渗直接相关的有 8 条岩溶管道系统,在帷幕线地段共发育有 123 个大大小小的岩溶洞穴,总体积 6.9 万 m³(左岸 2.3 万 m³,右岸 4.6 万 m³)。水布垭最大坝高 233m,抬高坝前水头 207m,坝基及绕坝渗漏问题十分突出。

(3)地下洞室群软岩稳定问题

水布垭水电站洞室规模较大,软岩所占比例高,Ⅳ～Ⅴ 类围岩占 70％,软岩成洞问题突出。特别是地下厂房下部软岩相对集中,垂直开挖形成地下厂房难度更大。

(4)泄洪消能岩体抗冲问题

水布垭水电站采用岸边式溢洪道泄洪,消能冲刷区及下游左岸有大岩塴滑坡、台子上滑坡,右岸有马崖高边坡及危岩体、马岩湾滑坡等多处不良地质体,泄洪形成的强雾雨和冲刷淘蚀又将对周边脆弱的地质环境形成强力冲击,冲刷地段主要由相对软弱的煤系、页岩等地层组成,断裂发育,属较易冲岩体,岩体总体抗冲能力很差,模型试验冲坑最大深度可达30m。

5 工程任务与规模

5.1 开发任务

清江是长江出三峡以后的第一条大支流,发源于湖北省恩施州利川市齐岳山东麓,河源至恩施市为上游,恩施市至长阳县资丘镇为中游,资丘镇至河口为下游。流域规划推荐干流中下游采用水布垭—隔河岩—高坝洲三级开发方案。隔河岩、高坝洲水电站已建成投产。

水布垭水电站是清江中下游干流综合开发的龙头梯级,开发的主要任务是发电、防洪,并兼顾其他。

5.2 正常蓄水位

水布垭水电站是清江中下游水电开发的第一级梯级,库尾为恩施市。可行性研究阶段拟定正常蓄水位398m、400m和402m三个方案进行比选。三个方案在工程地质条件、防洪效益方面是一样的;从合理利用清江水力资源、增加水库调节能力和对下游的补偿效益方面看,正常蓄水位高一些较有利;移民安置方面,各方案移民都可以就近安置,高方案移民数量多一些,移民安置难度相对大些;经济性方面以400m方案较优。综合比较,推荐水布垭水电站正常蓄水位400m。

由于水布垭坝前水位400m时,5%频率洪水回水末端在恩施市区下游清江峡谷出口处以上,水库淹没涉及恩施市区的部分低洼地区,增加了水库淹没损失和移民安置难度。为减少水库淹没损失,水布垭水电站设置库区防洪控制水位397m,以控制水库回水在恩施市区下游清江峡谷出口处以下尖灭,使水库淹没不涉及恩施市区。

5.3 死水位

可行性研究阶段拟定345m、350m、355m和360m四个死水位方案进行比选。死水位从345m至360m,每抬高5m,水布垭调节库容减少1.63亿~1.85亿m³。水布垭为龙头梯级,为保持较大的水库调节能力,有利于电站的调峰运行,并使清江中下游三个梯级的总效益最大,推荐死水位350m,调节库容为23.83亿m³,库容系数25.3%。

5.4 防洪限制水位

清江在荆江河段上游的宜都市与长江汇合,位于宜昌至荆江河段间的区间地带。在宜昌洪水来量较大的情况下,清江如发生大洪水,将会加重荆江河段的洪水威胁,甚至危及荆江河段的防洪安全,造成洪水灾害。三峡工程兴建后,长江宜昌以上洪水得到控制,荆江地区的防洪标准提高到百年一遇,可避免荆江地区发生毁灭性灾害,但长江中下游的防洪形势仍较严峻,按照长江中下游总体防洪要求,仍需采取其他工程措施和非工程措施,解决长江中下游的防洪问题。

在三峡建库、清江隔河岩预留5亿m³防洪库容的前提下,水布垭水库再预留防洪库容对长江中下游的防洪作用为:①可结合三峡水库对荆江河段的洪水更好地控制;②可减少城陵矶地区的分洪量;③可提高荆江地区的防洪标准,荆江遇百年一遇以上洪水时,可推迟荆江分洪时间及减少该地区的分洪损失。

综合分析,水布垭在 6 月、7 月两个月为长江防洪预留 5 亿 m³ 防洪库容较为合适,符合长江防洪总体规划,相应防洪限制水位 391.8m。

5.5 装机容量

华中电网覆盖河南、湖北、湖南、江西、四川、重庆 5 省 1 市,发电电源以水电和燃煤火电为主。水电比重为 40% 左右,水电装机中调节能力好的水电站仅占 1/3,系统调峰容量不足。水布垭水电站拥有一座多年调节水库,调节容量大,调峰能力强,工程建成后,是华中电网骨干调峰电源之一。

在可行性研究阶段,拟订 1600MW、1800MW、2000MW、2200MW 四个方案,对水布垭水电站的装机容量进行了比较分析,鉴于当时电力系统的状况,推荐水布垭水电站装机容量为 1600MW,装设 4 台单机容量为 400MW 的立轴混流式水轮发电机组。

2006 年,根据电力系统需求和水布垭水电站实际建设情况,开展了水布垭水电站装机容量优化研究,拟订了两个装机容量比较方案:对 1600MW(4×400MW)方案和 1840MW(4×460MW)方案进行分析比较,推荐水布垭水电站装机容量由 1600MW 优化调整为 1840MW。

5.6 额定水头

水布垭可行性研究阶段推荐装机容量 1600MW,相应选择的电站机组额定水头为 170m。经优化研究后,水布垭电站装机容量由 1600MW 调整为 1840MW,单机容量由 400MW 调整为 460MW。当时根据水布垭实际建设情况,需要根据装机容量调整情况适当抬高机组的额定水头,减少机组转轮直径的变化和厂房尺寸的改变。

按照长系列径流调节计算,水布垭水电站最大水头 203m,最小水头 147m,加权平均水头 188.6m。

从水头特性看,水布垭水电站发电水头 183.5m 的水头保证率达 73.5%,该水头以上的发电量占年电量的比例超过 80%,机组额定水头抬高至 183.5m 是合理的,从电力系统需求和机组稳定运行方面看,控制电力系统最小火电装机为 7 月或 8 月,而水布垭水电站 7 月、8 月的 90% 保证率的保证水头均达到 183.5m,额定水头拟定为 183.5m 时,其装机容量效益能够得到发挥。综合比较,水布垭水电站机组额定水头选择为 183.5m。

5.7 洪水调节计算

5.7.1 洪水标准

按《防洪标准》(GB 50201—1994),根据工程的坝型、总库容和电站装机容量规模,水布垭水电站的设计洪水标准为千年一遇,校核洪水标准为万年一遇。

5.7.2 调洪原则

在可行性研究阶段特征水位论证时,为不淹没涉及库尾的恩施市区,设置了库区防洪控制水位为 397m,因此汛期在 20 年一遇(5% 频率)以下洪水条件下,坝前水位不得高于 397m,据此拟定的调洪原则:当来水小于等于 5% 频率洪峰流量时,控制坝前水位不超过 397m;当来量大于 5% 频率洪峰流量并小于泄洪能力时,按来量下泄,当来量大于泄流能力时,按泄流能力下泄。

5.7.3 防洪特征水位

水布垭水库分别采用坝址洪水静库容调洪方法和入库洪水动库容调洪方法进行洪水调节计算,设计洪水典型年有 1968 年、1969 年和 1997 年。水布垭水库为山区狭长形深水水库,成库后,壅水比较高、区间流域面积大,使其入库洪水较坝址设计洪水洪峰增高、涨水段洪量增大、洪峰出现时间提前,对调洪结果影响较大,入库洪水动库容调洪比坝址设计洪水静库容调洪更切合实际。因此,采用入库洪水动库容调洪结果作为确定防洪特征水位的依据。

经计算,水布垭水库的防洪特征水位为:设计洪水位 402.20m;校核洪水位 404.00m。

5.8 水库运行方式和能量指标

5.8.1 水库运行方式

水布垭水库为山区狭长形水库,库水位消落 1m 的单位库容相对较小,增加的发电流量不多,而减小发电水头对该时段及后续运行造成较大影响,发电调度应尽可能提高发电水头。由此拟定的水布垭水电站调度方式为:蓄水时段均按保证出力控制发电,水库蓄至最高蓄水位后,当径流出力大于保证出力时,按径流出力发电,直至满发(径流出力大于装机容量,则弃水);放水时段,同样按保证出力控制发电,直至水库消落至死水位,当径流出力小于保证出力时按径流出力发电,发电出力减小。发电调度的最高蓄水位为:8 月中旬到次年 5 月中旬为正常蓄水位 400m,5 月下旬为 397m,6—7 月为防洪限制水位 391.8m,8 月上旬为 397m。

5.8.2 能量指标

考虑上游干支流水库的调蓄,采用 1965—2004 年径流系列,按上述的水库运行方式进行长系列径流调节计算,计算时段为旬,设计年保证率 90%。经计算,水布垭水电站保证出力 312MW,年发电量 39.84 亿 kW·h。

---

6 枢纽布置及主要建筑物

根据河谷地形地质条件,枢纽布置类型是:在坝址 S 形河段的中间布置混凝土面板堆石坝;在左岸三友坪宽缓平台布置开敞式溢洪道;在右岸山体内布置地下电站;为满足运行期放空水库需要,在右岸布置一条放空洞。左岸溢洪道下部布置两条导流洞。

(1)混凝土面板堆石坝

混凝土面板堆石坝坝轴线为直线,坝顶高程 409.0m,坝顶宽度 12.0m,坝顶长度 674.66m,最大坝高 233m。坝顶设 L 形防浪墙,防浪墙顶高程 410.4m。大坝上游坝坡 1:1.4,下游综合坝坡 1:1.46,局部坝坡 1:1.25,设置"之"字形马道,马道宽 4.5~5.0m。

(2)溢洪道

溢洪道由引水渠、控制段、泄槽及挑流鼻坎、防淘墙及下游护岸组成。

引水渠轴线为两段直线夹一段圆弧曲线,轴线总长 890.32 m。引水渠底高程 350.0m,底宽 90.0m,引水渠断面类型为复式断面。后因开采大坝填筑料的需要,从渠底高程 350m 向下开挖,最低高程 310m。

控制段坝轴线近于正南北向(仅向东偏 0.5°),控制段坝顶高程 407.0m,坝顶宽度 18.34m,坝顶长度 145.3m,最大坝高 51.5m。控制段溢流坝段设 5 个孔口尺寸为 14.0m×21.8m(宽×高)的表孔,堰顶高程 378.2m。4 个中墩和 2 个边墩宽度均为 5.0m。闸墩上部设工作桥和交通桥。

泄槽轴线采用直线,与控制段坝轴线垂直。泄槽段由中隔墙分为五区,即每个表孔各成一区,每个区的泄洪宽度均为 16.0m,总泄洪宽度 80m。挑流鼻坎采用阶梯式窄缝出口,泄槽段五个区从左至右轴线逐渐缩短,轴线长度为 213.34~167.34m。泄槽纵坡,从起始端倾向下游 i=0.1584 的斜坡段,下接掺气槽段,掺气槽下接抛物线段,再接 1:1.2 的陡坡段组成。泄槽横断面为矩形,左右边墙和 4 个中隔墙高度均为 13.0m 左右,厚度均为 3.0m。底板厚度 1.5m。

溢洪道采用挑流消能,挑流鼻坎反弧半径35m,收缩比β为0.20～0.27,鼻坎角度为−6°～−10°。与泄槽分区相对应,分为五个挑流鼻坎,从左至右挑流鼻坎位置逐渐上移。挑流鼻坎坎顶高程逐渐抬高,坎顶高程265.0～303.46m。

溢洪道挑流鼻坎下游消能区左右岸布置有防淘墙,左岸防淘墙(包括上游横向段防淘墙)长度498.69m,右岸防淘墙长度354.66m;防淘墙顶高程一般为200m,局部185.8～197m,最大墙高40m,墙厚2.5～4.5m。

(3)放空洞

放空洞由引水渠、有压洞(含喇叭口)、事故检修闸门井、工作闸门室、无压洞、出口段、交通洞、通气洞等组成。

引水渠长度80.77m,底宽20.06～26.41m,底板坡度1:26.9,底板高程247.00～250.00m。

有压洞(包括事故检修闸门井段)长度530.24m,底板为平底,底高程250.0m。进口至事故检修闸门井洞身段长度155.06m,洞径11.0m;事故检修闸门井段长度12m;事故检修闸门井至工作闸门室洞身段长度363.18m,洞径9.0m。

工作闸门室段位于有压洞下游,闸室长度25.86m,宽度14.3m,高度52.00m,底板高程250～245.53m。

无压洞段位于工作闸门室下游,洞长546.18m,底板高程245.53～210.07m,底板坡度0.2～0.055,断面尺寸为7.2m×12.0m,为城门洞形。

出口段包括挑流鼻坎和下游护坡等,挑流鼻坎采用异型斜鼻坎。出口段两侧及洞脸边坡均进行锚喷和混凝土护坡。

在6号道路旁高程302.06m处设一条交通洞,通向放空洞工作闸门室。交通洞洞长557.76m,洞底坡1:22.26,洞断面尺寸为4.0m×4.0m,为城门洞形。

在放空洞工作闸门室左侧设一直径为3.4m的通气洞通向地面,通气洞由水平段和竖直段组成,总长度194.91m,地面高程409.0m。

(4)地下电站

地下电站由进水口、引水隧洞、地下厂房、尾水洞、尾水平台及尾水渠、母线洞及母线竖井(廊道)、500kV变电所、交通洞、交通竖井、通风管道洞、厂外排水洞等组成。

进水口由引水渠、进水塔等组成。引水渠渠底高程329.50m,宽60m,长340m。进水口平面尺寸为124.00m×30.00m,从左至右为4～1号机的进水塔,单机单段,每段长24.00m,进水塔底坎高程330.00m,塔顶高程407.00m。

引水隧洞为一机一洞,共四条引水隧洞,进口中心高程334.25m,出口中心高程189.00m。引水隧洞轴线间距从24m渐变至31m。从上游到下游分别为上平段、斜井段和下平高压段,上平段洞径8.5m,斜井段和下平段洞径6.9m。

地下厂房尺寸为168.50m×23m×65.47m(长×宽×高),机组段长127m,分四段布置,一机一缝,1～3号及4号机组段长度分别为31m、34m,安装场布置在1号机组右侧,长41.50m。主厂房下游侧高程200.50m处垂直厂房轴线平行布置四条母线洞。

尾水洞垂直主厂房轴线呈直线布置,出口位于马崖高边坡脚下,洞轴线间距31m。尾水洞底高程169.00m,出口底高程188.80m,为有压出流。1～4号机尾水洞长度分别为198.55m、193.11m、187.67m、182.23m。隧洞采用圆形断面,内径11.30m。

尾水平台紧贴尾水洞出口边坡坡脚布置，平面尺寸为 117m×12m，底板高程 188.80m，顶高程 230.00m。

---

7 机电

水布垭水电站装设 4 台单机额定容量 460MW 的混流式水轮发电机组，额定转速 150r/min，机组采用两根主轴结构。水轮机水头运行范围为 147～203m，额定水头 183.5m，额定功率 466.3MW，额定流量 277.6m³/s。水轮机转轮直径 5.97m，采用包角为 345°的金属蜗壳和窄高型尾水管。发电机为具有上、下两个导轴承的立轴半伞式结构，额定功率 460MW，额定功率因数 0.9，额定电压 20kV。机组配置 PID 数字式微机电液调速器，额定工作油压 6.3MPa，油压装置型号为 YZ-6.0-6.3。

主厂房装设 2 台 300t/50t＋300t/50t 双小车桥式起重机。电站主要水力机械辅机系统设有：机组技术供水系统采用单机单元下游取水的水泵供水方式；机组检修排水和厂房渗漏排水系统分开设置，均采用深井泵抽排水；油系统包括透平油系统和绝缘油系统；气系统包括油压装置供气系统、机组制动和维护检修供气系统、厂外封闭母线微正压供气系统。

电站采用 500kV 一级电压 2 回出线接入电力系统。

主接线为：电站发电机与变压器组合为单元接线，主变高压侧装断路器，同时在 2 号机、3 号机端装发电机断路器；1 号机、2 号机单元接线组成一组联合单元，3 号机、4 号机单元接线组成另一组联合单元，二组联合单元之间设置隔离开关的联接跨条，分别各以 1 回（共 2 回）500kV 出线（装隔离开关）接入系统侧的渔峡口开关站（距电站约 5km）。电站厂用电接线采用单母线分四段接线。

500kV 配电装置采用 SF₆ 气体绝缘金属封闭开关设备（GIS）。由于运输限制主变压器采用单相风冷变压器，单台额定容量 170MVA。变压器和 GIS 均布置在山腰高程 315.0m 处，变压器与发电机采用额定电压 24kV、额定电流 16kA 的全链式离相封闭母线连接，离相封闭母线垂直高差约 118m。

水布垭电厂计算机监控系统按"无人值班、少人值守"的原则进行设计，采用全计算机控制，以实现对电厂控制的高度自动化。在正常情况下，水布垭电厂接受清江梯级调度中心的控制及调度命令；在紧急情况下，水布垭电厂也可直接接受华中网调的调度指令。

发电机变压器组、500kV 配电装置均配有完善的双重保护装置，并根据系统要求设有 2 套安全稳定装置及 1 套功角测量装置。

每台发电机励磁系统采用自并励方式，顶值电压为 2 倍；电气制动采用柔性制动；电厂通信由系统通信、系统传输网络及内部通信组成；地下厂房和 500kV 变电所各配有 1 套 600Ah 的 220V 直流电源系统；设有覆盖全厂的图像监控系统和火灾自动报警系统。

电站通风空调系统主要由地下厂房中央空调系统、地面母线洞降温系统、单独排风系统、防排烟系统、除湿系统及 500kV 变电所通风空调系统、其他建筑物通风空调系统等组成。

电站厂房区以水消防为主，水轮发电机组、主变压器及绝缘油油罐采用水喷雾灭火系统，中控室和计算机房设有 HFC-227 气体全淹没自动灭火系统，电站厂房采用消火栓和移动式灭火器灭火；生活管理区采用消防车机动灭火和室内、外消火栓固定灭火。该电站设有一个简易车库，配备两辆消防车及其他必要的灭火值勤备战的设施。

8　金属结构

溢洪道为枢纽的主要泄洪建筑物,布置五个泄洪孔,每孔各设置 1 扇 14m×21.8m 弧形工作闸门,五孔共用 1 扇 14m×21.8m 事故检修闸门。溢洪道顶部平台上设有 1 台 2×1600/400/300kN 带回转吊双向门机,用以操作事故检修闸门,回转吊可用于吊运零星部件并可配合临时起吊设备作为弧形工作闸门及其液压启闭机检修的吊运设备。弧形工作闸门由 2×2700kN 液压启闭机操作,可局部开启。

放空洞设事故检修闸门、工作闸门各 1 扇。其中事故检修闸门为平面定轮门,闸门尺寸为 5m×11m,由 1 台容量为 3200kN 的固定卷扬机操作;工作闸门为偏心铰弧形闸门,闸门尺寸为 6m×7m,其主液压启闭机容量为 5500/1000kN,副液压启闭机容量为 5500/1800kN。

电站进水塔前沿设垂直平面格栅式拦污栅,进水塔中布置 1 扇 7.8m×10.5m 平面滑动检修闸门和 1 扇 7.8m×10m 平面滑动快速闸门。塔顶平台上设有 1 台带双回转吊双向门机,其回转吊用以操作拦污栅,主钩用以操作检修闸门并可用于快速闸门及其启闭设备的检修吊运。快速闸门由设于进水塔顶部的液压启闭机操作。引水隧洞上弯段进口至蜗壳进口为钢衬砌管段(以下简称"钢管"),自上而下划分为上平段,上弯段,斜直段,下弯段和下平段,单管单机供水,单管总长约 231m,上平段隧洞及上弯段钢管直径 8.5m,其余管段直径 6.9m。四个尾水洞出口共用 1 扇 9.6m×9.6m 平面滑动检修闸门,该门由设于尾水平台上的双向门机操作。

500kV 地面变电所出线钢构架及电气设备支柱主要有三跨出线门式构架、出线塔及电压互感器、避雷器设备支柱等。

9　施工组织设计

对外交通采用公路为主、水路为辅的方案:公路线为 G318 国道至椰坪,由椰坪再经水布垭专用公路至坝区。一般物资采用公路为主,重大件利用长江、清江采用水陆联运方式。场内交通采用公路运输。

工程采用隧洞导流方式,一次性截断河流,左岸两条导流隧洞泄流并利用右岸放空洞参与中、后期导流,河床布置过水式上下游围堰。

总工程量为:土石方明挖 2009 万 m³,洞挖 181.2 万 m³,土石方填筑 1639.6 万 m³,混凝土 196.47 万 m³,钢筋 79326t,钢材 17.77 万 t,帷幕 31.31 万 m,固结灌浆 16.11 万 m,金属结构安装 1.855 万 t。

可行性研究批复的枢纽总工期 9.5 年,发电工期 7.5 年。其中施工准备期 3 年,主体工程施工期 4.5 年,工程完建期 2 年。

实际施工总工期 7.75 年,发电工期 6.5 年。其中施工准备期约 2 年,主体工程施工期约 4.5 年,工程完建期约 1.25 年。

10　建设征地和移民安置

10.1　建设征地实物

水库淹没涉及恩施州的巴东县、建始县、宣恩县、鹤峰县、恩施市的 17 乡、131 村、306 组,工程占地区涉及宜昌市的长阳县和恩施州的巴东县 5 个村、14 个村民小组。水布垭水库淹没面积约 65.5km²，其中陆域面积 55.4km²，天然水域面积 10.1km²。

建设征地区总人口 18765，房屋总面积 104.52 万 m²，建设征地总面积 70897 亩，其中耕地 16359.7 亩、园地 4691.3 亩、林地 19840.3 亩、鱼塘 96.3 亩、柴草山 29909.4 亩。

淹没涉及建始县景阳河、宣恩县中间河、鹤峰县金鸡口、巴东县南潭河 4 个集镇。

工程占地区涉及企业 5 家；涉及四级公路 0.9km、等外公路 19.1km；涉及 l0kV 输电线 0.9km、变压器 1 台；广播干线 6.3 杆 km；涉及渡口 4 处。

水库淹没涉及小型企业 20 家，淹没等级公路 53.57km，其中三级公路 18.12km、四级公路 35.45km；大型桥梁 6 座、645 延 m；淹没涉及汽渡 2 处；水电站 16 座、装机 20313kW；35kV 变电站 1 座、容量 2000kVA；35kV 输电线 6.2km，10kV 输电线 98.8km；通信线 49.5 杆 km；广播干线 135.3 杆 km；抽水站 5 座、装机 367.5kW；文物古迹 42 处。

10.2 移民安置

水布垭水电站建设征地农村生产安置 18422 人，其中工程占地区 2580 人、水库淹没影响区 15842 人。搬迁安置 22832 人，其中工程占地区 2598 人、水库淹没及影响区 20234 人。

10.2.1 工程占地区

工程占地区生产安置 2580 人，全部种植业安置。

搬迁安置 2598 人，其中征房 2596 人，征地不征房需搬迁 2 人。

10.2.2 水库淹没影响区

农村生产安置 15842 人。种植业安置 15399 人，占 97.20%；二、三产业安置 443 人，占 2.80%。

农村搬迁安置 16232 人，其中直接征房 14117 人，占 86.97%；淹地不淹房需搬迁 2115 人，占 13.03%。

淹没及影响区四个集镇迁建 4002 人，集镇建成区农户及进镇建房农户 1819 人，增长 86 人，集镇搬迁总规模 5907 人；迁建用地面积 35.55hm²。

---

11 科学试验研究

1993 年初，水布垭水电站开始预可行性研究，大坝坝型研究了混凝土拱形重力坝、混凝土面板堆石坝与心墙堆石坝三种。由于坝基存在多层缓倾角层间剪切带，混凝土大坝深层抗滑稳定问题突出，处理工程量大，坝址地形地质条件宜修建高土石坝。考虑到修建高 233m 混凝土面板堆石坝在当时存在一定的技术难度。因此，当时以心墙堆石坝为代表坝型。可行性研究阶段对心墙堆石坝与混凝土面板堆石坝方案进行了同等深度的比较，对于面板坝方案，除了进行正常的勘测设计科研工作外，围绕修建高 233m 的混凝土面板堆石坝的技术可行性开展了以水布垭工程为依托的课题"高坝工程技术研究——200m 级混凝土面板堆石坝研究"（编号 96-221-02）的国家"九五"科技攻关。1999 年 4 月，水布垭水电站通过可行性研究审查，确定混凝土面板堆石坝为推荐坝型。在招标设计与工程实施阶段，为了保证工程安全、优化设计、方便和指导施工、降低造价，开展了大量的特殊科研与专项研究工作。此外，2000—2001 年，葛洲坝水利水电工程集团公司为承接工程施工进行技术准备，开展了高混凝土面板堆石坝施工技术方案论证。

11.1 国家"九五"攻关

1996年初,湖北清江水电开发有限责任公司向原电力工业部、国家计委申请将水布垭混凝土面板堆石坝筑坝关键技术列入电力部、国家"九五"科技攻关。在原电力部科教司的支持下,水布垭混凝土面板堆石坝筑坝关键技术被列为电力部科技攻关重点项目;在专家多次论证的基础上,国家计委于1996年8月将水布垭混凝土面板堆石坝筑坝关键技术列为国家"九五"科技攻关课题,课题名称"高坝工程技术研究——200m级高混凝土面板堆石坝研究"(编号96-221-02)。

该课题共有6个专题,其中针对水布垭筑坝技术展开科技攻关的5个专题研究内容见表2。

表2 水布垭大坝列入国家"九五"攻关专题研究内容

序号	专题编号	专题名称
1	96-221-02-01	水布垭筑坝材料工程特性研究
2	96-221-02-02	水布垭混凝土面板堆石坝应力变形分析
3	96-221-02-04	面板混凝土抗裂及耐久性研究
4	96-221-02-05	适应大变形的接缝止水结构和材料研究
5	96-221-02-06	高混凝土面板堆石坝的新型监测设备及资料反馈分析

参加攻关的单位有:湖北清江水电开发有限责任公司、水电水利规划设计总院、长江设计院、长江科学院、中国水利水电科学研究院、南京水利科学研究院、清华大学、武汉大学、河海大学、昆明勘测设计研究院、中南勘测设计研究院、华东勘测设计研究院等。

11.2 特殊科研

水布垭混凝土面板堆石坝坝高233m,是世界上最高的混凝土面板堆石坝;地下厂房岩层软硬相间、上硬下软,软岩直接控制围岩稳定;泄水建筑物泄量大、水头高,下游消能区岩性软弱,抗冲能力差。同时消能区附近有高边坡、大型滑坡和地下厂房尾水建筑物;坝址位于地质构造复杂的石灰岩地区,防渗帷幕条件复杂;坝址河段两岸为峡谷型岸坡,岸坡变形破坏强烈,大坝下游发育有高350m的马崖高边坡和大岩塇、马岩湾、台子上三大滑坡,环境地质问题十分突出。

鉴于水布垭水电站技术条件复杂,可行性研究结束后,设计单位立即牵头组织了电站特殊科研工作。在国内外类似工程的成熟经验以及水布垭水电站已取得的科研成果的基础上,特殊科研以工程技术研究为主,基础理论研究为辅,将特殊科研与常规科研、优化设计有机结合,以达到保障工程安全、方便施工与降低造价的目的。特殊科研共开展了混凝土面板堆石坝、地下洞室、泄洪建筑物、机电设备及金属结构、马崖高陡边坡及坝址区滑坡治理和防渗帷幕优化设计六大专题计39个子题,研究内容见表3。

表3 水布垭水电站特殊科研研究内容

序号	项目编号	项目名称
一	SBY-TK01	面板堆石坝专题研究
1	SBY-TK01-01	堆石坝体分区优化及软岩利用研究
2	SBY-TK01-02	河床砂砾石覆盖层利用研究
3	SBY-TK01-03	特殊边界力学试验及模拟方法的研究
4	SBY-TK01-04	面板应力有限元分析研究
5	SBY-TK01-05	堆石料蠕变试验研究
6	SBY-TK01-06	水布垭面板堆石坝动力分析

序号	项目编号	项目名称
7	SBY-TK01-07	混凝土面板堆石坝施工方法及质量控制措施研究
8	SBY-TK01-08	混凝土面板堆石坝施工程序研究
9	SBY-TK01-09	大坝趾板布置、开挖及结构类型研究
10	SBY-TK01-10	高面板堆石坝导流与度汛研究及应用
11	SBY-TK01-11	测量机器人在大坝及边坡变形监测中的应用研究
12	SBY-TK01-12	面板混凝土性能试验研究
13	SBY-TK01-13	周边缝、垂直缝推荐止水结构试验及自愈止水试验研究
二	SBY-TK02	地下洞室开挖、支护及软岩处理措施专题研究
14	SBY-TK02-01	厂房区地应力场及岩体力学特性研究
15	SBY-TK02-02	地下洞室稳定性分析与评价——地质力学模型试验
16	SBY-TK02-03	地下厂房围岩稳定性及结构研究
17	SBY-TK02-04	地下洞室施工期观测及反馈体系研究
18	SBY-TK02-05	地下工程施工技术研究
19	SBY-TK02-06	地下电站洞室群的布置及加固支护设计优化研究
三	SBY-TK03	泄洪建筑物专题研究
20	SBY-TK03-01	超高速水流的掺气减蚀措施研究
21	SBY-TK03-02	溢洪道泄洪消能区防淘墙布置及结构类型研究
22	SBY-TK03-03	减免电站尾水出口波浪和淤积的工程措施研究
23	SBY-TK03-04	泄洪雾化影响分析及防护措施研究
24	SBY-TK03-05	放空洞工作闸门室围岩体稳定及大推力弧门支承结构
25	SBY-TK03-06	放空洞突扩突跌体型及出口消能类型研究
26	SBY-TK03-07	放空洞工作闸门振动及闸门水力学和启闭力研究
27	SBY-TK03-08	抗冲耐磨混凝土性能试验研究
28	SBY-TK03-09	防淘墙施工专题研究
四	SBY-TK04	机电设备及金属结构专题研究
29	SBY-TK04-01	清江水布垭水电站水轮发电机组参数优化及稳定性专题研究
30	SBY-TK04-02	水力过渡过程专题研究
31	SBY-TK04-03	大电流封闭母线专题研究
32	SBY-TK04-04	发电机采用蒸发冷却方式专题研究
33	SBY-TK04-05	放空洞事故检修闸门支承结构研究
34	SBY-TK04-06	放空洞闸门水封类型研究
35	SBY-TK04-07	放空洞弧形工作门支承结构研究
五	SBY-TK05	马崖高陡边坡及坝址区滑坡治理专题研究
36	SBY-TK05-03	马崖高陡边坡稳定性及处理措施研究
37	SBY-TK05-04	坝址区大型滑坡群体稳定性分析及治理方案措施研究
六	SBY-TK06	防渗帷幕优化设计专题研究
38	SBY-TK06	防渗帷幕优化专题研究
39	SBY-TK06-1	防渗帷幕优化地质专题研究

11.3 专项研究

11.3.1 混凝土面板堆石坝

针对控制混凝土面板堆石坝施工质量的关键工序,如坝料爆破、碾压与趾板高压灌浆等,清江公司委托设计单位牵头,组织并进行了现场生产性试验;水布垭水电站在实施中采用了大量新技术、新材料、新工艺与新设备,为此,清江公司均委托相关科研单位进行了专项研究。水布垭混凝土面板堆石坝进行的主要专项研究内容见表4。

表4 水布垭面板坝筑坝技术主要专项研究内容

序号	专项名称
1	大坝填筑碾压施工质量 GPS 监控系统研制与应用
2	趾板高压灌浆现场试验
3	水布垭水电站施工规划专题研究
4	面板堆石坝变形控制研究
5	面板混凝土保温保湿研究
6	高混凝土面板堆石坝面板挠度和坝体水平位移及沉降监测的光纤陀螺技术工程应用研究
7	堆石料物理力学性质复核试验
8	大坝填筑料生产性爆破、碾压试验
9	面板堆石坝施工期现场实测资料仿真反馈分析及填筑料大型三轴试验参数研究
10	面板高性能纤维混凝土试验研究
11	IA 料特性及防渗淤堵模型试验研究
12	挤压边墙混凝土检测方法研究
13	面板堆石坝坝体渗透稳定性研究
14	面板及趾板混凝土防渗涂料材料试验研究

11.3.2 泄洪消能和防淘墙

针对溢洪道下泄流量大、水头高,消能防冲区河谷狭窄,岩性软弱破碎,抗冲刷能力低,环境地质复杂,导流洞出口位于消能防冲区上游侧,电站厂房尾水出口位于消能防冲区下游右岸。泄洪时的雾化、波浪和淤积影响建筑物运行。因此,对水布垭泄洪消能、下游消能防冲区防护和防淘墙施工进行了专题研究。

泄洪消能和防淘墙专题研究过程中,进行了大量水工模型试验和其他试验研究,分别委托长江科学院、中国水利水电科学研究院、清华大学进行了水工模型试验研究。委托长江科学院、南京水利水电科学研究院进行了泄洪雾化模型试验。考虑到防淘墙施工难度大,还进行了防淘墙现场施工试验。

11.4 国际咨询

为吸纳国外混凝土面板堆石坝建设先进经验,业主与设计单位多次派人到巴西、澳大利亚等国考察学习。并邀请了世界著名的混凝土面板堆石坝专家库克、平托、莫里等到水布垭咨询,他们对水布垭面板坝的建设提出了很多重要的意见和建议。

12 工程特性

水布垭水电站工程特性见表5。

表5 水布垭水电站主要工程特性

序号及名称	单位	数量与类型	备注
一、水文			
1. 流域面积			
全流域	km²	17000	
坝址以上	km²	10860	
2. 利用的水文序列年限	年	40	
3. 多年平均年径流量	亿 m³	93.4	
4. 代表性流量			
多年平均流量	m³/s	296	
实测最大流量	m³/s	13200	1997 年 7 月 16 日
实测最小流量	m³/s	26	
调查历史最大流量	m³/s	14500	1883 年
设计洪水标准及流量($P=0.1\%$)	m³/s	20200	入库洪水(1997 年典型)
校核洪水标准及流量($P=0.01\%$)	m³/s	24400	入库洪水(1997 年典型)
施工导流标准及流量($P=5\%$或 3.3%)	m³/s	10800 或 11600	
5. 洪量			
实测最大洪量(72h)	亿 m³	18.36	1997 年 7 月 13—15 日
设计洪量(72h)	亿 m³	26.71	
校核洪量(72h)	亿 m³	32.95	
6. 泥沙			
多年平均悬移质年输沙量	万 t	607	
多年平均推移质年输沙量	万 t	63	
多年平均含沙量	kg/m³	0.59	
7. 天然水位			
实测最低水位	m	197.22	
实测最高洪水位	m	219.45	1997 年 7 月 15 日
二、水库			
1. 水库水位			
校核洪水位	m	404.00	
设计洪水位	m	402.20	
正常蓄水位	m	400.00	

序号及名称	单位	数量与类型	备注
汛期限制运用水位	m	397.00	5月下旬、8月上旬
防洪限制水位	m	391.80	6月、7月
死水位	m	350.00	
2. 正常蓄水位时水库面积	km²	64.35	
3. 回水长度	km	108.9	
4. 水库容积			
总库容（校核洪水位以下库容）	亿 m³	45.80	
正常蓄水位以下库容	亿 m³	43.12	
调洪库容（校核洪水位至防洪限制水位）	亿 m³	7.70	
防洪库容（正常蓄水位至防洪限制水位）	亿 m³	5	
调节库容（正常蓄水位至死水位）	亿 m³	23.83	
共用库容（正常蓄水位至防洪限制水位）	亿 m³	5	
死库容	亿 m³	19.29	
5. 库容系数	%	25.3	
6. 调节特性		多年	
7. 水量利用系数	%	93.7	
三、下泄流量及相应下游水位			
1. 设计洪水位时最大泄量	m³/s	16300	
相应下游水位	m	229.4	
2. 校核洪水位时最大泄量	m³/s	18320	
相应下游水位	m	232.6	
3. 调节流量（$P=90\%$，单机额定流量）	m³/s	277.6	
相应下游水位	m	199.3	
四、工程效益指标			
1. 发电效益			
装机容量	MW	1840	
保证出力	MW	312	
多年平均年发电量	亿 kW·h	39.84	
装机年利用小时数	h	2165	
五、主要建筑物及设备			
1. 混凝土面板堆石坝			
地基特性			二叠系灰岩
地震基本烈度、设计烈度	度	Ⅵ/Ⅶ	
坝顶高程	m	409	
最大坝高	m	233	
坝顶长度	m	674.66	
2. 溢洪道			

序号及名称			单位	数量与类型	备注
溢洪道类型					河岸式溢洪道
地基特性					二叠系灰岩
溢洪道坝顶高程			m	407.0	
溢流堰顶高程			m	378.2	
孔口尺寸/孔数			m/个	14×21.8/5	宽×高(以下同)
单宽流量			m³/(s·m)	203.75	$P=0.1\%$
消能方式					挑流消能
闸门类型、尺寸/数量			m/扇	14×21.8/5	弧形闸门
启闭机类型、容量、数量			kN/套	2×2700/5	液压机
设计泄洪流量			m³/s	16300	$P=0.1\%$
校核泄洪流量			m³/s	18320	$P=0.01\%$
3. 放空洞					
放空洞类型					有压洞接无压洞
进口底板高程			m	250	
孔口尺寸/孔数			m/个	6×7/1	
消能方式					异型鼻坎挑流
工作闸门类型、尺寸/数量			m/扇	6×7/1	偏心铰弧形闸门
启闭机类型、数量			套	2	液压机
事故闸门类型、尺寸/数量			m/扇	5×11/1	平板定轮闸门
启闭机类型、数量			套	1	固定卷扬机
最大泄量			m³/s	1605	相应库水位360m,闸门全开
4. 引水建筑物					
进水口	类型				岸塔式
	底坎高程		m	330.0	
	工作闸门孔口尺寸/孔数		m/个	7.8×9.5/4	快速门
	启闭机类型				液压式
	启闭机容量		kN	3500/8000	
引水洞	上平段	长度/数量	m/条	161.54/4	单洞平均长度
		断面尺寸	m	φ8.5	
		衬砌类型			钢筋混凝土(帷幕前) 钢筋混凝土加钢衬(帷幕后)
	斜井段	长度/数量	m/条	189.34/4	单洞平均长度
		断面尺寸	m	φ6.9	
		衬砌类型			钢筋混凝土加钢衬
	下平段	长度/数量	m/条	34.16/4	单洞平均长度
		断面尺寸	m	φ6.9	
		衬砌类型			钢筋混凝土加钢衬

序号及名称			单位	数量与类型	备注
5. 主厂房					
类型					地下式
尺寸			m	长×宽×高	168.5m×23m×65.47m
6. 尾水建筑物					
尾水洞	尾水上段	长度/数量	m/条	69.85/4	单洞长度
		断面尺寸	m	9.6×11.3	最大断面,城门洞形
		衬砌类型			钢筋混凝土衬砌
	尾水下段	长度/数量	m/条	233.89/4	单洞长度
		断面尺寸	m	$\phi11.3$	圆形
		衬砌类型			钢筋混凝土衬砌
尾水平台	类型				
	底坎高程		m	188.80	
	工作闸门孔口尺寸/孔数		m/孔	9.6×9.6/4	
	启闭机类型				塔顶门机
	启闭机容量		kN	2×630	
六、主要机电设备					
水轮机台数			台	4	
额定功率			MW	466.3	
额定转速			r/min	150	
转轮直径			m	5.97	
最大水头			m	203	
最小水头			m	147	
额定水头			m	183.5	
额定流量			m^3/s	277.6	
发电机台数			台	4	
单机容量			MW	460	
功率因数				0.9	
额定电压			kV	20	
七、施工					
1. 施工导流(方式、类型、规模)				采用拦断河床、过水围堰、隧洞导流。左岸布置2条导流洞,断面尺寸12.83m×16.91m(底宽×高),马蹄形;上游围堰顶高程223m,高度28m;下游RCC围堰顶高程214m,高度33m	
2. 施工占地			万 m^2	71.3	
3. 施工期限					
准备工期				2年	
主体工程施工工期				4年6个月	
总工期				7年8个月	

目录
Contents

概 述

1.1 工程概况

1.1.1 地理位置与对外交通条件

1.1.1.1 地理位置

水布垭水电站位于清江干流中游河段湖北省巴东县水布垭镇。坝址上距恩施苗族土家族自治州州府恩施市 117km，下距隔河岩水利枢纽 92km，距清江与长江汇合口 153km，是清江梯级开发的龙头枢纽。

水布垭水电站是以发电、防洪为主，兼顾其他的一等大(1)型水利水电工程。水库正常蓄水位 400m，相应库容 43.12 亿 m³，死水位 350m，调节库容 23.83 亿 m³，是一座具有多年调节性能的水库。电站保证出力 312MW，装机容量 1840MW，多年平均发电量 39.84 亿 kW·h。

1.1.1.2 对外交通条件

水布垭水电站坝址地处鄂西南偏远山区，对外交通条件较差。

从宜昌经坝址附近的 318 国道为山岭重丘三级道路，水泥沥青路面，其中点军区、桥边镇和土城镇路段路面狭窄，局部仅 6m 宽；野山关段海拔 1400m 以上，冬季积雪；碑石坳段龙盘沟回旋立交桥最小半径仅 15m 左右，最大纵坡 10% 左右，荷载标准为汽-15 级，挂-80，重大件运输困难。

坝址距 318 国道上的榔坪镇约 25km，距野山关镇约 46km，距隔河岩库区道路上的渔峡口镇约 18km。坝址与榔坪、渔峡口之间均需新修道路，坝址与野山关高差大、路况差。

隔河岩水电站于 1995 年正常蓄水发电，高坝洲水电站已于 2000 年正常蓄水发电。隔河岩和高坝洲升船机建成后，300 吨级驳轮从长江与清江的交汇口驶入清江，经 12.5km 的航道到达高坝洲坝下并由高坝洲升船机过坝，再沿高坝洲水库可上行至隔河岩坝下并由隔河岩升船机过坝后，沿隔河岩水库上行 74km 可至渔峡口镇。

对外交通规划线路见图 1.1。

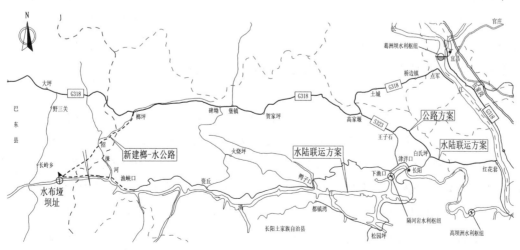

图 1.1 水布垭水电站对外交通示意图

1.1.2 自然条件

1.1.2.1 地形地质条件

1. 地形条件

坝址位于清江一个 S 形河段腰部的直线段长约 800m、流向 NE30°的水布垭峡谷处,峡谷上、下游河段均为西东向。坝址河谷地形呈不对称"V"字形,左、右岸分别被大崖和马崖分隔成上、下游两部分。

坝址两侧岸坡高峻陡峭,高差超过 230m。左岸高程 350m 以下为高陡边坡,坡度陡于 45°;高程 350m 以上岸坡变缓,其中高程 420m 以上的三友坪一带为开阔坡地。右岸高程 350m 以下为高陡边坡;高程 350m 以上地形变缓,坡度 30°~40°,其中高程 450m 以上的顾家坪一带地形较平缓。

坝址下游两岸呈较陡的一面坡形,冲沟较均匀地穿插其中,左、右岸分别有几处河床冲积滩地,盐池河以下有较大的冲沟和场地。

坝址附近左、右岸均有较发育的冲沟。左岸自上游至下游有柳树淌、野猫沟、邹家沟、榨房沟、熊家沟、庙王沟、打磨沟、界沟、段家沟、龙王冲沟等溪沟,右岸自上游至下游有响水河、桥沟、坝子沟、中岭沟、大沟、黑马沟、桅杆坪沟、石板沟等溪沟。

坝址下游有 3 个滑坡体,左岸下游有大岩墩滑坡、台子上滑坡,右岸下游有马岩湾滑坡、马崖高陡边坡。左、右岸坝址区还存在 14 个危岩体,均需进行处理。

坝址处枯水期水位 195~200m,水面宽 60~80m,水深 1.2~3m。设计正常蓄水位 400m 时,库水面宽 568~577m。

2. 地质条件

(1)地质构造

坝址区位于半峡复式大背斜西翼的次级褶皱三友坪平缓向斜的东翼。岩层走向 320°~340°,倾 SW,倾角 10°~18°,与河流斜交。坝址区主要的构造形迹为断层、裂隙、剪切带等。

坝区断层较为发育,基础开挖共揭示大小断层 886 条,但对建筑物基础有影响且规模略大的断层仅有 42 条;其余皆为一些裂隙性断层,规模小、性状好,对建筑物基本没影响。

主体建筑物开挖区内编录较长大裂隙共计 12015 条。其中,地下厂房 4282 条,放空洞 1888 条,马崖高边坡 1162 条,大坝基础范围内 1268 条,溢洪道 1371 条,两岸灌浆平洞 2044 条。

坝区层间剪切带主要有两类,一类为剪切破坏充分的剪切带(Ⅰ),另一类为剪切破坏不充分的剪切带(Ⅱ)。Ⅰ类各剪切带分布于 P_1q^{15}、P_1q^{13}、P_1q^{10}、P_1q^8、P_1q^3、P_1q^1、P_1ma、C_2h、D_3x、D_3h、D_2y 地层中,Ⅱ类各剪切带分布于 P_1m^1、P_1q^{12-3}、P_1q^{12-1}、P_1q^9、P_1q^6、P_1q^4、P_1q^2、C_2h、D_3x 地层中。

坝址地震基本烈度为Ⅵ度,主要建筑物的地震设防烈度为Ⅶ度。

(2)地质岩性

坝址出露的岩层分布自上而下为:第四系覆盖层(Q)、二叠系上统龙潭组(P_2,厚约 37m)、下统茅口组(P_1m,厚约 62m)、栖霞组(P_1q,厚约 220m)、马鞍组(P_1ma,厚约 13m)、石炭系中统黄龙群组(C_2,厚 2~31m)、泥盆系上统写经寺组(D_3x,厚约 70m)、黄家蹬组(D_3h,厚约 15m)、中统云台观组(D_2y,厚约 27m)以及志留系中统砂帽组(S_2sh,厚约 333m),总体是上部软岩,中部硬岩,下部呈软硬相间分布。其中,龙潭组(P_2)、栖霞组第 6 段(P_1q^6)和第 13 段(P_1q^{13})、马鞍组第 2 段(P_1ma^2)、写经寺组(D_3x)岩性为软岩;栖霞组第 15 段(P_1q^{15})岩性上硬下软;栖霞组第 3 段(P_1q^3)、第 8 段(P_1q^8)、第 10 段(P_1q^{10})和第 12 段(P_1q^{12})岩性软硬相间。

（3）天然建筑材料

坝址区缺乏防渗黏土料，石料丰富。

坝址处山高谷深，水流湍急，河床狭窄，附近无可开采价值的砂砾石料，混凝土骨料及面板坝垫层料需人工开采加工。

坝址区块石料场有左岸公山包、邹家沟、新码头块石料场和右岸桥沟块石料场。公山包石料场距坝址2.5km，地面高程423～660m，岩性为二叠系茅口组灰、深灰色厚层块状微晶灰岩，储量914万m³，可采厚度5～54m，平均厚度31m；桥沟块石料场距坝址1.7km，地面高程350～450m，岩性为二叠系茅口组灰、深灰色厚层块状微晶—细晶灰岩，储量1105万m³，可采厚度10～60m，平均厚度40m；新码头块石料场距坝址4.5～5.5km，地面高程300～500m，岩石为寒武系三游洞组上段灰白、浅灰色与灰色中至厚层块状细晶、中晶白云岩，其次为浅灰、灰色灰质白云岩与白云质灰岩，局部含燧石结核和方解石团块，储量约1882万m³，可采厚度20～243m，平均厚度约121m；邹家沟块石料场距坝址1.5km，地面高程420～570m，岩石为二叠系茅口组灰岩、深灰色厚层块状灰岩，储量约485万m³，可采厚度5～60m，平均厚度35m。

天然建筑材料分布产地见图1.2。

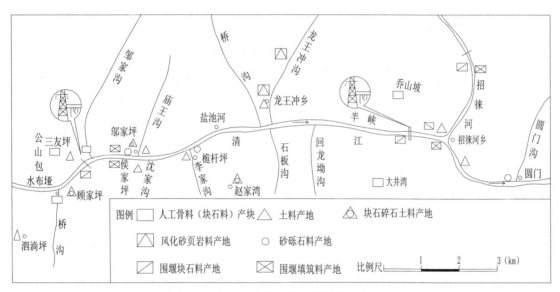

图1.2 水布垭水电站天然建筑材料分布示意图

1.1.2.2 水文气象条件

1. 水文条件

清江处于鄂西暴雨区，水量充沛，多年平均降水量1000～2000mm。每年6—9月为主汛期，洪峰陡涨陡落；每年11—4月为枯水期。多年平均流量296m³/s，实测最小流量26m³/s。

设计洪水成果表1.1，最大瞬时分期设计洪水成果见表1.2，月平均流量设计成果见表1.3，水位—流量关系见表1.4。

表1.1 水布垭水电站设计洪水成果表 （单位：m³/s）

项目	0.01%	0.1%	0.2%	0.33%	0.5%	1%	2%	3.3%	5%	10%	20%
Q_{max}	24400	20200	16500	15500	14900	13700	12500	11600	10800	9480	8040

表 1.2　　　　　　　　　　　　水布垭最大瞬时分期设计洪水成果表　　　　　　　　　（单位：m³/s）

时段	1%	2%	5%	10%	20%	3.3%	实测最大值
1 月	557	461	338	248	166		466
2 月	2050	1620	1080	708	388		1940
3 月	3160	2590	1840	1320	827		2430
4 月	5280	4660	3820	3170	2490		3690
5 月	8540	7470	6030	4920	3780	6700	5590
10 月	6830	5750	4340	3290	2270		4660
11 月	3890	3200	2300	1660	1060		2970
12 月	1010	822	585	416	259		657
11—4 月	5430	4800	3960	3310	2640		3690
11—3 月	4310	3610	2700	2040	1410		2970
12—3 月	3600	2970	2160	1570	1020		2430
10—4 月	7890	6890	5550	4510	3460		4660
11—5 月	8880	7830	6420	5330	4190		5590

表 1.3　　　　　　　　　　　　　水布垭月平均流量设计成果表　　　　　　　　　　（单位：m³/s）

月份	设计值			实测系列						
	5%	10%	20%	75%	80%	85%	最大值	时间	最小值	时间
1 月	102	89.6	76.7	42.5	39.9	36.8	115	1975	29.8	1974
2 月	169	144	117	53.3	49.2	43.8	202	1990	42.2	1979
3 月	354	290	224	82.6	76.6	68.4	385	1977	39.5	1979
4 月	570	493	410	206	190	173	637	1977	59.2	1988
5 月	778	686	589				779	1973		
6 月	1120	958	785				1240	1971		
7 月	1600	1300	1000				1960	1983		
8 月	876	661	455				1230	1980		
9 月	1110	884	645				1220	1979		
10 月	679	554	423				725	1983		
11 月	406	324	242	77.2	69.3	61.1	429	1989	35.8	1988
12 月	147	125	101	47.1	42.9	39.2	169	1984	32.2	1988

表 1.4　　　　　　　　　　　　　水布垭坝址水位—流量关系表

H(m)	Q(m³/s)	H(m)	Q(m³/s)
196.0		211.0	5360
197.0	28	212.0	5940
198.0	98	213.0	6520
199.0	233	214.0	7100
200.0	413	215.0	7690

H(m)	Q(m³/s)	H(m)	Q(m³/s)
201.0	657	216.0	8290
202.0	958	217.0	8890
203.0	1290	218.0	9490
204.0	1650	219.0	10090
205.0	2095	220.0	10690
206.0	2600	221.0	11310
207.0	3130	222.0	11930
208.0	3670	223.0	12550
209.0	4230	224.0	13170
210.0	4790	225.0	13790

2. 气象条件

(1)降水

清江流域降水量年内分配不均,降雨量平均值 1000~2000mm,各站降雨量差别较大。雨季 4—9 月降水量占全年的 75%~78%,其中 5—8 月降水量占全年的 50%~55%。冬季雨量较少,尤以 1 月最少,一般为 20~30mm;7 月雨量最多,为 200~300mm;9 月雨量一般又较 8 月略多。降水量的年际变化不大,最大值与最小值之比为 1.5~2.0。

清江多年平均暴雨天数为 2~7d。暴雨最早出现在 4 月,大多于 10 月结束。6—9 月为暴雨集中期,占年暴雨天数的 85%~95%,其中 7 月暴雨最多,其次是 6 月,6、7 月暴雨日占全年的 50% 左右。

渔峡口站多年平均降水量 1006.9mm,月分配见表 1.5。

表 1.5　　　　　　　　　　渔峡口站多年平均降水量及月分配表

月份	1	2	3	4	5	6	7	8	9	10	11	12	年
降水量(mm)	12.9	21.0	49.5	98.1	132.3	168.6	164.6	103.9	113.0	83.9	42.6	16.1	1006.9
月分配(%)	1.3	2.1	4.9	9.8	13.1	16.8	16.4	10.2	11.3	8.3	4.2	1.6	100

(2)气温

清江流域多年平均气温 13~16℃,1 月最冷,7 月最热。1 月平均气温 2~5℃,7 月平均气温 23~28℃。极端最低气温 −15~−12℃,极端最高气温 40~42℃。气温的年较差在 22℃ 左右,日较差在 8℃ 左右。

根据长阳站 1981—1991 年统计资料,年平均气温低于 0℃ 的天数共 29d。长阳站多年月平均气温见表 1.6。

表 1.6　　　　　　　　　1981—1991 年长阳站月平均气温统计表　　　　　　　　　(单位:℃)

月份	1	2	3	4	5	6	7	8	9	10	11	12	年
平均气温	4.7	6.1	10.6	16.3	21.1	24.7	27.6	27.2	22.5	17.4	11.8	6.5	16.4

（3）风速

流域年平均风速 0.5～2.3m/s,最大风速 16m/s,全年大风日数(瞬时风≥8级)为 0.5～1.7d。风随季节的变化不太显著,春季风速较大,夏季次之,秋季较小。

（4）湿度

清江流域年平均相对湿度较大,大多达 80%～84%。各月相对湿度除 7 月低于 80%外,均在 80%以上,尤以 10—12 月突出,达 84%～86%。

1.1.3 枢纽布置及建筑物

（1）工程等别、建筑物级别

水布垭水电站由混凝土面板堆石坝、引水发电系统、开敞式溢洪道、放空洞及导流洞等建筑物组成。校核洪水位 404.00m,水库总库容 45.8 亿 m^3;正常蓄水位 400m,相应库容 43.12 亿 m^3。电站装机容量 1840MW(4×460MW),为一等大(1)型水电水利工程。

混凝土面板堆石坝、导流洞堵头、放空洞、引水发电系统及溢洪道引水渠、控制段、泄槽和挑流鼻坎均为 1 级建筑物,相应建筑物结构安全级别为 1 级;溢洪道消能区防护建筑物为 2 级建筑物,相应建筑物结构安全级别为 2 级。

（2）洪水设计标准

混凝土面板堆石坝、溢洪道等建筑物的设计洪水和校核洪水采用入库洪水,其他建筑物的洪水标准采用坝址洪水。

混凝土面板堆石坝、导流洞堵头和放空洞采用千年一遇洪水设计,万年一遇洪水校核。溢洪道引水渠、控制段、泄槽和挑流鼻坎采用千年一遇洪水设计,万年一遇洪水校核;消能防冲采用百年一遇洪水设计,500 年一遇洪水校核。电站进水塔和引水洞采用千年一遇洪水设计,万年一遇洪水校核;电站地下厂房、尾水洞和尾水平台按 200 年一遇洪水设计,千年一遇洪水校核。

（3）枢纽布置及建筑物结构特点

根据河谷地形地质条件,在 S 形河段的中间直线段布置混凝土面板堆石坝,在大坝左岸三友坪宽缓平台布置开敞式溢洪道,在右岸山体内布置地下电站,在右岸山体内布置一条放空洞以满足运行期放空水库要求。另外,在左岸溢洪道下部布置两条导流洞。水布垭水电站枢纽布置见图 1.3。

混凝土面板堆石坝坝顶高程 409.0m,坝顶宽度 12.0m,坝顶长度 674.66m,最大坝高 233m。坝顶设 L 形防浪墙,防浪墙顶高程 410.4m。大坝上游坝坡 1:1.4,下游综合坝坡 1:1.46,局部坝坡 1:1.25,设置"之"字形马道,马道宽 4.5～5.0m。

溢洪道由引水渠、控制段、泄槽及挑流鼻坎、防淘墙及下游护岸组成。引水渠断面型式为复式断面,轴线总长 890.32m,底高程 350.0m,底宽 90.0m。控制段溢流坝段设 5 个孔口尺寸为 14.0m×21.8m(宽×高)的表孔,堰顶高程 378.2m,坝顶高程 407.0m,坝顶宽度 18.34m,坝顶长度 145.3m,最大坝高 51.5m。泄槽段由中隔墙分为五区,即每个表孔各成一区,每个区的泄洪宽度均为 16.0m,总泄洪宽度 80m。溢洪道采用挑流消能,挑流鼻坎采用阶梯式窄缝出口,反弧半径 35m,从左至右挑流鼻坎位置逐渐上移,坎顶高程 265.0～303.46m;溢洪道挑流鼻坎下游左、右岸布置有防淘墙,左岸防淘墙长度 498.69m,右岸防淘墙长度 354.66m;防淘墙顶高程一般为 200m,局部 185.8～197m,最大墙高 40m,墙厚 2.5～4.5m。

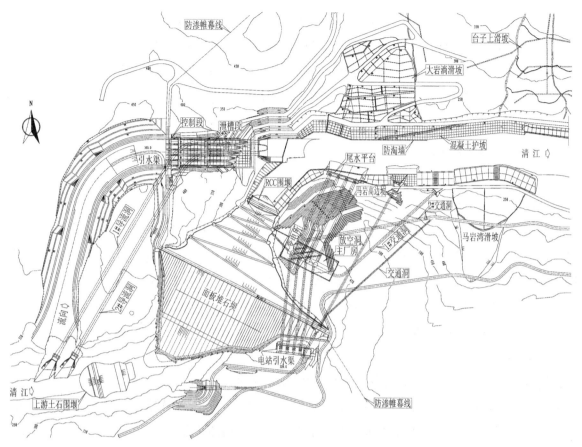

图 1.3 水布垭水电站枢纽布置图

引水发电系统由进水口、引水隧洞、地下厂房、尾水洞、尾水平台及尾水渠、母线洞及母线竖井(廊道)、500kV 变电所、交通洞、交通竖井、通风管道洞、厂外排水洞等组成。进水口由引水渠、进水塔等组成,引水渠渠底高程 329.50m,宽约 60m,长约 340m;进水口平面尺寸为 124.00m×30.00m,从左至右为 4#～1# 机的进水塔,单机单段,每段长 24.00m,进水塔底坎高程 330.00m,塔顶高程 407.00m;引水隧洞为一机一洞,共四条引水隧洞,进口中心高程 334.25m,出口中心高程 189.00m,从上游到下游分别为上平段、斜井段和下平高压段,上平段洞径 8.5m,斜井段和下平段洞径 6.9m。地下厂房尺寸为 168.50m×23m×65.47m(长×宽×高),机组段长 127m,分四段布置,一机一缝,1#～3# 机组段长度均为 31m,4# 机组段长度 34m;安装场布置在 1# 机组右侧,长度 41.50m。主厂房下游侧高程 200.50m 处垂直厂房轴线平行布置四条母线洞。尾水洞采用圆形断面,内径 11.30m,1#～4# 机长度分别为 198.55m、193.11m、187.67m、182.23m,从马崖高边坡下游出口,洞轴线间距 31m,尾水管底高程 169.00m,出口底高程188.80m,为有压出流;尾水平台紧贴尾水洞出口边坡坡脚布置,平面尺寸为 117m×12m,底板高程188.80m,顶高程 230.00m。

放空洞由引水渠、有压洞、事故检修闸门井、工作闸门室、无压洞、出口段、交通洞、通气洞等组成。引水渠长度 80.77m,底宽 20.06～26.41m,底板高程 247.00～250.00m。有压洞(包括事故检修闸门井段)长度 530.24m,底板高程 250.0m,进口至事故检修闸门井洞身段长度 155.06m,洞径 11.0m,事故检修闸门井段长度 12m,事故检修闸门井至工作闸门室洞身段长度 363.18m,洞径 9.0m。工作闸门室段位于有压洞下游,工作闸门室长度 25.86m,宽度 14.3m,高度 52.00m,底板高程 250～245.53m。无压洞段位于工作闸门室下游,无压洞长度546.18m,底板高程245.53～210.07m,断面尺寸为7.2m×12.0m,为城门洞形。出口段包括出口挑流鼻坎和下游护坡等,挑流鼻坎采用异型斜鼻坎的型式。放空洞在6#公路旁高程302.06m处设一条城门洞形交通洞通向工作闸门室,交通洞洞长557.76m,断面尺寸为4.0m×4.0m。

土建工程主要工程量为:土石方明挖2009万m³,洞挖181.2万m³,土石方填筑1639.6万m³,混凝土196.47万m³,固结灌浆16.11万m,帷幕灌浆31.31万m,钢筋79326t。

1.1.4 机电及金属结构

1. 机电

水布垭水电站装设4台单机额定容量460MW的混流式水轮发电机组。电站主要水力机械辅机系统设有:机组技术供水系统采用单机单元下游取水的水泵供水方式;机组检修排水和厂房渗漏排水系统分开设置,均采用深井泵抽排水;油系统包括透平油系统和绝缘油系统;气系统包括油压装置供气系统、机组制动和维护检修供气系统、厂外封闭母线微正压供气系统。

电站地下主厂房装设2台300t/50t+300t/50t双小车桥式起重机。

电站采用500kV一级电压2回出线接入电力系统。

2. 金属结构

溢洪道布置五个溢洪孔,每孔各设置一道14m×21.8m弧形工作门,五孔共用一扇14m×21.8m事故检修门。溢洪道顶部平台上设有一台容量为2×1600/400/300kN带回转吊的双向门机,用以操作事故检修门;弧形工作门由容量为2×2700kN液压启闭机操作,可局部开启。

电站进水塔前沿设垂直平面格栅式拦污栅,尺寸为4.5m×27m,与检修门共用门机的双回转吊。进水塔中布置了一道平面滑动检修门(尺寸为7.8m×10.5m)和一道平面滑动快速门(尺寸为7.8m×10m),塔顶平台上设有一台带双回转吊双向门机,其回转吊用以操作拦污栅,主钩用以操作检修门,并可用于快速门及其启闭设备的检修吊运,快速门由设于进水塔顶部的液压启闭机操作。引水隧洞上弯段进口至蜗壳进口为钢衬砌管段,自上而下划分为上平段、上弯段、斜直段、下弯段和下平段,单管单机供水,单管总长约231m,上平段隧洞及上弯段钢管直径8.5m,其余管段为6.9m。尾水洞出口设有尾水平面滑动检修门(尺寸为9.6m×9.6m),该门由设于尾水平台上的双向门机操作。500kV地面变电所出线钢构架及电气设备支柱主要有三跨出线门式构架、出线塔及电压互感器、避雷器设备支柱等。

放空洞设事故检修闸门、工作闸门各一扇。其中,事故检修门为平面定轮门,闸门尺寸为5m×11m,由一台容量为3200kN的固定卷扬机操作;工作闸门为偏心铰弧形门,闸门尺寸为6m×7m,其主液压启闭机容量为5500/1000kN,副液压启闭机容量为5500/1800kN。

钢材17.77万t,金属结构安装1.855万t。

1.1.5 施工组织设计

对外交通采用公路为主、水路为辅的方案:一般物资采用公路运输方式为主,重大件采用水陆联运方式。公路线利用G318国道至椰坪镇,在椰坪镇接水布垭专用公路至坝区。水陆联运线利用长江航运,在红花套码头上岸后,转公路运输,经G318国道至椰坪镇,在椰坪镇接水布垭专用公路至坝区。

场内交通采用公路运输,在坝区布置立体施工交通网。

施工导流采用隧洞导流方式。初期枯水期上、下游过水围堰挡水,利用左岸两条导流洞导流,汛期坝面过流；中期坝体临时挡水，左岸两条导流隧洞和一条放空洞泄流；后期枯水期由放空洞泄流，汛期溢洪道参与泄流。

可研批复的枢纽总工期 9.5 年，发电工期 7.5 年。其中施工准备期 3 年，主体工程施工期 4.5 年，工程完建期 2 年。

实际施工总工期 7 年 8 个月，发电工期 6.5 年。其中，施工准备期约 2 年，主体工程施工期约 4.5 年，工程完建期约 1 年。2000 年以前为筹建期，2001 年至 2002 年 10 月为施工准备期，2002 年 11 月至 2007 年 6 月为主体工程施工期，2007 年 7 月至 2008 年 9 月为工程完建期。

2001 年 9 月开始开挖大坝两岸高程 200m 以上趾板基础，2002 年 10 月河床截流，2003 年 1 月开始大坝填筑，2003 年 2 月开始趾板混凝土浇筑，2005 年 1 月浇筑一期面板混凝土，2006 年 10 月大坝坝体填筑至高程 405.0m，导流洞下闸，水库开始初期蓄水；2007 年 3 月完成面板三期混凝土浇筑施工；2007 年 4 月放空洞下闸，水库开始中期蓄水；2008 年 7 月完成大坝坝顶高程 409.0m 以下填筑和坝顶公路施工，大坝工程全面完工。2007 年 7 月首台机组发电，2008 年 8 月 4 台机组全部并网发电。

1.2 施工难点与对策

在深山狭谷中，簇拥着世界最高的混凝土面板堆石坝、大型地下电站、大泄量高落差河岸式溢洪道及放空洞等建筑物，使得水布垭水电站具有诸多施工特点与难点。为了克服施工条件恶劣的困难，快速、安全、高质建成水布垭水电站，在设计和建设过程中，进行了多专题的特殊科研、专题研究，动态设计，不断优化，取得了一系列设计、科研成果，并将这些成果应用于工程建设中，解决了工程的重点、难点问题，有的成果被载入相关规范加以推广应用。

（1）地处高山峡谷，施工布置相当困难。坝址河谷地形呈 V 形，左、右岸分别被大崖和马崖分隔成上、下游两部分。坝址左岸高程 350m 以下为高陡边坡，高程 350m 以上岸坡变缓，其中高程 420m 以上的三友坪一带为开阔坡地；右岸高程 350m 以下为高陡边坡，高程 350m 以上地形变缓，其中高程 450m 以上的顾家坪一带地形较平缓。坝址下游两岸呈较陡的一面坡形，冲沟较均匀穿插其中，左、右岸分别有几处河床冲积滩地，盐池河以下有较大的冲沟和场地。坝址附近难以布置施工营地和立体交通网络。通过"施工规划专题"、"施工组织设计专题"论证，逐一解决了这些棘手的问题。

（2）由于大坝填筑沉降变形和混凝土面板防裂控制难度随坝高增大，工程界一度将 200m 级混凝土面板堆石坝视为"禁区"，而水布垭大坝高达 233m，为世界最高的混凝土面板堆石坝，施工技术要求更高。通过"水布垭混凝土面板堆石坝施工程序研究"、"坝体施工方法及质量控制措施研究"、"面板与趾板防裂措施研究"等特殊科研，从坝体分区、材料选用，到坝筑程序、施工工艺、质量控制及面板防裂技术等获得突破与创新。

（3）大型地下洞室群密集，围岩软硬相间，地质条件复杂，施工通道布置困难。通过开展"地下工程施工技术研究"特殊科研，探索出先进行地下厂房上部软岩置换，然后进行主厂房及相关洞室开挖的施工程序。同时，优化施工通道，尽量减少施工支洞，避免与引水发电系统的相关洞室产生空间交叉、相互干扰，并采取合理的主厂房开挖分层及施工方法。

（4）清江属山区性河流，洪水陡涨陡落，峰高量大，施工导流与度汛难度大。通过"高面板堆石坝导流与度汛研究及应用"等特殊科研及优化设计，根据工程条件，采用了初期枯水期上、下游过水围堰挡水，汛期坝面过流，中后期坝体临时挡水度汛的施工导流方案，实现了施工期安全度汛，节约了工程投资。

（5）为了充分利用开挖料，增加了土石方平衡复杂性。通过"施工规划专题"、"施工组织设计专题"论证，尽量提高开挖料利用率和直接上坝率，并在坝体适当部位采用软岩利用料，从而降低造价。

（6）由于岸边溢洪道最大泄洪功率31000MW，居国内外同类工程前列，泄洪消能的综合技术难度居国内外同类工程之首。消能防冲区岩性软弱破碎，抗冲刷能力低；消能防冲区左、右岸均有滑坡体，右岸还有高边坡，环境地质条件复杂；消能防冲区距大坝下游坡脚较近，紧靠导流洞出口和地下电站尾水出口，对以上各建筑物安全运行影响重大。采用坝下游防淘墙作为泄洪消能方案，其规模与施工难度等方面，在国内外均属罕见。通过"防淘墙施工专题研究"等特殊科研及相关专题研究、专项设计以及施工过程中的动态调整、优化设计，为安全、按时完成左、右岸防淘墙施工提供了技术支撑。

（7）缩短工期，提前受益。通过开展"提前截流专题研究"、"提高大坝填筑强度专题研究"和不断地进行进度优化，将可研批复的枢纽总工期9.5年缩短至7年8个月，并将发电工期提前了近1年、总工期缩短了近2年，创造了巨大的经济效益、社会效益及环境效益。

导流与度汛　　　　　　　　　　　　　第 2 章

　　清江洪水陡涨陡落,洪枯流量差别大,具有典型的山区性河流特性。水布垭面板堆石坝是世界同类坝型的第一高坝,坝址处河谷狭窄,岸坡陡峻;河床覆盖层较厚,以砂卵砾石为主;岩体软硬相间,地下工程成洞条件差。在系统分析地形地质和水文条件、工程布置、施工要求的基础上,经多方案技术经济比较,制定了适合水布垭水电站特点的导流与度汛方案:围堰一次拦断河床,隧洞导流;截流后第一个汛期坝体过水度汛,以后各汛期坝体临时断面挡水度汛。

　　水布垭导流洞具有过流断面大、洞线长、流速高、运行水头高、进口边坡高陡、出口消能困难等特点。对导流洞工程进行全面的研究计算分析,采用导流洞整体模型和进水塔、出口消能等局部模型试验研究,解决了导流隧洞的技术问题,并在此基础上不断地完善和优化设计。通过采用预应力锚索和加长锚杆等加强支护措施,将进口175m高的边坡由开挖坡比1∶0.3～1∶0.7,优化为台阶高10m,马道宽3m的垂直边坡,并将导流洞洞身向上游延长30m,节省岩石挖方191万m³;通过隧洞进口体型优化和出口压坡,改善了洞内负压问题;通过对城门洞形、蛋壳形和马蹄形等多种断面型式的比较,最终采用便于施工、且受力条件较好的斜墙马蹄形断面,共节省岩石洞挖工程量9.96万m³、混凝土工程量16万m³;出口与溢洪道重叠布置,为减少溢洪道的开挖量,并使溢洪道泄洪水舌远离坝体,导流洞出口向下游延长38m,节省了大量的岩石开挖工程量,但减小了消力池长度,增加了出口消能难度,设计通过消能体型的试验研究,采用斜尾坎消力池消能方案,并结合永久出口防淘墙结构,将水流主流归到河道主槽,解决了出口消能问题。

　　水布垭大坝和围堰过水度汛具有流量大、流速高等特点。通过修改下游土石过水围堰为碾压混凝土围堰,并与坝体结合,作为坝下游护墩,既解决了因坝基覆盖层中存在粉细砂层可能引起的坝体稳定问题,又解决了下游围堰过水保护的技术难题;通过适当抬高下游混凝土围堰顶高程,同时降低上游土石围堰过水面高程,使上游围堰、坝面最大过流流速大幅降低,且水流平顺,达到了降低了围堰、坝面保护难度和度汛风险的目的。

　　为解决特定条件下高面板坝施工导流度汛技术问题,设计单位先后编制了《清江水布垭水利枢纽导流洞优化设计研究报告》《清江水布垭水利枢纽截流及围堰设计专题研究报告》和《水布垭高面板堆石坝导流与度汛工程研究及应用报告》,并与有关单位共同完成了导流洞、过水围堰及坝面水力学模型试验研究工作,以及导流洞进口边坡稳定性计算、导流洞封堵体三维有限元计算等研究工作。

2.1　施工导流方案

2.1.1　施工导流方案比选

2.1.1.1　施工导流设计条件

1. 地形、地质

水布垭水电站坝址位于长约800m、流向NE30°的水布垭峡谷,峡谷上、下游河段均为西东向。河谷地形呈 V 形,两岸山体雄厚,左、右岸平均坡角分别为50°、35°。枯水期水面宽 60～80m,坝址枯水期水深 1.2～3m。设计正常蓄水位 400m 时,库水面宽 568～577m。河床砂砾石层厚 2～25.8m。

坝址出露的岩层总体是上部软岩,中部硬岩,下部呈软硬岩相间分布。地质条件左岸优于右岸。

坝址上游 2.3～9km 范围内分布 18 个滑坡体及 5 个危岩体,在施工导流阶段,挡水建筑物视拦蓄水位情况,需考虑滑坡体可能失稳对工程施工的威胁和影响。坝址下游左岸有大岩墩(距大坝 840m)及台子上滑坡(距大坝 1300m),右岸有马崖高陡岩边坡及马岩湾滑坡(距大坝 1130m),应注意导流洞出口水流对滑坡和陡岩边坡的影响。

2. 水文特性

清江处于鄂西暴雨区,水量充沛,多年平均降雨量 1000～2000mm。清江每年 11—4 月为枯水期,6—9 月为主汛期,洪水具有陡涨陡落、峰形多变的特性。水布垭坝址下游 17.6km 的渔峡口水文站实测最大洪峰流量 13200m³/s(水布垭水文站实测最大洪峰流量 12400m³/s),最小流量 26m³/s,洪枯流量比 508,最大水位变幅约 25m。

坝址全年 5%、3.3%、2%、1%、0.5%、0.2% 频率最大瞬时流量分别为 10800m³/s、11600m³/s、12500m³/s、13700m³/s、14900m³/s、16500m³/s,11—4 月时段 5% 频率最大瞬时流量 3960m³/s。

2.1.1.2 导流方案的选择

1. 面板堆石坝常用的导流度汛方式

面板堆石坝通常采用隧洞导流。施工期坝体度汛可分为以下 4 种度汛方式:

(1)坝体临时断面挡水度汛;

(2)全年围堰挡水,基坑及坝体全年施工;

(3)初期枯期围堰挡水、汛期围堰及坝体先期过流,中、后期坝体挡水度汛;

(4)枯期围堰挡水,坝体预留缺口过流,坝体分段填筑度汛。

大桥坝、花山坝、万安溪坝、东津坝、白溪坝、洪家渡坝、鱼跳坝、引子渡坝、乌鲁瓦提坝等采用的是第(1)种度汛方式,黑泉坝、紫平铺坝、公伯峡坝、泗南江坝和巴西辛戈(Xinggo)坝等采用的是第(2)种度汛方式,小山坝、西北口坝、珊溪坝、芹山坝、大河坝等采用的是第(3)种度汛方式,采用第(4)种度汛方式的有天生桥一级坝和莲花坝。

面板堆石坝采用第(1)种度汛方式的居多数。该种度汛方式充分利用了面板堆石坝施工方便、填筑上升速度快的优点,可以减少围堰工程量。

第(2)种度汛方式采用高标准的导流工程以争取全年施工条件。如巴西辛戈面板坝,导流标准为 30年一遇全年洪水,洪峰流量 10500m³/s,用 4 条直径 16m 的导流隧洞及 50m 高的围堰挡全年洪水,使坝体全年顺利施工。黑泉坝结合施工道路布置,使上游高围堰达到 100 年一遇洪水标准。紫平铺坝上游围堰和左岸滑坡压重体结合,大部分围堰作为永久工程的一部分,上游围堰采用 50 年一遇洪水标准,基坑全年施工。泗南江坝在可行性研究阶段采用第(1)种度汛方式,即截流后第一个枯水期围堰挡水、汛期坝体临时断面挡水的度汛方式;在施工期,由于截流时间从原规划的 2004 年 11 月推迟到 2005 年 2 月,坝体难以在 2005 年汛前填筑到度汛高程,经过方案比较论证,调整为第(2)种度汛方式,即全年围堰挡水度汛方式。第(2)种导流度汛方式的导流工程量较大,应经充分技术和经济论证后采用。

洪家渡坝原规划采用第(2)种度汛方式,拟在上游设置两道围堰,第一道为枯水期低土石围堰,在其保护下施工第二道碾压混凝土全年挡水围堰。经过对坝体施工工期、围堰挡水时段进行综合分析后,将上游两道围堰修改为一道枯水期挡水围堰,在一个枯水期将大坝填筑到临时挡水度汛断面,即将度汛方式优化为第(1)种度汛方式。

大河坝采用第(3)种度汛方式,原计划第一个汛期导流隧洞和坝面联合泄流度汛,因工程进度滞后,实际施工中大坝在1995年、1996年两个汛期均过水并安全度汛。

芹山坝原计划第一个枯水期填筑至拦洪高程,后因前期准备工作不足及其他因素,导致第一个枯水期填筑至拦洪高程难度极大,为减少对发电工期的影响,采用了坝体填筑至一定高程与导流洞联合泄流方案。即导流度汛方式由原规划第(1)种方式根据工程进展情况调整为第(3)种方式。

天生桥一级坝采用了第(4)种度汛方式。天生桥一级坝属宽河床高坝,填筑工程量大,1994年截流后至1995年汛期,河床段未开挖基坑,1#导流洞未投入使用,实际上由上、下游围堰及基坑与2#导流洞联合过水。1995年共过水12次,围堰有局部破坏,最大流量达4400m³/s,安全度过汛期。1996年汛前,大坝全断面填筑到高程642m,预留宽120m缺口,两岸填筑到高程660m,汛期2条导流洞与坝体缺口同时过水,汛期共过水7次,最大一次过水流量1290m³/s,坝体采用铅丝石笼保护,基本没有破坏;同时,汛期两岸继续填筑,汛后过水坝面淤积物平均厚80cm。

2. 导流方案比选

清江属山区性河流,洪水陡涨陡落,洪枯流量差别大。坝址河床狭窄,岸坡陡峻。水布垭大坝采用一次断流、隧洞泄流的导流方式。在可行性研究阶段,针对初期导流与度汛比较了三种方案。

(1)方案一:枯水期围堰挡水,汛期导流洞、围堰和坝面过水度汛方案

初期导流由两条隧洞泄流,枯水期上、下游过水围堰挡水,汛期基坑过水;中期导流由两条隧洞与永久放空洞配合泄流,坝体临时断面拦洪度汛;后期导流枯水期由永久放空洞泄流,汛期由溢洪道泄洪。

左岸地质条件优于右岸,且河道走向决定左岸导流洞洞长小于右岸;另考虑到溢洪道布置在左岸,其下方没有布置其他建筑物,而引水发电系统及放空洞均布置在右岸,使右岸的地下建筑物已很密集,因此,宜将两条导流洞均布置在左岸。导流洞出口与溢洪道尾部重叠布置,出口顺直于河道,泄流条件好。

1#、2#导流洞均布置在左岸,两洞轴线间距53m,隧洞尺寸为13m×16m,断面为城门洞形,顶拱圆心角120°,单洞净过水面积194m²。导流洞进口高程198m,出口高程195m。1#、2#导流洞长度分别为1115m和1021.5m,纵坡分别为2.69‰和2.94‰。隧洞衬砌采用两种断面型式,在岩性软弱、性状较差洞段采用衬砌断面I,该断面两侧拱端设拱座,顶拱厚1.2m,边墙和底板厚均为1.5m;在岩性相对较硬、性状较好洞段采用衬砌断面II,该断面顶拱厚1.0m,边墙和底板厚均为1.2m。

大坝上游围堰型式为土石过水围堰上设挡水子堰型式。土石过水围堰拦挡11—4月5%频率最大瞬时流量3960m³/s,堰顶高程223m,过水围堰高度28m。子堰顶高程226m,可拦挡11—5月20%频率最大瞬时流量4190m³/s。汛期围堰过水,围堰过水时的洪水设计标准为全年3.3%频率最大瞬时流量11600m³/s,过水时采用面流消能型式。过水面采用1.5m厚的现浇钢筋混凝土面板防护,坡脚覆盖层采用钢筋石笼防护。围堰防渗采用混凝土防渗墙上接现浇混凝土墙,混凝土防渗墙高度40m,现浇混凝土墙高度7m。

下游土石过水围堰挡水及过水标准同上游围堰,拦挡流量4190m³/s。堰顶高程211m,覆盖层以上堰体最大高度16m。堰顶宽10m,顶部及堰面采用1.5m厚的钢筋混凝土板护面,下游30m范围抛填大块石保护围堰坡脚河床。围堰防渗采用混凝土防渗墙方案,墙体高度约28m。下游围堰除抛石护脚外全部与坝体结合。

坝面及堰面过水保护标准选取全年3.3%频率最大瞬时流量11600m³/s,计算坝面分流量7730m³/s,根据施工进度安排,截流后第一个汛期前坝面填筑至高程196～208m,结合上、下游土石过水围堰,形成上下游高、中间低的过流形态。过水坝面局部采用块石保护，下游末端40m范围采用大块石护面。

可行性研究阶段大坝下游坡脚处只有一道土石过水围堰，与大坝结合。招标和施工图阶段进行了方案优化调整(见图2.1)，在大坝下游设两道围堰，分别为下游土石围堰和下游碾压混凝土围堰。

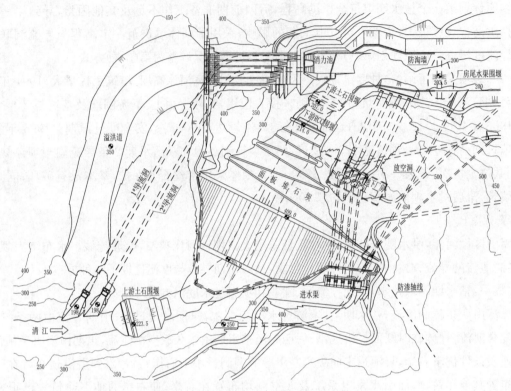

图2.1 大坝过水围堰方案施工导流布置图

(2)方案二：全年围堰挡水方案

左岸设置2条导流洞，右岸设置1条导流洞；初期导流由围堰全年挡水，3条导流洞联合泄流；中期导流由坝体挡水，3条导流洞或左岸2条导流洞及右岸导流洞改建的永久放空洞联合泄流；后期导流枯水期由永久放空洞泄流，汛期由溢洪道泄流。

本方案左岸布置 $1^\#$、$2^\#$ 低导流洞，右岸布置 $3^\#$ 高导流洞(见图2.2)。隧洞断面为城门洞形，尺寸均为13m×16m，顶拱圆心角120°。单洞净过水面积194m²。$1^\#$、$2^\#$ 导流洞进口底板高程197m，出口底板高程195m，隧洞洞身长度分别为1027m和1109m，隧洞纵坡分别为1.95‰和1.8‰。右岸 $3^\#$ 导流洞进口底板高程205m，出口底板高程203m，洞身长度1734m(其中与永久放空洞结合长度370m)，隧洞纵坡1.15‰。

大坝上游土石围堰为3级临时建筑物，拦挡全年3.3%频率最大瞬时流量11600m³/s，计算上游水位252.6m，初拟堰顶高程255m。考虑到围堰拦挡过程中，坝址上游滑坡体可能产生滑坡，同时计算滑坡涌浪的影响，围堰需增高7m，故堰顶高程定为262m，覆盖层以上堰体最大高度69m，围堰总填筑量为215.21万m³。基础及堰体防渗采用混凝土防渗墙上接黏土斜墙方式，围堰顶宽10m，迎水坡1：2～1：3，背水坡1：1.6。

下游围堰为4级临时建筑物，拦挡全年5%频率最大瞬时流量10800m³/s，相应下游水位220.6m，拟定堰顶高程222.5m。堰体最大高度27.5m。堰顶宽度10m，背水坡1：1.5～1：2，迎水坡1：2.5，围堰总填筑量为30.98万m³，其中结合坝体填筑量为26.94万m³。

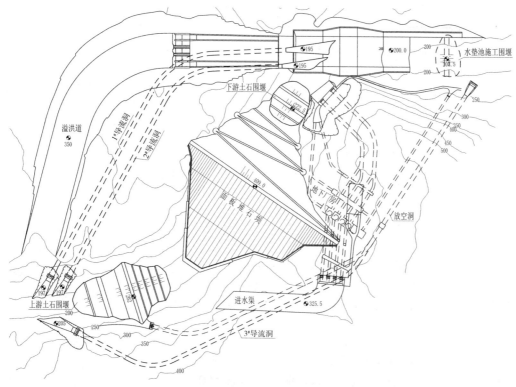

图 2.2　大坝全年围堰挡水方案施工导流布置图

（3）方案三：枯水期围堰挡水，截流后第一个汛期由坝体挡水度汛方案

枯水期由围堰挡水，在一个枯水期内，将坝体临时断面填筑至具备拦洪度汛高程。

根据《水利水电工程施工组织设计规范》（SDJ 338—89）规定，当坝体填筑到不需围堰保护时，其临时度汛洪水标准根据坝型及坝前拦洪库容确定。堆石坝拦洪库容大于 1.0 亿 m^3，临时度汛洪水标准采用大于 100 年洪水重现期。

当上游水位高于 245m，水库库容大于 1.0 亿 m^3。按 100 年重现期洪水（洪峰流量 13700m^3/s）计算，在设置两条过流面积为 200m^2 的导流洞条件下，经调蓄后上游水位达到 271m，按 8m 超高计算（考虑上游库首滑坡可能滑塌引起的壅浪超高），临时断面顶高程 279m，临时断面填筑量 280 万 m^3。在截流后需进行围堰填筑、坝基处理、趾板基础开挖和混凝土浇筑、坝体填筑等，施工工序多，干扰大。因此，要在截流后的 5 个月时间内完成临时断面的填筑非常困难。如不能按期在汛前形成临时断面，则将面临很大的度汛风险；而且临时断面的上、下游填筑高差大，不利于坝体变形的控制。

（4）方案比较

因方案三实现难度大，且不利于坝体变形控制，故设计过程中，重点对方案一、方案二进行比较，见表 2.1。

表 2.1　施工导流方案比较表

项目\方案	方案一（枯水期围堰、坝面过水方案）	方案二（全年围堰、坝面不过水方案）
泄流条件	2 条 13m×16m 导流洞	3 条 13m×16m 导流洞（3# 洞改建成放空洞）
初期导流方式	枯水期隧洞泄流，围堰挡水；汛期坝面过水	隧洞泄流，围堰全年挡水

项目 方案		方案一（枯水期围堰、坝面过水方案）	方案二（全年围堰、坝面不过水方案）
截流时间		第3年10月下旬	第3年10月中旬
导流洞	洞身段长度	1#洞1115m,2#洞1021.5m,总长2036.5m	1#洞1207m,2#洞1109m,3#洞1734m(其中与放空洞结合360m),总长4050m
导流洞	主要工程量	岩石明挖44万m³ 洞挖68.21万m³ 混凝土41.42万m³ 钢筋14950t 钢材2240t	岩石明挖56万m³ 洞挖123.98万m³ 混凝土62.89万m³ 钢筋22695t 钢材2800t
上游围堰		使用期2.5年,3个枯水期,2个汛期(一个汛期过水,一个汛期淹水),堰体高度28m,防冲结构较复杂,填筑量40.31万m³,混凝土1.5万m³	使用期2.5年,3个枯水期,2个汛期,堰体高度69m,结构较简单,填筑量215.12万m³
下游围堰		使用期1.5年,2个枯水期,1个汛期(坝面过水),堰体高度15.5m,防冲结构较复杂,填筑量19.9万m³(其中结合坝体15.8万m³),混凝土1.4万m³	使用期1.5年,2个枯水期,1个汛期,堰体高度27.5m,结构较简单,填筑量30.98万m³(其中结合坝体26.94万m³)
导流工程静态投资		4.2亿元	7.2亿元
坝体填筑		填筑历时50个月(第4年3月至第8年10月)	填筑历时44个月(第4年4月至第7年11月)
第一台机组发电工期		第8年7月	第8年7月
坝体正常挡水发电工期		第10年7月	第9年7月
综合比较	有利方面	1. 导流工程规模较小,左岸地质条件较好,施工准备期完成2条长度分别为1000m左右的导流洞,工期保证率高。 2. 充分利用了面板堆石坝允许过水的特点,用两个枯水期完成坝体临时拦洪度汛断面填筑,虽施工进度比较紧张,但施工度汛安全保证率高。 3. 后期导流阶段,利用溢洪道底板过水度汛,未完建坝体挡水,在第8年汛期能实现首机发电,可减少发电前的工程投资。 4. 导流工程静态投资较坝面不过水方案节省约3亿元	1. 施工导流程序较简单,减少了堰面、坝面的保护工程和汛后修复、清淤等工作。 2. 围堰全年挡水,可利用截流后第一个汛期连续施工,增加直线工期半年,坝基开挖、趾板浇筑、帷幕灌浆和固结灌浆以及坝体填筑等均可不间断进行,各工序强度较均衡,进度有保证。 3. 坝体正常挡水发电工期8年半,初期发电累计电量(第8年7月至第10年7月)较坝面过水方案多2.25亿kW·h(若为平水年)或2.85亿kW·h(若为丰水年)

项目 \ 方案		方案一（枯水期围堰、坝面过水方案）	方案二（全年围堰、坝面不过水方案）
综合比较	不利方面	1. 导流程序复杂，上、下游围堰及坝面的防护要求较高。 2. 因坝面过水，损失直线工期半年，机械设备的利用及坝体填筑的均衡性受到影响。 3. 溢洪道溢流堰混凝土浇筑及金属结构安装工程需在发电后 2 个枯水期才能完成，水库蓄水位受上述施工限制，第 10 年汛期才能蓄水至正常高水位，发电量受到影响。 4. 截流后第一个枯水期需填筑围堰、基坑抽水、大坝趾板开挖、浇筑及大坝填筑等，工期较紧张	1. 导流工程规模大。右岸增加 1 条 1700 多米长且地质条件较差的导流洞，在截流后的一汛前必须通水，工期紧张。 2. 上游围堰高度 69m，填筑量大，必须在汛前完成。工期紧，施工强度大。 3. 前期导流阶段施工度汛的安全保证率及可靠性不如坝面过水方案。 4. 虽大坝提前近 1 年完建，但发电工期较坝面过水方案不能提前
	结论	综合比较认为，坝面不过水方案导流工程规模大，工期紧，投入高，较之坝面过水方案，其初期增加的发电量，不能弥补前期增加的导流投资。因此，面板堆石坝初期导流度汛采用坝面过水方案较为合理，即推荐方案一	

2.1.2 导流标准

2.1.2.1 导流建筑物级别

水布垭水电站属于一等大（1）型工程，按《水利水电工程施工组织设计规范》（SDJ 338—89）规定，导流洞及大坝上、下游土石过水围堰为 4 级建筑物，厂房尾水渠施工围堰及导流洞进、出口施工围堰为 5 级建筑物，导流洞堵头为 1 级永久建筑物。

2.1.2.2 导流建筑物设计洪水标准及坝体度汛标准

根据《水利水电工程施工组织设计规范》（SDJ 338—89）有关规定，参考类似工程经验，并结合本工程具体情况确定导流与度汛标准。

1. 围堰挡水标准

对围堰挡水时段进行了比较、选择。

（1）方案一：挡水时段为 11—4 月

围堰设计挡水标准为 11—4 月 5％频率最大瞬时流量 3960m³/s，上游围堰堰顶高程 223m，围堰高度 28m。为尽量争取第一期大坝施工工期，拟在上游过水围堰顶加子堰，子堰设计挡水标准为 11 月—5 月 20％频率洪水，子堰高 3m。

第 2 年汛前一、二期大坝填筑量为 321 万 m³。根据施工进度安排，如不考虑利用第 1 年汛前的 5 月填筑，一、二期填筑工期为 10 个月，平均填筑强度为 32.1 万 m³/月。

大坝填筑的难点为一、二期填筑强度高，填筑断面小，施工干扰大。但根据国内外工程施工水平，填筑强度达到 32.1 万 m³/月是可行的。另外，再考虑加子堰适当延长填筑时间，则填筑进度保证性更大。

（2）方案二：挡水时段为 11—5 月

上游围堰采用挡水标准为 11—5 月 5％频率洪水，可保证利用 5 月进行大坝填筑施工，大坝第一、二期填筑平均强度降至 29.2 万 m^3/月,填筑进度更有保证。

上游围堰堰顶高程 236m,较方案一提高 13m,增加填筑工程量约 30 万 m^3。另外,由于围堰高度较大,围堰加高后,汛期坝面和堰面过水度汛时的流速加大,过水保护难度和工程量更大。

综合比较,确定围堰挡水时段为 11—4 月。

上、下游过水围堰防冲保护标准取全年 3.3% 频率最大瞬时流量 11600m^3/s。

2. 截流标准

招标设计以前阶段,截流时间初定为 11 月上旬,设计截流标准为 11 月 10% 频率月平均流量 324m^3/s。在施工图设计阶段,经对清江水文特性的进一步分析,根据导流洞施工进展情况,为争取基坑工程有效工期,将截流时间提前到 10 月下旬,设计截流流量为 10 月 20% 频率月平均流量 423m^3/s。实际截流时间为 2002 年 10 月 26 日。

3. 导流洞洪水标准

导流洞过流期设计洪水标准为全年 10% 频率洪水,相应洪峰流量 9480m^3/s;校核洪水标准为全年 0.5% 频率洪水,相应洪峰流量 14900m^3/s。

导流洞下闸设计流量标准为 11 月 10% 频率旬平均流量 324m^3/s(实际下闸时间为 2006 年 10 月 19 日)。闸门挡水设计标准为 11—3 月 5% 频率最大瞬时流量 2700m^3/s。

导流洞封堵堵头设计标准为全年 0.1% 频率最大瞬时入库设计洪水流量 20200m^3/s,校核洪水标准为全年 0.01% 频率最大瞬时入库设计洪水流量 24400m^3/s。

4. 大坝度汛标准

坝面过水保护洪水标准的选择主要考虑工程处于关键施工阶段,应采用较高度汛标准。当大坝填筑高程超过围堰顶部高程时,坝体施工期临时度汛洪水设计标准依据坝型、坝前拦蓄库容确定;当导流洞封堵后,依据坝型和大坝级别确定坝体度汛洪水设计标准。

(1)2003 年汛期坝面过水保护标准为全年 3.3% 频率最大瞬时流量 11600m^3/s。

(2)2004 年汛期坝体临时断面挡水度汛,库容大于 1.0 亿 m^3,拦洪度汛标准应大于 100 年洪水重现期,坝址 1%、0.5%、0.33% 频率最大瞬时流量分别为 13700m^3/s、14900m^3/s、15500 m^3/s,相应坝前水位分别为 270.2m、273.8m、277.0m,流量与水位相差均不大,根据水布垭大坝的重要性,确定 2004 年拦洪度汛标准为全年 0.5% 频率最大瞬时流量 14900m^3/s。2005 年汛期坝体度汛标准同 2004 年。

(3)2006 年汛期坝体度汛标准提高到全年 0.33% 频率最大瞬时流量 15500m^3/s。

(4)2006 年 11 月导流洞下闸封堵,2007 年汛期坝体拦洪度汛标准为全年 0.2% 频率最大瞬时流量 16500m^3/s。

(5)2008 年汛期坝体拦洪度汛标准为全年 0.1% 频率最大瞬时入库设计洪水流量 20200m^3/s。

水布垭水电站施工导流与大坝度汛标准详见表 2.2。

表 2.2　　　　　　　　　水布垭水电站施工导流与大坝度汛标准表

项目	时段	频率(%)	流量 (m^3/s)	泄流条件	下泄流量 (m^3/s)	下游水位 (m)	计算上游水位 (m)
截流	10 月下旬	20% 月平均	423	导流洞	423		
截流戗堤	11 月	20% 最大瞬时	1060	导流洞	1060		206.3

项目		时段	频率(%)	流量 (m³/s)	泄流条件	下泄流量 (m³/s)	下游水位 (m)	计算上游水位 (m)
上游土石 过水围堰	挡水	11—4月	5%最大瞬时	3960	导流洞	3960	208.52	221.93
	过水	全年	3.3%最大瞬时	11600	导流洞+堰面	11600	221.47	235.11
下游土石 围堰	挡水	11—3月	5%最大瞬时	2700	导流洞	2700	205.68	
下游碾压混凝土 过水围堰		11—4月	5%最大瞬时	3960	导流洞	3960	208.52	
厂房围堰		11—5月	放空洞下泄流量	1000	放空洞	1000	202.13	
导流洞进出口围堰		全年	20%最大瞬时	8040	原河床	8040	215.60	217.60
导 流 洞	设计 过流期	全年	10%最大瞬时	9480	导流洞	7141	214.07	250.71
	设计 封堵期	11—3月	5%最大瞬时	2700	放空洞	878	201.73	286.60
	校核	全年	0.5%最大瞬时	14900	导流洞	9160	217.45	275.62
导流洞过流期 坝体度汛标准		2003年	3.3%最大瞬时	11600	导流洞+大坝	11600	221.47	235.11
		2004年及 2005年	0.5%最大瞬时	14900	导流洞+ 放空洞	9160	217.45	275.62
		2006年	0.33%最大瞬时	15500	导流洞+放空洞	9370	217.80	278.64
后期导流期 坝体度汛标准		2007年	0.2%最大瞬时	16500	溢洪道	14810	226.5	400.8
		2008年	0.1%最大瞬时	20200	溢洪道	16300	229.4	402.2
永久 堵头	设计	全年	0.1%最大瞬时	20200	溢洪道	16300	229.4	402.2
	校核		0.01%最大瞬时	24400	溢洪道	18280	232.6	404.0

2.1.2.3 已建面板堆石坝工程导流度汛标准

导流度汛标准的确定本身是个风险分析的问题,是安全和经济的对立统一体。标准定得低一些,相应的导流方案比较经济,但要承担较大的风险;反之,标准高了,风险小了,但工程量、投资及施工难度又将加大。各国所采用的土石坝施工期度汛标准见表2.3。

表2.3		各国土石坝施工导流标准
国别	计算方法	洪水重现期(年)
中国	频率法	5~100,常用10~20
原苏联	频率法	20~100
美国	实测流量	低坝5~10、高坝25
加拿大	实测流量	15~100
巴西	实测流量	10~100
哥伦比亚	实测流量	20
墨西哥	实测流量	25,并比较实测洪水,取大值
日本	实测流量	20~50

续表

国别	计算方法	洪水重现期(年)
印度	实测流量	30～100
巴基斯坦	实测流量	最大洪水
奥地利	实测流量	100

对于面板堆石坝,导流标准选择有两类。一类是从安全考虑多采用较高的导流标准,如巴西的辛戈坝采用全年挡水围堰,挡水标准为全年3.3%频率洪水,相应流量10500m³/s,上游围堰高52m,布置4条直径16m的马蹄形无衬砌导流隧洞;墨西哥的阿瓜密尔巴(Aguamilpa)坝采用全年挡水围堰,挡水标准为47年实测最大洪水,相应流量6700m³/s,上游围堰高55m,布置两条直径16m的不衬砌导流隧洞,为考虑超标准洪水,在右岸紧靠上游围堰处建造了一条带有自溃堤的明渠,渠底比围堰顶低10m,以备遇大洪水时先从明渠向基坑充水,避免或减轻堰顶过水时水流的破坏作用,作为附加的安全措施。另一类则采用较低的导流标准,如澳大利亚是世界上修建面板堆石坝较多的国家之一,由于河流较短,集雨面积和流量较小,认为基坑淹没和轻微的漫顶造成的危害较小,只要对施工中的坝体作适当的过水保护,就可经济地进行坝体施工。如塞沙那(Cethana)坝,一期围堰的防洪标准是1/2年枯季洪水,相应流量60m³/s,原定二期围堰与坝体结合,拦挡7年一遇枯季洪水,但实际上未专门修建,而仅将挡水流量提高至120m³/s,同时在坝体下游坡面用钢筋石笼防护,高程达到10年一遇洪水位,以备洪水漫顶时防止堆石的冲蚀;马肯托士(Mackintosh)、默奇松(Murchison)等坝也大体上是这种模式。实际上,施工期都曾发生过坝体挡水或轻微漫顶情况,塞沙那坝曾有部分堆石被冲走,但均未造成较大损失。

上述两类导流度汛标准的选择原则是与具体条件有关的。辛戈、阿瓜密尔巴坝都是在大江大河上修建的大型水电站,河水流量大,坝高、工程量、库容、装机容量均较大,失事后的损失大,所以对安全方面考虑多。而澳大利亚的工程都修建在较小的河流上,工程规模不大,对堆石体作适当防护后,采用较低导流标准是经济的,对安全的威胁不大。

国内20世纪80年代以前修建的水利水电工程,导流标准多数不低于20年重现期。1989年颁布了《水利水电施工组织设计规范》(SDJ 338—89)以后,均根据该规范的有关规定执行。我国1985年以来兴建的部分面板堆石坝导流度汛标准的实际情况列于表2.4。由表2.4可见,国内面板堆石坝工程初期导流围堰挡水标准多数为枯水期5%频率洪水、汛期10%频率洪水,截流后第一个汛期由坝体挡水或由坝体表面过水度汛。坝体过水度汛保护标准以5%～3.3%频率洪水居多。

水布垭面板堆石坝导流度汛标准根据《水利水电施工组织设计规范》(SDJ 338—89)的规定和水布垭坝址水文条件、导流建筑物级别、坝型、拦洪库容、大坝级别等因素综合分析后拟定。初期导流期由枯水期土石围堰挡水,汛期基坑过水,土石挡水围堰设计洪水标准采用枯水期5%频率洪水,截流后一汛(2003年)围堰和坝面过水度汛,围堰及坝面过水度汛保护标准采用全年3.3%频率洪水。坝体填筑高程超过围堰堰顶高程后进入中期导流期,由坝体临时挡水度汛,二汛、三汛(2004年、2005年)坝体临时度汛洪水标准采用全年0.5%频率洪水,四汛(2006年)采用全年0.33%频率洪水。2006年10月导流隧洞下闸封堵,施工导流进入后期导流期,五汛(2007年)坝体度汛洪水标准采用全年0.2%频率洪水;六汛(2008年)汛前大坝和溢洪道工程基本完工,度汛洪水标准采用全年0.1%频率洪水。

表2.4

国内部分混凝土面板坝导流度汛方式与度汛标准

大坝名称	坝高 (m)	总库容 (亿 m³)	导流隧洞		上游围堰		导流工程级别	围堰挡水标准	施工期度汛标准（重现期）(年)		截流年月	建成年月
			条	洞径 (m)	堰型	高度 (m)			截流后第一个汛期	截流后第二个汛期		
关门山	58.5	0.81	1	6.5×6.5	混凝土拱（过水）	7	4	枯期20	5（坝高2m,过水）	50（挡水）	1986.3	1988
成屏一级	74.6	0.52	1	10×10	土石（挡水）	10~12	5	枯期20	（坝高6m,未过水）	50（坝高25m,未过水）	1986.12	1989
西北口	95	2.1	1 1	8.8×13.2, φ5	土石（挡水）	20	4	枯期20	20（坝高31.5m,过水）	>100（挡水）	1986.10	1990
株树桥	78	2.78	1	φ5.2	土石（挡水）	23	4	枯期20	100（坝高61m,挡水）	>300（挡水）	1988.9	1990
万安溪	93.8	2.28	1	9.4×11.6	土石（挡水）	20	4	枯期20	（坝高8m,未过水）	50（挡水）	1991.12	1995
花山	80.8	0.63	1	5.5×6.5	混凝土（过水）	12.2	5	全年50	50（挡水）	>100（挡水）	1991.3	1994
东津	85.5	7.98	1	φ6	土石（挡水）	16	4	枯期10	100（坝高56.7m,挡水）	>200（挡水）	1992.11	1995
白云	120	3.6	1	7.5×9.2	土石（过水）	20.5	4	全年3	（坝高3m,过水）	100（挡水）	1993.11	1997
莲花	71.8	41.8	2	12×14	土石（过水）	16	4	枯期20	30（坝高17m,过水）	100（挡水）	1994.10	1996
天生桥一级	178	102.6	2	13.5×13.5	土石（过水）	约20	4	枯期20	30（围堰过水）	30（低坝过水）	1994.12	1998
古洞口	121	1.38	1	8×12	土石（挡水）	38.5	4	全年10	坝高出河床地面	100（坝高90m挡水）	1995.11	1998
珊溪	132.5	18.24	1 1	9×11, φ10	土石（过水）	20	4	枯期10	20（坝高25.7m,过水）	100（坝高78.7m挡水）	1997.10	2001

2.1.3 导流程序

2001年3月进行导流洞进、出口明渠高边坡开挖施工，同时进行导流洞洞身段施工；2002年2月至3月施工隧洞进、出口围堰，2002年10月初导流洞具备通水条件。

2002年10月下旬截流，江水由导流洞下泄。2002年12月，围堰闭气，基坑抽水。

2002年12月开始基坑处理及坝体填筑，2003年5月初，坝体填筑至高程208m。

2003年汛期围堰（坝体）与导流洞联合泄流，大坝填筑在汛期暂停，10月底基坑抽水、坝面清理。

2004年5月底，坝体临时挡水断面上升至高程288m，放空洞具备过流条件。汛期坝体临时断面挡水，由两条导流洞和一条放空洞联合泄流。

2005年、2006年汛期大坝挡水，两条导流洞和一条放空洞泄流。

2006年11月初导流洞下闸封堵（实际下闸时间2006年10月19日），进行永久堵头施工。

2007年汛前由放空洞泄流，溢洪道于2007年4月底具备过水条件；2007年5月底，放空洞下闸，2007年7月第1台机组发电，2007年汛期由溢洪道泄洪。

2008年汛期由溢洪道泄洪，2008年12月底，4台机组全部发电，工程完工。

水布垭水电站施工导流程序见表2.5。

表2.5　　　　　　　　　　　　水布垭水电站施工导流程序表

导流时段	导流标准	流量 (m^3/s)	泄水建筑物	挡水 建筑物	上游水位 (m)	挡水建筑物 高程(m)	库容 (亿 m^3)	备注
2001年至 2002年10月	全年 $P=20\% Q_{max}$	8040	原河床	隧洞围堰	217.60 215.60	219.0 217.0		施工 准备期
2002年10月	10月 $P=20\% Q_{av}$	423	$1^\#$、$2^\#$导流洞	截流	202.92			10月 下旬 截流
	11月 $P=20\% Q_{max}$	1060	$1^\#$、$2^\#$导流洞	截流戗堤	206.3	208		
2002年11月至 2003年4月	时段 $P=5\% Q_{max}$	3960	$1^\#$、$2^\#$导流洞	上游围堰	221.93	223.5		围堰挡水
2003年汛期	全年 $P=3.3\% Q_{max}$	11600	$1^\#$、$2^\#$导流洞 及坝面	坝面过水	226.79			坝面 高程208m
2004年、 2005年汛期	全年 $P=0.5\% Q_{max}$	14900	$1^\#$、$2^\#$导流洞 及放空洞	坝体临时 断面	275.62	288.0	3.3	
2006年汛期	全年 $P=0.33\% Q_{max}$	15500	$1^\#$、$2^\#$导流洞 及放空洞	坝体临时 断面	278.64	290.0	3.8	
2006年11月至 2007年5月	5月 $P=5\% Q_{max}$	6030	放空洞	坝体临时 断面	306.7	>375.00	8.4	导流洞下 闸、厂房尾 水渠等施工
2007年汛期	全年 $P=0.2\% Q_{max}$	16500	溢洪道	坝体临时 断面	400.8	405	43.7	汛前放空洞 下闸
2008年汛期	全年 $P=0.1\% Q_{max}$	20200	溢洪道	大坝	402.2	409	44.6	2008年5月 溢洪道完成

2.2 导流洞设计

2.2.1 导流洞布置

两条导流洞均布置在左岸。考虑出口水流与下游河道平顺连接,导流洞出口直线段与溢洪道下游段重叠布置。

1#导流洞靠近山体内,2#导流洞靠近岸边。导流洞上覆山体厚150～230m。两条导流洞上游直线段间距离55m,下游直线段间距离40m,洞间岩石厚度为洞宽的2.5～3.5倍。

导流洞进口距上游土石围堰堰脚约40m,进口段轴线方向NE42°,至出口转为EW向,弯道转角为59°,弯道切线夹角为121°,转弯半径均为130m,约为10倍洞宽;两条隧洞出口直线段长度分别为207.5m、166.5m,分别约为16倍、13倍洞宽。

导流洞进口底板高程198.0m,出口底板高程195.0m。1#导流洞轴线全长1442.854m,其中,洞身段长1177.859m,底坡1.805‰;2#导流洞轴线全长1333.105m,其中洞身段长1079.257m,底坡1.982‰。与可行性研究阶段相比,招标阶段及施工图阶段洞口提前进洞,节约了进口边坡开挖和支护工程量,相应洞身段长度增加。

2.2.2 导流洞断面体型研究

2.2.2.1 影响断面型式选择的因素及断面初拟

1. 导流洞穿越地层条件

导流洞穿越的主要岩层为栖霞组第10段(P_1q^{10})～第2段(P_1q^2),大部分洞段为软硬相间的岩层组成,且岩层为近乎于水平层面岩层,部分洞段存在展布于洞顶的性状较差的主剪切带,其整体围岩稳定性较差,多为Ⅲ、Ⅳ、Ⅴ类围岩,成洞条件较差。

2. 施工因素与隧洞型式

导流洞断面型式通常采用便于开挖出渣和混凝土衬砌施工的圆拱直墙型断面,其底部过流断面大,亦有利于截流、导流。尽管圆形隧洞具有施工期稳定条件较好、隧洞受力条件优越等优点,但一般不采用,主要是因为圆形洞在低水位泄流能力差,会加大截流难度,抬高枯水期挡水围堰高度,且与圆拱直墙型断面比较,在相同过流断面条件下,隧洞跨度大,在近水平状夹层中不利于隧洞的稳定。由于导流洞穿越岩层稳定性较差,开挖成大断面洞室难度较大,从施工与导流要求出发,优化研究隧洞断面型式,保证隧洞施工期安全(特别是针对布置在水平层面岩层内的隧洞),满足导流要求并控制截流落差。

3. 运行条件与隧洞型式

导流洞洞身断面大,泄流量大(过流期上游水位较高),洞内水流流速高达23m/s,且在运行过程中需多次经历明满流交替。此外,由于封堵期仅放空洞泄洪,上游水位将达300m左右,导流洞在空洞条件下承受外水压力达100m左右,运行条件较恶劣,选择洞型应具备受力条件优越等特征,以减小导流洞衬护工程量。

设计比较了城门洞形、马蹄形和蛋壳形三种隧洞断面,分别对这三类断面型式进行了计算分析比较。

2.2.2.2 衬砌结构内力分析和断面选择

1. 荷载分析

作用于导流洞衬砌上的荷载,按其作用的情况,分为基本荷载和特殊荷载两类。基本荷载主要有外水压力、设计条件下内水压力、衬砌自重、山岩压力、围岩弹性抗力等;特殊荷载主要有校核水位时的内水压力和相应的地下水压力,施工时的灌浆压力和围岩弹性抗力。需要特别说明的是,本工程导流洞结构受外水压力的控制,外水压力的选择合理与否,是本工程设计好坏的关键参数之一。

外水压力的计算较复杂,其大小与围岩性质和构造、隔水层位置及地下水补给、排泄条件等有关,也与衬砌材料及排水措施等密切相关。外水压力是渗透水在围岩和衬砌中产生的体积力,较准确的计算方法是通过渗流场计算确定,本工程取进口段 200m 范围进行了三维渗流分析,根据三维渗流分析结果确定隧洞周边水压力的折减系数取为 0.15～0.30。计算中外水水位按:大坝防渗线上游段为封堵期 11—3 月 5%洪水调蓄水位,下游段以地下水位为准。本工程为了减小外水压力,减少混凝土衬砌厚度,沿隧洞全线设间排距 3m×3m、深入岩石 2m 的排水孔。否则,隧洞衬砌混凝土的外水压力系数将大于 0.15～0.3,衬砌厚度将增加 0.5～1.5m。

2. 计算原理

计算主要采用北京大学袁明武等编的 SAP84(4.0 版)程序进行计算;并用《水工隧洞钢筋混凝土衬砌 SDCAD2.0》计算程序校核,此法是将衬砌结构的计算化为非线性常微分方程组的边值问题,采用初参数数值解法,并结合水工隧洞的洞型和荷载特点,计算水工隧洞衬砌在各种荷载及其组合作用下的内力和位移。对衬砌上的弹性抗力分布不作任何假定,由程序经迭代计算自动得出。它符合衬砌向围岩方向最终的法向位移值,较一般结构力学方法合理,也更接近实际情况。

3. 不同隧洞断面型式的内力分析与型式选定

在保证隧洞导流要求的前提下,设计比较了城门洞形、马蹄形和蛋壳形三种隧洞断面。以隧洞进口顶拱软岩段为例,分别对这三类断面型式进行内力计算。计算结果见表 2.6。

表 2.6　　　　　　　　　　　三种断面型式隧洞内力计算成果比较表

断面型式	计算工况	断面衬砌厚度 (m)		衬砌面积 (m²)	轴力 T_{max} (kN)	剪力 Q_{max} (kN)	弯矩 M_{max} (kN·m)
城门洞形		顶拱	2.2		3099	491	1773
		侧墙	2.7	163.6	3127	1316	2230
		底板	3.0		0	1294	2270
马蹄形	堵头施工期 (外水位 286.6m)	弧段	0.5		2607	683	227
		侧墙底	1.9	64.2	2912	945	1534
		底板	2.3		0	1194	1850
蛋壳形		顶拱	0.7		2920	229	473
		侧墙底	1.6	61.9	3144	401	1220
		底板	1.4		3846	687	1109

注:1. 三种断面型式内力计算条件均为一致:软岩段、封堵期、荷载简化方法相同。

　　2. 平底马蹄形和蛋壳形断面顶板内力表示整个弧段,没有边墙。

　　3. 表中所列最大弯矩为衬砌内边缘最大弯矩(计算断面轴线处弯矩不控制配筋)。

从计算结果来看,城门洞形断面受力条件最差,马蹄形断面次之,蛋壳形断面受力条件最好。特别值得注意的是,蛋壳形断面成洞条件最好,最大弯矩发生在底板和边角处,相对范围较集中,平均衬砌厚度最薄,工程量也相应最省。但综合考虑导流洞断面拟定因素,最终选定型式为马蹄形。

4. 断面尺寸确定

在充分考虑一枯主体工程施工工期及导流方案等因素后,设计分析了频率10%,11—4月、11—5月和10—5月三个时段的分期流量大小对施工期的影响情况,经核算,允许基坑施工时间分别为6个月、7个月和8个月。根据工程施工条件及控制性总进度安排情况,并结合不同时期的洪水特征,考虑到10月和5月洪水流量仍然较大,若将10月、5月定为施工期,势必导致导流洞断面尺寸加大或较大幅度地抬高围堰堰顶高程,加大导流难度。因此,确定围堰挡水标准为11—4月频率5%分期洪水,并以此作为导流洞断面优选的依据。

综合上述因素,并适当考虑截流难度,控制最大截流落差,导流洞断面选定为14.89m×15.72m的斜墙马蹄形,净断面面积193.8m²。隧洞比选断面见图2.3。

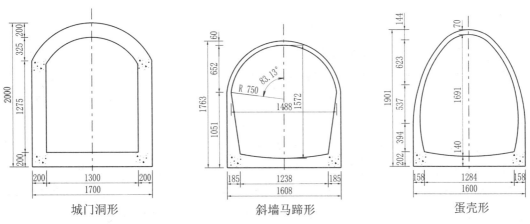

城门洞形　　　　　　　斜墙马蹄形　　　　　　　蛋壳形

图 2.3 隧洞比选断面图 (尺寸单位:cm)

2.2.2.3 分段衬砌结构设计

导流洞按4级临时建筑物设计。导流洞的衬砌型式根据不同洞段围岩的地质情况及运行条件,通过衬砌型式的水力学比选,分别采用了钢筋混凝土衬砌、钢筋混凝土与喷混凝土组合衬砌型式。对于导流洞进出口,大部分Ⅲ类、Ⅳ类和Ⅴ类围岩洞段采用全断面钢筋混凝土衬砌;Ⅱ类及少量Ⅲ类围岩洞段采取顶拱喷混凝土,侧墙及底板钢筋混凝土衬砌(单层配筋)的组合衬砌型式。

1. 导流洞进口及渐变段

根据 $1^\#$、$2^\#$ 导流洞进口及渐变段结构体型要求,两条导流洞进口渐变段长度均为30.0m($1^\#$洞桩号0+010.00~0+040.00m,$2^\#$洞桩号0+010.00~0+040.0m),渐变段前面的10m长为平洞段(桩号0+000.0~0+010.0m),此段洞顶为栖霞组第10段(P_1q^{10})软岩,洞底为栖霞组第9段(P_1q^9)硬岩或栖霞组第8段(P_1q^8)软岩,为Ⅳ类围岩,并受灰岩卸荷带的影响,成洞条件较恶劣。考虑到此段上覆围岩岩体相对较单薄,隧洞开挖净跨达23m,断面由矩形渐变为马蹄形,且在下闸封堵期将承受库水位的较大外水压力等诸多特殊因素,确定用全断面钢筋混凝土衬砌。

在施工过程中,为了维持开挖岩体的稳定,对进口段的洞身及洞脸及时打设系统砂浆锚杆、随机锚杆,并辅以超前锚杆或钢拱架,挂网(φ6,网格间距20cm×20cm),喷混凝土支护(支护范围为洞顶及其以下10.0m)。系统锚杆采用长4.2m、φ25,间排距1.5m×1.5m,顶拱加设间距4.5m,排距3m的10m长锚杆。喷混凝土厚20cm。

2. 帷幕前洞顶软岩段

$1^\#$洞桩号 0+040.00~0+315.00m、0+395.00~0+605.00m 和 $2^\#$ 洞桩号 0+040.00~0+

238.00m、0+318.00～0+558.00m 属洞顶软岩段，岩层性质同进口渐变段，隧洞衬护结构受封堵期控制，采用全断面钢筋混凝土衬砌。

成洞施工过程中，在顶拱软岩范围内喷锚支护，喷混凝土厚 10cm，且洞顶及其以下 10m 范围内设系统锚杆，锚杆采用长 4.2m、Φ 25，间排距 2.0m×2.0m。

3. 洞顶硬岩段

$1^\#$ 洞桩号 0+315.00～0+395.00m、0+605.00～0+764.0m0 和 $2^\#$ 洞桩号 0+238.00～0+318.00m、0+558.00～0+644.00m 为洞顶硬岩段，洞顶为栖霞组第 7 段（P_1q^7）、第 9 段（P_1q^9），基本属Ⅲ类围岩。洞身和洞底为栖霞组第 8 段（P_1q^8），属Ⅳ类围岩。采用全断面封闭式钢筋混凝土衬砌。

成洞施工过程中，在洞身软岩范围内喷锚支护，喷护混凝土厚 10cm。且洞顶及其以下 10m 范围内设系统锚杆，锚杆采用长 4.2m、Φ 25，间排距 2.0m×2.0m。

4. 完整硬岩展布段

$1^\#$ 洞桩号 0+764.00～0+980.00m，$2^\#$ 洞桩号 0+644.00～0+914.00m 为完整硬岩展布段，围岩主要为栖霞组第 4 段（P_1q^4）、第 5 段（P_1q^5），岩体完整连续，属Ⅱ类围岩。由于该段被大坝防渗线分割成两段，使坝体上、下游洞段运行条件发生改变，上游段受封堵期水库上游水位控制，下游段主要受天然地下水位控制。

该洞段围岩良好，在外水作用下，洞身不会坍塌，故在边墙直线段以上，采用挂网喷锚支护，喷护混凝土厚 15cm，侧墙为垂直厚 0.3m 的钢筋混凝土衬砌，底板最小厚度 0.3m，单层构造配筋。

侧墙及顶拱设砂浆锚杆加固，锚杆采用长 4.2m、Φ 25、间排距 2.0m×2.0m；顶拱挂网（Φ 6，网格间距 20cm×20cm），钢筋保护层厚 5cm。钢筋网应伸入两侧边墙，与边墙钢筋焊接成整体。

5. 出口软岩段

$1^\#$ 洞桩号 0+980.00～1+147.859m，$2^\#$ 洞桩号 0+914.00～1+049.257m 段，围岩为软岩，洞顶主要为栖霞组第 3 段（P_1q^3）软岩，且有 $031^\#$ 剪切带，属Ⅴ类围岩，成洞条件差。采用全断面钢筋混凝土衬砌。

成洞施工过程中，在顶拱软岩范围内喷锚支护，喷护混凝土厚 10cm。锚杆采用长 4.2m、Φ 25、间排距 2.0m×2.0m。

6. 出口渐变段

$1^\#$ 洞桩号 1+147.859～1+177.859m，$2^\#$ 洞桩号 1+049.257～1+079.257m 段，为出口渐变段，隧洞断面型式由马蹄形渐变至城门洞形，以与出口消力池平顺衔接，且洞顶进行压坡，下压 2m，以改善洞内负压状况，此段围岩洞顶为栖霞组第 2 段（P_1q^2），属硬岩，但由于围岩整体性较差，采用全断面钢筋混凝土衬砌。

成洞施工过程中，对出口段的洞身及洞脸及时打设系统砂浆锚杆、随机锚杆，并辅以超前锚杆或钢拱架，挂网（Φ 6，网格间距 20cm×20cm）喷混凝土支护。系统锚杆采用长 4.2m、Φ 25、间排距 2.0m×2.0m。

$1^\#$、$2^\#$ 导流洞分段衬护结构布置见表 2.7。

表 2.7 1#、2#导流洞分段衬护结构布置表

洞段		桩号	衬砌型式			初期支护措施
分段			顶拱厚(m)	底板厚(m)	基本衬砌型式	
1#导流洞	(1)	0+000.00~0+010.00	2.5	2.5	1—1	1.5m×1.5m 的 Φ25 系统锚杆和随机锚杆,20cm 厚挂网喷混凝土
	(2)	0+010.00~0+040.00	2.5	2.5	1—1 渐变至 2—2	1.5m×1.5m 的 Φ25 系统锚杆和随机锚杆,20cm 厚挂网喷混凝土
	(3)	0+040.00~0+080.00	1.0	1.3~2.3	2—2	1.5m×1.5m 的 Φ25 系统锚杆和随机锚杆,20cm 厚喷混凝土
	(4)	0+080.00~0+764.00	0.6	1.2~2.2	3—3y	2m×2m 的 Φ25 系统锚杆,10cm 厚喷混凝土
	(5)	0+764.00~0+805.00	0.6	0.3~1.3	顶部 3—3y+下部 4—4	2m×2m 的 Φ25 系统锚杆,15cm 厚挂网喷混凝土
	(6)	0+805.00~0+955.00	0.15	0.3~1.3	4—4	2m×2m 的 Φ25 系统锚杆,15cm 厚挂网喷混凝土
	(7)	0+955.00~0+980.00	0.6	0.3~1.3	顶部 5—5y+下部 4—4	2m×2m 的 Φ25 系统锚杆,10cm 厚喷混凝土或 20cm 厚挂网喷混凝土
	(8)	0+980.00~1+147.859	0.6	0.5~1.5	5—5y	2m×2m 的 Φ25 系统锚杆,10cm 厚喷混凝土或 20cm 厚挂网喷混凝土
	(9)	1+147.859~1+177.859	0.6	0.9~1.9	5—5 渐变至 6—6	2m×2m 的 Φ25 系统锚杆,10cm 厚喷混凝土或 20cm 厚挂网喷混凝土,局部钢拱架
2#导流洞	(1)	0+000.00~0+010.00	2.5	2.5	1—1	1.5m×1.5m 的 Φ25 系统锚杆和随机锚杆,20cm 厚挂网喷混凝土
	(2)	0+010.00~0+040.00	2.5	2.5	1—1 渐变至 2—2	1.5m×1.5m 的 Φ25 系统锚杆和随机锚杆,20cm 厚挂网喷混凝土
	(3)	0+040.00~0+080.00	1.0	1.3~2.3	2—2	1.5m×1.5m 的 Φ25 系统锚杆和随机锚杆,20cm 厚喷混凝土
	(4)	0+080.00~0+644.00	0.6	1.2~2.2	3—3y	2m×2m 的 Φ25 系统锚杆,10cm 厚喷混凝土
	(5)	0+644.00~0+698.00	0.6	0.3~1.3	顶部 3—3y+下部 4—4	2m×2m 的 Φ25 系统锚杆,15cm 厚挂网喷混凝土
	(6)	0+698.00~0+878.00	0.15	0.3~1.3	4—4	2m×2m 的 Φ25 系统锚杆,15cm 厚挂网喷混凝土
	(7)	0+878.00~0+914.00	0.6	0.3~1.3	顶部 5—5y+下部 4—4	2m×2m 的 Φ25 系统锚杆,10cm 厚喷混凝土或 20cm 厚挂网喷混凝土
	(8)	0+914.00~1+049.257	0.6	0.5~1.5	5—5y	2m×2m 的 Φ25 系统锚杆,10cm 厚喷混凝土或 20cm 厚挂网喷混凝土
	(9)	1+049.257~1+079.257	0.6	0.9~1.9	5—5 渐变至 6—6	2m×2m 的 Φ25 系统锚杆,10cm 厚喷混凝土或 20cm 厚挂网喷混凝土,局部钢拱架

2.2.2.4 动态优化研究

施工过程中,设计、地质和施工单位密切配合,随时跟踪导流洞开挖情况,对导流洞进行动态优化。根据导流洞上半洞开挖揭露的地质情况显示,地质条件有所改善,经过补充分析计算,对导流洞衬砌断面及分段进行了优化。

(1)衬砌结构:进口平洞段(1-1断面)、进出口渐变段、2-2和4-4断面结构保持不变,对Ⅲ～Ⅳ类围岩的3-3、5-5断面进行优化,优化后的隧洞下半洞衬砌厚度减少10cm。

(2)各断面的分段长度:进口10m长的平洞段(1-1剖面)、40m长的2-2剖面和进出口各30m长的渐变段保持不变;$1^{\#}$导流洞的完整围岩段(Ⅱ类围岩,4-4断面)长度由原150m延长到270m,$2^{\#}$导流洞的完整围岩段(Ⅱ类围岩,4-4断面)长度由原80m延长到216m;其余为优化后的3-3y断面。

(3)为减小导流洞进口段隧洞的外水压力,在$1^{\#}$、$2^{\#}$导流洞进口50m和F_8断层与$1^{\#}$导流洞相交处的35m范围内进行固结灌浆,灌浆孔深入岩石8.0m,孔排距3m×3m,F_8断层与$2^{\#}$导流洞相交处岩石胶结较好,不做特殊处理。

2.2.3 导流洞进口边坡稳定性研究与边坡支护设计

导流洞进洞口位于灰岩严重卸荷带区,同时,导流洞进口洞脸边坡高达120m,受T_1裂隙面的影响,其下部80m为近于垂直的开挖边坡,组成洞脸边坡的岩石主要为栖霞组第10段(P_1q^{10})～第2段(P_1q^2)软硬相间的灰岩,软岩占总边坡高度的34%,且多位于边坡底部和中下部。地层向临空面视倾角4°～7°,边坡严重卸荷带深20～40m,并在后缘有F_8、F_9断层切割,存在高边坡稳定问题。为此,对导流洞进口长288m(包括进口明渠30m)、宽400m($1^{\#}$隧洞轴线左侧山体150m至岸边250m)范围的洞脸边坡及隧洞进口进行了三维非线形有限元分析。在研究洞脸边坡的稳定性的同时,验证采用结构力学方法确定的隧洞衬砌结构及其计算假定条件的合理性。

2.2.3.1 计算边界条件

(1)应力边界条件:围岩中的初应力,根据地质资料,考虑天然渗流场进行计算域的初应力分析,洞室开挖后围岩的应力状态为围岩中的初应力和洞室开挖后产生的扰动应力叠加,但计算中不计入初应力对应的变位(该变位在洞室开挖前已存在)。

(2)渗流边界条件:取计算域与山体交界部位为第二类边界(无流量交换),计算域面向河流的临空面及F_8断层两侧为第一类边界(定水头),计算域表面282m(导流洞承受的最大坝前库水位)以下为定水头边界,隧洞衬砌周边为溢出面。

(3)边界约束条件:计算域沿隧洞轴线方向山体侧边界及垂直隧洞轴线方向山体侧边界均施加水平向约束;计算域底部边界均施加垂直向约束。

2.2.3.2 计算理论

(1)渗流计算理论:隧洞下闸蓄水,封堵体施工期,围岩的渗流分析是非线性问题,引用与非线性应力分析中类似于初应力的概念,采用有自由面渗流的初流量法进行分析。

(2)应力应变分析理论:计算中为模拟隧洞围岩及围岩中的泥质夹层和断层,分别采用了块体单元(常规单元)、薄层单元。对于薄层单元,假定块体和各组节理串联,组成节理块体。该模型具有以下两个基本关系:块体、各组节理、节理块体的应力增量相等,节理块体单元的应变等于单元中块体及各组节理应变增量之和。

2.2.3.3 计算成果

根据计算成果,主要有以下结论:

(1)在各计算工况下,洞脸及明渠边坡、隧洞在穿过软岩部位,间或有一定数量的局部屈服区域出现。屈服区域呈孤立出现,范围不大,且弹黏塑性计算分析结果是收敛的,说明洞脸及明渠边坡、洞室内衬砌及围岩整体是稳定的,但有发生局部区域破坏的可能性。设计采取了系统锚杆加锚索锁口的支护措施。

(2)渗流计算成果:根据上述计算理论及边界条件,下闸蓄水期隧洞进口段在进行固结灌浆和设置浅层排水孔后,其衬砌外缘的压力水头为全水头(对应库水位282m)的0.2～0.3倍。验证了取0.25倍外水头作为衬砌结构外水压力的合理性。

(3)隧洞施工期的稳定:在隧洞开挖施工过程中,在与 F_8 断层相交处的洞室顶部,出现较大范围屈服区域,其他部位只有局部屈服区域,对屈服区需采取固结灌浆、锚杆支护等加强支护。

(4)封堵体施工期的隧洞稳定:隧洞衬砌结构整体稳定合理,衬砌结构底部局部出现0.4～0.8MPa 的拉应力,与 F_8 断层相交处的衬砌顶部有局部屈服区,对 F_8 断层应进行处理。

2.2.3.4 进口边坡开挖支护设计

根据导流洞进口明渠地带地层分布与走向情况,洞脸高边坡与明渠右侧边坡为顺向坡,明渠左侧高边坡为逆向坡,总体上明渠左侧高边坡较洞脸与右侧边坡稳定性好。从地质钻孔揭露的地层条件来看,进口明渠高边坡基本处于灰岩严重卸荷带内,边坡的稳定性受卸荷裂隙的影响明显,在采取适当的支护措施后,按以上各方面分析情况,确定进口明渠开挖坡比:两侧采用分台阶开挖,在高程225m、230～280m 每隔10m 均设一级宽3m 的马道,每级边坡均为垂直坡。高程225m 以下岩石开挖边坡按进水口体形控制(进水塔及喇叭口部位),不设马道,边坡均为垂直坡。喇叭口上游的明渠边坡则由垂直边坡渐变为1∶0.3,再渐变到1∶0.5。

引渠段(1#洞桩号0−094.620m～0−055.500m,2#洞桩号0−087.450m～0−055.500m)两侧开挖边坡为1∶0.5,为开敞式结构,基本不保护;翼墙段(桩号0−055.500m～0−025.500m)边坡为1∶0.0～1∶0.3的扭曲面,底板混凝土及高程225m 以下两侧护坡混凝土厚度均为1.0m,并设2m×2m、从下往上长3.1～8.1m(孔深2.2～7.2m)的Φ25砂浆锚杆加固,且与衬砌混凝土中的钢筋连接。

进水塔及喇叭口段(桩号0−025.50m～0+000m)三面高边坡最大坡高达175m 左右,且大部分坡面处于灰岩严重卸荷带区,边坡稳定问题异常突出,必须采取边开挖边支护的施工程序。采用喷锚支护进行边坡加固,设2m×2m～3m×3m、孔深4～10m(锚杆长4.1～10.1m)的Φ25砂浆锚杆加固,喷厚10cm 的混凝土护面,对洞脸高程256m 以下边坡还辅以挂钢筋网(Φ6,网格间距20cm×20cm)。此外,对高边坡正向洞脸高程280m、286m 处设两排长30～35m 的预应力锚索(200吨级)加固。

同时,为确保高边坡的稳定安全,于导流洞进口高边坡布设安全监测仪器,密切监控高边坡施工期与运行期的边坡变形情况,跟踪预报边坡的安全状况,以便及时采取加固处理措施。

2.2.4 进水塔及喇叭口设计

1. 进水塔塔顶高程确定

塔顶高程确定主要考虑场内施工道路高程、进水塔闸门组件吊运安装条件、安装时段的洪水情况以及结构自身要求等因素。按10月10%最大瞬时流量3290m³/s,两条导流洞泄流,相应上游水位218.8m(未考虑水库调蓄作用)。结合闸门安装施工道路布置及闸门入槽条件等多方面因素,经综合分析后确定塔顶高程241.6m(含塔顶次梁高2m),其中筒体顶高程225.5m。

2. 进水塔结构设计

进水塔结构按 4 级临时水工建筑物设计。需同时满足下放闸门和导流洞封堵前后的使用要求。封堵前,导流洞度汛过流期,进水塔前最高水位 250.71m;导流洞闸门下闸挡水、封堵体完建以前,闸门最高挡水水位 286.6m(相应流量为 11—3 月 5％频率流量 2700m³/s),由放空洞单独泄流。

进水塔外框平面尺寸为 10m×24m,底板高程 198m,顶高程 241.6m。进水口为双孔,中间设宽 4m 的中隔墩,单孔尺寸为 7.45m×15.72m,门槽宽度 2m,门槽深度 1m。

进水塔在导流洞顶部(高程 213.72m)以上按结构型式分成两部分:

(1)高程 213.72～225.5m 处为挡水封闭筒体(相当于胸墙)。两侧边墙厚度为 3m,上、下游边墙厚度均为 3.06m。

(2)高程 225.5～241.6m 处为吊装闸门塔架,设有 6 个柱子,4 个角是 4 根 2.5m×2m 柱子,中部是 2 根 2.5m×4m 柱子。高程 241.6m 为卷扬机安装平台。

由于在过流时受河床中砂砾石的冲刷,进水塔底板(高程 198m 以下)采用 C30 混凝土;因受过流时水流的冲刷和明、满流交替运行时产生的气蚀作用,高程 198～216m 采用 C25 混凝土;高程 216m 以上的塔体,因不受流水作用,采用 C20 混凝土。

3. 喇叭口结构设计

为改善导流洞进流条件,减小进口处局部水头损失,在进水塔上游设长 15.5m 的喇叭口段。喇叭口段两孔断面(中间设宽 4m 中隔墩)均为矩形,宽度不变,顶部为 1/4 椭圆曲线。明洞底板、侧墙、顶板厚度均为 2m,采用 C25～C30 钢筋混凝土结构。

进水塔及喇叭口段结构见图 2.4。

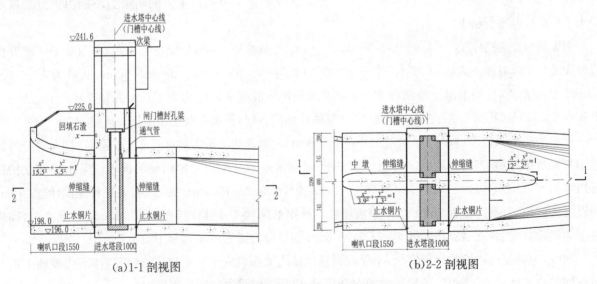

(a)1-1 剖视图　　　　　　　　　　　　(b)2-2 剖视图

图 2.4　进水塔及喇叭口段结构图 (尺寸单位:cm)

2.2.5　出口明渠与消能设计

2.2.5.1　出口明渠布置

两条导流洞在出口处汇合齐平,共一个消力池,位于溢洪道出口下部。导流洞出口地形呈山脊状,侧向三面临空,上部山体卸荷带发育,严重卸荷带一般深 30～40m。出口明渠展布地层为栖霞组第 1 段(P_1q^1)和泥盆系写经寺组(D_3x),岩石强度低,且岩体裂隙较发育,抗冲蚀能力差。消力池左侧边坡最高可达 130m,组成边坡岩石为栖霞组第 9 段(P_1q^9)至马鞍组(P_1ma)煤系地层,软岩总厚约 40m,占边坡高度的 31%,且边坡呈上硬下软的不利地质结构,上部岩层向临空方向有近 7°的视倾角,边坡稳定条件十分不利。

根据溢洪道布置和地形条件,针对消力池布置型式问题,开展了多种工况条件下的水力学模型试验研究工作,结果表明,采用斜尾坎消力池型式可大大改善出口水流流态,增强消能效果。

2.2.5.2 出口明渠结构

导流洞出口明渠(以 1# 导流洞为例描述)长约 176.30m,分为四段。其中扩散段长 30m,消力池长 60m(消力池中心线长度),尾坎及护坦段长 9m,下游尾渠段长 77.30m。

出口高边坡(消力池结构以上部分)设 2m×2m~3m×3m、长 4.1~6.1m 锚杆加固,锚杆深入岩石 4.0~6.0m,喷厚 10cm 的混凝土保护;对出口洞脸边坡(高程 249m 以下)采取挂网(φ6,网格间距 20cm×20cm)喷锚支护措施。

扩散段长 30m,其扩散角为 7.125°,底板高程由 195m 以椭圆曲线降至 191m,左侧翼墙顶高程 229.5m(永久溢洪道要求),右侧翼墙顶高程 217m,采用钢筋混凝土护坡护底,钢筋混凝土厚 2.0~3.0m,边墙及底板混凝土下部设长 4.5m(深入岩石 4m)的φ25 锚筋加固,锚筋间排距均为 2m。

消力池段长 60m(中心线长),宽 65.07m,底高程 191m;左侧翼墙顶高程 229.5m(永久溢洪道要求),右侧翼墙顶高程 217m,边坡及底板均采用厚 2.0~3.0m 的钢筋混凝土衬护;下部设长 4.5m(深入岩石 4m)的φ25 锚筋加固,锚筋间排距均为 2m。

尾坎采用钢筋混凝土结构,顶高程 197m,顶宽 2m,下游为 1:1 的斜坡与护坦段衔接。护坦段长 5m,底高程 195m,采用厚 2m 的钢筋混凝土板保护。

下游尾渠段与天然河床衔接,开挖至高程 195m,无保护措施。

导流洞出口段平面布置见图 2.5(a),断面结构见图 2.5(b)和图 2.5(c)。

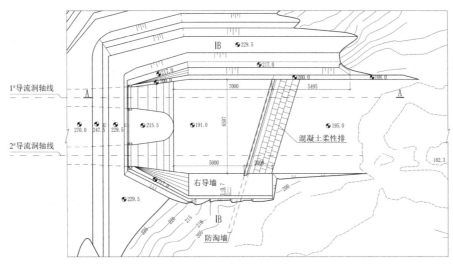

(a)导流洞出口段平面布置图

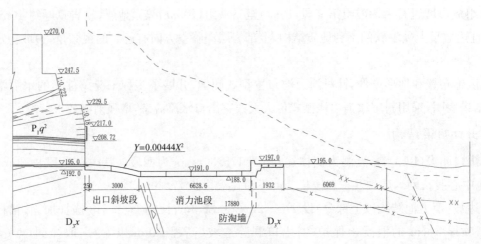

（b）A-A 剖面图

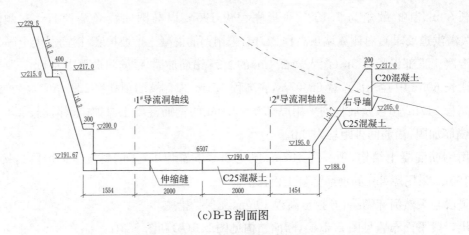

（c）B-B 剖面图

图 2.5　导流洞出口段平面布置及断面结构图（尺寸单位：cm）

2.2.6　导流洞封堵设计

2.2.6.1　封堵体布置

导流洞封堵体的布置需同时满足大坝帷幕灌浆的要求，以及封堵体自身稳定的要求，具体布置方案见图 2.6。

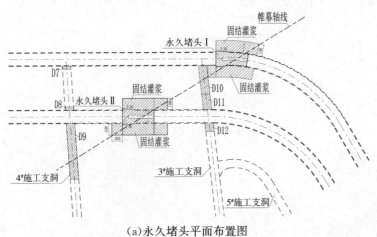

（a）永久堵头平面布置图

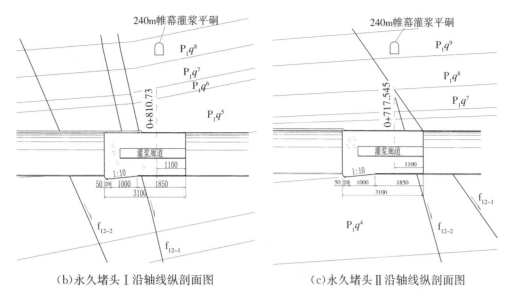

（b）永久堵头Ⅰ沿轴线纵剖面图　　　　　　（c）永久堵头Ⅱ沿轴线纵剖面图

图 2.6　导流洞封堵体纵剖面图（尺寸单位：cm）

1#导流洞靠山体，封堵体位于桩号 0+790.73m～0+821.73m，长度 31m。2#导流洞靠江边，封堵体位于桩号 0+697.545m～0+728.545m，长度 31m。

两条导流洞于 2001 年 3 月开始施工，2002 年 9 月底完工。至 2016 年 10 月下闸经过 4 年运行，导流洞未出现异常情况。

2.2.6.2　导流洞封堵体结构设计

1. 设计标准

封堵体为 1 级永久建筑物，位于大坝帷幕灌浆轴线与导流洞相交处，永久封堵体底板高程 195.0m，设计水位 402.20m，校核水位 404.00m，坝址区地震基本烈度为Ⅵ度，按Ⅶ度设防。

（1）设计荷载

基本荷载组合：设计水位＋封堵体自重。

特殊荷载组合 1：校核水位＋封堵体自重。

特殊荷载组合 2：设计水位＋封堵体自重＋Ⅶ度地震。

抗剪断安全系数：基本组合 $K_1 \geqslant 3.0$；特殊组合 $K_2 \geqslant 2.5$。

（2）混凝土

混凝土设计强度等级为 C20，抗渗等级 W8，抗冻等级 F100。

2. 体型设计

一般封堵体体型有拱形、截锥形、瓶塞形和柱形四种型式。结合工程实际情况，封堵体采用超载能力较强的瓶塞状，为便于施工，封堵体顶部不设齿槽，边墙及底板设深入岩石 1.0m 的齿槽。封堵体轴线长 31m，为导流洞宽度的 2.05 倍，其中前 13m 的边墙和底板设置齿槽，后 18m 仅将原衬砌混凝土表面凿毛。

为便于固结灌浆和接触灌浆施工，导流洞封堵体内设 3m×3.5m 城门洞形灌浆廊道，灌浆廊道距封堵体上游面 6m。

为限制混凝土表面裂缝，封堵体上游面和齿槽段、以及灌浆廊道均设置Φ20 的钢筋网，钢筋网间距 200mm。

导流洞封堵体纵剖面见图 2.6。

3. 封堵体细部设计

(1)根据温控计算,封堵体长31m,按设计要求采取温控措施后,混凝土施工可以不分施工缝。

(2)为保证导流洞封堵体顶部浇筑密实,在混凝土浇筑后,需对顶拱进行回填灌浆。回填灌浆采用预埋灌浆管法分两段施工。

(3)为保证封堵体混凝土降温至稳定温度后与围岩结合紧密,需对边墙进行接触灌浆。当缝的开度大于0.5mm时,采用水泥灌浆;小于0.5mm时,采用磨细水泥灌浆。

(4)由于封堵体齿槽的爆破开挖,封堵体围岩将产生一定裂隙,为提高封堵体段一定范围围岩的整体性,对封堵体段围岩进行固结灌浆。灌浆孔深入围岩11.0m,洞轴线方向排距2.5m,径向孔距3.0m(岩石面),灌浆孔呈梅花形布置。固结灌浆合格标准为灌后基岩透水率≤1Lu。

(5)为了监测封堵体施工和运行情况,在封堵体中埋设温度计和测缝计等。

(6)封堵体齿槽段(长13.0m)与围岩之间采用锚杆锚固,锚杆采用长4.5m、Φ25、间排距3m×3m,深入封堵体的长度为0.3~1.3m(与齿槽开挖体型有关)。

2.2.6.3 导流洞封堵体稳定分析

封堵体的稳定性分别按刚体极限平衡法中的纯剪切公式、抗剪断公式和有限元法进行了计算,计算得到的封堵体长度分别为36.9m、30.0m和31.0m。本工程主要采用有限元法成果。

根据《水工隧洞设计规范》(DL/T 5195—2004)的要求,对高内水压力的封堵体,宜进行有限元分析。同时由于上述公式中未考虑封堵体齿槽的超载能力,为确保封堵体的安全运行和经济,特进行了封堵体三维有限元计算。

计算范围:在导流洞轴线方向,上游边界从2#封堵体上游面向上游延伸100m(约6倍洞径),下游边界从1#封堵体下游面向下游延伸100m(约6倍洞径);在水平面上与导流洞轴线垂直的方向,两侧分别以导流洞的轴线为基准向两个导流洞外侧延伸100m(约6倍洞径);在铅直方向,以导流洞洞底为基准向下延伸100m(约6倍洞径),上至地表。

计算荷载:初始地应力场,主要考虑自重产生的初始地应力场;渗透荷载,在围岩内考虑渗透体积力,封堵体没考虑渗透力;水压力,仅在封堵体的上游面施加水压力。

材料模型:岩石与混凝土胶结面按弹塑性材料考虑,封堵体按弹性材料考虑。

封堵体的体型:齿槽深1m,封堵体长31m。

计算的基本假定:对于摩擦系数底面不折减,两侧折减系数为0.8,顶面考虑1/4部分为接触面,其余部分脱空(即顶拱120°范围脱空)。

计算参数见表2.8。

表2.8　　　　　　　　　　　　封堵体有限元计算参数表

材料类型	弹模(GPa)	泊松比	黏聚力(MPa)	摩擦系数	容重(kN/m³)	渗透系数(cm/s)
微细晶灰岩、燧石灰岩	18	0.25	1.25	1.25	27	$1×10^{-7}$
生物碎屑灰岩、灰岩	18	0.25	1.15	1.15	27	$1×10^{-7}$
炭泥质生物碎屑灰岩	4	0.28	0.7	0.85	26	$1×10^{-7}$
封堵体混凝土	25	0.167				
接触面			1.0	1.0		

根据整体三维弹塑性有限元计算,可以得到接触面单元上的法向应力σ_n与切向应力τ_n,然后通过沿

接触面单元积分,可以得到总的滑动力和阻滑力,从而可以计算封堵体的抗滑稳定安全系数。

安全系数:1#封堵体的安全系数为 3.32,2#封堵体的安全系数为 3.34。

根据抗剪断公式和有限元计算成果,在封堵体没有足够大变形的情况下,封堵体齿槽几乎不起作用,只是一个安全储备,故封堵体长度取 31.0m,满足安全要求。

2.2.6.4 封堵体间岩柱稳定性复核

1. 渗透稳定复核

两个封堵体之间的围岩渗流场具有以下特点:1#封堵体下游的局部围岩渗透坡降较大,最大值达 27;2#封堵体上游的局部围岩渗透坡降较大,最大值达 20。渗透坡降较大的部位均位于防渗帷幕处,分析其原因,主要有以下几个方面:

(1)两个封堵体之间的围岩厚度约 42m,要承受 200m 左右的水头,平均坡降达到 5 左右。

(2)防渗帷幕的渗透性明显低于围岩,因此其渗透坡降明显大于围岩。

(3)2#封堵体下游围岩受上游入渗和侧面渗透的共同作用,而 1#封堵体上游围岩只受上游入渗作用,因此 2#封堵体下游围岩的渗透坡降大于 1#封堵体上游围岩。

根据渗流分析结果,如果大坝灌浆帷幕允许渗透比降为 30,则帷幕厚度需要大于 7m,现大坝灌浆帷幕厚度为 15m,故两个封堵体之间的围柱不会发生渗透破坏。

2. 应力稳定复核

根据有限元分析成果,封堵体之间岩柱的应力除隧洞周边有局部拉应力外,其余均为压应力,其应力分布具有以下特点:

(1)1#导流洞两侧围岩的第一主应力均为压应力,顶拱和底板的第一主应力为拉应力;第三主应力均为压应力。

(2)2#导流洞围岩的第一主应力均为拉应力;两侧围岩的第三主应力均为压应力,顶拱和底板的第三主应力为拉应力。

(3)由于 2 个封堵体错开布置,受导流洞之间的渗透作用影响,1#导流洞右侧围岩的 σ_y 应力为压应力,2#导流洞左侧围岩的 σ_y 应力为拉应力。

由于缺乏相关资料,在计算中近似以围岩的自重应力场作为初始应力场,没有考虑构造应力和洞室开挖的影响,运行过程中应加强观测,发现问题及时处理。

2.2.6.5 加固处理

由于导流洞封堵体施工时顶部出现较长、较大的空腔,放空洞下闸蓄水以后,随着水位的升高,封堵体后面的导流洞洞壁出现了渗水现象,且范围随水头的增加而扩大。根据工程现场的实际情况,对封堵体进行了两次延长处理,第一次将 1#封堵体延长 8m,2#封堵体延长 15m;第二次将 1#封堵体延长 23m,2#封堵体延长 16m,即将封堵体各向下游延长了 31m,见图 2.7。

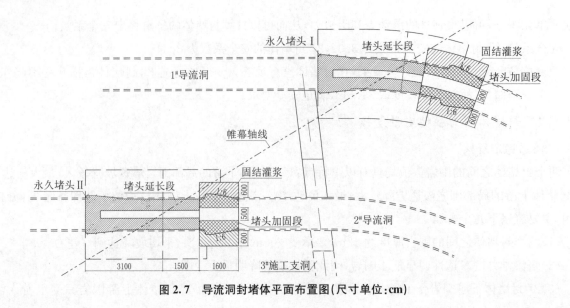

图 2.7　导流洞封堵体平面布置图(尺寸单位:cm)

2.3　围堰设计

2.3.1　围堰布置

大坝上游设置土石过水围堰,不与坝体结合。在可行性研究阶段,大坝下游坡脚处设置一道土石过水围堰,与坝体结合。在招标设计阶段,考虑下游坝脚处地层由砂卵砾石层夹砂砾漂石、块石层和含砂砾粉土透镜体层组成,不利于坝坡稳定和变形控制,故将土石过水围堰修改为碾压混凝土过水围堰,既有利于坝坡稳定,又可解决土石围堰防冲能力较差的问题,还能截断坝基粉土液化流失通道。为保护碾压混凝土围堰的施工,在其下游设置一道枯水期土石围堰。

厂房尾水围堰位于永久放空洞出口上游,是枯水期围堰,为溢洪道水垫池及厂房尾水渠提供干地施工条件。

大坝上、下游围堰布置见图 2.1。

2.3.2　上游过水土石围堰设计

2.3.2.1　过水面高程选择

上游土石过水围堰过水面高程重点比较研究了两个方案。

方案一:高堰过水方案,本方案为可行性研究阶段方案。围堰设计挡水标准为11—4月5‰频率最大瞬时流量 3960m³/s,相应上游水位 221.93m。静水位加波浪高度后确定过水围堰堰顶高程 223m。

方案二:低堰过水、高堰挡水方案,本方案为招标设计阶段提出的方案。该方案的目的是降低上、下游水头落差,从而达到降低过水坝面和堰面流速的目的。高堰的挡水标准仍为11—4月5‰频率最大瞬时流量 3960m³/s,相应上游水位 221.93m。堰顶高程按不低于设计洪水的静水位与波浪高度及堰顶安全加高之和确定,经计算取堰顶高程 223.5m。低堰过水,利于降低堰面和坝面流速,但低堰仍应有一定的挡水能力。分析水布垭水文资料后,低堰顶高程取 215m,低堰基本具备拦挡枯水期分月 5 年一遇洪水的能力。

两个方案围堰断面分别见图 2.8 和图 2.9。从以下几个方面对两方案进行了比较。

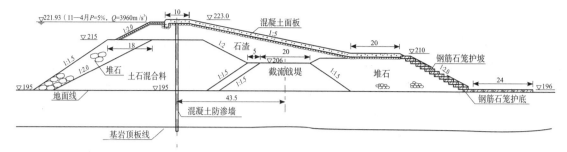

图 2.8 高堰过水方案围堰断面图（尺寸单位:m）

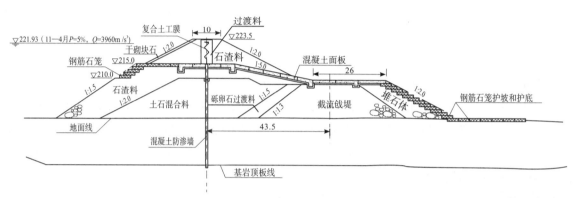

图 2.9 低堰过水、高堰挡水方案围堰断面图（尺寸单位:m）

1. 围堰型式对围堰和大坝过水的影响

根据水工模型试验成果,对应下游围堰碾压混凝土顶高程214m方案,上游围堰高堰过水方案围堰堰面、堰脚和大坝趾板、坝面部位的最大流速仍分别达 15.8m/s、8.94m/s、5.17m/s、7.12m/s,超出国内已建土石过水围堰和面板堆石坝过水度汛的流速,围堰和坝体保护的工程量和难度大。

低堰过水、高堰挡水方案,过水期流速相对较低,上游围堰堰面、堰脚和大坝坝面流速分别为 10.48m/s、3.49m/s、5.43m/s,属于国内已建过水围堰和面板堆石坝中的较大流速,但已有较成熟的设计和施工经验。

2. 对围堰施工进度的影响

两方案的施工程序,在高程 215m 以下是相同的,在高程 215m 以上则有区别。高堰过水方案,可以直接填筑至设计高程后再进行堰面保护,利于围堰尽快达到设计挡水标准,且一旦保护后,没有拆除和恢复之虑,只要天然来水低于设计挡水标准,即可保证基坑干地施工条件。

低堰过水、高堰挡水方案,在围堰达到高程 215m 后,先对堰顶进行混凝土护面保护,需时约 1 个月,然后才能填筑上部堰体。上部堰体在汛前应予拆除,为坝面过水提供条件,汛后应予恢复,发挥枯水期围堰挡水作用。

3. 对大坝施工的影响

两方案围堰的挡水标准是相同的,均可保证 2003 年 1—4 月、2003 年 11 月至 2004 年 4 月大坝在围堰保护下干地施工。

高堰过水方案,由于围堰不需拆除,在中短期水情预报的基础上,如汛期洪水滞后,则有可能利用洪水滞后期争取部分时间进行坝体填筑。

低堰过水、高堰挡水方案,高程 215m 以上堰体宜于过水前主动拆除,如拆除不及时,有可能部分被冲至基坑,增加汛后大坝趾板基础清理工程量,影响趾板施工进度。

4. 工程量和投资比较

上游土石过水高堰过水方案与低堰过水、高堰挡水方案相比，过水保护、堰脚镇墩和堰基开挖工程量增加，而低堰过水、高堰挡水方案需计入围堰拆除和恢复工程量。按可行性研究设计阶段工程单价，低堰过水、高堰挡水方案较高堰过水方案节省投资约867万元(不包括大坝过水保护节省工程投资)。

综合以上分析，上游围堰选择低堰过水、高堰挡水方案。

2.3.2.2 上游土石过水围堰断面设计

1. 围堰挡水顶高程及过水保护面高程

上游土石围堰设计拦挡11—4月5％频率最大瞬时流量3960m³/s，相应上游水位221.93m，加波浪爬高及安全加高后取上游土石围堰顶高程223.5m，覆盖层以上堰体最大高度28m，围堰顶长度120m。

上游土石围堰过水面高程主要根据以下因素确定：

(1)水布垭坝址洪峰流量自10月渐小，至1月最枯，然后渐大，11月洪峰流量小于4月，4月5年一遇洪峰流量2490m³/s，相应上游水位214.7m。围堰过水后，于2003年11月恢复过水面高程以上堰体，过水面高程以下堰体需拦挡11月5％频率洪水，保护坝体在2003年11月正常施工。相应堰体拦挡流量2300m³/s，堰前水位214.0m，要求围堰过水面高程不低于215m。过水面顶高程取215m，可保证过水面以下低堰基本具备拦挡枯水期5年一遇洪水的能力。

(2)适当降低围堰过水面高程，可降低上游围堰堰面和堰脚、大坝趾板、坝面流速，减小堰面和坝面过水保护难度和工程量。水工模型试验表明，在下游碾压混凝土围堰顶为高程214m，上游围堰过水面高程215m时，上游围堰堰面和堰脚、大坝趾板和坝面流速均较低，过水保护技术难度和工程量相对较小。

(3)过水面高程以上堰体于2003年汛前需拆除，汛后需恢复，提高过水面高程可减小围堰拆除和恢复工程量。

综合分析，确定围堰过水面取高程215m。

2. 围堰断面结构

围堰断面结构见图2.9。

堰顶宽度10m。截流戗堤位于围堰轴线(防渗墙轴线)的下游，截流戗堤轴线与围堰轴线的距离为43.5m。截流戗堤顶高程208m，宽度20m，上游坡比1∶1.3，下游坡比1∶1.5。

截流戗堤上游填筑顶宽为5m的砾卵石过渡料，过渡料坡比1∶1.5。

混凝土防渗墙施工平台采用土石混合料填筑，顶高程210m，顶宽25m，上、下游坡比1∶2.0。防渗墙施工平台的上游坡面采用石渣料保护，迎水坡坡比1∶1.5。

防渗墙平台以上堰体采用石渣料填筑。过水面以上采用土石混合料填筑，迎水坡、背水坡坡比均为1∶2.0，迎水坡采用厚70cm的干砌块石护坡。

3. 围堰过水保护设计

围堰过水面高程215m，过水面以下围堰高度19m，过水堰顶长度105m。设计堰面过水保护标准为全年3.3％频率最大瞬时流量11600m³/s，水工模型试验成果表明，堰面分流量6631m³/s，过水面围堰轴线处水深约9m，堰面单宽流量66m³/(s·m)，最大流速出现在高程215m平台末端，流速值10.48m/s。

围堰过水面采用混凝土面板保护，混凝土面板抗冲能力强，并可设置连接钢筋，增强其整体性。

(1)面板的稳定分析

过流面板的作用是保护下部堰体不被水流冲刷破坏，要求有足够的强度和稳定性。面板的厚度，已建工程取用不一，最厚3.0m，最薄0.5m，一般为0.5～1.0m。

1)面板的作用力及稳定条件

面板的稳定分析,不考虑四周的嵌固作用,见图 2.10,其作用力有:

①面板自重 G。

②动水压力 P,近似地取该处的水深值。

③扬压力 P_0,包括渗透压力和浮托力。

④脉动压力 ΔP,其方向上、下交替变化,稳定计算取其负值,即:

$$\Delta P = \beta \alpha v^2 / 2g \qquad (2.1)$$

式中　v——面板上的流速;

　　　α——流速修正系数,一般取 1.05~1.10,此处取 1.10;

　　　g——重力加速度,取 9.81m/s²;

　　　β——脉动压力系数,随流速和护面粗糙程度而异,无试验资料时,可取 β＝1%~2%,此处取 2%。

⑤水流拖曳力 τ,按下式计算:

$$\tau = \gamma_\omega R J \qquad (2.2)$$

式中　γ_ω——水的容重;

　　　R——过水断面的水力半径,等于面板上的水深;

　　　J——水面平均坡降;

$$J = (1 - \Phi^2) H / L \qquad (2.3)$$

　　　H——上、下游水位差;

　　　L——溢流面的总长度;

　　　Φ——流速系数,一般取 0.5~0.7,此处取 0.5;

⑥面板底部的摩擦阻力 F,即:

$$F = (P + G\cos a - P_0 - 0.5\Delta P) f \qquad (2.4)$$

式中　f——面板与垫层的摩擦系数,此处取 0.55;

　　　a——面板斜面坡角。

上述各荷载确定后,面板的稳定条件如下(见图 2.10):

抗滑稳定安全系数 K 为:

$$K = F / (\tau + G\sin a) \geqslant 1.5 \qquad (2.5)$$

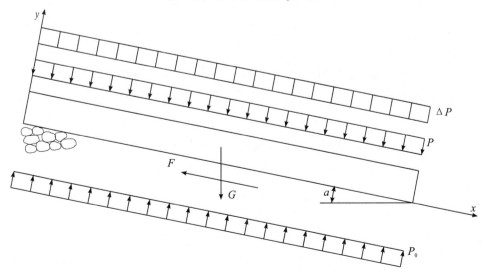

图 2.10　面板稳定分析计算示意图

2）面板稳定计算

堰面水位和流速资料采用坝面设计过水流量下水工模型试验成果，对 1：5.0 溢流面取单位面积进行面板受力和稳定计算，不同厚度的面板的抗滑动稳定安全系数见表 2.9。

表 2.9 不同面板厚度的稳定安全系数表

面板厚度（m）	0.4	0.6	0.8	1.0	1.2	1.5	2
抗滑稳定安全系数 K	0.66	0.94	1.15	1.32	1.50	1.62	1.82

3）面板稳定计算结果分析

从以上计算可知，当斜坡面混凝土面板的厚度大于 1.2m 时，面板抗滑稳定安全系数大于 1.5。同时可知，从以下几个方面可以增加混凝土板的稳定性。

①增加混凝土面板的厚度。

②降低溢流面上、下游水位差，上、下游水位差小，则渗透压力小，同时水面坡降小，水流的拖曳力减小，对混凝土板抗滑稳定有利。降低上游土石围堰过水面高程，抬高下游碾压混凝土围堰，即达到了此目的。

③在面板上设置排水孔，降低渗透压力。

④混凝土板溢流面设计成较缓的坡度。

⑤提高混凝土面板和垫层之间的摩擦系数。

当被保护堰体发生不均匀沉降，局部板头突起，板头的迎水面的动水压力将迅速增大，造成护面块体失去稳定。上述面板的受力分析没有考虑局部板头突起而导致的板头迎水面所承受的动水压力。可采取连接钢筋将混凝土面板连在一起，将混凝土面板分缝面设成斜面，及在板底设齿脚等措施，增强混凝土面板的稳定性。

（2）围堰过水保护结构

根据流速资料、稳定分析及参考其他工程的经验，围堰的过水面不同部位采用了不同的保护型式。上游石渣体顶部采用厚 1.0m 的钢筋石笼护面，前端设 5m 厚的裹头；防渗墙施工平台顶部及下游的 1：5.0 的斜坡面采用厚度 1.2m、截流戗堤顶部采用厚度 1.0m 混凝土板保护。1.0m 板底部设锚筋，锚入下部堆石体内。为减小截流戗堤可能受到的淘刷，在截流戗堤下游增设堆石体，堆石体坡比 1：2.0，堆石体的坡面采用钢筋石笼护坡。河床部位采用钢筋石笼护底，护底高程 196.5m，护底沿河向长度 24m，约等于 1.5 倍的覆盖层深度，护底范围为河槽底部 60m。

截流戗堤顶部的混凝土防冲板分块尺寸为 8～10m。防渗墙轴线部位的混凝土防冲板以上将填筑上部挡水堰体，为适应可能的不均匀沉降，该部位混凝土防冲板采用较小的分块尺寸，一般为 5～6m。为避免不均匀沉降产生错台，使混凝土板板头承受过大的动水压力，在顺水流向将高程 215m 平台混凝土面板分缝面设成斜面，使上游板块分缝斜面压在下游板块的分缝斜面上。为保持面板的整体性，分块板之间设置Φ 25 的联系钢筋，钢筋间距为 1m。为增强混凝土防冲板的抗冲稳定性，在高程 215m 平台的前后端、截流戗堤的前后端的混凝土防冲板端部设深 1m、宽 1.5m 的混凝土齿槽。

混凝土防冲板垫层采用厚 30cm 的干砌块石加厚 20cm 的砾卵石料。

过水围堰两岸坡处的防冲保护是堰体防冲保护的关键部位和通常的薄弱部位。在过水面两岸坡处，要求清除覆盖层至基岩，在基岩中打设锚杆，锚杆采用Φ 25、长 4m，锚入基岩内 3.2m，锚入上部混凝土防冲板内 0.8m。

在 1∶5.0 斜坡面和高程 209.5m 平台护面混凝土板中设排水孔,以降低扬压力。坡面排水孔出口朝下游,呈仰角 10°布置,间排距均为 3m,孔径 10cm;高程 209.5m 平台的排水孔出口朝下游,呈仰角 45°布置,间排距、孔径与坡面排水孔相同。

标准钢筋石笼单个尺寸为 4m×2m×1m(长×宽×高),钢筋笼主筋⚊ 25,次筋 Φ8,网目尺寸 16.7cm×16.7cm,填石粒径大于 20cm。钢筋笼主筋之间及主筋和次筋之间必须可靠焊接,次筋结点绑扎连接。钢筋笼笼身和上盖之间、两个钢筋笼之间采用 φ8 钢筋绑扎连接,绑扎钢筋间距不大于 1.0m。边角部位的异型钢筋笼参考标准钢筋笼制作。为加快施工进度,降低对填石粒径的要求,可采用加强的机编网钢丝石笼。

4. 围堰填料设计

(1)土石混合料

为方便围堰防渗墙施工,沿防渗轴线两侧各 3m 范围内填筑的土石混合料中不应混杂粒径大于 30cm 的卵石料和块石料。为利于在不能及时完全拆除上部堰体时,上部堰体能够顺利完全自溃,要求过水面以上堰体采用土石混合料填筑,控制最大粒径小于 30cm。

(2)石渣料

石渣粒径一般为 0.5～60cm,其中粒径 20～60cm 块石含量大于 50%,粒径 2cm 以下含量小于 20%。石渣料的压实标准:水上压实控制压实干容重 $\rho_d \geqslant 2.0 t/m^3$。

(3)堆石料

按粒径大于 50cm 的含量大于 60% 的石渣料控制。

(4)过渡、垫层料

围堰中过渡料、垫层料均采用 5～150mm 的砾卵石料。

(5)块石料

块石料应石质坚硬,不易破碎和水解。干砌块石采用粒径 30～40m 的块石码砌。

5. 围堰防渗设计

(1)围堰防渗体结构型式

在可行性研究设计阶段,上游土石过水围堰高程 215m 以下堰体和堰基采用 80cm 厚的混凝土防渗墙,以上接 80cm 厚的现浇混凝土防渗墙。根据类似工程的成功经验,从施工方便快捷、降低造价等方面考虑,在施工图阶段,将高程 215m 以上堰体防渗型式优化为复合土工膜防渗心墙。

复合土工膜防渗心墙应用的关键是保证与下部防渗墙及两岸岩体的可靠连接,形成封闭的防渗系统。

防渗体轴线与围堰轴线一致。

1)防渗墙施工平台高程

在可行性研究设计阶段,上游围堰防渗墙施工平台根据拦挡 11—3 月 10% 频率瞬时流量 2040m³/s 确定为高程 215m。

因围堰基础存在大径漂石,混凝土防渗墙施工将占用较长的工期,应尽量降低防渗墙施工平台高程,缩短下部防渗墙的施工时间,尽快形成围堰防渗系统,为趾板工程早日开工创造条件。

参考高坝洲水电站二期上游围堰防渗墙施工经验,水布垭水电站上游围堰防渗墙可以在截流后 2 个月内完工。截流时间为 2002 年 10 月下旬,根据水文资料,10—1 月洪峰流量渐小,防渗墙施工平台按拦挡 11 月 10 年一遇最大瞬时流量 1660m³/s,相应上游水位 209.5m,拟定防渗墙施工平台高程 210m。降低防渗墙施工平台高程可减小防渗墙工程量,尽早实现围堰闭气。针对地层中大漂石,在保证孔壁稳定的前提下,采用小钻孔爆破或定向聚能爆破的方法处理。

由于设计合理,措施得当,在截流后40d内即完成了防渗墙的施工,为基坑工程赢得了宝贵时间。

2)混凝土防渗墙的厚度和高度

混凝土防渗墙厚度0.8m,底部要求嵌入基岩内1.0m,墙高3～30m。

3)混凝土防渗墙顶至过流堰面以下的防渗型式

混凝土防渗墙顶至过流堰面以下的防渗型式采用现浇混凝土墙。现浇混凝土墙厚度0.8m。混凝土防渗墙施工完毕后,挖除表层0.5～1.0m不合格墙体,进行现浇混凝土墙的施工。现浇混凝土墙施工后,两侧堰体填筑必须均衡上升。

4)现浇混凝土墙与复合土工膜的接头型式

现浇混凝土墙施工至高程215m时,将复合土工膜接头埋入其中,埋入深度30cm,埋入部分全部为单独主膜。复合土工膜沿防渗墙轴线随两侧填料填筑呈"之"字形上升埋设。

5)防渗体与两岸坡接头处理

在两岸坡设混凝土齿墙与围堰防渗体相接。混凝土齿墙深入基岩内1.0m,宽度2m,在其侧面中心预留直径0.8m的半圆孔,以与后期施工的混凝土防渗墙相接;在其顶面沿轴线预留宽0.8m、深0.5m的槽子,待后期浇筑混凝土将复合土工膜埋入槽中,复合土工膜埋入混凝土内30cm,埋入部分全部为单独主膜。

(2)防渗体材料

1)混凝土防渗墙

墙体材料性能指标要求:抗压强度$R_{28}=7.5\sim10$MPa,抗压弹模$Z_{28}=1.5\times10^4\sim2.0\times10^4$MPa,渗透系数$K<1\times10^{-6}$cm/s,允许渗透比降$J>60$,新拌混凝土坍落度18～22cm,二级配。

2)混凝土齿墙及混凝土现浇墙

混凝土齿墙及混凝土现浇墙强度等级C15,抗渗等级W6。

3)复合土工膜

复合土工膜控制性指标:抗拉强度(经、纬向)$\geqslant20$kN/m,主膜厚度$\geqslant0.4$mm,渗透系数$K=10^{-11}\sim10^{-12}$cm/s,伸长率$\omega>30\%$。选用的复合土工膜必须无毒,门幅宽度不小于2m,采用两布一膜型式。

6. 上部堰体拆除和恢复

2003年汛前,主动拆除过水面以上挡水堰体。为保证在不能及时完全拆除上部堰体时,上部堰体能够顺利自溃,在上部堰体的设计中已考虑了以下措施:①过水面以上堰体采用土石混合料填筑,控制最大粒径小于30cm,便于堰体在水流冲刷下自溃;②只将防渗复合土工膜单独主膜浇入下部现浇混凝土中,使复合土工膜在与混凝土结合处易于撕裂。

2003年11月初,进行上部堰体恢复,将原与土工膜接头混凝土凿除,凿除高度约50cm,再浇筑混凝土将复合土工膜接头埋入其中,埋入深度30cm,其中主膜10cm。堰体恢复填筑可以采用石渣料代替土石混合料。

2.3.3 下游碾压混凝土围堰设计

1. 围堰平面布置

下游碾压混凝土围堰作为坝脚护坎,其轴线与坝轴线平行,围堰轴线位于大坝轴线下游291m处,距下游土石围堰轴线距离93.5m。碾压混凝土围堰横跨河床,与左、右岸山体相接,轴线长度120.2m。

2. 堰顶高程的确定

下游围堰设计挡水标准同上游围堰,即为 11—4 月 5％ 频率最大瞬时流量 3960m³/s,相应下游水位 209.5m。

碾压混凝土围堰具有较强的抗冲能力,为控制坝面过流流速,提出了提高下游碾压混凝土围堰顶高程,将水头落差集中在下游碾压混凝土围堰前后的方案。下游碾压混凝土围堰主要研究了堰顶高程 211m 和高程 214m 两个方案。

下游碾压混凝土围堰方案的选择,主要从围堰工程量和造价、围堰施工、对大坝施工的影响,以及改善上游围堰堰面和坝面流速、降低过水保护难度等方面进行了比较。

(1)围堰设计工程量和造价

堰顶高程 214m 方案与堰顶高程 211m 方案相比,堰体混凝土工程量增加 3260m³,其他工程量基本相同,两方案工程投资相差约 99.6 万元。

下游碾压混凝土围堰堰顶高程由 211m 提高至 214m,堰后冲坑深度增加 3～6m,堰后冲坑最低高程 179m,需对堰脚开挖基坑采取预填堆石防冲保护围堰的安全措施。

(2)围堰施工

两个方案围堰开挖工程量基本相同,堰顶 214m 方案堰体混凝土量为 3.48 万 m³,堰顶 211m 方案堰体混凝土量为 3.15 万 m³,均可在 2003 年 3 月完工。

(3)对大坝施工的影响

根据水布垭工程施工进度安排,2003 年汛前大坝填筑至高程 208m,汛期坝面过水,汛后继续填筑,2004 年汛前要求填筑至高程 288m,实现拦挡全年 0.5％ 频率洪水的度汛要求,坝体填筑进度的关键是 2003 年汛前和 2003 年至 2004 年枯水期坝体填筑目标的实现。清江系山区性河流,洪水暴涨暴落,且历年流量不均,下游围堰堰顶高程提高,有利于利用 2003 年汛期可能的洪水滞后,适当提高 2003 年汛期坝体过水前的填筑高程,以减小 2003 年汛后坝体填筑强度,有利于实现 2004 年汛前坝体填筑目标。

(4)对上游围堰和坝面流速的影响

下游碾压混凝土过水围堰顶由高程 211m 提高至高程 214m,可降低上游围堰堰面最大流速 2.5～3.5m/s,降低堰脚最大流速 1.1～5.75m/s,降低坝面流速 1.0～2.0m/s,效果显著。尤其对于上游围堰高程 215m 过水方案,除堰面流速较大外,堰脚、坝面流速均较低,堰面和坝面过水保护难度减小,保护工程量可减小。

经综合比较,选定下游碾压混凝土围堰堰顶高程 214m。

3. 围堰断面设计

下游碾压混凝土围堰断面结构比较了两种型式,见图 2.11。

(1)围堰稳定、应力计算与分析

1)计算工况

计算工况一:围堰挡水期,围堰下游侧水位 209.5m,上游侧无水。

计算工况二:围堰过水后,围堰上游侧水位 214m,下游侧水位 200m。

计算工况三:大坝挡水期,围堰上游侧水位 203m(大坝量水堰过水廊道底高程),下游侧水位 195m。

2)荷载组合

计算工况一、二,堰体自重＋水平水压力＋垂直水压力＋泥沙压力＋扬压力。

计算工况三,堰体自重＋墙后填土有地下水时的土压力＋扬压力。

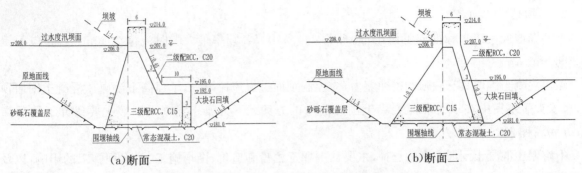

(a)断面一   (b)断面二

图 2.11　下游碾压混凝土围堰断面图(尺寸单位:m)

3)计算原理

①计算工况一、二(挡水坝)

抗剪稳定验算为:

$$K = f \sum W / \sum P \geqslant 1.05 \qquad (2.6)$$

抗剪断稳定验算为:

$$K' = (f' \sum W + c'B) / \sum P \geqslant 3 \qquad (2.7)$$

应力验算为:

$$\sigma_y = \sum W / B \pm 6 \sum M / B^2 \geqslant -0.1 \qquad (2.8)$$

式中　$\sum W$——作用在坝体计算截面以上的全部荷载的垂直分力的总和;

$\sum P$——作用在坝体计算截面以上的全部荷载的水平分力的总和;

f——抗剪摩擦系数;

f'——抗剪断摩擦系数;

c'——抗剪断凝聚力;

$\sum M$——作用在坝体计算截面以上的全部荷载对截面形心的力矩的总和;

B——坝体计算截面上下游方向的长度。

②计算工况三(挡土墙)

滑动稳定验算为:

$$K_c = f \sum W / \sum P \geqslant 1.3 \qquad (2.9)$$

倾覆稳定验算为:

$$K_o = \sum M_y / \sum M_o \geqslant 1.5 \qquad (2.10)$$

基底应力验算为:

$$\sigma_y = \sum W / B \pm 6 \sum M / B^2 > 0 \qquad (2.11)$$

式中　$\sum M_y$——稳定力矩;

$\sum M_o$——倾覆力矩。

4)计算参数

混凝土容重 $\gamma_c = 23.5 \mathrm{kN/m^3}$;水容重 $\gamma_w = 10 \mathrm{kN/m^3}$;

围堰下游侧块石浮容重 $\gamma_s = 13 \mathrm{kN/m^3}$,$\varphi = 35°$;

大坝填料内摩擦角取 40°,大坝填料与墙背间的内摩擦角 15°;

混凝土与基岩间抗剪摩擦系数:0.6;

混凝土与基岩间抗剪断摩擦系数:0.8;

混凝土与基岩间抗剪断凝聚力:0.9MPa;

混凝土与混凝土间抗剪摩擦系数:0.7;

混凝土与混凝土间抗剪断摩擦系数:1.0;

混凝土与混凝土间抗剪断凝聚力:0.8MPa。

5)计算结果

围堰稳定及应力计算见表2.10、表2.11和表2.12。

表 2.10   工况一围堰稳定及应力计算结果表

断面类型	计算截面	计算截面高程(m)	安全系数		垂直应力(MPa)	
			抗剪	抗剪断	σ_{yu}	σ_{yd}
断面一	混凝土/基岩	181	1.42	7.67	0.70	0.01
	混凝土/混凝土	195	2.19	11.41	0.44	0.02
断面二	混凝土/基岩	181	1.31	7.93	0.42	0.22

表 2.11   工况二围堰稳定及应力计算结果表

断面类型	计算截面	计算截面高程(m)	安全系数		垂直应力(MPa)	
			抗剪	抗剪断	σ_{yu}	σ_{yd}
断面一	混凝土/基岩	181	1.11	7.34	−0.01	0.58
	混凝土/混凝土	195	1.06	6.12	−0.07	0.45
断面二	混凝土/基岩	181	1.33	7.64	−0.05	0.73

表 2.12   工况三围堰稳定及应力计算结果表

断面类型	计算截面	计算截面高程(m)	安全系数		垂直应力(MPa)	
			抗滑	抗倾	σ_{yu}	σ_{yd}
断面一	混凝土/基岩	181	1.34	2.04	0.15	0.47
	混凝土/混凝土	195			0.21	0.30
断面二	混凝土/基岩	181	1.30	2.38	0.17	0.66

以上计算表明,两种围堰断面型式均能满足稳定和应力的要求。

(2)围堰断面选择

两种断面均能满足稳定和应力的要求。断面面积基本相等。断面一在高程195m设宽度10m的平台,对于抵抗水流对堰脚的冲刷、维护围堰的稳定较为有利,且该平台可以作为帷幕灌浆的施工平台,故选用断面一作为设计断面。

(3)选定围堰断面结构

围堰顶高程214m,顶宽6m。上游侧从堰顶至高程206m为直立坡,以下坡比1:0.3;下游侧从堰顶至高程207m为直立坡,以下至高程195m坡比1:0.45,高程195m平台宽度10m。

碾压混凝土堰体基础设厚度不小于1m的常态混凝土垫层,强度等级C20,抗渗等级W6;高程206m以上直立堰体部分和下部挡水侧水平宽度3m的碾压混凝土强度等级C20,抗渗等级W6;堰体其余部分碾压混凝土强度等级C15,抗渗等级W4。

堰体分段长度一般为30m,分缝宽度2cm,缝间设塑料止水。塑料止水带布置在堰体内距挡水面表面1m。在止水带基础部位,开挖0.6m×0.6m×0.8m(长×宽×深)的止水槽,将塑料止水带浇筑其中。碾压混凝土堰体与两岸陡坡止水封闭采用陡坡止水型式,即先期在两岸陡坡坡面上预埋止水带位置凿槽,槽深、宽约为0.6m,采用现浇混凝土将塑料止水带预埋在陡坡止水槽中。

在下游碾压混凝土围堰高程208m设置两处断面为1.2m×1.8m的过水廊道,用于排除坝面过水后的坝面积水。廊道在截流后的第一个枯水期内用袋装黏土封堵,汛期打开。

4. 堰脚防冲设计

进行了下游碾压混凝土围堰堰后动床模型试验,基础的抗冲流速按3m/s模拟。在设计过水流量及下游碾压混凝土围堰堰顶为高程214m时,在围堰下游30~40m形成深度为16m的冲坑,围堰堰脚的最大流速1.72m/s,为利于围堰的稳定,将碾压混凝土围堰基坑下游部分回填至高程195m,底部回填堆石料,表层3m回填3~5t大块石。

2.3.4 下游土石围堰设计

1. 可行性研究设计方案

可行性研究阶段下游土石围堰为过水围堰,其挡水及过水设计洪水标准与上游围堰相同,拟定堰顶高程211m,覆盖层以上堰体最大高度16m。

下游土石过水围堰堰顶宽10m,顶部及堰面采用1.5m厚的钢筋混凝土板护面,迎水坡自堰顶至高程206m为混凝土板溢流面,坡度1∶5。考虑围堰基础覆盖层厚12m左右,在高程206m设置宽度40m的混凝土柔性排平台,下游30m范围内抛设大块石,以保护围堰坡脚河床。背水坡自堰顶1∶2.5坡至高程208m,采用混凝土板防冲保护,高程208m设10m宽的堆石平台,用以与坝面过流保护层衔接,下接1∶2坡至堰底。下游围堰防渗采用混凝土防渗墙,墙体高度约28m,墙体厚度0.8m。围堰除高程206m混凝土柔性排末端30m长的抛石护脚外全部与坝体结合。下游土石过水围堰断面见图2.12。

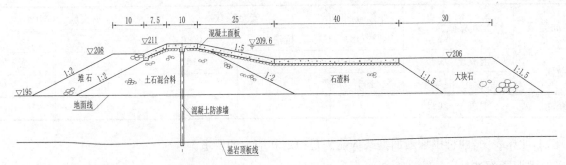

图2.12 可行性研究阶段下游土石过水围堰断面图（尺寸单位:m）

2. 招标及施工图设计阶段围堰断面优化

地质资料显示,在大坝下游坡脚部位,河床砂卵砾石层较厚,其中夹有粉土、粉质黏土透镜体,对坝坡稳定不利,宜挖除。为利于坝坡稳定,简化坝坡度汛过流保护措施,招标设计阶段在大坝下游坡脚增设了碾压混凝土过水围堰,下游土石过水围堰稍往下移,改为不过水低土石围堰型式。

下游土石围堰的主要作用是保护下游碾压混凝土围堰及大坝工程施工,为5级临时建筑物,设计挡水标准为11—3月10%频率最大瞬时流量2040m³/s,相应下游水位205m,堰顶取高程207.0m。采用混凝土防渗墙防渗。

2.4 坝体施工期度汛

在大坝下游坡脚设置碾压混凝土过水围堰的情况下，2003 年大坝过水度汛保护的重点为大坝坝面和迎水坡垫层坡面。确定上游土石围堰采用高程 215m 过水方案、下游碾压混凝土围堰堰顶采用高程 214m 方案后，高程 208m 坝面的最大流速控制在 5.5m/s 左右，根据动床模型试验结果，坝面宜进行局部重点保护，以降低坝面保护与拆除施工挤占坝面填筑直线工期的影响，同时需考虑减少坝面过水可能产生的泥沙淤积及基坑抽水量。

2.4.1 大坝度汛水工模型试验成果分析

在设计过水流量下，上游围堰上游到下游围堰下游之间的水位差为 10.25m，其中上游围堰承担 1.79m、占 17.5%，坝体承担 1.56m、占 15.2%，下游碾压混凝土围堰承担 6.90m、占 67.3%。即过坝水位差主要由下游围堰承担。

因受河道走向影响，从趾板上游水流即开始向右偏离，左侧出现回流，左侧回流分布在大坝趾板和高程 190m 平台的前后端。随着流量的增加，坝面流速逐渐增大；在设计过水流量下，高程 208m 坝面前端左、中、右流速分别为 2.04m/s、4.60m/s、5.43m/s，大坝轴线处坝面左、中、右流速分别为 3.62m/s、4.85m/s、4.95m/s，距下游碾压混凝土围堰 32m 坝面左、中、右流速分别为 4.10m/s、4.27m/s、4.61m/s。坝面流速分布不均，从坝面上游到下游，水流逐渐平顺。

2.4.2 坝面堆石体稳定计算

坝面堆石抗冲稳定按伊兹巴士公式计算，公式如下：

$$V = K\sqrt{2g\frac{\gamma_s - \gamma}{\gamma}D} \tag{2.12}$$

式中 V——抗冲流速，m/s；

γ_s、γ——块石、水的容重，分别取 26kN/m³、10kN/m³；

D——块石直径，m；

K——稳定系数，按抗滚动取 1.2。

由式(2-12)计算块石直径 D 与抗冲流速 V 的对应关系见表 2.13。

表 2.13 块石直径 D 与抗冲流速 V 的对应关系表

流速 V(m/s)	2.0	2.5	3.0	3.5	4.0	4.5	5.0	5.5	6.0
块石直径 D(m)	0.09	0.14	0.20	0.27	0.35	0.45	0.55	0.67	0.80

2.4.3 坝体填料稳定性分析和过水保护设计

1. 趾板

河床区趾板高程较低，水工模型试验测得趾板轴线处最大底流速 2.83m/s，流速较小。需对外露的趾板止水采取可靠的保护措施，经研究采用编织袋装砂砾石保护。

2. 垫层料、过渡料区

2A 垫层料为灰岩人工制备料，最大粒径 80mm，含砂量 35%～50%，粒径小于 0.1mm 的含量为 4%～7%，级配连续。3A 过渡料取自建筑物洞挖料和石料场开挖的灰岩料，最大粒径不大于 300mm，粒径小于 0.1mm 的含量小于等于 5%。

在设计过水流量下,高程190m前端左、中、右流速分别为—1.62m/s(回流)、2.76m/s、4.36m/s,而满足相应抗冲流速的块石粒径应分别为0.06m、0.17m、0.42m。可见,右侧的垫层料将会受到冲刷,应采取可靠的防冲保护措施。

要求在过水前,高程190m平台的垫层料和过渡料表面采用碾压砂浆保护,保护范围超过过渡料区延伸至主堆石区2m,平铺碾压砂浆的厚度10cm。垫层料上游坡面采用挤压边墙保护。

3.3B、3D堆石料坝面

3B堆石料为茅口组灰岩,最大粒径800mm,粒径大于100mm的重量比为50%～62%,粒径大于10mm的重量比为79%～90%,含泥量小于5%。

水工模型试验测得ⅢB堆石料填筑区最大流速5.57m/s(大坝208m高程前端),计算要求护面块石直径大于0.69m,坝体填料如不采取防护措施,部分小粒径填料将被冲走。

3D堆石料为栖霞组硬岩,最大粒径1200mm,含泥量小于5%。

3D堆石料填筑区位于高程208m坝面坝轴线下游,坝面流速分布较为均匀,最大流速小于5m/s,要求护面块石直径大于0.55m。坝体填料如不采取防护措施,部分小粒径填料将被冲走。

高程208m过水面以下,坝体长度约600m,宽度约100m。坝面如全线保护,保护与拆除施工必然会影响坝体填筑进度,且防护工程投资大。

考虑高程208m坝面前端的流速最大,高程190～208m斜坡面为迎流顶冲面,坝面前端填料的抗冲稳定对后部坝面填料的抗冲稳定是有利的,故对高程208m前端进行重点保护。高程190～208m斜坡面坡顶部位12m范围采用钢筋石笼保护,坝面前沿28m范围采用钢筋石笼条状间隔保护,钢筋石笼之间填筑石块并覆盖钢筋网与钢筋石笼钢筋焊接。单个钢筋石笼尺寸为4m×2m×1m,顺水流方向布置,石笼和钢筋网网目尺寸为16.7cm×16.7cm,内填块石或卵石粒径大于20cm,小于60cm。坝面采用振动碾碾压密实和平整,虽然坝面大部分石料粒径小于抗冲稳定粒径要求,但考虑石料间经碾压后具有嵌固作用,加上坝前沿用钢筋笼锁固,经分析可保证坝面的抗冲稳定,动床模型试验也证实了这一点。另外,为排除坝面过水后坝面积水,在下游碾压混凝土围堰高程208m设置两处断面尺寸为1.2m×1.8m的泄水廊道。

坝面过水保护布置见图2.13。

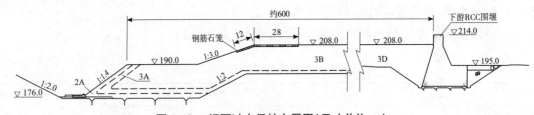

图2.13　坝面过水保护布置图(尺寸单位:m)

2.4.4　抬高过水坝面高程的探索试验

为尽量争取工期,在保证坝面度汛安全的前提下多填坝体,以减少2004年度汛前填筑量,降低二汛度汛风险,模型对坝体的可能最高填筑高程进行了探索试验。当坝体填筑高程由设计的高程208m上升到高程210m时,模型试验观察到用于保护坝体高程210m前端第一排钢筋石笼发生了破坏,但未见坝面填筑料产生明显流失现象;当坝体填筑高程上升到高程212m时,模型试验观察到用于保护坝体高程212m前端第一排钢筋石笼发生了破坏,且高程212m坝面填筑料发生了明显的流失现象。可以看出,在汛前坝面可填筑到高程210m,不宜再高。

实际施工坝面填筑至高程210m,然后进行坝面保护后待汛。

2.4.5 上游边坡防护措施研究

经过斜坡碾压的垫层坡面,尽管具有一定的密实度,但其抗水流冲蚀和外力破坏的性能仍较差,需进行防护。防护的主要作用为:防止暴雨或山洪径流冲刷坡面;施工过程中保护垫层免受人为破坏;在坝体挡水度汛时,起防渗和防止淘刷作用。

对上游护面材料要求具有一定的强度和一定的抗冲蚀、耐磨损性能,但强度和弹模不应过高,以减小对面板混凝土的约束;应具有一定的抗渗性,并与垫层料结合紧密,防止出现剥落现象;施工应简便,满足快速施工的要求。

综合国内、外面板坝的建设经验,垫层坡面防护的方法常用的有喷乳化沥青、喷混凝土、碾压砂浆、挤压边墙等几种。

挤压边墙施工方法主要借鉴道路工程中的道沿机挤压滑模原理,而创造出的一种低弹模混凝土面板斜坡面施工新工艺。该方法使传统工艺中垫层料的斜坡碾压变为垂直碾压,可充分保证垫层料的压实质量,并且挤压混凝土边墙在上游坡面形成规则、坚实的支撑面,可有效保证混凝土面板的均匀、协调变形,使面板稳定安全运行。同时,挤压边墙形成的上游坡面可抵御冲刷,在坝体挡水度汛方面有十分重要的意义。

2.4.6 2003 年度汛前的准备工作要求

2003 年度汛前准备工作主要包括:在汛前必须完成坝面的过水保护;必须加强水文预报,及时拆除上游土石过水围堰过水面以上挡水堰体;在坝面过水前,应进行基坑预充水,将基坑内充水至高程 210m。

多个工程均要求过水前进行基坑充水保护,但根据珊溪工程经验,靠集雨可使基坑水位达到一定的高程,且洪水开始过堰时流速相对较小,也可看作是一个充水过程。

清江洪水陡涨陡落,上游土石过水围堰过水面以上挡水堰体可能面临来不及拆除的情况。可预先在堰体岸边部位开挖缺口,涨水时由此缺口向基坑充水并逐渐冲刷扩大缺口,避免堰体全线漫顶溃决。加强水文预报,提前对下游进行预警。

2.4.7 2003 年度汛情况

2003 年汛前坝面填筑至高程 210m,坝体前端填筑至高程 196m;垫层料采用挤压边墙保护;坝体高程 196～210m 坡顶前沿采用钢筋石笼防护;然后停工待汛。

2003 年清江洪水偏枯,上游水位未超过 215m,围堰和坝体没有过水,水布垭工程安然度汛。因坝面只进行了局部重点防护,且 2003 年坝体填筑面积大,坝面防护与拆除施工基本不占坝体填筑施工直线工期。

2.4.8 2004 年大坝度汛

放空洞于 2004 年 5 月完建投入运用后,根据大坝度汛标准调洪演算得坝前水位为 273.62m,考虑水库库首滑坡体可能滑坡产生的涌浪和必要的安全超高,要求 2004 年汛前坝体临时断面达到高程 288m(上游过渡料、垫层料、挤压边墙同时达到高程 288m),可拦挡 0.5% 频率洪水和保护汛期下游坝体继续施工。

高程 288.0m 临时挡水断面填筑时间为 7 个月(2003 年 11 月至 2004 年 5 月),填筑量 240 万 m^3,平均填筑强度为 35.0 万 m^3/月,垫层料平均月上升速度 13.1m/月。本期是保证大坝安全度汛的关键。

2.5 导流工程施工

2.5.1 导流洞施工

根据水布垭水电站枢纽总布置方案,坝址右岸布置有放空洞与地下电站,2条导流洞布置在左岸,与溢洪道上下重叠布置。

1#导流洞轴线全长1442.86m,分为进口明渠段(含进水塔及喇叭口)、洞身段和出口明渠段。进口明渠段长86.20m,与河床交角约为52°,进口底板高程198m,其中,进水塔段长10m,喇叭口长15.5m;洞身段长1177.86m,底坡1.805‰,洞线与岩层走向斜交,由两个直线段、一个圆弧段组成,上游直线段长837.79m,下游直线段长206.20m,中间圆弧段长133.87m、圆弧半径130m、中心角59°;出口明渠段长178.80m,出口明渠与河床交角约为3.2°,底板高程195m。

2#导流洞轴线全长1333.11m,分为进口明渠段(含进水塔及喇叭口)、洞身段和出口明渠段。进口明渠段长87.73m,与河床交角约为52°,进口底板高程198m,其中,进水塔段长10m,喇叭口长15.5m;洞身段长1079.26m,底坡1.982‰,洞线与岩层走向斜交,由两个直线段、一个圆弧段组成,上游直线段长779.32m,下游直线段长133.87m,中间圆弧段长166.07m、圆弧半径130m、中心角59°;出口明渠段长166.12m,出口明渠与河床交角约为3.2°,底板高程195m。

导流洞洞顶上覆盖山体厚150～230m,隧洞穿越软硬相间的近乎水平层岩层,主要为栖霞组第10段(P_1q^{10})～第2段(P_1q^2),地质构造主要有断层、裂隙、岩坡卸荷带与层间剪切带,多为Ⅲ、Ⅳ、Ⅴ类围岩,成洞条件较差。其中,与导流洞轴线夹角较小的裂隙是影响洞顶悬臂岩体及侧墙稳定最不利的因素。

2.5.1.1 施工布置

导流洞进、出口开挖支护工程量大,施工工期紧,用于洞身开挖施工通道布置存在较大难度,设计单位经研究分析,导流洞开挖共设4条施工支洞。

1#、2#施工支洞分别进入导流洞上游直线段的上游段的上、下层,2#施工支洞从1#施工支洞分叉布设,由于洞身段施工和导流洞进口、大坝坝肩、趾板同步施工,均利用3#道路向上、下游出渣,施工、运输相互干扰较大,特别是导流洞进口开挖至下部时,将3#道路挖断,对导流洞洞身开挖影响较大。因此,通过方案比选,将1#施工支洞进口布置于导流洞进口上游侧,与3#道路相接。1#、2#施工支洞承担导流洞桩号K0+000～K0+500m施工交通任务。

3#、4#施工支洞分别进入导流洞上游直线段的下游段的上、下层,3#施工支洞从4#施工支洞分叉布设,3#施工支洞进口与3#道路相接。3#、4#施工支洞承担导流洞桩号K0+500m以后洞段施工交通任务。

导流洞施工支洞均为城门洞形,支洞断面尺寸为8.0m×7.0m,采用锚喷支护,锚杆长3.0m,喷混凝土厚10cm。其中,1#施工支洞长约334m,2#施工支洞长约174m,3#施工支洞长约288m,4#施工支洞长约343m。

导流洞开挖后期,为了增加施工速度,在出口段(即下游直线段)增设5#支洞。

导流洞施工支洞布置见图2.14。

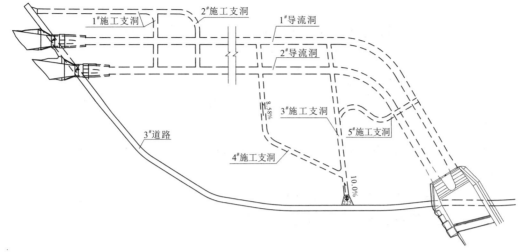

图 2.14　导流洞施工支洞布置示意图

2.5.1.2　施工程序

上游段施工程序：上半洞以 1# 施工支洞与 1#、2# 导流洞交叉处桩号 K0+158m 和 K0+113m 为界，上、下游共分 4 个工作面同时施工。下半洞以 2# 施工支洞与 1#、2# 导流洞交叉处桩号 K0+253m 和 K0+208m 为界，上、下游共分 4 个工作面同时施工。

下游段施工程序：上半洞以 3# 施工支洞与 1#、2# 导流洞交叉处桩号 K0+814m 和 K0+774m 为界，上、下游共分 4 个工作面同时施工。下半洞以 4# 施工支洞与 1#、2# 导流洞交叉处桩号 K0+681m 和 K0+639m 为界，上下游共分 4 个工作面同时施工。

由于导流洞断面较大，且地层岩性较差，导流洞以起拱线为界，分上、下两层开挖。

2.5.1.3　施工方法

1. 导流洞进口施工

（1）进口围堰施工

进口围堰基础开挖按水面以上和水面以下两部分进行。水面以上采用手风钻钻孔，小药量控制爆破，开挖成台阶状，松动岩石人工撬挖；水面以下直接将表面浮渣清除干净到基岩为止。

2001 年 11 月 25 日开始第一仓混凝土浇筑，2002 年 1 月 3 日开始帷幕灌浆，1 月 8 日完成帷幕灌浆。由于围堰基础岩石段破碎，增加了进口围堰基础固结灌浆，固结灌浆于 1 月 17 日开始，1 月 24 日完成，2002 年 5 月 4 日混凝土浇筑完成。

混凝土模板以组合钢模板为主，辅以少量的木模板。混凝土浇筑垂直运输以电吊配 3m³ 混凝土罐入仓为主，水平运输采用 20t 自卸汽车，在浇筑前，先铺 2～3cm 厚的砂浆，采用台阶法浇筑，每坯混凝土厚 50cm，人工振捣。埋设的片石清洗后用反铲或轮胎吊配吊篮入仓。其中，由于防汛需要，进口围堰少量仓位采用泵送混凝土施工。施工中采用混凝土面盖草袋保温，及时进行洒水养护。

在高程 205.0m 形成混凝土灌浆平台，进行了防渗灌浆施工。防渗灌浆施工采用"分段钻灌，孔内循环"的方法，施工顺序：先导孔→灌浆孔（Ⅰ、Ⅱ序）→质量检查及补灌孔。

进口围堰分三层拆除，2002 年 9 月底拆除至高程 212m，10 月上旬拆除至高程 205m，10 月 20 日拆除至高程 197.5m。围堰内边坡人工搭设排架，采用快速钻钻孔，非电雷管毫秒微差爆破，电力起爆，出渣采用 PC600 长臂反铲装车，自卸汽车出渣。

（2）土石方开挖

建筑物轮廓线按先预裂，再抽槽，然后分层梯段爆破的顺序进行，底部余留 2.0m 厚的保护层，采用水平光面爆破，最后用风镐修整，人工清理基岩。

1）边坡预裂

采用 YQ100 型潜孔钻钻孔，孔径 80mm，间距 0.8m。采用不耦合间隔装药，进行分段预裂爆破。

2）抽槽爆破

进口明渠基坑开挖采用抽槽爆破，CM351 潜孔钻钻孔，两洞同时平行掏槽，多段微差控制爆破。

3）梯段爆破

除翼墙段上游端采用 CM351 潜孔钻机钻孔外，其余部位采用 YQ100 型潜孔钻钻孔，孔径 80mm，多段毫秒延迟微差控制松动爆破。边坡近距设置缓冲爆破孔，采用边坡近距控制爆破技术，确保边坡稳定。

4）水平光面爆破

进口明渠底板预留 2.0m 厚的保护层，采用 YQ100 型潜孔钻和手风钻钻水平孔，进行水平光面爆破。

5）出渣

开挖出渣利用 17# 道路、3# 道路，修筑进场施工便道，采用 1m³ 反铲配 20t、32t 自卸汽车装运，自卸汽车沿 17# 道路运至柳树淌渣场弃渣。

（3）喷锚支护

1）钻孔

搭设双排脚手架作为施工平台进行锚杆孔钻孔施工，采用 YQ100 型潜孔钻钻孔，孔径 80mm。排水孔采用手持式气腿钻施工，孔径 50mm，孔深 2.0m。

2）壁面及孔内清理、冲洗

清孔采用高压风、水清洗；受喷面清洗采用高压水枪冲洗。

3）锚杆注浆、插筋

永久性支护的锚杆均为水泥砂浆全长注浆。锚杆砂浆采用 0.1m³ 砂浆搅拌机现场拌制，注浆机注浆。采用先注砂浆后插杆法施工锚杆。

4）挂钢筋网

先打固定插筋孔，埋设固定插筋；再人工挂钢筋网，φ8 铁丝进行固定和连接。钢筋网保护层为 50mm。

5）喷射混凝土

边坡喷射混凝土采用干喷法按自下而上顺序分段分层进行，每层混凝土喷射保持连续均匀施工。混凝土分层喷射厚度 5cm，混和料采用 400L 自落式搅拌机拌制。喷射时对排水孔进行保护，第二层混凝土喷射前，先将第一层已终凝的混凝土受喷面冲洗干净，再进行第二层混凝土的喷射施工。

喷射混凝土施工完毕，混凝土终凝之后，人工喷水养护，养护时间为 7 个昼夜。当冬季气温低于 5℃ 时，停止洒水。

（4）混凝土浇筑

1）砂石骨料生产

砂石骨料由左岸三友坪临时砂石系统生产，砂石系统共有五个车间：粗破、中破、细碎、预筛分、筛分；B1～B10 十条胶带输送机。系统生产方式为全干式连续生产方式，系统生产能力为 200t/h。砂石毛料来源于公山包料场。

2）混凝土拌和系统

混凝土生产系统设置在 15# 道路和 1# 道路交叉口野猫沟，为一座型号 HZS-50 拌和站，混凝土生产能力为 50m³/h，旁设 600m³ 骨料堆场。骨料堆场中间设浆砌石隔墙，分别堆放中石、小石和砂，生产时由 ZL40 装载机向拌和站供料。骨料从三友坪砂石系统用 20t 自卸汽车运至本系统。

3）混凝土运输

导流洞进口混凝土入仓以混凝土泵车为主，电吊配 3m³ 吊罐为辅，少量仓位采用溜筒入仓。水平运输以 MR45-7 搅拌车为主，20t 自卸车为辅。将 1# 导流洞左侧高程 225m 平台、2# 导流洞右侧高程 225m 平台及围堰前的临时道路作为施工设备布置平台，利用 17# 道路、3# 道路修筑临时便道到以上部位。

4）开仓前准备

①模板工程

模板以组合钢模拼装为主，少量使用木模。模板的固定采用长 3.5m、φ48mm 的钢管支撑和Φ10、Φ12 钢筋拉条固定；用Φ22、Φ28 钢筋在仓内进行支撑。模板面层涂刷脱模剂，防止拆模拉毛混凝土表面。

②钢筋工程

选用外形平直、无局部弯折、成盘或弯曲的钢筋拉直后投入使用，加工使用前将表面油污、铁锈、鳞锈清除干净。钢筋在加工厂内按设计图加工后，采用 8t 加长载重汽车运至施工现场，由 0.7t 建筑塔吊配合人工运入仓内，按设计图进行钢筋架立、绑扎、焊接。钢筋焊接采用手工电弧焊，单面焊接搭接 10d，Φ28 以上钢筋采用帮条焊接。

③止水与排水

止水铜片在施工现场制作、焊接、安装。采用双面搭接焊，搭接长度不小于 20mm。止水背面的油漆按要求涂刷均匀。

排水管采用 φ50mmPVC 塑胶管，固结灌浆管采用 φ100mmPVC 塑胶管，安装就位后，用Φ20 钢筋连接固定，并用红油漆在模板上标出管口的位置。在浇混凝土过程中，严禁对着管口下料。

（3）混凝土浇筑

基础底板采用台阶式浇筑方法，台阶高度不大于 50cm，台阶宽度不大于 2m。侧墙和墩墙采用通仓薄层上升浇筑方法，每层铺料厚度约 30cm，混凝土振捣采用 φ100mm 或 φ80mm、φ50mm 插入式振捣器。浇筑完成后及时进行洒水养护。

水平分层施工缝面采用高压水冲毛方式处理，门槽一期混凝土与二期混凝土结合缝面采用人工凿毛处理，并用高压水冲洗干净。在浇筑混凝土前，在基岩上先均匀铺一层 2～3cm 厚的水泥砂浆。

2. 导流洞洞身段施工

（1）洞身开挖

1）上断面开挖

导流洞开挖断面尺寸为 16.1m×17.8m（宽×高），上断面分两序或三序开挖。考虑到软硬相间的近于水平分布的岩层的不利影响，上半断面采用 353E 液压凿岩台车钻孔，中导洞先行爆破开挖，自制台车跟进扩挖的施工方法，这样既可先期探明地质情况，又可减小爆破振动对围岩的破坏。

2）下断面开挖

下断面开挖分别采用潜孔钻梯段爆破拉中槽并预留光爆层[见图 2.15（a）]和采用 353E 液压凿岩台车钻孔全断面开挖[见图 2.15（b）]两种施工方法。

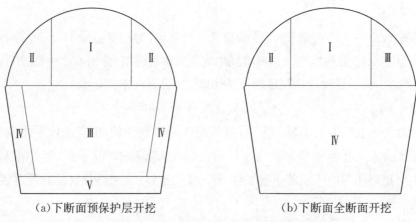

（a）下断面预保护层开挖   （b）下断面全断面开挖

图 2.15　导流洞分层分区开挖示意图

①潜孔钻梯段爆破开挖法施工

根据下半断面尺寸大，具有两个较大临空面的特点，加上开挖的上半断面提供了较大的施工作业空间，具备潜孔钻施工的条件，所以在导流洞下半断面施工过程中，部分采用了潜孔钻梯段爆破法开挖。考虑到保护导流洞两侧洞壁及底面围岩不受破坏，爆破时预留光爆层法开挖。

②液压凿岩台车全断面开挖法施工

根据液压凿岩台车在施工中的优势，采用 353E 液压凿岩台车钻孔爆破全断面开挖，底部预留 30cm 厚的保护层，人工风镐开挖完成。出渣采用 3m³ 装载机配 20t 自卸汽车出渣，实现了高度机械化流水作业，达到了快速施工的目标。

（2）洞顶钢纤维混凝土喷护

顶拱喷厚度 15cm 的钢纤维混凝土，采用湿喷法施工，分 2 次进行，一次喷护厚度 7～8cm。钢纤维采用 BEKAERT 公司生产的 DRAMIX 佳密克丝 ZP305 型，两端带钩，可增强与混凝土的握裹力，并具有搅拌不结团、抗拉强度高等优点。骨料为人工骨料天然河砂，最大粒径 10cm。钢纤维掺量 40～45kg/m³。

（3）洞身混凝土衬砌

洞内混凝土衬砌在洞挖施工全部完成后进行，先底板、后边顶拱分段衬砌，每段长 10m。底板混凝土采用泵送入仓，ϕ70mm、ϕ100mm 插入式振捣器人工振捣。浇筑反弧形底板面层混凝土时，控制混凝土塌落度，采用 ϕ159mm 滚筒振捣收面。边顶拱混凝土采用钢模台车浇筑，泵送混凝土入仓。对于矩形断面、渐变段的混凝土浇筑，用型钢拱架和内拉式锚杆支撑、固定组合式钢模板，泵送入仓，人工振捣。

对于断面Ⅱ的洞段，顶拱喷钢纤维混凝土，两边侧墙混凝土的浇筑利用改装后的钢模台车进行。

导流隧洞为仰拱圆弧形底板，设计开挖断面宽度最大达到 20.92m，弧形矢高 1.0m。由于底板过水面设计为弧形，开始施工时采用封闭式钢盖模盖严上表面，平均分布留出 9 个 40cm×40cm 窗口，混凝土从窗口入仓，后来发现此方法不便施工，便改用钢滚筒方法施工。自制长 10.5m、ϕ250mm 的钢滚筒，一端靠在已浇筑好的混凝土底板上，另一端沿弧形钢模的顶边来回滚动，找平混凝土表面。钢滚筒的作用有二：其一，压实混凝土表面，整平表面；其二，来回滚动压出混凝土的水泥浆，提高表面强度。待混凝土初凝时，人工用钢抹抹面收光，抹面分 3 次进行，时间间隔 2～3h。

据实测分析，采用钢滚筒方法浇筑的底板混凝土的强度、密实度及表面的平整度均达到设计要求，可大大地简化工序、提高施工速度、增创经济效益。混凝土铺底衬砌每月进尺 280～300m，混凝土月浇筑强度 8400～9000m³。

(4)不良地质洞段施工

1)F_8 断层的处理

$1^#$ 导流洞桩号 K0+025～K0+040m 遇 F_8 断层,溶蚀张开剧烈,断层内充填黄泥,成洞困难。施工过程中采用了超前大管棚注浆、钢拱架支护跟进的方法。先用凿岩台车造孔并将长 6m、ϕ 89mm、管壁布满小孔的钢管埋入顶拱轮廓线外侧,然后通过钢管灌注水泥浆、水玻璃,对周边岩体进行固结后,短进尺、少药量、弱爆破进行开挖,周边孔采用光爆技术,每个循环进尺控制在 1m 左右,开挖后立即采用型钢拱架加强支护,确保了洞挖安全通过 F_8 断层。

2)溶洞、溶隙的处理

隧洞穿越的地层主要为灰岩,属溶隙、溶洞发育的地层,为防止隧洞施工期及封堵期外江水流渗或涌入隧洞,干扰隧洞施工,影响导流洞的正常运行,隧洞开挖过程中,根据围岩情况,可对溶隙、溶洞或其他透水岩体采用掏槽回填混凝土、灌注等技术予以处理。封堵长度一般为溶洞洞径的 1.5～2 倍(不小于1m)。此外,根据导流洞运行特征,溶隙、溶洞内有涌水、渗水现象时,对于大坝防渗线上游隧洞洞段出现的溶洞、溶隙,处理措施以截渗为主;大坝防渗线下游隧洞洞段出现的溶洞、溶隙,处理措施以导引排水为主。

3)洞顶软岩层的处理

$2^#$ 导流洞与 $1^#$ 施工支洞交汇处,洞顶为栖霞组第 10 段(P_1q^{10})泥质灰岩白云岩的厚层软岩地段。安全监测表明,上半断面开挖后顶拱沉降变形较大,最大变形达 1cm。及时采用凿岩台车造孔、10m 长的树脂锚杆加固后,变形得到了很好的控制,没有继续发展。

栖霞组第 3 段(P_1q^3)碎屑灰岩泥灰岩在 $1^#$、$2^#$ 导流洞顶的长度分别约为 70m、60m,并位于地下水较发育地段。由于 P_1q^3 地层泥质含量很高,遇水易泥化、软化,再加上 031-1、031-2、031-3 剪切带的存在,是导流洞内最差的岩层。施工中严格遵循"短进尺、弱爆破、强支护、早封闭"的原则,每一循环进尺控制在 1.5m 以内,开挖后及时进行地质素描和断面验收,紧接着采用格栅拱架支护且喷混凝土封闭,随后系统锚杆跟进。格栅拱架距掌子面不超过 2m。在洞顶存在剪切带、岩体较破碎部位,开挖前采用小导管(ϕ 50mm)注浆法先对岩体进行固结处理。

4)塌方段的处理

$2^#$ 导流洞桩号 K0+320～K0+364m 段由于存在洞顶剪切带,顶拱两侧发生小方量塌方、掉块,并沿层面有松弛张开变形。对此,及时用台车钻孔并直接用 ϕ 50mm 的钢管进行锚固(称为摩擦锚杆)。摩擦锚杆不需要注浆,锚固及时,效果好。摩擦锚杆再辅以局部挂网喷混凝土,很好地控制了洞室顶拱塌落或变形。

$1^#$ 导流洞桩号 K0+517～K0+535m 段因顶拱 081-1 剪切带与 F_{104}、F_{139} 断层及多组裂隙面的交汇,开挖完成后发生了顶拱塌落,最大塌落高度达 2.5m,且右侧墙在顶拱塌方后形成了孤立的楔形体,性态不稳。顶拱上部还有 081-2、081-3 两层剪切带分布(厚约 6m),顶拱存在继续塌落的可能。处理方法为:第一步,沿已施工断面打设随机摩擦锚杆,及早对两侧悬臂岩体、洞顶岩层进行锁口和锚固;第二步,对失稳悬臂岩体,架设钢格栅拱架支撑,在塌顶范围内挂网喷混凝土;第三步,施工系统锚杆,并对右侧墙打入两排 9m 长、Φ 36 的长锚杆,锚固楔形体。

(5)施工进度

导流洞洞身段施工进度为截流前施工准备期内的关键线路。洞身段于 2001 年 3 月正式开工,2002 年 10 月完工,历时 20 个月。

3. 导流洞出口施工

(1)出口围堰施工

出口围堰为施工单位自行设计、施工的建筑物。

1)基础开挖

2001年10月围堰开工,此时河床水位198m。围堰基础最深开挖至高程195m,大多在高程197m,覆盖层为崩塌体、孤石,围堰两端近河岸部分,采用手风钻造孔,小药量爆破,利用反铲将基础开挖至高程197.0m。为了从最低处开始浇筑混凝土,采用端退法开挖。水下部分采用长臂反铲掏挖,清基范围大于堰基底宽度50cm以上;临时道路占压开挖部位,安排在其他部位混凝土施工至高程203.0m后进行施工。

2)堰体混凝土浇筑

堰体混凝土浇筑分三期进行,高程197.0m以下水下混凝土浇筑为一期浇筑,高程197.0~203.0m为二期浇筑,在防渗灌浆施工完毕后进行高程203.0m以上的三期施工。

①堰体水下混凝土浇筑

水下混凝土中间不分仓、不设缝。在混凝土浇筑前,水位低于1.0m的部位,人工用单层编织袋装石渣料按结构尺寸码放,形成了简易隔墙;水深大于1.0m的位置,在围堰轮廓线外用长臂反铲抛填大块石,上部1.0m范围内用人工码放的装石渣编织袋挡墙,水下混凝土为二级配 $R_{28}200^{\#}$,由大岩墩拌和站拌制,用18t自卸汽车和搅拌车沿围堰内侧基础开挖时形成的便道运送至施工部位。浇筑混凝土入仓时,从两端水位浅于1.0m的部位开始,采用端进法逐渐向中间推移,20t自卸汽车配反铲进料入仓。在水深大于1.0m的部位,采用导管法浇筑,浇筑时现场安装支架来固定导管下料,导管始终埋在水下混凝土内。

②堰体水上混凝土

堰体水上混凝土为三级配 $R_{28}150^{\#}$。每20m左右为一块,共分为8块浇筑。每道缝间设橡胶止水带,混凝土分层高度为2~3m。

用组合钢模板按结构轮廓线立模,钢模板表面涂一层脱模剂,保证混凝土表面平整光滑。靠基岩不规则部位则用木模板补缝。

混凝土浇筑之前在基面岩面上及先浇混凝土仓面上预先铺设2~3cm厚的水泥砂浆。混凝土采用18t自卸汽车从拌合站运至施工部位,PC200反铲入仓。混凝土入仓后采用100型插入式振捣器,振捣时插点间距控制在30~35cm,振捣时,向混凝土面上抛以清洗干净的块石。收仓后将仓面进行冲毛并及时洒水养护。

3)基础灌浆

围堰基础灌浆分两期进行。采用XY-2PC型钻机造孔和SGB6-10型灌浆机进行灌浆孔。灌浆采用"分段灌浆、孔内循环"的方法。灌浆压力Ⅰ序孔为0.15MPa,Ⅱ序孔为0.2MPa,第二阶段及以下各段为0.3MPa;浆液由稀逐级变浓;在规定的压力下,灌浆段吸浆量不大于0.4L/min时,即结束该段灌浆;灌浆结束后,将导管下至孔底,输入0.5:1的水泥浆液,然后缓慢拔管,并将浆液填充至孔口,封填密实。

第一期灌浆在2001年11月进行,灌浆孔底高程187m,先导孔孔底高程173m。固结灌浆钻孔122个,进尺1581m,灌入水泥810.23t。防渗帷幕灌浆钻孔67个,进尺1166.05m,灌入水泥浆335.68t。布置检查孔9个,从检查结果来看,全孔压水检查漏量较大,说明基岩段防渗效果较差,有必要进行二次防渗处理。

第二期灌浆在2002年1月进行,孔底高程172m,先导孔孔底高程165m。防渗帷幕灌浆钻孔16个,进尺 363.9m,灌入水泥 141.23t。

4)围堰拆除

围堰拆除至高程 195m,拆除总长 130m。靠右导墙段长约 46m 范围在右导墙后面,既不防碍过流,也可对右导墙墙脚起保护作用,因此不予拆除。

围堰拆除施工分三层进行,第一层拆至高程 204.5m,在高程 209m 采用手风钻垂直钻至高程 207m,高程 207.0～204.5m 采用支架式潜孔钻进行水平钻爆;第二层自高程 204.5～202.0m 采用快速钻进行水平钻孔;第三层自高程 202.0～195.0m 采用高风压钻机一次钻爆到底(超钻 2m)。为了减小爆破振动,第二层钻爆自左向右分四次钻爆开挖。

出渣采用 1 台 1.6m³ 反铲挖装 20t 自卸车,运至长淌河石渣备料场,用于大坝围堰填筑。

(2)导流洞出口土石方开挖

导流隧洞出口整个施工范围分为正面边坡、侧面边坡、出口明渠三大作业区。上部边坡施工严格自上而下逐层开挖、逐层支护,开挖断面较大区域内,可在预留支撑体的情况下,下部跟进施工。下部明渠利用枯水期高程 205m 道路进入作业区开挖施工。

防淘墙明挖于 2001 年 12 月 20 日开工,施工中采用 QZJ-100 或 CM351 型潜孔钻钻孔。首先进行预裂钻爆,然后采用楔形掏槽爆破,手风钻造孔,掏槽孔深度比梯段孔深 0.5m,PC600 型 2.1m³ 反铲清渣,装车运往渣场,槽内采用台阶微差爆破,以先锋槽为临空面逐层梯段爆破。防淘墙 L_B-L_1 的第 1#、2#、5# 段明挖至高程 181m,第 3# 段挖至高程 175.5m,第 6#～8# 段挖至高程 183m 后即进行混凝土浇筑,最后第 4# 段在反铲无法下槽出渣的情况下,采用 40t 吊车用渣罐人工出渣方法,于 2002 年 4 月 27 日将第 4# 段挖至高程 176m 后也进行了混凝土浇筑。防淘墙上部浇筑混凝土后,下部均为洞挖施工。

2002 年 6 月 27 日开始进行井下洞挖施工,1# 竖井首先垂直向下挖至高程 172.5m 形成集水坑和出渣吊篮的停放点。洞内开挖掘进每次钻爆进尺不超过 1.5m,炮后进行人工排险,撬掉松动的石块,挖至高程 181m 形成施工面。然后向右侧第 1#、2# 段从上至下分三层开挖钻爆进行施工,采用气腿钻机先进行顶部第一层掏槽开挖,每次掘进 2.5m 深,给下层创造临空面,两个循环后,再梯段开挖第二层。这样交错掘进直至挖到设计边线,最后钻爆第三层同时交错向左侧掘进开挖第 3# 段。

2# 竖井因留在第 4# 与第 5# 分缝处,故井下有两个施工面,与第 1#、2# 段的开挖类同分三层向左侧第 5# 段掘进,一、二层交错开挖完后,开挖第三层至设计高程 173m。

采用 3t 卷扬机提升吊篮出渣,提升架布置在竖井顶部,井下由人工配合斗车将石渣倒入井底吊篮内,由卷扬机提起吊篮倒入斗车运至柔性排上,用反铲或装载机装车运至渣场。

(3)导流洞出口喷锚支护

贴坡混凝土由拌合站供料,搅拌车配溜筒或吊车入仓,部分贴坡混凝土采用 0.35m³ 小型搅拌机拌和,溜槽入仓。砂石骨料由临时砂石系统供应。

在开挖过程中,边开挖边支护,支护施工在搭设的脚手架进行。5m 以内浅孔采用 φ56mm 气腿钻造孔;5～8m 的深孔采用潜孔钻钻孔,孔径 80mm。

锚杆均采用水泥浆全长注浆。锚杆砂浆采用 0.1m³ 砂浆搅拌机现场拌制,注浆机注浆。

边坡喷射混凝土采用干喷法,按自下而上顺序分段分层进行施工。混凝土分层喷射,每层厚度 5～7cm,保持连续均匀施工。

(4)导流洞出口混凝土浇筑

1)砂石骨料生产

砂石骨料来源于公山包料场,砂石骨料由临时砂石系统生产,砂石系统共有五个车间:粗破、中破、细碎、预筛分、筛分;B1~B10 十条胶带输送机。系统生产方式为全干式连续生产方式,系统生产能力为 200t/h。系统生产出合格产品至成品堆料场,堆料场容积 5200m³。

2)混凝土拌和系统

混凝土生产系统布置在场内 5#公路 K0+260~0+340m 的外侧,布置 JSl500 强制式拌和站,生产能力为 90m³/h。系统内主要有拌和站、水泥储运设施、外加剂配制车间、成品砂石料仓、空压站、实验室等设施。装载上料由电子称自动称量。拌和用水经水厂制备后供应。

3)混凝土运输

根据导流隧洞出口地形和场地条件,混凝土料以 18t 三菱车配电吊 3m³ 吊罐入仓为主,6m³ 搅拌车配溜筒入仓为辅。电吊不能覆盖和不具备搭设溜槽的部位采用 6m³ 搅拌车配 HHB60 型泵机或三菱车配电吊转滑槽的方式入仓。施工时,两台电吊首先进入消力池基坑,承担出口上游、底板、尾坎、柔性排及高程 217m 以下边坡等部位的混凝土入仓任务。后期,将其中一台电吊调至高程 229.5m 马道(另一台电吊撤离),承担出口高程 217.0m 以上边坡(含中墩顶部)的混凝土料入仓任务。

4)仓面作业

①立模

采用组合钢模板立模和 2.4m×3.0m 多卡模板立模。各种模板平整度、强度、钢度、稳定性均应满足规范要求,模板面刷脱模剂,确保混凝土成型轮廓尺寸,外表美观。

②扎筋

焊接和冷挤压连接均进行了取样试验,试验强度都满足要求。

进场的钢筋堆放在钢筋棚内,并用垫木支承,以免钢筋锈蚀。对各种钢筋进行标识,防止混淆。

钢筋加工首先进行整直和清除污锈,然后按配料单加工成型。

钢筋在加工厂加工成型,现场安装,钢筋安装满足设计要求,支撑固定牢固。钢筋连接,ф25 以下采取绑扎连接,ф25 以上采用焊接或冷挤压连接。钢筋进场前进行抽检,其力学和机械性能满足有关规范要求。无不合格品进场。

③预埋件

止水片等预埋件用经检验合格的原材料,在钢筋场附近加工成型,现场焊接,止水铜片的焊接长度按要求 2cm 双面焊,对施工过程中造成的破损、断裂、砂眼进行补焊。浇筑前将紫铜片刷洗干净。

底板排水孔采用快速钻钻孔,边坡用手风钻钻孔,并用 PVC 塑料管引至混凝土外。

④清基

对基岩面的断层、溶槽、溶沟及软弱夹层,严格按照设计要求进行清理,对于基岩面的渗水点,根据设计、监理的指示采取引、排措施。基岩面清洗干净均经设计、地质、监理、建设公司联合验收合格。

混凝土施工缝采用冲毛机冲毛,局部缝面的沉积灰浆、乳皮经人工凿毛、刷毛处理,二期混凝土部位及特殊要求部位全部凿毛处理。

仓位各工序施工完毕,经班组质检员自检,二级单位复检,施工单位质检员终检,合格后,申请监理验收,发开仓证后进行混凝土浇筑。

⑤混凝土浇筑

混凝土浇筑前首先在基岩面或老混凝土面铺 2~3cm 厚与混凝土同强度等级的水泥砂浆。消力池底板等面积大的仓位采用台阶法浇筑,台阶高度不大于 50cm,台阶宽度不大于 1.5m,左右边坡面积较小的仓位采用通仓薄层平浇,每层厚度约 40cm。混凝土采用 ϕ 100mm 或 ϕ 80mm(门槽二期混凝土采用软管)振捣器振捣。

防淘墙洞浇的顶部进行回填灌浆。

4. 导流隧洞封堵施工

导流洞堵头封堵工程包括堵头段、延长段及加固段施工。导流洞堵头混凝土强度等级 C20,抗渗等级 W8,抗冻等级 F100。

导流洞堵头为上圆下方结构,堵头段内设断面尺寸为 3m×3.5m 的灌浆廊道。堵头齿槽部位进行了扩挖,对原导流洞衬砌混凝土表面进行了凿毛,堵头顶拱回填灌浆完成后,进行堵头段固结灌浆,达到混凝土温度稳定后进行接触灌浆。

原堵头段回填灌浆预埋管在灌浆过程中,发现堵头上下游面大量外漏,导致无法正常结束,后虽在顶拱范围内采取钻孔灌浆方式进行回填灌浆补灌,但灌浆效果依然不明显,且随着水位的上升,导流洞堵头顶拱布置的回填灌浆孔内有水流出。考虑到原堵头段外漏严重,采用灌浆方法无法成功堵漏,根据现场实际情况,经多方研究,对导流洞堵头段进行了延长和加固。1# 导流洞堵头在原有基础上向下游延长 8m,2# 导流洞堵头在原有的基础上向下游延长 15m。为了确保导流洞堵头安全,增加了导流洞封堵加固段。延长段、加固段施工完毕后,导流洞封堵长度达到 62m。

(1)堵头开挖

原导流洞衬砌采用钢筋混凝土,衬砌混凝土厚 30~80cm。拆除轮廓线设预裂孔,预裂孔间距 40cm,轮廓线 10cm 处布置防震孔。爆破孔孔径 42mm,采用手风钻造孔,孔距 50cm,孔深与混凝土同厚。炮孔堵塞采用黏土,堵塞长度不小于 10cm。采用乳化炸药,电雷管分段起爆。爆破后,部分连接钢筋用氧焊割除,利用反铲将爆裂混凝土块挖除,自卸汽车运出。

导流洞封堵段侧墙和底板上游 12.5m 范围内需开挖成齿槽状。齿槽深 1.0m,长 12.5m,上游坡比 1:0.5,下游坡比 1:10。导流洞原衬砌钢筋混凝土挖除后,采用 ϕ 42mm 手风钻造孔,预裂、光面和松动爆破将齿槽开挖成型。预裂孔间距 40cm,孔深 100cm;爆破孔间距根据孔深选择 30~50cm。炸药采用乳化炸药,电雷管分段起爆。

(2)混凝土浇筑

1)建基面和施工缝处理

建基面利用人工和风镐将松散岩石清除,并冲洗干净;采用人工配合风镐对原衬砌混凝土进行表面凿毛。

混凝土层间施工缝利用压力水冲毛,冲毛标准以微露粗砂为准。

2)灌浆管和冷却水管埋设

回填灌浆与接触灌浆管采用塑料管。回填灌浆进浆主管 ϕ 40mm,回浆管 ϕ 32mm。接触灌浆进回浆主管 ϕ 25mm,支管 ϕ 12mm。

回填灌浆管与接触灌浆管均采用 Φ 22 @113~150cm 的钢筋进行固定,塑料管连接采用钢管三通绑扎法进行。每浇筑层均对管路进行压水检查,对不通管路及时处理,接触进回浆管均引至廊道内,管口用闷头保护。

在混凝土层间埋设 ϕ 25mm 冷却水管,仓内蛇形布置,每个仓位单独形成一套冷却循环系统。冷却水管采用薄壁钢管,每层混凝土开仓前,铺设在混凝土底层。冷却水管引至封堵段下游,混凝土浇筑完毕后即开始初期通水冷却。

3）混凝土浇筑

堵头混凝土通仓浇筑，分层厚度一般为1.5～2.0m，廊道部位依据结构需要层厚略有增加，分9层浇筑。

混凝土采用平浇法。混凝土采用φ70～100mm插入式振捣器振捣，振捣时间以混凝土不再显著下沉，不出现气泡并开始泛浆为准，振捣器移位距离不超过有效半径的1.5倍，插入下层混凝土5～10cm，振捣顺序依次进行，方向一致，以保证上下层混凝土结合，避免过振、漏振或欠振。

泵管采用拆管法，先将泵管接至仓位最前端，待最前端混凝土浇筑到收仓高程后，拆除一节泵管后继续送料直至收仓。在廊道或排水钢管的仓位，廊道、钢管两侧对称下料，混凝土均匀上升，两侧高差不超过50cm。

对混凝土工作缝表面应用压力水等加工成毛面并冲洗干净，排除积水。水平止水、止浆片底部用人工送料填满，防止止水、止浆片卷曲和底部混凝土架空。

4）混凝土养护与通水冷却

混凝土浇筑完毕后，及时洒水养护，以保持混凝土表面经常湿润，对一般浇筑层连续养护至上一层混凝土浇筑前。洒水养护以人工自流养护为主。

混凝土浇筑完毕后，即开始通河水进行冷却，初期冷却时间为10～15d；后期冷却在接触灌浆前进行将堵头混凝土冷却至13.5℃稳定温度。

（3）灌浆施工

堵头总长62m，内设断面尺寸为3m×3.5m的灌浆廊道，进行回填灌浆、固结灌浆、接触灌浆。其中顶拱回填灌浆在混凝土封顶后7d内即可进行，回填灌浆完成后进行堵头段固结灌浆，接触灌浆在堵头混凝土温度达到设计值，混凝土承压以前进行。

1）回填灌浆

①原堵头段回填灌浆

a. 通过预埋管进行回填灌浆

1#导流洞堵头和2#导流洞堵头原堵头段分别布置了12根预埋回填灌浆管道，其中1#导流洞堵头的12根管道都畅通，而2#导流洞堵头只有2根水管畅通。

1#导流洞堵头的回填灌浆于2007年2月11日开始施工，灌注0.5：1的浓水泥浆。由于吸浆量大，采取间歇灌注方式时，个别预埋管在灌注过程中被堵塞，而至2月19日所有回填灌浆预埋管都不能进浆，灌浆非正常结束。

2#导流洞堵头的回填灌浆于2007年2月25日开始施工，灌注0.5：1的浓水泥浆。虽然只有2根管道畅通，但是在进行回填灌浆时无压无回，通过采用间歇方式灌注，至3月26日灌浆非正常结束。其他管道不通，做封堵处理。

b. 利用顶拱固结灌浆钻孔进行回填灌浆补灌

鉴于1#导流洞堵头和2#导流洞堵头顶部脱空回填并没有处理好，根据现场情况，利用顶部预埋固结灌浆管钻孔至见基岩30cm后进行顶部二次回填灌浆。

1#导流洞堵头的二次回填灌浆于2007年3月27日开始，共施工了7个孔，其中处于廊道下游的3个孔吸浆量比较小，而上游的4个孔在灌浆过程中漏量很大，呈越灌越漏的趋势，且从底部排水管中出浓浆。针对这一情况，通过反复限流、间歇、掺加水泥速凝剂ZPS等措施，至4月11日，灌浆无法正常结束。

2#导流洞堵头于 2007 年 3 月 30 日开始进行二次回填,共施工了 7 个孔,灌浆过程中外漏量很大,比 1#导流洞的情况还要严重,靠近廊道上游多个孔出现无压无回,且底部排水管中出浓浆(可能堵头上游面顶拱外漏)。通过采取反复限流、间歇、掺加 ZPS 水泥速凝剂、掺加水玻璃溶液等措施后,至 4 月 16 日,灌浆无法正常结束。

c.进行回填灌浆检查兼补灌

为了确保回填灌浆的施工质量,在 1#导流洞布置了 4 个回填检查孔,在 2#导流洞布置了 8 个回填检查孔。要求钻孔至基岩 20cm 后进行压浆检查,若漏量大则该孔兼做回填补灌孔。

1#导流洞布置的 4 个回填检查孔,1 个孔注入量为 3613.4kg,其余 3 个孔注入量分别为 0.4kg、27.2kg、0.3kg。

2#导流洞经压浆检查,发现 3 个孔无压无回,且在补灌过程中大部分孔均有外漏情况,通过采用限流、间歇、加水玻璃等措施,有 5 个孔灌注结束,而靠近上游的 3 个孔渗水量比较大且互相串通,在灌注过程中发现与上游相通,未能灌注结束。

d. 化学回填灌浆堵漏

从回填灌浆检查孔的施工情况来看,1#导流洞的灌浆情况相对较好,但依然有局部脱空现象,而 2#导流洞依然存在与堵头上游相通的问题。先对 2#导流洞进行化学灌浆回填,以起到充填堵漏的效果;2#导流洞化学灌浆结束后对 1#导流洞顶拱进行化灌。

化学灌浆材料主要采用 DH-814Ⅰ、Ⅱ型水溶性聚胺脂[黏度:Ⅰ型 50～105Pa·s,Ⅱ型 150～250Pa·s;比重:1.08;抗压强度:Ⅰ型>20MPa,Ⅱ型 2MPa;抗渗性:0.3MPa 24h 不渗水;遇水膨胀倍数:150%～350%]。

②堵头延长段回填灌浆

2007 年 7 月 17 日对 2#导流洞延长段进行了回填灌浆,2008 年 1 月 15 日对 1#导流洞延长段进行了回填灌浆,灌浆均正常结束。

③堵头加固段回填灌浆

2008 年 1 月 10 日对 1#导流洞加固段进行了回填灌浆,2008 年 1 月 24 日对 2#导流洞加固段进行了回填灌浆,灌浆均正常结束。

2)接触灌浆

①导流洞原堵头段接触灌浆

2007 年 4 月 14 日对 1#堵头接触灌浆预埋管做全面通水检查时,只有右侧墙一组管道微通。根据施工实际情况,由于固结灌浆时与接触灌浆预埋管路形成串通,1#堵头接触灌浆主要结合固结灌浆施工。

2#堵头做全面通水检查时,左侧墙 3#管与 1#、5#、6#管相通,其余管道不通;右侧墙管道不通。于 2007 年 4 月 22 日,灌浆结束。

②导流洞延长段、加固段接触灌浆

2008 年 3 月 3 日开始进行 1#导流洞延长段、加固段接缝(触)灌浆施工,至 3 月 8 日施工完成。2008 年 6 月 15 日开始 2#导流洞延长段、加固段接缝(触)灌浆施工,至 6 月 22 日结束。

3)灌浆效果

在导流洞堵头回填灌浆、固结灌浆施工过程中,由于堵头顶拱部位混凝土浇筑未能有效回填到位,导致顶拱部位存在较大的空腔,回填过程中灌浆量较大,施工过程中采取了反复限流、间歇、加速凝剂 ZPS、化学灌浆等措施,后来在高程 240m 灌浆平洞导流堵头顶部各增加了 3 排帷幕灌浆孔,钻孔过程中发现与导流洞堵头有渗水通道。施工完毕后,对导流洞堵头进行检查,未发现渗水现象。

2.5.2 截流及围堰施工

2.5.2.1 截流施工

（1）截流时段及标准

截流戗堤位于上游土石围堰轴线（防渗墙轴线）下游，顶部高程208m，顶宽20m，上游坡比1∶1.3，下游坡比1∶1.5。堰体与戗堤间设反滤层，反滤层宽5m。

截流流量按11月10%月平均流量考虑，即为324m³/s。堤头保护标准按11月最大瞬时流量的10%考虑，即为1660m³/s。

（2）截流方式

根据现场实际条件，采取单戗立堵、双向进占的截流方式。非龙口预进占以左岸为主，右岸为辅。龙口合龙采取双向等强度同步进占。

（3）施工顺序

测量放样→戗堤及围堰预进占→裹头保护→龙口进占→合龙。

（4）施工方法

1）非龙口段预进占

预进占从10月上旬开始，两岸同时推进，以左岸为主、右岸为辅，堰体滞后戗堤20m左右跟近填筑。

上游围堰截流戗堤及堰体填筑高程208m。预进占时，左岸进占45m，右岸进占20m，戗堤预留龙口底宽30m，龙口平均宽度45m。按11月10%频率、最大瞬时流量1660m³/s计算，当龙口宽度45m时，口门的平均流速为3.5m/s，相应上下游水位落差为0.7m，采用粒径0.4～0.8m块石进行裹头保护，可满足防冲要求。预进占采用河床两侧开挖渣料填筑，并在戗堤左、右岸下游侧各形成一个50～60m的宽大平台。

下游堰体填筑高程205m。预进占时，左岸进占20m，右岸进占15m，预留龙口宽度约50m。视堤头水流情况，适时抛块石进行堤头保护。

左、右岸采用32t、20t自卸汽车分别从左、右岸取料场取料进占，D85型推土机推料平整。

2）龙口合龙

上游围堰戗堤进占至龙口平均宽度45m后，随着口门宽度逐渐减小，口门流速逐渐增大，采用0.4～0.8m块石与石渣料抛填；当龙口宽度缩小为15m时，龙口平均流速达5.0m/s，相应落差2.0m，采用0.8～1.2m大块石、大于1.2m特大块石及石渣料进行抛填，上挑角进占。龙口宽度与流速、抛头块石粒径情况见表2.14。

表2.14　上游围堰龙口宽度与水流参数、抛投块石粒径

龙口宽度(m) 项目	129	75	60	45	30	15	10
龙口流量(m³/s)	324						
平均流速(m/s)				3.5		5.0	
落差(m)				0.7		2.0	
抛填材料	石渣	石渣	石渣、块石	石渣、块石	石渣、块石、大块石	石渣、大块石、特大块石	石渣、大块石、特大块石

左右两岸采用32t、20t自卸汽车分别从取料场取料填筑，戗堤上按每队2～3辆车进行编队同时端抛。上游围堰龙口采用D9H型推土机在堤头推料，下游龙口采用D85型推土机推料平整。另两岸各布

置 1 台 D85 型推土机进行道路维护,确保整个截流过程安全、有序。

3)实施过程

非龙口预进占于 2002 年 10 月 24 日完成。截流戗堤进占实际于 10 月 26 日上午 10 时开始,左、右岸同时进占,经过 1.5h 的施工,于当日上午 11 时 30 分成功合龙。

2.5.2.2 上下游土石围堰施工

(1)施工特性

1)上游土石围堰

围堰轴线长 129.4m,堰顶高程 223m,堰高 28m,顶宽 10m,采用钢筋混凝土板过水保护。上下游侧坡比均为 1∶2.0。截流戗堤高程 208m,顶宽 20m。戗堤下游为堆石区,顶高程 210m。防渗平台高程 215m,顶宽 21m,防渗型式采用混凝土防渗墙上接厚 0.8m 的现浇混凝土墙。

2)下游土石围堰

围堰轴线长 84.25m,堰顶高程 207m,堰高 12m,顶宽 10m,上、下游侧坡比均为 1∶2.0,堰顶铺填 20cm 厚的石渣料。迎水坡高程 205.3m 以上铺填 30cm 厚的石渣料,高程 205.3m 以下为大块石体护坡。背水坡高程 205m 以上铺填 20cm 厚的石渣料,高程 205m 以下铺填 1.0m 厚的石渣料。防渗平台高程 205m,混凝土防渗墙防渗,墙厚 0.8m。

(2)围堰填筑料源规划

上、下游土石围堰填筑料源规划见表 2.15。

表 2.15 上、下游围堰填筑料源规划表

填筑部位	填筑材料	材料来源	备注
上游围堰	土石混合料	溢洪道开挖料	开挖料直接上堰填筑
	块石	公山包、桥沟料场和导流洞进出口围堰拆除	备料
	石渣	溢洪道开挖料、桥沟及碾压混凝土围堰基础开挖料	预进占直接上堰,截流前备料
	反滤料	公山包料场	人工制备
下游围堰	土石混合料	溢洪道开挖料	开挖料直接上堰填筑
	块石	公山包料场	备料
	石渣	溢洪道开挖料	直接上堰填筑

注:大岩塙滑坡开挖在场内 1# 公路以上规划方案指定的区域开采。

(3)围堰岸坡基础开挖

上、下游土石围堰开挖部位全为土石混合料,主要是将围堰与岸坡相接部位进行开挖处理。采用 1.0m³ 反铲从两岸河边道路(左岸 3# 道路延长段、右岸 12# 道路)向下修路至开挖部位,利用反铲按设计边坡自上而下分层进行,开挖料直接填至堰体部位,采用 D85 型推土机推填,作为道路及堰体填筑料。

(4)堰体填筑

防渗墙轴线两侧 2.0m 范围内的填筑料不含大块石和孤石,土石混合料粒径不大于 20cm,围堰填筑时发现超径石及时采用反铲清理,以保证防渗墙轴线附近的填筑料利于防渗墙施工。水下部分填筑采用 32t 自卸汽车进占法抛投,D9H 型推土机平料压实。水面以下堰体填筑完成并验收合格后,进行水面以上堰体填筑施工。水面以上填筑采取分层填筑碾压施工,振动碾平行于围堰轴线,靠近岸坡碾压不到的地方则采取顺坡向行驶,同时增加碾压遍数。分层填筑碾压参数与控制标准见表 2.16,施工过程中根据

现场生产性试验最终确定相应参数。

表 2.16　　　　　　　　　　　围堰水面以上部位填筑压实参数与控制标准表

项目	铺层厚度(cm)	最大粒径(cm)	振动碾压重量(kN)	碾压遍数(遍)	干密度(g/cm³)
土石混合料	80	30	180	6	2.0
石渣料	80	70	180	6	2.1
反滤料	40	15	100	6	2.2

堰体防冲堆石体填筑,控制堆石粒径不小于 50cm。上、下游围堰迎水侧堆石体水下抛填施工前,对堰体前期石渣或土石混合料断面进行测量后,再进行堆石体施工。堰体背水侧的堆石体施工,采用汽车抛填,围堰闭气抽水后进行底部处理,再采用 1.0m³ 反铲配合人工修坡。

(5)围堰混凝土防渗墙施工

1)围堰防渗墙概况

上、下游土石围堰的混凝土防渗墙施工是截流后的关键项目,能否保质保量按期完成该项目,关系到大坝基坑开挖、坝体填筑以及来年的安全度汛。根据工程总体进度安排,围堰防渗墙施工必须在 2002 年 12 月 20 日前完成。

上、下游围堰防渗墙施工平台高程分别为 212m 和 204m。混凝土防渗墙厚度 0.8m,底部嵌入基岩 0.5～1.0m,槽段连接方式采用套接法。上游围堰防渗墙实际长度 87.13m,最大墙深 31.3m;下游围堰防渗墙实际长度 81.56m,最大墙深 22.1m。防渗墙在两岸坡设混凝土齿墙与围堰防渗墙相连接,齿墙嵌入基岩 1.0m,宽 2.0m,在其侧面中心预留 0.8m 的半圆孔与防渗墙相接。此外,上游围堰在防渗墙施工平台以上至高程 215mm 为现浇混凝土与防渗墙相接,其上为复合土工膜防渗体。

2)防渗墙施工特点

上、下游围堰混凝土防渗墙施工条件具有以下特点:

①施工区域内河道狭窄,两岸山坡陡峻,各种机械设备和风、水、电、泥浆系统及施工道路等临建设施的布置都存在困难。

②围堰基础覆盖层深厚,河床砂卵砾石覆盖层中夹有漂石、大块石层,且河床底部基岩起伏变化大,给防渗墙造孔带来很大困难,不仅效率低,且易漏浆塌孔。

③工期紧,计划要求防渗墙完工仅有 50d,其间还包括围堰填筑、防渗墙施工平台的形成、各种临建设施的修建、机械设备进场就位等工作,施工组织与实施难度大。

3)主要施工方法

①施工平台及导墙

导向槽施工:沿防渗墙轴线用反铲开挖出深 1.5m 的沟槽。导向槽间距 0.9m,导墙高度 1.5m,前、后导墙布设 4×Φ22 钢筋,导墙厚 0.8m;立模板,钢筋保护层不小于 10cm,然后浇筑 C15 三级配混凝土。

倒渣平台施工:机械开挖出 0.5m×0.6m(宽×深)的排浆沟,人工按照 $i=5\%$ 坡比削出倒渣平台,倒渣平台宽 1.5m,然后整体浇筑厚 10cm 的 C15 二级配混凝土。

②槽孔建造

a. 槽段划分

上游围堰Ⅰ期槽长 3.2m,Ⅱ期槽长 5.6m,共划分 19 个槽段;下游围堰Ⅰ期槽长 5.6m,Ⅱ期槽长 7.1m,共划分 15 个槽段。实际施工时,两端个别槽段作了局部调整。

b. 泥浆制备

泥浆选用优质膨润土制备,机械集中制备,中转分散输送至各施工部位。膨润土泥浆配合比及泥浆性能指标检测分别见表 2.17 和表 2.18。

表 2.17 膨润土泥浆配合比

膨润土(kg)	纯碱(%)	水(kg)
12	0.7	100

表 2.18 泥浆性能检测成果表

项目	黏度(s)	比重(g/cm³)	泥皮厚度(mm)	30min 失水(cm³)	pH 值	含砂量(%)
新制泥浆	25	1.07	2~4	<20~30	7~9	0
槽内泥浆	30~40	1.25	2~4	20~30	8~9	<5
清孔泥浆	<30	<1.1	2~4	25	7~9	<5

c. 成槽施工

上游围堰回填深度较大,可发挥抓斗优势,采用"两钻一抓"法成槽。下游围堰回填深度小,且孤石、漂石多,采用钻凿法成槽。

主孔钻孔:主孔钻进采用十字钻头或空心钻头。

副孔施工:相邻主孔施工完毕且孔斜率满足要求后,上游围堰利用抓斗抓副孔,当遇漂石和大块石时,采用冲击钻施工;下游围堰采用钻凿法施工。副孔施工完毕后,再由冲击钻摸扫小墙,直至整个槽段贯通。

d. 槽孔验收

槽段完工后,对槽孔进行终检验收,采用钻头测斜法测斜,两端孔每 2m 检测一次左右、前后偏斜,中间孔每 4m 检测一次前后孔斜,确保孔位正确,孔深、墙厚及垂直度满足要求。

e. 清孔验收

采用抽筒清孔换浆,将槽内的稠状物抽出,清孔时及时补充新浆,直至孔底沉渣厚度满足设计要求为止。对于二期槽,在清孔之前,先用钢丝刷子钻头将混凝土接头刷洗干净,再进行清孔换浆。

f. 槽段连接

槽段连接全部采用全孔套接方式连接,上游围堰采用接头管法施工,下游围堰采用钻凿法施工。

g. 复杂地层情况处理措施

造孔中遇到影响孔斜过大的大块石或漂石,采用回填块石后冲击钻冲砸技术进行处理,将孔内的块石角、孤石或漂石探头处理掉,达到修正孔斜、快速钻进的目的。

由于河床覆盖层由砂砾石夹漂石、大块石层组成,存在着架空和卵石堆积现象,导致混凝土防渗墙施工过程中出现漏浆坍槽现象,尤其是上游围堰,防渗墙成槽施工过程中塌孔漏浆现象特别严重。为此,在钻进时向孔内大量添加黏土,在钻头的冲击作用下逐步将地层空隙充填挤密,使槽壁稳定。此外,孔口周围准备一定量的水泥、锯末等堵漏材料,一旦漏浆,立即提出钻具,从速进行护壁和堵漏处理。

③防渗墙混凝土浇筑

防渗墙墙体混凝土性能指标要求为:28d 抗压强度 7.5~10MPa,28d 抗压弹模 $1.5×10^4~2.0×10^4$MPa,抗渗指标 S_4,新拌混凝土坍落度 18~22cm,二级配。通过试验确定混凝土配合比见表 2.19。

表 2.19 　　　　　　　　　　　　　　防渗墙混凝土配合比

强度等级	级配	水灰比	砂率(%)	粉煤灰掺量(%)	材料用量(kg/m³)							塌落度(cm)
					水泥	粉煤灰	砂	小石	中石	减水剂NF-6	水	
C7.5～C10	二	0.60	46	35	216	117	791	476	476	2.0	200	18～22

混凝土采用拌和楼集中拌制,6m³搅拌车运输,"直升导管法"浇筑。导管 ϕ 250mm,导管底口距槽底控制在 15～25cm。下游Ⅰ期槽采用两套导管,Ⅱ期槽使用三套导管,导管最大间距 3m;上游槽段除两槽采用三套导管、四槽采用一套导管外,其余槽段均使用两套导管,导管最大间距 3.2m。一期槽端的导管距孔端距为 1.0～1.5m,二期槽端的导管距孔端距为 0.7～1.0m。

(6)护坡干砌块石施工

上游围堰护坡选用粒径 0.3～0.4m 的块石,砌筑之前采用 1m³ 反铲配合人工进行修坡处理,将坡面的砂砾石垫层夯实,随后采取错缝嵌锁方式铺砌块石,面层选用较整齐的石块砌筑平整,保证护坡表面砌缝宽度不大于 25mm,同时采用小片石料填塞明缝。

(7)围堰过水保护施工

上游土石围堰为过水围堰,需对围堰进行过水保护,包括堰后堆石体、围堰过水面混凝土板、上游石渣体顶部钢筋石笼护面、堆石体下游面钢筋石笼压坡、河床部位钢筋石笼护脚等。

2.5.2.3 下游碾压混凝土围堰施工

(1)施工特性

下游碾压混凝土过水围堰利用下游土石围堰挡水形成干地施工,在截流后第一个枯水期内建成,并且成为大坝的一个组成部分。碾压混凝土围堰堰顶高程 214m,顶宽 6m,上游面高程 214～206m 为直坡,高程 206m 以下坡度为 1∶0.3;下游面高程 214～207m 为直坡,高程 207～195m 坡度为 1∶0.45,高程 195m 设 10m 宽的平台,高程 195m 以下为直坡。

坡体基础为 2m 厚的 C20S6(二级配)常态混凝土 0.93 万 m³,堰体迎水侧为 3m 宽的 C20S6(二级配)碾压混凝土 1.78 万 m³,其余部分为 C₆₀15S4(二级配)碾压混凝土 4.74 万 m³,混凝土总量 7.45 万 m³。堰后采用块石及钢筋石笼护面进行过水保护。

(2)堰基开挖

下游碾压混凝土围堰基础土方开挖工程量 5.95 万 m³,主要是围堰基础覆盖层开挖,采用 1 台 4m³ 正铲和 1 台 3～5m³ 装载机分 2 个工作面施工,配 20～32t 自卸汽车经 17# 道路、15# 道路运输至柳树淌弃渣场。

下游碾压混凝土围堰基础石方开挖工程量 8.7 万 m³,采取先抽槽形成开挖梯段,然后采用微差梯段爆破方法施工。选用液压钻机造孔,乳化炸药混装车装药,电力起爆,力求爆破粒径均匀,特大块石少,便于挖装。底部 2m 采用保护层一次钻爆开挖,D85 型或 D9H 型推土机集渣,4m³ 正铲或 1.6m³ 反铲挖装,20～32t 自卸汽车运输,视渣料的具体情况,运输至柳树淌弃渣场或上围堰作为石渣料填筑。

(3)混凝土浇筑

1)围堰基础常态混凝土浇筑

围堰基础设有 2m 厚的常态混凝土垫层,采用组合模板,18t 自卸汽车从左岸大岩墙拌和站运输至施工部位,W-4 型电吊配卧罐入仓。混凝土浇筑前,基岩面上铺设一层 2~3cm 厚的水泥砂浆,混凝土入仓后及时振捣密实,保证混凝土浇筑质量,收仓后注意控制冲毛时间与洒水养护。

2)堰体碾压混凝土浇筑

堰体碾压混凝土施工前,将仓面上的杂物清理干净后,根据堰体的结构特点采用多卡(doka)模板通仓立模,仓位模板高度 2.3m,模板表面涂刷脱模剂。铺料前仓面上先铺一层 2~3cm 厚的水泥砂浆。18t 自卸汽车从左岸桥头拌和站运料,汽车直接入仓,在入仓口设冲洗区,将汽车轮胎冲洗干净,端退法依次卸料,仓内采用 D85 型推土机平行于堰轴线方向进行摊铺,平仓厚度 30cm 左右。BW-217D 型振动碾进行碾压,碾压行驶控制速度 1.0~1.5km/h,碾压条带间搭接宽度 15cm 左右,端头部位搭接宽度 100cm。对于靠近模板及边角不易碾压密实的部位,施工采用搅拌车运输碾压混凝土拌和料,现场掺入素水泥浆,并用振捣器振捣密实成"变态混凝土"。在一个碾压层面完成后,间歇期进行围堰横缝施工,成缝采用抬移式切缝机造缝。碾压混凝土浇筑施工连续作业,均衡上升。

(4)堰后钢筋石笼护面与块石填筑施工

在下游碾压混凝土围堰形成后设计工况允许第一个汛期即 2003 年汛期基坑过流,故对堰后采用块石填筑与钢筋石笼护面进行保护。

2.6 主要技术难点及对策

2.6.1 狭窄河谷高面板堆石坝的导流度汛问题

清江洪峰陡涨陡落,峰形多变,洪枯流量差别大,具有典型的山溪性河流特性。坝址区河谷狭窄,河床宽仅 60~90m。大坝施工只能采用围堰一次拦断河床、隧洞泄流的导流方式。

大坝在截流后第一个枯水期施工项目多,施工干扰大,难以在汛前填筑至拦洪度汛高程;另外,大坝即使在截流后第一个汛期过水度汛影响工期 6 个月,也不影响总工期目标的实现。综合分析,确定大坝初期施工导流采用过水围堰方案,即截流后第一个汛期围堰和坝面过水,与导流洞联合泄洪度汛方案。

在控制坝体过水度汛时的过水流量和流速,保证坝体过水度汛安全和 2004 年汛前坝体可以填筑至具备拦洪度汛的高程的前提下,确定导流洞、围堰和坝体度汛的最优化方案,是水布垭水电站导流与度汛工程研究的重点。

对此,在设计过程中进行了全面系统的研究,确定 2003 年度汛坝面与导流洞在设计标准流量下分流比为 0.6∶0.4 左右,控制坝面主堆石区和下游堆石区最大过流流速在 5.0m/s 左右;布置 2 条导流洞,单洞过流断面面积约 200m²;上游土石过水围堰采用高堰挡水、低堰过水方案,大坝下游坝脚设置碾压混凝土围堰并适当抬高堰顶高程,可以达到汛期降低上游堰面、坝面流速的目的;2003 年坝体过水度汛时坝面高程 208~210m,相应坝体填筑高度 32~34m,适当保护后可安全过水度汛;2004 年汛期坝体挡水度汛高程 280m,相应坝体填筑高度 104m,可以满足拦洪度汛要求。

2.6.2 导流洞进口高边坡、软硬相间近水平岩层内导流洞断面型式问题

导流洞进洞口位于灰岩严重卸荷带区,组成洞脸边坡的岩石主要为栖霞组第 10 段(P_1q^{10})~第 2 段(P_1q^2)软硬相间的灰岩,软岩占总边坡高度的 34%,且多位于边坡底部和中下部。地层向临空面视倾角

4°~7°,边坡严重卸荷带深20~40m,并在后缘有 F_8、F_9 断层切割,存在高边坡稳定问题。通过将导流洞提前30m进洞,采用预应力锚索和加长锚杆等加强支护,将开挖坡比 1:0.3~1:0.7 优化为每级高10m、马道3m的垂直边坡等措施,将导流洞进口开挖边坡高度由175m降至约90m,解决了进口高边坡稳定问题,并大幅降低了进口明挖工程量。

针对软硬相间近水平岩层的围岩条件,通过对洞身城门洞形、蛋壳形和马蹄形等多种断面型式的比较,最终采用便于施工,且受力条件较好的斜墙马蹄形断面,共节省岩石洞挖9.96万 m^3,混凝土16万 m^3。

2.6.3 导流洞闸门槽空蚀、洞内负压和出口消能问题

下泄设计流量时,闸门槽附近平均流速18.42m/s,相应水流空化数小于初生空化数,闸门槽存在着空蚀的可能。为不影响导流洞的正常运行和保证顺利下闸封堵,除闸门槽采取错距措施外,还采取了如下处理措施:①改变导流洞进口处的断面型式,将进口断面由城门洞形改为矩形断面,在洞内将矩形断面渐变至马蹄形断面;②将闸门槽井顶部用预制混凝土梁进行封闭,避免因闸门槽串流而减小隧洞泄流能力。采取上述措施后,经减压模型试验验证,导流洞进口段及门槽区无空化现象。

水工模型试验表明,如果导流洞出口采用与洞身一样的断面,从出口至洞内600m长范围均出现负压,负压最大值达到60kPa以上,对导流洞的稳定极为不利。为了改善洞内负压状况,将出口洞顶高度降低2m,压坡坡度1:15,出口面积缩小为洞身断面面积的84%。经模型试验验证,压坡后洞内负压分布长度减小到120m左右,最大负压值减小到20kPa,满足规范的要求。

出口与溢洪道重叠布置,为减少溢洪道的开挖量,并使溢洪道泄洪水舌远离坝体,导流洞出口向下游延长38m,节省了大量的岩石开挖工程量,但减小了消力池长度,增加了出口消能难度,设计通过消能体型的试验研究,采用斜尾坎消力池消能方案,并结合永久出口防淘墙结构,将水流主体归到河床主槽,解决了出口消能问题。

2.6.4 坝面、堰面过水防冲保护问题

在可行性研究设计阶段,大坝上、下游均为土石过水围堰,上游围堰过水面堰顶高程223m,下游土石过水围堰过水坝面高程211m,下游土石过水围堰与大坝结合。施工图阶段经水工模型试验验证,在设计流量下,上游围堰堰面、堰脚和大坝趾板、坝面前缘流速较大,分别达到18.3m/s、10.04m/s、8.03m/s、9.04m/s,堰面、坝面流速大,必然导致过水保护工程量大,有必要对围堰进行优化设计,以降低堰面、坝面流速,减小过水保护工程量。

下游坝脚附近河床砂卵砾石层较厚,其中夹有粉土、粉质黏土透镜体,对坝坡稳定不利,采取挖除大坝下游坡脚覆盖层、浇筑碾压混凝土围堰的对策,既解决了大坝坝坡稳定问题,又可简化大坝下游坡过流度汛保护措施。

抬高下游碾压混凝土过水围堰顶高程,降低上游土石过水围堰过水面高程,降低了堰面、坝面流速,减少了堰面、坝面过水保护投资;同时,在上游土石过水围堰过水面以上设挡水子堰,保证了围堰设计挡水标准。对上游土石过水围堰过水面高程223m、215m和下游碾压混凝土围堰堰顶高程211m、214m进行方案组合,通过水工模型试验验证,四组方案中,上堰过水面高程215m、下游碾压混凝土围堰堰顶高程214m方案,上游围堰至下游碾压混凝土围堰之间水面落差小,上游围堰堰面最大流速10.48m/s,坝面最大流速5.43m/s,比上游围堰过水面高程223m、下游碾压混凝土围堰堰顶高程211m方案分别降低了7.82m/s、3.61m/s,有效降低了上堰过水堰面防冲保护的难度和工程量,大坝度汛风险和工程投资也因

而减小。经方案比较分析,确定下游碾压混凝土围堰堰顶高程为 214m,上游土石围堰过水面高程为 215m,在上游围堰过水面高程以上设置高度为 8.5m 的挡水子堰,保证枯水季挡水围堰的设计挡水标准。抬高下游碾压混凝土围堰堰顶高程后,过坝水面落差集中在下游碾压混凝土围堰处,在设计流量下,碾压混凝土围堰堰前堰后水面落差约 7m,在碾压混凝土围堰下游 30～40m 远处形成深约 16m 的冲坑,要求采用大块石回填碾压混凝土围堰下游河床,确保下游碾压混凝土围堰的稳定。

下游过水围堰采用碾压混凝土围堰并抬高堰顶高程,上游围堰采用低堰过水方案后,根据坝面流速和填料情况分析,对坝面重点区域采取了防冲保护措施。

导流工程水力学研究 　　　　　　　　　　　　　　　　　　　　　　　　　　　**第 3 章**

　　导流洞泄流能力直接决定上游围堰和坝体临时挡水断面的高程。影响泄流能力的因素有隧洞布置、糙率、局部断面变化、进流条件、出口流态等。水布垭水电站导流洞泄流能力先通过公式计算初定,然后进行水力学模型试验进一步验证确定。

　　通过计算初定了消力池长度和深度,然后通过水力学模型试验对消力池布置进行了优化,确定了斜尾坎方案为导流洞出口消能的基本方案。

　　通过改变导流洞进口处的断面型式,将进口断面由城门洞形改为矩形断面,避免闸门槽串流等措施,降低了闸门槽空蚀的可能性。

　　通过模型试验研究,将与消力池衔接的扩散段布置在洞外,并在导流洞出口 20m 长度范围设压坡渐变段,解决了出口段负压问题。

　　通过定床和动床水工模型试验,研究了上游土石过水围堰不同过水面高程、下游碾压混凝土围堰不同堰顶高程与堰面、坝面的分流量、流速、流态的关系,以及上游围堰、坝面和下游碾压混凝土围堰堰后的冲刷情况,同时验证了采取相应防冲保护措施的效果。

3.1　导流洞关键水力学研究

3.1.1　导流洞泄流能力

　　导流洞的水流分明流、半有压流及有压流三种形态。当水流通过导流洞,沿程具有自由表面时为明流;当导流洞进口封闭而部分洞身水流仍保持自由表面时为半有压流;当导流洞进口封闭,洞身充满水流时为有压流。

3.1.1.1　流态判别

　　根据《水利水电工程施工组织设计手册》,半有压流下限流量 Q_{pc} 计算公式为:

$$Q_{pc} = \mu_1 A \sqrt{2g(\tau_{pc} - \varepsilon)d} \tag{3.1}$$

式中　τ_{pc}——半有压流的下限临界壅高比;

　　　μ_1——半有压流流量系数;

　　　ε——进口竖向收缩系数;

　　　A——隧洞控制断面净面积,m^2;

　　　d——隧洞高度,m。

　　有压流下限流量 Q_{fc} 的计算公式为:

$$Q_{fc} = \mu A \sqrt{2g(\tau_{fc}d + il - \eta d)} \tag{3.2}$$

$$\mu = \frac{1}{\sqrt{1 + \sum \zeta + \sum \dfrac{2gl_i}{C_i^2 R_i}\left(\dfrac{A}{A_i}\right)^2}} \tag{3.3}$$

式中　C——隧道的谢才系数，$m^{1/2}/s$；

$\quad\quad R$——水力半径，m；

$\quad\quad l$——隧洞长度，m；

$\quad\quad \mu$——隧洞有压流流量系数；

$\quad\quad \sum\zeta$——局部损失系数之和，包括隧洞进出口、闸门槽、圆弧段等部位的局部水头损失；

$\quad\quad \sum\dfrac{2gl_i}{C_i^2R_i}\left(\dfrac{A}{A_i}\right)^2$——隧洞沿程水头损失系数之和，按隧洞衬砌分段计算，其中 l_i、C_i、R_i、A_i 分别为相

应各计算分段之值；

$\quad\quad \eta$——有压流出口水头比；

$\quad\quad d$——隧洞控制断面洞身高度，m；

$\quad\quad i$——隧洞底坡；

$\quad\quad \tau_{fc}$——半有压流与有压流流分界点的上游临界壅高比。

按上述水流流态判别公式，分析导流洞在不同流量下的流态，据此进行隧洞水力学计算。

根据导流洞布置与断面型式计算，流量小于 $2778m^3/s$ 时为明流，流量为 $2778\sim4076m^3/s$ 时为半有压流，流量大于 $4076m^3/s$ 时为有压流。

3.1.1.2　明流水力计算

导流洞的长度、底坡、进口型式以及出流条件都直接影响隧洞明流状态的泄流能力。计算导流洞明流状态泄流能力时，先计算隧洞临界坡度 i_k 和临界水深 h_k，以判定导流洞底坡特征。当导流洞纵坡 $i<i_k$ 时，为缓坡隧洞；当 $i>i_k$ 时为陡坡隧洞。

临界水深计算公式：$h_k=\sqrt[3]{\dfrac{aq^2}{g}}$，式中 q 为单宽流量 $[m^3/(s\cdot m)]$。

临界底坡计算公式：$i_k=\dfrac{g}{aC_k^2}\cdot\dfrac{P_k}{B_k}$，式中 P_k、B_k、C_k 分别为临界水深时相应的湿周、底宽和谢才系数。

经过计算，$h_k=10.61m$，$i_k=6.28‰$。计算表明，隧洞属缓坡长管，一般为自由出流。

缓坡长管的泄流量按下式计算：

$$H_0=h_c+\frac{Q^2}{2g(h_cB\Phi)^2} \tag{3.4}$$

式中　Q——隧洞下泄流量，m^3/s；

$\quad\quad B$——隧洞宽度，m；

$\quad\quad \Phi$——流速系数，取 0.85；

$\quad\quad H_0$——上游水头，m；

$\quad\quad h_C$——隧洞进口水流收缩断面水深，m。

设计按分段法推求洞内水面线，以确定隧洞进口水流收缩断面水深。

3.1.1.3　半有压流水力计算

当导流洞的泄流量超过半有压流时的下限流量而小于有压流下限流量时，属于半有压流状态，此种流态属闸孔出流。按下式计算：

$$Q=\mu_1A\sqrt{2g(H_0-\varepsilon d)} \tag{3.5}$$

式中符号意义同前。

3.1.1.4 有压流水力计算

导流洞出口处的下游水深将影响隧洞泄流量。当下游水位超过隧洞出口顶高程时,属于淹没出流;当下游水位未淹没洞顶时,属于自由出流。隧洞自由出流泄流量按下式计算:

$$Q = \mu A \sqrt{2g(H_0 + il - h_p)} \tag{3.6}$$

式中 h_p——出口底板以上的计算水深,m。

隧洞淹没出流泄流量按下式计算:

$$Q = \mu A \sqrt{2gZ} \tag{3.7}$$

式中 Z——隧洞上下游水位差,m。

3.1.1.5 导流洞泄流能力分析

1. 导流洞衬砌型式水力学比选

根据地质条件、施工进度安排,进行导流洞衬砌型式选择。设计计算考虑了下述四种型式的水力学条件:

(1)型式1:隧洞全断面采用混凝土衬砌,根据施工质量,糙率分别取值0.016、0.018。

(2)型式2:隧洞底板、边墙采用混凝土衬砌,糙率取值0.016;顶拱采用喷混凝土衬砌,糙率取值0.026。

(3)型式3:隧洞底板采用混凝土衬砌,糙率取值0.016;边墙、顶拱采用喷混凝土衬护,糙率取值0.030。

(4)型式4:隧洞底板采用混凝土衬砌,糙率取值0.018;边墙、顶拱采用局部喷混凝土衬护,糙率取值0.035。

隧洞全线按上述四种衬砌型式组合,考虑三种工况进行分析:

(1)工况一:80%型式1,20%型式2。

(2)工况二:80%型式1,20%型式3。

(3)工况三:80%型式1,20%型式4。

当下泄流量4190m³/s时,核算上游土石过水围堰的设计挡水位,不同组合水力计算成果见表3.1。

表3.1　　　　　　　　　　　　不同衬砌型式隧洞上游水位计算成果表

计算工况	分段比例	过水断面尺寸(m)		分段糙率	沿程水头损失系数	隧洞综合糙率	流量系数	上游水位(m)
		宽	高					
一	80%(1)	12.83	16.91	0.016	1.137	0.017	0.616	224.63
	20%(2)	12.83	16.91	0.022				
二	80%(1)	12.83	16.91	0.016	1.274	0.018	0.600	225.47
	20%(3)	12.83	16.91	0.027				
三	80%(1)	12.83	16.91	0.018	1.734	0.021	0.556	228.20
	20%(4)	12.83	16.91	0.031				

表3.1中计算表明,如果施工过程中不能控制开挖面、混凝土衬砌表面平整度,使隧洞综合糙率达0.021时,围堰挡水位相应增加3.57m;如果隧洞按边墙衬砌断面开挖后不进行混凝土衬砌,而采用喷

描支护,开挖及衬护施工质量较好,则围堰挡水位相应增加 0.84m。由于导流洞在运行期最大流速达 23m/s 左右,洞身穿越的大部分岩性较软弱或软硬相间段,需全断面衬砌,加之施工工期紧,洞挖施工质量控制难度大,未衬砌段隧洞综合糙率会加大,且分段采取不衬砌结构会导致隧洞局部水头损失加大,因而表中计算成果偏于理想化,实际围堰抬高幅度可能更大,需要水工模型试验进一步论证。设计按工况一作为隧洞衬护选定方案。

2. 导流洞泄流能力计算

按隧洞选定衬砌方案计算隧洞泄流量,无压流上限流量 $Q_{pc}=2778\text{m}^3/\text{s}$,有压流下限流量 $Q_{fc}=4076\text{m}^3/\text{s}$。导流洞计算泄流能力见表 3.2。

表 3.2 　　　　　　　　　　　　　　　导流洞泄流能力计算成果表

流量(m³/s)	下游水位(m)	上游水位计算值(m)	流量(m³/s)	下游水位(m)	上游水位计算值(m)
1736	204.19	212.38	6834	213.54	255.30
2337	205.48	214.39	8038	215.58	273.35
3123	206.99	217.88	9557	218.11	299.77
3968	208.53	221.32	10800	220.18	324.46
4510	209.50	227.69	12000	222.11	350.86
5503	211.25	238.33	13000	223.73	374.83

3. 导流洞泄流能力确定

导流洞泄流能力与隧洞布置、糙率、局部断面变化、进流条件、出口流态等多方面因素有关,类似工程经验表明,仅通过计算很难较准确地得出隧洞的真实泄流曲线。为保证导流工程设计的合理性,尽量排除不确定因素,对隧洞进行了多方面的水力学模型试验,进一步验证了隧洞的泄流能力。在流量为 4000m³/s 以下时,计算上游水位和模型试验上游水位基本一致。随流量增加,计算上游水位渐渐高于模型试验上游水位,差值随流量增加而增大。当流量为 10000m³/s,计算上游水位高于模型试验上游水位约 35m。综合计算和水力学模型试验成果分析确定的导流洞泄流能力曲线见图 3.1。

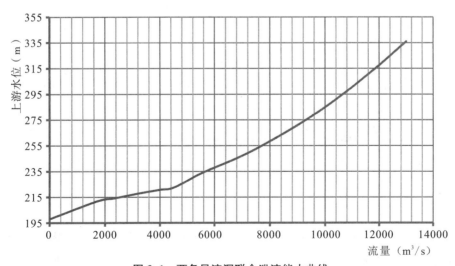

图 3.1　两条导流洞联合泄流能力曲线

3.1.2　消能方案研究

导流洞设计下泄流量为频率 10%、全年洪水 9480m³/s,经调蓄后导流洞的下泄流量 7141m³/s。导流洞出口明渠长 176.30m，水流出明渠后与下游河床衔接。

由于水流出洞后流速很大，且明渠出口即为大岩墙等滑坡体，为避免高速水流对明渠和下游河床造成严重的冲刷，影响下游滑坡体的稳定，必须在出口采取消能措施，并对消力池后明渠进行妥善保护。

根据导流洞的布置条件，考虑了几种可能的消能型式，分别为消力池消能、挑流鼻坎消能、消力戽消能和平底扩散明渠消能。经分析计算，此处水头差较小，不易形成挑流条件，且会加大截流难度；而消力戽消能型式需下挖较大深度，增加开挖工程量，消能也不完善；平底明渠消能型式在高流速时需保护的长度较长；结合导流洞出口的地形地质条件与工程布置条件，重点研究消力池消能型式。

3.1.2.1 消能方案水力学计算分析

1. 消力池水力分析方法与假定

根据导流洞的泄流条件，选取几个不同的流量级，分别计算消力池长度和深度，求出最危险流量，计算的最大池深即为消力池的设计池深。由于两条导流洞共一个消力池，计算时以单条洞为例，拟定扩散段为两侧对称扩散，计算采用消力池宽度为实际池宽的一半；下游水位则按两条导流洞下泄流量控制。

2. 消力池水力学计算

计算流量级选择：截流设计流量 324m³/s；11—5 月五年一遇流量 4190m³/s，上游来水流量 8040m³/s，经调蓄后的导流洞下泄流量 6399m³/s；上游来水流量 9480m³/s，经调蓄后的导流洞下泄流量 7141m³/s；上游来水流量 10800m³/s，经调蓄后的导流洞下泄流量 7620m³/s。根据不同的下泄流量计算对应的消力池深度，计算结果见表 3.3。

表 3.3　消能防冲计算成果表

入库流量 （m³/s）	上游水位 （m）	总下泄量 （m³/s）	下游水位 （m）	单洞下泄流量（m³/s）	池宽 （m）	计算消力池深度(m)	水跃长度 （m）	池后计算平均流速(m/s)
324	202.30	324	199.50	162	不需设消力池			
4190	223.84	4190	208.93	2095	不需设消力池			
8040	243.20	6399	212.79	3200	23	2.82	97.72	5.71
8040	243.20	6399	212.79	3200	25	1.05	82.29	7.15
9480	250.51	7141	214.07	3571	23	5.68	132.79	5.94
9480	250.51	7141	214.07	3571	25	3.60	116.68	6.65
9480	250.51	7141	214.07	3571	28	0.61	89.45	6.82
10800	256.14	7620	214.88	3810	23	7.80	156.41	6.08
10800	256.14	7620	214.88	3810	25	5.42	138.80	6.35

表中计算结果表明：

（1）下泄流量低于 4190m³/s 时，出口水流可自然消能，不需要另下挖消力池，主要进行出口明渠的防护。

（2）消力池池宽对水跃长度和池深的影响均很明显，池宽小幅度增加可显著降低消力池深度和水跃长度。因此，在导流洞出口布置允许的条件下，适当加长扩散段长度，增加消力池宽度对出口消能是有利的。

（3）在导流洞设计流量 9480m³/s 以内条件下，计算水跃长度为 82.29～132.79m，相应按水跃长度的 0.7 倍取消力池长度为 57.5～92.5m；若取池宽为 25m 以上，消力池长度控制为 60～80m 是合适的。

3.1.2.2 消能方案水力学模型试验优化

水布垭导流洞泄流量大、水头高,且其下游河床狭窄,导流洞出口流速大是必然的。采取消能措施难以大幅度降低平均流速,只能改变下游水流的流速分布。结合本工程的特点,导流洞出口的消能防冲不仅是出口明渠自身防冲保护的需要,更重要的是减小出口水流对左岸大岩淌滑坡体坡脚的冲刷,以保证工程施工期滑坡体护岸保护设施的安全。针对这种情况,对导流洞出口消能进行了三个方案的比较研究,即:直尾坎方案、直尾坎+加糙墩方案、斜尾坎方案。三个方案消力池长度均为 60m(斜尾坎消力池最短处为 60m,最长处为 80m),两侧扩散角、池深、尾坎高程均相同。试验研究结果表明,斜尾坎消能方案可使尾坎后水流主流偏右,河床左边的流速有明显减小,左岸边出现强度不大的回流,对减小左岸大岩淌滑坡体坡脚、岸边的流速效果较好。因此,确定了斜尾坎方案为导流洞出口消能的基本方案。

招标设计阶段,由于溢洪道布置变化,溢洪道泄槽挑流鼻坎较可行性研究阶段向下游平移了38.82m,因导流洞与溢洪道为上、下重叠布置,导流洞出洞口位置也同样需向下游平移 38.82m,相应原消力池布置范围缩小,消力池长度受出口地形地质条件限制必须缩短(消力池若也向下游平移,则导流洞出口围堰需浇筑深 10m 以上的水下混凝土,导致围堰工程量增加、施工难度加大,且对工程施工工期有明显影响)。为此,重点研究了将原长 60m 斜尾坎消力池缩短为 50m 的消能方案,并对两种方案的消能效果进行对比分析。通过对消力池下游河床开展动床冲刷水工模型试验研究,取得了较为直观的消能效果比较资料,动床模型试验成果见表 3.4。

表 3.4   消力池下游河床动床试验冲坑参数表

总流量（m³/s）		4510	6000	8000	10800	11600
冲坑最深点高程(m)	池长 60m	182	180	179	181	178
	池长 50m	182	180	178	180	177
冲深(m)	池长 60m	13	15	16	14	17
	池长 50m	13	15	17	15	18
冲坑最深点距尾坎距离(m)	池长 60m	20	28	36	53.6	37.6
	池长 50m	28	32	40	60	48
冲坑最深范围(m)	池长 60m	44×48	40×40	33.6×50	65.6×68	68.8×42.2
	池长 50m	48×42.4	58.4×53.6	76×60	80×72	49.6×24

试验成果表明:

(1)采用斜尾坎后,出消力池尾坎后的水流主流基本处于河床中间,对减少两岸的冲刷有利。

(2)消力池缩短 10m 后,尾坎下游河床冲坑深度加深,但加深幅度不大,为 1m 左右。

(3)消力池缩短 10m 后,尾坎下游河床冲坑最深点距尾坎距离延长 4～10m,对消力池本身的稳定安全更有利,但由于出口明渠下游有大岩淌滑坡体,相对最大冲坑深度距滑坡体坡脚距离变小,对滑坡体的稳定不利。

(4)消力池缩短 10m 后,冲坑最深范围在来流量为 6000～10800m³/s 的常遇流量时有明显增加,对下游岸坡稳定有一定的不良影响。

总体上看,消力池缩短 10m 后,消能效果略变差,对其下游河床的冲刷加剧,不利于下游河床两岸边坡的稳定。但由于水流冲刷的基本趋势未发生改变,考虑到下游河床冲坑最深点为高程 177m,仍高于滑坡体基础要求的最低高程 175m,导流洞运行期水流对下游河床的冲刷不是滑坡体稳定的控制因素;而消力池长度若按 60m 设计,在建筑物布置和施工上难度均相当大。因此,确定消力池采用长 50m 的方案。

3.1.3 导流洞闸门槽空蚀问题

导流洞运行过程中,洞内最大流速将达 23m/s 以上,门槽是否会发生空蚀破坏,需进行分析研究。通过大比例尺水力学模型试验,测得进口段闸门槽及其附近的压力曲线和流速分布,计算得出不同泄流条件下水流空化数。根据对闸门槽设计体形的分析,闸门槽初生空化数为 0.22。导流洞下泄设计流量(经调蓄)7141m^3/s 时,闸门槽附近导流洞平均流速为 18.42m/s,相应水流空化数为 0.121~0.175,小于其初生空化数,故闸门槽存在着空蚀的可能。

为不影响导流洞的正常运行和保证将来的顺利封堵,除闸门槽采取错距布置措施外,还采取了如下处理措施:

(1)改变导流洞进口处的断面型式,将进口断面由城门洞形改为矩形断面,在洞内将矩形断面渐变至马蹄形断面。矩形断面的进水条件较城门洞形好,门槽处的水流空化数有所提高,将降低发生空蚀破坏的可能性。

(2)将闸门槽井顶部用预制钢筋混凝土梁进行封闭,避免闸门槽串流,减小隧洞泄流能力。导流洞下闸前移除钢筋混凝土梁。

采取上述措施后,经减压模型试验验证,导流洞进口段及门槽区无空化。

3.1.4 导流洞洞内负压问题和出口体形模型研究

导流洞出口体形对导流洞水流压力分布有重要影响,对导流洞泄流能力也有一定的影响。水布垭导流洞出口消能是隧洞设计的一项重大技术难题,受溢洪道布置和下游河床地形地质条件的制约,消力池布置条件恶劣。优化设计时,在研究尽量缩短消力池长度方案的同时,也进行了导流洞出口段洞内扩散的技术方案研究,即与消力池水流衔接过渡的部分扩散段设置在导流洞内,以达到延长消力池长度、增强消能效果的目的。

为探讨洞内扩散对隧洞水流特征和下游消能效果的影响,长江科学院和清华大学先后对此问题进行了水力学模型试验研究工作,模型比尺分别为 1:80 和 1:70。模型试验部分成果见表 3.5 和表 3.6。

表 3.5　　导流洞顶部压力(长江科学院　消力池长 50m)　　(压力单位:×9.8kPa)

距门槽中心(m)		$Q=4510m^3$/s	$Q=6000m^3$/s	$Q=8000m^3$/s $Q_下=7645m^3$/s	$Q=10800m^3$/s $Q_下=9576m^3$/s	$Q=11600m^3$/s $Q_下=10143m^3$/s
进口段	−20.5	4.26	12.18	26.26	44.42	50.50
	−19.5	−0.33	2.95	13.99	23.28	25.67
	−18.0	−0.24	2.48	13.28	23.92	28.96
	−15.0	1.03	4.39	15.67	32.23	35.99
	−12.0	2.23	5.91	18.37	36.79	41.19
	18.0	3.66	7.74	22.78	42.86	45.42
	−4.0	3.92	8.32	25.12	41.28	46.88
	−1.2	4.32	9.12	13.84	25.52	28.16
	1.45	3.04	6.72	12.72	24.48	27.12

距门槽中心(m)		$Q=4510m^3/s$	$Q=6000m^3/s$	$Q=8000m^3/s$ $Q_{下}=7645m^3/s$	$Q=10800m^3/s$ $Q_{下}=9576m^3/s$	$Q=11600m^3/s$ $Q_{下}=10143m^3/s$
上游直线段	37.786	2.32	5.20	9.68	17.60	20.00
	103.02	1.69	3.85	7.21	13.45	15.53
	238.62	1.33	3.57	6.85	12.21	13.73
	375.82	0.57	1.45	2.73	6.73	8.01
	551.82	−0.08	0.40	0.88	3.60	4.32
	727.42	−1.30	−2.26	−2.66	−3.62	−4.58
圆弧段	816.22	−2.26	−3.30	−4.50	−6.82	−8.02
	883.16	−1.76	−3.12	−4.40	−6.00	−7.52
	950.09	−2.31	−4.39	−6.15	−8.90	−10.71
下游直线段	1025.29	−2.66	−4.66	−7.54	−10.26	−12.76
	1117.29	−3.36	−6.08	−9.52	−13.92	−16.64
	1148.49	−2.39	−5.67	−9.19	−13.59	−15.11
	1158.79			−3.24	−6.28	−6.68
	1171.79			0.44	0.36	0.44

表 3.6　　　　　　　　　　**导流洞顶部压力(清华大学　消力池长 50m)**　　　　　　(压力单位：×9.8kPa)

编号		$Q=4510m^3/s$	$Q=5500m^3/s$	$Q=7000m^3/s$	$Q=8040m^3/s$	$Q=10800m^3/s$
进口段	1#	0.145	4.065	6.865	11.205	23.805
	2#	−1.285	1.725	3.195	6.065	12.785
	3#	−0.955	2.405	4.155	6.255	13.745
	4#	−0.655	2.355	3.895	6.065	13.555
	5#	−0.305	3.055	4.595	7.045	14.045
	6#	0.135	3.845	5.595	8.255	16.585
出口段	55#	−2.955	−2.325	−6.035	−7.085	−12.335
	61#	−2.745	−2.605	−6.245	−7.785	−13.735
	X1#	−1.625	−1.345	−6.945	−8.765	−14.365
	X2#	0.125	0.195	−2.605	−2.535	−3.935
	X3#	0.195	0.195	0.965	1.455	5.235

从表 3.5、表 3.6 中可以看出，两个模型试验的结果基本一致，在大流量条件下，洞内负压值最大达−16m 以上(过大负压在用模型换算时是不相似的，只能说明产生的负压很大)，负压范围长达 500～600m，且负压的变化规律为：随着流量的增大，负压值也相应增大，负压范围相应减小。出口负压的出现，对增大导流洞泄流能力有利，但负压值过大将危及导流洞出口的安全，必须采取有效措施减小负压。

比较可行性研究阶段的试验成果(出口无洞内扩散段)，库水位 288.37m(总流量 11600m³/s)时，最大负压为−5×9.81kPa，负压段长约 157m；库水位 238.2m(总流量 6000m³/s)时，最大负压为−1.82×9.81kPa，负压段长约 321m。其最大负压值与负压范围均远低于本次试验结果，分析原因主要是由于出口采取洞内扩散方式,且导流洞洞线加长,改变了隧洞水流特性所致。

根据有关规定,对于水工隧洞其洞内负压一般不宜超过 -3 m,否则应采取压坡等措施改善隧洞压力条件。由于设置洞内扩散的主要目的是改善出口消能效果,而在增强导流洞泄流能力方面对工程意义不大(由于无法增大导流洞低水位下的泄流量,故不能降低挡水围堰顶高程,仅可适当降低大坝度汛水位,缓解大坝施工强度;对本工程而言,施工高强度压力在主体工程施工的第一、二年,导流洞泄流能力的影响相对较小)。

通过比较优选出口消能方案,认为适当缩短消力池长度不会明显影响消能效果。因此,对导流洞出口体形作如下调整:

(1)导流洞出口布置仍采用可行性研究阶段的型式,即:不采用导流洞洞内扩散型式,将与消力池衔接的扩散段布置在洞外。

(2)为进一步减小洞内负压值,在导流洞出口 20m 长度范围设压坡渐变段,出洞口处洞顶高程降低 2m。

压坡后模型试验成果见表 3.7。从表中可以看出,导流洞出口压坡 2m 后,压力特性较不压坡有明显改善,最大负压仅 -2.88×9.81 kPa,负压段长度大大缩短。

表 3.7 导流洞出口压坡后顶部压力 (压力单位:$\times 9.8$ kPa)

距门槽中心 (m)	$Q=4510$ m³/s $H_上=223.78$ m	$Q=6000$ m³/s $H_上=236.34$ m	$Q_下=7645$ m³/s $H_上=254.26$ m	$Q_下=9576$ m³/s $H_上=280.02$ m	$Q_下=10143$ m³/s $H_上=288.26$ m
-20.5	3.74	15.02	29.26	50.54	58.78
-19.5	3.52	12.72	25.04	37.44	44.00
-18.0	3.78	12.66	24.58	38.50	44.26
-15.0	3.70	11.94	23.14	36.66	41.70
-12.0	4.09	12.09	22.89	37.21	42.09
-8.0	4.50	12.50	23.06	38.74	43.46
-5.0	4.68	12.76	23.32	39.64	44.52
-1.0	4.92	13.08	23.88	41.16	46.36
1.75	5.08	13.40	24.12	41.64	47.24
2.30	5.06	13.16	23.72	40.92	46.04
15.0(渐变段起点)	5.08	13.48	24.52	42.28	47.64
45.0(渐变段末点)	4.08	10.96	20.00	34.32	38.48
205.0	2.69	8.05	15.33	26.77	30.13
365.0	1.70	6.26	12.63	22.18	25.06
525.0	0.87	4.55	9.59	17.75	20.15
685.0	-0.05	2.83	6.67	13.23	15.07
842.79(弯道起点)	-1.20	0.32	3.12	7.20	8.11
909.73(弯道中点)	-1.40	0.12	2.36	5.56	6.84
976.66(弯道终点)	-1.68	-0.16	2.00	5.68	6.56
1021.06	-2.08	-0.96	0.56	3.60	4.56
1066.01	-2.32	-1.44	-0.16	2.16	2.88

距门槽中心 （m）	$Q=4510\text{m}^3/\text{s}$ $H_上=223.78\text{m}$	$Q=6000\text{m}^3/\text{s}$ $H_上=236.34\text{m}$	$Q_下=7645\text{m}^3/\text{s}$ $H_上=254.26\text{m}$	$Q_下=9576\text{m}^3/\text{s}$ $H_上=280.02\text{m}$	$Q_下=10143\text{m}^3/\text{s}$ $H_上=288.26\text{m}$
1112.16	−2.24	−2.16	−1.60	0.08	0.64
1155.36 （渐变段起点）	−2.81	−2.23	−1.96	−0.95	−0.43
1170.36	−2.76	−2.44	−2.12	−1.24	−0.76
1182.86 （距出口 2.4m）	−0.40	−12.0	−1.68	−2.16	−2.88

3.2 围堰及大坝过水度汛水力学模型试验研究

水布垭水电站于 2002 年 10 月截流，2003 年度汛方案为两条导流洞和坝面联合泄流度汛，度汛重点项目是围堰和坝面过水防冲保护。

大坝过水度汛时，河床与导流洞的分流比取决于导流洞的泄流能力、上游围堰的堰顶高程及堰体断面型式。在河床过流量相同时，坝面过流的流速与流态不仅与坝体度汛时的填筑形象有关，也与上、下游围堰的堰顶高程、断面型式及布置有关。

通过定床和动床水工模型试验，研究了上游土石过水围堰不同过水面高程、下游碾压混凝土围堰不同堰顶高程与堰面、坝面的分流量、流速、流态的关系，以及上游围堰、坝面和下游碾压混凝土围堰堰后的冲刷情况。

3.2.1 水工模型试验方案

3.2.1.1 围堰

上、下游围堰共研究了四种组合方案。方案组合见表 3.8。

表 3.8　　　　　　　　　　　　上、下游围堰组合方案表

方案名称	上游土石过水围堰	下游碾压混凝土围堰
方案一	高程 223m 过水	堰顶高程 211m
方案二	高程 223m 过水	堰顶高程 214m
方案三	高程 215m 过水	堰顶高程 211m
方案四	高程 215m 过水	堰顶高程 214m

上游围堰为土石过水围堰，水工模型试验研究了高程 223m 和 215m 过水两种方案。高程 223m 过水方案：堰顶高程 223m，挡水标准为 11—4 月 5% 频率流量 3960m³/s，堰下游设高程 211m、宽 20m 的面流消能平台，堰顶至消能平台溢流面坡度为 1：5.0，消能平台以下堰坡为 1：2.0，消能平台及以上防冲保护采用 1.5m 的混凝土面板，以下采用钢筋石笼护坡和护底，断面见图 2.8。高程 215m 过水方案：堰顶高程 223.5m，围堰挡水标准仍为 11—4 月 5% 频率流量 3960m³/s。堰体填筑至高程 215m 时即进行堰面过水保护，然后进行上部堰体的填筑，在 2003 年汛前，主动拆除高程 215m 以上堰体，汛期过水堰面高程 215m，汛后再恢复填筑上部堰体，断面见图 2.9。

下游围堰为碾压混凝土围堰,水工模型试验研究了堰顶高程 211m 和 214m 两种方案。堰顶高程 211m 方案:堰顶高程按拦挡 11—4 月 5% 频率最大瞬时流量 3960m³/s 确定。堰顶高程 214m 方案:抬高下游碾压混凝土围堰堰顶高程,可降低上游土石过水围堰承担的水头落差,加大坝面过流时基坑水深,降低上游堰面和坝面的流速,减小堰面和坝面过水保护难度和工程量,断面见图 2.11(a)。

3.2.1.2 坝体过水度汛形象

根据大坝施工进度计划,为保证大坝在 2004 年汛前填筑至高程 288m,在 2003 年汛前坝体应填筑至高程 208m,上游 30m 区域可适当降低至高程 190m,以此作为模型试验研究的基本方案。

高程 208m 以下坝体填筑料包括 2A、3A、3B、3D 料。3B 堆石料为茅口组灰岩,最大粒径为 800mm,粒径大于 100mm 的含量为 50%～62%,粒径大于 10mm 的含量为 79%～90%,含泥量小于 5%。3D 堆石料为栖霞组硬岩,最大粒径不大于 1200mm,含泥量小于 5%。3A 过渡料取自建筑物洞挖料和石料场开挖的灰岩料,最大粒径为 300mm,粒径小于 0.1mm 的含量≤5%。2A 垫层料为灰岩人工制备料,最大粒径为 80mm,含砂(粒径不大于 5mm)量为 35%～50%,粒径小于 0.1mm 的含量为 4%～7%,级配连续。

3.2.2 定床模型试验

模型研究了流量分别为 $Q=8000\text{m}^3/\text{s}$、$Q=10800\text{m}^3/\text{s}$、$Q=11600\text{m}^3/\text{s}$ 时,对应四种围堰组合方案的河床分流量、堰面和坝面流态、流速等。

3.2.2.1 河床过流量

各方案在不同流量情况下的坝面、导流洞过流量见表 3.9。

表 3.9　　　　　　　　　　坝面、导流洞过流量及上游围堰堰前水位表

测流断面		$Q=8000(\text{m}^3/\text{s})$	$Q=10800(\text{m}^3/\text{s})$	$Q=11600(\text{m}^3/\text{s})$
方案一	上游围堰前水位(m)	228.79	231.9	232.65
	导流洞过流量(m³/s)	5166.5	5473.5	5547.6
	坝面过流量(m³/s)	2833.5	5326.5	6052.4
方案二	上游围堰前水位(m)	228.79	231.9	232.65
	导流洞过流量(m³/s)	5166.5	5473.5	5547.6
	坝面过流量(m³/s)	2833.5	5326.5	6052.4
方案三	上游围堰前水位(m)	223.13	226.03	226.79
	导流洞过流量(m³/s)	4607.7	4894	4969
	坝面过流量(m³/s)	3392.3	5906	6631
方案四	上游围堰前水位(m)	223.13	226.03	226.79
	导流洞过流量(m³/s)	4607.7	4894	4969
	坝面过流量(m³/s)	3392.3	5906	6631

上游过水围堰过流面顶高程 223m 方案与高程 215m 方案相比,由于堰顶高程高了 8m,在不同设计流量下,上游围堰堰前水位高了 4.9～5.3m,导流洞分流量增加 480～520m³/s,相应大坝和围堰过流量减少 480～520m³/s。

上游过水围堰过流面顶高程 223m 方案,由于上、下游围堰堰顶高程差 9～12m,下游围堰对上游围堰

的过流基本无影响。上游过水围堰过流面顶高程 215m 方案,由于上、下游围堰堰顶高程相差较小,下游围堰对上游围堰的过流有一定影响,下游围堰堰顶高程降低时,上游围堰和坝面过流量相应增加,反之亦然。

3.2.2.2 流态

各方案水流在经过上游围堰时均顺畅,在堰顶的左、中、右水深基本一致。

水流越过上游土石围堰堰顶后顺堰面急流而下,方案一在高程 211m 平台上产生水跃,方案二、三、四在 1:5 坡面上产生水跃;方案一在 1:5 坡面上的"剪刀水"现象明显,而方案二、三、四基本上消除了"剪刀水"现象。由于上游土石围堰正处于河道 S 形弯道首部,因此过堰水流靠右岸,从堰下游至大坝轴线以上 280m 左边有大片回流,其中以方案一为最,回流最大宽度占总过水宽度的 1/2 左右,回流范围及强度均随流量的增大而增大。随着水流逐渐流经坝体上游、轴线、下游,主流偏于右岸现象不断改善,至大坝轴线处水流沿横断面已渐趋均匀。

3.2.2.3 流速

为测量自上游土石围堰顶、坝面至下游碾压混凝土围堰坡脚的各个部位的流速,在上游土石围堰顶、消能平台、大坝趾板、大坝度汛溢流面、下游碾压混凝土围堰顶及其坡脚等特征部位共分布了若干个测流断面。

各方案上、下游围堰堰顶和坝轴线部位在不同流量情况下的水面线高程见表 3.10。

表 3.10　　　　　　　　　　　　　不同流量下水面线表

测流断面		$Q=8000(\mathrm{m}^3/\mathrm{s})$	$Q=10800(\mathrm{m}^3/\mathrm{s})$	$Q=11600(\mathrm{m}^3/\mathrm{s})$
方案一	上游围堰堰顶	227.8	230.2	231.0
	大坝轴线	216.8	219.2	220.4
	下游碾压混凝土围堰顶	216.6	219.4	219.8
	下游碾压混凝土围堰坡脚	213.4	218.2	215.8
方案二	上游围堰堰顶	227.8	230.2	230.6
	大坝轴线	219.6	222.0	222.6
	下游碾压混凝土围堰顶	216.4	219.2	219.0
	下游碾压混凝土围堰坡脚	212.4	214.6	216.4
方案三	上游围堰堰顶	222.2	224.36	223.96
	大坝轴线	218.8	221.2	222
	下游碾压混凝土围堰顶	217.16	219.4	220.2
	下游碾压混凝土围堰坡脚	210.6	215.24	216.2
方案四	上游围堰堰顶	221.56	224.04	224.28
	大坝轴线	221.6	224	225
	下游碾压混凝土围堰顶	220.4	222.16	222.64
	下游碾压混凝土围堰坡脚	214	215.4	217.8

模型试验测量流速成果见表 3.11~表 3.14。方案一流速分布见图 3.2,方案四流速分布见图 3.3。各方案流速比较见表 3.15。

表 3.11　上、下游围堰不同过水高程方案组合—各部位底部流速表

（单位：m/s）

编号	测流断面 部位	Q=6000m³/s			Q=8000m³/s			Q=10800m³/s			Q=11600m³/s		
		左	中	右	左	中	右	左	中	右	左	中	右
1#	上游围堰顶部高程223m	4.33	4.35	4.89	5.95	6.36	6.22	7.46	8.27	8.00	8.06	8.86	8.77
2#	上游围堰高程211m平台前端	14.39	—	13.97	15.74	17.4	14.64	15.88	17.84	16.15	15.91	17.83	15.65
3#	上游围堰高程211m平台末端	13.58	—	10.69	16.33	11.93	13.90	16.79	15.75	16.54	16.57	18.30	16.02
4#	上游围堰下游河床高程195m	−1.55	0.95	3.46	−1.78	2.18	6.73	−1.89	1.61	10.57	−1.76	3.35	10.04
5#	大坝上游趾板高程176m	−1.23	0.88	2.40	−1.47	1.51	3.54	−1.76	2.28	5.19	−2.15	3.57	8.03
6#	大坝上游坡脚河床高程195m	−1.90	1.64	3.14	−2.31	2.72	5.01	−1.83	5.97	8.35	−1.53	6.39	9.31
7#	大坝高程208m距上游面10m	1.13	2.46	3.00	1.50	5.18	4.82	2.39	8.03	6.83	3.54	9.04	8.02
8#	大坝高程208m坝轴线	1.65	1.94	2.26	2.94	3.57	3.66	3.67	6.26	5.55	4.13	6.40	5.55
9#	距下游碾压混凝土围堰轴线上游118.8m高程208m	1.53	2.06	2.12	2.82	3.71	3.63	3.68	5.84	5.75	3.81	5.91	6.69
10#	距下游碾压混凝土围堰轴线上游32.0m高程208m	1.44	1.26	1.27	1.29	1.70	1.25	2.89	3.60	2.67	2.63	1.95	2.14
11#	下游碾压混凝土围堰顶部高程211m	4.59	4.50	4.78	7.74	8.11	7.12	9.91	9.60	8.86	10.41	10.66	8.62

表3.12　上、下游围堰不同过水高程方案组合二各部位的底部流速表

（单位：m/s）

编号	测流断面部位	Q=6000m³/s			Q=8000m³/s			Q=10800m³/s			Q=11600m³/s		
		左	中	右	左	中	右	左	中	右	左	中	右
1#	上游围堰顶部高程223m	4.16	4.21	4.41	5.73	6.29	6.09	7.47	8.33	8.23	7.83	8.88	8.51
2#	上游围堰高程211m平台前端	10.84	—	9.29	12.69	11.24	12.72	13.11	14.58	13.70	13.53	15.80	14.98
3#	上游围堰高程211m平台末端	10.12	—	—	7.88	4.02	7.52	10.50	9.45	10.79	12.94		13.26
4#	上游围堰下游河床高程195m	−1.52	0.91	1.15	−1.31	2.18	5.40	−1.64	1.83	8.09	−1.72	2.59	8.94
5#	大坝上游趾板高程176m	−0.95	1.09	1.00	−1.54	1.60	2.82	−1.71	1.66	5.04	−2.37	1.85	5.17
6#	大坝上游坡脚河床面195m	−1.38	0.90	1.26	−1.40	3.01	4.08	−1.68	5.03	7.11	−1.78	4.72	8.20
7#	大坝高程208m距上游面10m	1.75	1.02	1.81	1.52	3.97	3.96	1.93	6.45	6.77	3.10	7.12	7.09
8#	大坝高程208m坝轴线	1.65	1.24	1.71	1.89	2.81	2.94	2.38	4.49	4.71	2.65	5.19	5.36
9#	距下游碾压混凝土围堰轴线上游118.8m高程208m	1.34	1.45	1.55	2.11	2.60	2.80	2.51	4.33	5.42	2.67	4.45	5.83
10#	距下游碾压混凝土围堰轴线上游32.0m高程208m	1.17	1.37	0.85	1.42	1.57	1.42	1.63	2.32	2.47	2.24	2.47	2.90
11#	下游碾压混凝土围堰顶部高程214m	4.80	4.90	5.22	8.17	8.54	8.43	8.04	11.88	11.73	10.51	12.61	12.15
12#	下游碾压混凝土围堰坡脚下游31.2m高程195m	3.99	4.87	4.34	5.70	6.20	6.09	3.21	7.09	7.09	2.51	3.83	6.07

表 3.13　上、下游围堰不同过水高程方案组合三各部位的底部流速表

（单位：m/s）

编号	测流断面 部位	Q=8000m³/s			Q=10800m³/s			Q=11600m³/s		
		左	中	右	左	中	右	左	中	右
1#	高程215m平台前端	5.58	6.54	5.91	7.02	8.05	6.97	7.05	8.19	7.91
2#	高程215m围堰轴线	6.41	6.23	6.71	7.28	8.58	8.17	7.98	9.63	8.75
3#	高程215m平台末端	9.96	11.54	10.49	11.55	12.93	12.49	13.04	13.48	14.01
4#	高程208m平台坡脚	9.39	11.04	9.00	10.74	11.18	9.08	11.42	9.78	9.61
5#	高程208m平台末端	6.43	9.66	6.44	9.08	10.85	8.77	10.28	11.20	8.74
6#	高程195m坡脚	-1.85	1.67	2.59	6.40	2.36	1.78	9.24	1.45	2.58
7#	趾板上游高面高程195m	-1.56	2.92	3.75	-1.38	4.17	5.35	-1.58	6.13	5.41
8#	趾板轴线高程176m	-1.28	1.02	1.50	-1.68	1.71	2.28	-0.34		2.11
9#	高程190m平台前端	-1.08	2.55	4.38	-1.62	3.07	4.52	-1.57	2.95	4.88
10#	高程190m平台末端	1.15	2.46	2.71	1.73	2.03	3.41	1.64	3.08	4.06
11#	大坝高程208m前端	1.59	4.73	5.28	2.36	7.40	5.94	3.03	6.53	6.53
12#	大坝高程208m坝轴线	3.64	4.59	4.64	4.83	6.00	5.94	5.16	6.66	5.90
13#	下游碾压混凝土围堰轴线211m	6.73	7.91	7.77	8.53	8.21	8.61	9.12	9.39	8.92
14#	下游碾压混凝土围堰坡脚	1.14	0.98	1.20	0.92	1.45	1.28	1.02	1.58	0.84

表 3.14　上、下游围堰不同过水高程方案组合四各部位的底部流速表

（单位：m/s）

编号	测流断面 部位	Q=8000m³/s			Q=10800m³/s			Q=11600m³/s		
		左	中	右	左	中	右	左	中	右
1#	高程 215m 平台前端	5.5	7.11	5.83	6.18	8.58	7.28	6.52	8.92	6.69
2#	高程 215m 围堰轴线	5.88	6.39	5.97	7.36	8.82	7.25	7.85	9.57	8.34
3#	高程 215m 平台末端	8.34	7.99	7.47	8.19	8.79	8.73	10.48	9.20	8.97
4#	高程 208m 平台坡脚	5.89	1.16	1.51	6.92	1.37	1.92	7.28	1.72	1.91
5#	高程 208m 平台末端	6.92	1.44	1.77	8.01	2.53	2.40	7.76	1.65	3.60
6#	高程 195m 坡脚	3.33	1.59	1.31	3.34	1.49	1.64	3.49	1.61	2.81
7#	趾板上游面高程 195m	1.46	3.64	3.94	2.56	4.15	4.67	2.02	4.67	4.78
8#	趾板轴线高程 176m	1.67	1.53	1.69	1.28	1.68	1.76	1.26	2.83	2.70
9#	高程 190m 平台前端	1.58	1.69	3.06	1.37	3.19	3.58	1.62	2.76	4.36
10#	高程 190m 平台末端	1.45	2.08	2.25	1.60	2.29	2.72	1.56	2.48	3.33
11#	大坝高程 208m 前端	1.53	4.85	4.12	2.87	5.57	5.11	2.04	4.6	5.43
12#	大坝高程 208m 坝轴线	2.43	3.65	3.29	3.69	4.63	4.94	3.62	4.85	4.95
13#	下游碾压混凝土围堰轴线 214m	9.09	8.40	9.70	11.23	12.38	12.43	12.42	12.67	9.00
14#	下游碾压混凝土围堰坡脚	2.52	2.71	2.24	1.15	2.10	1.32	1.22	1.72	1.70

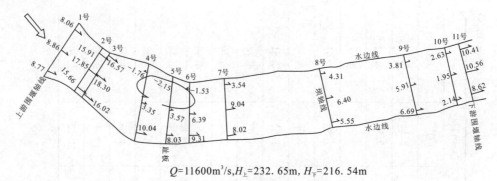

$Q=11600\mathrm{m^3/s}, H_上=232.65\mathrm{m}, H_下=216.54\mathrm{m}$

图 3.2　方案一底流速平面分布图

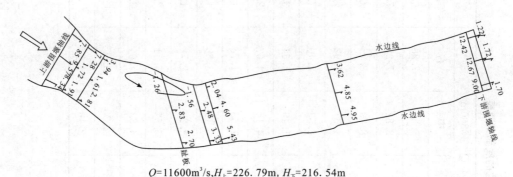

$Q=11600\mathrm{m^3/s}, H_上=226.79\mathrm{m}, H_下=216.54\mathrm{m}$

图 3.3　方案四底流速平面分布图

表 3.15　　　　　　　　　　　　各方案的流速比较表　　　　　　　　　　　　（单位：m/s）

部位	方案一	方案二	方案三	方案四	方案二比方案一	方案三比方案一	方案四比方案二	方案四比方案三
堰面	18.3	15.8	14.01	10.48	−2.5	−4.29	−5.32	−3.53
堰脚	10.04	8.94	9.24	3.49	−1.1	−0.8	−5.45	−5.75
大坝趾板	8.03	5.17	3.11	2.83	−2.86	−5.92	−2.34	−0.28
坝面上游	9.04	7.12	6.53	5.43	−1.92	−2.51	−1.69	−1.1
坝中	6.4	5.36	6.66	4.95	−1.04	0.26	−0.41	−1.71
坝面下游	6.69	5.83	—	—	−0.86	−6.69	—	—
下游堰顶	10.66	12.61	9.39	12.67	1.95	−1.27	0.06	3.28
下游堰脚	—	6.07	1.58	1.72	—	—	−4.35	0.14

　　从表 3.15 可见，在设计过水保护标准流量 11600m³/s 情况下，方案一上游围堰堰面、堰脚和大坝趾板、坝面前缘流速较大，分别达到 18.3m/s、10.04m/s、8.03m/s、9.04m/s，堰面流态较差，过水保护难度较大；方案二相比方案一而言，由于下游碾压混凝土围堰加高 3m，基坑水深增加，上游围堰前后的作用水头减小，因此上游围堰堰面、堰脚和大坝趾板、坝面前缘流速分别减小至 15.8m/s、8.14m/s、5.17m/s、7.12m/s，相比方案一分别减小 2.5m/s、1.1m/s、2.96m/s、1.92m/s；方案三相比方案一而言，由于上游土石围堰顶高程降低了 8m，使得上游土石围堰上、下游的作用水头差减小，虽然河床分流量比方案一增加了约 700m³/s，但上游围堰堰面、堰脚和大坝趾板、坝面前缘流速仍有较大幅度的减小，其底流速分别为 14.01m/s、9.24m/s、2.11m/s、6.53m/s，相比方案一分别减小 4.29m/s、0.8m/s、5.92m/s、2.51m/s；方案四相比方案三而言，由于下游碾压混凝土围堰加高，上游围堰堰面、堰脚和大坝趾板、坝面前缘流速进一步减小，其值分别为 10.48m/s、3.49m/s、5.43m/s，相比方案三分别减小 3.53m/s、5.75m/s、1.1m/s；方案四相比方案一而言，上述断面的底流速则分别减小 7.82m/s、6.55m/s、3.61m/s。

试验成果表明,降低上游土石围堰顶高程和提高下游碾压混凝土围堰顶高程对减少基坑内底流速(含上游土石围堰消能平台及其以下断面)的作用是明显的,在方案一、二、三、四中,上游土石围堰消能平台及其以下基坑中的底流速以方案四最小,其底流速值除上游土石围堰高程208m消能平台上的底流速达 10.48m/s 以外,其他部位流速均较小,相比较而言,过水保护难度较小。

3.2.3 动床模型试验

3.2.3.1 下游碾压混凝土围堰下游冲刷试验

将下游碾压混凝土围堰坡脚10m以下的河床改为动床以研究各方案在各级流量下冲刷情况。模型砂中值粒径 3～4mm,相应原型基岩抗冲流速 3～4m/s。模型铺砂高程 195m,冲刷历时 3h,约相当于原型 27h。模型试验研究成果见表 3.16。

表 3.16　　　　　　　　　各工况下下游碾压混凝土围堰坡脚冲深比较

方案名称	流量(m³/s)					
	8000		10800		11600	
	高程(m)	冲深(m)	高程(m)	冲深(m)	高程(m)	冲深(m)
方案一	188.00	7.00	189.16	5.84	189.00	6.00
方案二	187.48	7.52	—	—	183.10	11.90
方案三	—	—	—	—	181.00	14.00
方案四	183.40	11.60	181.40	13.60	179.00	16.00

研究成果表明,在同级流量下以方案四的冲刷高程最低。方案四在 $Q=11600m^3/s$、$H_下=216.54m$ 时冲刷最深点高程 179.0m(左岸边),冲深达 16m,冲刷最深点距平台 30～40m,可以通过加强堰脚的防冲保护,保证下游碾压混凝土围堰和导流洞出口建筑物的安全。

3.2.3.2 上游土石过水围堰动床试验

试验条件为上游土石过水围堰过水面顶高程 215m,坝面填筑到高程 208m(动床),下游碾压混凝土过水围堰顶高程 214m。

上游土石围堰下游冲坑参数见表 3.17。当流量 $Q=11600m^3/s$ 时,上游围堰迎水面和顶面高程 215m 的钢筋石笼未冲动。下游高程 196m、长 24m 的钢筋笼(4m×2m×1m)共 6 排,第 5 排右边 15 个钢筋石笼未冲,其他都被冲走,第 6 排(最后一排)右边 6 个钢筋石笼未冲,其他被冲走。究其原因是上游围堰195m 平台下游端未被保护,致其下游受到冲刷破坏,并逐渐向上发展,进而引起第五、六排的钢筋石笼发生坍塌翻滚。上游围堰高程 195m 平台的下游冲刷呈锅状,中间深,两侧浅,冲深随流量的增大而增大。在流量 $Q=10800m^3/s$ 时,钢筋石笼的破坏情况与 $Q=11600m^3/s$ 相近,而 $Q=8000m^3/s$(相当于常遇洪水流量)时,6 排钢筋石笼均未被冲动。

表 3.17　　　　　　　　　上游土石围堰下游冲坑各参数值表

总流量(m³/s)	8000	10800	11600
上游围堰下游冲坑最深点高程(m)	未冲	187.2	186.1
冲坑最深点(m)	—	7.8	8.9
距钢筋石笼平台末端(m)	—	24.0	28.0

3.2.3.3 坝体过水动床试验

试验条件为上游土石过水围堰过水面顶高程215m,坝面填筑到高程208m,下游碾压混凝土过水围堰顶高程214m。高程208m坝面前端设置4m×2m×1m钢筋石笼防冲保护,钢筋石笼呈条状间隔布置,间距4m,保护范围为高程208m坝面前端40m。坝面填料按最大粒径设置。

在流量$Q=11600\text{m}^3/\text{s}$时,用于坝体前端高程208m保护的第1排钢筋石笼部分坍塌,部分被水流冲动而带往下游,而第2排及其后的钢筋石笼均未冲动,且坝体的填筑料基本未发生流失现象。当$Q=10800\text{m}^3/\text{s}$,$H_{\text{下}}=215.49\text{m}$时,钢筋石笼的破坏情况同$Q=11600\text{m}^3/\text{s}$,且坝体的填筑料亦未发生流失现象。当$Q=8000\text{m}^3/\text{s}$,$H_{\text{下}}=211.39\text{m}$时,钢筋石笼均未发生破坏,更未见坝体填筑料的流失。

施工总体规划与布置 第 4 章

水布垭水电站施工强度高,涉及专业多,施工标准严,施工难度大;坝址区地形狭长,不利于土石方倒运和场地布置。可行性研究阶段审定的发电工期为 7.5 年。招标设计阶段以施工准备期 2 年,发电工期 6.5 年为争取目标,编制了施工规划报告及施工组织设计专题报告。这些研究工作是有意义的,对水布垭水电站的工程分标、土石方平衡、施工交通、施工工厂、施工给水、施工布置和施工进度等方面进行了细致研究和全面规划,为本工程高质、快速、有序地施工,实现提前发电的工程目标创造了基本条件和提供了技术支撑。

4.1 工程分标规划

水布垭水电站主体工程土建、机电及大坝观测共 9 个标项,分标规划兼顾了专业分工和标间顺利衔接等重要因素,较好地适应了水布垭水电站工程特点。

4.1.1 工程分标规划

主体建筑工程包括大坝工程、溢洪道工程、引水发电系统工程、放空洞工程、马崖高陡边坡治理工程、滑坡治理工程、渗控工程等。导流隧洞工程、围堰工程亦列入主体工程标中。主体建筑物布置见图 1.3。

4.1.1.1 分标原则

水布垭水电站工程具有世界高度第一的面板堆石坝和当时国内最大规模之一的地下工程,工程量大,地形条件复杂,地质条件差,针对水布垭水电站工程特点,考虑工程分标的原则包括:

(1)考虑各主要工程项目的布置、进度和施工程序,使各标项之间的工作内容和施工场地尽量做到相对独立。

(2)本工程建筑物布置集中,地形陡峻、狭窄,施工道路和施工场地布置困难,施工分标数量不宜过多,标段划分以总进度关键线路上的、技术难度较大的主要工程项目为核心,并将与核心项目施工进度关系密切、施工干扰较大的其他工程项目并入同一标段,以减少施工干扰,便于施工管理和相互协调。

(3)分标方案考虑工区资源(如场地、道路、水电、施工工厂等)利用的相对均匀性和施工的连续性,使施工设备和其他施工临时设施得到充分利用。

(4)分标方案考虑工程项目的施工专业特征,便于引进专业技术水平较高的施工队伍。

(5)单个标项的规模尽量适中。标项小,虽然可较好地发挥承包商的专业特长,但各标间的施工干扰大、施工用场地更紧张、协调管理难度更大。标项的规模能照顾国内施工企业的能力,以便有一定数量的承包商参与投标,增强投标的竞争性。此外,适中的标项有助于各标在施工中的相互衔接、配合,减少干扰,同时,也有利于业主的项目管理和协调工作。

(6)为满足 2002 年截流目标,2000 年下半年开始陆续进行部分主体建筑物施工,时间较紧,将部分主体建筑物中要求在前期开工的项目独立于主体建筑物提前招标施工。

（7）金属结构和机电设备采购可根据各建筑物的设计情况和生产厂家制造情况,分为若干采购标。水轮发电机组及其辅助设备采购标,与厂房土建的施工图设计有关,应尽早进行。

4.1.1.2 工程分标规划

1. 土建及金属结构、机电设备安装标类

综合考虑各项工程结构特性、时空关系、进度要求及专业特点,将土建工程及金属结构、机电设备安装项目共规划 9 个标段。

（1）导流隧洞工程标:主要包括导流洞洞身、进水口及进水塔、出口、进出口围堰、与导流洞出口结合的溢洪道泄槽和下游防冲段、防淘墙等项目。导流隧洞工程与下游明挖、边坡保护工程等有地下工程施工,也有露天工程施工,施工工法差异较大,加之导流洞洞身长、施工期短,为施工准备期的关键线路,需利用国内大型施工企业各自的施工特点,以便于选择技术和设备力量强的承包商承担施工,将本标划分进口与洞身、出口两个标段,由两家承包商分别单独中标。导流洞施工支洞需提前于 2000 年完工,作为一个子标独立于主标先期招标施工。

（2）大坝与溢洪道工程标:主要包括溢洪道引渠、溢流堰、泄槽、下游防冲段施工,大坝开挖(包括结合趾板开挖的电站引水渠部分开挖量)、填筑、混凝土、内部观测施工,大坝趾板部位和溢洪道结构范围的帷幕灌浆工程,河床上、下游土石围堰,下游碾压混凝土围堰,导流洞下闸与封堵等。大坝内部观测项目技术要求高,可要求具有相应技术、专业能力的科研单位配合实施。

（3）引水发电系统土建工程标:包括进水渠和进水塔、引水隧洞、交通洞、母线洞和出线井、尾水洞、尾水平台、施工支洞、尾水围堰等土建和部分金结、机电设备安装工程,变电所平台混凝土浇筑,主厂房土建工程,围岩变形监测等。主厂房施工支洞、交通洞、排水洞及排水、软岩置换工程要求尽早开工,可作为一个子标或多个子标独立于主标提前招标施工。

（4）放空洞工程标。

（5）电站机电安装工程标。

（6）渗控工程标:包括两岸坝肩范围的帷幕灌浆、灌浆平洞及其施工支洞等项目。

（7）马崖边坡治理工程标:包括马崖边坡处理全部工程项目和电站变电所平台开挖、支护等项目。

（8）滑坡治理工程标:主要包括大岩墩、台子上、马岩湾滑坡治理及位于导流洞出口消力池以外的溢洪道防淘墙等项目。三个滑坡体施工相互独立,分为 3 个独立分标施工;防淘墙单独分标施工,亦可并入大岩墩滑坡治理标内。

（9）安全监测工程标:主要为大坝外观监测项目。

2. 设备采购标类

（1）金属结构采购标。根据各建筑物的金属结构情况及安装进度分标采购。

（2）机电设备采购标。根据各建筑物的机电设备特点及安装进度分标采购。

（3）特殊施工机械设备采购标。

4.1.1.3 主体工程分标规划特点

1. 有利面

（1）将互相干扰较大的与导流洞出口结合的溢洪道泄槽、下游防冲段并入导流隧洞工程标,与大坝、溢洪道施工关系密切的趾板部位帷幕灌浆和溢流堰部位帷幕灌浆并入大坝与溢洪道工程标,电站进水渠与大坝趾板开挖干扰较大的部分开挖并入大坝与溢洪道工程标,电站变电所平台开挖并入马崖边坡治理工程标,与滑坡体处理关系密切的溢洪道部分防淘墙施工并入滑坡处理标,各标段间施工基本相互独立,干扰较少,有利于工程施工协调管理。

(2)导流洞工程和与导流洞出口结合的溢洪道泄槽、下游防冲段作为一个标,有利于导流工程进度控制。该标段主要项目要求在 2002 年底前完工,大坝、溢洪道标段主要项目从 2002 年底开始施工,两个标段进度上交叉搭接较小。

(3)导流洞出口标段与滑坡处理标段具有相对独立性,将其分开,有利于多个承包商竞标。

(4)溢洪道是大坝填筑料的主要料源,溢洪道开挖利用料占大坝填筑料总量达 53.5%,将溢洪道与大坝工程作为一个标段,有利于保证大坝填筑质量与进度,提高开挖利用料的直接上坝率,降低工程造价和存料场规模,也有利于促进溢洪道的施工进度。

(5)主厂房和开关站、主变压器、金属结构和机电安装专业性强、技术要求高,单独作为一个工程标,便于分别引进技术水平高的专业施工队伍,有利于保证工程质量。

(6)水布垭面板堆石坝是世界同类坝型的最高坝,监测仪器埋设及观测技术要求高、专业性强,需及时分析观测资料并反馈给设计单位进行设计优化,同时,内观仪器埋设与坝体施工干扰较大,因而要求相应的仪埋观测队伍具有较高的专业技术水平。将大坝外观独立于主标,内观并入主体工程标内,并要求具有相应专业技术水平的科研单位相配合,有利于引进技术水平较高的专业队伍进行资料反馈分析,便于设计优化,指导面板堆石坝施工,保证工程质量。

(7)将导流隧洞与施工支洞、大坝两岸坝肩和趾板开挖、引水发电系统主厂房交通洞、施工支洞、排水洞及排水施工、部分置换工程,设子标提前招标施工,可满足工程施工进度,又为主体工程设计工作留出一定的设计周期,有利于保证设计质量。

2. 不利面

(1)导流洞工程标大部分要求在前期施工完成,工程量较大,工序复杂,工期短,要求承包商具有相当强的综合施工实力。

(2)电站引水渠和马崖边坡等大坝填筑料料源与大坝标分开,增加了建设方的协调管理工作,增大了大坝填筑料质量控制难度。

(3)电站主厂房和开关站、变压器金属结构、机电安装与土建工程分标,施工干扰较大,协调管理难度大。

总之,本分标方案具有较好的灵活性,可根据招投标情况和承包商的施工能力,将多标段由一个承包商承担,如引水发电系统工程标与机电安装工程标等,也可将一个标项划分为几个子标,由多家承包商承担施工,如导流工程标、帷幕灌浆工程标(划分帷幕灌浆与灌浆平洞施工)等。

4.1.2 临时工程分标规划

临时工程包括混凝土生产系统、砂石料加工系统(含大坝垫层料加工系统)、供水系统以及供电系统、通信系统、施工道路、其他一些施工设施等。

4.1.2.1 临时工程分标规划原则

(1)单独为某一工程标服务的临时工程,由承担该标项的承包商修建和管理,即将此临时工程附属于相应的主体建筑物工程标内。

(2)为整个工程施工服务,或为多个主体建筑物工程标项服务的临时工程,由建设单位委托专业承包商承建、维护和管理。

(3)虽为多个主体建筑物工程标项服务,但以其中一个标项为主的临时工程,由承担该主要主体建筑物的承包商修建、维护和管理。

4.1.2.2　临时工程分标规划

1. 混凝土生产系统

左岸野猫沟混凝土系统:承担导流洞进水渠及进水塔、导流洞上游洞段混凝土生产任务,附属于导流洞上游段施工标内。

左岸三友坪混凝土系统:承担溢洪道泄槽、溢流堰部分混凝土生产任务,附属于大坝与溢洪道工程标内。

左岸桥头混凝土系统:承担大坝、溢洪道、滑坡治理、导流洞、河床下游围堰、渗控工程等建筑物混凝土生产,供料时间长,覆盖建筑物范围广,由专业承包商修建和管理、运行。

右岸桥沟混凝土系统:承担河床上游围堰、尾水围堰、放空洞、电站进水塔、大坝等建筑物混凝土生产,供料时间长、范围广。该系统由专业承包商建设、管理和运行。

右岸侯家坪混凝土系统:承担地下电站系统、马崖边坡治理、马岩湾滑坡治理、渗控工程等建筑物混凝土生产,附属于地下电站系统施工标内。

2. 混凝土骨料及大坝垫层料生产系统

临时砂石加工系统生产强度及生产量不大,由业主委托专业承包商承建、运行和管理。

左岸砂石加工系统,承担了左岸野猫沟、三友坪、桥头混凝土生产系统的砂石骨料及大坝垫层料加工,即相应承担了多个主体建筑物标项的混凝土骨料供应,由建设单位委托专业承包商承建和运行、管理。

右岸桥沟砂石加工系统与右岸桥沟混凝土生产系统结合为一个项目,由建设单位委托专业承包商建设、运行和管理。

3. 机械修配及综合加工系统

汽车停放、保养、机械修配、仓库、加工厂等各标项均相应设置,由各标项承包商修建和使用。

4. 供水、供电、施工通信及照明

(1)施工供水

上、下游两大供水系统均为多个标项承包商服务,为了给主体建筑物创造良好的施工条件,两座水厂及其取水系统均由建设单位修建,水厂至各建筑物和承包商生产、生活营地的供水管线由各标项承包商修建和管理使用。

施工期,左岸上游水厂委托左岸砂石加工系统承包商运行和管理,左岸下游水厂由建设单位管理运行。

(2)施工供电及照明

110kV施工变电所由建设单位修建、运行和管理。

施工变电所至各施工区、生活区的供电系统由建设单位进行统一规划,各承包商修建、运行和管理。

(3)施工通信

对外通信网由建设单位统一修建、维护。场内各承包商的通信支线由各承包商承建。

5. 场内施工道路

为创造良好的施工条件,场内道路、桥梁均由建设单位先行招标修建。对多个主体建筑工程标公用的场内道路,由建设单位委托专业承包商维护和管理,包括1#、2#、3#、13#、20#道路、水布垭大桥等。对基本由单个主体建筑物工程标使用的场内道路,主体建筑物工程标施工期交由该标承包商维护和管理,包括4#、5#、6#、7#、9#、11#、12#、14#、15#、16#、17#、18#、19#道路等。

从上述规划道路至各施工区及施工区内的临时道路由承担该区的主要承包商修建和运行、管理。

6. 场内排水

大型冲沟治理、滑坡治理所设置的永久排水沟由建设单位先行招标修建,并承担施工期维护和管理。

弃渣场、存料场及各临时建筑区、开挖施工区、施工填筑区等因施工地形变化,需要临时或永久疏导的排水沟由承担场内施工和使用的承包商修建、维护、管理。

7. 料场清理和开采

鄂家坪和桅杆坪土料场主供围堰用土料,由围堰工程承包商管理和使用。

公山包石料场为混凝土骨料毛料和大坝填筑料料源,并根据料源性质及用途,宜分为多个开采区。为开采混凝土骨料和大坝垫层料毛料的采区,由左岸上游砂石系统承包商负责清理、使用和维护;开采大坝填筑主堆石料和过渡料的采区,由大坝承包商负责清理、使用和维护。

桥沟石料场与公山包石料场相同,也设多个开采区,分别由右岸砂石加工系统和大坝承包商承担场地清理、使用和维护。

8. 存、弃渣场使用和管理

(1)弃渣场

柳树淌弃渣场主要作为溢洪道和导流洞进口及上游洞身段、公山包料场剥离、三友坪场地平整等弃渣场,拟分区域或分时段使用和管理,前期由导流洞承包商使用和管理,后期由溢洪道承包商使用和管理。

石板沟弃渣场作为溢洪道、大坝、电站、放空洞、马崖高边坡、滑坡处理的公共弃渣场,由各标项共同使用和管理,建设单位和监理单位加强协调和管理。

响水河和水布垭弃渣场为放空洞、地下电站系统、大坝、桥沟石料场剥离、桥沟承包商营地平整等的公共弃渣场,前期由大坝、溢洪道工程标承包商管理,并提供放空洞工程标使用。后期由引水发电系统承包商使用和管理。

(2)存渣场

邹家沟和黑马沟存渣场主要临时堆存溢洪道泄槽、下游防冲段结合导流洞出口利用料、导流洞身和马崖边坡开挖利用料,以便后期用于大坝填筑,前期由导流洞出口承包商使用和管理,后期转交大坝承包商使用和管理。

长淌河存渣场主要临时堆存导流洞、主厂房、放空洞开挖的用于大坝过渡料的石渣,前期由导流洞、主厂房、放空洞承包商共用,导流洞承包商负责管理。后期由大坝承包商使用和管理。

桥沟存渣场主要临时堆存电站引水渠、引水洞和少量放空洞开挖石渣料,由引水发电系统承包商管理,并供放空洞承包商使用。

4.1.3 主体土建工程各标段监理与承包人

主要标段监理与承包人情况见表 4.1。

表 4.1 主体工程主要标段监理与承包人情况表

序号	项目名称	施工单位	监理单位
1	导流洞进口与洞身上段工程施工	中铁十八局	中国水利水电建设工程咨询中南公司
2	导流洞洞身下段工程施工	中铁十五局	中国水利水电建设工程咨询中南公司
3	导流洞出口工程施工	葛洲坝股份有限责任公司	湖北清江工程管理咨询公司

序号	项目名称	施工单位	监理单位
4	大坝和溢洪道建筑与安装工程施工	葛洲坝江南水电联合体	浙江华东工程咨询有限公司
5	引水发电系统引水及电站厂房建筑与部分金属结构设备安装工程施工	中国水利水电第十四工程局	中国水利水电建设工程咨询中南公司
6	引水发电系统尾水建筑与金属结构设备安装工程施工	中国水利水电第八工程局	中国水利水电建设工程咨询中南公司
7	放空洞建筑与安装工程施工	江南水利水电工程公司	中国水利水电建设工程咨询中南公司
8	左岸帷幕灌浆和排水工程施工	葛洲坝股份有限责任公司	湖北清江工程管理咨询公司
9	右岸帷幕灌浆和排水工程施工	北京振冲工程股份有限公司	湖北清江工程管理咨询公司
10	防淘墙建筑与安装工程左岸段施工	葛洲坝集团基础工程有限公司	中国水利水电建设工程咨询中南公司
11	防淘墙建筑与安装工程右岸段施工	中国水利水电基础工程局	中国水利水电建设工程咨询中南公司
12	马崖高边坡整治一期工程施工	中国水利水电第十四工程局	湖北清江工程管理咨询公司
13	马崖高边坡整治二、三期工程施工	葛洲坝江南水电联合体	湖北清江工程管理咨询公司
14	大岩塆滑坡地表排水、抗滑桩工程施工	葛洲坝集团基础工程有限公司	湖北清江工程管理咨询公司
15	大岩塆滑坡地下排水工程施工	中铁十五局	湖北清江工程管理咨询公司
16	台子上滑坡治理工程施工	武警交通第一总队	湖北清江工程管理咨询公司
17	马崖湾滑坡一期治理工程施工	中国水利水电第十四工程局	中国水利水电建设工程咨询中南公司
18	马崖湾滑坡二期治理工程施工	江南水利水电工程公司	湖北清江工程管理咨询公司

相较于分标规划,实施中主要分标仍有一些调整变化:

(1)为加快导流洞施工工期,将规划的导流洞进口及洞身标分成了导流洞进口及上游洞身段工程施工标、导流洞洞身下段工程施工标两个标段。

(2)引水发电系统尾水洞地质条件差、施工工期长,引水发电系统标拆分为引水及电站厂房建筑与部分金属结构设备安装工程标、尾水建筑与金属结构安装工程标。

(3)渗控工程两岸工作面独立,渗控工程标拆分为左岸灌浆和排水工程标施工标、右岸灌浆和排水工程标施工标。

(4)马崖边坡处理工程标、滑坡治理工程标实施中考虑施工时段、工作面、专业性等因素均拆分为若干标段。

4.1.4 主要机电设备、金属结构工程主要标段监理与承包人

水布垭水电站工程机电设备采购包括主机设备(水轮机、发电机)、辅机设备、电气设备、金属结构等。主机设备包括4台套水轮机及其附属设备、4台套水轮发电机及其附属设备,同时招标采购;辅机设备采购包括公用设备、通风空调和消防系统,公用设备根据工程进度分批次集中招标采购,通风空调及消防同时招标;电气设备包括电气一次设备及电气二次设备,电气设备根据不同类别分批次招标;金属结构按进度和工程不同部位分别招标。

主要机电设备和金属结构安装主要标段监理与承包人情况见表4.2。主要机电设备和金属结构制造

和监造承包人情况见表4.3。

表4.2 机电设备、金属结构安装主要标段监理与承包人情况表

序号	项目名称	施工单位	监理单位
1	电站机组设备安装	中国葛洲坝水利水电工程集团公司	湖北清江工程管理咨询公司
2	放空洞金属结构及机电设备安装调试	江南水利水电工程公司	中国水利水电建设工程咨询中南公司
3	电站引水压力钢管安装	中国水利水电第十四工程局	中国水利水电建设工程咨询中南公司
4	电站进水口金属结构及机电设备安装调试	中国葛洲坝水利水电工程集团公司	湖北清江工程管理咨询公司
5	电站尾水金属结构及机电设备安装调试	中国水利水电第八工程局	中国水利水电建设工程咨询中南公司
6	溢洪道金属结构及机电设备安装调试	葛洲坝江南水电联合体	浙江华东工程咨询有限公司

表4.3 主要机电设备、金属结构制造及监造承包人

序号	项目名称	承包人	监造单位
1	电站压力钢管制造	葛洲坝集团	水利部水工金属结构质检中心
2	电站进水口快速门及埋件、尾水检修门及埋件制造、拦污栅及埋件制造	水电二局	郑州机械设计研究所
3	电站进水口检修门及埋件、溢洪道检修门及埋件制造	水电十四局	郑州机械设计研究所
4	电站进水口及尾水门机制造	江河机电装备有限责任公司	郑州机械设计研究所
5	溢洪道门机制造	葛洲坝船舶机械有限公司	郑州机械设计研究所
6	溢洪道弧门及埋件制造	三门峡新华水工机械有限责任公司	郑州机械设计研究所
7	放空洞、进水口、溢洪道液压启闭机制造	中船重工中南装备有限责任公司	郑州机械设计研究所
8	放空洞弧门、检修门及埋件制造	葛洲坝机电建设公司	郑州机械设计研究所
9	放空洞检修门固定卷扬机制造	武汉船用机械有限公司	郑州机械设计研究所
10	500kV 主变压器及附属设备合同	特变电工衡阳变压器有限公司	长江委设计院
11	500kV GIS 设备	西安西开高压电气股份有限公司	长江委设计院
12	封闭母线	江苏长江沃特电气有限公司	长江委设计院
13	发电机出口断路器	法国 AREVA T&D S.A.	
14	发电机电气制动开关	法国 AREVA T&D S.A.	
15	发电机励磁系统	上海 ABB 工程有限公司	
16	计算机监控系统	南京南瑞集团公司	
17	水轮机调速系统采购合同	武汉事达电气股份有限公司	
18	水布垭水电站水轮机及其附属设备采购合同	上海福伊特西门子水电设备有限公司	杭州华电工程设备监理有限公司

序号	项目名称	承包人	监造单位
19	水布垭水电站水轮发电机及其附属设备采购合同	东方电机股份有限公司主包、设计，哈尔滨电机厂有限责任公司分包2台	中国水利电力物资有限公司
20	主厂房300/50+300/50t桥式起重机采购	太原重工股份有限公司	杭州华电工程设备监理有限公司
21	发变组保护系统采购	维奥机电设备(北京)有限公司	
22	500kV变电所保护系统采购	深圳南瑞科技有限公司 国电南京自动化股份有限公司	
23	500kV线路保护系统	南京南瑞继保工程技术有限公司 北京四方继保自动化股份有限公司	
24	全厂公用设备控制系统采购	宜昌能达通用电气股份合作公司 宜昌市劲康科技有限责任公司 武汉武大电力科技有限公司	
25	通信系统设备采购	武汉虹信通信技术有限责任公司 河北远东哈里斯通信有限公司 华中电力国际经贸有限责任公司	

4.2 土石方平衡与料源规划

水布垭水电站建筑物开挖总工程量2807万 m³(自然方)，总填筑量1901万 m³(填筑方)。如此大规模的土石方开挖和填筑，搞好土石方平衡和料源规划显得格外重要。通过分析各建筑物开挖料及填筑料的岩性、时空关系、施工方法等，合理安排了标段和施工时段，确定了开挖料利用方式。通过科学的料源规划，约74％填筑量为利用建筑物开挖料，料场开采石料490万 m³(填筑方)、黏土料5.7万 m³(填筑方)，料场开采料约占总填筑量的26％。其中，大坝和场地平整填筑直接利用开挖料851万 m³，建筑物开挖料通过存料场中转利用于大坝、围堰填筑467万 m³，直接利用率约65％，中转利用率约35％。

4.2.1 大坝填筑料利用建筑物开挖料

水布垭面板堆石坝坝顶高程409.0m，最大坝高233m。坝顶宽12.0m，坝轴线长约675.0m，上游坝坡1:1.4，下游平均坝坡1:1.4，局部坡1:1.25，设置"之"字形上坝道路，宽4.5m；上游混凝土面板厚度0.3～1.1m。工程开挖量较大，大坝填筑首先考虑利用开挖料，开挖料不能满足要求时，方从料场开采补充。

4.2.1.1 大坝填筑料要求

坝体填筑料分区见图4.1。根据大坝填筑料要求和建筑物基础开挖岩石料特性，确定大坝填筑料主要来源及材料特性要求，见表4.4。

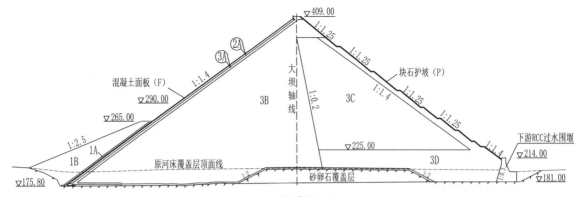

图 4.1 坝体填筑料分区图

表 4.4 大坝填筑料特性表

分区	名称	工程量（万 m³）	填料来源	干密度（g/cm³）	孔隙率（%）	级配要求		
						d_{max}（mm）	<5mm（%）	<0.1mm（%）
2A	垫层区	40.4	茅口组灰岩人工轧制	≥2.25	17.0	80	35～50	4～7
3A	过渡区	74.4	洞挖硬岩料、茅口组灰岩料	≥2.20	18.8	300	20～30	<5
3B	主堆石区	830.4	茅口组灰岩	≥2.18	19.6	800	4～19	<5
3C	次堆石区	409.1	栖霞组混合料	≥2.15	20.7	800		≤5
3D	下游堆石区	223.1	栖霞组硬岩	≥2.15	22.5	1200		≤5
1A	粉细砂	5.46	粉细砂					
1B	压重区	62.7	开挖料					
合计		1645.6						

大坝 1B 料为开挖任意料，可直接利用建筑物开挖弃料。1A 料利用砂石加工排污沉沙池中的粉细砂，不足部分利用工地零星土料场开采土料（或用粉煤灰）补充。建筑物开挖料利用规划中不含 1A、1B 料。

4.2.1.2 建筑物开挖料利用规划

根据施工总进度安排，大坝填筑于 2003 年初开始进行。为提高开挖利用料的直接上坝率，非关键线路的可利用料土石方开挖进度尽量与大坝填筑进度相匹配，并争取"高料高用，低料低用"，优化各建筑物开挖料利用规划。

1. 导流洞

导流洞于 2001 年 3 月开始施工，2002 年 10 月完工，开挖工作于大坝填筑前全部完成，开挖栖霞组灰岩利用料均先堆存于存料场，再转运上坝填筑。

2. 大坝

庙包滑移体开挖栖霞组灰岩料可用于大坝次堆石填筑。庙包滑移体及电站引水渠在 2004 年 7 月至 2005 年 9 月进行开挖，开挖利用料直接利用于坝体填筑。

庙包滑移体开挖利用料直接上坝填筑，可减少中转工程费用和存料场规模，但上坝填筑运输距离远；庙包滑移体位置靠近电站进水口，庙包滑移体开挖时间安排较晚，庙包滑移体开挖时，影响到同期施工的电站引水洞不能从进水口进入施工,需增设厂6#施工支洞形成到达引水洞上平段的施工通道。

3. 溢洪道

(1)引水渠

溢洪道引水渠要求于2006年10月基本挖完,为非关键线路工程,工程可与大坝填筑同期施工,通过协调施工进度,均可使茅口组灰岩开挖利用料直接上坝填筑。

根据引水渠开挖及大坝填筑施工道路布置,引水渠开挖料上坝主要通过350m道路直接上坝和通过1#道路转7#、5#、3#道路上坝填筑。

引水渠经350m道路上坝填筑大坝高程330～375m范围,运距最近,投资最省。大坝高程330～375m范围主堆石区填筑料约150万 m^3,安排于2006年3—10月填筑。引水渠开挖茅口组灰岩295万 m^3,规划引水渠开挖的茅口组灰岩料首先满足坝体高程330～375m范围主堆石区填筑,多余开挖料安排于大坝高程330m以下填筑。

(2)溢流堰、泄槽

溢流堰、泄槽岩性分布及利用为:上部茅口组(P_1m)灰岩用于大坝主堆石区填筑、中上部栖霞组第13～15段(P_1q^{13}～P_1q^{15})用于大坝次堆石区填筑、中下部栖霞组第12段(P_1q^{12})用于大坝下游堆石区填筑、下部为栖霞组第6～11段(P_1q^6～P_1q^{11})用于大坝次堆石填筑。

2004年6月前完成溢流堰、泄槽上部茅口组(P_1m)灰岩开挖,均直接上坝填筑。茅口组(P_1m)灰岩量为136.4万 m^3,考虑到均衡开挖强度及桥沟、引渠等多部位可同时供料,大坝开始一期填筑时,即提供溢流堰、泄槽开挖茅口组(P_1m)灰岩利用料作为大坝一、二期主堆石区填筑料;2004年7月至2006年1月,从上而下相继完成栖霞组第13～15段(P_1q^{13}～P_1q^{15})、第12段(P_1q^{12})、第6～11段(P_1q^6～P_1q^{11})灰岩开挖,均直接上坝,分别填筑坝体次堆石区、下游堆石区。同期大坝填筑强度远大于溢洪道开挖强度,引起的供料强度不足和供料不平衡部分,由马崖边坡开挖料、电站引水渠和庙包滑移体开挖料、溢洪道泄槽和下游防冲段结合导流洞出口开挖堆存料补充供应。

(3)溢洪道泄槽和下游防冲段与导流洞出口结合段

溢洪道泄槽和下游防冲段与导流洞出口结合段包括下游防冲段全部栖霞组(P_1q)灰岩料和部分泄槽段栖霞组(P_1q)灰岩开挖料,可作为开挖利用料。该部位于2002年9月导流洞投入使用前完成开挖,开挖利用料需先堆存于存料场,再转运上坝填筑。

(4)关于龙潭组灰、页岩利用

经分析论证,将溢洪道引渠上部龙潭组(P_2)中段开挖料用作3C区中上部填筑料,坝体应力变形、面板应力变形、接缝的位移同样满足要求。建筑物开挖栖霞组灰岩料基本满足坝体次堆石和下游堆石区填筑数量要求的前提下,规划利用龙潭组(P_2)中段开挖料100万 m^3,增加开挖料利用的保证率和灵活性,减少了料场开采料。

(5)引渠底板超挖料

溢洪道引水渠开挖到底板设计高程350m后,形成了便捷的上坝通道,运距较公山包料场近,且开挖料岩性好。因此,施工过程中,从渠底高程350m向下超挖至高程310m,将超挖料替代公山包开采料用于大坝填筑。

4. 放空洞

根据施工进度安排,有压洞、事故闸门井、工作闸门室均于2003年2月前基本完成开挖,开挖有用料均先堆存于存料场,再转运上坝填筑。

5. 地下电站系统

（1）引水渠

引水渠顶部为茅口组（P_1m）灰岩，中部为栖霞组第 13～15 段（P_1q^{13}～P_1q^{15}），下部为栖霞组第 12 段（P_1q^{12}），各层开挖工程量均较小。茅口组（P_1m）灰岩处于地表，溶蚀较严重，开挖料含泥量较高，不宜用于大坝主堆石区填筑，将引水渠栖霞组第 12 段（P_1q^{12}）用于坝体下游堆石区填筑，栖霞组第 13～15 段（P_1q^{13}～P_1q^{15}）用于次堆石区填筑。

引水渠与大坝右坝肩、庙包滑移体结合为一个标施工，其开挖料利用方案与庙包滑移体相同。

（2）引水洞

引水洞上平洞、下平洞和斜井开挖于 2004 年 7 月前已大部分完成，其开挖运输设备与上坝设备不配套，及大坝由不同的承包商承建，开挖利用料均先堆存，再转运上坝填筑。

（3）主厂房、厂 2# 交通洞

主厂房栖霞组（P_1q）灰岩部分和厂 2# 交通洞开挖为关键线路工程，于 2004 年 7 月已开挖完成，开挖利用料均先堆存，再转运上坝填筑。

（4）主变平台

主变平台开挖料为栖霞组第 6～11 段（P_1q^6～P_1q^{11}），可用于大坝次堆石区填筑。

主变平台与马崖边坡结合为一个标施工，其开挖料利用与马崖边坡相同。

6. 马崖边坡

（1）一期开挖料

马崖一期开挖料主要为茅口组（P_1m）灰岩和栖霞组灰岩第 14～15 段（P_1q^{14}～P_1q^{15}），设计开挖量分别为 22 万 m^3 和 23.2 万 m^3，除地表溶蚀较严重，开挖料含泥量较高，不宜用于大坝主堆石区填筑外，可利用料分别用于坝体下游堆石区和次堆石区填筑。

一期开挖安排于 2001 年 5—8 月完成，需先堆存，再转运上坝填筑。

（2）二期开挖料

马崖边坡二期开挖料上部为栖霞组第 6～11 段（P_1q^6～P_1q^{11}），下部为栖霞组第 4～5 段（P_1q^4～P_1q^5），可分别用于大坝次堆石区和下游堆石区填筑。

马崖边坡二期开挖规划了高程 390m、350m、315m 等施工道路，均通向上游；高程 315m 以下地形陡峻，高差近 100m，无法布置施工道路。右岸上游存料场、弃渣场容量均不足，马崖边坡开挖料弃渣部分均推渣至河床，再运至下游弃渣场堆弃。

高程 315m 以上开挖料主要为栖霞组第 6～11 段（P_1q^6～P_1q^{11}）灰岩料，要求于 2002 年 10 月前完成开挖，可作为利用料堆存于上游存料场，后期转运上坝用于大坝次堆石坝。

高程 315m 以下开挖料主要为栖霞组第 4、5 段（P_1q^4、P_1q^5）灰岩料，规划于 2003 年 11 月至 2004 年 12 月期间开挖，开挖料均推渣至河床（落差约 100m），可作为利用料从河岸平台直接装运上坝填筑下游堆石区。

7. 渗控工程

灌浆平洞和施工支洞开挖断面小，不能用大型机械作业，开挖利用料不宜直接上坝填筑，均堆存于存料场，再转运上坝填筑。

建筑物开挖岩石料可利用情况汇总见表 4.5，大坝填筑料规划汇总见表 4.6。

表4.5 建筑物开挖岩石料可利用情况汇总表 （单位：万 m³）

部位		开挖量	规划利用量	利用系数	可利用量
大坝	栖霞组	108.4	50.0	0.90	45.0
溢洪道	茅口组（P_1m）	433.1	433.1	0.94	278.0
				0.90	123.7
	栖霞组（P_1q）	313.5	313.5	0.90	282.1
	小计	746.6	746.6		683.8
引水发电系统	茅口组（P_1m）	15.0	15.0	0.90	13.5
	栖霞组（P_1q）	146.0	134.4	0.90	84.7
				0.96	38.6
	小计	161.0	149.4		136.8
导流洞	栖霞组（P_1q）	79.8	62.0	0.96	59.5
放空洞	栖霞组（P_1q）	62.3	30.0	0.9	18.0
				0.96	9.6
	小计				27.6
马崖高陡边坡	茅口组（P_1m）	22.0	22.0	0.70	15.4
	栖霞组（P_1q）	201.0	201.0	0.70	140.7
	小计	223.0	223.0		156.1
渗控	栖霞组（P_1q）	18.6	18.0	0.96	17.3
合计	茅口组（P_1m）	470.1	470.1		430.5
	栖霞组（P_1q）	931.3	808.9		695.6
	小计	1401.4	1279.0		1126.1

注：表中数字为设计自然方。

表4.6 大坝填筑料料源规划汇总表 （单位：万 m³）

项目	填筑量	总利用量	直接利用量	中转利用量	料场开采量
2A	40.4				40.4
3A	74.4	17.0		17	57.4
3B	830.4	437.9	437.9		392.5
3C	409.1	409.1	179.0	230.1	
3D	223.1	223.1	163.8	59.3	
合计	1577.4	1087.1	780.7	306.4	490.3

注：表中数字为设计填筑方。

4.2.2 围堰填筑料利用规划

围堰工程包括河床上游围堰、下游围堰、电站尾水围堰、导流洞进、出口围堰。其中，导流洞进、出口围堰为混凝土围堰。

规划填筑料来源见表4.7。

表4.7   围堰填筑料料源规划表   （单位：万 m³）

填筑部位	填筑材料	填筑工程量	材料来源	利用方式
上游围堰	土石混合料	12.7	大岩塬滑坡治理开挖料	开挖料直接上堰填筑
	块石	16.2	放空洞进口开挖栖霞组灰岩料	从桥沟存料场中转上堰
	石渣	5.4	放空洞进口开挖岩石料	从桥沟存料场中转上堰
	反滤料	0.6	三友坪砂石系统制备	
	黏土	0.3	料场开采	
	小计	35.2		
下游围堰	土石混合料	8.0	大岩塬滑坡治理开挖料	开挖料直接上堰填筑
	块石	6.1	导流洞出口开挖栖霞组灰岩料	存、弃料场中转上堰
	石渣	5.6	溢洪道引渠开挖龙潭组灰、页岩料	存、弃料场中转上堰
	小计	19.7		
厂房围堰	土石混合料	8.7	下游建筑物开挖弃渣和块石料	弃料场中转上堰
	块石	1.2		
	石渣	0.3		
	小计	10.2		

注：表中数字为设计填筑方。

4.2.3 场地平整填筑料利用规划

场地平整填筑料要求较低，各场地开挖料均可满足本区填筑料要求。各区场平开挖、填筑料规划见表4.8。

表4.8   场平开挖、填筑料规划表   （单位：万 m³）

	项目	开挖量	填筑量	利用量	弃渣量
工程标	大坝及溢洪道工程标	32.2	26.8	26.8	5.4
	放空洞工程标	11.8	1.6	1.6	10.2
	滑坡治理工程标	9.0	8.9	8.9	0.1
	马崖边坡治理工程标	16.7	0.3	0.3	16.4
	渗控工程标	2.0	1.9	1.9	0.1
	引水发电系统土建工程标	14.7	0	0	14.7
	小计	86.4	39.5	39.5	46.9
水厂	三友坪水厂	2.8	3.1	2.8	0
	长淌河水厂	0.2	0.1	0.1	0.1
	小计	3.0	3.2	2.9	0.1
砂石、混凝土系统	三友坪砂石、混凝土系统	36.3	24.7	24.7	11.6
	三友坪临时砂石系统	12	0.01	0.01	12.0
	左岸低拌和系统	3.2	1.5	1.5	1.7
	桥沟砂石、混凝土系统	2.3	1.1	1.1	1.2
	小计	53.8	27.3	27.3	26.5
合计		143.2	70.0	69.9	73.5

注：表中数字为设计自然方。

4.2.4 场内道路开挖料平衡

水布垭水电站地形陡峻，场内道路开挖工程量较填筑工程量大，一般填筑料均利用本道路开挖料（分别考虑了沿途堆弃 20%～30% 损耗）。场内道路施工土石方平衡规划见表 4.9。

表 4.9 场内道路土石方平衡规划表 （单位：万 m³）

项目	开挖料利用	挖余			至弃渣场量		
		岩石	土方	小计	岩石	土方	小计
1# 道路	24.0	6.1	7.0	13.1	4.9	5.6	10.5
3# 道路	29.2	25.0	14.3	39.3	20.0	11.4	31.4
5# 道路	0.6	9.2	2.3	11.5	6.9	1.7	8.6
7# 道路	0.5	10.3	2.5	12.8	7.7	1.9	9.6
9# 道路	1.2	1.5	1.8	3.3	1.2	1.4	2.7
11# 道路	1.3	1.3	2.4	3.7	1.0	1.9	3.0
13# 道路	2.0	1.0	7.6	8.6	0.8	6.1	6.9
15# 道路	3.7	0	1.5	1.5		1.2	1.2
17# 道路	3.0	29.0	9.9	38.8	20.3	6.9	27.2
19# 道路	0.7	0.1	1.3	1.3	0.1	1.0	1.1
2# 道路	4.9	7.3	6.3	13.7	5.9	5.1	11.0
4# 道路	0.7	3.4	7.8	11.2	2.7	6.3	9.0
6# 道路	0.1	13.8	7.0	20.8	11.0	5.6	16.6
12# 道路	3.8	23.9	0.8	24.7	16.7	0.6	17.3
14# 道路	0.8	4.8	0.2	5.0	3.8	0.1	3.9
18# 道路	0.6	1.6	4.0	5.6	1.3	3.2	4.5
马崖交通洞		5.2	0	5.2	4.2		4.2
邹家沟交通洞		9.2	0	9.2	7.4		7.4
小计	77.0	152.7	76.6	229.2	115.9	60	175.9

4.2.5 料场规划

4.2.5.1 大坝填筑石料

大坝需从料场开采补充开挖利用料以外的填筑石料包括主堆石料、过渡料和垫层料。垫层料需通过混凝土骨料加工系统的辅助加工系统制备，与混凝土骨料料源一并规划。

（1）块石料场情况

坝址附近的块石料场，左岸有公山包、邹家沟、新码头块石料场，右岸有桥沟块石料场。其分布和特征见表 4.10。

表 4.10 块石料场的分布和特征表

名称	新码头	公山包	邹家沟	桥沟
方位	左岸下游	左岸上游	左岸下游	右岸上游
距坝址(km)	4.5～5.5	2.5	1.5	1.7
地面高程(m)	300～500	423～660	420～570	350～450
剥离层厚(m)	5～13	5～16	5～31	5～34
有用层厚(m)	20～243	5～54	5～60	10～60
剥离量(万 m³)	244	150	106	205
采剥比	1:0.13	1:0.164	1:0.22	1:0.185
有用料量(万 m³)	1882	914	485	1105

(2)块石料场比选

大坝填筑石料场主要考虑左岸公山包料和右岸桥沟料场,二者均为厚层块状灰岩。

公山包料场坡度较缓,为20°～25°,剥离率较小,开采地形条件较好,料场开采料均从下游上坝,道路条件较好,但上坝运距较远,运输高差大,重车下坡对运输车辆的损耗大,安全条件差。桥沟料场地形破碎,沟、岭相间,剥离率较大,开采地形条件较差,开采料需从上游跨趾板运输上坝填筑,道路条件差,但料场距填筑面距离较短,运距小,运输费用较低。

规划坝体一、二期高程270m以下和三、四、五、六期高程300m以上大坝主堆石区及过渡区补充填筑料利用桥沟料场供料,坝体填筑高程270m以上和二、三、四期高程300m以下主堆石区及过渡区补充填筑料填筑利用公山包料场供料。料场开采大坝补充料见表4.11。

表 4.11 料场开采大坝补充填筑料表 (单位:万 m³)

项目	公山包料场	桥沟料场	合计
2A	40.4		40.4
3A	16.9	40.5	57.4
3B	137.7	254.8	392.5
小计	195.0	295.3	490.3

公山包料场供料均从大坝下游3#、5#、7#道路运输上坝填筑。

桥沟料场对应大坝高程270m以下部位设置两条供料线路,分别为:①12#道路→上游围堰→3#道路→下游围堰→大坝填筑面;②12#道路→放空洞进口→跨大坝上游趾板→大坝填筑面。对应大坝高程310m以上部位设置3条供料线路,分别为:①14#道路→电站引水渠→跨大坝上游趾板→填筑工作面;②2#道路→18#道路→填筑工作面;③2#道路→坝顶填筑工作面。

4.2.5.2 人工砂石料

人工砂石料包括混凝土砂石骨料、大坝垫层料和围堰反滤料。坝址附近无合适的天然砂石料,需采用人工骨料。

公山包料开采料总量为384.2万 m³。同时,公山包料场作为主要砂石骨料和大坝垫层料供给料场,砂石骨料主要承担左岸野猫沟混凝土生产系统、三友坪混凝土生产系统、右岸侯家坪混凝土生产系统供料,混凝土总量为157.7万m³,开采石料约189.2万m³。

桥沟料场开采料总量为345.9万m³。同时,桥沟料场作为右岸砂石骨料场,承担桥沟混凝土生产系统供料,混凝土量为42.15万m³,开采石料约50.6万m³。

4.2.5.3 黏土料

黏土料包括大坝坝前黏土料和围堰用黏土量,总量为5.7万m³。

坝址区符合质量要求的黏土料场有鄢家坪、三友坪和桅杆坪土料场。三友坪、桅杆坪土料场为坝址区较好的耕地,且三友坪已规划为新建水布垭镇,而桅杆坪现住居民较多,均不宜取料。鄢家坪黏土储量约13万m³,且位于河边,易受施工污染。

围堰用黏土料选用鄢家坪土料场,大坝用黏土料选用左岸溢洪道引水渠月亮包覆盖层黏土和右侧边坡高程422m以上黏土。

4.2.6 料场开采

4.2.6.1 开采区规划

公山包料场分布见图4.2,桥沟料场分布见图4.3。

图4.2 公山包料场分布图

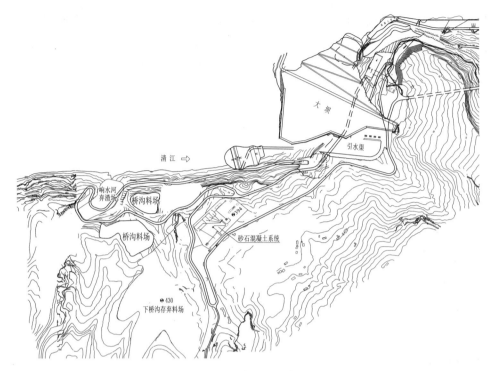

图 4.3 桥沟料场分布图

公山包、桥沟料场开采区规划见表 4.12。

表 4.12 料场开采区规划表

料场名称	开采量(万 m³)	开采高程(m)	储量(万 m³)	剥离量(万 m³)	备注
公山包	384.2	450～580	914	64.0	面积 20 万 m²
桥沟	345.9	340～410	1105	76.1	面积 5.5 万 m²

注:储量为自然方。

4.2.6.2 开采道路

1. 公山包料场

左岸设计有 1# 道路从段家沟经三友坪至溢洪道引渠进口,与场内交通网相接,可至大坝各高程填筑工作面。

从 1# 道路的三友坪高程 430m 处修筑 13# 道路至公山包料场开采区,路面宽 12m,混凝土路面作为公山包料场开采运输道路。

2. 桥沟料场

右岸上游设计有 2#、14# 道路从料场开采区边缘通过,通过该两条道路修建支线至开采工作面。

4.2.6.3 开采方法

通过料源规划,需从公山包料场和桥沟料场开采石料用于补充大坝过渡料(3A 料)和主堆石料(3B 料),另用于制作大坝垫层料及混凝土骨料,各料开采方法基本相同。

大坝过渡料需控制最大块度为 30cm,采用 80mm 以下的小孔径钻孔,宽孔距、小排距梯段爆破控制开采,梯段高度 6～10m;主堆石料采用 100～150mm 的大孔径、深孔梯段爆破,梯段高度 12～18m。制作砂石骨料和垫层料,由于破碎机受料口尺寸限制块石粒径,不宜大于60cm,梯段爆破宜采用小于100mm的钻孔孔径开采。

大坝主堆石料用4～8m³挖掘机配32t汽车装运上坝,砂石骨料和垫层料、过渡料用3～4m³挖掘机配20t汽车装运。

4.3　施工交通

4.3.1　对外交通

水布垭水电站地理位置偏僻,通过新建25km道路连接坝址和318国道,顺利地完成了工程建设所需的大宗物资和重大件运输任务。

4.3.1.1　运输方式

水布垭水电站对外交通可采用公路、水运和水陆联运三种方式运输。

1. 公路

(1)自宜昌经红花套、高家堰、椰坪至坝址

从宜昌市过宜昌长江公路桥后,经323省道至长阳县高家堰,再经318国道至长阳县椰坪镇,接新建椰坪镇—水布垭专线公路(以下简称"椰—水公路")至坝址,线路全长约178km。其中,宜昌—红花套段长29km,为平原微丘二级标准,混凝土路面;红花套—高家堰段长45km,为山岭重丘二级标准,沥青路面;高家堰—椰坪段长74km,为山岭重丘三级标准,沥青路面;椰—水公路(新建)段长25km,为山岭重丘二级标准,混凝土路面。

本路段桥涵荷载标准为汽—20级、挂—100。

(2)自宜昌沿318国道经土城、高家堰、椰坪至坝址

从宜昌沿318国道经土城、高家堰、椰坪,接椰—水公路(新建)至坝址,线路全长144km。其中,宜昌—高家堰路段标准较低。

(3)自宜昌经318国道到野三关、长岭乡到坝址

宜昌至椰坪段同上。椰坪—野三关段长43km,为山岭重丘三级标准,水泥沥青路面;野三关—坝址段长46km,为等外级公路,砂石路面,高差约1000m。

2. 水运

从长江经清江,通过高坝洲水电站升船机、高坝洲水库、隔河岩水电站升船机、隔河岩水库至水布垭水电站下游货运码头(新建)上岸,再沿水布垭水电站场内公路至工区内。高坝洲水电站和隔河岩水电站升船机均按通行300吨级驳船设计,两座水电站的升船机于2004年6月投入运行,能满足水布垭水电站重大件运输要求。

3. 水陆联运

宜昌—红花套段既可采用公路运输,也可由长江水运至红花套码头上岸。到达红花套后,沿323省道至长阳县白寺坪,再沿已投产的隔河岩电站场内、外公路至隔河岩库区码头上船,沿隔河岩库区水运至水布垭水电站下游货运码头(新建)上岸,再沿水布垭水电站场内公路至工区内。红花套至隔河岩坝区公路长约50km,为山岭重丘二级标准,混凝土路面。

4.3.1.2 对外交通运输

1. 大宗物资进场

榔—水公路形成前,运输量较小,人员、物资主要通过 318 国道、野三关、长岭乡至坝址公路和隔河岩库区水运 2 个通道进场;榔—水公路形成后,主要人员、物资通过"红花套、高家堰、榔坪至坝址"和"宜昌沿 318 国道经土城、高家堰、榔坪至坝址"对外主干公路进场,其他通道为辅。

2. 重大件进场

2006 年 7 月开始到 2008 年底,12 台变压器和 4 台机组的转轮等大件,从长江红花套码头起装,经对外主干公路运输至水布垭水电站。对于沿线公路不满足运输要求的路段(如碑坳龙盘沟回旋立交桥处),通过临时扩宽、加固处理后通过。

4.3.2 场内交通

坝址区两岸地形陡峭,最大高差约 300m,施工期内总运输量超过 3000 万 m³。场内共布置主要道路 19 条,总长 41.1km,其中左岸 11 条、长 22.3km,右岸 8 条、长 18.8km。下游布置跨江大桥 1 座和临时汽渡 1 座。场内道路开工建设较早,在工程筹建期及准备期内已基本建成,因此,提前建设场内公路,导流及主体工程施工时,场内物资运输顺畅,为提前一年发电创造了基本条件。

4.3.2.1 左岸主要道路

(1)1# 道路

1# 道路起点为溢洪道进口左侧,途经野猫沟、三友坪垭口、水井冲、邹家沟、大崖、大岩塽滑坡、台子上滑坡,在庙王沟与 3# 道路下段相接,是场内高高程主要施工干道之一,主要承担溢洪道开挖、大坝填筑、砂石骨料、混凝土运输等,并通过该道路进入其他一些场区和工作面。

该道路长 4007.3m,按露天矿山道路山岭重丘二级标准设计,计算行车速度 30km/h,最大纵坡 8%,起点高程 386m,终点高程 265.04m。路基宽 13.5m,路面宽 12.0m,设计标准荷载为汽-60 级。全部采用混凝土路面。

(2)3# 道路

3# 道路是场内低高程主要施工干道之一,分为上、中、下三段。下段在龙王冲附近与对外交通道路榔—水公路相接,经水布垭大桥进入中段,通过台子上、大岩塽滑坡体,在溢洪道出口进入上段,止于导流洞进口。主要功能是:连接对外交通和沟通左岸下层上、下游交通,并在左桥头与右岸联系,承担溢洪道泄槽和下游防冲段开挖出渣和混凝土浇筑、导流洞出口和下游洞身施工、大坝左坝肩开挖出渣、大坝高程 250m 以下填筑的施工交通等。由于各段的功能不尽相同,道路的标准也不相同。

1)下段

下段长 4346.13m,按露天矿山道路山岭重丘二级标准设计,计算行车时速度 30km/h,最大纵坡 7%,起点高程 235m,终点高程 312.29m。路基宽 13.5m,路面宽 12m,设计标准荷载为汽-60 级,采用混凝土路面。

2)中段

中段长 915.13m,按露天矿山道路山岭重丘二级标准设计,计算行车时速度 30km/h,起点高程 235m,终点高程 230m。路基宽 13.5m,路面宽 12m,设计标准荷载为汽-60 级,采用混凝土路面。

3)上段

上段长 1624.64m,按露天矿山道路山岭重丘三级标准设计,计算行车时速度 20km/h,最大纵坡

2.23%,起点高程 230m,终点高程 225m。路基宽 10m,路面宽 8.5m,设计标准荷载为汽－60 级,采用级配碎石路面。

由于 3# 道路上段跨越导流洞出口,在导流洞出口、溢洪道泄槽及其下游防冲段上部边坡开挖时,将对坝肩和洞身段出渣造成影响甚至中断,进入下部开挖时,道路将被挖断。为此,对跨越导流洞段进行了明线方案和交通隧道方案的比选。

明线方案:在导流洞过水前,设临时道路通过导流洞出口。导流洞过水后,在导流洞出口洞脸处架桥跨越导流洞出口,桥面宽 10.5m,其中行车道宽 8.5m,桥长 105m。并在导流洞出口开挖过程中,预先留出两侧道路与桥相接,保证道路通畅。

交通隧道方案:隧道跨越导流洞。为从大崖坡脚进洞,选择在栖霞组第 4、5 段(P_1q^4、P_1q^5)灰岩内跨越导流洞洞顶上部,于大坝坝坡下游出洞,线型为弧形,长度 550m,断面尺寸为 11m×8m(高×宽,下同)。由于导流洞洞顶与大崖隧道洞底相差仅 13~14m,导流洞在该段需加厚衬砌。

3# 道路承担大坝填筑运输量大,强度高,对道路标准要求较高。单纯交通隧道方案通视条件、运行条件均较差,必然会对大坝填筑运输和交通管理带来困难。而明线方案,要在导流洞出口架一座桥,桥的施工要在导流洞出口基本开挖完成后才能进行,工期较紧,如协调不好,可能造成道路中断,而且出口开挖时,对通过的临时道路影响也较大。

最终确定 3# 道路采用明线与大崖隧道相结合的方案,即既设置跨越导流洞出口的明线,同时也设置大崖隧道。截流前,明线承担导流洞出口开挖、混凝土浇筑的施工交通,大崖隧道承担导流洞洞身下游段施工和大坝坝肩开挖的施工交通。大坝填筑期间,明线和大崖隧道形成环向交通,重车上坝从大崖隧道通行,空车从明线通行。

(3)5# 道路

5# 道路起点与 1# 道路相接,经大岩塘滑坡、大崖、左坝肩至大坝左趾板下游。主要承担大坝、溢洪道等建筑物开挖、大坝填筑以及大坝高程 270.0m 以下左岸趾板浇筑、高程 280m 以下面板浇筑、溢洪道泄槽挑流鼻坎等部位混凝土浇筑的施工交通,是场内主要施工道路之一。

5# 道路长 2200m,根据道路功能,分段采用不同设计标准。

从 1# 道路至大崖坡脚长 1300m,按矿山道路露天矿山道路二级标准设计,计算行车速度 30km/h,最大纵坡 8%,起点高程 318.8m,终点高程 270m。路基宽 13.5m,路面宽 12m,设计标准荷载为汽－60 级,采用混凝土路面。

从大崖坡脚至坝趾下游长 900m,按露天矿山山岭重丘道路三级设计,计算行车时速 20km/h,最大纵坡 2.0%,起点高程 270m,终点高程 270m。路基宽 11m,路面宽 9.5m,设计标准荷载为汽－60 级,采用级配碎石路面。

5# 道路通过溢洪道泄槽和下游防冲段比较了从泄槽和下游防冲段边坡通过的明线方案和交通洞方案。交通洞从大崖坡脚进洞,从大坝坝坡下游出洞,长度 710m,断面尺寸为 11m×8m。跨越邹家沟和溢洪道泄槽时,保证上覆岩体厚度大于 30m。

5# 道路前期承担溢洪道下游防冲段和溢洪道泄槽一期边坡开挖交通,后期主要承担大坝高程 250~290m 范围填筑和溢洪道泄槽二期开挖及混凝土浇筑交通。承担大坝填筑和溢洪道泄槽二期开挖的运行时间分别为 2004 年 1 月至 2006 年 8 月、2003 年 5 月至 2006 年 10 月,即大坝填筑与溢洪道泄槽开挖同期进行。为减少溢洪道泄槽二期开挖不影响导流洞运行,溢洪道泄槽和下游防冲段一期开挖时,两侧边坡开挖到位,泄槽后缘边坡在导流洞出口边坡基础上向上游扩挖宽度 40m,于高程 270m 形成一个宽 40m 的平台,明线方案道路从该平台通行,溢洪道泄槽二期开挖对道路运行有较小影响。

5# 道路承担着大坝的填筑料上坝运输任务,其运输是否通畅,直接制约着大坝的填筑,为确保大坝、溢洪道正常施工,确定 5# 道路采用明线和隧洞结合方案,即既设置通过溢洪泄槽、下游防冲段边坡的明线,也设置交通洞。

(4)7# 道路

7# 道路起点与 5# 道路相接,经大岩塯滑坡、大崖、大坝左坝肩至大坝左趾板下游,主要承担溢洪道泄槽开挖、混凝土浇筑、溢洪道下游防冲段边坡开挖、大坝高程 290～330m 范围填筑、大坝 320～270m 左岸趾板浇筑施工交通。

7# 道路长 1354.7m,根据道路功能,分段采用不同设计标准。

从 5# 道路至大崖坡脚段长 504.7m,按露天矿山道路山岭重丘二级标准设计,计算行车速度 30km/h,最大纵坡 8%,起点高程 294.1m,终点高程 322m。路基宽 13.5m,路面宽 12m,设计标准荷载为汽-60 级,采用级配碎石路面。

从大崖坡脚至坝趾下游段长 850m,按露天矿山道路山岭重丘三级标准设计,计算行车时速 20km/h,最大纵坡 2.0%,起点高程 320m,终点高程 320m。路基宽 11m,路面宽 9.5m,设计标准荷载为汽-60 级,采用级配碎石路面。

泄槽二期开挖对 7# 道路通过溢洪道泄槽和下游防冲边坡段有一定影响,由于右岸布置有 6# 道路可以承担同高程上坝填筑运输,7# 道路通过溢洪道泄槽和下游防冲段只布置明线。

(5)9# 道路

9# 道路起点位于牛杉树垭上部(溢洪道引渠)与 1# 道路相接,经王子岭下山沟,最后至大坝左坝肩趾板,主要承担大坝趾板和坝肩开挖。

该道路长 671.5m,按露天矿山道路山岭重丘三级标准设计,计算行车速度 20km/h,最大纵坡 7.63%,起点高程 386m,终点高程 380m。路基宽 10m,路面宽 8.5m,设计标准荷载为汽-60 级,采用级配碎石路面。

(6)11# 道路

11# 道路从左坝肩接 1# 道路至邹家沟存料场,主要承担向邹家沟弃渣及存渣、溢流堰浇筑和永久上坝交通。

11# 道路长 1190m,按露天矿山道路山岭重丘三级标准设计,计算行车速度 20km/h,最大纵坡 9.0%,起点高程 409m,终点高程 455m。路基宽 13.5m,路面宽 11.0m,设计标准荷载为汽-60 级。从左坝肩至 1# 道路段采用混凝土路面,1# 道路至邹家沟存料场段采用级配碎石路面。

(7)13# 道路

13# 道路从三友坪接 1# 道路,经三友坪砂石料加工、混凝土生产系统至公山包料场,主要承担公山包料场开采、三友坪砂石料加工、混凝土运输任务。

13# 道路长 1600m,按露天矿山道路山岭重丘二级标准设计,计算行车速度 30km/h,最大纵坡 8%,起点高程 423.0m,终点高程 450m。路基宽 13.5m,路面宽 12m,设计标准荷载为汽-60 级,采用混凝土路面。

(8)15# 道路

15# 道路从野猫沟与 1# 道路相接,至柳树淌弃渣场,主要承担溢洪道引渠、溢流堰、导流洞进口及上游洞段、三友坪场地平整等建筑物开挖弃渣至柳树淌的运输任务,与1#道路、17#道路、9#道路,共同形成左岸上游的施工道路网。

15#道路长762.3m,按露天矿山道路山岭重丘二级标准设计,计算行车速度30km/h,最大纵坡8%,起点高程411.3m,终点高程450m。路基宽13.5m,路面宽12m,设计标准荷载为汽—60级,采用级配碎石路面。

(9)17#道路

17#道路起点位于牛杉树垭上部,与1#道路相接,至王子岭下山沟折转回头经过牛杉树垭口,沿江边上部悬崖至柳树淌沟底折转回头,再经过悬崖下部地形较缓处,最后在导流洞进口与3#道路相接。导流洞进水口和导流洞上游段前期施工时,可由3#道路延长段将开挖料部分运至下游,但坝肩开挖和趾板开挖将中断3#道路延长段交通,这期间17#道路成为导流洞进水口唯一的施工道路。3#道路延长段中断后,导流洞进水口和上游段洞身开挖经17#道路和1#、15#道路弃渣至柳树淌。此外,17#道路还承担导流洞进水口和上游段洞身混凝土浇筑运输等施工任务。

该道路长2421m,按露天矿山道路山岭重丘三级标准设计(平均纵坡稍大于露天矿山三级道路允许最大平均纵坡),计算行车速度20km/h,最大纵坡8%,起点高程386m,终点高程225m。路基宽10m,路面宽8.5m,设计标准荷载为汽—60级,采用碎石路面。

(10)19#道路

19#道路为3#道路和5#道路的连接道路,并穿过左岸混凝土低系统。主要作用为混凝土低系统的出料道路及作为高、低道路的连接线。

19#道路长900m,按露天矿山道路山岭重丘二级标准设计,计算行车速度30km/h,最大纵坡8%,起点高程280.3m,终点高程230m。路基宽13.5m,路面宽12m,设计标准荷载为汽—60级,采用混凝土路面。

(11)350m交通洞

350m交通洞布置从溢洪道溢流堰前进洞,至坝下游侧出洞,主要承担溢洪道引渠开挖茅口组灰岩料上坝填筑坝体高程330~375m主堆石区交通。交通洞断面为12m×7m,长350m。

4.3.2.2 右岸主要道路

(1)2#道路

2#道路以坝顶为界线,划分为上段和下段。

1)上段

2#道路上段起点在大坝右坝头,穿过坝子沟、桥沟、下桥沟,终点为下桥沟口。该道路为联系右岸上、下游的唯一道路,它连接16#道路、12#道路、14#道路,形成右岸上游四层次的施工道路网,并与放空洞和电站引水渠进水塔塔顶交通桥相连。其从起点到桥沟段,远景规划作为通向邻县的永久道路。主要任务是沟通右岸上、下游联系,为大坝的开挖和填筑,电站进水口、放空洞进口及趾板的开挖和浇筑,下桥沟转料弃渣,桥沟石料开采,右岸砂石、混凝土系统运输等施工服务。2#道路上段长2795.6m;按露天矿山道路山岭重丘二级设计,计算行车速度30km/h,最大纵坡8%,起点高程409m,终点高程355.66m;设计标准荷载为汽—40级,路基宽10m,路面宽8.5m。从起点至桩号K1+737.90m,采用混凝土路面;从桩号K1+737.90m至终点,采用级配碎石路面。

2)下段

2#道路下段起点在大坝右坝头,穿过马崖隧道、经马岩湾滑坡体上部,跨大沟,经侯家坪,至洞沟湾和柳树沟边缘折转回头,最后接水布垭大桥。该段道路为右岸的主要施工道路之一,主要任务是沟通大坝右岸与场外的联系,为大坝开挖和填筑、电站进水口、电站开关站、马崖危岩体整治和马岩湾滑坡整治施工服务,同时也是右岸黑马沟存料场和石板沟弃渣场的主要连通道路。2#道路下段长3996.9m,按露天矿山道路山岭重丘二级标准设计,计算行车速度30km/h,最大纵坡8%,起点高程409m,终点高程235m,均采用混凝土路面。从起点至桩号K2+000m,路基宽10m,路面宽8.5m,设计标准荷载为汽-40级;从桩号K2+000m至终点,路基宽13.5m,路面宽12m,设计标准荷载为汽-60级。

(2)4#道路

起点位于水布垭大桥右端,经杨家屋场、马岩湾滑坡下部、进厂交通洞洞口、跨永久放空洞出口,最后接厂房尾水平台,为右岸通往主厂房和尾水平台的永久道路,施工期主要任务是,通过水布垭大桥沟通左右岸的联系,为主厂房、尾水洞、放空洞、电站出水口开挖施工及马岩湾滑坡整治施工服务,同时也是通往黑马沟存料场和石板沟弃渣场的主要连通道路。

该道路长862.12m,按露天矿山道路山岭重丘二级标准设计,计算行车速度30km/h,最大纵坡2.5%,起点高程234.99m,终点高程228.0m,路基宽10m,路面宽8.5m,设计标准荷载为汽-40级。桩号K0+080～K0+700m段,采用混凝土路面;桩号K0+700～K0+942.12m段,采用级配碎石路面。

(3)6#道路

6#道路从大沟与2#道路连接,经电站厂房2#永久交通洞、500kV变电所、大坝右坝肩至右趾板处与14#道路相接,主要承担电站500kV变电所(包括部分马崖边坡处理)、引水隧洞上平段、大坝高程315m以上填筑施工交通。

6#道路长2650m,按露天矿山道路山岭重丘二级标准设计,计算行车速度30km/h,最大纵坡8.0%,起点高程235m,终点高程320m。2#道路与2#交通洞之间路基宽13.5m,路面宽12.0m,采用混凝土路面;其他段采用碎石路面,路面宽9.0～12.0m。

(4)12#道路

12#道路起点在放空洞进口,途经大坝基坑道路、水布垭沟、响水沟,在牛鼻子洞折经响水沟、水布垭沟至下桥沟,最后接2#道路上段,主要功能是沟通和连接大坝右岸场内道路,承担大坝坝肩、河床坝基、趾板开挖、坝前任意料填筑、放空洞进口和有压洞、工作闸门室、下游围堰、导流洞下闸等施工交通。

该道路长2483.9m,按露天矿山道路山岭重丘三级标准设计,计算行车速度20km/h,最大纵坡8%,起点高程250m,终点高程355.66m。路基宽10m,路面宽8.5m,设计标准荷载为汽-40级,采用级配碎石路面。

(5)14#道路

14#道路从桥沟接2#道路,经放空洞进口边坡、电站引水渠底板至大坝趾板与6#道路相接,主要承担放空洞进水口、电站引水渠和进水口、大坝坝肩开挖和从上游上坝填筑交通。

道路全长1115m,设计标准同12#道路,起点高程355.66m,终点高程320m,采用级配碎石路面。

(6)16#道路

16#道路从坝顶接2#道路上段至顾家坪承包商营地及其他场地,全长约500m,主要承担至承包商营地和右岸水厂的交通。

道路设计标准同12#道路,起点高程409m,终点高程435m,采用级配碎石路面。

(7)18#道路

18#道路从右坝肩沿下游坝坡至高程370m,全长585m,主要承担大坝高程370m以上坝体填筑(从右岸上游供料)。

该道路按露天矿山道路山岭重丘二级标准设计,计算行车速度30km/h,最大纵坡8%,起点高程409m,终点高程370m。路基宽13.5m,路面宽12m,设计标准荷载为汽-60级,采用级配碎石路面。

(8)20#道路

20#道路接2#道路下段,经黑马沟、桅杆坪沟至石板沟弃渣场,长4000m,主要承担各建筑物开挖弃料至石板沟弃渣的交通。

该道路按露天矿山道路山岭重丘二级标准设计,计算行车速度30km/h,最大纵坡8%,起点高程275m,终点高程350m。路基宽13.5m,路面宽12m,设计标准荷载为汽-60级,采用级配碎石路面。

(9)其他

右岸原规划有8#、10#道路,经优化设计后取消,不再赘述。

4.3.2.3 水布垭大桥和临时汽渡

水布垭水电站的外来物资、机械设备等,主要从左岸进场,左岸有大量的弃渣和存料要运至右岸的石板沟弃渣场和黑马沟存料场,加强两岸的联系至关重要。水布垭大桥布置在坝址下游,桥面宽11.5m,高程235m,设计荷载等级为汽-80、挂-300。

水布垭大桥未通车前,在水布垭大桥下游设置一座临时汽渡,以方便施工准备前期的两岸交通。

场内道路布置见图4.4。

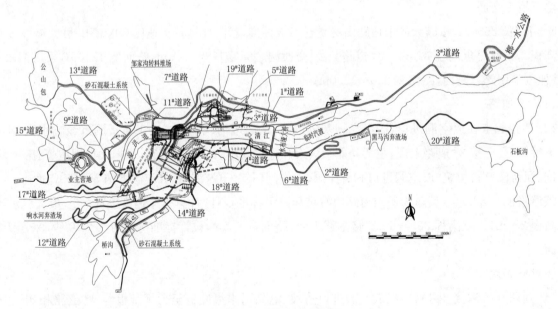

图4.4 场内交通布置图

4.4 主要施工工厂

4.4.1 混凝土系统

4.4.1.1 混凝土系统规划

水布垭水电站混凝土总量约200万m³,主体工程分为多个标段,各标段施工部位分散、高差大,混凝土需求量大小不一。考虑到工程区地形、地质条件和施工特性,混凝土系统主要根据混凝土施工部位、高程、交通条件、场地条件、供料条件和供料时间等,在混凝土工程量较大的标段设置混凝土系统,其他标段兼顾使用。

在左岸野猫沟、左岸桥头、三友坪规划设置三个混凝土系统;在右岸桥沟、侯家坪规划设置两个混凝土系统。各系统承担任务见表 4.13～表 4.17。

表 4.13 左岸野猫沟混凝土系统供料一览表

供料部位		工程量(万 m³)	运输道路
导流洞	进水渠及进水塔	2.7	1#、17#
	导流洞上游洞段	8.7	1#、17#
	合计	11.4	

表 4.14 左岸三友坪混凝土系统供料一览表

供料部位		工程量(万 m³)	运输道路
溢洪道	泄槽高程 320m 以上	7.4	1#、5#、7#
	溢流堰底板	4.1	1#、5#、7#
	溢流堰 350m 以下	4.0	1#、5#、7#
	溢流堰 350～380m	15.0	1#、引渠、5#、7#
	溢流堰 380m 以上	2.5	1#
	合计	33.0	

表 4.15 左岸桥头混凝土系统供料一览表

供料部位		工程量(万 m³)	运输线路
导流洞	导流洞下游洞段	6.7	19#、3#
	出水渠	4.5	19#、3#
	封堵	2.1	19#、3#
	小计	13.3	
大坝	左岸趾板高程 350m 以下	0.6	19#、3#、5#、7#
	河床趾板	0.1	19#、3#
	一期面板	2.9	19#、3#、5#
	填塘	2.7	
	小计	6.3	
溢洪道	泄槽高程 320m 以下	7.4	19#、3#、5#、7#
	护岸工程	17.5	19#、3#
	防淘墙	7.6	19#、3#
	小计	32.5	
滑坡	大岩墩滑坡	5.5	19#、3#
	台子上滑坡	1.5	19#、3#
	小计	7.0	
下游围堰		1.9	
渗控工程		8.0	
合计		69.1	

表4.16 右岸桥沟混凝土系统供料一览表

供料部位		工程量（万 m³）	运输道路
大坝	右岸趾板	0.4	2#、12#、14#
	二期期面板	4.0	2#、14#
	三期面板	2.8	2#
	坝顶防浪墙	0.7	2#
	填塘	1.7	
	小计	9.7	
	尾水围堰	0.2	
	上游围堰	2.8	
	小计	3.0	
电站系统	电站进水塔	17.9	12#、14#
	地质缺陷处理	1.5	
	小计	19.4	
放空洞	进水塔	2.1	12#、14#
	有压洞	3.1	12#、14#
	工作闸门室	0.7	12#、14#
	无压洞	3.0	
	出口明渠	1.1	
	小计	10.1	
合计		42.2	

表4.17 右岸侯家坪混凝土系统供料一览表

供料部位		工程量（万 m³）	运输线路
电站系统	引水洞上平、斜井段	2.0	2#、6#
	引水洞下平段	1.8	2#、6#
	主厂房	9.8	2#、4#、6#
	尾水洞	5.9	2#、4#
	尾水塔	8.0	2#、4#
	变电所平台	2.2	2#、6#
	交通洞、母线洞、排水洞等	4.8	2#、6#
	地质缺陷处理	3.0	
	小计	37.4	
马崖边坡治理		1.3	2#、4#、6#
马岩湾滑坡治理		2.5	2#、4#、6#
渗控工程		3.0	
合计		44.2	

4.4.1.2 混凝土系统技术特性

各混凝土系统的配置及技术特性见表 4.18。

表 4.18　　　　　　　　　　　　　　各混凝土系统技术特性一览表

系统名称		承担的混凝土总量(万 m³)	最大月强度(万 m³/月)	系统拌和楼配置	系统设计规模(m³/h)	投产时间	运行时段	系统设置的部位
左岸	三友坪混凝土系统	33.0	3.0	HL120-3F1500	120	2005.10	2005.11—2008.9	三友坪 1# 道路与 13# 道路交叉处，出料高程 440m
	桥头混凝土系统	69.1	2.6	HL120-3F1500、制冷系统	120	2001.11	2001.11—2003.4	大岩墩与台子上滑坡体之间，出料高程 260m
	野猫沟混凝土系统	11.4	1.2	HL50-2F1000	50	2001.11	2001.12—2002.8	左岸上游野猫沟，出料高程 387m
右岸	侯家坪混凝土系统	44.2	2.0	HL50-2F1000	50	2002.11	2002.12—2008.3	右岸下游侯家坪弃渣场
	桥沟混凝土系统	42.2	2.0	HL50-2F1000	50	2002.5	2002.5—2009.9	桥沟附近，出料高程 397m

4.4.2 砂石系统

水布垭水电站工程混凝土总量约 200 万 m³，计及临建工程及施工损耗，混凝土总量为 218.2 万 m³，共需砂石净骨料 327.3 万 m³。大坝需大坝垫层料 40.4 万 m³，计及施工运输损耗，整个工程共需成品砂石料 370 万 m³。工程施工期分年砂石料需要量见表 4.19。

表 4.19　　　　　　　　　工程施工分年期分年砂石料需要量　　　　　　　　　　（单位:万 m³)

项目 ＼ 年份	2001	2002	2003	2004	2005	2006	2007	2008	累计
砂石料需要量	16.8	55.9	39.2	20.8	29.9	75.8	54.6	34.3	327.3
高峰月强度	3.9	8.3	10.9	4.2	6.3	8.1	12.3	6.9	

注:表中不包括大坝垫层料需要量。

坝区附近无可开采利用的天然砂石料料源，混凝土骨料和大坝垫层料均采用人工料场开采石料加工。人工料场选择左岸公山包料场和右岸桥沟料场。

4.4.2.1 砂石加工系统设置方案研究选择

砂石系统的设置比较了左岸集中设置和左、右岸分设两种方式。

(1)坝区左右岸地形、地质条件复杂,施工道路路况较差,如将砂石系统集中设在左岸,虽有利于砂石加工系统生产,但右岸需要的 136 万 m³ 砂石料,在大坝填筑高峰期,道路交通繁忙,必将对砂石料的运输产生影响。

(2)工程规模大,混凝土浇筑部位分散,只建一个砂石系统,砂石料生产供应保证率低。

(3)左、右岸分设砂石加工系统的特点和优势:大大减轻交通道路和过江设施的交通压力;能有效保证各施工部位和各标段混凝土砂石料的供应,解决工程规模大、混凝土浇筑部位分散的问题;砂石料供应高峰时段并不重叠,可充分利用左岸和右岸地形、地质条件和砂石料月高峰时段平均强度控制加工厂设置规模,高峰月时两砂石系统可互为补充。

规划砂石系统采用左、右岸分设的方式,在右岸桥沟附近设置一座砂石系统,规模按 2.5 万 m³/月混凝土浇筑强度设计。左岸三友坪设置一座砂石加工系统,规模按 5.7 万 m³/月混凝土浇筑强度设计。工程第一年所需混凝土由临时砂石系统供应,规模按 2.0 万 m³/月混凝土浇筑强度设计,在左岸三友坪混凝土系统场地上建设。

为降低高峰时段各砂石加工系统的生产压力,根据混凝土生产计划,高峰时段砂石料的供应由左、右岸砂石加工系统进行调配,适应左、右岸混凝土强度的变化。

4.4.2.2 左岸三友坪砂石加工系统设计

本工程所规划的 5 座混凝土生产系统、3 座砂石加工系统中,左岸三友坪砂石加工系统承担左岸三友坪、左桥头和右岸侯家坪混凝土系统 146 万 m³ 混凝土所需的砂石料及 40.4 万 m³ 大坝垫层料的加工生产任务,是本工程施工工厂中生产规模及品种最大、最多的施工工厂,因此选择左岸三友坪砂石加工系统为施工工厂施工设计、生产的典型代表。

三友坪砂石加工系统生产混凝土成品骨料粒径 40～80mm、20～40mm、5～20mm 和粒径小于 5mm 的各粒级骨料。系统工艺设计满足生产三级配骨料、二级配骨料和一级配骨料 3 种工况时的产品级配平衡要求。砂石骨料级配需求见表 4.20。

表 4.20　　　　　　　　　　　　　砂石骨料级配需要

项目	粗骨料			细骨料
级配(mm)	40～80	20～40	5～20	<5
比例(%)	18	24	24	34

垫层料亦由三友坪砂石加工系统轧制,要求最大粒径 80mm,粒径小于 5mm 的含量为 35%～50%,粒径小于 0.1mm 的含量为 4%～7%,级配良好,垫层料干密度为 2.25g/cm³,相应孔隙率为 17%。

三友坪砂石加工系统的加工料源取自公山包石料场,料场地面高程 423～660m,岩性为二叠系茅口组灰、深灰色厚层块状微晶灰岩,茅口组灰岩的饱和极限抗压强度为 42～101MPa,抗压强度最小值大于 40MPa,属坚硬岩石。

4.4.2.3 关键工艺研究

根据料场的地质资料和主体工程混凝土浇筑生产要求,对系统加工关键工艺进行重点分析和研究。

1. 破碎加工工艺

工程需要的成品混凝土骨料为三级配,可采用二段破碎,粗碎和中碎采用破碎比大的反击式破碎机,能减少破碎工序,优化设备配置。工艺流程设计中,系统能做到灵活调整砂石生产级配,使之与混凝土需用级配相适应,系统循环负荷相对较小。

2. 制砂工艺

经过分析,破碎中产生砂总量和细度模数无法满足《水工混凝土施工规范》(SDJ 207—82)混凝土生产用砂的质量要求,因此系统生产需补充机制砂。人工砂生产是砂石骨料生产中技术含量高、难度最大的环节,棒磨机制砂具有产品粒型好、细度模数和产量稳定的优点,本工程采用棒磨机制砂工艺。

3. 垫层料生产工艺

在其他工程中,垫层料通常也在混凝土骨料加工系统中生产。本工程垫层料的质量要求高、需要量大,因此,需对垫层料加工系统单独配置生产设备,粒径小于5mm的含量为35%～50%,因此需选择破碎比大的破碎设备。粒径小于0.1mm的含量为4%～7%,该含量是比较小的,因此在细碎设备选择上不能采用高产粉量的设备。

4.4.2.4 工艺流程研究

1. 混凝土骨料生产工艺

混凝土骨料生产工艺流程按粗碎、中碎二段破碎,粗碎开路生产,中碎闭路生产。

毛料采用自卸汽车从公山包石料场运至粗碎车间受料坑,毛料倒入受料坑后,通过给料机将粒径小于150mm的物料直接筛出,粒径大于150mm的物料进入破碎机进行破碎。破碎加工后的粒径小于300mm的物料汇同给料机的筛下物通过胶带机一起输送至半成品堆场。

半成品堆场下设有两条出料胶带机,一条至混凝土骨料加工的一筛车间,另一条至垫层料生产线。

一筛车间圆振筛设置粒径为80mm、40mm、20mm、5mm的筛网,可直接筛分出粒径40～80mm、20～40mm、5～20mm、小于5mm的成品料。粒径大于80mm和部分粒径40～80mm的物料进入中碎车间,破碎后的物料进入半成品堆场,形成闭路循环。部分粒径20～40mm、5～20mm的物料进入棒磨制砂车间,生产的成品砂进入成品砂堆场。

2. 垫层料生产工艺

垫层料与混凝土骨料生产共用粗碎车间和半成品堆场,垫层料生产工艺流程按粗碎、中碎、细碎三段破碎,粗、中碎开路生产,细碎闭路生产。

半成品堆场的物料进入一筛,一筛设置粒径80mm、40mm的筛网,筛出的粒径小于40mm和部分粒径40～80mm的物料直接进入垫层料成品堆场,粒径大于80mm和部分粒径40～80mm的物料进入中碎车间,中碎后的物料直接进入二筛。二筛设置粒径20mm、5mm的筛网,筛出的粒径小于5mm和部分粒径5～20mm的物料进入垫层料成品堆场,粒径大于20mm和部分粒径5～20mm的物料进入细碎碎车间,细碎后的物料全部返回二筛,细碎与二筛形成闭路循环。

三友坪砂石加工系统生产工艺见图4.5。

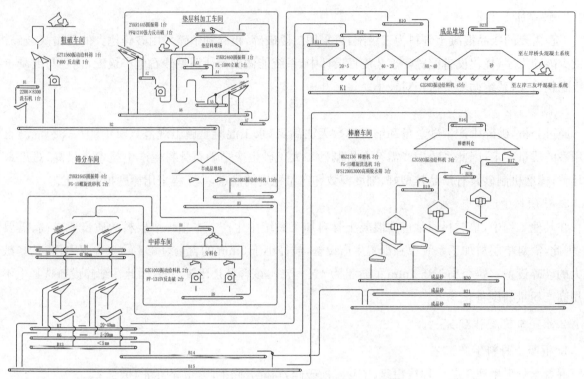

图 4.5　三友坪砂石加工系统生产工艺图

4.4.2.5　主要系统设备配置研究

1. 混凝土骨料生产

破碎设备的选型涉及原材料的物理性能、系统的工艺流程、系统前后工序的匹配、系统需要的生产能力等诸多因素,本工程砂石加工系统主要设备选型包括以下要点:

(1)粗碎设备主要处理料场汽车运输来料,需要有较大的处理能力,并能处理较大块度的岩石。适合作为粗碎的设备较多,有颚式破碎机、旋回破碎机、反击式破碎机等。颚式破碎机因破碎比小,后续工艺也较复杂,需要采用多段破碎流程才能获得合格的成品砂石料;旋回破碎机具有运行平稳、进料粒径和处理能力大、适应性强、破碎料粒径较好的优点,但其设备基础工程量大,一次性投资高;反击式破碎机的优点是结构较简单,基础工程量较少,而破碎机的破碎比大、产品粒型好,特别适合灰岩等岩石。系统粗碎选择 1 台 P400 反击式破碎机。

(2)中碎的功能主要是处理半成品中的超径石和各级成品料的多余料,不仅要求处理大径石的能力,同时要求对系统生产不同级配的骨料时进行调整。中碎设备可以选择反击式破碎机,也可以选择圆锥破碎机。由于反击式破碎机的破碎比大,破碎后粒型好,对于磨蚀性较小的灰岩,有其独特的优势。因此选择 2 台 PF-1315V 反击式破碎机作为中碎设备。

(3)人工砂生产,棒磨机制砂具有工艺稳定、成熟的特点,产品粒型好、细度模数和产量稳定的优点,系统制砂采用 3 台 MBZ2136 棒磨机制砂。

2. 垫层料生产

垫层料粒径小于 5mm 的含量为 35%～50%,因此需选择破碎比大的破碎设备。粒径小于 0.1mm 的含量为 4%～7%,该含量是比较小的,因此在细碎设备选上不能采用高产粉量的设备。中碎选择 1 台 PFQ1210 强力反击式破碎机,细碎选择 1 台 PL-1000 立轴式破碎机。

4.4.2.6 系统生产实践情况

(1)混凝土骨料生产粗碎、中碎、制砂设备的选型及匹配是合适的,能满足高峰期生产各级配骨料的需要量,但粗碎后的半成品料中粒径 40～80mm 的含量偏少,这与反击式破碎机产品特性也相一致,通过调大粗碎排矿口及生产循环调试,改变了这一状况。

(2)垫层料生产中 5mm 及 0.1mm 粒径以下含量偏大。经分析是由立轴式反击破破碎能力强、产砂率高的设备性能引发,现场在二筛下增加分料斗将粒径大于 20mm 物料分出一部分进入中碎车间(原来全部进入立轴破),破碎后再返回二筛,通过这一调整使成品料中粒径 5mm 及 0.1mm 粒径含量达标。

(3)根据坝面垫层料局部出现分离等现象,对垫层料的堆存工艺进行了改进。先在堆场下料胶带机出口设置缓降筒,并使下部堆料至一定高度后才用推土机平料,使垫层料自由下料高度不超过 3m。装载机装料时,对局部分离的料进行掺混,以减少分离现象。

4.4.3 施工供水

4.4.3.1 施工供水规划

1. 施工供水任务

水布垭水电站施工供水应满足生活用水和生产用水对象水量、水质、水压的要求。其中,生活用水供水对象主要是左岸和右岸施工区的职工及生活辅助设施用水、公用事业用水、消防用水和混凝土拌和系统用水等;生产用水供水对象主要是砂石系统骨料冲洗水,各混凝土拌和系统用水,引水发电系统、大坝和溢洪道、放空洞及导流洞施工用水等。

坝区主要供水对象及位置见表 4.21。

表 4.21 坝区主要供水对象及位置

编号	名称	位置	布置高程(m)
1	左岸野猫沟混凝土系统	左岸上游野猫沟	387
2	左岸三友坪混凝土系统	左岸上游三友坪	440
3	左岸低混凝土系统	左岸下游大岩塘和台子上滑坡体之间	259～280
4	右岸桥沟混凝土系统	右岸上游桥沟	393
5	右岸侯家坪	右岸下游侯家坪弃渣场	280
6	左岸三友坪砂石加工系统	左岸三友坪	440～455
7	右岸桥沟砂石加工系统	右岸桥沟	394
8	临时砂石加工系统	左岸三友坪	440～450
9	设计监理办公生活基地	左岸段家沟	255～260
10	建设单位办公生活基地	上游左岸	450
11	导流隧洞工程标	上游施工营地在左岸三友坪	440
		下游施工营地在左岸长淌河	235
12	大坝及溢洪道工程标	施工营地在左岸三友坪	450～460

编号	名称	位置	布置高程(m)
13	引水发电系统土建工程标	下游施工营地在左岸长淌河	235
		上游施工营地在右岸顾家坪	445~455
14	放空洞工程标	施工营地在右桥头河滩	220~235
15	电站机组安装工程标	左岸长淌河	235
16	滑坡治理工程标	左岸台子上滑坡体	290
17	渗控工程标	左岸施工营地布置在柳树淌弃渣场	450
		右岸施工营地布置在右岸上游顾家坪	405
18	马崖边坡治理工程标	施工营地布置在右岸上游顾家坪	405~450

根据《水利水电工程施工组织设计规范》《水利水电工程施工组织设计手册》要求：

生活用水、拌和系统水质：SS悬浮物浓度≤3mg/L。

砂石系统等生产用水水质：SS悬浮物浓度≤100mg/L。

砂石系统骨料冲洗用水水压不低于0.2MPa。

2. 施工供水关键技术研究

(1)供水系统布置研究

坝址生产、生活用水布置在左岸和右岸上、下游10km左右范围内，主要集中在上游左岸，而右岸用户相对少。从取水条件、总体布置、技术经济方面，对左岸和右岸分建水厂、上下游分建水厂、上游合建水厂等供水方案进行研究，最终确定左岸布置生产、生活用水水厂各一座，满足整个坝区供水需求。

(2)取水工程技术研究

坝址清江水源水质符合《生活饮用水水源水质标准》(CJ 3020—93)二级标准的要求，水质条件好，但受地势和施工蓄水期水位变幅影响，施工前后水库水位变幅大，使上游给水系统取水难度大。

1)天然状态：在坝址段天然状态下，清江枯水期水位198.00m，$Q=10800\text{m}^3/\text{s}$(洪水频率$P=5\%$)相应洪水位220.00m，水位变幅22.00m。

2)大坝施工期：大坝开工后，受枢纽建筑物不断上升的影响，坝址区清江水位、流态、河床冲淤平衡状态以及岸边条件变化很大。

①施工准备期：第1年至第2年9月，导流洞施工期间，清江河内水位变化、河势与天然状态基本相同。

②导流洞运行期：第2年10月，导流洞具备通水条件，清江截流后，修建大坝上、下游围堰。当坝体填筑至高程208.0m，围堰和导流洞同时过流度汛，这时天然河道的流态及水位完全改变，$Q=10800\text{m}^3/\text{s}$(洪水频率$P=5\%$)相应洪水位达256.68m，洪枯水位变幅达58.68m。

③大坝挡水期：第4年至第7年，坝体浇筑高程达288.0m以上，大坝具备挡水能力，导流洞封堵，坝上游库区最低水位变为250.00m，汛期清江水自永久放空洞和大坝预留缺口联合泄流度汛，$Q=10800\text{m}^3/\text{s}$(洪水频率$P=5\%$)相应洪水位268.68m，水位变幅18.68m；第8年库水位将上升到315.00m；当溢洪道建成、放空洞下闸后，库水位将上升到350.00m，$Q=10800\text{m}^3/\text{s}$(洪水频率$P=5\%$)相应洪水位达368.00m，水位变幅118.00m。

综上，从天然状态到大坝挡水期，水位总变幅达170.00m，按$Q=10800\text{m}^3/\text{s}$(洪水频率$P=5\%$)相应洪水位与相应阶段的最低水位计算，取水泵站必须适应4个不同水位变幅阶段，即198.00~220.00m段、

198.00～256.68m 段、250.0～268.68m 段、250.00～368.00m 段,相应水位变幅分别为 22.00m、58.68m、18.68m、118.00m。对采用浮船式泵站、斜坡式滑道泵站、固定式井筒泵站等常规取水形式进行研究,由于上游河道水流流速大,最大可达到 7.0m/s,涨落速度太快,浮船没有合适的停泊点,不具备布置浮船式泵站的设计条件;斜坡式滑道泵站在洪水时滑道不仅管理复杂,台车移动和改换接头也很难赶上水位涨落速度,而且不能保证连续供水,供水可靠性较低;固定式井筒泵站虽然安全性很好、运行管理方便,但要适应 18.68～56.68m 甚至 118.00m 的水位变幅,不仅工程量大、造价高,而且因岸边山势陡峭、场地狭窄,导致场地平整困难,相应平出一块宽 6～8m、长 20m 的场地,开挖边坡高,施工难度大。因此,选择占地面积较小、适应水位变幅大、又能被水淹没的新型泵站,才能适应本工程需要,最终选用分阶段多级水位变幅取水工程布置技术适应以上取水条件。

（3）管道过江技术研究

管道过江常用公路桥、河底埋管、水工建筑物交通（检修）管廊、管桥形式,本工程管道过江确定以较小的经济投资实现左、右岸管网连通,满足两岸合建水厂,又确保供水安全。

（4）砂石系统废水处理技术研究

本工程主要采用人工骨料,砂石加工系统的用水量较大,其中占左岸生产用水最高日用水量的 77.5%,占右岸生产用水最高日用水量的 66.6%,若骨料冲洗水使用后直接排放,既造成水资源浪费,又会因排放水中所含固体悬浮沉积物对环境造成不良影响。进行砂石废水处理回用技术研究,具有很好的社会效益和经济效益。

4.4.3.2 供水工程设计

1. 施工供水系统

施工期供水系统采用临时与永久供水相结合设计,左岸设置上、下游两大供水系统,其中,下游供水系统由长淌河水厂供给,上游供水系统由三友坪水厂供给。施工供水系统组成见表 4.22。长淌河水厂于 2000 年 10 月开工,2001 年 8 月建成投产;2003 年 5 月三友坪水厂、坝区管网全部建成投产。

表 4.22　　　　　　　　　　　　　　坝区给水工程系统组成

编号	名称	规模（m³/d）	高程（m）	位置	服务范围	备注
1	左岸三友坪水厂及取水泵站	36000	420	左岸三友坪	砂石加工系统、混凝土系统、混凝土养护、左右岸上游生活用水	生产用水 30000m³/d,生活用水 6000m³/d
	左岸三友坪水厂至右岸输水管线及加压泵站	13000	408～409.5	原引水发电系统土建施工场地标和马崖边坡治理标施工场地之间	右岸桥沟砂石系统、面板堆石坝施工养护及各类施工企业用水,右岸施工区施工人员用水	生产用水 10000m³/d,生活用水 3000m³/d
2	左岸长淌河水厂及取水泵站	4800	283.0	左岸长淌河水厂	左岸下游盐池生活区、右岸下游侯家坪生活区,同时在施工初期三友坪水厂未建成以前向大岩墙混凝土拌和系统供水	生产用水 1800m³/d,生活用水 3000m³/d

（1）左岸下游供水系统

左岸下游供水系统由原水泵站、长淌河水厂和输配水工程组成。

1）原水泵站

原水泵站建在左岸长淌河水厂下游 250m 处的岸边、河床高程 196m。由于泵站位于大坝的下游，水位变幅不受大坝蓄水的影响，泵站采用湿井取水泵站，湿井上部为泵房，泵站与岸边设交通桥连接，取水规模 4800m³/d。

2）长淌河水厂

长淌河水厂位于大坝下游 1# 道路与 3# 道路下段交接处，距大坝约 3km。水厂呈长方形布置，长 70m，宽 50m，场平高程 283m。水厂生活用水设计规模 3000m³/d，生产用水不处理，原水直接进入生产用水调节池，生产用水设计规模 1800m³/d。

水厂内主要构筑物包括主要水处理构筑物、清水池、吸水井、加压泵房、加矾和加药间及药库，以及综合楼、机修间、门卫、配电间等附属建筑物，详见表 4.23，水厂净水工艺流程见图 4.6。

表 4.23 长淌河水厂主要构筑物表

序号	名称	规格	单位	数量	备注
1	水处理构筑物	3000m³/d	座	1	包括网格絮凝池、斜管沉淀池和双阀滤池
2	调节水池	$V=300$ m³	座	3	其中：2座生活用水池，1座生产用水池
3	吸水井	$L×B×H=5.0m×2.0m×4.5m$	座	1	
4	加压泵房	$S=41$ m²	座	1	
5	门卫	$S=12$ m²	座	1	
6	机修仓库	$S=107$ m²	座	1	
7	堆场	$S=36$ m²	座	1	
8	综合楼	$S=550$ m²	座	1	
9	加药间及药库	$S=85$ m²	座	1	
10	配电间	$S=50$ m²	座	4	
11	道路	$L=95m$	条	1	
12	围墙	通透式	m	240	

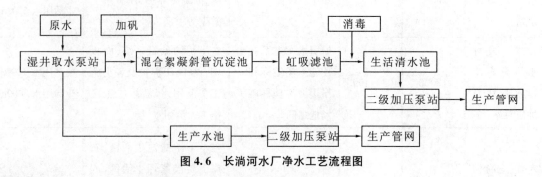

图 4.6 长淌河水厂净水工艺流程图

3）输配水工程

输配水工程由过江管道和左岸下游供水管网组成。

①过江管道：在水厂出水干管上分别引 D273×8mm 生活用水管和 D219×6mm 生产用水管经大坝下游 1200m 处水布垭大桥过江至下游的侯家坪生活营地和地下电站。

②左岸下游供水管网:采用分质供水,均为枝状管网。生活和生产用水管分别沿3#道路向水厂上、下游敷设管道,上游至大岩塬混凝土拌和系统,距离约3000m;下游至盐池生活区和长淌河电站管理区,用水距离约2100m。

(2)左岸上游供水系统

左岸上游供水系统由原水泵站、三友坪水厂和输配水工程组成。

1)原水泵站

原水泵站位于大坝上游2000m左右,距离水厂900m,取水设计规模36000m³/d。由于取水地势险峻,采用"潜水式取水泵站、分阶段取水"方式适应水源多变幅水位,四级潜水泵直接串联。

2)三友坪水厂

三友坪水厂设在15#道路靠江侧与1#道路交会处的两个山包之间,水厂呈L形布置,占地5200m²。水厂设计规模36000m³/d,其中,生活用水6000m³/d,生产用水30000m³/d。

水处理工艺根据用户对水质不同要求,分别设生产用水处理系统和生活用水处理系统。厂内主要构筑物见表4.24,水厂净水工艺流程见图4.7。

表4.24 三友坪水厂主要构筑物表

序号	名称	规格	单位	数量	备注
1	平压池		座	1	
2	生活用水处理构筑物	6000m³/d	座	1	包括预沉、絮凝、沉淀和过滤
3	生产用水处理构筑物	30000m³/d	座	2	包括絮凝、沉淀区、调节水池
4	生活用水池	300m³	座	2	
5	送水泵房	17.7m×7.0m	座	1	
6	加药间及药库		m²	85.95	
7	道路		m	560	
8	门房		m²	25	
9	围墙		m	115	

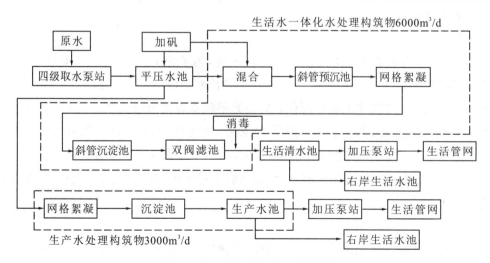

图4.7 三友坪水厂净水工艺流程图

3）输配水工程

输配水工程由左岸上游供水管网、过江管道、右岸加压泵站和右岸上游供水管网组成。采用分质分区供水。

①左岸上游供水管网：由生活用水管网和生产用水管网组成，均呈枝状布置，分别向上游施工企业和施工营地供水。

②过江管道：由左岸上游三友坪水厂生活调节水池和生产调节水池分别引 D377×9mm 生产输水管和 D273×8mm 生活输水管，经上游围堰跨江，自流引至右岸加压泵站，水厂至加压泵站输水管线全长约 2000m。

③右岸加压泵站：由生产调节水池、生活调节水池、加压泵站、消毒间、值班室组成。

生产用水调节水池按日用水量 20％ 设计为 1000m³ 水池两座，池内设水位计，将液位信号送至值班室。加压泵房为半地下式，分别安装生产、生活泵，泵站面积 11.7m×5.0m。

考虑长距离输水过程中有余氯损失，加压站增设消毒设施，采用液氯消毒，设加氯机两台，一用一备，最大产气量 2kg/h，消毒间面积 7.8m×4.5m。

4）右岸上游供水管网

管网布置原则同左岸上游供水管网。

2. 取水工程

（1）取水工程布置

取水工程为岸边潜水式取水泵站，共四级，直接串联布置。在山边稳定及坚硬岩石处凿垂直竖井至最枯设计水位，再用平洞与水源接通，在垂直竖井中安装 4 台潜水泵。各级泵站水泵设计为：一级泵站安装 4 台 500QRJ550-27×3 型潜水泵，分置于内径 2000mm 两竖井中，井底高程 192.126 m，井顶高程 220.0m，井深 27.874m；二级泵站安装 4 台 500QRJ550-27×3 型井用潜水泵，分置于内径 2000mm 两竖井中，井底高程 244.016m，井顶高程 265.0m，井深 20.984m；三级泵站安装 4 台 500QRJ550-27×2 型潜水泵，分置于内径 2000mm 两竖井中，井底高程 309.124m，井顶高程 330.124m，井深 20.874m；四级泵站安装 4 台 500QRJ550-27×4 型潜水泵，分置于内径 2000mm 两竖井中，井底高程 343.882m，井顶高程 370.0m，井深 26.118m。

（2）主要关键技术措施

1）泵站工艺

一级泵站的垂直竖井布置在距离清江岸边 30.0m 处，为了施工方便，每站布置两个竖井，单井内径 2000mm，井深 27.874m，两井中心距 7000mm，两井在设计低水位下 2.0m 处，用高 2.0m、宽 1.5m 的平洞接通，并在两井中心处与连接平洞同样高程和断面的平洞垂直接通至清江。4 台潜水泵按每组 2 台分装在两竖井中，两组水泵之间用管道接通，并用闸阀隔断，互为备用，泵站之间采用两根 DN500mm 输水管，分别与上一级竖井相接，当水位上升到上一级泵站时，该输水管成为上一级泵站的引水管。二级以上各级泵站的布置除水泵级数不同、位置不在江边、须在岩石稳定区选择位置布置竖井外，其他完全同一级取水泵站，泵站面积约 75m²。

2）竖井结构

由于泵站串联运行，除一级泵站外，二、三、四级泵站的竖井均处于有压状态运行，这就要求竖井能承约 0.4MPa 水压。天然岩坡上开挖的竖井，在受到 0.4MPa 的水压下，无法保证因裂隙渗漏造成竖井垮塌，故在竖井内加内衬防止渗漏。内衬方式采用钢筋混凝土、钢管和玻璃钢管内衬。钢筋混凝土内衬厚，相应井的石方开挖量增多,造价高,用钢管和玻璃钢管做内衬,都能确保不渗漏,管道连接施工方便,又可缩小井的开挖内径。玻璃钢管与钢管比较,价格比钢管较低,重量轻,特别便于在悬崖边运输和安装,从而减轻了施工安装的难度。因此,采用玻璃钢管内衬,竖井做成密闭式,从而达到安全、不损失水头、取消泵站调节构筑的多重目的。因两泵距离较近,为防止水泵进水水流之间相互干扰,在每一水泵的扬水管外套 DN700mm 玻璃钢管以稳定井中水流。

3)防水锤措施

防止水锤是该多级串联泵站设计的重要环节,加之泵站在运行中会被洪水淹没,设计中必须保证水泵在潜水条件下关阀启动和关闭停车自如,并且使水锤减到最小。为此,采用水头损失小、快速式 DYH41X 止回阀和电磁控制水力阀 DY60AX,取代一般性止回阀和控制阀,保证水泵安全运行。

4)运行和管理

一级泵站在导流洞封堵之前有可能处于淹没状态下运行,当水位上升至 244.00m 时,三级泵站可停运;在导流洞下闸封堵后,永久放空洞和大坝联合泄流期,水位上升到 250.00m,一级泵站废除;放空洞下闸后,水库水位上升超过 265.00m 后,二级泵站处于淹没状态运行,当水位到 315.00m 后,二级泵站停运,并可拆除二级泵站;放空洞下闸后,枯水位将超过高程 330.00m,三级泵站处于淹没状态下运行,水位继续上升至高程 315.00m,溢洪道过流,三级泵站停运可以拆除。

(3)取水泵站供配电

1)配电系统布置

本工程由于受整个工区电压等级的限制,电气设备的电压等级均为 380V 以下。但是,电气设备的安全是潜水泵站安全运行的又一重要环节。水泵的动力设备——电机为潜水电机,动力和控制电缆必须具有优良的防水措施。便于安全运行管理,采用远距离控制,根据各导流程序的水位情况、低压电缆经济输送距离,集中沿等高线布置两座变配电所,即:一、二级泵站的变配电所放在距二级泵站 150m,高程 320m 处,面积 15m×12m;三、四级泵站的变配电所放在紧靠四级泵站的旁边,高程 384m,面积 17m×25m。

2)配电系统组成

一~四级取水泵站均选用箱式变电站,变电站均由高压负荷开关、电力变压器和低压开关柜组成。一、二级取水泵站配电系统和三、四级取水泵站配电系统可分别形成单母线分段连接方式,低压计量。

①一级取水泵站用电设备装机容量约 565kW。最大用电负荷约 425kW,设备最大装机容量 140kW。

②二级取水泵站用电设备装机容量约 650kW。最大用电负荷约 490kW,设备最大装机容量 160kW。

③三、四取水泵站用电设备总装机容量约 1330kW。最大用电负荷约 1000kW,设备最大装机容量 220kW。

3. 管线过江

本工程供水管在上、下游各有一次过江,下游过江直接在水布垭大桥桥面人行道设上、下钢制叠层支架明敷管线过江。上游过江较复杂,若在截流前铺设过江管线,在大坝施工期除河底直接埋管过江外,均不具备管道敷设条件。然而,从河底直接埋管过江存在以下问题:①管道必须埋深在河床冲淤线以下 5m,需在挡水围堰保护下无水施工,一次性埋设;②管道过江段承受压力大,最大净压水头 240m 左右。

右岸上游有溪流汇成的响水河,水量可达 2500m³/d。根据围堰施工进度安排及施工前期用水量较小的特点,采用联合供水方案,即在上游围堰未形成以前,由响水河供水;待上游围堰形成以后,利用三友坪水厂供水,在围堰顶敷设管道过江,不仅避免了河底直接埋管存在的问题,而且管道施工方便,不受基坑施工的影响,最大净压水头由 240m 降为 200m 左右,大大提高供水可靠性。

4. 砂石系统废水回收

左、右岸砂石系统相距很远,砂石加工系统生产废水含固率大于 90kg/m³,采用了左、右岸分建废水处理厂方案进行絮凝沉淀设计,对废水净化并实现废水回用。

4.5　施工总体布置

水布垭水电站主体工程建筑物两岸布置,左岸为溢洪道和导流洞,右岸为地下厂房和放空洞。结合坝区地形、地质特点,主要施工设施亦分两岸布置,稍偏重左岸。两岸主体建筑物均有相应于本岸的施工设施,大大降低了场内物资运输强度和运输成本。

4.5.1　布置原则

(1)下游施工场地按5%洪水频率设防,布置高程不低于220m;上游场地根据其不同使用时段及相应的库水位设防,一般不低于350m。

(2)根据地形条件,以左岸为主,分左、右岸布置。

(3)场地布置考虑各主要项目的布置、进度和施工程序,各标段之间的施工场地尽量做到相对独立。

(4)场地布置既要便于各标段的工程施工,又要不影响通过施工区域的供水、供电、通信等公共设施的正常运行。

(5)节约用地,多利用荒山坡地布置施工场地,利用开挖料弃渣填滩造地。

(6)场地布置和平整时,应结合生产工艺要求,充分利用地形,尽可能挖填平衡。

4.5.2　施工总体布置

本工程各标段施工场地,主要包括施工营地、机械汽车停放保养场、综合加工厂及临时仓库等。各生产系统、料场、渣场及水厂、施工变电所、综合仓库等,作为公用设施,各标段共同使用。

4.5.2.1　砂石骨料生产系统

左岸三友坪砂石骨料生产系统布置在左岸上游三友坪,高程 440～455m,占地面积 8.2 万 m²。

右岸桥沟砂石骨料加工系统布置在右岸上游桥沟,高程 394m,占地面积 2.2 万 m²。

临时砂石骨料生产系统布置在左岸三友坪混凝土系统场地内,高程 440～450m,占地面积 1.4 万 m²。

4.5.2.2　混凝土生产系统

左岸野猫沟混凝土系统设置在野猫沟,占地面积 0.6 万 m²。

左岸桥头系统布置于大岩墩和台子上滑坡体之间坡地上,设置高程 259～280m,占地面积 1.3 万 m²。

左岸三友坪混凝土生产系统与左岸三友坪砂石骨料生产系统统一布置,设置高程 440m,占地面积 1.4 万 m²。

右岸桥沟混凝土系统与右岸砂石骨料生产系统统一布置,设置高程 394m,占地面积 0.7 万 m²。

右岸侯家坪混凝土系统布置在右岸下游侯家坪,占地面积 1.9 万 m²。

4.5.2.3　施工变电所

承担施工期工区供电,先期布置于大岩墩滑坡体下游 1# 道路以上坡体上,后期改成布置于野猫沟下游侧坡地上,设置高程 500m,占地面积 0.5 万 m²。

4.5.2.4 水厂

设置三友坪水厂和长淌河水厂 2 座水厂。三友坪水厂布置在左岸上游三友坪,设置高程 420m,占地面积 0.5 万 m²。长淌河水厂布置在左岸下游长淌河,设置高程 283m,占地面积 0.4 万 m²。

4.5.2.5 综合仓库

综合仓库主要包括钢材、水泥、木材、五金、劳保用品仓库等,按材料的使用情况分别设置,布置于左岸段家沟弃渣场上,设置高程 260～270m,占地面积 4.0 万 m²。

4.5.2.6 油库

储存柴油 1000t,储存汽油(90#、93#、97# 三种)250t,布置在左岸 1#、3# 道路的交叉口附近的庙王沟,设置高程 280m,占地面积 0.3 万 m²。

4.5.2.7 炸药库

炸药库根据施工所需,分左、右岸布置。

1. 左岸炸药库

左岸炸药库占地面积 0.3 万 m²,设置高程 490m,布置在柳树淌上游。

2. 右岸炸药库

右岸炸药库占地面积 0.6 万 m²,设置高程 420m,布置在桥沟。

4.5.2.8 建设、设计、监理单位办公生活基地

1. 设计、监理单位办公生活基地

设计、监理等人员的办公生活基地布置在左岸段家沟,设置高程 255～260m,占地面积 1.2 万 m²。

2. 建设单位办公生活基地

工程建设初期,建设单位基地未建成前,在台子上滑坡体上设临时基地,设置高程 290m,占地面积 2.3 万 m²。建设单位基地布置在左岸上游汤家包,设置高程 450～465m,占地面积 4.0 万 m²。

4.5.2.9 承包商生产、生活营地

1. 导流洞工程标

导流洞工程标分 3 个子标段招标,布置进水口及上游洞身标段、下游洞身标段、出口标段共 3 个生产、生活营地。其施工场地占地面积分别为 0.5 万 m²、0.7 万 m² 和 1.8 万 m²。

2. 大坝及溢洪道标

导流洞工程标主要施工项目于 2002 年 10 月截流前完成,而大坝、溢洪道工程标除大坝两岸坝肩及趾板开挖在截流前完成外,其他均在截流后开始施工,故本标段施工营地布置时,尽量考虑重复利用导流洞工程标施工场地。

大坝及溢洪道工程标生产、生活营地设于三友坪张家包坡地。

办公生活营地布置在 15# 道路终点外侧山包上,设置高程 450～470m,占地面积 5.9 万 m²。

综合加工厂及临时仓库利用导流洞工程标三友坪营地,设置高程 420～440m,占地面积 1.6 万 m²。其中,综合加工厂占地面积 1.1 万 m²(包括钢筋加工厂 7300m²,木材加工厂 1400m²,预制构件厂 2200m²),临时仓库占地面积 0.5 万 m²(包括钢材仓库 660m²,木材仓库 240m²,水泥仓库 4300m²)。

机械汽车停放保养场,利用柳树淌弃渣场布置,设置高程 450m,占地面积 3.5 万 m²。

3. 引水发电系统土建工程标

引水发电系统土建工程标分上、下游布置。下游营地布置于右岸黑马沟弃渣场上,主要为主厂房、尾水洞、尾水渠、尾水塔、500kV变电所等施工服务。上游营地布置在右岸顾家坪,主要为进水渠、进水塔和引水洞施工服务。

(1)下游营地

下游营地设置高程310m,占地面积2.7万 m²。其中,办公生活营地占地面积1.1万 m²,机械汽车停放保养场占地面积0.5万 m²,综合加工厂占地面积0.8万 m²(包括钢筋加工厂5700m²,木材加工厂1500m²,预制构件厂800m²),临时仓库占地面积0.3万 m²(包括钢材仓库300m²,木材仓库200m²,水泥仓库2500m²)。

(2)上游营地

上游营地布置于右岸顾家坪,设置高程407~422m,占地面积2.5万 m²。其中,办公生活营地占地面积1.0万 m²,机械汽车停放保养场占地面积0.5万 m²,综合加工厂占地面积0.7万 m²(包括钢筋加工厂4700m²,木材加工厂1300m²,预制构件厂700m²),临时仓库占地面积0.3万 m²(包括钢材仓库300m²,木材仓库200m²,水泥仓库2500m²)。

4. 放空洞标段

放空洞标段施工场地布置在右岸,分上、下游布置。上游布置在顾家坪,占地面积0.7万 m²;下游布置在右岸桥头,占地面积0.3万 m²。

5. 电站机电安装标段

机电安装标段施工时间为2004年上半年以后,施工场地布置于长淌河弃渣场,设置高程235m,占地面积1.6万 m²。其中,办公生活营地占地面积5200m²,机械汽车停放保养场占地面积2000m²,综合加工厂占地面积3300m²,临时仓库占地面积5000m²。

6. 滑坡治理工程标段

滑坡治理工程标施工营地布置在1#道路上侧,位于大岩埠滑坡与台子上滑坡之间,高程350~360m,占地面积2.2万 m²。其中,施工营地占地面积1.4万 m²,机械汽车停放保养场占地面积3100m²,综合加工厂占地面积3700m²(包括钢筋加工厂800m²,木材加工厂1400m²,预制构件厂1500m²),临时仓库占地面积1200m²(包括钢材仓库100m²,木材仓库100m²,水泥仓库1000m²)。

7. 渗控工程标

渗控工程标施工场地岸布置在侯家坪和黑马沟弃渣场,设置高程250m,占地面积1.1万 m²。其中,办公生活营地占地面积4300m²,机械汽车停放保养场占地面积880m²,综合加工厂占地面积3000m²(包括钢筋加工厂800m²,木材加工厂1400m²,预制构件厂800m²),临时仓库占地面积2400m²(包括钢材仓库100m²,木材仓库100m²,水泥仓库2200m²)。

8. 马崖边坡治理工程标段

马崖边坡治理工程标施工营地设于右岸上游顾家坪一带,设置高程406~416m,占地面积3.2万 m²,其中,办公生活营地占地面积2.1万 m²,机械汽车停放保养场占地面积8100m²,综合加工厂占地面积3000m²(包括钢筋加工厂800m²,木材加工厂1400m²,预制构件厂800m²),临时仓库占地面积300m²(包括钢材仓库100m²,木材仓库100m²,水泥仓库100m²)。

4.5.3 存料场及弃渣料场规划

4.5.3.1 弃渣料工程量

根据大坝、围堰、场平、场内道路填筑料利用规划,各建筑物开挖料弃渣总量为1482.1万 m³。其中主体建筑物、导流工程弃渣 1094.6万 m³,场平开挖弃渣 73.6万 m³,料场开挖弃渣 138.0万 m³,场内道路开挖弃渣 175.9万 m³。

4.5.3.2 规划原则

(1)以费用最低为原则,在存料场、弃渣场容量满足要求的前提下,就近存弃。

(2)存料场、弃渣料尽量使用不同场地,必须使用同一场地转存不同利用料时,应分开堆放。

(3)在时空上,存料场应便于所存利用料的存、取。

4.5.3.3 弃渣场、存料场布置

根据坝区地形地貌和建筑物开挖、填筑条件,坝址区可用于布置弃渣场和存料场的场地主要有:左岸上游柳树淌、邹家沟,下游长淌河、段家沟;右岸上游响水河、桥沟,下游黑马沟、石板沟等。

1. 存料场

建筑物开挖料中,需转存利用部分基本为坝体填筑利用料。主要有:导流洞洞身,溢洪道泄槽和下游防冲段结合导流洞出口开挖部分,电站引水隧洞、主厂房、交通洞,马崖高边坡,放空洞进水渠、有压洞、事故闸门井、工作闸门室等建筑物开挖料。

规划存料场主要布置有 3 个:左岸邹家沟存料场、长淌河存料场,右岸桥沟存料场。

2. 弃渣场

规划 6 个弃渣场,包括:左岸上游柳树淌弃渣场、下游段家沟弃渣场,右岸上游响水河弃渣场和桥沟弃渣场、下游黑马沟弃渣场和石板沟弃渣场。

另外,邹家沟、长淌河及桥沟等 3 个存料场均可堆弃部分弃渣料。

4.5.3.4 存料与弃渣规划

存料与弃渣规划见表 4.25。

表 4.25　　　　　　　　　　　　　　　　　存料与弃渣场规划表

开挖部位		弃渣场/存料场							
		左岸(上游→下游)				右岸(上游→下游)			
		柳树淌	邹家沟	长淌河	段家沟	响水河	桥沟	黑马沟	石板沟
场地平整	三友坪区(左岸)	○							
	左岸桥头区			○					
	盐池区(左岸)				○				
	侯家坪及右岸桥头区							○	
	桥沟区(右岸)					○	○	○	○
导流洞(左岸)	进口	○							
	上游洞身	○△							
	下游洞身		○	△					
	出口		○	○△					

开挖部位		弃渣场/存料场							
		左岸（上游→下游）				右岸（上游→下游）			
		柳树淌	邹家沟	长淌河	段家沟	响水河	桥沟	黑马沟	石板沟
大坝	左岸坝肩、趾板	○							
	河床坝址、趾板							○	○
	右岸坝肩、趾板、庙包					○	○	○	○
溢洪道（左岸）	引渠	○							
	溢流堰	○							
	泄槽、下游防冲段	○							○
地下电站（右岸）	引水渠						○	○	○
	引水隧洞			△					○
	主厂房、交通洞、母线洞			△					
	500kV变电所						○△		
	尾水洞、尾水渠								○
放空洞（右岸）	进水口、有压洞、事故闸门井					○	○△		○
	工作闸门室			△			△		○
	无压洞、出口明渠								○
马崖边坡（右岸）	一期							△	○
	二期315以上						○△		○
	二期315以下							○	○
渗控工程（两岸）		○		△				○	○
滑坡治理（两岸）								○	○

注：为○弃渣，为△存料。

4.5.4　工区封闭管理

　　水布垭水电站工区范围地处湖北宜昌市的长阳县和恩施土家族苗族自治州的巴东县两县交界处，电站主体工程位于巴东县境内，工区面积 6.54km²。场内道路长近 50km，椰—水公路（长阳县椰坪镇至巴东县水布垭水电站工区）长约 25km。工区涉及巴东县水布垭镇的大岩、三友坪、古树坪、顾家坪、后门、渔洞湾等 6 个村 20 个村民小组，涉及长阳县渔峡口镇的龙池、赵家湾、大山等 3 个村 11 个村民小组。

　　水布垭水电站左、右岸沿清江呈狭长山体地形，便于工区实行封闭管理，封闭管理区除左岸的椰—水公路和右岸的石板沟弃渣场涉及长阳县外，其余主要设在巴东县境内。其中，椰—水公路为不完全封闭管理，即主要对交通车辆和物流实行控制性管理，封闭管理区内对交通安全和物流实行全面管理。由交通武警一总队成立水布垭值勤中队负责工区（含椰—水公路）的交通值勤封闭管理工作。

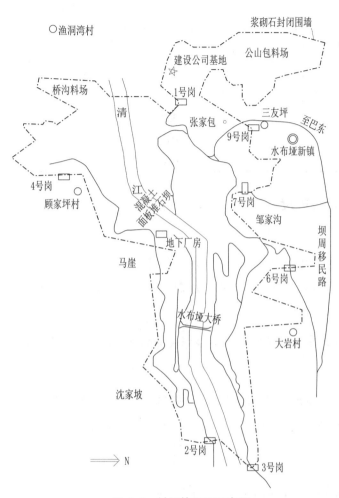

图4.8 封闭管理区示意图

4.6 施工总进度

水布垭水电站可行性研究报告于1999年通过相关部门审查。可行性研究报告推荐的施工进度安排为总工期9.5年,其中施工准备期3年,主体工程施工期4.5年,工程完建期2年,发电工期7.5年。水布垭水电站2001年初导流工程开始施工,原计划2008年6月或7月发电;招标阶段施工规划以发电工期6.5年为争取目标,通过加快导流洞施工,缩短工期,实现了提前一年发电的目标。

4.6.1 工程建设里程碑

水布垭水电站工程建设里程碑见表4.26。

表4.26 工程建设里程碑

编号	工程建设里程碑
1	2001年初,导流工程开始施工
2	2002年1月,工程举行正式开工仪式

编号	工程建设里程碑
3	2002 年 10 月 26 日,坝址河段成功截流
4	2006 年 10 月 17 日,1# 导流洞下闸;10 月 19 日,2# 导流洞下闸
5	2007 年 4 月 21 日,放空洞下闸,水库开始蓄水
6	2007 年 7 月 21 日,1# 机组投产发电
7	2008 年 3 月 3 日,3# 机组投产发电
8	2008 年 5 月 22 日,2# 机组投产发电
9	2008 年 8 月 26 日,4# 机组投产发电

4.6.2 施工辅助工程施工进度

4.6.2.1 对外交通

318 国道红花套至榔坪段由地方交通部门进行改扩建,于 2001 年底全线达到山岭重丘二级道路标准;新修建的榔—水公路 1999 年底通车。工程筹建期完成了对外交通工程施工。

4.6.2.2 施工供电

施工主供电源于 2001 年 6 月形成。主供电源形成前的施工项目,利用地方电网适当改造后供电。

4.6.2.3 场内交通

场内交通工程包括场内道路(含交通洞)、桥梁和临时汽渡。场内交通是施工准备工作的关键,1#、2#、3#、4# 场内道路和水布垭大桥、临时汽渡提前安排在工程筹建期内施工,2001 年初导流工程开工前已基本建成。

1. 场内道路

场内的主要道路、桥梁等分 3 批投入运行,见表 4.27。

表 4.27 场内道路投入运行时间表

投入运行日期	道路
2001 年 1 月	1#、2#、3#、4#
2001 年 6 月	5#、7#、9#、11#、13#、15#、19#、6#、12#、14#、17#、20#
2001 年 6 月以后	18#

2. 桥梁

水布垭大桥于 2001 年 6 月建成,具备通车条件。

4.6.2.4 供水工程

左岸三友坪水厂,于 2001 年底全部完成,先期开工项目的生产生活用水采用临时措施。

左岸桥头长淌河水厂,2001 年 9 月建成。

4.6.2.5 砂石骨料

左岸三友坪砂石料生产系统 2001 年 12 月建成。

右岸桥沟砂石料生产系统于 2002 年 5 月完建,满足放空洞混凝土施工。

4.6.2.6 混凝土系统

右岸侯家坪混凝土系统于 2002 年 11 月完建,满足地下厂房混凝土施工。

左岸桥头混凝土低系统于 2001 年 11 月完建,满足导流洞混凝土施工。

左岸野猫沟混凝土生产系统于 2001 年 11 月建成,满足导流洞上游洞身和进水塔混凝土浇筑。

右岸桥沟混凝土系统于 2002 年 5 月完建,满足放空洞进口混凝土施工。

左岸三友坪混凝土系统于 2005 年 10 月完建,满足溢洪道上部泄槽和溢流堰混凝土浇筑。

4.6.2.7 综合仓库、油库、炸药库

综合仓库、油库、炸药库等各标项公共设施,于 2001 年初陆续建成,满足 2001 年初导流工程和部分主体工程开工条件。

4.6.2.8 建设、设计和监理单位营地

2001 年初导流工程及部分主体建筑物开工,建设、设计、监理单位营地于 2001 年初陆续建成投入运行。

4.6.2.9 承包商生产、生活营地及设施

各标项承包商生产、生活营地及场地根据施工单位进场的时间陆续建成。

1. 导流洞工程标

导流洞工程标承包商营地建设于 2001 年 3 月基本完成。

2. 大坝、溢洪道工程标

大坝、溢洪道工程标承包商营地建设及场地平整于 2002 年 6 月基本完成。大坝两岸坝肩及趾板基础开挖独立于主标单独招标施工,设临时施工营地。

3. 引水发电系统土建工程标

引水发电系统标规划上游顾家坪和下游黑马沟 2 个营地,下游黑马沟营地建设于 2002 年 6 月基本完成,上游顾家坪营地建设于 2002 年 9 月基本完成。

厂房交通洞及施工支洞开工较早,独立于主标招标施工,设临时施工营地。

4. 放空洞工程标

放空洞工程标承包商营地建设于 2001 年 7 月基本完成。

5. 机电设备安装工程标

机电设备安装标承包商营地建设于 2004 年 6 月基本完成。

6. 滑坡治理标段

马岩湾滑坡一期治理标于 2001 年 6 月前基本建成该标段的承包商营地。大岩墩一期治理工程标于 2001 年 8 月前基本建成该标段的承包商营地;台子上滑坡治理标于 2001 年 10 月开始施工。

7. 渗控工程标

帷幕灌浆工程标承包商营地建设于 2001 年 7 月基本完成。

8. 马崖边坡治理工程标

马崖边坡一期治理工程标承包商营地建设于 2001 年 5 月基本完成。

9. 工程征地标

坝区施工征地共 6.45 万 m²,2000 年完成征地 5.12 万 m²,2001 年完成征地 1.28 万 m²,3 年后完成征地 0.05 万 m²。

库区征地满足坝体挡水高程及水库蓄水进度要求。

4.6.3 主要工程施工进度

水布垭水电站施工总进度的关键线路为:导流洞施工→河床截流→河床围堰施工→大坝基坑开挖→大坝和溢洪道施工→导流洞下闸蓄水→机组调试发电。

4.6.3.1 导流工程

导流洞与溢洪道下游防冲段工程标主要包括导流洞洞身、进水口及进水塔、出口、进出口围堰、出口段防淘墙与导流洞出口结合的溢洪道泄槽段、导流洞下闸封堵等项目。

导流洞于2001年3月15日开始主洞和进、出口施工,2002年10月完工,具备截流条件。

1. 进水渠及进水塔

进口边坡开挖于2001年4—11月完成,工期8个月,平均月强度2.7万 m^3/月。

塔体混凝土浇筑于2001年12月至2002年8月完成,工期9个月。

金属结构埋件于2002年5—8月随塔体浇筑完成,工期4个月;卷扬机和闸门于2006年9—10月完成,工期2个月。

2. 洞身

洞身开挖于2001年3月15日至2002年3月完成,工期12.5月。

衬砌于2001年11月至2002年8月完成,工期10个月。

3. 出口明渠

开挖于2001年3月至2002年1月完成,工期11个月,平均开挖强度12.8万 m^3/月。

混凝土浇筑于2002年2—8月完成,工期7个月。

4. 进、出口施工围堰

(1)进口围堰

进口围堰于2002年2—3月形成,2002年10月拆除。

(2)出口围堰

出口围堰于2002年2—3月形成,2002年10月拆除。

5. 导流洞出口防淘墙

导流洞通水前,导流洞出口段防淘墙需完成施工。导流洞出口防淘墙于2001年11月至2002年9月形成,总工期10个月。

4.6.3.2 大坝工程

大坝工程主要项目实际施工进度见表4.28。

表4.28　　　　　　　　　　　　大坝工程主要项目开工、完工日期表

序号	分部工程名称	开工日期	完工日期
1	坝基开挖及处理(含趾板开挖)	2002.6	2006.4
2	边坡支护	2003.4	2004.6
3	左岸趾板及防渗板混凝土	2003.2	2005.7
4	河床段、右岸趾板及防渗板混凝土	2003.2	2006.7
5	一期面板混凝土及接缝止水施工	2004.9	2005.7

序号	分部工程名称	开工日期	完工日期
6	二期面板混凝土及接缝止水施工	2005.12	2006.9
7	三期面板混凝土及接缝止水施工	2006.11	2007.5
8	堆石体填筑	2003.2	2006.10
9	垫层及过渡层	2003.1	2006.10
10	上游铺盖区	2005.6	2006.1
11	碾压混凝土围堰	2002.11	2003.4
12	大坝坝顶工程	2008.3	2009.5
13	大坝下游坝后护坡工程	2003.2	2008.8
14	马崖高边坡三期整治	2002.11	2006.4
15	老虎洞封堵	2003.8	2004.11
16	导流洞下闸封堵(包括延长段、加固段及施工支洞封堵)	2006.10	2008.7
17	大坝填筑至设计高程		2008.7

4.6.3.3 渗控工程

渗控工程主要项目实际施工进度见表 4.29。

表 4.29   渗控工程主要项目开工、完工日期表

序号	分部工程	开工日期	完工日期
1	左岸高程 200m 平洞帷幕灌浆和排水工程	2003.8	2005.10
2	左岸高程 240m 平洞帷幕灌浆和排水工程	2004.3	2005.8
3	左岸高程 300m 平洞帷幕灌浆和排水工程	2004.10	2006.4
4	左岸高程 350m 平洞帷幕灌浆和排水工程	2006.1	2008.5
5	左岸高程 400m 平洞帷幕灌浆和排水工程	2006.10	2008.6
6	左岸灌浆平洞堵漏及渗水点处理工程	2007.4	2008.10
7	右岸高程 200m 平洞帷幕灌浆和排水工程	2004.5	2005.12
8	右岸高程 250m 平洞帷幕灌浆和排水工程	2004.8	2006.1
9	右岸高程 300m 平洞帷幕灌浆和排水工程	2005.5	2006.5
10	右岸高程 350m 平洞帷幕灌浆和排水工程	2005.12	2006.10
11	右岸高程 405m 平洞帷幕灌浆和排水工程	2006.5	2007.4
12	右岸排水工程	2006.11	2006.12
13	河床段趾板及防渗板地基防渗	2003.03	2004.02
14	左岸趾板及防渗板地基防渗	2003.03	2006.03
15	右岸趾板及防渗板地基防渗	2003.10	2006.04

4.6.3.4 溢洪道工程

溢洪道工程主要项目实际施工进度见表 4.30。

表 4.30　溢洪道工程主要项目开工、完工日期表

序号	分部工程名称	开工日期	完工日期
1	引水渠（350m 高程以上）	2002.5	2007.6
2	引水渠（350m 高程以下）	2006.6	2007.5
3	溢洪道控制段建筑物	2004.12	2008.5
4	溢洪道控制段基础	2002.12	2007.4
5	溢洪道泄槽段上、中段	2002.10	2008.5
6	溢洪道泄槽下段	2005.11	2008.4
7	7#—4、350 交通洞及 11# 天坑回填	2004.11	2007.8
8	左岸防淘墙 L0～L5 段	2003.12	2007.6
9	左岸防淘墙 Lc～Lb 段	2004.10	2007.6
10	左岸护岸工程 L1～L5 段	2006.9	2007.6
11	大坝下游围堰至 Lb 段护岸	2006.9	2007.9
12	左岸泄洪雾化雨区护坡	2005.10	2007.2
13	左岸高程 320m 排水洞	2004.9	2005.8
14	左岸高程 190m 拉锚洞	2004.2	2009.7
15	右岸防淘墙墙体	2004.4	2007.6
16	右岸防淘墙护岸	2006.11	2007.5
17	右岸防淘墙高程 190.0m 拉锚洞、施工支洞	2004.2	2007.10
18	溢洪道闸门及启闭机械安装	2005.9	2007.9
19	大坝溢洪道机电设备安装	2006.6	2008.4

4.6.3.5 引水发电系统工程

引水发电系统工程主要项目实际施工进度见表 4.31。

表 4.31　引水发电工程主要项目开工、完工日期表

序号	分部工程名称	开工日期	完工日期
1	引水渠边坡、进水口右侧岸坡、交通桥及坝子沟	2005.1	2007.4
2	进水塔及引水渠	2005.1	2007.5
3	1#～4# 引水洞（土建）	2003.3	2007.11
4	主厂房开挖支护	2002.6	2004.12
5	软岩置换及吊车梁	2002.6	2004.11
6	安装间混凝土	2004.4	2004.10
7	厂房 1# 机组	2004.11	2006.12
8	厂房 2# 机组	2005.1	2007.2
9	厂房 3# 机组	2005.1	2008.1

序号	分部工程名称	开工日期	完工日期
10	厂房 4# 机组	2005.3	2008.1
11	交通竖井	2003.6	2007.4
12	500kV 变电所	2005.12	2007.6
13	1#～4# 尾水隧洞上段	2003.5	2007.5
14	集水井和厂房检修排水廊道	2005.3	2007.6
15	母线洞、母线竖井及母线廊道	2002.11	2007.5
16	厂房六层软岩固结灌浆(高程 160～181m)	2004.3	2004.5
17	1#～5# 交通廊道	2002.12	2008.5
18	1#～6# 施工支洞	2002.4	2007.8
29	厂房吊顶	2006.3	2008.7
20	厂房及 1# 交通廊道装饰装修	2006.12	2008.8
21	厂房左侧防渗帷幕灌浆平洞	2003.1	2008.2
22	厂房探洞及三层排水洞、灌浆试验洞	2002.7	2004.3
23	通风竖井、通风管道洞	2002.7	2008.8
24	1#～4# 尾水隧洞下段	2003.7	2007.5
25	尾水平台与尾水渠开挖支护	2004.10	2007.5
26	尾水塔与尾水渠混凝土	2006.4	2007.5
27	马崖高边坡排水洞	2003.8	2006.2
28	厂外排水系统	2001.12	2007.7
29	尾水塔金属结构制安工程	2006.11	2007.6
30	进水塔拦污栅及埋件制安工程	2005.10	2007.5
31	1#～4# 引水隧洞压力钢管安装	2004.2	2006.12

4.6.3.6 放空洞工程

放空洞工程按满足 2004 年汛期参与中期导流度汛要求安排施工进度。

1. 进口

2001 年 10 月至 2002 年 2 月完成开挖,工期 5 个月。

进口混凝土浇筑于 2004 年 3—4 月完成,工期 2 个月。

2. 有压洞

有压洞开挖于 2002 年 3—11 月完成,工期 9 个月。

混凝土浇筑于 2003 年 2 月至 2004 年 2 月完成,工期 13 个月。

3. 事故闸门井

事故闸门井开挖从 2002 年 6 月开始,2003 年 2 月结束;2003 年 3—10 月完成闸门井混凝土衬砌,工期 8 个月;金属、机电安装于 2003 年 11 月至 2004 年 3 月完成。

4. 工作闸门室

交通洞于 2001 年 10 月至 2002 年 5 月施工。

放 2 号支洞开挖于 2002 年 4—5 月施工。

工作闸门室开挖于 2002 年 6 月至 2003 年 1 月完成,工期 8 个月;混凝土衬砌于 2003 年 2—10 月完成,工期 9 个月;金属结构及机电安装于 2003 年 11 月至 2004 年 4 月完成,工期 6 个月。

5. 无压洞

无压洞全部开挖于 2001 年 12 月至 2002 年 11 月完成,工期 12 个月;混凝土衬砌于 2002 年 12 月至 2004 年 4 月完成,其中 2003 年 10—12 月 3 个月暂停无压洞衬砌施工,利用已贯通的无压洞进行工作闸门室大件运输的交通。因此,无压洞实际施工净工期 14 个月。

6. 通气井

通气孔平洞及竖井开挖于 2002 年 10 月至 2003 年 1 月完成,工期 4 个月。

混凝土衬砌于 2003 年 2—7 月完成,工期 6 个月。

7. 出口明渠

出口明渠开挖需满足无压洞开挖进洞施工要求。开挖于 2001 年 10 月至 2002 年 1 月完成,工期 4 个月。混凝土浇筑安排于 2004 年 1—4 月完成,工期 4 个月。

4.6.3.7　机电、金属结构安装工程

机电、金属结构安装工程主要项目实际施工进度见表 4.32。

表 4.32　　　　　　　　　　　主要机电金属结构设备工程开工、完工日期表

序号	分部工程	开工日期	完工日期
1	放空洞		
(1)	事故检修门安装	2004.1.10	2005.5.13
(2)	事故检修门 3200kN 固定卷扬机式启闭机设备安装	2004.9.1	2005.8.27
(3)	弧形工作闸门安装	2004.11.1	2005.12.26
(4)	弧形工作门液压启闭机安装	2005.4.10	2005.8.27
2	引水发电系统		
(1)	压力钢管安装	2004.2.5	2006.12.20
(2)	进水口		
1)	进水口快速门安装	2006.11.5	2007.3.30
2)	检修门安装	2006.12.3	2007.6.24
3)	门机安装	2006.11.30	2007.6.26
4)	液压启闭机安装	2007.3.14	2007.5.22
5)	拦污栅安装	2005.10.5	2007.5.30
(3)	尾水		
1)	尾水闸门	2007.1.2	2007.6.12
(4)	机组设备		
1)	1# 水轮发电机组安装	2005.1.15	2007.6.28 机组第一次启动,2007.7.22 完成 72h 试运行
2)	2# 水轮发电机组安装	2005.4.15	2007.9.25 机组第一次启动,2008.5.23 完成 72h 试运行
3)	3# 水轮发电机组安装	2005.9.1	2008.2.23 机组第一次启动,2008.3.4 完成 72h 试运行

序号	分部工程	开工日期	完工日期
4)	4[#]水轮发电机组安装	2005.6.4	2008.8.17机组第一次启动, 2008.8.26完成72h试运行
(5)	电气设备		
1)	1[#]机封闭母线安装	2006.7.1	2007.5.25
2)	2[#]机封闭母线安装	2007.3.5	2007.9.25
3)	3[#]机封闭母线安装	2007.10.10	2008.2.15
4)	4[#]机封闭母线安装	2008.3.30	2008.8.5
5)	1[#]主变压器安装	2007.3.5	2007.5.18
6)	2[#]主变压器安装	2007.8.3	2007.9.20
7)	3[#]主变压器安装	2007.11.4	2008.1.10
8)	4[#]主变压器安装	2008.4.19	2008.5.12
9)	500kV GIS配电装置及敞开式设备安装	2007.3.16	2007.6.25
3	溢洪道		
(1)	弧形工作门安装	2005.9.6	2007.7.6
(2)	事故检修门安装	2006.8.1	2007.7.16
(3)	液压启闭机安装	2005.12.16	2007.5.30

主体工程施工方法 第 5 章

水布垭水电站土建施工项目专业较多,主要包括:土石方明挖、平洞开挖、竖(斜)井开挖、地下厂房开挖、强夯、填筑、锚杆与锚索支护、混凝土浇筑与衬砌、固结灌浆、帷幕灌浆、接触灌浆、接缝灌浆、地质缺陷处理、工程缺陷处理等。本章重点介绍面板堆石坝、引水发电系统、溢洪道和放空洞四大建筑物土建项目的施工程序、施工方法、缺陷处理等部分内容。

5.1 混凝土面板堆石坝施工

5.1.1 土石方开挖

大坝土石方开挖主要包括趾板开挖、坝肩削坡、河床覆盖层开挖等,因电站引水渠进口及庙包开挖与大坝在空间上存在干扰,故将其列入大坝标。主要开挖工程量见表 5.1。

表 5.1 大坝土石方开挖工程量统计表

序号	项目	土石方开挖(万 m³)
1	河床开挖	65.0
2	左岸坝肩削坡与趾板基础开挖	16.0
3	右岸坝肩削坡与趾板基础开挖	24.0
4	1# 危岩体处理	1.9
5	庙包及电站引水渠进口开挖	140
	合计	246.9

1. 施工程序

坝肩削坡与相应部位的趾板基础开挖同步施工,分两期开挖。截流前完成高程 200m 以上部位开挖,截流后再进行高程 200m 以下部位(包括河床)开挖。

一期坝肩削坡、清理与趾板基础开挖→高程 200m 以下河床段覆盖层、趾板基础、碾压混凝土围堰基础开挖→大坝一期回填→二期坝肩开挖。

2. 主要施工设备

CM-351 高风压钻机、ROC-848 型液压潜孔钻、QZJ-100B 型快速钻、手风钻;1.2～1.8m³ 反铲;20t 自卸汽车、32t 自卸汽车;TY320 推土机等。

3. 施工方法

(1)覆盖层开挖

覆盖层开挖主要采用反铲配自卸汽车挖装,表面及裹包的大孤石用手风钻钻爆解小以后,由反铲或装载机配汽车挖运。

（2）基岩开挖

河床段趾板开挖成直立边坡，采用预裂爆破技术进行开挖。预裂钻孔采用 QZJ-100B 型快速钻,孔径 80～90mm,孔距 1.0m,预裂爆破采用不耦合间断装药,线装药密度 180～260g/m。斜坡段趾板开挖采用光面爆破技术,光面爆破孔也采用 QZJ-100B 型快速钻,孔径 80～90mm,孔距 0.8～1.0m,光面爆破亦采用不耦合间断装药,线装药密度 180～260g/m。梯段爆破孔采用 CM-351 潜孔钻机钻孔,孔径 105mm,多段毫秒延迟微差控制松动爆破,与预裂面之间设置缓冲爆破孔。水平趾板建基面上预留 2m 厚的保护层,采用 QZJ-100B 型快速钻或手风钻钻水平孔,进行水平光面爆破。

（3）坝肩削坡开挖

坝肩削坡全部采用光面爆破施工方法开挖。深孔光面爆破部位采用 ϕ90mm 的 QZJ-100B 型快速钻钻孔,孔距 1.0～1.5m;3m 以下浅孔光面爆破部位采用 ϕ42mm 手风钻钻孔。

4. 趾板和防渗板地质缺陷及处理

大坝趾板和防渗板部位地质缺陷较多,一般断层清挖深度至 1.5 倍宽,回填 C15～C20 混凝土;破碎岩体一般予以挖除,回填 C20 混凝土并布置限裂钢筋。

5.1.2 坝基强夯

坝基为第四系河流沉积砂卵石,河床中心的砂卵石厚度 8～10m,由河中心向左、右厚度渐变为 5～8m,近岸边缘厚度小于 4.0m。大坝基础桩号 0－42.7～0＋191m 段河床砂卵石保留区采取强夯技术进行加固处理。保留区砂卵石总方量约 13 万 m^3,面积 11759m^2。

1. 主要施工设备

Qu50 型履带式起重机　　　2 台

Qu25 型履带式起重机　　　2 台

锤径 2.2m、重量 20t 夯锤　　3 个

锤径 1.8m、重量 16t 夯锤　　1 个

2. 强夯试验

2002 年 12 月开始在坝基下游砂卵层保留区进行强夯试验。通过试验,确定施工参数为:间排距 4m×4m,梅花形布置,分两序夯击,点点跳夯。覆盖层厚超过 8m 时,单击夯击次数不少于 10 次;覆盖层厚 8m 以内时,单击夯击次数为不少于 8 次。

3. 施工方法

（1）设计指标

夯后坝基砂卵石层相对密实度不小于 0.7,干密度不小于 2.15g/cm^3。

（2）夯区划分

根据物探资料确定的覆盖层厚度进行夯区划分。工程划分为 3 个区,5 个区段。1 区和 3 区覆盖层厚度 5～8m,2 区覆盖层厚度 8～10m。

（3）施工工序

夯击点距 4.0m,梅花形布置,分两序夯击,点点跳夯,先施工Ⅰ序点,再施工Ⅱ序点。点夯后整平夯坑,满夯一遍。两岸边坡坡度较缓,岸坡 4m 范围内采用满夯。

（4）夯击参数

强夯夯锤重 20t,锤径 2.2m,夯锤提升高度 15m,夯击能 300t·m。覆盖层厚度超过 8m 时,单击夯击次数不小于 10 次;覆盖层厚度 8m 以内时,单击夯击次数不小于 8 次。结束标准:最终二击沉降量不超过 5cm。

满夯夯锤重 16t,锤径 1.8m,夯锤提升高度 10m,夯击能 160t·m,锤印搭接 1/3 锤径。

5.1.3 边坡支护

1. 主要工程量

大坝趾板、1#危岩体等部位边坡支护工程量见表 5.2。

表 5.2 大坝趾板、1#危岩体等部位边坡支护工程量统计表

工程项目		单位	工程量
锚杆	Φ 25	根	479
	Φ 28	根	1073
排水孔	φ 56	个	2083
挂网	镀锌铁丝网 8cm×13cm	m²	2233
	铁丝网	m²	580
喷混凝土	喷混凝土 C20	m³	2500

2. 施工方法

(1)钻孔施工

锚杆孔和排水孔钻孔施工均在人工搭设的钢管排架上施工操作,锚杆孔采用 φ 90mm 快速钻,排水孔采用 φ 56mm 气腿钻造孔。排水孔在喷混凝土前插 PVC 花管,管口用布包扎保护,混凝土喷护完毕后拆掉保护层。

(2)锚杆

孔深小于 3.0m 的砂浆锚杆采用"先注浆,后插锚杆"的方法,即先将灌浆管插至孔底,然后退至距孔底 50～100mm,开始灌浆,随砂浆注入缓慢匀速拔出,浆液注入满足要求后再立即插入锚杆。

孔深大于 3.0m 的砂浆锚杆采用"先插锚杆,后注浆"的方法,即将锚杆和注浆管先插入到孔底后,再采用注浆机进行注浆。

(3)喷护混凝土施工

混凝土喷护采取"湿喷"法。开挖一层台阶后,即对该层单元台阶面"自下而上"进行喷护。混合料现场拌制,喷射机安放在边坡的顶层马道处,搅拌机放置在原材料能够运输到的地方;两处距离较远时,搭设溜槽(筒)并配人工手推车运输混合料,再按通风、送电、投料顺序作业并保持喂送。混合料连续、均匀,管道畅通。

喷护时,厚度在 10cm 内,可一次喷至设计厚度;厚度在 10cm 以上时,则分层喷护。

喷射混凝土终凝 2h 后及时洒水养护;夏季高温时,用花管流水养护。

5.1.4 坝坡处理

1. 坝坡地质缺陷处理

两岸坝坡地质缺陷、渗水处、陡坡等部位一般采用清挖、回填 C15～C30 素混凝土方法进行处理。必要时,回填钢筋混凝土。

2. 勘探平洞回填

大坝两岸勘探平洞一般在洞口段采用 C20 混凝土回填,顶拱回填灌浆,回填长度 10～115m。

(1)基岩清理

人工清除洞内表面积渣,对松动、悬挂岩块予以撬除,对溶槽、溶洞等地质缺陷,挖除填充物,清挖深

度不小于宽度的 1.5 倍，并用混凝土回填。对外来水采取挖沟及挖坑的方法排至洞外。

(2)止浆埂浇筑

洞内侧墙及顶部设 652 型塑料止浆片，止浆片位置视洞内地质情况确定，距施工缝 1.5m，间距 15～20m，止浆片搭接长度不小于 100mm，止浆埂最小断面为 0.3m×0.3m，混凝土强度等级为 C20，ϕ 30mm 软轴振捣器振捣密实。对于洞顶部混凝土脱空处，采用预缩砂浆分层回填夯实。拆模后，混凝土表面刷热沥青两道。止浆埂内预设Φ 25 砂浆锚杆，锚杆长 1.4m，外露 0.4m，间距 0.5m，排距 0.3m。

(3)模板

洞内侧采用 M7.5 浆砌块石做模板，浆砌石与混凝土浇成整体。洞外侧采用组合钢模，边角部位用 2.5cm 木板嵌补。

(4)灌浆管道埋设

每个灌区设置进浆管、回浆管及排气管，进、回浆及排气管主管铺设在洞侧壁，管径 50mm。进浆管支管管径 25mm，间距 2m，支管出口设在洞顶较高处；回浆管管口高于进浆出口，贴近洞顶岩面；排气管设在基岩最高处。

(5)混凝土浇筑

混凝土由拌和楼拌制，$6m^3$ 搅拌汽车运输，HB60 泵机入仓。混凝土坍落度 18～20cm，ϕ 80mm 手持式振捣器振捣。

(6)回填灌浆

回填灌浆在混凝土浇筑 7d 后进行，灌浆材料为水泥浆，先用 2∶1 稀浆无压灌注至回浆管浆液为 2∶1 后，改用 0.6∶1 浓浆起压灌注，灌浆压力 0.3～0.4MPa，直至灌注段停止吸浆，再延续 5min 后结束。

5.1.5 坝体填筑(含挤压边墙和坝后护坡)

1. 坝体填筑程序

根据特殊科研选定的坝体填筑程序(详见第 7 章)，大坝分五期填筑，各期填筑高差不超过 40m，填筑体顶部超高相应面板顶部 10m 以上。实际填筑程序及断面形象见图 5.1。

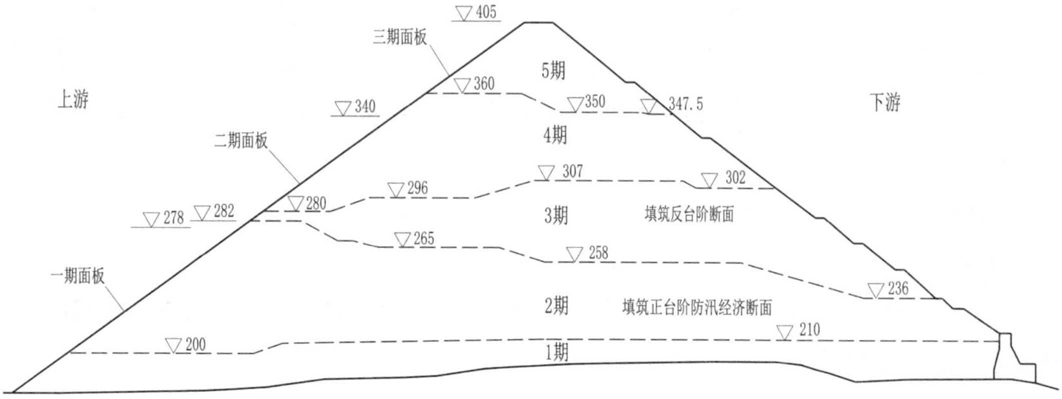

图 5.1 水布垭面板堆石坝实际填筑形象示意图

2. 坝体填筑道路

(1)布置原则

1)充分利用已有的场内道路、现场地形和地质条件，布置施工临时道路，满足大坝填筑施工需要。

2)将上坝道路布置在坝轴线的下游，以减少坝体填筑受趾板施工的影响，或避免对已浇趾板造成破坏。

（2）道路布置

在大坝左右岸坡的4个高程上规划布置了9条主要上坝道路，其中左岸5条，右岸4条。在施工过程中开通溢洪道高程350m的交通洞，以方便解决溢洪道开挖利用料上坝的问题。

1）左岸上坝道路

3#路用于坝体一期、二期填筑，5#路和7#路主要进行三期填筑，高程350m交通洞用于四期高程330～380m段填筑，11#路用于高程380m以上填筑。

2）右岸上坝道路

6#路、12#路用于坝体高程329m以下的填筑，14#路用于坝体高程329～370m填筑，18#路用于坝体高程370～390m填筑，2#路用于坝体高程390m以上填筑。

3）增设350m临时交通洞

在施工过程中，为了方便溢洪道开挖有用料直接上坝运输，在溢洪道引水渠段底板高程350m至大坝左坝肩高程350m修建临时交通洞，临时交通洞断面为11.5m×7m，长度250m，并与坝后坡"之"字形道路相接，主要承担大坝高程350m上下部位大坝填筑、面板浇筑交通。

上坝道路特性见表5.3。

表5.3　　　　　　　　　　　　　　　　　上坝道路特性表

上坝道路编号		道路终点高程	路面型式	路面宽度（m）	备注
左岸	3#路	223m	碎石	12	从下游上坝
	5#路	270m	碎石	12	从下游上坝
	7#路	320m	碎石	12	从下游上坝
	350交通洞	350m	碎石	10	从下游上坝
	11#路	407m	碎石	8.5	从坝顶左侧上坝
右岸	12#路	250m	碎石	8.5	从上游上坝
	8#路	315m	混凝土/碎石	12/9	从下游上坝
	14#路	329m	碎石	8.5	从上游上坝
	18#路	370m	碎石	10.5	从下游上坝
	2#路	409m	混凝土	12	从坝顶右侧上坝

3. 施工工艺流程

大坝一个填筑单元的施工程序见图5.2。

4. 测量放样

对已清理好的坝基，验收前在两岸坝坡上标识高程、桩号等标记，测绘基础地形图和绘制断面图。填筑过程中，按填筑单元和填筑料分区严格测量放线。

5. 坝料开采试验和坝料碾压试验

坝体填筑施工前，进行了大坝填筑料爆破开采及碾压生产性试验（详见第6章）。

（1）坝料开采试验

大坝填筑料爆破开采生产性试验自2002年9月底开始，至2003年1月底基本结束，共计完成15场爆破试验，其中3A料6场、3B料6场、3D料3场，取得了大坝填筑料爆破开采试验成果，提出了开采爆破参数。

1）采用微差挤压爆破，梯段高度控制在12～15m。

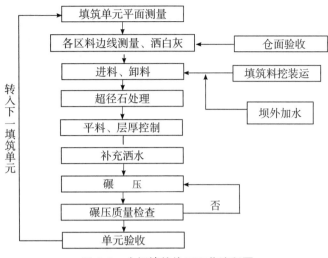

图 5.2 大坝填筑施工工艺流程图

2）爆破规模适当扩大，起爆排数宜控制在 4～5 排。

3）布孔方式：采取梅花形或矩形布孔，后排宜采取缓冲爆破措施。

4）孔排距布置：3A 料不宜采用大孔径、大孔网参数，3B 料可在料场采取大孔径、大孔网参数。

5）宜采用 V 型起爆方式。

6）针对桥沟、公山包及溢洪道三个料场进行 3A 料、3B 料开采爆破方案设计。各料场坝料开采爆破参数表见表 5.4。

表 5.4 各料场坝料开采爆破参数表

序号	工程部位	坝料名称	孔径（mm）	孔距（m）	排距（m）	抵抗线（m）	钻孔倾角（°）	孔深（m）	堵塞长度（m）	孔网型式	单耗（kg/m³）	主要炸药品种	药卷直径（mm）	单孔药量（kg）	起爆网络
1	桥沟	3A	105	3	2.9	2.5	90	15	2.0	梅花形	0.81	2# 岩石硝铵	105	102.6	V 型
2	桥沟	3A	90	3	2.5	2.5	75	15	2.0	梅花形	0.72	2# 岩石硝铵	90	76.6	V 型
3	桥沟	3B	115	4	3.8	3.5	90	15	2.3	梅花形	0.53	2# 岩石硝铵	115	116.5	V 型
4	桥沟	3B	90	3.5	2.9	2.5	75	15	2.3	梅花形	0.53	2# 岩石硝铵	90	75.85	V 型
5	桥沟	3B	105	4	3.5	3.5	90	14	3.0	梅花形	0.59	2# 岩石硝铵	70	115	V 型
6	公山包	3A	115	3.7	3.4	3	90	17	3.0	矩形	0.75	混装乳化	115	160	V 型
7	公山包	3B	90	3.5	3.5	3.0	90	15	3.5	矩形	0.52～0.57	混装乳化	90	115	V 型
8	公山包	3B	115	5.5	3.5	3.0	90	15	3.5	矩形		混装乳化	115	200	V 型
9	公山包	3B	115	6.0	3.2	3.0	90	15	3.5	矩形		混装乳化	115	25	V 型
10	溢洪道	3A	115	3.8	3.3	3.5	90	11.8	2.5	矩形	0.76	混装乳化	115	112.5	V 型
11	溢洪道	3B	115	5.0	4.0	3.0	90	15	3.5	矩形	0.5～	混装乳化	115	145	V 型
12	溢洪道	3B	115	6.0	3.4	3.0	90	15	3.0	矩形	0.55	混装乳化	115	145	V 型

（2）坝料碾压试验

大坝填筑料碾压生产性试验自 2002 年 11 月开始,至 2003 年 1 月初基本结束。其间先后进行了 3A 料、3B 料、3C 料、3D 料各 2 场碾压试验,1 场 2A 料的试验,即 8 个料场 9 场碾压试验。对不同料场的开采料进行了不同洒水量、不同压实机械、不同碾压遍数、多种参数组合的碾压试验,取得了一系列试验检测成果。根据试验成果,得出了填筑料干密度、渗透性和不同施工参数之间的关系,提出了相应施工参数。

1）2A 料:混合法铺料,压实层厚 40cm,18t 自行碾,碾压 8 遍,适量洒水。

2）3A 料:严格控制爆破参数,级配应满足设计要求。混合法铺料,压实层厚 80cm,18t 自行碾,碾压 8 遍,洒水量 10%。

3）3B 料:严格控制爆破参数,碾前石料不均匀系数 10～15,曲率系数 1～3,粒径小于 5mm 的含量大于 5%,进占法铺料,压实层厚 80cm,25t 自行碾,碾压 8 遍,洒水量 15%。

4）3C 料:进占法铺料,压实层厚 80cm,25t 自行碾,碾压 8 遍,洒水量 5%～10%。

5）3D 料:进占法铺料,压实层厚 120cm,20t 拖碾,碾压 8 遍,洒水量 15%。

加水方式采用运输途中和填筑仓面联合加水的方式。

6. 坝料运输与卸料

（1）上坝料运输

主堆石料和次堆石料:采用 20～32t 自卸汽车运输;过渡料、垫层料和小区料等主要采用 20t 自卸汽车运输;上坝料的运输车辆均设置标志牌,以区分不同的料区。

（2）坝料卸料

3B、3C、3D 料采用进占法卸料。即自卸汽车行走平台及卸料平台是该填筑层已经初步推平但尚未碾压的填筑面,有利于工作面的推平整理;同时,细颗粒与大颗粒石料间的嵌填作用,有利于提高干密度,确保填筑质量。

2A、3A 料采用后退法卸料。即自卸汽车在已压实的层面上后退卸料,形成密集料堆,再用推土机或反铲平料。这种卸料方式可减少填筑料的分离,对防渗、减少渗流量有利。

7. 铺料

2A 区料和 3A 区料采用 D85 推土机或反铲平料。3B、3C、3D 区料采用 320HP 以上的推土机进行平料,铺料厚度采用高度标杆来控制。大坝各区料铺填层厚见表 5.5。

表 5.5 大坝各区料铺料层厚表

坝料种类	2A	3A	3B	3C	3D
铺料厚度(cm)	44	44	88	88	132
压实厚度(cm)	40	40	80	80	120

8. 超径石处理

对于 3A 料在推土机平料过程中,出现个别超径石时,由反铲将超径石清理到ⅢB 区填筑面上,用作 3B 区填料。

对 3B 区中出现超径石时,采用如下方法处理:

（1）将超径石挖运到 3D 区填筑面,用作 3D 区填料。

（2）采用液压冲击锤将超径石破碎。

9. 坝料洒水

堆石填筑料洒水采用坝外加水和坝面加水相结合的方案。

(1)坝外加水

坝料上坝前,通过坝外加水站加水,然后再运输到填筑工作面上。加水量以汽车在爬坡时,车尾不流水为准。

(2)坝面加水

在坝体填筑部位采用 17t 的洒水车,在供水点处接水,运至工作面,在平仓后碾压前进行洒水。

(3)加水量控制

根据碾压试验成果,分别确定不同填料的加水量。

10. 坝体泥团处理

(1)填筑坝料装车时,注意分选,不让泥团装车。

(2)自卸汽车或其他施工机械上坝前在坝外通过一个水槽,使车轮在水槽内清洗一次,以免施工设备将泥巴或污物带入坝内污染填筑料。

(3)在坝体作业面,设置专职队伍配备机具和 3m³ 装载机,将带入坝料内的泥团捡出,装车运到坝外。

11. 填筑料碾压

(1)坝体填筑料碾压

1)设备配备

①垫层料:采用 18t 自行式振动碾碾压。

②过渡料:采用 18t 或 25t 自行式振动碾碾压。

③堆石料:采用 25t 自行式振动碾碾压。

2)碾压方法

①振动碾行走方向:与坝轴线平行,两侧岸坡平行岸坡碾压。

②振动碾行走速度:1.5~2km/h。

③碾压方法:主要采用错距法,在前进时进行错距,条带搭接宽度不小于 20cm。跨区碾压时,必须骑线碾压,骑线碾压最小宽度不小于 50cm。

④碾压遍数:采用静碾、动碾相结合的方式,先静碾 2 遍,再全振动碾压 8 遍。

(2)特殊区域的碾压

小区料采用小型振动平碾碾压,靠近趾板周边缝 1m 范围,为保护趾板混凝土,采用振动夯板夯实。

12. 挤压边墙施工

挤压边墙是将水泥、砂石混合料、外加剂等加水拌和均匀,在面板堆石坝前缘,每填筑一层垫层料前,采用挤压式边墙机挤压成一条连续的边墙。挤压边墙断面为梯形,高 40cm,顶宽 10cm,底宽 71cm,上游坡比与大坝坡面一致,为 1:1.4,下游坡比 8:1。边墙与垫层料回填布置结构见图 5.3。挤压边墙施工与垫层料、过渡料填筑摊铺顺序见图 5.4。

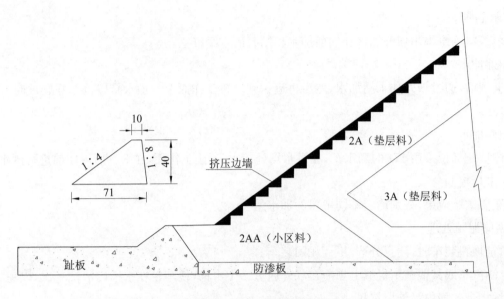

图 5.3　挤压边墙与垫层料回填布置图(单位:cm)

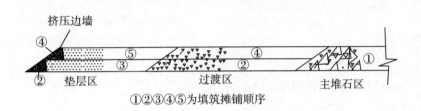

①②③④⑤为填筑摊铺顺序

图 5.4　挤压边墙、2A、3A 与 3B 料填筑顺序图

(1)设计技术指标

挤压边墙具有低强度、低弹模、半透水、干硬性、速凝性等特点,混凝土拌和物的性能应满足连续挤压施工的需要。主要设计技术指标见表 5.6。

表 5.6　　　　　　　　　　　　挤压边墙主要技术指标

项目	干密度(g/cm³)	弹性模量(MPa)	抗压强度(MPa)	渗透系数(cm/s)
指标	>2.0	3000~5000	3.0~5.0	10^{-3}~10^{-4}

(2)混凝土施工配合比

水泥采用葛洲坝水泥厂生产的普通硅酸盐水泥,砂石骨料采用 2AA 料(小区料),减水剂采用葛洲坝NF-21,速凝剂采用巩义 8604(液态)。挤压边墙施工配合比见表 5.7。

表 5.7　　　　　　　　　　　　挤压边墙配合比

强度等级	水胶比	材料用量(kg/m³)						
		水	普硅 32.5 水泥	2AA 料	NF-21(干粉)		巩义 8604 速凝剂	
					掺量(%)	用量	掺量(%)	用量
C3~C5	1.30	91	70	2144	0.8	0.56	4.0	2.8

（3）施工设备

挤压边墙施工先后采用两种挤压机，一种是陕西省水利机械厂生产的 BJY-40 型，另一种是葛洲坝施工科研所研制的 DBG-1 型。挤压边墙主要施工设备见表5.8。

表5.8 挤压边墙施工主要设备表

序号	设备名称	型号	功率	数量
1	挤压机	BJY-40	50kW	1台
2	挤压机	DBG-1	59kW	1台
3	拌和楼	HSZ90		1座
4	搅拌车	6～8m³		3台

（4）施工方法

挤压边墙施工前，先进行测量放样和作业面平整，施工放样采用全站仪，沿坝轴线方向每10m设一个控制点，控制点距上游面103cm，用水泥钉固定挂线，标出挤压机行走路线。

边墙混凝土采用大岩墩附近的 HSZ90 拌和站拌制，6m³ 或 8m³ 混凝土搅拌车运输，在挤压机受料斗均匀喷洒液态速凝剂（巩义 8604）。搅拌车行走方向、速度与挤压机一致，出料均匀，边墙挤压速度控制在50～60m/h。

边墙两端头混凝土采用人工夯筑，模板采用钢模或木模，使用边墙同类拌和材料，人工分层夯实，分层厚度不大于10cm，并依混凝土配合比喷洒速凝剂，1h后拆模。

13. 坝后护坡施工

（1）坝后干砌块石护坡

坝后干砌块石护坡厚度：在高程260m以下部位为100cm，高程260m以上部位为70cm。

下游坡面块石护坡随坝体上升逐层砌筑，砌石材质为栖霞组硬岩或茅口组石料，从相邻 3D 区挑选大块石进行人工砌筑。

（2）坝后混凝土护坡

坝后高程230m以下混凝土护坡接碾压混凝土围堰堰顶。护坡混凝土于 2007 年 10 月 7 日开始施工，至 2007 年 12 月 2 日施工结束。坝后护坡混凝土强度等级 C25，护坡厚度50cm。

14. 坝前盖重区填筑

坝前盖重区最低高程178m，设计填筑高程270m，上游迎水面坡比 1∶2.5，从上游向下游依次为 1B 料、黏土、粉细砂。黏土宽度3.0m，粉细砂宽度1.0m（面板周边缝部位填筑厚度为2.0m）。

投入的主要设备有 2 台 240kW 推土机及 1 台 3.1m³ 装载机，1 台 1.2m³ 液压反铲，10 辆 32t 自卸汽车、20 辆 20t 自卸汽车。

粉细砂采用左岸三友坪砂石加工系统生产砂石料时筛余的石粉，用 20t 自卸汽车运至施工现场，直接卸在混凝土面板的坡面上，再用 1.2m³ 反铲均匀摊铺在面板和趾板的坡面上，摊铺层高度 2～3m。

黏土采用左岸溢洪道引水渠月亮包覆盖层黏土和右侧边坡高程422m以上黏土，用 20t 自卸汽车运输至坝前盖重区指定部位进行回填。黏土直接平行铺盖于粉细砂外侧，填筑高度约1m，水平宽度3m。采用 240kW 推土机平整碾压，两岸坡及左右趾板结合处辅以 1.2m³ 反铲摊铺。

待黏土与粉细砂填筑后，进行 1B 料施工。1B 料填筑层厚 3m，料源主要来自溢洪道引水渠混合料以及右岸响水河渣场和河道清理开挖的河床料。1B 料进料采用进占法和混合法填筑，由推土机垂直于水流方向推料平整,利用推土机、自卸汽车碾压。

盖重区每填筑 15～20m,再用推土机进行 1∶2.5 的削坡,边角部位辅以反铲整修。

5.1.6 面板混凝土及接缝止水施工

1. 面板施工分期

综合考虑面板高度、坝体填筑程序、温控防裂及施工度汛等因素,面板混凝土分三期施工。

一期面板顶部高程 278m(L6 块顶部高程 280.47m),底部高程 177m,坡比 1∶1.4,最大高差 101m,最大块斜长 173.77m,面板顶部厚度 0.745m,底部最大厚度 1.1m。一期面板共 19 块(L6～R13),其中板宽 16m 为 18 块,板宽 8m 为 1 块(R13)。一期面板面积 3.15 万 m^2,混凝土工程量 2.864 万 m^3,钢筋制安 2870.6t,紫铜止水制安 2159m,表面止水安装 2507m。混凝土等级为 C30W12F100,二级配。

二期面板顶部高程 340m(L7、L8 块顶部高程 320.0m),底部高程 278m,坡比 1∶1.4,最大高差 62m,最大块斜长 106.67m,面板顶部厚度 0.528m,底部最大厚度 0.745m。二期面板共 39 块(L11～R28),其中 L6～R12 为 16m 宽,L11～L7 和 R13～R28 为 8m 宽。二期面板面积 4.74 万 m^2,混凝土工程量 2.96 万 m^3,面板设计钢筋总量约 2460t,紫铜止水制安 4500m,表面止水安装 3970m。混凝土等级为 C30W12F150,二级配。

三期面板顶部高程 405.0m,坡比 1∶1.4,最大高差 65m,最大块斜长 111.83m,面板顶部厚度 0.3m,底部最大厚度 0.528m。三期面板共 58 块,其中 L6～R12 为 16m 宽,L16～L7、R13～R28、R38 为 8m 宽。三期面板 L7、L8 块起止高程 320～405m,其他块起止高程 340～405m。三期面板面积 6.08 万 m^2,三期面板混凝土工程量 2.62 万 m^3,混凝土等级为 C25W12F200 和 C30W12F200,二级配;其中 L7～L11 块面板浇筑高性能钢纤维混凝土,混凝土等级为 C30W12F200。

2. 拌和系统

拌和系统以左岸近坝处的大岩墩 HZS90 强制拌和机为主,三友坪 3ZJ3-1.5 自落式拌和楼和右岸桥沟拌和楼为辅。拌和机进料为皮带机运输,全自动监控。聚丙烯腈纤维人工按重量掺加。一期面板混凝土运输距离 1.5～2km,二期面板混凝土运输距离 2.5～4.5km,三期面板混凝土运输距离 2.5～4.5km。

3. 施工方法

(1)垂直缝砂浆垫层施工

为使面板与坝体变形协调,在垂直缝砂浆垫层施工前,沿面板垂直缝方向将挤压边墙凿断,凿槽深度 30cm,宽度 10cm,用 2AA 料填缝并人工分层锤实。然后将面板垂直缝砂浆垫层的范围准确放样,人工用铁钎在其范围内凿槽,凿槽深度 5cm,再人工铺设 M20 砂浆垫层,砂浆表面平整度在 2m 长范围内控制在 5mm,以利于止水铜片及侧模安装。

(2)周边缝沥青砂浆块施工

沿周边缝用铁钎、铁撬按设计边线、深度和坡度凿槽,并修整成型;埋设沥青砂垫块,垫块之间的缝隙用热沥青灌实,表面平整度在 10m 范围内不超过 20mm。

(3)混凝土挤压边墙坡面整修

垂直缝砂浆垫层施工完毕后,以其为基准对混凝土挤压边墙面进行超欠整修处理,其偏差控制在 +5～-8cm。超出部位用人工凿除,并用砂浆抹平,欠凹处用砂浆补平或形成缓坡。

二期面板混凝土施工前,高程 278～290m 范围的坡面抹了一层厚 3cm 的砂浆。

(4)喷涂乳化沥青施工

整修完毕的挤压边墙坡面经验收合格后,采用沥青喷射机由上至下开始喷涂乳化沥青。乳化沥青为

"三油两砂"型,沥青含量约 60% 的水稀释乳液。首先在坡面上喷射一遍乳化沥青,凝固后再喷射第二遍乳化沥青,并用小车在其后人工均匀抛洒细砂,随后用滚轮碾碾压一遍,然后喷射第三遍乳化沥青,在其面上再洒一层细砂,用滚轮碾再碾压一遍。

(5)钢筋工程

面板钢筋在现场加工,接头采用直螺纹套筒连接。钢筋接头在坝面钢筋加工厂用专用车丝机加工成螺纹型,并用专用硬质塑料套保护。

安装钢筋时,首先在坡面设置架立筋,架立筋用 Φ25 螺纹钢,间排距 2.2m×2.4m,打入挤压边墙深度 40cm,按架立筋总量的 50% 布置,其余用板凳筋作架立筋支撑结构钢筋。

(6)铜止水制作与安装

铜止水采用止水成型机在坝面施工平台现场压制成型,顺坡面下送至周边缝接头处。长度依每块面板的情况确定,尽量减少接头,最长连续轧制成型 140m。垂直缝拐角处 L 形异型接头采用厂家定型产品,现场人工安装。铜止水连接采用双面搭接焊,搭接长度不少于 20mm。

(7)模板工程

面板混凝土施工采用无轨滑模。滑模结构尺寸为 17.66m×1.5m,由底部钢面板、上部型钢桁架及抹面平台三部分组成。滑模用 2 台 10t 卷扬机牵引。侧模为钢木组合结构,主要由轻型 18# 槽钢配木模板组成。周边三角区采用扣模法施工。

侧模安装在垂直缝底止水安装完成后进行,面板侧模安装自下而上,在仓面两侧布设坡面小车,用 5t 卷扬机牵引运输侧模材料,送至施工部位。侧模外侧采用三角支撑架固定,内侧采用钢筋作支撑。

(8)混凝土浇筑

混凝土水平运输以 8t 自卸汽车为主,6m³ 搅拌车为辅;混凝土垂直运输采用溜槽入仓。

为了保证混凝土输送的顺畅,受料斗及溜槽在卸料前用砂浆进行润滑。仓内人工摆动溜槽,混凝土按 30～50cm 分层布料,仓面中部采用 φ100mm 振捣器振捣,靠近模板和止水片的部位,采用人工铺料,φ70mm 软管振捣器振捣。仓面混凝土坍落度控制在 3～5cm,振捣器插入点间距不大于 40cm,插入深度达到新浇混凝土层底部以下 5cm。滑模每次提升不大于 40cm,随着滑模的提升,逐步将样架筋割除。混凝土脱模后人工进行两次收面。

(9)混凝土养护

混凝土拆模经人工收面后,在混凝土表面覆盖粘有塑料膜的绒毛毡保温被,进行洒水养护。单块面板浇筑完毕后,在顶部布置一道有钻孔的花管进行不间断流水滴渗保湿养护。

(10)表面止水施工

表面止水包括垂直缝和周边缝两种型式,其中垂直缝表面止水使用 SR 填料,垂直缝采用 φ50mmPVC 棒,周边缝采用 φ100mm 的 PVC 棒,骑缝放置在 V 形槽中。

表面止水面膜搭接长度不少于 40cm,波纹止水带采用热硫化工艺连接。

(11)帕斯卡防渗材料施工

一期面板表面基本位于死水位以下,运行期基本无检修条件,为增强其耐久性,在高程 266m 以下涂刷 PSK 防渗材料。先人工用砂轮机将混凝土表面进行打磨,并冲洗干净;防渗涂料的涂刷分块分段进行,按浓度配制好的涂料从上至下人工涂刷;待每一遍涂刷完毕后方可进行第二遍涂刷,最后进行流水养护。

(12)特殊天气情况下施工

面板混凝土浇筑时,若遇大雨则立即停止浇筑,并将仓面遮盖好,同时做好仓面的排水工作。雨后及时排除仓内积水,若混凝土没有初凝可先对仓内混凝土加铺同强度等级的砂浆振捣后继续浇筑,否则按施工缝处理。

面板混凝土浇筑时,若降雨量较小,对运输混凝土的自卸汽车覆盖防雨雨布,对仓内两侧铜止水处用棉纱布进行拦堵流水,在水平方向将喷涂的乳化沥青凿断以利于流水渗入挤压边墙垫层内,在保证仓面混凝土在无冲刷的情况下继续浇筑混凝土。

帕斯卡防渗材料、表面止水严禁在雨天或表面流水的情况下施工。

5.1.7 趾板及防渗板混凝土施工

1. 趾板及防渗板结构特点

趾板作为大坝防渗帷幕与面板的连接体,为钢筋混凝土结构,混凝土强度等级为 C25、$C_{90}30$,抗渗等级 W12,抗冻等级 F200、F150。趾板线总长 1106.81m,其中左岸长 422.14m,厚度 0.6~1.2m,宽度 6.00~8.13m;河床段趾板长度 64.00m,宽度 8.50m,厚度 1.20m;右岸趾板长度 620.67m,宽度 6.3~8.38m,厚度 0.6~1.2m。趾板浇筑采用预留宽槽浇筑,每 12~16m 留 2m 宽的宽槽,宽槽缝面应避开面板垂直缝,宽槽回填混凝土采用微膨胀混凝土,与相邻两侧混凝土浇筑间隔时间不少于 28d。

两岸高程 350m 以下趾板下游设防渗板,防渗板混凝土强度等级、抗渗等级同趾板,防渗板混凝土抗冻等级为 F150,厚度均为 0.5m,左、右岸防渗板宽 4~12m,河床段宽 12m。防渗板混凝土不设宽槽,分块长度基本为 12~16m,相邻块永久缝设一道中部铜止水。

趾板与基岩之间设 Φ 32 锚筋联接;在面层布设 Φ 25、Φ 20 及 Φ 22 钢筋网,间距 18~15cm。防渗板在面层布设 Φ 16 钢筋网,间距 20cm。

趾板周边缝设有止水。其中,在高程 347m 以下设有 W、F、Ω 型三道紫铜止水,在高程 347m 以上只设有 F 型紫铜止水。

2. 施工方法

趾板及防渗板混凝土分三期施工。趾板混凝土施工主要包括:基岩面清理、锚筋埋设、侧模及止水片安装、钢筋绑扎、混凝土浇筑及养护(含止水片保护)等。

(1)基岩清理及地质缺陷处理

用人工或机械对坡面上松动块石和溶沟、溶槽及剪切带、断层进行清理。溶沟、溶槽的清理深度为宽度的 1.0~1.5 倍;剪切带、断层按设计要求挖除,用高压水冲洗干净。地质缺陷采用 C20 混凝土回填,回填面与原趾板、防渗板坡面一致。在地质缺陷回填区与基岩交接处布设 Φ 25 及 Φ 16 限裂钢筋网。

(2)锚杆施工

锚杆 Φ 32,孔间距 1.4~1.6m,排距 1.5m,用 ϕ 50mm 手风钻钻孔,孔深 5m。锚杆采用"先注法"施工,注浆采用 M20 水泥砂浆。

(3)钢筋架设

钢筋在钢筋加工厂,由 20t 自卸汽车运至施工部位。人工铺设钢筋,钢筋接头的搭接长度为 10d(d 为钢筋直径),人工单面焊接,在宽槽处按规范预留钢筋接头长度。

(4)模板安装

模板结构为钢木组合模板型式。在止水鼻坎处采用定型木模板,表面模板采用钢模板,与基岩交接处采用木模板嵌缝。严格控制趾板表面与趾板鼻坎处交线止水高程位置。

(5)止水施工

趾板紫铜止水共有三道,周边缝与垂直缝采用整体冲压成型接头,W 型止水用自制模具加工,F、Ω 型止水用施工单位自行制造的七轴四级滚压紫铜止水机加工。止水安装时将氯丁橡胶棒和塑性填料嵌入止水鼻坎中和转角处,用胶带纸封闭。止水搭接采用双面搭接焊,搭接长度不少于 2cm。

(6)混凝土浇筑

河床段水平趾板、防渗板采用吊罐入仓浇筑;右趾板及防渗板高程 230～286m 范围采用 10～30t 门机直接入仓或辅以溜槽入仓;左趾板及防渗板高程 213.0～323.8m 采用泵送混凝土浇筑入仓;其他仓位采用溜槽、搅拌车入仓。

采用 ϕ 100mm 及 ϕ 50mm 振捣棒人工振捣。在混凝土浇筑后 4～6h,从下向上逐层拆除表面模板,人工二次压光收平。

(7)混凝土养护

混凝土浇筑完毕后,在收仓面顶部布设一排钻孔硬塑料管,进行长流水养护,冬季采用塑料绒毡保温被进行保温。

5.1.8 坝前反渗水处理

为了排除坝前反渗水,在面板堆石坝坝前区设有两个集水井,集水井内径 2.0m,井口高程 195m,每个集水井底部埋设 ϕ 200mm 排水管 3 根,趾板水平段宽槽 C1～C6 共埋设 1 根 ϕ 150mm、6 根 ϕ 100mm 排水管。C1～C4 宽槽排水管埋在趾板鼻坎处,C5、C6 宽槽通过趾板混凝土排水管引至上游排水沟内。

坝前压重铺盖施工前,对一期面板、趾板上所有反渗水排水管道进行封堵处理;盖重区填筑至高程 193m 后,对集水井进行了封堵。封堵材料主要有阻塞器、麻丝、SR 柔性填料、预缩砂浆、环氧砂浆、帕斯卡防渗涂料、焊钢盖板等。

坝前集水井封堵完成后,立即进行盖重区施工,增加坝前土压力,以平衡坝内水压力。

5.1.9 防浪墙混凝土施工

面板堆石坝坝顶防浪墙为钢筋混凝土结构,位于高程 405.0m 以上,与大坝面板相接,呈倒 T 形,墙高 5.4m,长 668.8m,墙顶高程 410.4m,混凝土强度等级为 C20。

坝体经充分沉降后,开始坝顶防浪墙混凝土浇筑。防浪墙混凝土以左岸大岩塃 HZS90 强制拌和机拌和为主,现场自拌为辅。运输距离 2.5～4.5km。

防浪墙混凝土分层分块浇筑,分块长度与相应面板宽度一致。每块分为四层,第一层至高程 405.6m,第二层至高程 406.6m,第三层至高程 408.60m,第四层至高程 410.40m。

防浪墙混凝土采用组合钢模板,外侧面及距顶 1.2m 以上采用定型钢模板,局部辅以木模板。

混凝土入仓方式以汽车吊配 1.5m³ 卧罐入仓为主,辅以搅拌车直接入仓或采用反铲入仓。

混凝土浇筑完毕后,及时洒水养护。

5.1.10 工程缺陷及处理

1. 面板脱空处理

一期 19 块面板中,有 17 块面板顶部出现脱空现象;二期 37 块面板中,有 21 块面板顶部出现脱空现象。在后一期面板浇筑前,对前一期面板脱空面进行灌注砂浆或水泥浆处理。

(1)制浆设备:在高程 364m 平台搭建两座简易制浆站,站内各配置一台 ZJ-600 型高速制浆机,灌浆设备采用两台 3SNS 型灌浆泵和两台 JJS-2B 型双层搅拌桶进行。

(2)清缝、埋进浆管:将面板顶部缝面松渣清理干净,沿面板与挤压边墙脱空处插入 4' 钢管,尽量深入缝面,灌浆管间距 3.0m,管口外露不小于 20cm,并做好记录。

（3）埋回浆管、嵌缝：在每两根进浆管间埋设一根返浆管（4′钢管），并用水泥砂浆嵌固；另外沿脱空缝面顶部 V 形槽内，分层嵌填厚度不小于 5cm 的水泥砂浆，砂浆重量配比为 0.5∶1∶2。

（4）抬动观测装置及安装：在每块面板顶部与挤压边墙间及灌浆面板块与相邻面板结构缝处各设一块千分表进行抬动观测，基座采用水玻璃—水泥浆液制作，其上各粘贴 10cm×10cm 铁片一块。

（5）制浆：在制浆站内采用高速制浆机，制浆人员根据调整后的试验配合比拌制，送至 JJS-2B 型双层搅拌桶内，再用灌浆泵沿坝坡铺设的管路输送到缝面顶部，经减压后进入灌浆作业点。制浆配合比为"水∶（水泥＋粉煤灰）＝0.75∶1"或"水∶（水泥＋粉煤灰）＝0.5∶1"、"粉煤灰∶水泥＝1.5∶1"的浆液（掺加 5％的膨润土）。

（6）灌浆：分两序进行，Ⅰ序管口灌浆至该管口两侧的返浆管（或其他进浆管）返浓浆时，即可结束该管口的灌浆作业，并封闭管口，进行Ⅱ序管口灌浆作业。

（7）灌浆浆液：开灌采用"水∶（水泥＋粉煤灰）＝0.75∶1"的浆液灌注；灌入 400L 后，吸浆量仍较大，则改用"水∶（水泥＋粉煤灰）＝0.5∶1"的浆液灌注。

（8）灌浆压力及控制：灌浆采用自流式，一般不升压。在一期面板顶部（278m 高程）设限压、限流装置两个（两个灌浆系统各一个）。

（9）抬动变形观测：安排专座与灌浆同步记录抬动观测值，开始变形较快时每 3～5min 观测一次，逐步趋于稳定后每 10min 观测一次；观测过程中抬动变形超过 100μm 且持续增大时，即提醒压力控制人员限压，确保面板最大变形不超过 200μm。

（10）灌浆过程中，发生吸浆量较大难于结束时，采用限流、限量、间歇灌注等措施进行了处理；由于面板与挤压边墙间的脱空缝面通透性较好，大部分缝面在灌浆结束时，其他管口（含进回浆管）全部返浆。鉴于缝面已经填满，无需再对已返浆的进浆管口进行灌浆处理。

脱空处理完成后，拔除预埋灌浆管和凿除缝面顶部嵌填的水泥砂浆，清理干净现场。

2. 混凝土面板裂缝处理

混凝土面板裂缝分为三类：Ⅰ类裂缝 $\delta<0.1$mm；Ⅱ类裂缝 0.1mm$<\delta<0.3$mm；Ⅲ类裂缝$\delta>0.3$mm。

（1）一、二期面板裂缝处理

Ⅰ类缝处理：首先进行打磨，清洗干净后骑缝涂刷 SG305-C1 液体橡胶，全部涂刷 PSI-200 水泥基液；对于Ⅰ类裂缝连续三个测点以上大于 0.1mm 的，按Ⅱ类裂缝处理。

Ⅱ、Ⅲ类缝处理：首先凿 V 形槽，埋设两层灌浆管，进行化学灌浆处理，灌注材料为 CW 环氧基液，灌浆压力不大于 0.5MPa；灌浆结束后，对表面进行打磨，涂刷液体橡胶，液体橡胶固化后，再涂刷一层 PSI-108；然后粘贴 PSI-TAPE 快速修补带；最后再涂刷一层 PSI-108 水泥基液。灌浆完成后进行压水检查。

（2）三期面板混凝土裂缝处理

对垂直缝处混凝土表面起壳采用凿挖至新鲜混凝土，保证基面为毛糙面；垂直缝止水掏至相邻块 V 形槽；之后涂刷浓水泥浆，用 M40 预缩砂浆补平至设计面板表面，待达到龄期后恢复表面止水，预缩砂浆分层厚度为 3cm，用木锤捣实后用钢丝刷刷毛，再进行第二层，直至达到设计面板混凝土表面，最后一层人工抹光。

对Ⅰ类裂缝进行打磨、清洗后，涂刷 SG305 液体橡胶；对于Ⅱ、Ⅲ类裂缝，凿槽埋管、化学灌浆，表面打磨、清洗后，涂刷液体橡胶，固化后贴 PSI-TAPE 快速修补带，再涂刷 PSI-108 水泥基液。

三期面板共对 26 条Ⅱ、Ⅲ类裂缝进行了化学灌浆，灌浆后全部进行了压水试验，透水率为（0.1～0.97）×

10^{-3}Lu,符合设计要求。

对三期面板新增表面裂纹,对裂缝两侧进行清理,清理宽度10cm,并用钢丝刷将混凝土表面刷干净,骑缝涂刷一层环氧树脂,总宽度10cm。

3. 面板堆石坝坝体上游面裂缝处理

二、三期面板部位的坝体上游面为挤压边墙,均出现了裂缝,需进行裂缝处理后,方可进行相应部位的混凝土面板浇筑。

首先将缝表面清理干净,将ϕ20mm灌浆管打入缝内,为了保证灌浆效果,间距根据缝的开裂度进行布置,但不大于1m。每根进浆管边埋一根排气管,缝口用砂浆进行临时封闭。裂缝充填灌浆采用P.O 32.5级普通硅酸盐水泥、Ⅱ级粉煤灰、膨润土等材料。浆液配比按设计配合比拌制,灌浆压力为0~0.2MPa,达到灌浆压力、回浆管返浆、进浆管不再进浆为结束标准。灌浆结束后,拔出灌浆管,凿10cm×10cm的V形槽,槽内分层回填沥青砂。

二期面板部位挤压边墙裂缝处理共灌浆液总耗浆量38.76m³。裂缝灌浆处理完成后,L5、L6块表面铺设H系列塑料橡胶带,其他块表面均喷涂乳化沥青。

三期面板部位挤压边墙裂缝处理共灌浆液总耗浆量300.70m³。裂缝灌浆处理完成后,挤压边墙裂缝区域表面铺设H系列塑料橡胶带。

4. 一期面板混凝土底部微渗点及处理

(1)微渗点处理

2005年5月20日,在进行面板R1块,桩号0+188~0+204m,高程177~278m仓位验收清理挤压边墙面时,发现高程178.17m左、中、右3处渗水点,在仓内最低处挖集水坑利用虹吸管排水后,进行混凝土浇筑。混凝土达到龄期后,对该板面进行检查,面板有渗水水迹3处。为了确保该处面板混凝土质量,将微渗点处混凝土凿成直径30cm、深约20cm的漏斗形圆坑,在底部用ϕ20mm冲击钻对混凝土钻孔,孔深不小于20cm,埋设ϕ8mm灌浆管,进行化学灌浆,灌浆压力为0.2~0.3MPa,灌浆材料为环氧基液。灌浆结束后检查,无渗水现象,然后对坑内进行冲洗清理,涂刷水泥浓浆,用M40预缩砂浆分层捣实,预缩砂浆填充完毕后进行养护,3d后对封堵表面检查,若仍无渗水现象,再涂刷帕斯防渗涂料。

(2)导渗管的封堵

位于面板L2块的桩号0+156~0+172m,高程178.12m部位挤压边墙上有2处渗水点;位于面板R2块的桩号0+204~0+220m,高程178.12m、178.24m、178.33m部位挤压边墙上有3处渗水点。该面板混凝土浇筑前,在该5处渗水点处凿坑埋入ϕ50mm钢管外接皮管将渗水引至仓外;混凝土浇筑完毕后,对导渗管进行检查,面板L2块埋设的2根导渗管已无出水,面板R2块埋没的3根导渗管出水量较小。对于L2块,将导渗管孔口凿成直径20cm、深20cm的坑,割除高于混凝土表面的钢管,向管内塞进10cm的毛毡或麻丝,再填充10cm的GB柔性填料,后用M40预缩砂浆分层捣实,孔口用钢板焊封。R2块按照L2方式进行管内充填,孔内埋设ϕ8mm灌浆管,采用0.2~0.3MPa压力进行填压式化学灌浆处理,3d后对R2和L2块进行观察,管口无渗水现象,用钢板焊封管口,将已凿坑冲洗干净,涂刷水泥浓浆,分层用M40预缩砂浆填充,经检查,无渗水现象,表面再涂刷帕斯卡防渗涂料。

面板R1块、L2块、R2块渗水点、导渗管封堵化学灌浆成果见表5.9。

(3)灌后取芯检查和检查孔封堵

为了检查面板渗水点处理质量和验证混凝土的力学性能,在面板R1、R2、L1和L2块上布置了12个混凝土取芯检查孔,直径110mm,深度分别为15~77cm。检查孔采用水泥砂浆封堵,并在封堵表面涂刷帕斯卡防渗涂料。

表5.9 　　　　　　　　　　　　**一期面板渗水点、导渗管封堵化学灌浆成果汇总表**

| 孔号 | 孔数 | 注入率 (mL/min) | | 浆量(mL) | | | 单位注入量 (mL/m) | 灌浆压力 (MPa) | 灌浆时间 | | |
		开始	终止	注入量	废弃量	合计			开始	终止	纯灌
R2块导渗管	3	12.3	0	136.9	563.1	700	/	0.2	2005.4.4 8:30	2005.4.4 10:00	86
R1块渗水点	3	32.3	0	1014.7	485.3	1500	/	0.2~0.3	2005.4.4 10:10	2005.4.4 15:02	116
L2块导渗管	2	使用GB柔性填料及M40预缩砂浆封堵									
合计	8			1151.6	1048.4	2200					

注:化学灌浆材料为CW环氧浆材。

5. 面板表面脱皮、起壳情况检查及处理

面板垂直缝出现的面板脱皮、起壳现象,多在夏季高温季节产生。分析认为,因大坝顺坝轴线方向的变形影响所致,即由于坝体不均匀沉降引起的大坝混凝土面板从两岸向坝体中部变形,使面板间产生挤压应力,挤压应力过大导致面板表面挤压破坏,产生表面脱皮、起壳现象。

(1)一期面板表面脱皮情况及处理

一期面板R12、R13块位于趾板变坡处,面板底部混凝土表面出现脱皮、起壳现象,凿开后发现最深达18cm,局部位置露出趾板中间铜止水。

处理施工:首先对起壳部位混凝土进行清除,冲洗干净,在铜止水下部埋设 ϕ 8mm灌浆管,间距30~50cm,大于2cm的部位用M40预缩砂浆按2~5cm一层进行分层填充并夯实,小于2cm的部位用SR柔性填料找平,待预缩砂浆满足龄期后,进行化学灌浆,灌浆材料为弹性聚氨酯,灌浆压力0.2MPa,灌浆结束后割除灌浆管。周边缝表面止水施工完成后,对预缩砂浆修补部位涂刷帕斯卡防渗涂料,然后按粉细砂、黏土、任意料的顺序进行填筑,粉细砂厚度3m。

(2)三期面板表面脱皮情况及处理

三期面板垂直缝出现了面板脱皮、起壳现象,主要集中在高程360~405m。除因坝体不均匀沉降引起的混凝土面板从两岸向坝体中部变形,使面板间产生过大挤压应力导致面板表面挤压破坏外,由于大坝三期面板高程较高,承受的总变形量较大,同时汛前库水位上升较快、气温较高,更加剧了面板变形及面板表面脱皮、起壳情况的产生。

三期面板脱皮、起壳处理方法如下:

1)对混凝土脱皮部位,人工凿挖至新鲜混凝土,并使基面为毛糙面,再涂刷一层浓水泥浆后,用M40预缩砂浆补平至设计面板表面。

2)对架空部位采用风镐或其他工具将混凝土挖掉,露出架空范围,人工凿挖至新鲜混凝土,再用M40预缩砂浆修补。

3)预缩砂浆分层厚度3cm,用木锤捣实后,表面用钢丝刷刷毛,再铺、捣上一层,如此循环至原设计面板表面,最后一层表面人工抹光。

6. 面板R21块底部混凝土蜂窝

二期面板第 R21 块在浇筑时因雨水浸泡冲刷,在靠近周边缝处有少量混凝土未振捣密实,出现体积 1m³ 左右的蜂窝。将蜂窝及蜂窝上部倒悬混凝土全部凿除,形成正坡,采用 C35 一级配微膨胀混凝土回填。回填前,先将槽内松渣清除并冲洗干净,在老混凝土面涂刷水泥浆。

7. 一期左趾板和左防渗板抗冻等级低于设计值的处理

2003 年 3 月至 2003 年 5 月,一期左趾板、防渗板混凝土检测结果表明,左趾板、防渗板抗冻等级低于设计 F200 的标准。抗冻等级共取样 4 组,3 组为 F25,1 组为 F75。对一期左趾板高程 213m 以下不满足抗冻设计要求的趾板混凝土表面,采用涂刷水泥基渗透结晶防水涂料进行处理,涂料涂刷两遍,涂刷用量 1.5kg/m²。

8. 趾板及防渗板混凝土裂缝处理

趾板裂缝分为三类:Ⅰ类裂缝 $\delta < 0.1mm$;Ⅱ类裂缝 $0.1 < \delta < 0.4mm$;Ⅲ类裂缝 $\delta > 0.4mm$。趾板共有Ⅰ类裂缝 47 条,Ⅱ类裂缝 95 条,Ⅲ类裂缝 61 条。

Ⅰ类裂缝:对于趾板头部小于 0.1mm,趾板面小于 0.2mm 的裂缝用角磨机及钢丝刷对裂缝两侧各 50cm 范围进行清理,清洗干净,涂刷帕斯卡防渗涂料。

Ⅱ类裂缝:凿成宽 5～10cm、深 5～6cm 的 V 形槽,对槽内进行严格清洗,涂刷水泥浓浆并分层用 M40 预缩砂浆捣实嵌槽。

Ⅲ类裂缝:有水迹、渗水、宽槽缝和大于 0.4mm 的裂缝。首先,沿裂缝凿成宽 5～6cm、深 5～6cm V 形槽,槽内清洗干净,根据裂缝走向及通气情况,槽内钻直径 20mm、深度不小于 16cm 的孔,埋设 ϕ8mm 灌浆管,灌浆管一组两根,一进一回;然后按Ⅱ类缝的处理方法嵌缝,待预缩砂浆达到一定强度后进行化灌,灌浆压力 0.05～0.3～0.5MPa 逐级升压,当吸浆率小于 1mL/min 时,延灌 30min 结束。灌浆结束后 7d,凿除嵌缝砂浆,用 M40 砂浆嵌缝,并涂刷帕斯卡防渗涂料。

9. 趾板微渗点处理

(1)在对左趾板混凝土表面进行检查时,发现左趾板 ZZ02 位于鼻坎外侧斜面上,距鼻坎顶面 35cm,有渗水沿混凝土中的钢筋拉条渗出。微渗点处理方法:将微渗点处混凝土凿成漏斗形,直径 30cm,深 10cm,沿底部将拉条头割除,用电钻钻直径 20mm、深 30cm 的孔,孔内插 ϕ8mm 一进一回灌浆管,采用 CW 进行化学灌浆,灌浆压力按 0.1～0.3MPa 控制,灌浆堵漏结束后,检查无渗水,漏斗形槽内用 M40 预缩砂浆分层回填捣实,观察表面无渗水,涂刷帕斯卡防渗涂料。

(2)在对水平段进行清理冲洗干净后,进行缺陷检查时,发现 ZZ01、ZZ03 两块趾板上有 5 个微渗点。其中,3 个微渗点为左趾板 ZZ01 基岩接触面沿灌浆孔口管与混凝土结合面渗水,该类微渗点处理方法:沿固结、灌浆孔抬动观测孔 3 个微渗点周边用 ϕ48mm 手风钻钻 6 个,至基岩下面 20cm,将麻丝或棉纱塞入孔底 30cm 处,孔内埋设 ϕ16mm 灌浆管至孔底 10cm 处,回浆管穿过堵塞段,堵塞段以上用 M40 预缩砂浆分层捣实封堵,在微渗点处也同时埋设灌浆管,采用 CW 进行化学灌浆,灌浆压力按 0.3～0.5MPa 控制,灌浆结束后,认真观察微渗点的渗水情况,连续观察 3d 后,确定无渗水,将灌浆管周边凿成 20cm×20cm×10cm 断面,割除灌浆孔孔口管,用 M40 预缩砂浆分层进行回填捣实,处理完毕后再次检查无渗水,水平段趾板涂刷帕斯卡防水涂料。ZZ03 趾板上的 2 个微渗点,该类微渗点处理方法:用手风钻造直径 48mm 的孔,孔内埋设 ϕ16mm 灌浆管两根,一进一回,进行化学灌浆处理。

10. 趾板水平段中间铜止水漏埋及处理

B 型接头上接 Ω2 止水,下接 Ω1 止水。在趾板水平段混凝土施工中,周边缝中间铜止水异型接头(B 型)漏埋了 4 个,部位分别在 J15、J16、J17、J18。

处理方法：Ω2止水铜片自底部向下延伸至Ω1止水铜片鼻子处，采用双面搭接焊进行连接，搭接长度不小于20mm。

5.2 引水发电系统施工

引水发电系统位于右岸山体内，由进水口、引水隧洞、地下厂房、尾水洞、尾水平台及尾水渠、母线洞及母线竖井(廊道)、500kV变电所、交通洞、交通竖井、通风管道洞、厂外排水洞等组成。

5.2.1 主厂房施工程序及方法

主厂房施工支洞平面布置、开挖施工程序和主厂房开挖分层纵剖面分别见图5.5、图5.6和图5.7。图5.6中Ⅰ～Ⅷ为开挖分层号，①～⑨为施工分序号。图5.7中主厂房共分8层进行开挖支护，图中Ⅰ～Ⅷ表示开挖分层数，①～⑩表示施工顺序。

1. 开挖支护

(1)置换洞开挖支护施工程序与方案

地下厂房区岩层产状平缓、层间剪切带发育，主厂房洞室开挖后的围岩变形受层状岩体结构及剪切带控制。栖霞组第3段岩层岩性软弱，发育有多条剪切带。由于这部分围岩是岩壁吊车梁的主要持力层，采用了混凝土置换的方案，即在主厂房上下游侧墙栖霞组第3段岩层处7m×7m的区域，对软岩采用混凝土进行置换。采用混凝土置换后，有效地减小了相应部位软弱岩体的变形；增强了该部位岩体的承载能力，使得上下游侧墙大部分区域的应力状态得到了改善。

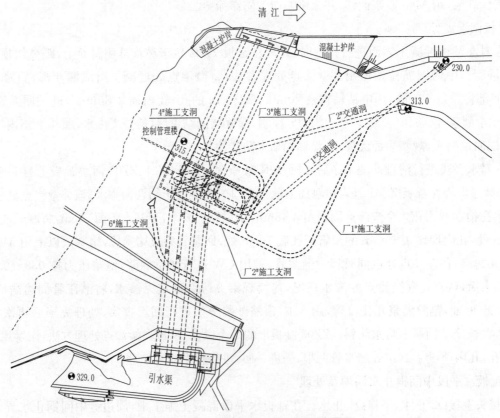

图5.5 主厂房实际施工支洞平面布置图

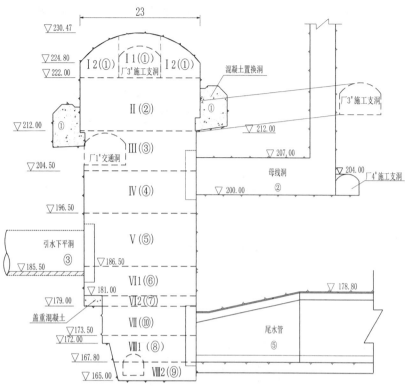

图 5.6 主厂房实际开挖施工程序示意图

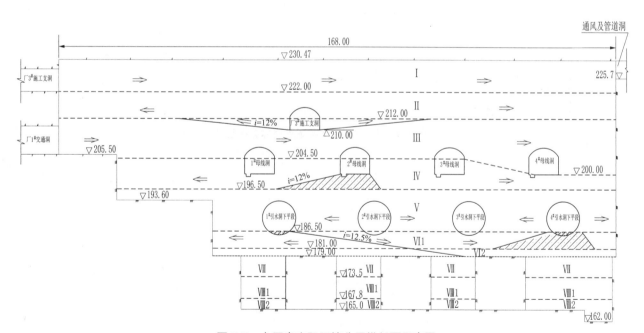

图 5.7 主厂房实际开挖分层纵剖面示意图

以厂 3# 施工支洞(进入厂房处高程 209.0m)作为施工通道,分两序进行施工。先进行上游侧安装间—厂 3# 施工支洞交叉口段,下游侧厂 3# 施工支洞交叉段—4# 机组段施工,然后进行上游侧厂 3# 施工支洞交叉口段—4# 机组段、下游侧厂 3# 施工支洞交叉口段—安装间段施工。每序展开两个工作面,每个工作面各制作一部简易轮式施工平台车,手风钻造孔,开挖时以全断面开挖为主,部分地段视围岩情况采用中导洞超前、扩挖跟进方式施工,开挖进尺控制在 2.5～3.0m,采用小药量、弱爆破及周边孔光面或预裂爆破的形式进

159

行。置换洞平面布置见图 5.8,主厂房上、下游墙置换体分布见图 5.9,置换体剖面见图 5.10。

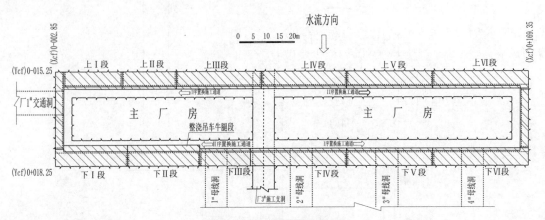

图 5.8 置换洞平面布置图

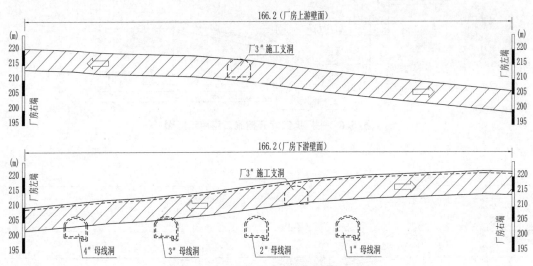

图 5.9 主厂房上、下游墙置换体分布图

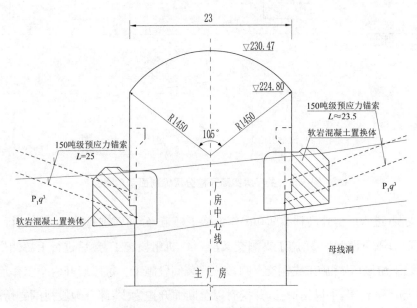

图 5.10 置换体剖面示意图(单位:m)

喷锚支护原则上围岩地段条件较好地段暂缓支护,支护滞后开挖掌子面 10～20m;地质条件较差地段及时进行随机锚杆、系统锚杆及喷钢纤维混凝土支护,随机锚杆参数为 Φ25、$L=3.1～4.1$m。

由于主厂房软岩置换洞位于吊车梁基础部位,采用孔内毫秒微差爆破法开挖,将爆破分为多段起爆,控制爆破单响药量以降低质点振动速度,减少爆破对围岩的扰动。同时,对周边孔采用光面或预裂爆破,及时进行支护,以确保开挖质量。

厂房内地下水较丰富,因此在施工中对于置换洞洞内地下水出露地段,在开挖支护期间预打 ϕ50mm、孔深 4.0m 的随机排水孔,用塑料管引出,以减少围岩的渗水压力。另外,为加大排水力度,在各施工工作面积水集中部位挖集水井,设置 25m³/h 的潜水泵接 1.5″钢管排水,开挖上坡洞可通过在底板石渣回填路面两侧挖设排水沟的形式自流排水,并在厂 3# 施工支洞与置换洞交叉口设置集水箱,用两台 55kW 的离心式水泵集中排水,避免因积水导致施工拖延滞后。

(2)厂房第 I 层的开挖

1)施工程序与方案

主厂房第 I 层采用中导洞先行、两侧扩挖的方式进行开挖。导洞顶拱以主厂房顶拱开挖线为准,以减少临时支护工程量。置换体混凝土进行保护后,即可进行两侧扩挖及支护。

考虑到置换体混凝土从左侧段端墙向厂 3# 施工支洞口顺序浇筑,厂房第 I 层开挖到桩号 Xcf0+050.0m 后扩挖暂停,对此段进行喷混凝土、锚杆、锚索等施工。

厂房桩号 Xcf0+050.0m 以后的中导洞继续按平坡向前开挖 15.0m,然后向上错台 2m 至 224m 高程,以跨越底部的厂 3# 施工支洞,确保施工安全。穿越厂 3# 施工支洞后,中导洞水平向前继续开挖至厂房左端墙。

厂房左侧置换体混凝土浇筑及回填灌浆过半后,从左端反方向进行一部分扩挖,以展开多个支护工作面。厂房左侧置换体混凝土浇筑及回填灌浆完成后,再返回到正方向进行剩余段扩挖。

2)施工方法

主厂房第 I 层开挖从厂 3# 施工支洞端部采取中顶导洞先行方式单头掘进施工,即:沿着厂 3# 施工支洞底板平坡推进,顶拱造孔时逐渐按 15°仰角向厂房顶拱方向逐渐靠近,直至厂房顶拱设计开挖边线。置换体混凝土实施完毕后,两侧扩挖跟进,对伸入主厂房内的厂 3# 施工支洞段,用 7655 型手风钻或台车沿反方向进行三角体的修整;对置换体下游桩号 Xcf0+000～Xcf0+040m 处吊车梁顶部开挖采用 7655 型手风钻进行修整。

中导洞开挖断面为 7m×8.47m,采用瑞典 BOOMER 三臂台车钻孔,孔深 3.0m;顶拱及周边部位采取光面爆破;两侧扩挖采用三臂台车钻孔、利用多临空面分段爆破扩挖,平台车配合人工装药。

(3)厂房第 II 层的开挖

1)施工程序与方案

先将厂 3# 施工支洞靠下游侧的位置挖通,形成主厂房 II 层开挖爆破临空面,然后进行厂房桩号 Xcf0+069.11～Xcf0+000.0m 下游侧 14m 宽的梯段爆破开挖。开挖时预留厂房上游侧 9m 宽的通道,保留厂房 I 层上游边墙已经架设好的风、水、电设施,以保证厂房桩号 Xcf0+077.61m 以后的顶拱锚索、通风管道洞等正常施工。并将桩号 Xcf0+069.11～Xcf0+127.0m 靠下游侧 9m 宽范围内锚索作为施工的重点。

厂房桩号 Xcf0+069.11～Xcf0+127.0m 靠下游侧 9m 宽范围内的顶拱锚索施工结束后,对该部位采用梯段拉槽爆破方式进行开挖,然后通过垫渣形成一条宽 8m,坡度 18% 的施工通道,通过该通道进行厂房顶拱剩余锚索施工。随后全面爆通厂 3# 施工支洞,中断厂房上游通道,进行厂房上游侧梯段拉槽开挖。

厂房顶拱剩余段锚索施工结束后,全面展开厂房Ⅱ层开挖支护施工。

为保护置换洞已浇混凝土及外露钢筋在厂房Ⅱ层开挖时不受破坏,厂房分区开挖时,对于已外露于厂房Ⅱ层开挖的区域,采用先将置换洞顶拱爆通后用石渣回填通道覆盖混凝土,然后进行主爆破区拉槽开挖的方式进行施工。

2)施工方法

厂房Ⅱ层开挖时,主要采用7655型手风钻和KHYD40A型电钻进行周边预裂造孔。主爆孔孔深9.5m(考虑超深0.5m),对于置换洞右端墙能进行垂直造孔的部位,孔深按底部预留1.5m保护层控制。主爆孔采用瑞典Atlas-460潜孔钻钻孔,钻孔直径80mm,间排距2.8m×2m,炸药单耗0.6kg/m³,用ϕ70mm的2#岩石乳化炸药人工装药。

(4)厂房第Ⅲ层的开挖

1)施工程序与方案

厂房Ⅲ层开挖前先完成厂房吊车梁的混凝土浇筑、Ⅱ层大部分支护及1#、2#母线下平洞各与厂房相交的一块锁口混凝土的衬砌工作。

因置换洞开挖已拉槽,根据现场情况,为便于设备就位,整个主厂房Ⅲ层原则上按如下程序施工:离设计开挖边线2~4m进行Ⅲ层预裂爆破→梯段垂直拉槽爆破施工→边墙预留保护层开挖→厂房Ⅳ层预裂。Ⅲ层开挖预裂超前梯段拉槽施工10m,Ⅳ层预裂在具备条件适时进行,保护层开挖紧跟梯段拉槽后面采取光面爆破法施工。另外,由于受置换洞底板开挖影响,仅在梯段爆破孔底部低于置换洞底板4m的部位才进行预裂。

主厂房Ⅲ层开挖采用两条施工通道:吊车梁混凝土浇筑及厂房Ⅱ层大部分支护工作结束后,利用厂1#交通洞将安Ⅰ段桩号Xcf0+000~Xcf0+025.55m按205.50m高程预留1.5m保护层进行梯段拉槽开挖,安Ⅰ段以后逐渐将孔深增加至8m;与此同时,为提高施工进度,增设另一施工通道,即2#母线下平洞继续向厂房内延长开挖8m并爆通,在厂房下游开挖形成Ⅲ层开挖底部至2#母线下平洞垫渣升坡通道,该通道坡度12%,宽度10m,从而形成多个工作面同时开挖。由于同时施工的1#母线竖井的扩挖对2#平母线下平洞的出渣干扰较大,增设的该施工通道仅作为调节使用。

由于下游侧桩号Xcf0+69~Xcf0+80m在置换体混凝土浇筑前已按设计边线预裂完成,为保证开挖质量,减少超挖,下游侧保护层开挖采用台车或手风钻从桩号Xcf0+066~Xcf0+80m段向两边进行,上游边墙保护层开挖则可直接从桩号Xcf0+000m开始进行。

安Ⅰ段底板开挖是厂房Ⅲ层开挖质量控制的重点,该部位采用手风钻进行底部1.5m保护层和周边保护层水平孔光面爆破,确保其成型和平整度达到要求。

如何对吊车梁混凝土、置换体混凝土及相关锚固进行保护是厂房Ⅲ层开挖施工的一个重点及难点,主要从混凝土表面防护、控制质点振动速度及爆破临空面控制几方面进行保护。

2)施工方法

厂房Ⅲ层、Ⅳ层预裂施工:厂房Ⅲ层预裂造孔距设计开挖边线3m,主要采用瑞典Atlas-460潜孔钻钻孔,钻孔直径80mm,钻孔间距80~100cm,用ϕ25mm的2#岩石乳化炸药间隔装药,线装药密度180~250g/m。为减少预裂爆破对厂房吊车梁混凝土及置换体混凝土的影响,预裂孔采用毫秒微差雷管分多段起爆,最大段起爆药量不超过15kg。

梯段拉槽施工:梯段拉槽主爆孔采用瑞典Atlas-460潜孔钻钻孔,钻孔直径102mm,距上下游及左右端墙3m范围进行拉槽爆破,主爆孔孔深8.0m(考虑超深0.5m),安Ⅰ段孔深按底部预留1.5m保护层控制,孔深 5m。另外,为确保Ⅲ层开挖后具备左端墙置换体混凝土整体浇筑条件,靠左端墙部位的主爆破采用超深或二次开挖的方式进行施工,主爆破孔间排距 3.0m×2.5m,炸药单耗 0.4～0.6kg/m³。造孔结束后,用 φ70mm 的 2# 岩石乳化炸药人工装药,并利用厂 1# 交通洞及 2# 母线下平洞伸入厂房段作为临空面分段爆破开挖。

边墙 3m 保护层开挖施工:上、下游及左右端墙 3m 保护层开挖采用三臂凿岩台车造孔,周边孔光面爆破方式施工,上游边墙保护层开挖从桩号 Xcf0＋000m 进行,下游边墙保护层开挖从桩号 Xcf0＋080m 向两头进行,周边光面爆破孔间距 50cm,孔径 50mm,采用竹片绑 φ25mm 乳化炸药间隔装药,主爆破孔采用 φ32mm 或 φ35mm 乳化装药,非电毫秒微差雷管引爆,爆破孔孔深 3～4m。

安Ⅰ段底板保护层开挖施工:安Ⅰ段梯段拉槽开挖结束后,进行底板预留 1.5m 保护层开挖,开挖时采用手风钻造 3.0m 深水平孔,逐段进行光面爆破开挖。造孔从桩号 Xcf0＋025.55m 桩号进行,造孔共两排,造孔孔径 45mm,底孔间距 45cm,孔深 3m。边墙保护层开挖与底板同时进行,安Ⅰ段底板开挖结束后接着桩号 Xcf0＋025.55m 端墙预裂,预裂至安Ⅱ段底板高程 193.6m。预裂采用潜孔钻造孔,参数与厂房Ⅲ层、Ⅳ层预裂施工相同。

(5)厂房第Ⅳ层的开挖

1)施工程序与方案

厂房Ⅳ层桩号 Xcf0＋130m 以前施工顺序:沿设计开挖边线进行Ⅳ层垂直预裂爆破→梯段垂直拉槽爆破开挖→厂房Ⅴ层预裂→边墙锚喷支护的程序进行。桩号 Xcf0＋130m 以后施工顺序:离设计开挖边线 3～4m 进行Ⅳ层预裂爆破→梯段垂直拉槽爆破施工→边墙预留保护层开挖→厂房Ⅴ层预裂→边墙锚喷支护的程序进行。实践表明,采用电钻进行垂直预裂,其规格控制效果较采用台车进行保护层光面爆破的好,只要电钻能就位,Xcf0＋130m 桩号以后也尽量考虑用电钻沿设计边线进行预裂。

厂房Ⅳ层预裂超前梯段拉槽施工 10m 以上,保护层开挖紧随其后采取光面爆破法施工。Ⅴ层预裂在具备条件后适时进行。

主厂房Ⅳ层开挖施工按前期和后期主要采用两条通道。由 2# 母线下平洞按坡度为 12% 开挖降坡至高程 196.5m(约桩号 Xcf0＋54m 处)以形成宽 8m 的前期施工通道,这是厂房Ⅳ层开挖的主要通道;待厂房Ⅳ层开挖基本结束,沿厂房下游边墙按坡度为 12% 垫渣升坡至 4# 母线下平洞形成后期施工通道,进行 2# 母线下平洞处施工通道及Ⅳ层其他所剩局部的开挖与支护。

厂房Ⅳ层开挖的顺序为:从桩号 Xcf0＋54m 处向两头开挖,在桩号 Xcf0＋54～Xcf0＋25.5m 段开挖未完前,沿上游边墙留一约 5m 的通道,以便潜孔钻进到桩号 Xcf0＋54m 以后的工作面。

2)施工方法

①Ⅳ层预裂施工

桩号 Xcf0＋130m 以前沿开挖设计边线进行垂直预裂,采用 KHYD40A 电钻钻孔,钻孔直径 50mm,钻孔间距 50cm,φ25mm 的 2# 岩石乳化炸药间隔装药,线装药密度 165g/m,孔深以预裂到设计底板高程 196.5m 为基准。左端墙预裂在置换体混凝土浇筑前进行,在与引水交叉的部位预裂到引水洞顶拱。

桩号 Xcf0＋130m 以后在距设计开挖边线 3～4m 处采用瑞典 Atlas-460 潜孔钻钻孔,钻孔直径 102mm,钻孔间距 80cm,采用 φ32mm 的 2# 岩石乳化炸药间隔装药,线装药密度 240g/m。

为减少预裂爆破对厂房吊车梁混凝土及置换体混凝土的影响,预裂孔采用毫秒微差雷管分多段起爆,最大段起爆药量不超过 15kg。

②梯段拉槽施工

梯段拉槽主爆孔采用瑞典 Atlas-460 潜孔钻钻孔,钻孔直径 102mm,桩号 Xcf0＋130～Xcf0＋168.5m 距上、下游边墙 3m 的范围进行拉槽,桩号 Xcf0＋130～Xcf0＋25.5m 则直接开挖到设计边线。主爆孔孔深 8.5m(考虑超深 0.5m),主爆破孔间排距 2.5m×2.0m,炸药单耗 0.6～0.7kg/m³。造孔结束后,用 φ70mm 的 2#岩石乳化炸药人工装药;第一次爆破利用 2#母线下平洞伸入厂房段作为临空面分段爆破开挖。

③边墙保护层开挖施工

上、下游及左端墙 3～4m 宽保护层开挖采用三臂凿岩台车造孔,周边孔光面爆破方式施工。周边光面爆破孔间距 50cm,孔径 50mm,采用竹片绑 φ25mm 乳化炸药间隔装药,主爆破孔采用 φ32mm 乳化装药,非电毫秒微差雷管引爆,爆破孔孔深一般为 3m。

(6)厂房第 V 层的开挖

1)施工程序与方案

沿设计开挖边线进行 V 层垂直预裂爆破(深度 4m)→从 1#引水下平段往厂房方向爆通到高程 196.5m→中间垂直梯段拉槽开挖(含两侧 3m 宽保护层上部开挖)→3m 保护层下部 6m 开挖→边墙喷锚、锚索施工。

由 4#母线下平洞垫渣降坡至高程 196.5m,形成宽度 8m 的便道,作为厂房 V 层开挖设备进出及厂房 IV 层剩余工程施工的主要通道,其他几条母线下平洞作为调节。1#引水隧洞下平洞作为出渣及支护主要通道,2#、3#引水下平洞视具体情况进行调节。

首先进行安 II 段端墙及 V 层预裂施工,然后从厂房 1#引水隧洞下平段往厂房方向水平爆通到高程 196.5m。为降低与引水斜井开挖相互干扰,考虑以 1#引水下平洞作为主要通道,如具备条件可考虑同时爆通其他引水下平段,以形成多个工作面同时施工。1#引水下平洞爆通后形成梯段拉槽的临空面,然后以厂房大桩号方向为主攻方向进行梯段拉槽开挖,小桩号梯段爆破后暂不出渣,待安 II 段保护层开挖完成后一起出渣,厂房边墙 3m 宽保护层下半部 6m 开挖采取紧跟中部梯段拉槽开挖的方式进行。

2)施工方法

①边墙保护层开挖施工

厂房 V 层上、下游边墙 3m 宽保护层开挖分两次进行,上部 4m 采取手风钻沿设计开挖边线进行垂直造孔并预裂,预裂孔间距 45cm,孔径 40mm,采用竹片绑 φ25mm 乳化炸药间隔装药,线装药密度 0.3～0.4kg/m。主爆破孔采用瑞典 Atlas-PC460 潜孔钻,孔深 4m,与梯段拉槽孔同时起爆。3m 宽保护层剩余下半部 6m 在拉槽开挖后采取手风钻或台车造水平孔,进行光面爆破。周边光面爆破孔间距 50cm,造孔深度 3～4m,线装药密度 0.15～0.2kg/m。

②梯段拉槽施工

梯段拉槽主爆孔采用瑞典 Atlas-PC460 潜孔钻钻孔,拉槽范围在 Xcf0＋041.35～Xcf0＋168.5m 桩号为距上、下游边墙 3m 宽的范围,另加两边的翼缘形成一立体"T"字形的梯段拉槽开挖。3m 宽保护层范围内有 2m 宽、4m 深的翼缘孔,同样采取潜孔钻钻孔,和主爆孔一起形成同一爆破网络。主爆孔及缓冲孔孔深 10.5m(考虑超深 0.5m),主爆破孔间排距 2.5m×2.0m,炸药单耗 0.6～0.7kg/m³。造孔结束后,用 φ70mm 的 2#岩石乳化炸药人工装药,第一次爆破利用 1#引水下平洞伸入厂房段作为临空面分段爆破开挖。

③安 II 段保护层施工

在进行 V 层开挖前,适时安排厂房安 II 段桩号 Xcf0＋041.35m 处的预裂爆破施工。1#引水下平洞爆通形成临空面后,往大桩号方向进行梯段拉槽开挖,同时对小桩号方向进行梯段爆破。为了便于对安 II 段 15.8m 长的保护层(厚 2.9m)开挖,梯段爆破后的料渣暂时不出,留出作为保护层开挖的道路,方便反铲上去进行翻渣并进行钻爆施工。保护层开挖采取架子钻沿底板造孔进行预裂爆破,并一次造孔到边,底孔孔径 80mm,间距 70cm,线装药密度在 0.32kg/m 左右。中部的开挖可采用手风钻造水平孔或垂直孔,逐段进行爆破开挖,造孔从桩号 Xcf0+041.35m 进行,采用手风钻造孔孔径 42mm。

(7)厂房第Ⅵ层的开挖

1)施工程序与方案

沿设计开挖边线进行Ⅵ层垂直预裂爆破(深度为 4m)→从 1# 引水下平洞进入往厂房方向爆通拉槽至高程 179.0m→垂直梯段开挖(预留 2m 宽的保护层)→保护层开挖→边墙喷锚支护、锚索施工。

首先进行Ⅵ层周边预裂施工,同时从 1# 引水洞下平段往厂房中间按照 8m 宽拉槽降坡至高程 179.0m,形成爆破临空面,并以 1# 引水洞下平段作为主通道。拉槽开挖至高程 179.0m 后,同时往厂房大桩号方向和两侧开挖,预留 2m 厚的保护层(即高程 179.0~181.0m),接着进行保护层开挖。拉槽形成的施工通道在厂房Ⅵ层开挖的最后进行爆破施工,石渣保留并垫出施工道路供锚喷支护及锚索施工使用。

2)施工方法

①边墙及端墙施工

厂房Ⅵ层上、下游边墙及左右端墙上部 4m 部位采取手风钻沿设计开挖边线进行垂直预裂造孔,预裂孔间距 45cm,孔径 42mm,采用竹片绑 φ25mm 乳化炸药间隔装药,线装药密度 0.2~0.3kg/m(可根据现场实际情况进行调整)。未预裂的下部边墙和 2m 厚保护层开挖同时施工,采用光面爆破开挖,手风钻或台车造水平孔,周边光面爆破孔间距 50cm,造孔深度 3~4m,线装药密度 0.15~0.2kg/m。

为了对爆破施工进行控制,避免预裂爆破对周围建筑物造成不利影响,预裂爆破施工分段进行,最大单响药量控制在 15kg 以内。

②降坡拉槽施工

梯段降坡拉槽主要利用瑞典 Atlas-PC460 潜孔钻,手风钻配合施工。拉槽范围:从 1# 引水下平洞底板往前挖至厂房中部,在厂房正中部 8m 范围内进行拉槽施工,按照约 13% 的坡度降坡至高程 179.0m 后,再继续向前挖 10~15m,为上半部梯段开挖创造临空面和装渣场地。

③上部梯段爆破施工

降坡拉槽形成后,采用瑞典 Atlas-PC460 潜孔钻进行上部开挖,先往厂房左端墙方向继续拉槽,然后扩大到厂房全断面;待工作面展开后,由厂房左端墙向右端墙对原先降坡拉槽的两侧进行上部开挖。爆破孔孔径 105mm,孔底高程 181.0mm,间排距 2.5m×2.0m。炸药单耗初拟为 0.6~0.7kg/m³,用 φ70mm 2# 岩石乳化炸药人工装药,非电毫秒雷管分段起爆。

④保护层开挖

高程 181.0~179.0m 保护层及边墙预裂孔以下开挖适时跟进,尽量使上部开挖和下部保护层开挖的干扰降到最低。开挖采用手风钻或台车造水平孔,孔深 3~4m。底部和上、下游边墙采用光面爆破,底部光爆孔间距 60cm,上、下游边墙光爆孔间距 50cm,采取间隔装药,爆破时利用非电毫秒雷管分段,控制单响药量在 30kg 以内。

⑤拉槽降坡部位挖除

在厂房Ⅵ层其余部分开挖基本结束后,需对降坡拉槽形成的施工通道进行清挖。施工通道清挖时,用潜孔钻造孔进行爆破,爆破后暂不出渣,待整个拉槽降坡区域爆破结束后,垫渣至 1# 引水洞下平段,作为后期支护施工的施工通道。

(8)厂房第Ⅶ、Ⅷ层的开挖

1)施工程序与方案

按照先1#机→2#机→3#机→4#机的顺序施工,各机坑开挖支护相互独立、平行施工。同一机坑Ⅶ层开挖支护及锚桩施工结束后,即可进行Ⅷ层开挖。

厂房Ⅶ层开挖程序按以下原则实施:下游边墙靠尾水洞上部预裂→从主厂房下游边墙向厂房中间拉槽开挖及梯段爆破,沿厂房机坑周边设计开挖边线光面爆破→底部保护层光面爆破→喷锚支护及盖重混凝土施工→锚桩施工。

厂房Ⅷ层开挖程序按以下原则实施:从尾水洞进入,向厂房拉槽降坡至高程165.0m→梯段开挖(预留3m厚的保护层)→沿厂房机坑周边设计开挖边线保护层光面爆破(分两层开挖)→边墙喷锚支护及排水廊道开挖支护。

根据厂房机坑实际开挖情况,有地质缺陷的部位随机支护(随机锚杆、喷混凝土)及时跟进;无地质缺陷的则在开挖结束后进行锚杆及喷混凝土支护。在机坑Ⅶ层支护过程中,进行岩台高程181~179m盖重混凝土及锚桩施工。

2)施工方法

①厂房下游边墙机坑施工

厂房机坑下游边墙及近尾水洞上部,采取手风钻沿设计开挖边线进行垂直造孔预裂,利用尾水临空面进行拉槽。预裂孔间距45cm,孔径42mm,采用竹片绑φ25mm乳化炸药间隔装药,线装药密度0.2~0.3kg/m。梯段开挖与保护层光爆同步进行,光爆孔沿机坑周边设计开挖线按照光面爆破控制的要求造孔,孔间距50cm,Ⅷ层分两层光爆,手风钻造孔,深度4m。线装药密度0.15~0.2kg/m,光面爆破采取间隔装药。

②拉槽及降坡施工

Ⅶ层临空面拉槽主要利用瑞典Atlas-PC460潜孔钻,手风钻配合施工。拉槽范围:从尾水洞往厂房上游边墙沿机坑中部11m范围内进行拉槽施工。Ⅷ层从尾水下半部向中间拉槽降坡施工。爆破孔孔径110mm,孔底高程172.0m,间排距2.5m×2.0m。炸药单耗0.6~0.7kg/m³,用φ70mm的2#岩石乳化炸药人工装药,非电毫秒雷管分段起爆。

2. 锚喷支护施工工艺

(1)喷混凝土

主厂房采用阿利瓦AL-500(aliwa)喷车进行喷护施工,施工工艺流程见图5.11。

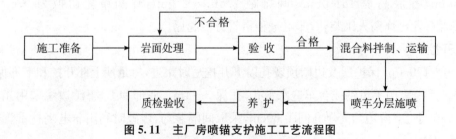

图5.11 主厂房喷锚支护施工工艺流程图

1)做好喷射前的准备工作。

2)混合料在侯家坪拌和楼拌制,利用混凝土搅拌运输车运输到现场,往阿利瓦AL-500喷车的给料口添料。

3)喷射混凝土作业采用先墙后拱、自下而上、先凹后凸的顺序施工。喷头与受喷面尽量垂直,偏角宜控制在 20°以内。喷头与受喷面距离宜为 1m 左右,喷射时应随时调整喷射距离和方向,以便确保喷层厚薄均匀、密实,降低集料回弹量。在洞室喷混凝土,采用分层进行喷射,喷厚 5cm 以内一次施喷,喷厚 5cm 以上分层施喷。一次喷射厚度,顶拱控制在 3～6cm,局部超挖处可为 5～10cm。分层喷射时,后一层喷射应在前一层混凝土终凝后进行,但也不宜间隔过久,若终凝 1～2h 后再行喷射,用风水清洗混凝土表面,以利层间结合。

拌好的混凝土停放时间不应超过 2h。在喷射混凝土之前,埋设钢筋条或以锚杆作为喷厚标志。严格控制速凝剂的加入和掺量。

4)喷混凝土终凝 2h 后,一般需喷水养护。当气温低于 +5℃时,不得喷水养护。必要时,需采取保温防冻措施。

(2)水泥药卷张拉锚杆

1)锚杆孔造孔

主厂房、尾水隧洞上段锚杆采用 BOOMER-353E 三臂凿岩台车钻孔。系统锚杆钻孔角度保证与开挖轮廓线垂直,超前锚杆上倾角度控制在 15°～30°范围;随机锚杆造孔角度视现场地质情况而定,如遇剪切面,则造孔角度与剪切面的倾向成约 45°的交角。

施钻时,钻头要对准岩壁上锚杆孔孔位标识下钻,最大偏差不得大于 100mm。开孔之初,应用小功率缓慢钻进;钻进约 500mm 后,校正钻孔方向,全功率钻进。钻孔深度可根据钻杆长度的标识控制,不能小于杆体设计长度,不大于锚杆有效长度 50mm。

2)锚杆注装

系统锚杆水泥卷用量根据设计内锚固段长度(按 2.5m 计)、张拉段长度、钻孔孔径及管路损耗而定,根据体积法计算并结合现场试验得出水泥卷用量。

随机锚杆、超前锚杆及悬吊锚杆采用速凝水泥卷注装,其具体用量根据锚杆长度、钻孔孔径及管路损耗而定,根据体积法计算并结合现场试验得出水泥卷用量。

①注装水泥卷

为确保锚杆质量,水泥卷入孔前,根据所注锚杆所处不同部位选择不同的浸泡时间。上仰锚杆药卷浸泡时间为 60～100s,以药卷浸湿透心为控制原则;边墙锚杆药卷浸泡时间可稍长,按 80～120s 控制。药卷浸泡用水需经常更换,保持水源干净。

水泥卷浸泡完成后,通过专用的喷射枪进行注装,按先速凝水泥卷、后缓凝水泥卷的顺序从孔底依次注入。注装水泥卷时,注浆管按水泥卷注入速度均匀退出。

②锚杆制安

锚杆由钢筋加工厂统一加工。

锚杆必须在速凝水泥初凝前迅速安装到位,8604 K3 型速凝水泥卷的初凝时间一般为 37min 左右。以平台车作为安装平台,由人工配合平台车将杆体缓慢推至设计位置,进行锚杆安装。为了防止浆液流失,孔口应密封保护。

速凝水泥卷初凝后,开始安装锚杆托板、垫圈和螺帽,并调整托板位置使之与锚杆轴线垂直。若岩面采用球形垫也难以调平螺母与球形垫板平行,可用采用适量速凝药卷垫平。当速凝水泥卷达到 10MPa 强度(47～50min 后)适当拧紧螺帽,预紧固定托板。

3)锚杆张拉

待速凝水泥卷注装后 6～8h 内进行张拉。

根据锚杆张拉顺序进行张拉。为确保张拉力满足要求,可按 1.05～1.10 倍系数进行张拉。

为保证张拉力能满足要求,锚杆螺纹部分及螺帽上均需涂黄油并加以保护。锚杆张拉前需采用钢丝刷等将锚杆外露部分杂物清理干净,以降低螺栓与螺帽间的摩擦力。张拉时分二级加载到设计张拉力的110%,荷载加完后应稳定8~20min,无异常情况后,撤除加载机具锁定锚杆体。

(3)水泥砂浆锚杆

1)超、欠挖检查及处理

采用全站仪进行开挖超、欠挖检查,并及时处理,支护前再检查一次。

2)锚杆孔位放样

由于置换洞位于厂房吊车梁部位,锚杆孔位、孔向要求较高,且底板在母线洞顶拱以上,所以锚杆施工前均应进行严格放样。

3)锚杆施工

锚杆采用手风钻造孔,严格控制造孔间距、深度及孔径,钻孔完毕后用高压水洗孔,锚杆孔孔深和锚杆下料长度均符合要求并经现场监理验收合格后方可进行锚杆注浆。锚杆采用 UH4.8B 注浆机注浆,按先注浆、后插锚杆的方式进行施工,注浆管插至距孔底 50~100mm 后开始注浆,注浆管随砂浆的注入缓慢匀速拔出,直至全孔注满,锚杆施工完 28d 后,由监理工程师现场抽样做拉拔试验。

(4)甲乙型张拉锚杆

1)施工工艺

甲乙型张拉锚杆采用先插锚杆、后注浆的方式进行施工,工艺流程见图5.12。甲乙型张拉锚杆施工设备见表5.10。

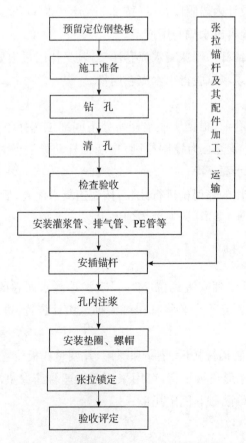

图 5.12　甲乙型张拉锚杆施工工艺流程图

表5.10   张拉锚杆施工设备一览表

序号	作业内容	设备名称及型号
1	测量放点	Leica2000全站仪
2	钻孔	宣化钻(架子钻)
3	注浆	注浆机
4	装锚杆	AMV30平台车,自制排架
5	张拉	114kN·m扭矩扳手

2)施工方法

①平台搭设

吊车梁混凝土浇筑完7d模板拆除后,可以进行脚手架平台搭建,搭建高度到218m高程,脚手架平台宽度3m。

②造孔

锚杆钻孔采用架子钻机,钻孔选用ϕ80mm球齿合金钻头,钻孔直径80mm。施钻前钻机架子固定牢靠后方可开钻,开孔时用小功率缓慢钻进,钻进约500mm后,校正钻孔方向,全功率钻进,钻孔深度可根据钻杆长度的标识控制。在造孔过程中如遇到断层、沟溶、沟槽或方解石填充等不良地质段无法安插锚杆时,则采取先进行固灌后再扫孔的方式处理。

③洗孔

利用高压风水进行冲洗。

④锚杆安装

将锚杆配件排气管、灌浆管用胶带固定在杆体上,自由段应先均匀地涂抹沥青后将PE软管套上。锚杆安装采用锚杆平台车人工配合进行,将杆体缓慢推至设计位置。推进时可以缓慢转动杆体,杆体送至设计位置时停止推送,然后用木楔或其他方法临时固定杆体。施工时,特别注意安装锚杆测力计的张拉锚杆外露长度要求满足要求。

⑤孔内注浆

在进行孔内注浆前,将钢挡板穿过排气管和注浆后,钢挡板和钢垫板通过点焊固定。为防止注浆时漏浆,在斜挡板孔壁及杆体之间空隙部位采用水泥卷堵塞密实。注浆采用纯水泥浆或水泥砂浆,水泥砂浆配合比为:水泥:水:砂=1:0.4:1;纯水泥浆的水灰比为0.35～0.40,水泥砂浆设计强度等级为M25。甲乙型锚杆均采用排气注浆法进行注浆,甲型锚杆灌浆管伸入孔底,排气管伸入孔内50cm;乙型锚杆进浆管伸入孔内50cm,排气管伸入孔底。进浆管ϕ15mm或25mm,排气管ϕ8mm。在进行注浆前应检查排气管,当排气管不排气或溢出浆液时即可停止注浆。

⑥垫圈、螺母安装及张拉锁定

锚杆的张拉锁定应在水泥砂浆达到100％强度后进行张拉。经实验,砂浆锚杆14d后可进行张拉,纯水泥浆锚杆7d后可进行张拉。在张拉前,将垫圈、螺母安装在锚杆上,张拉时采用扭力扳手加载。扭力扳手的最大刻度为1000N·m,扭力扳手必须经过率定后方可使用,张拉时一次加载到设计张拉力100kN,撤除加载机具锁定锚杆体。

(5)锚索施工

1)工艺流程

锚索施工工艺流程见图5.13。

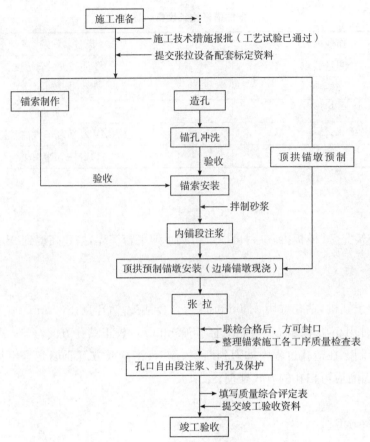

图 5.13　锚索施工工艺流程图

2）预应力锚索施工技术参数

预应力锚索类型：为黏结式。

锚索级别：150 吨级，孔径 150mm，孔深 20～40m。

锚索材料：钢绞线为 GB/T5224-95，f15.24mm，1860 吨级。

混凝土锚墩：7d 强度为 C35。

3）施工方法

预应力锚索施工结合厂房分层开挖进行，各层锚索采用 KR803-1C 型锚索钻机和地锚式潜孔钻机相结合进行造孔，顶拱部分锚墩统一在预制厂预制，锚索在加工厂绑扎制作，人工配合手链或卷扬机安装，注浆机注浆，YDQ100-120 型千斤顶单根循环分级调直张拉，YDC2500B-200 型千斤顶整体分级张拉，HVM 或 VLM 锚具锚定，灌浆机封孔。

4）施工工序要点

①施工准备

张拉设备须配套进行标定，并按标定配套进行使用。

内锚注浆采用早强型硅酸盐水泥，以便满足施工要求。

搭设满足施工要求、安全可靠的施工排架。特别是悬空排架，搭设要牢靠，并经监理和安全部门验收后使用。

②钻孔

钻孔主要采用 KR803-1C 型锚索钻机，由于 KR803-1C 型锚索钻机钻孔的局限性，不宜用于厂房的部分水平孔和小倾角的锚索孔施工,此时则采用地锚式潜孔钻机钻孔。

按设计要求测量放线,确定锚索的孔位、孔向。

开孔钻进要低转速、低压推进,造孔过程中严格设计要求控制孔斜、孔向。

认真记录每米钻孔过程中排渣、钻进速度变化情况。钻孔要用风水冲洗干净。

地下厂房顶拱预应力锚索遇第一层厂外排水洞时,则为对穿式,锚头则全埋入岩壁中,锚索长度根据现场测量确定。

③锚索制作运输及安装

按实际孔深及满足张拉要求的最小长度进行下料。

将切割好的钢绞线按设计要求进行绑扎制作,分束编号记录,固定堵塞装置,标示进出浆管。

灌浆管:黏结式端头锚隔离架安装在内锚固段,安装长度大于 1.2 倍内锚固段长,验收后按束编号。

编制锚索中,钢绞线在隔离架上的孔位一一对应;编制好的整束钢绞线停放时间宜尽量短,以防污染。

采用卷扬机或手提葫芦提升将锚索送入孔内。在厂房顶拱锚索孔两侧边布置锚杆(Φ 25、孔径 28mm、伸入基岩 110~150cm),在锚杆外露端头焊接弯钩,定滑轮固定在弯钩上,卷扬机的钢丝绳的一头穿过定滑轮,并将钢丝绳和安全绳同锚索体用铅丝绑接在一起(铅丝每隔 60~80cm 扎一道),其中钢丝绳作为主要牵引力,安全绳则为辅助牵引力及卷扬机发生故障时确保锚索体不下滑。最后 2~3m 则用手提葫芦将锚索体送入孔内。

下索牵引力点变动时,要对外露索体用软绳作可靠临时加固,避免索体变形(或滑脱)、损坏,要始终保持索体的整体性。

④注浆

锚固段的止浆装置,采用橡胶止浆环,注浆前用气泵充气,使止浆环充气,并检查管道是否通畅和封堵装置的密封性。

灌浆管及排气管布置,灌浆管伸至灌浆孔口约 30cm、排气管伸至离孔底约 3cm,灌浆时连续缓慢灌注浆液,当回浆管(排气管)返浆比重相同,即结束灌浆。

⑤预制混凝土锚墩的安装

顶拱锚索锚墩采用预制,边墙锚索锚墩进行现浇。预制锚墩时,周边对称布设两个预留孔,作为灌浆、排气孔。为了确保锚固效果,安装前采用早强(或树脂)砂浆对锚墩范围基岩面进行找平。锚墩安装时,采用两个 2t 手拉葫芦提升对位,利用两根锚杆固定预制混凝土锚墩。

⑥张拉锁定

锚具及夹片安装,安装过程中要严格控制钢绞线排列次序,禁止交叉绞扭。

张拉所用的设备额定值必须大于使用张拉值,并有富余度,以确保重复使用后的精确度仍满足要求。

整体张拉前,先进行单根循环调直张拉,两点式分散型每根调直张拉锁定值,并记录如伸长值与相应拉力,以便进行应力应变分析,整体补偿张拉要平缓升压并分级稳定,取设计值的 0.25 倍、0.5 倍、0.75 倍、1.0 倍、1.15 倍控制,并记录各级伸长值,分析应力应变。

超张拉吨位应满足要求,即 1.05~1.15 倍设计值或试验确定,持荷稳压 10~20min。通过安设有测力装置的锚索应力衰变情况,还须对张拉力下降至设计值以下的锚索再进行一次补偿张拉,或根据衰变规律,先单根分级循环张拉至设计值,延后一段时间再进行整体超张拉。

⑦锚头保护

张拉锁定后,回灌补浆结束,可将锚具外大于 15cm 的钢绞线用切割片割除,割除施压一定要轻,严禁产生高温,以免锚夹片处应力损失,最好加水或加油冷却。另将锚墩上的浆管凿凹割除,砂浆抹填,将外锚固端按设计要求进行混凝土封闭保护(消除所有出露金属件)。

3. 混凝土施工

(1)置换体混凝土施工

1)施工程序

施工程序按照纵向由低向高、跳仓分块浇筑,横向平行推进。先浇垫层混凝土,然后结构混凝土连续浇筑上升。

2)混凝土分块

置换体混凝土分段长短不一,最短的 18.48m,最长的 34.84m,分段长度较大的单元块进行分块浇筑。块与块之间按施工缝进行处理,原则上不允许设置纵向缝和水平缝。如遇特殊情况(如停电、机械故障等)仓内混凝土已经初凝,则必须停止浇筑作业,待仓面按施工缝处理后再行浇筑。

3)模板方案

模板采用组合钢模与木模配合使用,人工立模。

(2)安装间混凝土施工

先浇筑安Ⅱ段混凝土,然后再浇筑安Ⅰ段混凝土,各部位各种埋件的施工同步进行。安装场混凝土施工程序见图 5.14。

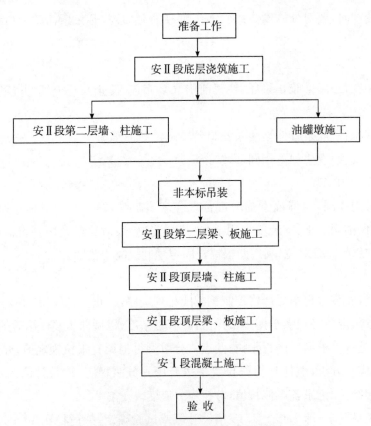

图 5.14 安装场混凝土施工程序框图

安Ⅱ段混凝土分三层施工:先施工底层及油罐基础。底层完成后浇筑第二层的柱、墙,浇筑高度 3.6m,其间进行油罐吊装;吊装结束后浇筑第二层的梁和板并同时将柱和墙整体浇筑至板面高程

200.43m。第二层梁和板浇筑完成并达到一定强度后,即可进行顶层施工,先施工顶层的墙和柱,浇筑高度3.6m;再施工顶层的梁和板,施工时将柱和墙一起浇筑至设计高程。每一层墙、柱施工可视模板的周转情况分序施工,5根柱子作为一序。

(3)集水井混凝土施工

1)施工程序

先进行底板垫层混凝土浇筑,然后分层浇筑井体混凝土。第一层(高程161.0~162.7m)混凝土浇筑完后,开始进行集水井基础灌浆;集水井基础灌浆结束后,依次进行第二层~第七层混凝土浇筑。第二、三层混凝土层高均为3.0m,仓面高程162.7~168.7m;第四层~第六层混凝土层高均为2.7m,仓面高程168.7~176.8m;第七层混凝土层高2.2m,仓面高程176.8~179.0m。

2)模板方案

考虑到排水廊道顶拱及检修集水井通道顶拱因圆弧半径较小,该部位采用P1015钢模板进行拼装,Φ32钢筋加工成弧形,与脚手架共同对模板进行加固,钢筋间距60cm。高程166.5m平台、楼梯处均采用木模板。

(4)吊车梁混凝土施工

1)施工程序

吊车梁混凝土按照由厂房小桩号向大桩号推进,跳仓分块浇筑,上、下游平行推进,先边墙混凝土后牛腿混凝土连续上升。考虑到厂3#施工支洞是主厂房第Ⅲ层的主要施工通道,下Ⅳ段混凝土安排最后浇筑,届时先通过厂房Ⅱ层底板开挖降坡与厂1#交通洞贯通形成施工通道。

2)混凝土分块与分层

吊车梁混凝土的分块长度与原置换体混凝土施工时分块保持一致,最短的14.0m,最长的31.0m。分层厚度原则上牛腿以下一层,牛腿一层,并保证牛腿分层在高程217.0m以下不少于20cm。

3)模板方案

为满足厂房吊车梁表面质量要求及后期开挖时对混凝土面的保护,模板采用组合钢模(60cm×150cm,厚δ=7cm)内铺五夹板一层(10mm)、PVC板一层,牛腿转角模板为特制7cm厚的钢模板。

牛腿模板采用φ12拉筋与内撑结合并在竖向辅以1.5″钢管排架支撑进行固定,边墙模板主要采用φ12拉筋与内撑结合的方式进行固定。

(5)机组段混凝土施工

1)肘管一期混凝土

①施工程序

尾水肘管一期混凝土分1~4#机坑,共为4个机坑。

从1#机坑施工开始,每一个机坑浇筑第一层至高程166.50m,然后进行底部固结灌浆,再依次开始第二层、第三层肘管一期混凝土的浇筑。

②混凝土施工分层

尾水肘管一期混凝土施工分三层施工,每层一次浇筑完成。第一层从机坑底板高程165.00m浇筑至高程166.50m,第二层从高程166.50m浇筑至高程169.40m,第三层从高程169.40m浇筑至高程172.00m以及支墩1、支墩2的浇筑。

③模板方案

模板使用普通小钢模,采用拉筋固定。

在第二层浇筑中,机坑排水廊道部位的模板重复利用原有排水廊道的模板;边墙混合使用 P6015 及 P3015 钢模板,顶拱采用宽度为 20cm 以下的北新钢模,顶拱模板支撑采用Φ32 钢筋(或 1.5″钢管)制作成弧形,钢管架支撑,模板钢筋架间距为 75cm。

④混凝土入仓方式

1# 机坑混凝土采用泵送入仓。其余 2#、3#、4# 机坑混凝土入仓采用桥机吊运混凝土为主,采用混凝土运输车将混凝土运至安装间,然后由桥机吊运 6m³ 吊罐入仓;必要时,辅以泵送混凝土入仓,即在尾水扩散段处布置一台混凝土拖泵,向机坑内泵送混凝土泵送入仓。

2)肘管二期混凝土

①施工程序

1# 机肘管一安装完毕后,进行 1# 机肘管二期混凝土施工,然后依次进行 2#、3#、4# 机肘管二期混凝土施工。

同机组段肘管二期混凝土按逐层上升的程序施工。混凝土上升至高程 179.34m 以上时,同层混凝土分二仓施工,在前一仓施工的同时,进行下一仓混凝土的逢面处理、钢筋绑扎及模板施工。

②混凝土施工分层

每层顶面高程分别为 172m、175m、179.34m、181.8m、185.5m。

③混凝土拌制及水平运输

混凝土拌制:二期混凝土利用侯家坪拌和站拌制,二期混凝土一般为二级配混凝土。肘管底部 50cm 范围采用一级配混凝土,以保证混凝土密实。

混凝土水平运输:由 7m³ 或 6m³ 搅拌车从侯家坪拌和站运至主厂房安装间高程 206.50m 平台(或 4# 施工支洞)。

④混凝土入仓方式

结合现场实际施工情况,以吊罐入仓方式为主,以皮带输送机、溜管及溜槽相结合入仓方式为辅。

⑤混凝土浇筑难点及解决措施

高程 179.34m 以下肘管二期混凝土浇筑是其施工难点。在进行肘管底部以下混凝土浇筑时,由于肘管底部混凝土浇筑面积过大,钢筋较多,人员无法直接到仓面进行振捣作业,一方面在混凝土浇到距肘管底部 50cm 后采用流动性较好的一级配混凝土进行浇筑,另一方面利用肘管上所设 φ150mm 的孔进行振捣。振捣采用 φ100mm 软轴振捣器,振捣标准以不显著下沉、不泛浆、周围无气泡冒出为准,并且边浇筑边敲击检查,以确保混凝土浇筑密实饱满。在进行肘管底部与顶部之间混凝土浇筑时,为确保已安装好的肘管不发生位移变形,一方面严格控制混凝土对称下料,另一方面对混凝土浇筑时的分层高度及上升速度方面进行严格控制,分层高度严格控制在 40cm 左右,混凝土上升速度控制在 10～13.3cm/h。另外,在浇筑过程中布置千分表,以便对肘管变形进行观测。

⑥溜管、溜槽制作及搭设

溜管与溜槽利用 2mm 或 3mm 厚的钢板制作,利用 1.5″钢管排架搭设,排架间排距为 1.5m×1.5m。溜槽坡度一般控制在 30°～40°。高程 179.34m 以上每仓混凝土属大体积混凝土,仓内布料点间排距一般控制在 3m×3m 左右;高程 179.34m 以下每仓混凝土方量相比较小,布料点数目可适当减少,但浇至尾水肘管两侧时,必须在其两侧各布置一个下料点同时下料,以确保肘管两侧混凝土均衡上升,防止肘管变形。

3)蜗壳外包混凝土

①混凝土分层、分块

蜗壳混凝土采用错缝方式浇筑。根椐现场实际施工情况,将各机组段沿机组中心线分为左、右两块,共分为 4 层,每层顶面高程分别为 188.30m、191.07m、193.07m、195.07m。垂直施工缝的设置,上游侧以机组中心线向小桩号偏移 0.5m 或 1.0m 进行错缝控制,下游侧以机组中心线向小桩号偏移 0.2m 或 0.6m 进行错缝控制,其中上游侧层间分块错缝应注意避开蜗壳引水钢管及接力器坑。若上游侧层间分块错缝间距大于 1.5m,则应铺设拼缝钢筋。高程 185.50m 与高程 184.80m 平台交线上层铺设拼缝钢筋。

②基础环与座环支墩混凝土施工

蜗壳安装之前,应先进行基础环与座环支墩之间的混凝土浇筑。由于基础环与座环支墩之间的空间较小,且相对封闭,混凝土浇筑比较困难。先在座环支墩的空隙处布置四个下料口,待混凝土浇筑至一定高度且无法下料时,改从基础环上预留的振捣孔(孔径 80mm)下料,并采用高流态混凝土进行浇筑,以确保基础环底部的衬砌混凝土饱满密实。待蜗壳外包混凝土浇筑完成后,利用在基础环上预留的灌浆孔、通气孔进行灌浆。

③蜗壳外包混凝土施工

蜗壳外包第一层混凝土施工时(高程 184.70～188.30m),在蜗壳的外围布置下料点,混凝土浇筑顺序由蜗壳直径大的位置向直径小的位置推进,浇筑至距蜗壳底部 40cm 左右时,采用高流态混凝土施工,同时振捣密实,确保蜗壳底部混凝土饱满。如果浇筑层面或缝面出现与结构面交角小于 60°的情况,则作倒角处理。为尽量将蜗壳与座环支墩之间的混凝土浇筑饱满,减少灌浆工程量,在高程 191.07m 以下均采用 C30W8F100 二级配混凝土进行浇筑,局部使用高流态混凝土进行浇筑;高程 191.07m 以上采用 C25W8F100 二级配混凝土进行浇筑。无法浇筑饱满的部位,通过回填灌浆和预埋灌浆管进行接触灌浆。

④推力环段混凝土施工

推力环布设在引水下平洞段内,与蜗壳之间通过凑合节连接,推力环混凝土在蜗壳外包混凝土浇筑完成以后进行。推力环段混凝土采用搅拌车水平运输,拖泵泵送直接入仓。1#机推力环浇筑时,拖泵布设在主厂房安Ⅱ处 1#机组的下料口下方;2#～4#机推力环混凝土施工时,拖泵分别布设在相应母线下平洞皮带机下料口下方。为使顶拱浇筑饱满,在封仓前,可适当将混凝土的坍落度调大或改为一级配混凝土。

⑤弹性垫层及千分表安装

蜗壳弹性垫层敷设:钢筋绑扎和焊接施工时,为了垫层材料不被烧坏和破坏,可根据实际情况,在垫层材料上覆盖一层土工布等材料,并用水湿润进行保护。

为了避免蜗壳在混凝土浇筑过程中发生位移,在蜗壳上部对称的两个部位分别设置垂直和水平的千分表,发现异常及时进行处理。

⑥廊道混凝土施工

廊道结构底板和高程 195.07m 的水轮机层底板需进行抹面处理。为保证抹面质量,混凝土浇筑前焊制抹面轨道,轨道钢筋用 φ12,排距不超过 3.0m,对轨道的高差控制在 4.0mm。

⑦模板方案

堵头分块模板:阴角部位分块模板采用 2.0cm 厚的木模板,阴角以外部位采用钢模板或 2.0cm 厚的木模板。

廊道模板:边墙及顶部采用 P6015、P3015 钢模板拼装,转角部位采用定型转角模板。

楼梯模板:模板采用1.8cm胶合板,楼梯踏步模板采用定型的木模板。

⑧混凝土入仓方式

结合现场实际施工情况,采用皮带输送机、溜槽相结合的入仓方式为主,吊罐或泵送入仓方式为辅。

⑨混凝土拌制及水平运输

混凝土拌制:侯家坪拌和站拌制为主,桥沟拌和站拌制为辅。

混凝土水平运输:采用7.2m³或6m³搅拌车。

4)水轮机层以上混凝土

①混凝土分层、分块

根据水轮机层以上混凝土结构型式,水轮机层以上混凝土结构分成四层进行施工。第一层为高程195.07~196.95m机墩混凝土及高程195.07~199.27m结构柱混凝土,第二层为高程196.95~200.7m机墩混凝土及高程199.27~200.47m梁板混凝土,第三层为高程200.7~204.06m风罩混凝土及高程200.47~205.02m结构柱混凝土,第四层为高程204.06~206.47m风罩混凝土及高程205.02~206.47m梁板混凝土。为确保混凝土结构的整体性,第二、四层整仓浇筑,第一、三层各分为两仓浇筑。

②混凝土拌制

水轮机层以上结构混凝土拌制以侯家坪拌和楼为主,桥沟拌和楼为辅。

③混凝土浇筑

水轮机层以上结构柱、机墩、风罩采用组合小钢模进行拼装。

机墩、风罩部位模板采用φ12或φ14拉条对拉加固,间距按70cm控制,排距根据模板样架间距进行确定。

由于结构柱断面尺寸较小,其抗弯性能较差,混凝土浇筑时模板承受的侧压力较大,采用溜槽配合吊罐入仓,溜槽下部悬挂溜筒至浇筑面,溜筒底部距浇筑层面高度不超过2.0m。另外,混凝土浇筑时必须均衡上升,以防止结构柱整体产生偏移。

机墩、风罩、梁板混凝土主要考虑采用吊罐入仓;吊罐无法直接入仓的部位,采用溜槽配合入仓。若混凝土仓面面积较大,采用吊罐入仓无法满足施工强度要求时,则同时采用吊罐和泵送入仓。

④混凝土养护

混凝土浇筑完毕后12~18h内开始人工洒水养护。

5.2.2 进水塔施工程序及方法

1. 进水塔基础开挖

(1)基础开挖程序

进水口按先周边预裂,中间拉槽,然后进行水平光爆程度进行开挖。

(2)施工方案

进水口高程327.7m以上部位采用7655型手风钻一次水平光爆的形式开挖。

进水口高程327.7m以下部位开挖时,先用7655型手风钻在周边按0.5m间距钻预裂孔,孔深2.7m;然后用手风钻在中部沿纵向拉槽,槽宽4m;最后在拉槽部位沿横向打水平孔进行光爆。采用volvo(L150E)3.8m³挖掘机配15t自卸车出渣。

2. 进水塔混凝土浇筑

(1)基础混凝土浇筑

1)施工程序

引水渠靠进水塔基础30m范围内开挖结束后,依次进行进水塔1~4#机基础第一层混凝土浇筑。

进水塔基础第一层混凝土浇筑结束后,依次进行1#~4#进水塔段基础固结灌浆施工。

进水塔基础第一层混凝土浇筑结束后,为错开基础固结灌浆与混凝土施工,以节约工期,优化1#~4#进水塔段第二、三层基础混凝土施工顺序。

2)混凝土分段、分层

根据进水口结构特点及结构缝位置,横向分为1#、2#、3#、4#进水塔段。

结合固结灌浆情况,1#~4#进水塔底板混凝土第一层浇筑高度为1.6m,第二、三层浇筑高度均为1.7m。

进水塔基础混凝土入仓方式以溜槽方式为主,泵送入仓为辅。进水塔基础混凝土单仓长24m,宽30m,采用台阶法浇筑。

混凝土拌制以桥沟拌和站为主,侯家坪拌和站为辅。

混凝土水平运输采用7m³或6m³卧罐自卸汽车。

(2)高程352.0m以下混凝土

1)施工程序

同一进水塔段拦污栅、喇叭口及渐变段三段采用合理的搭接时间,按平面多工序、立面多层次进行施工,每仓混凝土错开浇筑时段,拦污栅段可根据现场情况适当滞后施工。

不同进水塔段也须合理安排搭接时间,按平面多工序、立面多层次进行施工。

2)混凝土分段、分层

根据进水口混凝土结构体型及布置特点,将进水口混凝土分成拦污栅、喇叭口段及渐变段三段进行浇筑,喇叭口与渐变段分界处设置一道垂直施工缝。

喇叭口段分六层进行浇筑。第一~三层每层层高3.0m;第四层顶面高程设在高程344.5m处,层高为5.5m;第五、六层层高分别为3.5m、4.0m。

由于渐变段高程340.5m以下结构混凝土体型复杂,面积较小,将渐变段分五层进行浇筑。高程330~340.5m分两层,层高分别为5m、5.5m;高程340.5~352m分三层,层高分别为4m、3.5m、4m。

3)模板方案

由于进水口渐变段及胸墙体型相对较复杂,模板采用木模。拦污栅墩模板采用4m长的定型钢模与组合小钢模配套使用,连系梁、支撑梁模板采用组合钢模。检修闸门井及快速闸门井部位模板采用组合钢模。进水口其他部位采用3m×3m的定型悬臂钢模板。

4)混凝土入仓方式

由于进水塔塔体垂直高度达77.5m,高程352m以下部位混凝土施工主要考虑MQ7055型塔机配合6m³(3m³)卧罐入仓。塔机尚未投入使用前,采用溜槽或泵送入仓方式施工。

5)混凝土拌制及水平运输

混凝土拌制以桥沟拌和站为主,侯家坪拌和站为辅。

混凝土水平运输主要采用混凝土搅拌车。

(3)高程352.0m以上混凝土

1)施工特点

①进水塔体型复杂、工程量大、塔身较高、孔洞较多,施工中必须防止高空坠落等事故的发生。

②同一进水塔段拦污栅与塔体分开浇筑,且错开浇筑时间;不同进水塔段须合理安排搭接时间进行

施工。

2)混凝土分段、分层

进水塔混凝土分成拦污栅段及塔体段。塔体段混凝土分层浇筑,层厚按 4.5m 控制。

3)模板方案

牛腿 1、牛腿 2 及梁 1 的模板均采用 1.5m×0.6m 小钢模拼装组成。进水塔背面高程 402.0～405.0m 牛腿模板采用定型模板。其他部位采用 4.5m×3m 的定型悬臂钢模板。

4)混凝土入仓方式

进水塔塔体垂直高度达 77.0m,高程 352m 以上部位主要以 HZNZ75 型塔机配合 3m³ 卧罐入仓为主,溜槽及泵送入仓为辅。

根据现有的施工条件,进水塔的塔体均可浇筑至高程 365.0m 左右,高程 365.0m 以上考虑从交通桥上设置一下料平台,混凝土通过皮带机接溜槽至各仓位。

5)混凝土拌制及水平运输

混凝土拌制以桥沟拌和站为主,侯家坪拌和站为辅。

混凝土水平运输以混凝土搅拌车为主。

5.2.3 引水隧洞施工程序及方法

1. 开挖

(1)施工程序

为施工安全起见,引水隧洞开挖支护采用分部位、分批、间隔方式施工。2#、4# 引水隧洞开挖及初期支护领先进行了 20～30m 洞段后,再开挖 1#、3# 引水隧洞,滞后平行作业。引水隧洞上平段及斜井段开挖施工以厂 6# 施工支洞作为主要通道,引水洞下平段施工以厂 2# 施工支洞作为主要通道,在厂 6# 施工支洞及厂 2# 施工支洞全断面施工至与引水隧洞相交位置后即具备相应引水隧洞施工条件。每条引水隧洞上平段及下平段施工均可开设两个施工工作面。引水隧洞的斜井段开挖施工为本工程的重点及难点,施工时,尽早投入引水斜井段施工。

(2)施工方法

1)引水隧洞上平段、下平段

引水隧洞上平段洞径 8.5m,分层开挖支护,以高程 332.3m 为界,上层高 7.2～7.4m,下层高 3.3～3.5m;下平段洞径 6.9m,开挖断面较小,该部位开挖时不考虑分层。另外,在进行引水隧洞上平段上部或下平段施工时,Ⅱ、Ⅲ类围岩段采用全断面掘进方式进行施工,Ⅳ、Ⅴ类围岩段、与施工支洞交叉口段、覆盖层较薄段等均采用导洞先行、扩挖跟进方式进行施工,导洞断面尺寸控制在 6m×5m 范围内。

引水隧洞上平段及下平段开挖采用 7655 型手风钻进行造孔,周边孔采用光面爆破方式进行施工。光爆孔手风钻钻孔,间距控制在 45cm 以内,线装药密度控制在 0.18kg/m 以内,用 φ25mm 乳化炸药绑竹片间隔装药;主爆孔采用 φ32～40mm 乳化炸药连续装药,掏槽型式采用楔形掏槽,采用 φ40mm、φ35mm 或 φ32mm 乳化炸药连续装药,火雷管引爆,非电毫秒雷管分段起爆。Ⅱ、Ⅲ类围岩段主爆孔孔深为 3.0～3.5m,Ⅳ、Ⅴ类围岩段主爆孔孔深为 2.0～3.0m。爆破后的岩渣采用瑞典 VOLVO(L150E)3.8m³ 装载机装渣,MOXY-28t 自卸汽车出渣,安全处理及清底采用 VOLVO(EC290B)反铲进行。开挖利用料运输到长淌河存料场,弃料运至黑马沟弃渣场或右岸桥沟弃渣场。

2)引水隧洞斜井段

引水隧洞斜井段洞径 6.9m,与水平面夹角为 60°,单条斜井段长度接近 140m,施工难度较大,安全隐患较多,是其施工的重点及难点。为确保施工安全及进度,斜井段开挖采用导井法进行施工,即采用反井钻机先施工导井,再用手风钻扩挖至设计开挖线。

①导井施工

导井钻进参数选择主要依据地层条件、钻进部位等因素确定。反井钻机一般按表 5.11 所示的参数施工,施工时根据不同情况予以调整。

表 5.11　　　　　　　　　　　　　　　导井反井钻机钻进参数表

钻进位置或岩石情况	钻压(kN)	转速(r/min)	预计钻速(m/h)
导孔开孔	50	10～20	0.3～0.6
钻透到下平洞前	50～70	20	0.5
砂岩	15～25	20	2～3
泥岩	10～15	20	3～4

导孔钻进:一般情况下,对于松软地层和过渡地层采用低钻压;对于硬岩和稳定地层宜采用高钻压;距离钻透下平洞 3m 左右,应逐渐降低钻压。对于导孔钻进返出的岩渣,必须及时清理,防止岩渣堆积。岩渣清理由反铲或由人工配合手推车共同完成。

扩孔钻进:拆导孔钻头接扩孔钻头;当扩孔钻头接好后,慢速上提钻具;直到滚刀开始接触岩石,然后停止上提,用最低转速(5～9r/min)旋转,并慢慢给进,保证钻头滚刀不受过大的冲击而破坏;给进一停下,等刀齿把凸出的岩石破碎掉,再继续给进。在扩孔过程中,当岩石硬度较大时,可适当增加钻压,反之可以减少钻压。扩孔钻进时,要及时清理扩孔破碎下来的岩屑,防止下口被堵塞。

扩孔完孔:当钻头钻至距基础 2.5m 时,要降低钻压慢速钻进,慢慢的扩孔,直至钻头露出地面。

②引水隧洞斜井扩挖

斜井段扩挖全部采用手风钻进行开挖,周边孔孔距不大于 45cm,爆破孔孔深 2.5m 左右。斜井的扩挖采用毫秒微差非电雷管起爆,离井口较浅处采用导火索引燃火雷管直接引爆,较深处则采用电炉丝点燃火雷管引爆。斜井扩挖爆破后,人工溜渣到引水洞下平段,再从下平段由装载机配合自卸车装运后,通过厂 2# 施工支洞运至指定存料场或弃渣场。

2. 喷锚支护及排水孔

引水隧洞平洞段支护原则上紧跟开挖进行。若岩石条件较差时,支护施工必须逐排跟进开挖施工,并考虑用 I16 钢支撑、超前锚杆等加强支护;岩石条件好时,可以适当滞后开挖面,但滞后不得超过 50m。

引水隧洞斜井段系统锚杆及排水孔逐排跟进,喷混凝土滞后开挖施工不超过三排炮。

引水隧洞锚喷支护施工工艺与主厂房基本相同。

3. 混凝土施工

(1)桩号 0+00～0+30m 混凝土施工

1)施工程序

引水隧洞支护完成后,立即进行桩号 0+00～0+30m 混凝土衬砌施工。桩号 0+00～0+30m 混凝土施工采用分块浇筑,先从桩号 0+06m 开始浇筑第二、三块混凝土,待进水口明挖结束后再进行桩号 0+00～0+06m 浇筑。

混凝土按先浇底部 120° 范围,再浇筑边顶 240° 范围的顺序进行。第二块混凝土施工可与压浆板帷幕灌浆的施工平行作业,第三块混凝土施工须等压浆板帷幕灌浆施工结束后方可进行施工。

2)施工方法

混凝土采用混凝土泵车泵送入仓,分层连续浇筑,仓内薄层平铺,层厚40～50cm。插入式振捣器振捣密实,人工在抹面架上抹面;侧底拱混凝土浇筑时,对称下料,两侧均衡上升,以防模板整体变形。两侧混凝土初凝后,拆除模板,进行抹面。混凝土坍落度控制在14～16cm。

底部120°范围采用翻板浇筑。边顶240°范围采用1.5″钢管满堂架作为支撑系统,脚手架支撑系统与边顶拱模板间用四榀钢管拱架加固,每两榀间采用A构件延伸弧长30cm相互搭接;组合小钢板外铺一层PVC板作为模板;混凝土外观按镜面混凝土考虑施工。

边顶混凝土浇筑时,从顶拱部位入仓,左右两边挂溜桶均匀、对称下料。两侧浇筑高差不大于50cm;溜桶出料口距混凝土面1.5m左右,以防止骨料分离;人工进行平仓,插入式振捣器振捣密实。分层通仓铺料,顶部采用退管法收仓。

(2)压力钢管段混凝土施工

1)施工程序

引水隧洞压力钢管段混凝土施工在压力钢管安装后进行。压力钢管安装到位后,即可进行混凝土衬砌施工。

每条压力钢管段混凝土浇筑顺序依据压力钢管安装顺序进行,先进行引水隧洞上平段桩号0+28至厂6#施工支洞段的混凝土施工,然后从厂2#施工支洞上游向厂6#施工支洞下游洞段施工,最后进行施工支洞段施工。施工支洞段混凝土施工按逐洞后退的施工顺序进行:厂6#施工支洞段从1#引水隧洞向4#引水隧洞进行施工,厂2#施工支洞段从4#引水隧洞向1#引水隧洞施工。

根据引水隧洞特点及有关技术要求,混凝土浇筑采用分段施工,平洞段按10～12m分段,斜井直段按36m分段,根据实际施工情况,分段作适当调整。

2)施工方法

压力钢管段混凝土浇筑采用全断面一次浇筑成型。

平洞段底部混凝土浇筑难度较大,为了确保压力钢管底部混凝土浇筑的密实度,必须加强底部反弧段振捣,混凝土从两边均匀下料,并尽量放慢浇筑速度,防止压力钢管变形。引水隧洞下平段底部混凝土浇筑时,必须控制下料速度,采用薄层下料浇筑,下料层厚控制在20～30cm,必要时可适当调整混凝土坍落度,保证底部混凝土浇筑的密实度,并在压力钢管两加劲环之间预埋一根灌浆管和一根排气管,灌浆管采用1.5″钢管,排气管采用1″钢管,注浆管和排气管削成尖口,紧靠压力钢管外壁处,视浇筑情况进行后续灌浆。边顶混凝土浇筑导管从顶部引入仓面,接溜桶对称下料,两侧混凝土浇筑高差不能大于50cm,溜桶随着混凝土上升边浇边拆,保证溜桶出料口离混凝土面不大于2m,防止骨料分离。平洞段顶部收仓采用退管浇筑法,必要时埋设泵管或者混凝土改为一级配浇筑,确保混凝土覆盖外层钢筋并尽量把顶部空腔填满。

斜井段混凝土施工难度大。斜井下弯段从厂2#施工支洞泵送入仓;浇至斜井井身段时,泵送满足不了要求,则从上弯段搭设溜槽,通过下料漏斗接入溜管,最后分料溜槽入仓。溜管沿开挖面搭设固定,尽可能不影响压力钢管运输安装,溜管采用10″管制作,每隔30m左右设置一根弯管作为混凝土的缓冲装置,为方便拆装,弯管做成锥形,并有利于和溜管连接。

引水隧洞伸缩缝和施工缝均设一条BW5型橡胶止水带。止水离过水面40cm,止水安装采用定型堵头模板,安装偏差符合设计要求,加固牢固。止水接头采用冷粘方式连接。伸缩缝处布置2cm厚的BW闭孔泡沫防水板。

预埋灌浆管采用 ϕ 60mm 钢管,对准压力钢管预留孔,管口伸出钢筋网并与原系统锚杆错开,灌浆管与钢筋焊接加固。

5.2.4 尾水隧洞上段施工程序及方法

尾水隧洞分为上段和下段施工,从厂房下游边墙至尾水洞渐变段为上段,渐变段至尾水塔为下段。

1. 开挖支护

(1)开挖支护程序

由于尾水隧洞上段地质条件极差,采取间隔开挖顺序施工,先进行 2#、4# 尾水隧洞上段上部开挖、支护,随后进行 1#、3# 尾水隧洞上段开挖支护,最后进行 2#、4# 尾水隧洞上段下部开挖、支护。尾水洞上段开挖支护程序见图 5.15。

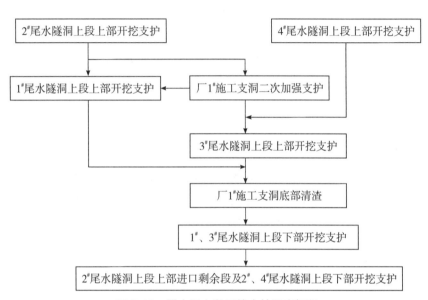

图 5.15 尾水洞上段开挖支护程序框图

尾水隧洞开挖前,先将厂 1# 施工支洞顶部扩高 2.5m,下部垫渣 3m 厚,通过 10% 的升坡往小桩号开挖尾水洞上部;当底板升至高程 172.8m 时,水平开挖前进,将上部开挖支护完,再开挖下部。

(2)开挖方法

1)厂 1# 施工支洞加强段支护

由于厂 1# 施工支洞挖空率高,且地质条件差,为确保施工安全,在 1# 尾水隧洞和 4# 尾水隧洞之间的厂 1# 施工支洞(桩号 0+650~0+755m 段)内增加 I16 钢支撑及喷混凝土支护。

2)尾水隧洞上段开挖

根据尾水隧洞上段实际地质条件,该部位上半部开挖时,针对不同围岩洞段采用全断面中导洞超前法及全断面法两种方案施工;下半部采用全断面法施工。

①上部中导洞升坡段开挖支护

施工时,利用厂 1# 施工支洞底部垫渣高程 171.0m 作为 1#、3# 尾水隧洞上段升坡起点,采用 7m×7m 中导洞通过 15% 坡度升坡至高程 174.5m 进行上层扩挖支护。为方便施工,中导洞顶拱半径与尾水隧洞顶拱相同。然后根据地质条件,在进洞后 10~20m 范围内逐渐扩挖至设计规格线。若岩石较好,则从中导洞两侧扩至尾水隧洞的上部开挖边线;若地质条件差,则按中导洞升坡至尾水隧洞顶拱,然后以小导洞超前,沿顶拱中导洞跟进方式向前开挖,最后再进行上部全断面扩挖。由于厂 1# 施工支洞顶拱比尾水隧洞上段顶拱低 6m 左右,很长的一部分洞段都只能通过调整坡度开挖,且无法一次开挖到顶拱规格线。为确保施工安全,在中导洞升坡开挖过程中,排炮开挖结束后,及时喷 10cm 厚 C25 钢纤维混凝土封闭,并视情况布置Φ 25、长 3.0～4.5m 随机锚杆及超前锚杆;对地质条件较差部位,特别是 1# 尾水隧洞,还增设钢支撑喷混凝土支护。

②上部扩挖支护

上部扩挖采用自制轮式平台车配合手风钻进行造孔,光面爆破法施工。考虑到支护需要,渐变段以前上部分两次扩挖,第一次扩挖与中导洞一致,先升坡进行高程 174.5m 以上扩挖,扩挖到渐变段后,接着进行高程 171～174.5m 段扩挖,最后进行渐变段高程 171m 以上扩挖。扩挖施工将严格按短进尺、弱爆破、多循环原则进行,并在导洞顶部升坡到设计开挖支护线后,按小导洞超前的开挖方式进行,在排炮扩挖规格形成后,及时进行随机锚杆、钢拱架及喷混凝土等支护方式。由于尾水隧洞上段地质条件复杂,考虑到施工安全,系统锚杆施工在钢支撑安装及喷混凝土后才进行。钢支撑安装前,先按 3.0m×1.0m 的间排距增加Φ 25、L=3.0m 锚杆,该锚杆既可以同钢拱架一起稳固表层的围岩,又能够作为钢拱架的支撑点,对施工安全及围岩稳定均十分有利;待钢支撑及喷混凝土均结束后再进行系统锚杆支护。系统锚杆原则上在Ⅱ、Ⅲ类围岩中可滞后开挖掌子面 20～30m 施工,在Ⅳ、Ⅴ类围岩中随排炮及时跟进,以确保施工期的安全。

③下部全断面开挖支护

1#、3# 上部开挖及系统支护全部结束后,清除厂 1# 施工支洞底板积渣,然后进行 1#、3# 尾水上段下部开挖支护,最后进行 2#、4# 尾水上段下部开挖支护。下部开挖采用台车或手风钻造水平孔,光面爆破法施工,在开挖成形后及时将下半部钢支撑安装好并进行系统锚杆和喷混凝土支护,下部钢支撑与上半部钢支撑可靠连接,确保围岩稳定。

锚杆、锚索施工工艺与主厂房基本相同。

2. 混凝土衬砌

(1)混凝土浇筑分段、分层

根据尾水隧洞上段温控要求,尾水隧洞混凝土分段长度按 7.5～12m。结合尾水隧洞结构特点具体分块为:尾水肘管段与尾水管扩散段分三段,尾水管标准段分三段,与厂 1# 施工支洞交叉段单独浇筑。

混凝土衬砌分三层进行:先浇底拱,高度为底部弧段以上 30cm;然后浇筑直立边墙;最后浇筑顶拱。原设计分缝调整至底部弧段以上 30cm,按原设计要求处理缝面及埋设止水。顶拱和边墙之间的纵向施工缝进行凿毛处理,不再埋设止水。

(2)混凝土浇筑方法

尾水肘管及桩号 0+15m 以前尾水扩散段采用木模和小钢模组合使用,桩号 0+15m 以后采用组合小钢模。

钢筋由钢筋加工厂进行制作,由载重车运输到尾水隧洞内,人工搬运至作业面绑扎或焊接安装。

铜止水片、橡胶止水带的型式、尺寸、规格符合设计要求,止水安装严格按设计要求进行,接头按规范要求处理。

混凝土由侯家坪拌和系统拌制,采用 6m³ 搅拌运输车运至现场。

混凝土采用混凝土泵车泵送入仓,分层连续浇筑,层厚 40～50cm。平底板混凝土平面铺料法施工,插入式振捣器振捣密实,人工抹面;边墙、顶拱混凝土浇筑时对称下料,两侧均衡上升,顶拱混凝土采用退管法或垂直法封拱。混凝土下料口与浇筑层面的高差不宜大于 2m,防止骨料分离。

混凝土浇筑完毕后 12～18h 内开始人工洒水养护,使其保持湿润状态,养护时间不少于 14d。

5.2.5 母线系统及交通竖井施工程序及方法

1. 母线洞室开挖与支护

母线系统布置见图 5.16 和图 5.17。

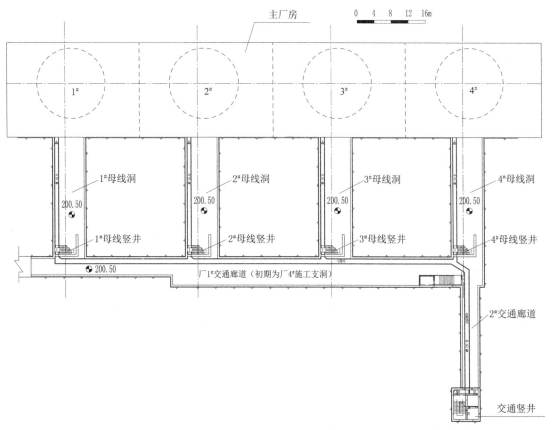

图 5.16 母线洞及交通廊道平面布置图

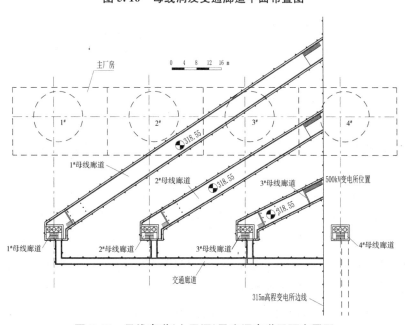

图 5.17 母线廊道(上平洞)及交通廊道平面布置图

（1）施工程序

针对母线洞、母线竖井的难点及重点，充分利用现有的条件，现有的施工通道，多展开工作面，平行流水作业施工，确定该部位施工程序。

1）首先展开 1# 及 3# 母线上平洞、5# 交通廊道、3# 交通廊道、厂 4# 施工支洞五个工作面，进行开挖及支护施工。3# 母线上平洞开挖支护结束后，进行 2# 母线上平洞开挖及支护施工。

2）厂 4# 施工支洞开挖施工结束后，进行 2# 交通廊道和 1# 交通廊道电缆沟的开挖支护施工。第二层排水洞交通廊道安排在 3# 交通廊道开挖结束后施工。

3）1# 母线上平洞开挖到位后，结合厂 4# 施工支洞开挖进度情况，使用反井钻机进行 1# 母线竖井导井开挖。导井开挖结束后，母线竖井从上往下进行扩挖，支护施工跟进。

4）反井钻机按照 1#、3#、4#、2# 的顺序进行反导井开挖，竖井扩挖依次跟进（若厂 4# 施工支洞施工顺利，条件具备时也可考虑按 4#、2#、1#、3# 的顺序施工）。母线下平洞较短，具备母线下平洞开挖条件后，即可施工，施工中要避开相应的母线竖井施工。交通竖井安排在母线竖井结束后进行。

5）4# 交通廊道的开挖支护在竖井施工后进行。

（2）施工方法

1）平洞施工

平洞洞口 10m 以内开挖采取小导洞超前法为主，全断面扩挖跟进。造孔采用 TY28 手风钻，孔深 2.0～3.0m。为了减小爆破对周边围岩扰动，平洞边顶拱与竖井周边采用光面爆破法进行开挖，周边孔的间距控制在 50cm 以内，线装药密度控制在 0.15～0.2kg/m 范围内，并且采用小药卷间隔装药。

母线上平洞薄壁三角体附近的主爆孔及光爆孔药量要适当减少。母线上平洞口有一个 3.2m 高的台阶，影响洞内出渣，该部位开挖后采用弃渣填坡，坡比为 15% 以内，外接高程 315m 平台，至施工全部结束后清除。母线上平洞开挖爆破石渣，采用 3m³ 装载机配 15t 自卸车出渣，1# 母线上平洞洞长超过 100m，可在桩号 0+50m 设一装渣道，以加快施工进度。

交通廊道采用手风钻造孔，人工装药爆破，手推车或农用车人工装运的方法出渣，洞外采用二次倒运。

2）竖井开挖

考虑到母线竖井及交通竖井开挖高度大，开挖支护过程安全隐患较多，为确保施工质量、进度及施工人员安全，该部位采用导井法进行施工，先施工导井，再用手风钻扩挖至设计开挖线。

3）锚喷支护

锚喷支护施工工艺与主厂房基本相同。

2. 母线洞室混凝土施工

（1）母线下平洞混凝土施工

1）施工程序及原则

厂房母线下平洞施工程序及原则如下：

①考虑到主厂房施工工期的需要，母线下平洞混凝土浇筑按照先边墙、后顶拱、最后底板的顺序进行，边顶拱混凝土采用分块分段、从里往外退浇。

②母线下平洞从厂房侧由里向外同时施工至交叉口段，然后经交通廊道再从里往外逐块退浇，楼梯间所在块号的混凝土待竖井开挖支护完后再浇。

③为确保混凝土浇筑质量，母线下平洞边顶拱模板内侧采用 3mm 厚的 PVC 板。

④1#、2# 交通廊道混凝土先进行底板混凝土浇筑，再进行边顶拱混凝土浇筑。1# 交通廊道内全断面

混凝土衬砌结束后,再进行砖砌隔墙的施工。

2)施工方法

①钢筋制安

钢筋在钢筋加工厂加工,运至现场人工绑扎;Φ25 主筋连接采用单面焊,焊接长度为 10d(d 为钢筋直径)。完成止水及埋件安装、回填灌浆管路安装、排水孔施工、塑料盲沟安装、接地扁铁安装、母线及桥架埋件安装、照明埋件安装等。

②模板及支撑施工

边墙模板用北新小钢模,模板面铺一层 3mm 厚的 PVC 板以保证混凝土表面质量。

拱模板采用北新小钢模,模板面铺一层 3mm 厚的 PVC 板,模板采用间距 75cm 的圆弧形钢拱架固定,利用 1.5″钢管满堂脚手架进行承重,脚手架间排距 1.2m×1.0m,层高 1.5m。

边墙堵头模板用普通小钢模,顶拱堵头模止水内侧用专用钢模,专用钢模采用 3mm 厚的钢板加工而成,高度 20cm,外用木板现场拼接,堵头正中央预留 1.5m 宽的施工洞口,用于进人。

③混凝土浇筑

混凝土由拌和楼拌和,6m³ 混凝土搅拌运输车运输。

混凝土导管为 φ150mm 钢管,边墙导管接至拱角处,90°弯管进仓,溜管接至混凝土面 2m 左右;顶拱混凝土浇筑采用冲天管法浇筑,导管从顶拱垂直进入仓内,埋设 2～3 根冲天管,尽可能埋于超挖最高处。

混凝土浇筑时,在边底板及边顶拱混凝土分缝处,先铺一层砂浆(约 2cm 厚)后再下料,在施工中根据下料情况进行人工或振捣器平仓,插入式振捣器振捣,并尽量保持混凝土等高上升,顶拱按对称浇筑,分层下料,每层下料厚度不大于 50cm,浇筑速度控制在 15m³/h。

边墙混凝土浇筑结束 48h、顶拱混凝土结束 6d 后方可拆除模板。

拆模后,混凝土要及时养护,养护时间不低于 14d。

(2)交通竖井混凝土施工

交通竖井混凝土模板采用组合小钢模,人工立模,利用满堂脚手架进行支撑。其中电缆井、电梯井采用筒子模浇筑。

第一仓混凝土由高程 200.50m 浇至高程 203.50m,其中包括电梯缓冲井、交通竖井与 2# 交通廊道结合部位。其他仓位每仓混凝土浇筑高度原则上按 3m。

从高程 200.50m 及电梯井至高程 230.50m 部位的混凝土由拌和楼提供,采用 6m³ 混凝土搅拌车运输,该部位混凝土采用泵车泵送入仓。

高程 230.50m 以上部位的混凝土从位于 315m 平台的交通竖井口用溜管向下输送混凝土。采用 φ200mm 溜管从井口垂直入仓,溜管中间增设 my-Box 缓降器。

(3)母线竖井混凝土施工

1)施工方案

厂房母线竖井混凝土浇筑按 2#、1#、3#、4# 的顺序,在母线下平洞(桩号 Ycf0＋034.25～0＋39.25m)段混凝土浇筑结束后进行。

根据母线竖井体型特点,竖井混凝土采用滑模及翻模相结合方法从下至上进行混凝土浇筑,即在直段采用滑模,牛腿段采取翻模,模板及支撑均通过液压系统提升,并采取钢筋绑扎及预埋件安装超前、混凝土浇筑紧跟的方法进行施工。

母线竖井混凝土模板有滑升模板及翻转模板两种。滑升模板由标准模板(120cm×30cm)和特制非标钢模板沿竖向拼装成整体结构,高度1.2m。翻转模板由角钢及钢板制作而成,为便于拆模,翻转模板间采用螺栓连接,并沿水平布置,模板单块宽度30cm,翻转模板共加工两套,即左、右牛腿各一套,单套组装高度1.5m,为减少滑模滑升时的摩阻力,便于脱模,模板安装时应上口小、下口大,形成单面0.2%~0.5%的倾斜度。

浇筑时,通过母线竖井上口10t卷扬机配合1.5~2.0m³吊罐垂直运输混凝土进入仓位,钢筋运输则通过在滑模支架上安装3t卷扬机由母线竖井下口进行垂直起吊,原则上一次浇筑成型。母线竖井混凝土模板采用滑模结构,主要由模板系统、操作平台系统、液压提升系统三部分组成,模板系统包括模板、围圈、提升架等。

2)混凝土浇筑

电缆沟布置在靠爬梯侧的混凝土壁面上,呈竖向布置,尺寸为45(85)cm×8cm,考虑采用在面板上专门加工定形模板以翻模形式浇筑成型。

母线竖井滑模混凝土浇筑至排水洞交通廊道前,需先采取专用钢模配合钢管脚手架在控制交通廊道体型后再进行滑模混凝土浇筑,同时,需尽量放低这些部位的混凝土浇筑速度。并视情况将水平横向永久缝设在交通廊道附近。

混凝土由侯家坪拌和楼提供,采用6m³混凝土搅拌运输车通过母线廊道运至母线竖井口。

采用6m³混凝土搅拌运输车运输混凝土至竖井口后,在竖井口搭设平台通过溜槽进入1.5~2.0m³特制吊罐,然后用10t卷扬机垂直运输至操作平台的溜槽进入仓内。仓内共设4个下料点,混凝土入仓下落高度不大于2m。坍落度控制在12~14cm,老混凝土面上铺一层2~3cm厚的水泥砂浆,入仓混凝土应均匀对称下料,高差不得超过30cm。采用软轴振捣器对称振捣,混凝土表面经滑模出露后要及时洒水养护。

回填灌浆须在混凝土浇筑完成后7d才能进行,回填灌浆施工按两序分段进行,分段长度一般为20~30m。

5.2.6　500kV变电所施工程序及方法

1.500kV变电所二次开挖

结合马崖高陡边坡治理,进行500kV变电所一次开挖。

500kV变电所二次开挖时,先进行高程314.7m平台及管槽开挖,然后从管槽侧造水平光爆孔进行高程314.2m,313.7m平台开挖。由于高程314.7m平台开挖厚度仅30cm,采用浅孔、密孔、少药量的爆破方式进行开挖,孔深根据前期开挖高程进行控制。

管槽宽度250cm,采用周边光爆(或预裂)、中间拉槽爆破的方式开挖,中间拉槽孔超深长度可根据现场岩石条件进行控制,周边孔孔距40~60cm,孔径42mm。管槽中间拉槽孔布置2~3排,拉槽孔间距0.8~1.0m,排距1.0~1.5m。管槽开挖完成后,再从管槽两侧进行高程314.2m、313.7m平台水平光面爆破孔的造孔、爆破,水平光爆孔间距50~80cm。

管槽开挖出来后,再进行主变楼柱基础开挖。控制楼基础及油池参照管槽开挖方式进行开挖。

2.500kV变电所混凝土施工

(1)500kV变电所基础及场平混凝土

500kV变电所的基础及场平混凝土分为素混凝土区和结构混凝土区,结构简单,埋件相对较多。由于基础及场平混凝土比较平整,主要采用泵送入仓。考虑到500kV变电所所在位置为引水隧洞施工作业的主要道路,施工时先进行主变楼的基础混凝土浇筑,待后续开挖完成后再进行其他地方混凝土浇筑。

500kV变电所基础及场平混凝土的素混凝土区与结构混凝土区间按设计要求进行分缝。1~15轴基础及场平区域内,由于素混凝土区的混凝土厚度较薄,纵向按 12m 进行分仓施工,若施工缝遇基础柱可避开,横向缝按要求设置。结构混凝土区按纵向 10m 进行分仓浇筑,中间的分缝按施工缝设置,遇基础柱或者变压器运输轨道避开。遇变压器轨道部位,混凝土需分成两次浇筑,第一次先浇筑基础混凝土,第二次进行变压器运输轨道混凝土浇筑。15～22 轴基础及场平区域内,素混凝土区纵向 14m 分缝进行施工,结构混凝土区内按纵向 8m、横向 10m 进行分仓浇筑。

混凝土由桥沟或侯家坪拌和楼拌制,混凝土运输选用 6m³ 搅拌运输车。

混凝土仓内采用 ϕ 50mm 插入式振捣器振捣,混凝土浇筑完毕后 12～18h 开始人工洒水养护。混凝土达到规定拆模时间后,进行人工拆模。

(2)500kV 变电所框架结构混凝土

1)施工程序

混凝土施工程序为先浇柱、墙,再浇板、梁。构造柱和墙分层浇筑,1～14 轴分层高度 5.4～3.8m,15～22 轴分层高度 3.7～2.7m,每层墙、柱施工可视模板的周转情况分序施工。为保证板、梁混凝土施工质量,板、梁采用整体现浇,受混凝土施工强度制约,1～22 轴板、梁分三仓进行浇筑,分缝位置分别设在7～8 轴、14～15 轴伸缩缝处。

2)施工方案

钢筋统一由钢筋加工厂制作,由塔吊运至工作面,人工绑扎成型。竖向钢筋连接以电渣压力焊为主,水平钢筋连接以闪光对焊为主,也可视情况采用绑扎搭接、焊接及直螺纹连接等方法进行施工。

500kV 变电所框架结构模板主要采用 1.8cm 厚的木模板,牛腿模板为定型模板。

混凝土由侯家坪拌和站拌制,运输用 6m³ 搅拌运输车运至高程 315.0m 平台,经由泵车或塔机输送至各工作面。

混凝土分层下料,每层铺料厚度不大于 50cm,下料后及时振捣。

每层墙、柱混凝土终凝后方可进行该层板、梁施工,在板、梁混凝土浇筑 7d 后才浇筑上层墙、柱。各部位混凝土施工后 12～18h,进行人工洒水养护。

5.3 溢洪道工程施工

5.3.1 溢洪道开挖

1. 工程特点

溢洪道由引水渠、控制段及泄槽段三大部分组成。其中,引水渠进口段地形起伏差较大,引水渠及溢流堰地形相对平坦,地表高程 400～455m。泄槽段地形呈陡缓相间特征,坡高约 250m。

溢洪道引水渠及溢流堰开挖范围岩层主要为第四系松散覆盖层(Q)、二叠系上统龙潭组(P₂)页岩、下统茅口组(P₁m)地层灰岩。其中,在堰基一带有自上至下贯穿性溶洞及溶槽的异常区,溢洪道泄槽范围开挖岩层主要为二叠系下统栖霞组(P₁q)地层灰岩。溢洪道开挖较大的断层有 F_3、F_4、F_5、F_8、F_9、F_{19}、F_{50}、F_{205} 等,这些断层以高倾角为主,顺断层带溶蚀发育。

开挖工程量 1019 万 m³,其中,引水渠高程 350m 以下部位超挖 69 万 m³ 茅口组灰岩料作为坝体填筑料及砂石骨料。

2. 施工程序

作为大坝填筑料主要料源之一,溢洪道开挖的突出特点为:既应满足施工总进度要求,还兼顾开挖利用量的直接上坝要求,并使开挖料的岩性与大坝填筑分区相适应。

溢洪道开挖按照自上而下的施工顺序,工作面开挖施工流程见图5.18。

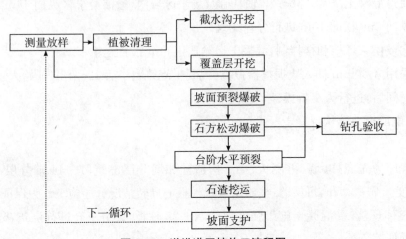

图5.18　溢洪道开挖施工流程图

3. 施工方法

(1)覆盖层开挖

溢洪道覆盖层包括土方、堆积体和风化孤石等。覆盖层开挖采用7.0m³液压正铲和1.6~1.8m³液压反铲开挖,自卸汽车运输。覆盖层自上而下分层开挖,层高4~5m。开挖土料翻落至下部截渣平台或直接装车,覆盖层较薄部位用240kW推土机配合集料。对于崩积层中的块石,则采用手风钻浅孔小炮爆破解小后装车。土方边坡开挖接近设计坡面时,按设计边坡预留0.2~0.3m厚的削坡余量,再由人工整修至设计要求的坡度和平整度。雨天施工时,施工台阶略向外倾斜,以利于排水。

(2)岩石开挖

1)开挖分块、分序、分层

溢洪道岩石开挖采取分块、分序、分层进行。鉴于溢洪道长、宽幅度都较大,因此,在按部位分块基础上,再将每块分两序开挖,即Ⅰ序先开挖宽槽中间部分,靠两侧墙各留15~20m的部位为Ⅱ序开挖,并先进行边坡预裂。每序均采取深孔梯段微差爆破,由上至下分层开挖,梯段高度10~15m。在接近马道和建基面时,底部预留2.0~2.5m保护层。坡面采取预裂爆破,预裂深度按马道高程控制;马道和建基面采取水平预裂或水平光面爆破。

根据土石方平衡要求,茅口组岩石用作大坝填筑料,龙潭Ⅰ组岩石为弃料。施工中,把龙潭Ⅰ组和茅口组的结合面作为一个开挖分层面,为防止龙潭Ⅰ组岩石污染上坝料,在该层爆破开挖时,向下超挖1.0m。

2)预裂爆破

溢洪道边坡开挖施工中采用预裂爆破,QZJ-100B型支架式钻机造孔,孔径80~90mm,预裂孔间距0.8~1.0m。钻孔深度一般情况下按马道高程控制,当马道高差过大时(大于15.0m),按梯段高度控制。预裂爆破起爆网络采用非电导爆系统、导爆索传爆、电力起爆方式。

3)梯段爆破

梯段爆破采用大孔距、小排距及小抵抗线的布孔方式钻孔,完全耦合装药结构和孔间微差,使爆破出来的石渣粒径均匀。钻孔以 CM-351 高风压钻机为主,孔径 105~115mm。

4)保护层开挖

溢洪道边坡各级马道、控制段和泄槽段建筑物基础均按岩石保护层要求进行开挖,预留的保护层厚度 2.0~2.5m。保护层钻爆方法主要采用快速钻水平(斜坡)光爆辅助水平爆破孔一次成型。

水平光爆(预裂)辅以水平爆破相结合方法。

5)出渣

出渣采用 7m³ 液压正铲、1.2~1.8m³ 液压反铲挖装,32t 和 20t 自卸汽车运输。有用料按不同的坝体填筑料要求分别挂牌标识,运至大坝相应填筑部位或存料场;弃料运至柳树淌、长淌河等弃渣场。

4. 阻滑桩开挖

阻滑桩桩井开挖采用自上而下分层开挖,层厚按 1.2m 控制。

阻滑桩开挖采用手持式风钻钻孔,孔径 42mm,开挖层厚 1.2m,中间布置楔形掏槽孔,掏槽孔深 1.7m,爆破孔和周边光面爆破深 1.4m;在岩石破碎地段,掏槽孔深 1.3~1.5m,爆破孔和周边光面爆破孔深 1.0~1.2m。掏槽孔和爆破孔采用 ϕ 32mm 乳化炸药柱状连续装药,非电毫秒雷管分段爆破;周边孔采用 ϕ 25mm 乳化药卷间隔不耦合装药,导爆索引爆。整个网络采用电力起爆。

爆破后,为排出有害气体和灰尘,采用 5.5kW 压入式风机吹风;当桩井深超过 10m 后,井内经常性通风。

为了出渣,采用设在井口的 3t 慢速卷扬机配 0.5m³ 料斗箱,通过固定在简易龙门架的导向滑轮,将爆渣垂直运输至井口;在井口搭设两根槽钢,作为手推车的行走轨道,其上设置活动盖板,待料斗箱吊到井口时,再放到手推车架上,然后人工推至井台附近空闲地段堆积;堆积料由装载机、反铲配自卸汽车及时转运。

阻滑桩开挖平台上积水利用潜水泵排出至下游排水廊道。井内出现的积水,在井坑中心开挖出一个 0.7~0.8m² 的集水井,用 2.2~7.5kW 的潜水泵,辅以人力排出井内积水。

5.3.2 边坡支护工程

溢洪道除控制段边坡外,对引水渠和泄槽段边坡进行了喷锚支护。

溢洪道边坡支护工程内容包括:坡顶截水沟、马道混凝土、素喷混凝土和挂网喷混凝土、锚杆、高程 402m 以上边坡排水孔。

(1)坡顶截水沟:高程 400m 以上边坡坡顶设置截水沟,中心线距开口线 5m 设置,深度 1.0m,过水断面呈梯形,浆砌块石结构,厚度 30cm,沟底及两侧抹面厚 3cm。

(2)马道混凝土:引水渠马道岩性为龙潭Ⅱ组的部位采用 20cm 厚的混凝土保护,另有泄槽段右侧高程 395m 马道因地质缺陷需要进行局部混凝土修补。

(3)喷混凝土:喷混凝土强度等级 C20,分挂网混凝土和素混凝土两种。挂网混凝土厚 15cm,主要布置在出露的覆盖层、龙潭组页岩的坡面以及有严重地质缺陷的坡面;素混凝土厚 10cm,主要布置在出露的茅口组、栖霞组灰岩的坡面。

(4)锚杆:系统锚杆分Φ28、Φ25 两种,长度分别为 8.0m、5.0m,间距 3.0m。

(5)排水孔:高程 402m 以上两侧边坡均设排水孔,排水孔孔径 56mm,$L=3$m,间排距均为 3m。

5.3.3 地质缺陷处理

1. 地质缺陷分布

溢洪道处于灰岩地区,有较多岩石溶洞、断层、夹层及破碎带,地质条件较差,大的溶洞、溶槽剪切带有两处,主要分布在控制段桩号 K0+0~0+20m 和引水渠桩引 0+0~0+47m 范围内;节理裂隙较发育,小溶槽、溶沟较多,主要分布在泄槽段桩号 K0+35~0+83m 右边坡和引水渠桩引 0+80~0+270m 左、右侧边坡处。

2. 处理方法

溶洞:人工清挖洞内黏土、砂土、砂砾石及松动岩块,经验收合格后回填混凝土。溶洞洞顶不易回填密实的位置,埋设 ϕ30mm 回填灌浆管,回填灌浆管管口引出洞外,进行回填灌浆处理。

溶沟、溶槽:先进行溶沟、溶槽处理,然后回填混凝土恢复开挖坡面形状。一般按槽口宽 1.5 倍清挖泥土、松动石块;溶槽内为溶蚀泥土的,沿泥土面布设 ϕ100mm 软式透水管,透水管一端用透水性较好无纺土工布包扎,另一端管口紧贴模板。

151# 剪切带:在控制段 6#、7# 坝段剪切带范围内布置 30 个孔深为 9.0~13.2m 的钢筋锚桩,钢筋锚桩中间埋设 ϕ25mm 塑料进、回浆管,用砂浆泵灌注 M30 水泥砂浆,压力控制在 0.2~0.4MPa;当回浆管出浆比重等于或大于进浆比重时,再循环灌浆 10min,总灌浆时间不少于 20min,并且灌浆压力下降不大于 25%,锚桩灌浆即结束。

5.3.4 混凝土工程

1. 溢洪道结构特点

溢洪道控制段由 6 个溢流坝段(2#~7#)和 3 个非溢流坝段(1#、8#、9#)坝段组成。堰轴线前缘总长度 145.30m,坝顶高程 407m,最低基岩高程 355.5m,最大坝高 51.5m。溢流坝段设五个孔口尺寸为 14.0m×28.8m 的表孔,堰顶高程 378.2m,设平板检修闸门一扇和弧形工作闸门五扇。

在溢洪道控制段 2#~7# 坝段下游布设 12 根阻滑桩。阻滑桩从左至右编号 1#~12#,中心线桩号 0+029.15m,桩台高程 356.00m。阻滑桩断面呈矩形,尺寸为 3.5m×3.0m,深度 16.1~27.04m,阻滑桩间沿 131# 剪切带设一连接洞,断面尺寸为 3.5m×2.5m。

泄槽段轴线成直线,泄槽底板纵坡 1:6.3~1:1.2,上接溢流坝的反弧段,下接抛物线段,再接陡坡段。泄槽总宽度 98m,由纵向隔墙将泄槽分为五个区,即五个表孔各成一区,总泄洪净宽 80m,各隔墙宽 3m,墙高(铅直高度)12m 左右。泄槽段设两道跌坎式掺气槽,挑流鼻坎采用阶梯式窄缝挑坎。尾坎至下游高程 250m 为 1m 厚的混凝土护坡。

2. 混凝土施工配合比

溢洪道混凝土施工配合比见表 5.12。

表 5.12　　　　　　　　　　　　　溢洪道混凝土施工配合比

强度等级	级配	抗冻等级	抗渗等级	$W/C+F$	F (%)	S (%)	FDN-4 (%)	AIR202 (1/万)	W	C	F	S	小石	中石	大石	坍落度 (cm)	水泥品种
C20 (喷)	一	/	/	0.52	/	51	2.5% (8604 型速凝剂)		225	433	/	821	814	/	/	6~8	荆门普硅 32.5
C15	三	F50	W4	0.62	20	33	0.6	1.5	112	145	36	716	436	291	726	3~6	荆门低热矿渣 32.5

强度等级	级配	抗冻等级	抗渗等级	W/C+F	F (%)	S (%)	FDN-4 (%)	AIR202 (1/万)	W	C	F	S	小石	中石	大石	坍落度 (cm)	水泥品种
C35	三	F100	/	0.40	0	30	0.6	1.5	116	290	0	624	437	291	728	3~6	荆门中热42.5
C40	二	F100	/	0.35	0	35	0.6	1.5	133	380	0	685	636	636	/	3~7	
C25	二	F100	/	0.43	20	45	0.6	0.6	162	301	75	836	613	309	/	12~16	
C40	二	F100	/	0.33	0	43	0.6	0.3	165	500	0	759	604	403	/	12~16	

3. 混凝土拌和系统

(1)三友坪拌和系统:3XJ3-1.5 自落式混凝土拌和楼,标称最大生产能力为 135m³/h。拌和系统设置制冷站,主要生产 7~10℃冷水和-4℃冷风,以降低混凝土出机口温度。

(2)大岩堆拌和站 1:HZS90 强制式拌和系统,生产能力为 60m³/h。

(3)大岩堆拌和站 2:强制式拌和系统,生产能力为 45m³/h。

4. 混凝土运输

(1)水平运输

采用 10~15t 自卸汽车、4.5~6.0m³ 搅拌车运输,运输距离不大于 3.5km。

(2)垂直运输

垂直运输设备:1 台 M900 塔机、3 台丰满门机、1 台电吊。

M900 塔机布置在泄槽段桩号 0+43.66m,轨顶高程 360.5m,工作幅度为 70m,M900 塔机在工作幅度 28m 内时最大起重量 30t,幅度 70m 时起重量 10t。承担控制段和泄槽段第 1~6 排混凝土入仓,月浇筑强度 6000~8000m³。

移动式电吊最大起吊重量 30t,主要承担泄槽段第 7~11 排混凝土入仓,并辅助 M900 塔机进行控制段混凝土入仓。

泄槽段下段垂直于流向布置 3 台丰满门机,高程分别为 320m、290m、270m,起吊重量均为 30t,承担泄槽下段相应部位混凝土入仓。

阻滑桩混凝土、控制段 9# 坝段部分混凝土采用溜槽入仓。

5. 混凝土施工方法

(1)模板方案

基础部位采用散装组合钢模板及木模板施工,基础部位以上坝体上游面采用定型钢模板。非溢流坝段和溢流坝段的上游面和侧面、泄水闸墩的侧面采用多卡模板;立模较困难和不适于采用多卡模板的部位,如建基面第一层、第二层仓位的模板及非溢洪坝段电缆廊道侧墙采用组装钢模板;排水廊道顶拱、门槽一期混凝土、局部拼缝采用木模板,二期混凝土施工采用木模板;基础廊道顶拱采用预制混凝土模板;溢流面混凝土采用拉模施工。

(2)钢筋制安

钢筋加工和运输:钢筋在加工厂加工,平板车运至施工现场,吊车吊运入仓。

钢筋安装:结构钢筋采用人工绑扎。

钢筋接头:采用手工电弧焊和滚压直螺纹套筒连接法。

(3)止水制安

溢洪道控制段布置有紫铜止水和 PVC 止水两种。紫铜止水在加工厂采用专用成型机压制成型。

止水片利用人工安装,其凹槽部位安装前采用沥青麻丝将其填实。

紫铜止水接头采用双面搭接焊焊接,搭接长度不小于20mm;PVC止水的搭接长度不小于10cm,同类材料的衔接均采用与母体相同的焊接材料。PVC止水的连接采用热黏结,温度控制在250~270℃,并适当加压。

(4)预埋件

混凝土内的预埋件有:为结构安装支撑用的支座、吊环、锚环等,各种预埋件及插筋,锚固或支撑的预插地脚螺栓、锚筋。

(5)混凝土分层

强约束区混凝土浇筑层厚1.5~2.0m,弱约束区混凝土分层厚度2.2m以下,控制段溢流坝段闸墩和泄槽段墩墙混凝土浇筑层厚2.0~3.0m。

(6)混凝土浇筑

混凝土一般采用台阶法浇筑,台阶宽度控制在1.5m左右,铺料厚度控制在50cm以内,坡度不大于1:2,从仓面一端向另一端铺料,边前进边加高,逐步向前推进并形成明显的台阶,直到把整个仓位浇到收仓高程。小仓位混凝土采用平浇法,铺料厚度50cm。在廊道或有埋件的仓位,廊道两侧对称下料混凝土均匀上升,两侧高差不超过30~50cm。

混凝土采用ϕ50~100mm插入式振捣器振捣。

对三级配新老混凝土结合处、基岩面,先铺不小于2cm厚的砂浆;对一级配和二级配混凝土,直接在仓面上浇筑。

控制段溢流面抗冲耐磨混凝土采用无轨滑模一次浇筑成型。为减少溢流面裂缝,预留台阶尖角均用风镐凿除,混凝土浇筑后长流水进行养护。

(7)二期混凝土施工

溢洪道控制段二期混凝土包括:工作门槽和检修门槽、弧门支座二期混凝土、其他二期混凝土。

仓面先人工凿毛,再用水冲洗干净。

混凝土采取溜筒入仓,按照2m层厚连续浇筑。每浇筑一层后,便取掉相应溜筒,封闭预留方洞。

溜筒从上向下逐节安装,相互之间通过挂钩相连,每隔4m与闸墩预留丝杆相连接,且每一节都与插筋、预留筋或脚手架相连,拆除时从下往上进行,每浇筑一层混凝土便拆掉相应溜筒部分,再将溜筒最下端与模板上的预留孔相连,保证混凝土顺利入仓。

混凝土采用搅拌机自卸汽车水平运输,溜槽配溜筒垂直入仓;弧形门槽顶部溜槽不能输送约5m高范围,采用塔机直接入仓。

弧门支座二期混凝土浇筑采取直接在支座上架设模板,由塔机直接入仓。混凝土浇筑采用ϕ50mm振捣器振捣。

(8)混凝土预制构件的制作与安装

1)预制构件特点

溢洪道控制段坝顶各种预制梁共95根。其中,公路梁为倒T形梁,共40根,单根重量为25.7t;供水管槽支撑梁(10根)与下游人行道梁(10根)亦为倒T形梁,单根重量分别为25.3t和24.7t;门机大梁由两片⊥形梁组成,单片⊥形梁先在预制场预制,分别架设后再现浇中部及顶部二期混凝土,将两片⊥形梁连成整体形成门机大梁,单片⊥形梁重32t,共20根;电缆廊道梁由两片L形梁组成,单片L形梁重23.5t,共10根,先在预预制场预制,分别架设后现场浇筑二期混凝土将电缆廊道形成口形整体;引张线沟槽梁为 LI 形梁,单重 24.9t,共 5 根。

溢流坝段设有五个表孔,每孔设置 2 根,共设置 10 根门机叠合大梁,为钢筋混凝土结构,截面型式为叠合梁形。即采用两根预制倒 T 形梁对称摆放,倒 T 形梁长 15.4m,高 2.1m。预制梁摆放到位,形成 U 形梁槽模板,再在槽中间现浇混凝土从而形成叠合梁。叠合梁顶宽度 1.82m,底宽度 1.70m,高 2.80m。预制梁混凝土强度等级采用 C35,现浇混凝土强度等级采用 C40。

2)施工场地布置

预制场布置在溢洪道控制段左岸高程 407m 平台上,占地面积约 8000m²。

预制梁强度达到混凝土设计的混凝土强度的 70% 时,方可拆除底模。

3)预制梁的运输

预制梁运输采用于 40t 拖车进行运输。

4)预制梁的吊装

公路梁、门机大梁均由 M900 塔机、70t 汽车起重机、40t 汽车起重机两机抬吊作为安装手段(第一孔公路梁采用 W-4 电吊直接吊装);电缆廊道梁、引张线沟槽梁、供水管槽梁采用坝顶门机吊装。

①公路梁吊装

公路梁自重 25.7t。第一孔公路梁采用 W-4 电吊就位于 1# 坝段进行吊装;其余各孔采用塔机和 70t 汽车起重机进行双机抬吊,公路梁两端从中间开始安装。

公路梁吊装完毕后及时进行表层混凝土浇筑,路面布置一层 φ8 钢筋网,间排距 10cm×10cm。

②门机大梁吊装

门机大梁重达 32t,采用 M900 塔机和 70t 汽车起重机双机抬吊。在公路梁路面形成 3d 后,即开始从左至右进行门机梁吊装。

③下游人行道梁吊装

下游人行道梁在 M900 塔机的起重包络线之内,利用 M900 塔机直接进行吊装。先用 W-4 电吊将人行道梁转运至高程 395m 平台,再利用塔机将人行道梁吊装就位。

④电缆廊道梁、引张线沟槽梁、供水管槽梁吊装

电缆廊道梁、引张线沟槽梁、供水管槽梁均采用坝顶门机进行吊装。

⑤预制梁二期混凝土浇筑

门机梁二期混凝土采用 C40 二级配,三期混凝土为 C35 钢纤维混凝土。混凝土运输采用搅拌车进行,M900 塔机垂直入仓,φ70mm 振捣棒振捣。电缆廊道梁二期混凝土强度等级为 C25,M900 塔机吊车垂直入仓,φ70mm 振捣棒振捣。公路梁路面二期混凝土强度等级为 C30、一级配,由 M900 塔机垂直吊罐入仓,φ50mm 振捣棒振捣。

(9)混凝土养护和保温

混凝土浇筑完毕后,均及时洒水养护,对一般浇筑层连续养护至上一层混凝土浇筑前,对较大暴露的隔墩、非溢流坝、边坡等部位,养护 21d;对抗冲耐磨层、牛腿、支铰、门槽等重要部位养护时间不少于 28d。

冬季混凝土采用保温被保温。

6.混凝土的防裂措施

(1)合理选用胶凝材料

采用低热矿渣硅酸盐水泥或中热硅酸盐水泥浇筑控制段混凝土。试验室在进行配合比设计时,选择骨料最优级配,掺加了 JG-3 或 FDN 高效减水剂,掺入襄樊热电厂生产的粉煤灰。

(2)合理安排混凝土浇筑时间

溢洪道控制段强约束区的混凝土尽量安排在低温季节浇筑。避免高温季节浇筑强约束区混凝土。

(3)控制混凝土出机口温度

在三友坪混凝土拌和系统设置一座制冷站和一台冷水机组,在混凝土拌制时掺加适量的冷水,并预冷骨料,控制出机口温度。

(4)采取综合降温措施

混凝土水平运输汽车顶部设防阳棚;浇筑过程中预冷混凝土振捣后表面立即用保温材料覆盖,仓内设轴流式喷雾机对浇筑仓面进行喷雾降温,尽可能降低混凝土温度回升率。

7. 高程 350m 交通洞封堵

引水渠左岸高程 350m 交通洞封堵施工按设计要求分为三段:进口段、封堵段和出口段。进口段封堵长度 5.0m,底部预留一小门洞,门洞宽 1.5m,高 2.0m;封堵段长 51m,与高程 350m 灌浆平洞相接,相接段布置交通廊道;出口段长 3.0m,中间预留 3.0m 宽门洞,高 3.5m。进口段至封堵段之间的洞室侧墙和顶拱进行挂网喷护,挂网采用 ф20 锚筋固定;喷混凝土厚度 15cm,强度等级 C20,洞顶固结灌浆。封堵回填混凝土强度等级 C20,采用泵送混凝土入仓,顶部设回填灌浆管。

5.3.5 溢洪道陡坡接触灌浆

1. 主要技术要求

(1)接触灌浆必须在灌区坝块混凝土龄期多于 6 个月、混凝土温度达到设计规定值(16℃)后进行。

(2)灌区周边封闭完好,封面和管道系统畅通。

(3)接触灌浆在挡水以前的冬季施工,且接缝的张开度不宜小于 0.5mm。

(4)灌浆压力采用 0.3MPa。

(5)灌浆材料采用中热硅酸盐 42.5 级水泥。

(6)浆液水灰比采用 2∶1、1∶1、0.5∶1 等三个比级。

(7)结束标准:当排气管排浆达到或接近最浓比级浆液,且管口压力达到设计规定值,注入率不大于 0.4L/min 时,持续 20min,灌浆即可结束。

(8)质量检查:以分析灌浆施工记录和成果资料为主,结合钻孔取芯等资料,综合进行评定。

2. 施工程序

接触灌浆施工流程见图 5.19。

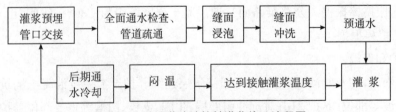

图 5.19 溢洪道陡坡接触灌浆施工流程图

3. 接触灌浆施工

控制段左、右岸坡已随着混凝土的上升按照设计要求对接触灌浆管、盒进行了埋设,并且已进行了通水检查。浇筑过程中已对外露的进回浆管进行了保护,并且做好了标识。溢洪道接触灌浆共分 14 个区,灌浆采用预埋管灌浆法,灌浆采用 3SNS 灌浆泵。制供浆系统采用左岸灌浆和排水工程高程 380m 集中制供浆系统,通过 φ50mm 钢管输送至施工机组进行供浆。灌浆记录采用长江科学院制造的三参数自动灌浆记录仪进行记录。

施工配置为一个灌浆机组、一个制供浆机组。2007 年 3 月 31 日开始施工,2007 年 4 月 9 日完成。

溢洪道控制段 1# 坝段和 8#～9# 坝段共布置有 14 个灌浆区。1# 坝段接触灌浆共有 6 个灌浆区,工程量 1390.0m²;8#～9# 坝段共有 8 个灌浆区,工程量 1157m²。

溢洪道控制段两岸陡坡接触灌浆区由于缝面张开度普遍比较小,各灌浆区的单位面积注入量都很小。但通过 2 个质量检查孔表明,透水率 Lu 值均较小。

5.3.6 溢洪道泄槽段尾坎接缝灌浆

1. 主要技术要求

(1)灌区所在坝块的混凝土龄期应大于 6 个月,混凝土的温度必须达到设计规定值。

(2)接缝灌浆应按高程自下而上分层进行。

(3)灌浆压力以灌区顶层(排气槽)压力作为控制值,以进浆管口压力作为辅助控制值,如排气管堵塞,应以回浆管管口相应压力控制。

(4)灌浆材料采用中热硅酸盐 42.5 级水泥。浆液水灰比采用 2:1、1:1、0.5:1 三个比级。

(5)结束标准:当排气管排浆达到或接近最浓比级浆液,且管口压力达到设计规定值,注入率不大于 0.4L/min 时,持续 20min,灌浆即可结束。

2. 灌浆施工工艺程序

尾坎接缝灌浆施工顺序为:全面通水检查→管道疏通→缝面浸泡→缝面冲洗→预通水→灌浆。

3. 接缝灌浆施工

温度计和测缝计埋设:在 1# 和 3# 尾坎分别埋设了一组温度计,以了解混凝土内部温度的变化;在 1# 和 2# 尾坎接缝面、3# 和 4# 尾坎接缝面分别埋设一组测缝计,以了解接缝的张开度。

尾坎侧墙在混凝土浇筑时设置了键槽,每个接缝面分成上下 2～3 个灌区,并按分区分别埋设了接缝灌浆系统,采用拔管成孔方式形成灌浆孔。在混凝土浇筑完成 6 个月后,2007 年 12 月 30 日监测结果显示,混凝土混凝土温度达到了 8.7～12.7℃,接缝开度 3.7mm,符合接缝灌浆条件,按照设计技术要求的灌浆程序于 2008 年 1 月 18 日开始灌浆,1 月 26 日完成。

5.3.7 溢洪道工程缺陷及处理

1. 混凝土表面缺陷

(1)升坎的凿除和磨平

对升坎高度超过要求标准的,先用风镐或人工凿除,预留 0.5～1.0cm 的保护层,使用手持式砂轮研磨平整。

(2)缺陷部位的填补

优先选用干硬性预缩砂浆进行修补,水泥选用 42.5 级普通硅酸盐水泥,砂子细度模数控制在 1.8～2.0,配合比为:水:水泥:砂=0.33:1:2.0。

缺陷处填补前,先对基面凿毛、清污、冲洗、湿润,使其处于饱和面干状态。接着,刷一道水灰比为 0.4～0.5 的浓水泥浆作黏结剂,再分层填补预缩砂浆,每层厚 4～5cm,用木棒和木锤捣实,直至表面泛浆。各修补层间,用竹刷或钢刷刷毛。

当修补层厚度大于 8cm 时,除表层 4cm 外,内部应填补预缩混凝土(砂浆中加入 0.5～2cm 的小石)进行修补。

修补完成后,8h 内保湿保温。

(3)混凝土表面蜂窝麻面露筋等缺陷处理

混凝土表面的蜂窝、麻面、露筋等表面不密实现象,可直接用肉眼观察。

对溢流面及以上 4m 范围内过流面露筋的蜂窝、麻面,凿除后采用高强度干硬性水泥预缩砂浆进行修补。对不露筋的蜂窝、麻面,用环氧胶液进行表面涂抹。

对非过流面混凝土蜂窝、麻面,采用 501# 胶水(环氧丙烷丁基醚)调制的水泥净浆进行表面涂抹。对露筋部位,凿除后用水泥预缩砂浆补平。

(4)混凝土施工外露拉条、支撑铁以及多卡模板定位锥孔的处理

混凝土施工过程中外露拉条头和支撑铁采用氧焊或切割机割除后,使用手持式角磨机将其磨平,磨平后用环氧胶进行涂抹。对多卡模板施工中预留的定位锥孔,采用高强度预缩砂浆进行填充修补,表面抹平。

2. 混凝土裂缝处理

(1)裂缝分类

溢洪道控制段及泄槽段混凝土裂缝分为 Ⅰ～Ⅳ 类。

Ⅰ类裂缝(浅层裂缝):表面缝宽 $\delta < 0.2mm$,缝深 $h \leq 10cm$。

Ⅱ类裂缝:表面缝宽 $0.2mm \leq \delta < 0.3mm$,缝深 $10cm < h < 30cm$,且不超过结构厚度的 1/4。

Ⅲ类裂缝:表面缝宽 $0.3mm \leq \delta < 0.4mm$,缝深 $30cm < h < 100cm$,且不超过结构厚度的 1/2。

Ⅳ类裂缝:表面缝宽 $\delta > 0.4mm$,缝深 $h \geq 100cm$,或构件基本被裂穿(大于结构厚度的 1/2)。

(2)裂缝处理方法

Ⅰ类裂缝:在表面涂刷水泥基渗透液两遍,缝口破碎宽度大于 5mm 时缝口涂刷环氧基液。

Ⅱ、Ⅲ类裂缝:沿裂缝进行凿槽嵌缝处理,槽口内先均匀涂刷一层浓水泥浆,再回填预缩砂浆。

Ⅳ类裂缝与表面有渗水和渗浆的 Ⅱ、Ⅲ类裂缝:采取缝口凿槽,打骑缝孔,埋薄型钢管进行化学灌浆。

5.3.8 防淘墙施工

水布垭水电站下游左、右岸均布置有防淘墙,两岸防淘墙采用的施工方法总体差别不大,以下重点介绍右岸防淘墙的施工。

1. 右岸防淘墙墙体施工

(1)开挖施工

1)防渗施工平台形成

首先,填筑防渗施工平台至高程 206～208m。平台形成后在防淘墙墙体两侧及端头进行防渗帷幕灌浆,覆盖层部分进行固结灌浆,再进行竖井施工。

右岸防淘墙共布置 12 个竖井,平面尺寸为 3m×3m 和 3m×4m 两种,平均每个竖井控制墙体长度为 30m。

2)防渗墙开挖

竖井开挖到墙体底高程后,进行防淘墙的第一层导洞施工;导洞开挖完成后,扩挖至设计断面。施工中,采用手持式风钻钻孔,严格按照光面爆破、及时支护、适时衬砌施工。根据不同地质条件,分别采用素喷混凝土、挂网喷混凝土、钢支撑等型式进行临时支护处理。洞室开挖采用人工钻孔、全断面开挖,用人工方式出渣,竖井卷扬机将石渣吊运至井外,再用装载机配合自卸汽车运至石板沟弃渣场。

通过竖井,从底部开始向上分层开挖、浇筑混凝土,分层厚度根据基岩完整情况进行调整,地质条件好的地段按每层4m控制,地质条件差的地段按每层2~3m控制。

开挖爆破使用防水乳化炸药爆破,毫秒微差爆破,控制单响药量,保证下层浇筑混凝土质量。施工过程中对下层已浇混凝土进行了2次爆破质点震动安全监测,其质点震动速度均小于1.2cm/s。

(2)混凝土施工

1)钢筋制安

防淘墙纵筋为Φ28,横筋为Φ25。钢筋连接采用直螺纹套筒连接,部分采用焊接。

2)模板制安

防淘墙使用钢模或木模板,特殊部位(键槽、廊道等)采用定制模板。

3)混凝土浇筑

通过竖井,从防淘墙底部开始紧跟分层开挖而逐层浇筑墙体混凝土。

防淘墙工程混凝土采用强制式混凝土搅拌机拌和。混凝土严格控制砂石料含水率,保证混凝土的和易性、流动性满足泵送要求。

搅拌好的混凝土通过拌和楼旁的混凝土泵(HBT60A型)输送至需浇筑井口储料斗内,再通过放在井口混凝土泵(HBT60C型)输送入仓。

入仓混凝土采用人工铁铲平铺,采用两台φ80mm振捣器进行振捣。当前层混凝土浇筑前,对已浇层混凝土水平施工缝面进行凿毛处理,以保证上下层的良好接触。

混凝土浇筑工艺流程见图5.20。

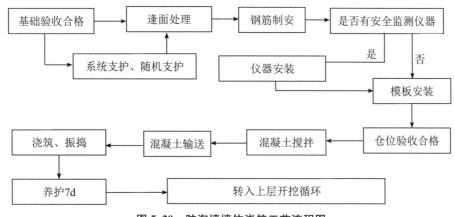

图5.20 防淘墙墙体浇筑工艺流程图

2. 高程190m拉锚洞施工

根据右岸地形条件,右岸防淘墙高程190m拉锚洞布置在右岸防淘墙后山体内,高程190m拉锚洞全长127.16m,分为7块,并增加一扩挖段,两端向洞内集水井方向纵坡比均为1.0%。

主要工程项目包括:施工支洞、拉锚洞、集水井及沉砂池施工、通风竖井及衔接交通洞施工。施工内容包括洞室开挖、临时支护、系统锚杆、钢筋混凝土衬砌、回填灌浆和排水孔施工等。

(1)洞挖施工工艺流程

拉锚洞开挖工艺流程见图5.21。

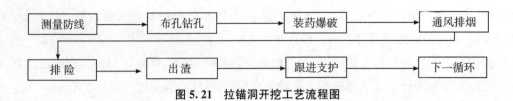

图 5.21　拉锚洞开挖工艺流程图

(2)钢筋混凝土衬砌施工工艺流程

测量放线→钢筋制安→装侧模→衬砌侧壁混凝土→装顶模→衬砌顶拱混凝土→拆模养护。

3. 预应力锚索施工

右岸防淘墙在高程 178m、186m、196m 设置三排预应力锚索锚入两岸岩体内。在防淘墙的上下游，随着墙高程的降低，预应力锚索排数相应减少。厂房尾水平台处防淘墙顶高程 185.8m，墙高 25.8m，在高程 178m 处设置一排预应力锚索。

内锚固段部位岩石性状较差，不能满足设计张拉吨位的要求，因此在防淘墙后山体内设置预应力锚索，采用非内锚式预应力锚索。高程 190m 拉锚洞内的两排非内锚式预应力锚索长度 45m。在没有拉锚洞的部位，采取在防淘墙内设置预应力锚索廊道，采用内锚式预应力锚索，内锚式预应力锚索长度 45～53m。内锚式锚索廊道在高程 178m、186m、196m 均有布置。考虑与尾水平台施工的交叉影响，在廊道内施工的内锚式锚索选定 4#、6#、10#、11# 竖井作为交通通道。

(1)有拉锚洞施工工艺流程

有拉锚洞的部位，对穿预应力锚索施工流程见图 5.22。

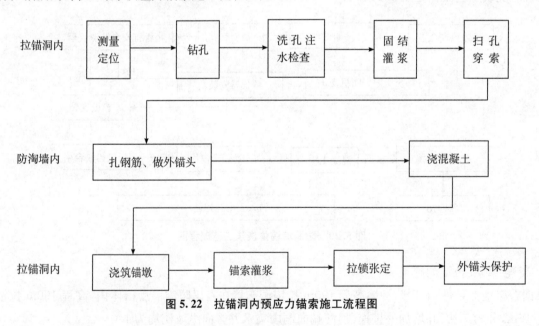

图 5.22　拉锚洞内预应力锚索施工流程图

(2)无拉锚洞施工工艺流程

无拉锚洞的部位，内锚式预应力锚索施工流程见图 5.23。

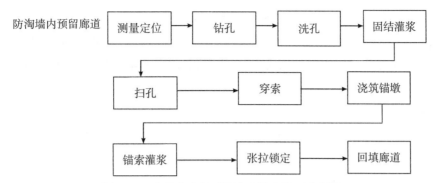

防淘墙内预留廊道 测量定位 → 钻孔 → 洗孔 → 固结灌浆 → 扫孔 → 穿索 → 浇筑锚墩 → 锚索灌浆 → 张拉锁定 → 回填廊道

图5.23 廊道内内锚式预应力锚索施工流程图

（3）预应力锚索造孔及固结灌浆

造孔设备为 MD-60 型锚固钻机，钻孔孔径 165mm。内锚式锚索锚固段扩孔至 185mm。钻孔的开孔偏差不得大于 10cm，孔深不允许欠深，超深不得大于 20cm，内锚式锚索钻孔孔斜误差不得大于孔深的 2%，对穿式锚索钻孔孔斜不得大于孔深的 1%。

钻孔完毕后，用水和风轮换冲洗钻孔，直至出水或回水澄清延续 5min 后结束。固结灌浆采用孔口卡塞，全孔一次水泥浆液灌注，灌浆压力采用 0.3MPa。其水灰比采用 2∶1、1∶1、0.8∶1、0.6∶1 四个比级。当注入率不大于 1L/min，继续灌注 30min，即可结束灌浆。固结灌浆结束后，待凝 1～3d 后对锚索孔进行扫孔处理。扫孔不得破坏缝内填充的水泥结石；扫孔后应清洗干净孔内部的残留废渣。

（4）预应力锚索的制作

采用砂轮机切断钢绞线，要求切口整齐无散头，钢绞线在全长范围内不允许有接头或连接器。

有内锚段的锚索，内锚固段钢绞线去皮洗油长度 10m，误差应在 1cm 以内。洗油时采用专用工具将钢绞线松开，用汽油人工逐根清洗，干净棉纱擦干。

编制锚索体：将灌浆管、内圈钢绞线、外圈钢绞线捆扎成一束。钢绞线和灌浆管之间用隔离支架分离。

安装波纹管：将钢绞线束装入波纹管内。波纹管靠近内锚固段顶端部安装 PE 塑料导向帽。塑料灌浆管伸出导向帽处预留孔径 50mm 的进浆孔，使波纹管内外可同时进行灌浆。

波纹管封堵器制作：在波纹管口设置封堵器，封堵器由波纹管、隔离对中支架、石棉、锚索体、灌浆管、环氧砂浆、捆扎铅丝等组成。

安装对中支架：在波纹管外侧安置成型的对中支架，以保证锚索安装在钻孔中心。

（5）预应力锚索的安装

采用非内锚式锚索，穿索在拉锚洞内进行；设有内锚固段的锚索，穿索在防淘墙内预留的廊道内进行。

锚索穿索采用人工辅以机械方法进行，锚索曲率半径不得小于 3m（大于 5m 为宜）。

（6）外锚墩和对穿式锚索固定端金属构件制作

外锚墩金属结构包括钢垫板、钢套管、垫座钢筋等，这些部件必须在加工车间按设计要求加工，并在车间焊接组装完毕。

（7）浇筑锚墩和对穿式锚索固定端防淘墙混凝土

外锚墩安装、浇筑前应清理松动岩块，洗净岩面。

锚墩采用一级配混凝土，强度等级为 $C_7 35$。

对穿式锚索固定端处防淘墙混凝土还未浇筑时，安设好钢筋，固定端锚头钢绞线去皮洗油、钢结构安装、固定完毕、挤压套挤压固定钢绞线后，浇筑防淘墙混凝土。

对穿式锚索固定端设在防淘墙预留的锚索廊道内时，在设有弯折钢筋的部位，将廊道两侧混凝土凿除，安设好钢筋，固定端锚头钢绞线去皮洗油、钢结构安装、固定完毕、挤压套挤压固定钢绞线后，浇筑防淘墙回填廊道混凝土。

(8)预应力锚索灌浆

对穿式锚索和混凝土内锚式锚索，锚索灌浆在拉锚洞内进行。岩体内锚式锚索，灌浆在防淘墙内预留的廊道内进行。

在锚墩拆除模板后，进行锚索灌浆。

(9)预应力锚索的张拉

1)张拉设备的率定：在张拉作业前对张拉设备系统（包括千斤顶、油管、压力表等）进行"油压值—张拉力"的率定。

2)防淘墙混凝土、内锚固段的浆液结石、外锚墩混凝土的强度达到规定强度时，进行张拉。预应力锚索要求间隔张拉。

3)锚索张拉操作：

①安装测力计（适用于需进行应力监测的锚索）。

②安装工作锚具（型号 HVM15-14）、限位板、夹片、千斤顶（YCW350A 或 YCW250B）及工具锚，安装前工作锚具上的锥形孔及夹片表面应保持清洁，为便于卸下工具锚，工具夹片可涂抹少量润滑剂。工具锚具上孔的排列位置须与前端工作锚的孔位一致，不允许在千斤顶穿心孔中发生钢绞线交叉现象。张拉时应记录每一级荷载伸长值和稳压时的变形量，且与理论伸长值和规定的变形量进行比较。

③锚索张拉时，先对单根钢绞线进行预紧，预紧时单根张拉力 30kN，再将所有锚索一起分级张拉至 2250kN 时进行锁定。张拉时按以下拉力分级进行，并进行及时准确的记录。

根预紧→1000kN→1500kN→2000kN→2250kN（锁定）。

张拉过程中，升荷速率每分钟不宜超过设计应力的 10%，当达到每一级控制力后稳压 10min 即可进行下一级张拉，超张拉回放至 2000kN 后，稳压 20min 进行锁定。设有内锚固段的锚索，锁定 48h 后，若锚索应力下降到 1800kN 以下时应进行补偿张拉至 2000kN。

④防淘墙锚索廊道内张拉的锚索，廊道回填混凝土前，若锚索预应力降至设计吨位以下时，应补偿张拉至超张拉值。

⑤拉锚洞内张拉的锚索，具体补偿张拉的时间根据锚索预应力损失的情况确定。工程完工前，若锚索预应力下降至设计吨位以下时，补偿张拉至超张拉值。

(10)预应力锚索锚头保护

锚索张拉锁定完毕，卸下工具锚及千斤顶后，钢绞线预留在拉锚洞内的外锚头的长度应能保证进行补偿张拉的要求，并做好防腐处理。

锚索补偿张拉完成后，从工作锚具外端量起，预留 150mm 钢绞线，其余部分用砂轮切割机截去，锚头作永久的防锈处理。

二期混凝土浇筑之前，应将锚具、钢绞线外露头、钢垫板表面水泥浆及锈蚀等清理干净，并将一、二期混凝土结合面凿毛，涂刷一道环氧基液，然后浇筑二期混凝土。

5.4 放空洞工程施工

放空洞布置在右岸地下电站的右侧（即下游侧），是水布垭水电站的永久性泄水建筑物之一，建筑物级别Ⅰ级。放空洞由引水渠、有压洞（含喇叭口）、事故检修闸门井、工作闸门室、无压洞、交通洞、通气洞以及出口段（含挑流鼻坎）等组成。

引水渠段长 80.77m，底高程 250.0m；有压洞长 530.24m，洞径 11.0～9.0m，有压洞底坡为平坡，底高程 250.0m，洞线中部转弯半径 200m、长 211.98m；事故检修闸门井段长 12.0m，工作闸门室段长 25.86m，无压洞段长 546.18m，为直线布置；出口段包括出口挑流鼻坎和下游护坡等。事故闸门井内设一扇尺寸为 5.0m×11.0m 的事故检修门，工作闸室内设一扇尺寸为 6.0m×7.0m 的偏心铰式弧形工作门。

放空洞轴线在进口处与地层走向交角 70°～75°，在弧形拐弯处交角 75°～80°，在出口处与地层交角 40°～65°。

放空洞洞顶上覆山体厚 155～210m，最厚达 272m；地表呈一缓坡，倾向 NW，坡角 10°～25°，地表岩性为茅口组灰岩，溶沟、溶槽发育，顶拱穿越地层依次为 P_1q^{11}～D_3x，底板穿越地层依次为 P_1q^{10}～D_3x，其中 P_1q^{10}、P_1q^8、P_1q^6、P_1q^3、P_1q^1 为软岩，P_1ma 为性状极差的煤层，D_3x 为页岩与泥灰岩、粉砂岩互层，P_1q^{11}、P_1q^9、P_1q^7、P_1q^5、P_1q^4、P_1q^2 以硬岩为主，性状较好。C_2h 岩体较破碎。地层产状为：走向 300°～340°，倾向 SW，倾角 10°～15°。

放空洞进口一带自然边坡高 170m 左右，严重卸荷带宽 20～30m，轻微卸荷带宽 15～20m；出口坡高 320m，严重卸荷带宽 15～25m，轻微卸荷带宽 25～30m。

放空洞平面布置见图 5.24。

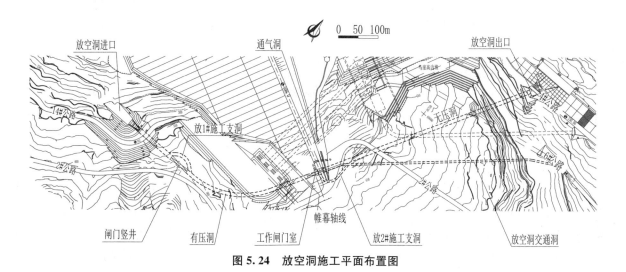

图 5.24 放空洞施工平面布置图

5.4.1 施工布置

引水渠：引水渠边坡顶高程约 400m，利用经过其坡顶、边坡中部和底板的 2# 道路、14# 道路、12# 道路三条道路施工。

出口明渠：利用 4# 道路施工。

无压洞：从出口进入施工。

有压洞:从进口进入施工,待开挖至事故检修闸门井时,布置放空洞放 1# 施工支洞绕过事故检修闸门井继续施工,放 1# 施工支洞长 74.26m,断面尺寸为 8.0m×6.0m,城门洞形。

事故闸门井:利用进口高程 407m 平台和有压洞进入施工。

工作闸门室:在交通洞内布置放空洞放 2# 施工支洞进入工作闸门室顶层,作为工作闸门室顶层的施工通道。闸门室下部从有压洞进入开挖,从无压洞进入进行闸门安装。

施工支洞均采用锚喷支护。锚杆Φ 22~25,长 3~4m,喷混凝土厚 10cm。

5.4.2 土石方开挖

(1)进水渠开挖

进水渠开挖采用从上至下分层梯段爆破,边坡采用预裂爆破,底板基础预留保护层,保护层可采用一次爆破法开挖。主爆破孔用全液压潜孔钻机钻孔,预裂孔用 YQ-100 型潜孔钻机钻孔,保护层用手风钻钻孔。均用 6.0m³ 液压挖掘机配 20t 自卸汽车出渣。

(2)洞身开挖

放空洞主洞洞身分为上半部和下半部两部分开挖,采用钻爆法施工。对Ⅳ、Ⅴ类围岩洞段,除采用上、下部开挖外,在上半洞开挖中视地质条件采取短进尺,先导洞、再扩挖光爆,及时支护、超前支护等方法,确保隧洞施工安全。

对于放空洞不良地质段,结合现场实际地质情况,主要采用 3 种施工方法:常规喷锚支护法,钢支撑喷锚支护法,钢支撑喷锚结合顶部回填混凝土或灌浆支护法。

1)洞顶剪切带施工

放空洞有压洞段、无压洞段在洞挖过程中,洞顶揭露出 011#、031#、061#、101#、121#、131# 剪切带,厚度 0.5~1m,性状差,岩体破碎,与水平面交角 10°~30°,易发生塌顶掉块,影响洞室作业安全。施工方法:每循环进尺 1.5~2m,在掌子面开挖前,先对顶拱部分素喷 5cm 厚的 C20 混凝土,再在顶拱 120°范围按间距 2m 布置超前锚杆,待进尺 3~4m 后,及时进行系统锚杆和挂网喷护施工,有效地保证了洞顶安全稳定。

2)有压洞段 F_{12} 断层及其破碎带施工

放空洞有压洞段桩号 0+105~0+115m 段,发育有切割洞顶及两侧墙的 F_{12} 断层及其破碎带,与洞轴线交角 60°,破碎带宽度 3~5m,充填物为胶结差的泥夹石且有滴水现象,施工过程中顶拱充填物塌空 5~8m。采用"先导洞,再扩挖,短进尺,强支护"原则施工,另外,布置 1 组多点位移计和 1 组收敛计监测围岩位移变形。

施工程序:第 1 步,掌子面开挖前,先进行间距 2m 的Φ 28、长 5m、入岩 4.8m 的超前锚杆施工,并对开挖揭露出的破碎岩体和充填物进行素喷 5cm 厚的 C20 混凝土。第 2 步,每循环进尺 1~1.2m 架立 1 榀钢拱架,钢拱架之间采用间距 30cm 的Φ 25 钢筋连接,再在连接筋上面布置间距 30cm 的Φ 25 环形筋。第 3 步,架立 12 榀钢拱架后,穿越了断层及其破碎岩体,再回头搭设钢管架组立模板,采用泵送 C20 混凝土回填断层顶部塌空部分,回填高度 5m,两侧墙浇筑 0.5m 厚的 C20 混凝土。

3)有压洞段 F_{13} 断层形成的溶洞施工

放空洞有压洞段桩号 0+196~0+210m 段,发育一 U 形大溶洞,宽 3~5m,高 20m,与洞轴线交角 40°;溶洞洞壁上游岩体完整性较差且发育两个小溶洞,下游岩体完整性较好,洞顶岩体完整且光滑。

施工过程如下:第 1 步,溶洞上游岩体,洞挖后洞顶揭露的岩体完整性较差,安装 1 组多点位移计和 1 组收敛计监测围岩位移变形;每循环进尺 1~1.2m,及时素喷 5cm 厚的 C20 混凝土,再挂Φ 6 @20cm×

20cm 钢筋网,架立间距 1m 的 I20 工字钢钢支撑,钢支撑之间用Φ32 钢筋连接,喷 20cm 厚的 C20 混凝土;另外,在掌子面开挖前布置超前锚杆,并对揭露出的小溶洞及时进行回填灌浆处理,待浆液凝固后,再在小溶洞四周布置 16 根Φ28、长 8m、入岩 7.8m 的斜向锚杆,把切割的岩体连成一个整体。第 2 步,溶洞上、下游洞壁及洞顶,先布置间排距 200cm×200cm 的Φ28、长 5m、入岩深度 4.8m 的锚杆,再挂φ6 @20cm×20cm 钢筋网,最后喷 20cm 厚的 C20 混凝土。第 3 步,溶洞下游 5m 范围岩体,要在洞挖前先进行锁口支护,再间距 1.5m 架立 4 榀钢支撑,用Φ25 钢筋连接,喷 20cm 厚的 C20 混凝土连成一整体。

4)无压洞段 P_1q^{10} 层破碎岩体施工

无压洞段出口 15m 范围,洞顶穿越 P_1q^{10} 段Ⅳ类围岩,层厚 5～10m,岩体较破碎,呈碎块状,洞挖成形条件极差。

施工程序:第 1 步,间距 0.5m、Φ28、长 6m、入岩 5.6m 的超前砂浆锚杆施工,与洞轴线夹角 60°。第 2 步,先进行 2m×2m 导洞施工,再扩挖且预留 3m 厚的保护层,最后扩挖和光面爆破一起进行,每次循环进尺 0.8～1m。第 3 步,洞挖完成后,及时素喷 5cm 厚的 C20 混凝土,再挂φ6 @20cm×20cm 钢筋网,架立格栅架钢支撑,并设置Φ32 @25cm×25cm 钢筋骨架,喷 15cm 厚 C20 混凝土,形成钢筋混凝土支护结构,格栅架钢支撑间距 0.8m。

(3)事故闸门井开挖

事故闸门井分两步开挖。第一步先挖导井,导井 φ2.5m,挖至放空洞洞顶,与放空洞连通;第二步扩挖,由导井扩挖成设计断面的竖井,石渣下落至放空洞,从放空洞内用机械直接出渣。

导井采用正井法钻爆开挖。由人工用手风钻钻孔,孔径 40mm,中心钻掏槽孔,之外为爆破孔,周边为光爆孔。孔位布置时,从井口吊线锤,测定导井中心,钻孔围绕中心布置。采用电雷管乳胶炸药起爆,每次爆破后,必须进行危石撬挖处理,若围岩破碎,立即进行素喷混凝土支护。导井开挖石渣由 3t 卷扬机提升圆筒形吊斗,将爆渣垂直吊运至井口附近临时堆放,再由汽车运至桥沟渣场。

扩挖爆破采用手风钻钻孔,孔径 40mm,每次循环钻孔 4m 深,每次爆破进尺 3.5m。为减少钻孔粉尘,使用水钻。每次钻孔前,从井口吊线锤,测定开挖面中心,以中心为圆心测出每圈孔孔位,尤其是光爆孔孔位,误差控制在 3cm 以内。扩挖每施工一个循环后,即进行喷锚支护。

(4)出口明渠开挖

边坡开挖采用自上而下分层梯段爆破开挖,梯段高度 8～10m,边坡采用预裂爆破。由 3m³ 装载机配 15t 自卸汽车出渣。开挖石渣均为弃渣,弃于黑马沟、桅杆坪弃渣场。

5.4.3 混凝土施工

因放空洞结构复杂,根据不同部位的结构特点,采取不同的施工方法,如:异形模板施工法、钢模台车施工法、普通平面模板施工法和滑模施工法等。混凝土主要采用搅拌车水平运输,混凝土泵输送或溜槽入仓,人工振捣的方法施工,部分工程采用真空溜管的方法入仓。

1. 钢模台车施工法

放空洞工程共使用了 5 套钢模台车:φ11.0m 洞底拱钢模台车、φ11.0m 边顶拱钢模台车、φ9.0m 洞段直线段钢模台车、φ9.0m 洞段曲线段钢模台车、无压洞城门洞段钢模台车。为减少投入,结合工期安排,除城门洞段钢模台车外,其他 4 个钢模台车相互组合使用。

利用 φ9.0m 钢模台车针梁和 φ11.0m 底拱模板组合成 φ11.0m 针梁式底拱钢模台车。钢模台车模板长 9.35m,针梁长 18.0m。φ11.0m 洞段(直线型)底拱分 12 个单元,基本单元长 9.1m,总长 104.06m。钢模台车每 3d 一个循环(其他工序提前完成、不占直线工期)。施工过程中,为防止台车上浮和左右偏移,采取了加固措施。

ø 11.0m 洞段边顶拱钢模台车为城门洞形(模板为圆形),底拱钢模台车模板拆除后作为边顶拱钢模台车的顶模。台车轨道铺设在已浇筑底拱混凝土上(设预埋件),并用过河撑加固。钢模台车每 3.5d 一个循环。

ø 9.0m 洞段为圆形断面,总长 313.28m,分 36 个单元,基本单元长 9.1m。钢模台车为全圆针梁式,模板长 9.35m,针梁长 18.0m。由于 ø 9.0m 洞段分直线段和转弯段两种情况,钢模台车设计为曲直两用型,也相当于两个钢模台车。钢模台车 5d 一个循环。

无压洞段为城门洞形结构,钢模台车设计为城门洞形。无压洞段基本单元分段长 12m,共 43 个单元。混凝土衬砌厚度 1.0m,衬砌完成之后净宽 7.2m,净高 9.35m。钢模台车每 4d 一个循环。

2. 滑模施工法

事故检修闸门井井筒部分(高程 271~403.27m)和通气洞竖直段部分(高程 279.7~407m)断面结构相近,且为垂直筒形结构,采用液压滑模施工法浇筑,有插筋的二期门槽部位采用人工翻模。滑模的滑升系统主要由模板、围圈、提升架、操作盘及吊架、液压设备等组成。滑升速度 15~30cm/h,滑模每滑升 1.2m 调平一次,并随时观测垂直度、水平度。为保证施工质量和安全,采用真空溜管方法入仓。

3. 异形模板施工法

有压洞段的 4 个渐变段,均为圆形变方形或方形变圆形结构;进口段顶拱和侧墙均为椭圆柱面;通气洞水平段和转弯段为圆洞;工作闸门室后渐变段顶拱为方形变圆形;出口段边墙为圆曲面,以上部位均采用组立异形模板方法施工,搭设承重脚手架支撑。

由于结构各不相同,异形模板采用木模。木模在木工厂放样、加工、拼装、编号、堆放。木模运到现场后必须轻放,防止踩踏碰撞。模板安装前根据结构设钢筋样架,模板安装后进行加固。高出 3m 以后搭设脚手架和施工平台。

4. 普通平面模板施工法

引水渠边墙、事故闸门井高程 271m 以下部分、工作闸门室、工作闸门室后渐变段边墙部位均为平面结构,采用组立普通平面模板的方法施工。

普通平面模板施工根据结构形状配置模板,现场安装。侧墙模板用脚手架配合(并作外撑)。承重模板在搭设完承重脚手架后施工。

5. 滚筒抹面施工法

进口段底板、无压洞城门洞段底板、引水渠底板、交通洞底板为平面结构,或有很小的坡度(小于5%),采用滚筒抹面施工法。

滚筒抹面施工法首先按照设计结构面高程设置轨道或样架,滚筒采用人工操作。混凝土浇筑到抹面高程后,利用滚筒滚平结构面,然后人工抹面压光。

6. 翻模施工法

工作闸门室底板斜坡段、工作闸门室后渐变段底板、出口底坎、出口交通桥顶拱为平面或曲面,都有一定的坡度(大于 20%),采用翻模(人工抹面)法施工。

翻模施工按结构尺寸配置、加工模板,设置结构样架后安装模板。根据结构变化情况,模板可逐步安装或一次安装到位(预留浇筑孔)。从下至上浇筑混凝土,边浇筑边拆模板边抹面压光。

5.4.4 工程地质问题及其处理

1. 进口边坡的稳定问题及其处理

进口高边坡稳定问题及处理主要包括 F_{14} 断层地质缺陷处理、岩溶洞穴处理、强卸荷带及随机不稳定块体处理等。

(1)F_{14} 断层地质缺陷处理

F_{14} 发育在进口明渠上游边坡,从顶到底切穿整个边坡,与边坡走向成 30°~65°相交,断层带宽 0.2~2.5m,受溶蚀影响,断层在不同程度上的性状差异较大。高程 348m 以上断层强烈溶蚀,对发现的溶槽及溶洞均进行了抽槽或清挖回填混凝土处理;高程 265~348m 间断层带较为破碎,两侧设置了随机锚杆并挂网喷混凝土处理;高程 265m 以下沿断层溶蚀形成硝硐溶塌堆积区,局部土质边坡进行了贴坡混凝土挡墙处理。

(2)岩溶洞穴处理

放空洞进口 14# 道路以上主要为茅口组地层,岩溶发育,洞脸边坡开挖揭示 28 个溶洞。根据溶洞的发育规模、特点、对边坡的影响程度,分两种处理方式:①对边坡以上强烈溶蚀的岩体,即高程 378~396m 的溶沟、溶槽如 K_{12}、K_{13}、K_{18}、K_{19} 等,坡顶部采取清挖 1~1.5m 深,做混凝土塞,并进行地表水防渗处理;边坡上的小溶洞、溶槽清除充填物后填入混凝土。②对边坡上规模较大的溶洞如 K_{11}、K_{26} 等,一般清挖深 4m 左右,在溶洞壁布置 Φ25、长 3m、间距 2m×2m 的锚杆,下部基础置于完整基岩上,设置混凝土挡墙。

(3)强卸荷带处理

强卸荷带主要发育于边坡顶部一带,主要沿一组近平行岸坡开裂面张开,张开宽 1~5cm,卸荷带内岩体十分破碎。

洞脸高程 332m 以上边坡与下游岸坡衔接部位,地形突出,主要发育 2 组卸荷裂隙,岩体卸荷强烈,呈碎裂状结构,处理措施主要是清理陡崖上松散的块石,针对性增加随机锚杆,并进行表面喷混凝土保护。

放空洞桩号 K0-11m 向上游方向左侧明渠边坡全部位于强卸荷带内,右侧高程 250~350m 局部处于强卸荷带内,处理措施主要为对高程 265m 以上的强卸荷带普遍用系统锚杆及随机锚杆进行针对性加固处理;对高程 250~265m 边坡采取贴坡混凝土处理。

(4)随机不稳定块体处理

由于断层、裂隙、层面等结构面的相互切割组合,进口边坡发育随机块体 22 个,根据随机块体的大小及稳定状况,分别采取了如下处理措施:

1)单一结构面控制的板状块体,如块体 4#、5#,方量较小,倾倒破坏型式,以清除为主。

2)二组结构面控制的楔型结构体,如 1#、2#、10#、11#~20#、22# 等,稳定状况较好,主要根据结构面走向及性状以随机锚杆加固处理为主。

3)三组结构面切割的多面结构体,如 3#、8#、9#、21# 等,稳定状况较差,主要根据结构面的出露状态以选择关键性结构面加强加固处理。

2. 出口高边坡的稳定问题及其处理

出口高边坡的稳定问题主要是 Ⅺ 号危岩体的稳定问题、马鞍组(P_1ma)煤系至写经寺组(D_3x)岩体深强风化问题、边坡上随机块体的稳定、出口明渠边坡顺层滑移与桥基基础稳定问题等。

(1)Ⅺ号危岩体处理

Ⅺ号危岩体位于马崖高边坡 C 区下游边缘,稳定性差,直接威胁到放空洞出口、厂房交通洞的施工安全。因此,在放空洞出口施工前对Ⅺ号危岩体采取了全部挖除处理。

（2）马鞍组（P_1ma）煤系至写经寺组（D_3x）岩体深强风化带处理

出口明渠一带，马鞍组（P_1ma）煤系至写经寺组（D_3x）岩性软弱，具碎屑岩风化特征，页岩及泥灰岩风化呈黄色土状，呈全、强风化状态，深 20～30m，长期裸露将会影响出口高边坡的稳定。在施工过程中，为防止岩石快速风化，临时素喷 5～7cm 厚的 C20 混凝土进行封闭，高程 260m 以下边坡浇筑 0.5m 厚的 C20 贴坡混凝土进行加固与保护。

（3）高边坡不稳定随机块体处理

放空洞出口为高达 290m 的马崖高边坡，由 A、B、C 三个区组成，马崖高边坡治理仅对稳定条件较差的 A 区进行了治理，对放空洞出口处的 B、C 区基本未进行处理。因此，对边坡上尤其是坡顶存在较多的不稳定随机块体，施工过程中，仅对局部遥望呈摇摇欲坠的两处块体予以了挖除。

（4）出口明渠边坡顺层滑移与桥基基础稳定问题处理

出口边坡由马鞍组（P_1ma）煤系至写经寺组（D_3x）地层组成，地层倾向 SW，倾角 13°～25°，明渠开挖后，渠右边坡岩体呈视顺向临空，视倾角 6°～15°，存在顺向滑移问题，为了保持上部高边坡的稳定，减少对高程 260m 以下强风化岩体的扰动，出口洞脸向外延伸近 10m，以公路桥作明拱、提前进洞，在高程 240m 处形成宽 9～10m 的大平台，顺层边坡开挖临空后，临空面布设大量的系统锚杆，并浇筑厚混凝土重力式挡墙，阻止边坡的顺层滑移。

出口明渠拱桥下游桥基处于泥盆系写经寺组（D_3x）强风化岩体上，上游桥基一带存在深厚的第四系崩坡积物。为此，桥基开挖时进行了深挖处理直至基础置于强风化基岩上，上游混凝土桥基以外为第四系堆积物。

3. 岩溶洞穴问题及其处理

（1）有压洞段溶洞处理

1）K4 等溶缝处理

发育的 K_4 等溶缝等一般用高压水冲洗充填物，预留灌浆管作回填灌浆处理。

2）Ⅲ号岩溶管道系统处理

KF110 在桩号 K0＋99～K0＋111m（为大溶洞的一小分支）揭示，追踪长达 240.2m，洞底高程 219.6～234.6m，高 5～8m，最宽约 8m；放空洞左侧壁溶洞清除充填物，侧壁布设随机锚杆，回填 C20 二级配混凝土，洞顶采用回填灌浆处理。放空洞底板下的溶洞，对桩号 K0＋42～K0＋158.3m（溶洞桩号，包括距侧墙 6m 范围）段，清除淤泥，对溶洞壁面清挖至完整基岩，两侧布设锚筋，回填混凝土，下部狭缝状溶洞清挖回填（M10）浆砌块石，洞底设置排水通道。

KF198 位于桩号 K0＋198～K0＋225m，宽 27m，顺 F_3、F_{12} 断层发育，经过追踪在放空洞右侧延伸长 214.0m，追踪端点底板高程已达 282m，地下水流量 0.5～0.8m^3/s，断面形态呈狭缝状，宽 0.5～9m，高 2.5～18m，充填黄色黏土及砂卵石。距放空洞侧壁 6m 范围内以混凝土进行封堵，底板以下溶洞全部清挖回填混凝土并做排水。

3）Ⅱ号岩溶管道系统处理

Ⅱ号岩溶管道系统穿过进口明渠段底板桩号 K0－44～K0－80m 处，顺 F_{14} 断层溶塌形成的溶塌堆积物 30～40m，主要为黏土夹灰岩、砂岩大块石，PD20 号平洞揭示最低高程 216m。对出露于进口明渠底板之上底槽状堆积物进行了清挖，清挖深 3m，然后回填混凝土，工程量约 2508m^3。

（2）事故闸门井溶洞的处理

事故闸门井高程 364.8m 以上为栖霞组第 14、15 段（P_1q^{14-15}）至茅口组（P_1m^{1-2}）地层为强岩溶化地层;高程 344~356m 发育有 KS_{350-1}、KS_{350-2}、KS_{350-3} 三个规模较大的岩溶洞穴,根据岩溶发育状态分两部分处理。

1)高程 364.8m 以上强溶蚀带岩体,主要是顺断层、裂隙发育的溶沟、溶槽及小溶洞,处理时,将充填物掏挖干净(最深 2m),布置连接锚杆,回填 C20 混凝土。

2)高程 344~356m 发育有 KS_{350-1}、KS_{350-2}、KS_{350-3} 三个规模较大的溶洞,KS_{350-1} 追踪长 100m 左右(没到底),方向 48°,充填黄色黏土及砂卵石,呈狭缝状;KS_{350-2} 发育方向 36°,长 43m;KS_{350-3} 发育方向 48°,总长 28m;KS_{350-2}、KS_{350-3} 清挖全部充填物,回填混凝土;KS_{350-1} 清除离井壁 20m 范围内的充填物,回填混凝土并设置排水管。

4. 工作闸门室顶拱、侧墙的稳定问题及其处理

工作闸门室顶拱高程 284~296.2m 分布有栖霞组第 8 段(P_1q^8)软岩,发育 3 条明显的剪切带,其中 g081-1# 厚 40cm,施工中沿剪切带局部发生过跨塌。顶拱岩体稳定性较差,在放空洞长期运行过程中,可能产生变形而影响洞室的安全。处理时,在剪切带部位增加了随机锚杆并喷 20cm 厚的钢纤维混凝土。顶拱部分为栖霞组第 9 段(P_1q^9)强岩溶化地层,在锚杆及锚索施工中发现有小溶洞,对此采取了 M20 水泥砂浆处理。

侧墙上存在栖霞组第 8 段(P_1q^8)、第 6 段(P_1q^6)软岩,其间所夹 g081-1# 剪切带抗剪强度低,视倾角 6°~7°,有沿软层发生顺层滑移的条件,施工处理时,在上游壁高程 290m、296m、281m、266m 设 4 排长 30m 的 200 吨级无黏结预应力锚索,下游壁高程 290m、285m、268.5m 设 3 排同样的锚索进行加固。

5.4.5 施工质量问题及其处理

1. 混凝土低强

放空洞工程施工中出现了混凝土低强问题。造成低强问题的因素较多,主要集中在两个时段,即混凝土浇筑的初期和夏季暴雨期两个时段。

出现混凝土低强问题后,对混凝土拌和楼进行了整改,一是增设加水容器,将定时(时间、继电器控制)加水改为容器衡量加水;二是增加对砂石骨料含水率的检测,严格控制混凝土配合比,保证搅拌时间及混凝土的塌落度。通过全面整改后,于 2003 年 3 月 7 日恢复开工。

在放空洞无压段喷混凝土施工中,对抗压强度值和喷层厚度不满足设计要求的,及时进行返工或补喷。

2. 混凝土表面缺陷

混凝土表面缺陷主要有:裂缝、麻面、蜂窝、残留的钢筋头、混凝土错台等。

在桩号 K0+596.25~K0+750m 无压洞段中,混凝土表面出现了 23 条裂缝,其中有 6 条裂缝采用化学灌浆处理,其余采用回填环氧砂浆。

右岸高程 300m 平洞帷幕灌浆施工过程中因地质裂缝等原因,导致 4MPa 压力钻灌压力直接传递至衬砌混凝土表面,造成放空洞桩号 0+496.0~499.6m 洞段高程 251.2~258.8m 部位的 3 个固结灌浆孔向外喷射浆液,并在该部位造成混凝土裂缝 9 条,累计长度约 200m。对这些混凝土裂缝进行了凿槽嵌缝、骑缝进行化学灌浆处理,灌浆材料采用 LPL 低黏度注射树脂。灌浆完成后对②、⑥号裂缝进行了钻孔取芯检查,抽取 4 个芯样,有 2 个芯样灌注效果较好,2 个芯样有部分裂缝未完全注满,并且底拱及顶拱部分已处理裂缝继续有渗水现象。经处理后,裂缝及混凝土无渗水。

堆石坝施工方法与质量控制措施研究　　　　　　　　　　　　第 6 章

水布垭水电站大坝 2006 年 10 月开始挡水,2008 年 11 月 2 日水库水位达到最高水位 399.51m,大坝已接受正常运行考验。工程竣工验收的监测资料显示,大坝各项性态指标均在设计控制范围内,大坝工作状态安全、良好,坝体沉降一般小于 1400mm,最大沉降值 2451mm,沉降量约占坝高的 1.05%,在国内外同等规模的工程中处于较先进水平,这与前期设计阶段和工程施工初期开展的大量研究工作密不可分。在《混凝土面板堆石坝设计规范》(SL 228—2013)修订过程中,参考水布垭水电站研究成果及实践经验,对筑坝材料和填筑标准增加了高坝的相关限定条文。

6.1　填筑料开采与加工方法研究

6.1.1　填筑料的生产方式

垫层料:必须选用质地新鲜、坚硬且具有良好耐久性的石料。垫层料通常需要经过加工获得,其生产方法有:层铺立掺法、筛分掺配法和直接机械破碎生产法,条件允许时可采用控制爆破技术进行开采。当天然砂砾石料符合垫层料的要求时,可直接作为垫层料使用。

过渡料:必须选用质地新鲜、坚硬且具有良好耐久性的石料。一般采用从建筑物开挖石料中选取、利用洞挖石渣料或优化控制爆破孔网参数直接爆破开采等方法获得。

主堆石料:应选用质地新鲜、坚硬且具有良好耐久性的石料。一般通过控制爆破技术直接爆破开采,或利用符合要求的建筑物开挖料。

次堆石料:一般根据挖装、碾压设备条件及铺层厚度来控制最大粒径,对坝料的质量要求可适当放宽。次堆石料可充分利用工程开挖料及爆破开采料。

6.1.2　堆石料的爆破开采技术

6.1.2.1　堆石料的爆破开采方法

水布垭混凝土面板堆石坝尽量利用溢洪道、地下洞室等建筑物符合质量要求的开挖料来填筑坝体,不足部分从桥沟、公山包等料场进行开采。

对于料场开采,一般有台阶爆破法(又称"梯段爆破法")和洞室爆破法。至于采用哪种方法有利,主要取决于料场的地形、地质条件。

采用台阶爆破法,可以通过改变炮孔布置方式及孔网参数、炸药品种、装药量、装药结构、起爆方式及起爆顺序等来控制堆石料的级配,并可减轻爆破振动效应,使堆石料开采实现机械化作业,有利于加快工程施工进度。

洞室爆破法具有施工简单、机械设备少、临建工作量少、一次爆破方量大等优点,但是其单位炸药消耗量大,爆破振动影响大,而且由于在狭小的洞室内作业,劳动条件差。对于混凝土面板堆石坝,洞室爆破开采法还存在难以控制堆石料级配的弱点,尤其是难以控制石料的最大粒径。

依据国内外的工程实践并结合水布垭的具体条件,选择台阶爆破法作为开采堆石料的主要方法。

6.1.2.2 堆石料开采的台阶爆破技术

在台阶爆破中,影响岩石破碎效果的主要因素有:①岩石地质力学特性,②炸药品种、装药量和装药结构,③孔网参数,④起爆方式和起爆顺序。根据国内外有关研究资料,在堆石料开采中主要采用以下几种台阶爆破技术。

1. 小抵抗线爆破技术

理论研究和生产实践表明,在孔距和最小抵抗线乘积不变的情况下,适当减小抵抗线和增大孔距,能够显著地改善岩石破碎质量,使大块率降低、延米炮孔爆破岩石方量增大、爆破地震效应以及后冲破坏减弱。

小抵抗线爆破技术改善岩石破碎质量的主要机理如下:

(1)抵抗线减小,炮孔离自由面的距离缩小,导致爆破漏斗内的径向裂隙数相对增加,并且使原先不能延伸到自由面的短裂隙有可能达到自由面,使岩石更容易破碎。

(2)抵抗线减小,爆炸应力波到达自由面的时间缩短,致使反射拉伸波的破岩作用增强,并使自由面附近的层裂范围扩大,从而改善岩石破碎质量。

(3)对于同时起爆的两个炮孔,由于抵抗线减小、孔距增大,使得炮孔间冲击波阵面相遇的历时增加,即各炮孔内药包独立作用的时间延长,这样必然导致炮孔间应力叠加效应降低,孔间成缝效应也随之降低,炮孔径向裂隙的增长便趋于均匀,从而改善岩石破碎质量。

(4)抵抗线减小时孔距增大,各炮孔的临空面增多。一般来说,临空面面积愈大,岩石的夹制力愈小,反射波的能量愈大,爆破破碎效果愈好,而且由于临空面的增多,岩石的运动方向也随之增加,对于微差爆破来说,岩块发生碰撞的概率也相应增大,造成附加破碎的效应也就越明显。

小抵抗线爆破技术改善岩石破碎质量的主要因素是抵抗线,应用这一技术的关键是正确地选择最佳破碎抵抗线,确定合理的孔距与抵抗线之比值(m 值)。合理的 m 值随岩石地质力学条件的不同而变化,因此,在实际工程中,应根据工程具体条件和要求,通过现场试验来确定相应的最佳破碎抵抗线,从而确定出合理的 m 值。

国内外爆破工作者进行了大量的不同 m 值条件下的模型和现场爆破试验。最早,瑞典的 U. Langefors 在丙烯酸树脂板上进行了比较详细的爆破试验。在瑞典花岗岩中的爆破实践表明,合理的 m 值在 4～6。

清江隔河岩水利枢纽采石场现场爆破试验的结果表明,对于厚层灰岩,当 $m=2.4$ 时,爆破效果最好,大于 700mm 的大块率在 5％以内;对于薄层灰岩,当 $m=3.2$ 时,爆破效果非常理想,几乎没有大块产生。

2. 大区微差顺序爆破技术

随着塑料导爆管非电起爆网路技术的进步以及微差顺序起爆器的研制与应用,微差顺序爆破技术在堆石料开采中得到了广泛应用。

微差顺序爆破技术是在深孔孔间、深孔排间或深孔孔内以毫秒级的时间间隔按照一定顺序起爆的一种技术。这种技术具有降低爆破地震效应、改善岩石破碎质量、降低炸药单耗、减小后冲破坏、爆堆比较集中等明显优点。

与排间微差爆破相比,孔间微差顺序爆破可改善岩石破碎质量,其机理是可以从更多的自由面反射炸药爆炸产生的压缩波,从自由面反射的压缩波转变为张力波返回炮孔,产生新的裂隙,爆炸气体进入这些新裂隙后,更有利于岩石破碎。

孔间微差顺序爆破的破岩过程如下：

(1)先爆孔在爆破作用下形成单独的爆破漏斗,使这部分岩体破碎并与原岩分离,同时在漏斗外相邻孔的岩体内产生应力场与微裂隙。

(2)继爆孔因自由面增加,改善了爆破作用条件,从而使周围岩体得到良好破碎。

(3)继爆孔在先爆孔产生的预应力尚未消失之前起爆,将形成应力叠加,从而增强了破碎效应。

(4)相邻孔间的岩体在破碎过程中由于岩块的相互碰撞,得到了进一步破碎。

在堆石料的开采中,应用大区孔间微差顺序爆破技术,除了要正确设计孔网参数外,爆破网路的设计是至关重要的。经验表明,精心设计、施工和仔细检查起爆网路是大区微差顺序爆破成功的关键。

3. 挤压爆破技术

挤压爆破技术又称留渣爆破技术,是指在先爆破的破碎岩块尚未从工作面清除或部分清除的前提下,又进行下一个循环的爆破。这种方法是目前矿山改善岩石破碎质量常用的控制爆破方法。在堆石料的爆破开采中,也有一些工程使用了这一技术。比如关门山坝在垫层料的制备中就成功地采用了这一技术,使垫层料的成本降低了40%。

挤压爆破技术改善岩石破碎质量的原理是留渣作为缓冲层,能够改善冲击波的分布并延缓其作用时间,从而减少由于自由面处应力波反射和卸载作用而产生的大块。当岩体的节理、裂隙比较发育时,往往由于爆破震动作用或应力波作用而使岩块沿原始弱面崩塌、振落、开裂形成大块,而留渣的限制和阻隔作用改变了以上过程发生的条件,降低了大块率。此外,挤压爆破能把爆破能量充分地用于破碎岩石,由于从岩体分离的岩块带有一定的能量,以 50～100m/s 的速度撞击留渣或前排爆破体,二者均得到进一步破碎。

挤压爆破通常采用排间微差顺序起爆方式,二者结合使用能够获得最佳爆破效果。

在挤压爆破中留渣的松散系数和厚度对爆破效果的影响很大,不正确的挤压爆破设计不仅影响挖掘设备的正常工作状态,还可能使后续爆破产生根底,以至形成恶性循环,因此必须正确选择合理的留渣爆破参数。一般地,应尽可能提高留渣的松散系数,降低留渣厚度。

4. 高台阶爆破技术

高台阶爆破技术是指台阶高度 10～15m 甚至更高的露天台阶爆破。高台阶爆破具有提高炮孔利用率、改善岩石破碎效果、提高延米炮孔爆破岩石方量、提高钻机台班生产率等明显优点。国外露天矿山已经广泛采用了这一技术,我国曾将高台阶爆破技术研究列为国家"八五"科技攻关项目。

采用高台阶爆破技术应该注意的问题是:

(1)要选择合适的钻孔、装载、运输设备,在堆石料开采中应使炮孔直径与台阶高度相匹配,同时要求凿岩机械钻孔精度高、炮孔偏差小。另外,高台阶爆破一次爆破岩石方量大、爆堆高,因此要求采用大型装载、运输设备。

(2)改进装药结构。增大台阶高度,将引起底盘抵抗线增大。为了避免由此而产生的根底,必须加强对台阶底部岩石的爆破作用,尤其对于坚硬岩石更是如此。所以,高台阶爆破必须根据实际情况改进装药结构。例如,采用混合装药结构,在炮孔底部装高密度、高威力炸药,在炮孔上部装低密度、低威力炸药;如果使用同一种炸药,则可采用组合装药结构,在炮孔下部耦合装药,在炮孔上部不耦合装药或间隔装药。

6.1.3 垫层料的加工

6.1.3.1 垫层料的加工方法

垫层料的生产方法有:层铺立掺法,筛分掺配法,直接机械破碎生产法,条件许可时可采用微差挤压爆破法。

1. 层铺立掺法

该方法是将料场开采出来的石料或超径卵石进行再加工,而得到合格的良好级配的垫层料。其生产过程是:石料开采—破碎—掺配。掺配的细粒料可采用符合设计要求的天然砂、当地风化砂或石屑。

掺配是将经加工的粗细料按一定比例掺合,一般采用自卸汽车逐层交替铺料、挖掘设备立面开采的方法。比例的确定按两种料中细料(粒径小于5mm)的含量进行,以保证掺和后垫层料中细粒含量达到级配要求。

掺和铺料施工,先拟定粗碎料层厚60cm,然后根据以下公式计算得相应的细碎料层厚:

$$h_1 = \frac{h_2 \rho_1}{n \rho_2}$$

$$n = \frac{B-C}{C-A}$$

式中　h_1、h_2——细碎料层、粗碎料层的厚度,cm;

ρ_1、ρ_2——细碎料层、粗碎料层的自然(未压实)密度,g/cm³;

n——粗碎料与细碎料的重量比,由公式计算后需经试验、复核调整;

A、B——粗碎料、细碎料中,粒径小于5mm的细粒含量占总重量的百分比;

C——垫层料中粒径小于5mm的细粒含量占总重量的百分比。

铺料时,第一层先铺粗碎料,卸料用后退法;铺细碎料采用进占法,自卸车每卸料一层,即用推土机将料铺平。铺料结束后,用装载机或挖土机立面开采、翻挖,反复混拌。

2. 筛分掺配法

将料场开采出来的石料进行机械破碎与筛分,然后通过机械拌和或按比例向传输带上下料掺配,从而得到级配良好的垫层料。采用筛分掺配法,其优点在于机械化程度高、生产强度大,适合于高坝、超高坝的垫层料的生产。其垫层料的生产工艺流程见图6.1。

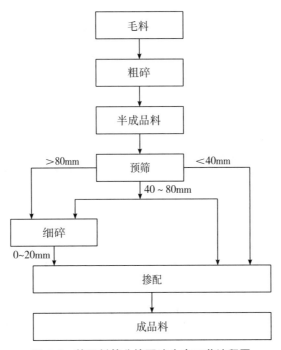

图 6.1　垫层料筛分掺配法生产工艺流程图

3. 直接机械破碎生产法

在垫层料的生产过程中,调整粗碎机和细碎机的开度,调整各破碎机的进料量和筛网孔径,经过多次试验,使生产的各种粒径含量符合设计要求,将各种粒径的料送到皮带机上,经传输自由跌落到成品料场。其优点是机械化程度高,生产量大,质量易于控制,只需专门安装一套生产垫层料的设备。

4. 微差挤压爆破法

由于垫层料要求粒径较细,采用此爆破方法时应仔细研究料场地质条件,做好爆破设计和试验,优化孔网参数和装药结构,使一次爆破的石料满足垫层料的级配要求。

6.1.3.2 水布垭混凝土面板堆石坝垫层料的加工方法

水布垭混凝土面板堆石坝垫层料设计采用茅口组灰岩轧制料,控制最大粒径 $d_{max} \leqslant 80mm$,粒径小于 5mm 的含量为 35%～50%,粒径小于 0.1mm 的含量为 4%～7%,渗透系数 $K = 1 \times 10^{-4} \sim 1 \times 10^{-2} cm/s$,设计干密度 $\rho_d \geqslant 2.25 g/cm^3$,孔隙率 $n = 17\%$。小区料采用垫层料剔除粒径大于 40mm 以上颗粒后的剩余部分,$d_{max} = 40mm$,粒径小于 5mm 的含量为 35%～57%,粒径小于 0.1mm 的含量为 5%～10%。

通过比较,水布垭混凝土面板堆石坝采用筛分掺配法和直接机械破碎法均可生产满足设计要求的垫层料。但是,由于小区料采用垫层料剔除粒径大于 40mm 以上颗粒后的剩余部分,采用筛分掺配法更适合垫层料及小区料的生产,因此水布垭混凝土面板堆石坝垫层料采用筛分掺配法加工。

垫层料生产过程中,以 P400 型反击式破碎机作粗碎设备,PFQ1210 型反击式破碎机作主破设备,PL-1000 型立式冲击破碎机作为细料的补充破碎设备,以三级破碎为基础,通过调整各筛车间的分料斗,实现分流量的控制,同时通过调整反击式破碎机的排料口和立式冲击破碎机的转速来调整颗粒级配,生产出符合设计要求的垫层料。

6.1.4 填筑料开采爆破试验

6.1.4.1 试验的必要性和目的

1. 必要性

水布垭面板堆石坝要求选择强度较高的硬岩料和采用较高的填筑密实度。其中,较高的填筑密实度主要通过控制填筑料的级配及坝体碾压质量实现,尤其是填筑料的级配。堆石料的压实性和力学性质与级配的关系极为密切,级配良好的堆石料经压实后可以获得较高的变形模量和较高的抗剪强度。增加压实度对提高密实性和改善力学性质能起一定的作用,对于水布垭这类 200 米级的堆石坝体要求更高,需从改善级配入手,如提高不均匀系数等。

大坝填料分别来源于溢洪道、马崖边坡、引水发电系统等多个建筑物开挖料和料场开采料,包括多种岩性、且岩性各有差异。要获得满足大坝填筑料要求的开挖料,必须有针对性地进行各建筑物和料场的生产性爆破试验。

2. 主要目的

(1)确定在主要供料建筑物开挖料和料场开采料中,可满足坝体填筑料要求的爆破装药结构、爆破孔网参数及炮孔布置方式,并获得岩性及地质条件变化对爆破参数的影响关系。

(2)选择合适的炸药品种。水利水电工程施工使用的常规炸药为柱状包装硝铵和乳化炸药,矿山等工程已大量使用散装炸药。比较而言,散装炸药具有装药机械化、可根据要求调整炸药的密度和爆破性能、安全、大规模加工较经济等特点。通过两种炸药的对比试验,选择适合于水布垭工程开挖爆破施工的炸药品种。

(3)研究爆破振动传播规律。

6.1.4.2 现场爆破试验情况

2002 年 9 月现场试验正式开始,2003 年 3 月大部分现场试验完成,共进行了 3A、3B、3D 料爆破试验 17 次,其中 3A 料 6 次、3B 料 8 次、3D 料 3 次。分别在公山包料场、桥沟料场、溢洪道泄槽段和右坝肩庙包 4 处进行。总计爆破方量 85332m³,使用炸药 53746kg,其中 3A 料 22770m³、3B 料 52672m³、3D 料 9890m³。

爆破试验料筛分共进行了 14 场,筛分 38 组,总筛分量 661273kg。其中,3A 料 6 场、16 组、筛分量 220542kg,3B 料 7 场、19 组、筛分量 394534kg,3D 料 1 场、3 组、筛分量 46196kg。

每一场次均进行了地形和炮孔测量、装药、起爆网络统计。大块石统计进行了 5 个场次。

爆破试验料进行了 5 场碾压试验,其中 3A 料 1 场、3B 料 2 场、3D 料 2 场。

6.1.4.3 爆破试验成果

爆破试验是结合填筑料开采施工进行的,试验爆破的规模与施工单次开采的规模相当,每次爆破方量 1960～14010m³。爆破试验的部分成果统计见表 6.1,3B 料、3A 料典型级配曲线分别见图 6.2、图 6.3,爆后爆堆图见照片 6.1,爆破料颗粒筛分见照片 6.2。

堆石料爆破开采和填筑因为受地形地质、钻孔装药施工程序、现场条件的影响,有一定的局限性,但是爆破试验和碾压试验的数据及成果可以反映一种概念和趋势。爆破试验的分析和结论是建立在大量试验和已有的爆破实践和理论的基础上,对施工具有一定的指导意义。试验成果在施工实践中不断完善,获得了较好的填筑料爆破效果。

1. 主堆石料(3B)

主堆石料共在 3 个区域进行了 8 次试验,其中公山包料场 2 次、桥沟料场 3 次、溢洪道开挖区 3 次。

公山包料场进行了 2 次爆破试验。第一次爆破筛分情况较好,基本上处于设计包络线内,本次爆破料被用于碾压试验,结果是可以满足设计的干容重和渗透系数要求;第二次试验由于堵塞质量不好,药量损失严重,筛分的细颗粒含量不足。典型爆破见表 6.1 序号 2。

桥沟料场进行了 3 次爆破试验。第一次采用的是 ϕ70mm 乳化炸药不耦合装药,爆破产生的细颗粒含量不足。后面两次采用耦合装药,筛分情况较好,基本上处于设计包络线内。典型爆破见表 6.1 序号 8。

溢洪道进行了 3 次爆破试验。第一次和第三次试验筛分情况较好,基本上处于设计包络线内,第一次爆破料被用于碾压试验,结果是干容重不能满足设计要求,渗透系数可以满足设计要求,与公山包料场爆破试验效果的区别就是曲线较陡,均匀系数偏大;第二次试验由于孔深不足,单耗达不到要求而产生较多的大块石,并且有部分岩体只有轻微松动,效果较差,没有进行筛分取样。典型爆破见表 6.1 序号 17。

总的来说,3 个料源区域的 3B 料爆破,采用典型试验的爆破参数就可以达到设计包络线的要求。超径率估计为 2‰～5‰。推荐的 3B 料爆破参数见表 6.2。

2. 过渡料(3A)

过渡料在 2 个料源区域共进行了 6 次试验,其中公山包料场 3 次、桥沟料场 3 次。

公山包料场进行了 3 次爆破试验。第一次爆破因爆区有较大的夹泥溶槽,使爆破能量损失,并污染了爆破料的表层,细颗粒含量少,超径粗颗粒偏多,与设计包络线相差较大;第二次爆破情况较好,细颗粒含量和超径粗颗粒含量均有较大的改善,但与设计包络线仍有相当的距离,本次爆破料被用作碾压试验,结果是可以满足设计的干容重和渗透系数要求;第三次试验爆破,单耗加大至 0.9kg/m³,爆破情况良好,细颗粒含量大幅提高,但还是未处于设计包络线内。典型爆破为第 14 号爆破试验。

表 6.1　爆破试验参数统计表

序号	位置	填筑料	爆破方量(m³)	孔数	孔距(m)	排距(m)	前排(m)	梯段高(m)	单耗(kg/m³)	堵长(m)	超钻(m)	炸药类型	孔径(mm)
1	桥沟	3B	3200	44	3	2.5	2.1	10.1	0.45	2.53	0.5	φ70mm柱状乳化炸药	90
2	公山包	3B	10021	37	5.75	3.33	4.25	12.9	0.63	4.1	0.8	混装车乳化炸药	150
3	桥沟	3A	2650	68	2.5	1.6	2.5	9.3	0.82	2.2	0.5	φ70mm柱状乳化炸药	90
4	庙包	3D	3050	48	3	2.5	3	7.4	0.45	2.27	0.6	φ80mm柱状乳化炸药	100
5	公山包	3B	7700	24	5.9	3.7	3.9	14.6	0.63	4.35	0.8	混装车乳化炸药	150
6	桥沟	3B	6449	17	5.2	4.2	4.5	17.3	0.54	3.5	0.8	散装车乳化炸药	140
7	公山包	3A	4100	22	4.9	2.5	3.5	12.6	0.88	3	0.6	混装车乳化炸药	115
8	桥沟	3B	14010	37	5.2	4.2	4.5	17.7	0.57	3.49	0.8	散装铰梯炸药	140
9	公山包	3A	2620	22	3.8	3.3	3.3	11	0.85	3	0.6	混装车乳化炸药	115
10	溢洪道	3B	3500	15	5	3.5	3.5	14.1	0.55	3.8	0.8	混装车乳化炸药	115
11	桥沟	3A	2500	35	3	2.5	2.5	9.4	0.59	2.3	0.6	散装铰梯炸药	90
12	庙包	3D	2400	15	4.2	3.3	3.5	11.4	0.45	3.1	0.6	散装铰梯炸药	105
13	庙包	3D	4440	16	5.1	4.2	5	12.1	0.49	3	0.8	散装铰梯炸药	140
14	公山包	3A	6700	45	3.5	3.4	3	13.2	0.9	2.7	0.6	混装车乳化炸药	115
15	桥沟	3A	4200	30	3.4	3	3.2	13.9	0.73	2	0.6	散装铰梯炸药	105
16	溢洪道	3B	1960	21	4	3.5	3	6.7	0.52	3	0.6	混装车乳化炸药	105
17	溢洪道	3B	5832	41	4	3	2.5	10.8	0.58	2.5	0.6	混装车乳化炸药	105
	合计		85332	537									

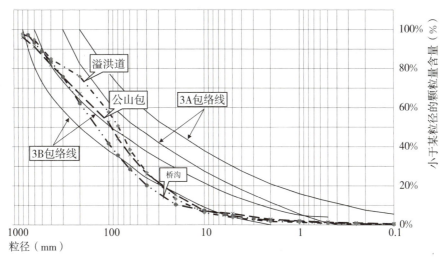

图 6.2　爆破试验 3B 料典型颗粒级配曲线

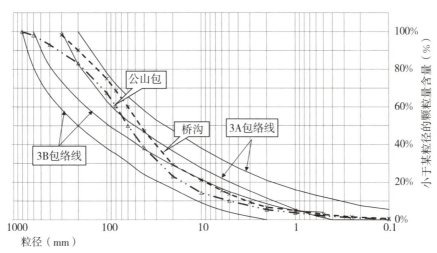

图 6.3　爆破试验 3A 料典型颗粒级配曲线

照片 6.1　爆后爆堆图

照片 6.2　爆破料颗粒筛分

表 6.2   推荐的 3B 料爆破参数表

爆破参数	公山包	桥沟	溢洪道
孔径(mm)	150	140	115
孔距(m)	5.5	5	4.4
排距(m)	4.8	4.2	3.6
台阶高(m)	15	15	10
超钻(m)	0.9	0.8	0.7
孔深(m)	15.9	15.8	10.7
堵塞长度(m)	2.5	2.5	2.3
单耗(kg/m³)	0.65	0.59	0.6
单孔药量(kg)	257.3	184.6	94.4
炸药类型	混装乳化炸药	铵锑粉状炸药	混装乳化炸药

桥沟料场进行了 3 次爆破试验。第一次采用的是直径 70mm 乳化炸药不耦合装药,爆破产生的细颗粒含量不足;第二次采用耦合装药,爆破情况较好,细颗粒含量和超径粗颗粒含量均有较大的改善,但与设计包络线还有相当的距离;第三次试验爆破,单耗加大至 0.73kg/m³,爆破情况良好,细颗粒含量大幅提高,但还是未处于设计包络线内。典型爆破为第 15 号爆破试验。

从现场试验情况分析,桥沟料场和公山包料场 3A 料爆破效果相差不大,桥沟料场的筛分情况稍好,粒径 5mm 以下含量比公山包多 3% 左右。

推荐的 3A 料爆破参数见表 6.3。

表 6.3   推荐的 3A 料爆破参数表

爆破参数	公山包	桥沟
孔径(mm)	90	90
孔距(m)	2.8	2.8
排距(m)	2.4	2.3
台阶高(m)	10.00	10.00
超钻(m)	0.60	0.60
孔深(m)	10.6	10.6
堵塞长度(m)	2.2	2.2
单耗(kg/m³)	0.90	0.78
单孔药量(kg)	59.96	49.6
炸药类型	混装乳化炸药	铵锑粉状炸药

由于试验产生的颗分成果与设计要求有一定的差别,所以在调整爆破参数尽量满足设计包络线、设计包络线是否可以调整两方面进行了调查和分析研究。

设计要求粒径 5mm 以下颗粒含量为 20%～30%,爆破试验的相应值在 10% 左右。根据爆破试验的成果,均匀系数 n 值变化范围不大,最小也达到 0.76,而设计的 3A 料包络线平均值的均匀系数 n 只有 0.56,设计的曲线很缓。如果要提高粒径 5mm 以下颗粒含量,则必须降低特征粒径值,也就是提高单耗,但相应的均匀系数只会增加不会降低,即使保持不变,也会使粗粒料更加偏离包络线。形象地说,就是难以首尾相顾。

从收集的国内外已建和在建的十几个面板坝的3A料包络线来对比,本试验的爆破级配均可满足其包络线。通过比较天生桥一级面板坝、洪家渡面板坝、滩坑面板坝设计包络线,洪家渡面板坝原设计包络线与水布垭极为接近,后来对包络线进行了修改,粒径5mm以下颗粒含量为10%~30%,设计中已考虑了施工中的难度。

3. 下游堆石料(3D)

下游堆石料共在庙包进行了3次爆破试验。第一次爆破效果一般,爆破料转运后用作了碾压料,碾压后干容重达不到设计要求;第二次爆破试验因为前缘受到挤压,钻孔装药不均匀,爆破效果较差;第三次试验增加单耗至0.49kg/m³,效果较好,并进行了筛分试验和碾压试验。表明碾压后干容重和透水性可满足设计要求。

爆破试验表明,单耗降低使爆破料颗粒变粗,细颗粒含量较少。

3D料设计中,虽没有级配要求,但是如要达到设计干容重,必须满足一定的级配方可。所以3D料开采爆破的单耗不应降低,不能低于推荐的单耗标准。

4. 爆破设计、图像颗分软件

为了使爆破设计能及时准确地进行,调研了国际上的爆破设计一体化软件。其中澳大利亚的JKSimBlast公司的设计和分析软件应用比较广泛。结合数字化地形测量和处理,可以形成测量、设计、评估、实施的一条龙快速爆破设计过程。

试验中还试用了美国Split Enrineering公司的图像颗粒分析软件。其工作简单和快速,采集了爆破料的数字图像后,几分钟就可以得到颗分的成果,且图像颗粒分析结果具有较高的参考价值。

5. 结论和建议

通过清江水布垭工程建设公司、长江勘测规划设计研究院、华咨公司水布垭监理中心、葛洲坝集团清江施工局、武警水电一总队、水利水电爆破咨询服务部组成爆破试验组,历时7个月,完成了堆石料开采生产性试验的17次现场试验,取得了大量的数据和成果,为填筑料的开采打下了坚实的基础,达到了试验的目的。

通过这17组现场爆破试验,基本确定了炸药类型、钻孔设备、钻孔参数、梯段高度、装药结构、堵塞和超钻、起爆网络等爆破参数。

通过大量的筛分和相应的碾压试验,表明爆破试验料基本满足设计的要求。

试验的主要结论是:

(1)采用混装车乳化炸药和散装铵梯油炸药高猛度、高威力炸药是适宜于堆石料开采的。

(2)采用耦合装药方式可以改善爆破料的级配。

(3)3B料合适的一次爆破规模为7000~14000m³,3A料合适的一次爆破规模为5000~10000m³。

(4)常规的钻孔直径105~150mm可以产生合格的级配料。

(5)公山包和桥沟料场3B料合适的梯段高度15~18m,3A料合适的梯段高度10~15m,溢洪道3B料合适的梯段高度10~15m,3D料如在料场开采可采用和3B料同样的梯段高度或更高至20m。合理较高的梯段高度对级配改善有利。

(6)堆石料开采比一般的开挖单耗用量大,应采用较高的炸药单耗。

(7)采用垂直爆破孔,便于爆破施工定位、控制及安全。

(8)布孔、起爆方式、雷管对爆破效果的影响不太明显,主要原则是毫秒微差爆破、逐孔或少孔V型或

U 型起爆。采用 1.1～1.3 的密集系数比较便于施工控制。

(9)堵塞长度在保证安全的条件下,应尽量减小。堵塞质量对爆破质量的影响较大,施工中应严格控制。

(10)连续的装药结构能提高炮孔利用率,便于施工。在特殊情况下才采用间隔装药(如溶洞、软弱层等)。

(11)单耗药量应满足爆堆呈马鞍形,爆堆与保留面间形成后拉槽,即单耗药量应足够。

(12)临空面尽可能清理干净,压渣爆破会产生较多的大块。

(13)采用变药径的装药结构对控制大块的产生有一定作用。

(14)最后一排孔 2～4 个同时起爆对保留岩体的壁面完整是有利的,也有利于后续钻孔爆破施工的安全。

(15)只要在设计中考虑溶沟、溶槽、溶洞的影响,就可以保证安全和爆破效果。

(16)爆破料的级配是连续的,按照土粒的判断标准 $C_u > 5$,$C_c = 1～3$,级配是良好的。

(17)爆破渣料的不均匀系数(即级配线陡度)变化与爆破参数的变化关系不是很密切,一般在 7～10。

6.2 填筑料碾压方法研究

早期的面板堆石坝采用抛填法进行堆石体施工,堆石体很不密实,沉降和水平位移较大。据统计,抛填堆石坝在施工期的沉降量一般为坝高的 5%,竣工后在水荷载和自重作用下,后期沉降量可达坝高的 1%～2%。抛填法一般仅适用于坝高小于 70m 的混凝土面板堆石坝堆石体的填筑,随着坝高的增加,沉降变形随之增大,混凝土面板难以承受更大的变形,从而导致严重的开裂和大量漏水。

随着经济的发展和技术的进步,在水利水电工程中大量采用大型土石方施工机械,逐渐采用碾压堆石取代抛填堆石,堆石体的密实度和填筑质量得到了很大提高,在混凝土面板堆石坝施工中普遍采用碾压方法进行堆石体填筑施工。

6.2.1 碾压机械的选择

6.2.1.1 选择碾压机械应考虑的因素和原则

(1)适应设计的压实标准。所选的压实机械的作用应使一定铺层厚度的堆石料的压实效果满足面板坝坝体的要求。

(2)所选振动碾的生产率应满足施工强度的要求,通常可按下式计算体积生产率 $Q(\text{m}^3/\text{h})$:

$$Q = \frac{\eta BVH}{N}$$

式中　η——效率系数,一般取 0.85～0.95;

　　　B——振动碾轮宽度,m;

　　　V——振动碾碾压速度,m/h;

　　　H——堆石料铺层厚度,m;

　　　N——碾压遍数。

上述公式适用于连续工作的情况,未考虑各种施工因素的影响。根据经验,实际平均生产率约为连续工作生产率的 50%。

(3)应根据垫层、垫层坡面、过渡区、主堆石区、边角等不同部位的施工要求和施工场地条件,选择不同的压实机械。

(4)所选碾压机械应适应堆石料的性质,包括堆石料压实的难易程度、石料颗粒的硬度等。

(5)一般情况下,主堆石区所用振动碾的激振力不得小于 150kN。

(6)施工单位的经验和现有的设备情况。

6.2.1.2 碾压机械的选择

堆石碾压主要靠颗粒间接触点的局部破碎使颗粒产生位移,得以压实,因此,堆石碾压要求采用重型振动碾。由于振动碾压实时,行车速度影响压实效果,因此自行式振动碾虽然行车速度可以很快,但碾压时其工作速度一般要求不超过 5km/h。而且,自行式振动碾压实有效静重(滚筒部分)仅占其总重的 50%~60%,如 15t 的自行式振动碾有效静重仅为 10t,最大离心力约 23t,施加的动静力总和为 33t;而 15t 的牵引式振动碾有效净重约 15t,最大离心力为 38t 左右,施加的动静力总和为 53t,是自行式的 1.6 倍。基于以上原因,主堆石体的堆石碾压,选用重型(≥15t)牵引式振动碾,不但经济而且压实质量好。至于垫层和过渡区,因工作面狭窄,特别是垫层区紧临上游坝坡边缘,考虑自行式振动碾运转灵活,以采用 10t 左右的自行式振动碾为宜。

虽然振动碾压机械在堆石坝施工中应用最为普遍,本工程堆石碾压选择振动碾作为主要压实机械,但是随着对冲击压实技术的逐步认识,冲击压实机械已开始应用于堆石坝施工中。冲击压实机械具有以下优点:

(1)很大的冲击力,冲击压实机械的压实是靠冲击力、振动力和静重压力三者的共同作用,冲击力可达 250t。

(2)大振幅低频率的振动大。

(3)重型的振动碾压机械的有效深度在 0.3~0.5m。冲击压实机械则在 1.0m 以上。

(4)冲击压实机械的行驶速度 12~15km/h,碾压遍数 10~40 遍不等。振动压实机械的速度 3~4km/h,遍数 6~12 遍不等。按速度计算,冲击压实机械每小时可压 2400m²,如是压 20 遍,则每台班可完成 20000m²。实际施工时受各种条件影响,振动压实机械每台可完成 2000m²,冲击压实机械每台班可完成 10000m²,其效率是振动压实机械的 5 倍。

6.2.2 堆石性质和工艺参数对压实效果的影响

6.2.2.1 堆石的性质

母岩物理力学性质和堆石料级配决定了堆石性质。一般来说,任何岩性的堆石料均可在振动碾的作用下压实到密实状态,对于母岩强度低的堆石,经压实后其压缩性和抗剪强度仍可以满足坝体的运行要求。但是,在相同压实密度下,硬岩堆石料的变形比软岩堆石料小。因此,为减小面板堆石坝坝体的变形,往往在压实软岩堆石料时,采用减小层厚、增加碾压遍数的方法,提高其压实度。

堆石的级配对压实效果影响很大。根据关门山坝碾压试验结果分析,堆石的不均匀系数 C_u 与堆石孔隙率 n 显著相关,相关系数为 0.7。一般 C_u 值越大,堆石级配愈不均匀,其压实效果就愈好;但 C_u 值越大,堆石越易分离。

堆石的最大粒径对压实也有很大影响,一般堆石粒径越大,越不容易压实,所需的压实功也就越大。对于较大粒径的堆石,常要求堆石的铺层厚度大于堆石的最大粒径(以往要求最大粒径小于 2/3 的铺层厚度)。

6.2.2.2 堆石的加水

为提高堆石的压实效果,一般应适当加水。加水的目的是使材料浸湿,以软化细粒,使块石棱角容易压碎,以便于压实和减小堆石体竣工后的沉降。试验表明,只要堆石中含有足够的细颗粒,加水量对任何类型的堆石都有影响。图6.4是堆石加水与不加水的碾压试验结果。显然,加水后在同样压实条件下压实效果较好。但对于吸水率低的坚硬岩石,加水的效果不明显。在寒冷地区冬季施工不宜加水,可采用减薄层厚、增加遍数等办法。

加水量的大小与筑坝材料的种类、施工方法有关,一般宜为堆石体的10%～25%。当垫层料较细时,应严格控制加水量,避免出现"橡皮土"现象。坝轴线下游的堆石区可不加水。加水量的大小一般通过现场碾压试验确定。

加水方式一般有3种:①在运输过程中,在自卸汽车的车斗里加水,可以在上坝的施工道路上专设一个加水站;②在推土机铺料以后的填筑仓面内加水,加水后碾压;③在未经平整的料堆上进行加水。国内工程大多采用第二种方式。具体使用哪种方式还需根据现场施工条件而定。

6.2.2.3 堆石的铺层厚度

振动碾的振动力以压实波的方式向堆石体内传播,动压力随深度的增加逐渐减弱,见图6.5。从图6.5中可见,铺层厚度对压实效果影响甚大。铺层厚度愈薄,愈容易碾压,如80cm铺层厚度与160cm铺层厚度相比,在相同压实功条件下,干密度可提高8%,压实模量可提高50%。但从坝料开采与填筑考虑,厚度愈薄,坝料所需开采、填筑的成本愈高,施工进度也愈慢,因为填筑厚度薄,要求坝料最大粒径小、开采费用高,而且填筑层厚度薄,每层铺料所需的时间较长,所需要碾压的层数增多。可见,铺层厚度并非越薄越好,而应根据坝体各区的填筑标准、要求,从技术经济的角度综合考虑,选择最优的铺层厚度。国内铺层厚度一般指压实前的厚度。

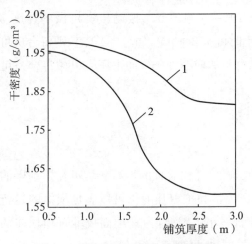

图6.4 堆石加水对压实效果的影响

1—加水碾压;2—干碾压

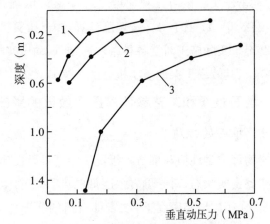

图6.5 振动碾动压力沿深度分布情况

1—1.4t振动碾;2—3.3t振动碾;3—13.0t振动碾

6.2.3 碾压试验与填筑参数的确定

混凝土面板堆石坝是以控制变形为主导设计思想,因此压实是控制施工质量的关键工序。由于每一工程的规模、坝体设计要求、填筑坝料的性质、施工单位的技术装备和施工技术水平等各有不同,因此施工前应进行碾压试验,以便确定最合适的碾压参数,取得最优的压实效果。由于堆石料粒径较大,最大粒径一般为 600～800mm,最大者可达 1000mm,室内试验不可能采用原级配进行,因此应在室外进行现场碾压试验,才能得到施工实际需要的碾压参数。

通过碾压试验,验证坝体填筑设计压实标准的合理性,如所规定的压实干密度、孔隙率能否达到,设计阶段的碾压试验则是确定合理的压实标准;选择合适的填筑压实机械;确定适宜、经济的施工压实参数,如铺层厚度、碾压速度、碾压遍数、加水量等;研究和完善填筑的施工工艺和措施,并制定填筑施工的实施细则。

试验前,应根据类似工程的实践经验,初步选定几种碾压设备,并拟定若干碾压参数。碾压试验组合时,宜采用逐步收敛法固定其他各参数,变动一个参数,通过试验得出此参数的最优值;然后固定此参数的最优值,变动另一个参数,通过试验求得第二个参数的最优值,依次类推,使每一个参数通过试验求得一最优值;最后用全部最优参数,再进行一次复核试验,若碾压结果能满足设计、施工要求,即可将此碾压参数组合作为施工时的碾压参数。

铺层厚度:对主堆石区可取 80cm、100cm、120cm;对过渡区和垫层可取主堆石区的一半,即 40cm、50cm、60cm,以便平起填筑。

碾压遍数:可取 4、6、8、10 遍等;垫层斜坡碾压时可取静压 2～4 遍(上下往返一次为一遍),动压 6、8、10 遍(上振下不振为一遍)。

行车速度:2～3km/h。

加水量:在堆石体积的 0%～25% 范围内选取。

6.2.4 填筑碾压试验

6.2.4.1 试验内容与试验场地

1. 试验内容

(1)3A、3B、3C 和 3D 区的碾压试验,确定铺层厚度、碾压遍数及最优洒水量等施工参数。

(2)2A 区的水平与斜坡碾压试验,确定 2A 区的施工参数。

(3)坝体填筑质量的控制与检测方法的研究,并积累试验资料。

2. 试验场地

试验场布置于长湍河存料场。在长湍河存料场上游侧平整出 55m×220m 场地,分成第一试验场、第二试验场、拖碾试验场和垫层料(2A)试验场,其场地尺寸分别为 65m×34m、65m×34m、50m×40m、28m×10m。

6.2.4.2 试验设备

2A 区选用英格索兰 18t 自行式振动碾;3A 区选用中联重科 YZ25 型 25t 自行式振动碾和英格索兰 18t 自行式振动碾;3B 区选用中联重科 YZ25 型 25t 自行式振动碾;3C 区两场试验分别选用中联重科 YZ25 型 25t 自行式振动碾和英格索兰 18t 自行式振动碾;3D 区两场试验分别选用中联重科 YZ25 型 25t 自行式振动碾和陕西中大 YZTY20 型拖式振动碾。

6.2.4.3 试验参数组合

1. 铺料方式

铺料方式 2A、3A 采用混合法,其他采用进占法。

2. 铺料厚度

压实后层厚根据国内外面板堆石坝设计及施工经验,以及前期进行的堆石碾压试验资料,压实后的层厚见表 6.4。未碾压之前的铺料厚度可根据压实沉降量加厚 5%～10%。

表 6.4   填筑碾压试验参数组合表

序号	分区	铺料法	铺料压实厚(cm)	洒水量(%)	碾压遍数(遍)	行走速度(km/h)
1	3A	混合法	40	10,15,20	6,8,10	≤2
2	3B	进占法	60,80	15,20,25	6,8,10	≤2
3	3C	进占法	60,80	15,20,25	6,8,10	≤2
4	3D	进占法	120	15,20,25	6,8,10	≤2
5	2A	混合法	40	5,10	6,8,10	≤2

3. 碾压遍数

碾压遍数(水平与斜坡碾压)进行 6、8、10 遍的试验。

4. 行车速度

行车速度不大于 2km/h。

5. 洒水量

堆石区碾压洒水量 2A、3C 区适量洒水,其他区比较 0%、5%、10%、15%。

洒水量为堆石体积的百分比。

6.2.4.4 试验场次

本次碾压试验一共进行了 9 个场次,各试验场次见表 6.5。

表 6.5   试验场次安排表

场次	料源	坝料类型	层厚(m)	单元数(个)	填筑量(m³)	检测组数(个)				备注
						挖坑	注水渗透	原位渗透	沉降	
1	桥沟存料场	3C	0.8	9	2340	18	6	6	135	自行碾 25t
2	公山包料场	3B	0.8	9	2340	18	18	18	135	自行碾 25t
3	长淌河存料场	3C	0.8	9	2340	18	6	6	135	自行碾 18t
4	庙包开挖料	3D	1.2	12	4680	15	15	15	180	自行碾 25t
5	河床开挖料	3D	1.2	6	2340	12	6	12	90	拖碾 20t
6	洞渣料	3A	0.4	9	1170	18	18	18	135	自行碾 25t
7	三友坪人工料场	2A	0.4	6	820	12	12	12	60	自行碾 18t
8	公山包料场	3A	0.4	9	1170	18	18	18	135	自行碾 18t
9	溢洪道开挖料	3B	0.8	9	2340	12	18	12	135	自行碾 25t
合计				78	19540	141	117	117	1140	

6.2.4.5 试验成果

(1)碾压后的沉降率

各试验场次碾压后的沉降率见表 6.6～表 6.11。

表 6.6   三友坪人工 2A 料压实平均沉降率成果统计表

洒水量（%）	碾压遍数（遍）					层厚（cm）
	2	4	6	8	10	
2	17.04%	20.44%	22.15%	22.56%	25.56%	40
5	14.89%	17.93%	19.85%	20.89%	22.22%	40

表 6.7   3A 料压实平均沉降率成果统计表

料源	层厚（cm）	洒水量（%）	碾压遍数（遍）				
			2	4	6	8	10
右岸洞渣（25t）	40	0	7.19%	9.78%	10.44%	10.44%	10.89%
		5	5.78%	8.59%	9.70%	10.56%	13.11%
		10	8.22%	11.56%	13.11%	15.11%	16.67%
公山包料场（18t）	40	0	6.22%	8.74%	9.33%	12.33%	15.56%
		5	4.00%	6.37%	6.89%	8.89%	10.00%
		10	4.96%	7.48%	8.00%	11.22%	13.56%

表 6.8   3B 料压实平均沉降率成果统计表

料源	层厚（cm）	洒水量（%）	碾压遍数（遍）				
			2	4	6	8	10
公山包料场	80	0	6.30%	9.19%	10.93%	12.06%	12.22%
		10	5.30%	8.30%	10.30%	10.94%	12.56%
		15	5.00%	8.22%	10.30%	10.17%	11.78%
溢洪道	80	5	5.19%	7.93%	9.19%	9.50%	9.56%
		10	5.15%	7.07%	8.48%	8.56%	10.00%
		15	4.85%	6.85%	8.26%	8.78%	9.78%

表 6.9   3C 料压实平均沉降率成果统计表

料源	层厚（cm）	洒水量（%）	碾压遍数（遍）				
			2	4	6	8	10
桥沟存料	80	5	4.15%	6.33%	8.11%	8.83%	8.78%
		10	3.85%	5.81%	7.63%	7.78%	9.33%
		15	3.00%	4.67%	6.44%	7.22%	7.89%
长淌河存料	80	0	6.85%	9.59%	10.89%	12.22%	14.00%
		5	3.85%	6.70%	8.00%	8.83%	10.11%
		10	3.67%	6.15%	7.26%	8.67%	9.22%

表 6.10　　　　　　　　　　　　　　　3D料压实平均沉降率成果统计表

料源	层厚(cm)	洒水量(%)	碾压遍数(遍)				
			2	4	6	8	10
庙包料场	120	5	4.10%	5.95%	7.07%	8.11%	10.93%
		10	3.83%	5.62%	6.79%	8.11%	9.93%
		15	2.55%	4.14%	5.29%	5.89%	6.79%

表 6.11　　　　　　　　　　　　　拖碾3D料压实平均沉降率成果统计表

料源	层厚(cm)	洒水量(%)	碾压遍数(遍)			
			2	4	6	8
河床(拖碾)	120	10	6.43%	8.61%	10.00%	10.29%
		15	3.57%	4.90%	5.61%	5.29%
河床(自行碾)	120	10	4.79%	7.00%	8.07%	
		15	3.43%	4.64%	5.36%	

(2)碾压试验干密度及孔隙率

各场碾压试验干密度及孔隙率成果见表6.12~表6.20。

表 6.12　　　　　　　　　　　　三友坪人工2A料干密度及孔隙率成果统计表

碾压遍数(遍)	洒水量(%)	干密度(g/cm³)	孔隙率(%)	含水率(%)	<5mm含量(%)	<0.1mm含量(%)	不均匀系数 C_u	曲率系数 C_c
6	2	2.350	13.28	3.64	50.23	5.97	26.86	2.05
		2.350	13.28	3.48	40.98	4.32	32.65	1.39
	5	2.150	20.66	2.89	40.33	2.33	35.20	1.64
		2.270	16.24	2.71	47.85	4.24	5.87	0.35
8	2	2.220	18.08	1.94	53.38	5.56	31.88	1.76
		2.300	15.13	2.30	55.02	4.89	20.83	1.73
	5	2.260	16.61	2.56	51.34	3.45	16.48	0.85
		2.240	17.34	2.00	49.55	5.65	28.57	1.34
10	2	2.320	14.40	3.43	59.73	7.65	26.45	1.27
		2.280	15.87	1.71	60.13	4.67	43.75	14.29
	5	2.250	16.97	2.25	57.74	5.12	26.82	1.85
		2.270	16.24	2.67	54.05	6.04	28.57	1.14

表 6.13 右岸洞渣 3A 料干密度及孔隙率成果统计表

碾压遍数（遍）	洒水量（%）	干密度（g/cm³）	孔隙率（%）	含水率（%）	<5mm 含量（%）	<0.1mm 含量（%）	不均匀系数 C_u	曲率系数 C_c
6	0	2.165	20.11	0.83	19.56	2.19	20.00	1.73
		2.210	18.45	2.82	20.85	2.72	23.13	2.04
	5	2.192	19.11	1.95	19.90	2.66	18.75	1.61
		2.225	17.90	2.15	24.32	2.58	20.00	1.55
	10	2.240	17.34	1.64	16.60	1.94	18.21	1.37
		2.265	16.42	1.87	22.84	3.25	27.27	2.19
8	0	2.130	21.40	1.95	21.04	2.93	17.50	1.43
		2.183	19.45	2.87	21.85	3.41	23.08	1.81
	5	2.231	17.68	1.78	22.79	2.66	15.29	1.41
		2.241	17.31	1.66	20.07	2.01	18.89	1.63
	10	2.252	16.90	2.06	26.45	3.48	26.25	2.36
		2.260	16.61	1.74	21.18	2.99	13.33	1.48
10	0	2.197	18.93	2.38	30.51	3.24	26.67	1.45
		2.212	18.38	1.84	19.09	2.85	22.00	2.02
	5	2.255	16.79	1.87	21.68	2.80	24.67	1.46
		2.212	18.38	1.12	8.92	1.42	8.78	1.37
	10	2.307	14.87	2.35	34.15	3.71	38.33	1.40
		2.258	16.68	1.05	7.77	1.02	10.56	1.76

表 6.14 公山包 3A 料干密度及孔隙率成果统计表

碾压遍数（遍）	洒水量（%）	干密度（g/cm³）	孔隙率（%）	含水率（%）	<5mm 含量（%）	<0.1mm 含量（%）	不均匀系数 C_u	曲率系数 C_c
6	0	2.280	15.87	1.83	8.24	0.50	11.61	1.51
		2.209	18.49	1.83	9.25	0.95	10.18	1.46
	5	2.257	16.72	1.31	17.21	1.42	21.07	2.42
		2.212	18.38	0.89	5.20	0.51	7.64	1.56
	10	2.139	21.07	1.65	17.94	1.55	12.50	1.39
		2.127	21.51	1.14	14.17	1.00	16.06	1.46
8	0	2.183	19.45	1.36	12.17	1.20	10.95	1.33
		2.205	18.63	1.61	18.56	1.33	15.42	1.62
	5	2.220	18.08	0.84	10.33	1.04	10.98	1.13
		2.237	17.45	1.08	11.89	1.05	10.91	1.37
	10	2.281	15.83	0.78	8.23	0.72	11.47	1.70
		2.223	17.97	0.83	8.90	0.75	18.33	1.86

碾压遍数 (遍)	洒水量 (%)	干密度 (g/cm³)	孔隙率 (%)	含水率 (%)	<5mm 含量(%)	<0.1mm 含量(%)	不均匀系数 C_u	曲率系数 C_c
10	0	2.187	19.30	0.96	10.36	0.90	12.55	1.48
		2.234	17.56	0.89	6.02	0.56	10.50	1.38
	5	2.232	17.64	1.08	13.24	1.47	10.00	1.36
		2.185	19.37	1.09	11.21	0.97	13.49	2.12
	10	2.160	20.30	1.20	14.46	1.52	8.24	1.51
		2.161	20.26	0.86	9.30	0.81	11.58	1.80

表 6.15　　　　　　　　　　　　　　公山包 3B 料干密度及孔隙率成果统计表

碾压遍数 (遍)	洒水量 (%)	干密度 (g/cm³)	孔隙率 (%)	含水率 (%)	<5mm 含量(%)	<0.1mm 含量(%)	不均匀系数 C_u	曲率系数 C_c
6	0	2.11	22.14	1.26	6.50	0.98	11.67	1.22
		2.16	20.30	1.42	5.24	0.71	12.79	1.15
	10	2.16	20.30	2.00	11.87	2.02	14.63	2.15
		2.19	19.19	1.65	7.72	1.06	11.52	1.79
	13	2.19	19.19	1.53	7.63	0.95	17.14	1.54
		2.11	22.14	1.58	10.55	1.30	15.74	2.59
8	0	2.27	16.24	1.63	9.25	1.26	15.45	1.93
		2.22	18.08	1.42	9.01	1.09	11.67	2.14
	10	2.15	20.66	2.10	14.05	2.25	14.71	1.70
		2.25	16.97	1.23	7.62	0.90	15.00	1.57
	13	2.27	16.24	1.97	8.50	1.66	10.82	1.31
		2.22	18.08	1.17	8.12	0.94	12.12	1.48
10	0	2.11	22.14	1.18	6.98	0.79	10.63	1.60
		2.16	20.30	1.59	8.03	0.91	13.38	1.76
	10	2.22	18.08	1.84	8.42	1.48	12.33	1.64
		2.27	16.24	1.63	10.88	1.27	17.39	1.44
	13	2.25	16.97	1.25	6.94	1.30	15.33	1.42
		2.20	18.82	1.14	7.09	0.89	10.00	1.81

表 6.16　　　　　　　　　　　　　　溢洪道 3B 料干密度及孔隙率成果统计表

碾压遍数 (遍)	洒水量 (%)	干密度 (g/cm³)	孔隙率 (%)	含水率 (%)	<5mm 含量（%）	<0.1mm 含量（%）	不均匀系数 C_u	曲率系数 C_c
6	5	1.810	33.21	0.69	4.12	0.25	10.00	1.33
	10	1.960	27.68	0.83	6.31	0.52	11.23	1.71
	15	2.243	17.23	0.91	7.07	0.37	9.46	2.05

续表

碾压遍数（遍）	洒水量（%）	干密度（g/cm³）	孔隙率（%）	含水率（%）	<5mm 含量（%）	<0.1mm 含量（%）	不均匀系数 C_u	曲率系数 C_c
8	5	2.017	25.57	0.80	5.51	0.31	6.28	1.65
	10	2.100	22.51	1.11	11.40	0.97	11.94	0.79
		2.091	22.84	0.90	5.71	0.41	6.97	0.80
	15	2.102	22.44	1.04	7.53	0.37	12.82	0.62
10	5	2.069	23.65	1.32	13.79	0.78	10.00	2.50
	10	1.886	30.41	1.11	5.76	0.33	9.80	1.44
		2.084	23.10	1.10	8.99	0.68	9.67	0.71
	15	2.048	24.43	1.16	13.10	0.85	9.49	0.64

表 6.17　　　　　　　　　　桥沟存料场 3C 料干密度及孔隙率成果统计表

碾压遍数（遍）	洒水量（%）	干密度（g/cm³）	孔隙率（%）	含水率（%）	<5mm 含量（%）	<0.1mm 含量（%）	不均匀系数 C_u	曲率系数 C_c
6	5	2.15	20.66	2.30	7.22	1.35	11.55	1.30
		2.21	18.45	2.16	4.05	0.89	10.00	2.32
	10	2.21	18.45	2.88	7.19	1.35	8.84	2.75
		2.33	14.02	3.13	8.68	2.09	16.17	1.46
	12	2.27	16.23	3.54	8.23	1.37	17.70	2.14
		2.29	15.50	3.28	13.68	2.94	46.60	1.26
8	5	2.17	19.93	1.64	7.45	0.71	17.14	1.72
		2.20	18.82	1.00	12.10	1.24	20.53	0.69
	10	2.22	18.08	7.54	9.52	1.71	18.33	1.55
		2.25	16.97	3.34	10.60	2.19	23.85	2.01
	12	2.11	22.14	1.60	7.17	0.81	42.50	3.75
		2.23	17.71	4.85	14.26	3.10	21.67	1.57
10	5	2.17	19.93	0.76	7.76	0.76	14.85	0.56
		2.27	16.24	3.06	8.58	2.13	15.26	1.75
	10	2.20	18.82	3.04	4.79	0.96	7.77	1.41
		2.18	19.56	2.96	11.61	2.57	26.76	2.62
	12	2.35	13.28	1.86	6.17	0.83	13.33	1.59
		2.24	17.34	3.50	9.96	2.04	16.88	1.88

表 6.18 长淌河存料 3C 料干密度及孔隙率成果统计表

碾压遍数 （遍）	洒水量 （%）	干密度 （g/cm³）	孔隙率 （%）	含水率 （%）	<5mm 含量（%）	<0.1mm 含量（%）	不均匀系数 C_u	曲率系数 C_c
6	0	2.088	22.95	2.41	12.80	1.04	19.44	2.48
		2.122	21.70	2.42	17.45	1.17	23.75	1.87
	5	2.195	19.00	2.55	8.17	1.24	16.67	1.89
		2.156	20.44	2.40	6.19	1.40	10.60	1.51
	10	2.113	22.03	1.86	5.24	0.81	10.83	1.30
		2.104	22.36	2.46	6.60	1.52	11.76	1.88
8	0	2.182	19.48	2.39	9.31	1.26	14.04	2.11
		2.200	18.82	2.76	17.59	1.38	20.38	1.42
	5	2.287	15.61	2.72	9.33	1.75	16.67	1.85
		2.247	17.08	2.89	5.77	1.22	8.76	1.49
	10	2.162	20.22	1.44	6.12	0.93	8.63	1.95
		2.155	20.48	2.39	6.93	1.34	10.63	1.80
10	0	2.234	17.56	2.58	13.32	1.24	18.42	2.54
		2.187	19.30	2.13	13.27	1.48	17.22	2.17
	5	2.209	18.49	2.59	5.78	1.18	13.00	1.36
		2.208	18.52	2.40	8.79	1.43	15.00	2.14
	10	2.161	20.26	1.88	5.02	1.01	7.20	1.51
		2.139	21.07	2.22	4.65	0.90	7.14	1.26

表 6.19 庙包 3D 料干密度及孔隙率成果统计表

碾压遍数 （遍）	洒水量 （%）	干密度 （g/cm³）	孔隙率 （%）	含水率 （%）	<5mm 含量（%）	<0.1mm 含量（%）	不均匀系数 C_u	曲率系数 C_c
6	5	2.014	25.683	1.260	5.00	0.56	15.000	1.610
	10	1.858	31.439	1.050	6.52	0.54	13.190	1.470
	15	2.068	23.690	1.630	6.97	0.89	15.850	1.080
8	5	2.166	20.074	1.240	5.01	0.38	8.240	1.410
	10	2.073	23.506	1.910	9.38	1.14	11.360	1.470
	15	2.175	19.742	1.970	9.50	1.40	13.690	1.450
10	5	1.967	27.417	1.880	7.72	0.88	12.320	1.310
	10	2.190	19.188	1.370	8.00	0.50	10.000	2.240
	15	2.148	20.738	1.150	8.09	0.55	19.120	2.000

表 6.20 拖碾 3D 料干密度及孔隙率成果统计表

碾型	碾压遍数（遍）	洒水量（%）	干密度（g/cm³）	孔隙率（%）	含水率（%）	<5mm 含量(%)	<0.1mm 含量(%)	不均匀系数 C_u	曲率系数 C_c
自行碾	6	10	2.168	20.00	2.98	10.13	1.29	35.29	1.41
			2.152	20.59	2.42	7.99	1.11	26.76	1.44
		15	2.179	19.59	1.56	8.93	0.61	24.63	2.45
			2.153	20.55	2.26	7.87	0.55	30.56	1.58
拖碾	6	10	2.102	22.44	2.00	8.95	0.80	15.61	1.55
			2.274	16.09	2.07	8.80	0.65	26.67	1.20
		15	2.341	13.62	2.17	9.21	1.08	22.86	1.65
			2.244	17.20	2.91	8.98	1.13	24.19	2.08
	8	10	2.224	17.93	3.36	11.75	1.63	20.98	1.63
			2.286	15.65	2.69	11.59	1.82	18.84	1.27
		15	2.304	14.98	2.61	9.71	1.39	25.35	1.58
			2.254	16.83	2.99	6.74	0.84	22.62	1.44

（3）各场碾压试验垂直渗透试验成果见表 6.21～6.26。

表 6.21 三友坪人工 2A 料碾压试验垂直渗透试验成果统计表

序号	渗透系数（cm/s）	试坑深度（cm）	层厚（cm）	洒水量（%）	碾压遍数（遍）
1	1.35×10^{-3}	5	40	2	6
2	1.97×10^{-3}	5	40	5	6
3	1.13×10^{-3}	5	40	2	8
4	1.12×10^{-3}	5	40	5	8
5	3.98×10^{-3}	5	40	2	10
6	3.49×10^{-3}	5	40	5	10

表 6.22 3A 料压实碾压试验垂直渗透试验成果统计表

料源	序号	渗透系数（cm/s）	试坑深度（cm）	层厚（cm）	洒水量（%）	碾压遍数（遍）
右岸洞渣	1	2.71×10^{-3}	5	40	0	6
	2	6.51×10^{-3}	5	40	5	
	3	3.27×10^{-3}	5	40	10	
	4	1.06×10^{-3}	5	40	0	8
	5	6.80×10^{-3}	5	40	5	
	6	5.30×10^{-3}	5	40	10	
	7	3.92×10^{-3}	5	40	0	10
	8	1.93×10^{-3}	5	40	5	
	9	1.59×10^{-3}	5	40	10	

料源	序号	渗透系数(cm/s)	试坑深度(cm)	层厚(cm)	洒水量(%)	碾压遍数(遍)
公山包料场	1	7.25×10^{-1}	5	40	0	
	2	2.08×10^{-1}	5	40	5	6
	3	4.68×10^{-1}	5	40	10	
	4	5.60×10^{-2}	5	40	0	
	5	8.89×10^{-2}	5	40	5	8
	6	1.43×10^{-1}	5	40	10	
	7	8.43×10^{-2}	5	40	0	
	8	2.81×10^{-1}	5	40	5	10
	9	2.79×10^{-1}	5	40	10	

表 6.23　　　　　　　　　　　　　　3B 料压实碾压试验垂直渗透试验成果统计表

料源	序号	渗透系数(cm/s)	试坑深度(cm)	层厚(cm)	洒水量(%)	碾压遍数(遍)
公山包料场	1	3.75×10^{-1}	5	80	0	
	2	3.15×10^{-1}	5	80	10	6
	3	8.18×10^{-1}	5	80	15	
	4	1.57×10^{-1}	5	80	0	
	5	4.33×10^{-1}	5	80	10	8
	6	1.59×10^{-1}	5	80	15	
	7	1.55×10^{-1}	5	80	0	
	8	7.56×10^{-1}	5	80	10	10
	9	8.37×10^{-1}	5	80	15	
溢洪道	1	2.24×10^{-1}	5	80	0	
	2	9.61×10^{-1}	5	80	10	6
	3	5.24×10^{-1}	5	80	15	
	4	7.42×10^{-1}	5	80	0	
	5	1.21×10^{-1}	5	80	10	8
	6	2.74×10^{-1}	5	80	15	
	7	9.09×10^{-1}	5	80	0	
	8	8.26×10^{-1}	5	80	10	10
	9	3.54×10^{-1}	5	80	15	

表 6.24   3C 料压实碾压试验垂直渗透试验成果统计表

料源	序号	渗透系数(cm/s)	试坑深度(cm)	层厚(cm)	洒水量(%)	碾压遍数(遍)
桥沟 存料	1	$8.08×10^{-2}$	5	80	5	6
	2	$2.44×10^{-3}$	5	80	5	8
	3	$7.20×10^{-4}$	5	80	10	
	4	$1.40×10^{-4}$	5	80	5	10
	5	$8.63×10^{-4}$	5	80	10	
	6	$2.43×10^{-4}$	5	80	15	
长淌河 存料	1	$3.55×10^{-2}$	5	80	0	6
	2	$1.66×10^{-2}$	5	80	5	
	3	$1.70×10^{-2}$	5	80	0	8
	4	$9.36×10^{-3}$	5	80	5	
	5	$7.57×10^{-2}$	5	80	0	10
	6	$1.29×10^{-1}$	5	80	10	

表 6.25   3D 料压实碾压试验垂直渗透试验成果统计表

料源	序号	渗透系数(cm/s)	试坑深度(cm)	层厚(cm)	洒水量(%)	碾压遍数(遍)
庙包料场	1	$3.84×10^{-2}$	5	120	5	6
	2	$5.20×10^{-2}$	5	120	10	
	3	$4.29×10^{-2}$	5	120	15	
	4	$3.49×10^{-2}$	5	120	5	8
	5	$3.04×10^{-2}$	5	120	10	
	6	$2.49×10^{-2}$	5	120	15	
	7	$2.02×10^{-2}$	5	120	0	10
	8	$1.87×10^{-2}$	5	120	5	
	9	$1.83×10^{-2}$	5	120	10	

表 6.26   拖碾 3D 料压实碾压试验垂直渗透试验成果统计表

料源	序号	渗透系数(cm/s)	试坑深度(cm)	层厚(cm)	洒水量(%)	碾压遍数(遍)
河床(拖碾)	1	$3.34×10^{-3}$	5	120	10	6
	2	$2.42×10^{-3}$	5	120	15	
	3	$2.07×10^{-3}$	5	120	10	8
	4	$1.52×10^{-3}$	5	120	15	
河床 (自行碾)	5	$7.16×10^{-3}$	5	120	10	6
	6	$7.16×10^{-3}$	5	120	15	

6.2.4.6　坝料填筑施工参数

1. 振动碾吨位的比选

试验采用 YZT16 和 YZT18 两种型号的牵引式振动碾进行比选,试验结果见表 6.27。

表 6.27   不同吨位机具碾压效果表

岩性	振动碾(t)	层厚(cm)	碾压遍数(遍)	平均干密度(g/cm³)
茅口组 (P₁m¹)	16	80	4	2.127
			6	2.213
			8	2.225
	18	80	4	2.216
			6	2.262
			8	2.309
栖霞组 (P₁q¹²)	16	80	4	2.144
			6	2.164
			8	2.212
	18	80	4	2.189
			6	2.274
			8	2.306

从表 6.27 可以看出,16t 和 18t 振动碾在其他条件不变的条件下,18t 振动碾的压实效果优于 16t。在相同层厚条件下,18t 振动碾只需 4 遍即可满足设计要求的 2.15g/cm³ 的密度,而 16t 振动碾需要 6 遍。

2. 填筑层厚度的比选

分别采用茅口组灰岩和栖霞组第 12 段灰岩进行试验,在碾压机具均为 16t、洒水量均采用 15% 的情况下,试验结果见表 6.28。

从表 6.28 可以看出,在相同碾压机具、相同碾压遍数条件下,填筑层厚 60cm 时的压实效果最好,层厚 100cm 时的压实效果最差。从挖坑检测中发现,不同层厚情况下均有上部压实紧密、下部相对松散的现象,且随层厚愈大愈明显。在层厚 100cm 时的个别试坑底部有石块架空现象。

表 6.28   不同填筑层厚的碾压效果表

岩性	铺层厚(cm)	碾压遍数(遍)	平均干密度(g/cm³)	沉降量(%)
茅口组 (P₁m¹)	60	4	2.143	9.1
		6	2.232	10.7
		8	2.247	12.5
	80	4	2.127	8.1
		6	2.213	9.6
		8	2.225	10.2
	100	4	2.104	5.7
		6	2.183	6.7
		8	2.198	7.8
栖霞组 (P₁q¹²)	60	4	2.152	7.9
		6	2.202	9.5
		8	2.238	10.9

岩性	铺层厚(cm)	碾压遍数(遍)	平均干密度(g/cm³)	沉降量(%)
栖霞组 (P_1q^{12})	80	4	2.144	6.1
		6	2.164	8.1
		8	2.212	9.0
	100	4	2.073	3.9
		6	2.120	6.3
		8	2.167	6.7

3. 振动碾碾压遍数比选

从表6.27和表6.28可以看出,两种岩性的岩石在层厚为80cm时,16t振动碾碾压6遍,18t振动碾碾压4遍时的平均干密度即可满足设计密度2.15g/cm³的要求。

对2A料在使用18t振动碾、层厚40cm的条件下,不同洒水量、不同碾压遍数时的平均干密度、孔隙率和沉降率见表6.29。

从表6.29可知,2A料的干密度与碾压遍数无明显关系,不同碾压遍数条件下的干密度均可达到设计要求。

表6.29 2A料在不同洒水量时的平均干密度、孔隙率和沉降率

碾压遍数(遍)	洒水量(%)	平均干密度(g/cm³)	平均孔隙率(%)	平均沉降率(%)
6	2	2.35	13.28	22.15
	5	2.21	18.45	19.85
8	2	2.26	16.61	22.56
	5	2.25	15.87	20.89
10	2	2.30	15.14	25.56
	5	2.26	16.61	22.22

4. 洒水量比选

从表6.29可知,2A料在洒水量为2%时的平均干密度和平均沉降率大于洒水量为5%时的相应指标。故在2A料施工时洒水量不宜过大。

对来自右岸洞室开挖料和公山包料场的3A料在层厚40cm的条件下,不同洒水量时的平均干密度、孔隙率和沉降率见表6.30。

从表6.30可以看出,对右岸洞室开挖料,不同碾压遍数下的平均干密度均随洒水量的增加而增大。对公山包料场开采料,不同碾压遍数下的平均干密度与洒水量无明显关联,但不同碾压遍数条件下的干密度均可达到设计要求。

对来自公山包料场和溢洪道开挖的3B料在层厚80cm、振动碾重25t的条件下,不同洒水量时的平均干密度、孔隙率和沉降率见表6.31。从表6.31可以看出,对公山包料场开采料,不同碾压遍数下的平均干密度与洒水量无明显关系,以洒水量10%为宜,碾压6遍时的平均干密度未达到设计要求。对溢洪道开挖料,在碾压遍数为6遍和8遍时的平均干密度均随洒水量的增加而增大,碾压10遍时的平均干密度与洒水量无明显关系。

表 6.30　　　　　　　　　　3A 料在不同洒水量时的平均干密度、孔隙率和沉降率

料源	振动碾(t)	碾压遍数(遍)	洒水量(%)	平均干密度(g/cm³)	平均孔隙率(%)	平均沉降率(%)
右岸洞室开挖料	25	6	0	2.188	19.28	10.44
			5	2.209	18.51	9.70
			10	2.253	16.88	13.11
		8	0	2.156	20.43	10.44
			5	2.236	17.50	10.56
			10	2.256	16.76	15.11
		10	0	2.205	18.66	10.89
			5	2.234	17.59	13.11
			10	2.283	15.78	16.67
公山包料场	18	6	0	2.245	17.18	9.33
			5	2.235	17.55	6.89
			10	2.133	21.29	8.00
		8	0	2.194	19.04	12.33
			5	2.229	17.77	8.89
			10	2.252	16.90	11.22
		10	0	2.211	18.43	15.56
			5	2.209	18.51	10.00
			10	2.160	20.28	13.56

表 6.31　　　　　　　　　　3B 料在不同洒水量时的平均干密度、孔隙率和沉降率

料源	碾压遍数(遍)	洒水量(%)	平均干密度(g/cm³)	平均孔隙率(%)	平均沉降率(%)
公山包料场	6	0	2.135	21.22	10.93
		10	2.175	19.745	10.30
		15	2.150	20.665	10.30
	8	0	2.245	17.160	12.06
		10	2.200	18.815	10.94
		15	2.245	17.160	10.17
	10	0	2.135	21.220	12.22
		10	2.245	17.160	12.56
		15	2.225	17.895	11.78
溢洪道开挖料	6	5	1.810	33.21	9.19
		10	1.960	27.68	8.48
		15	2.243	17.23	8.26
	8	5	2.017	25.57	9.50
		10	2.095	22.675	8.56
		15	2.102	22.44	8.78
	10	5	2.069	23.65	9.56
		10	1.985	26.755	10.00
		15	2.048	24.430	9.78

对来自桥沟存料场和长淌河存料场的 3C 料在层厚 80cm 的条件下,不同洒水量时的平均干密度、孔隙率和沉降率见表 6.32。

表 6.32　　　　　　　　　　3C 料在不同洒水量时的平均干密度、孔隙率和沉降率

料源	振动碾(t)	碾压遍数(遍)	洒水量(%)	平均干密度(g/cm³)	平均孔隙率(%)	平均沉降率(%)
桥沟存料场	25	6	5	2.180	19.555	8.11
			10	2.270	16.235	7.63
			15	2.280	15.865	6.44
		8	5	2.185	19.375	8.83
			10	2.235	17.525	7.78
			15	2.170	19.925	7.22
		10	5	2.220	18.085	8.78
			10	2.190	19.190	9.33
			15	2.295	15.310	7.89
长淌河存料场	18	6	0	2.105	22.325	10.89
			5	2.175	19.72	8.00
			10	2.108	22.195	7.26
		8	0	2.191	19.150	12.22
			5	2.267	16.345	8.83
			10	2.158	20.350	8.67
		10	0	2.210	18.430	14.00
			5	2.208	18.505	10.11
			10	2.150	20.665	9.22

从表 6.32 可以看出,采用 18t 和 25t 自行碾在不同碾压遍数、不同洒水量条件下,干密度均可达到设计要求。对桥沟存料场,碾压 6 遍时的平均干密度随洒水量的增加而增大,碾压 8 遍时的平均干密度在洒水量为 10% 时最大,碾压 10 遍时的平均干密度在洒水量为 15% 时最大。对长淌河存料场,碾压遍数为 6 遍和 8 遍时的平均干密度在洒水量为 10% 时最大。

对来自庙包及河床开挖的 3D 料分别采用 25t 自行碾和 20t 拖碾进行碾压,在层厚 120cm 的条件下,不同洒水量时的平均干密度、孔隙率和沉降率见表 6.33。从表 6.33 可以看出,河床开挖料在不同碾重、不同碾压遍数下,平均干密度随洒水量的增加而增大,20t 拖碾的碾压效果优于 25t 自行碾,且 25t 自行碾在碾压 6 遍时的平均干密度不能满足设计要求。对庙包开挖料,平均干密度与洒水量的关系不明显,在碾压 6 遍和 8 遍时,洒水量为 15% 时的平均干密度最大;碾压 10 遍时洒水量为 10% 时的平均干密度最大。

根据碾压试验结果,坝体填筑料填筑碾压施工参数建议采用表 6.34 的成果。

表 6.33   3D 料在不同洒水量时的平均干密度、孔隙率和沉降率

料源	振动碾(t)	碾压遍数(遍)	洒水量(%)	平均干密度(g/cm³)	平均孔隙率(%)	平均沉降率(%)
庙包开挖料	25	6	5	2.014	25.683	7.07
			10	1.858	31.439	6.79
			15	2.068	23.690	5.29
		8	5	2.166	20.074	8.11
			10	2.073	23.506	8.11
			15	2.175	19.742	5.89
		10	5	1.967	27.417	10.93
			10	2.190	19.188	9.93
			15	2.148	20.738	6.79
河床开挖料	25	6	10	2.160	20.295	8.07
			15	2.166	20.070	5.36
	20	6	10	2.188	19.265	10.00
			15	2.293	15.410	5.61
		8	10	2.255	16.790	10.29
			15	2.279	15.905	5.29

表 6.34   水布垭面板堆石坝坝体填料施工参数表

项目 \ 分区	压实厚度(cm)	摊铺层厚(cm)	碾压机具	碾压遍数(遍)	洒水量(%)
2A	40	44	18t 自行碾	8	少量
3A	40	44	18t 自行碾	8	10
3B	80	88	25t 自行碾	8	15
3C	80	88	25t 自行碾	8	适量
3D	120	132	20t 拖式碾	8	15

综合上述分析,对于不同分区的填筑料施工参数。

(1)2A 料:混合法铺料,压实层厚 40cm,18t 自行碾,碾压 8 遍,适量洒水。

(2)3A 料:严格控制爆破参数,级配应满足设计要求。混合法铺料,压实层厚 80cm,18t 自行碾,碾压 8 遍,洒水量 10%。

(3)3B 料:严格控制爆破参数,碾前石料不均匀系数 $C_u \geqslant 10 \sim 15$,曲率系数 $C_c = 1 \sim 3$,粒径小于 5mm 的含量大于 5%,进占法铺料,压实层厚 80cm,18t 自行碾,碾压 8 遍,洒水量 15%。

(4)3C 料:进占法铺料,压实层厚 80cm,18t 自行碾,碾压 8 遍,洒水量 5%~10%。

(5)3D 料:进占法铺料,压实层厚 120cm,20t 拖碾,碾压 8 遍,洒水量 15%。

加水方式采用运输途中和填筑面联合加水的方式。

6.3 堆石体填筑质量控制措施研究

6.3.1 提高堆石体填筑质量的主要途径

水布垭混凝土面板堆石坝堆石体填筑质量控制措施根据国内外同类工程研究和实践经验,结合本工程特点最终确定。

在混凝土面板堆石坝设计与施工中,通过合适的坝体填筑料分区及坝料设计,在坝料开采、加工、运输及碾压施工中采用合适的方法,来提高堆石体的填筑质量,以减小堆石体变形,确保坝体安全。

6.3.1.1 堆石体产生变形的主要原因

大量的科学研究和工程实践表明,堆石体产生变形的主要原因有以下几种。

(1)堆石体在填筑施工过程中,随着堆石坝体的升高,坝体下部堆石承受上部堆石的自重逐渐增加,使下部堆石体内块石与块石之间的接触压应力持续上升,部分块石棱角将受压破坏,从而产生堆石体在施工期内的沉降变形。图 6.6 为努列克堆石坝堆石体石料在不同垂直压应力下的粒径级配变化情况。从图中可以看出,当堆石体内垂直压应力增加时,堆石体石料的被压破碎率上升,粒径级配中粒径的重量百分比有所增加。由于这种原因而产生的堆石体变形,在堆石体施工完成时已基本完成。

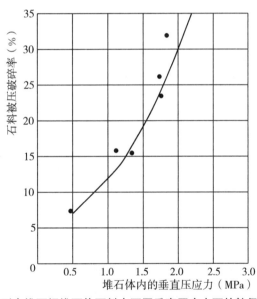

图 6.6 努列克堆石坝堆石体石料在不同垂直压应力下的粒径级配变化图

(2)由于堆石体材料都具有不同程度的蠕变特性,堆石体施工完成后,在堆石自重作用下,将产生发展较慢、历时很长而有一定数量的蠕变沉降变形。此种变形的发展速度将随时间而减缓,变形逐渐趋于稳定。

(3)各种堆石材料都具有不同程度的浸水软化特性。在堆石体施工时,常采用高压水流冲射石料,堆石体在投入运行后,大坝下游水位以下的堆石料长期浸没在水中,都将使石料软化而产生变形。

(4)水库蓄水后,库水压力使靠上游约 1/3 的堆石体内的法向压应力有较大的增加,从而产生变形。又由于堆石材料都具有蠕变特性,库水压力所引起的堆石体变形也将持续发展,并经历相当长的时间才逐渐趋于稳定。

(5)坝址区如受地震影响,也将使堆石体产生突然性变形。

从以上分析可知,堆石体有一部分变形在施工期内产生,另一部分变形在水库开始蓄水起持续产生,甚至在地震时将产生突然性变形。在堆石体全部施工完成后进行混凝土面板浇筑时,堆石体在面板施工以前所产生的变形,一般不影响面板运行;当混凝土面板因导流挡水需要或因坝高需分期施工时,堆石体继续填筑的后续施工期内所产生的变形,也将对这部分先浇筑的面板产生一定的影响。在水库蓄水后生的变形将是影响面板运行条件的主要因素。为此,对后一部分变形更需予以重视。图6.7为巴西阿里亚(Areia)坝堆石体在水库蓄水前所产生的变形量占蓄水后变形总量的百分比值。从图中可见,水库蓄水后产生的变形,主要分布在靠近上游坝趾的1/3堆石体内,以坝趾处为最大;在坝轴线下游,从底部到上部,仅占总变形量的0%～20%。

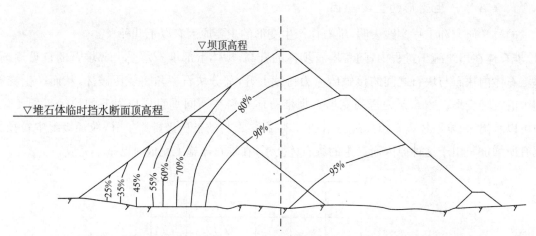

图6.7 阿里亚坝堆石体在水库蓄水前变形量与蓄水后变形总量的百分比

6.3.1.2 影响堆石体变形量的主要因素

堆石体变形量的大小,一般受下列因素的影响。

1. 坝高

在堆石材料、堆石体上下游面坡度、堆石体分区和施工碾压工艺都相同的情况下,坝高愈大,库水压力和堆石体自重也愈大,因而堆石体的变形也愈大。

2. 堆石体材料的特性

堆石体材料如石质坚硬、软化系数较小,能承受较大的压应力(由其上部堆石体自重所产生),不仅可减少堆石体在施工期内的沉降变形,同时也可减少在水库蓄水后由于库水压力和堆石体材料的蠕变与软化特性所产生的变形。因此,在主堆石区应采用强度高、软化系数小的石料。

3. 堆石体材料的粒径级配

堆石体材料级配良好与否对振动碾压后的堆石体密实度影响很大,而堆石体的密实度与变形模量之间又存在着直接的相互关系。堆石体所采用的石料若粒径级配良好,一般可获得较高的密实度和较大的变形模量,从而可减少施工期和运行期的堆石体变形。否则,将会导致相反的结果。阿里亚坝即因堆石体石料的粒径级配欠佳,在设计时即估计到堆石体变形模量较小,将会产生较大的变形,投入运行后的观测结果证实了这一预测情况。因此,在堆石料开采前进行现场爆破试验,取得合适的控制爆破参数。在堆石料开采中应采用控制爆破技术改善堆石料的粒径级配。

4. 堆石体的施工方法

采用振动碾压施工的堆石体比抛填法施工的堆石体密实度大,堆石体的变形模量大;碾压质量好的堆石体比碾压质量差的堆石体密实度大,堆石体的变形模量大。因此,应在堆石体碾压施工前进行现场碾压试验,以确定合适的碾压施工参数,提出合理的碾压施工方法和工艺。

6.3.1.3 提高堆石体填筑质量的主要途径

根据以上分析结果,提高堆石体填筑质量的主要途径如下:

1. 合理分区

在坝高一定的情况下,根据水工计算结果,合理进行坝体填筑料分区,优化分区方案设计,重视垫层料、过渡区料和主堆石料的设计。

2. 选取合适的堆石体材料

在堆石体设计中,根据坝料分区情况,分别选择堆石体材料特性,确定相应的料源。

3. 确定恰当的填料级配曲线

在设计中,应根据分区情况,提出相应的石料最大粒径及粒径级配曲线。

4. 优化施工方法,采用最佳施工工艺

在坝高、堆石体材料特性一定的条件下,只有在坝料开采与加工、运输及碾压施工中优化施工方法,采用最佳施工工艺,重视施工质量控制,才能确保坝体施工质量满足设计要求。

在堆石体的施工中,有效地控制填筑料的级配和填筑碾压密实度是保证堆石坝施工质量的关键。

6.3.2 填筑施工质量控制措施研究

质量检验与质量控制是面板坝施工管理的重要内容,特别是对于坝体填筑过程中的质量检验与控制尤为重要。由于面板坝采用分区填筑,各部位的质量与控制标准各不相同,在施工中应区别对待,以利于加快填筑进度,保证经济合理性。

为切实保证坝体的填筑质量,必须按有关规程、规范及设计的具体要求,对每一个施工环节进行严格的质量控制。

6.3.2.1 料源的质量控制

坝体填筑料填筑质量控制的首要环节是料源的质量控制。

1. 料场的质量控制

料场的质量控制应从以下几个方面考虑:

(1)石料开采之前,应进行详细的爆破设计,并在现场进行适当规模的爆破、碾压试验,优选爆破参数;在石料爆破开采过程中,根据现场实际情况,适当调整爆破参数,以达到更好的爆破效果。

(2)在料场钻孔、爆破、开采之前,应剥离无用层,预先清除软弱夹层、断层影响带等,直至满足设计要求。

(3)爆破后,要对大于坝体填筑料最大粒径要求的超径石进行二次破碎,装料时,应剔除超径石;对开采中发现质量差的填筑料,需经论证及设计确认后方可使用。

(4)设置临时存料场时,对不同级配、不同质量的石料要分类堆存,并控制每层堆放高度,不得随意堆放和混杂。

(5)主堆石料填筑量大,在堆存和挖装过程中容易分离。为减少分离,在堆存时应尽量采用后退法。如用进占法,其分层堆高一般不宜大于5m;在挖装堆存料(包括开采区爆破料)时,分层高度一般宜小于5m。

（6）对软硬岩互层的岩层,在条件许可时,可分层开挖,分别用于不同部位。如不能分层开挖,则软岩所占比例在允许范围内时,可以在爆破过程中混合使用;软岩所占比例过大,则混合料可用于次堆石区。

（7）对于过渡料,应辟专门掌子面,用相应爆破参数开采。

2. 爆破施工的质量控制

（1）钻孔作业及其质量控制

主要有布孔和钻孔两道工序。

布孔:钻孔前应严格按爆破设计进行布孔,布孔从台阶边缘开始,边孔与台阶边缘保留一定距离,以保证钻机安全。若孔位遇到岩石被震松、节理发育和岩性变化较大的地方,可以调整孔位。若孔距增大,则应适当缩小抵抗线或排距;若孔距缩小,则应扩大抵抗线或排距,以保证抵抗线或排距和孔距及其乘积在调整前后相差≤10%,这是控制石料大块率的重要措施。布孔还要注意到坡角过缓时,在坡脚处布孔或加大超深,以便使坡角处岩石充分破碎。

钻孔:钻进过程中,要准确掌握钻孔的方向、角度及深度,使之符合设计要求,这是控制爆破质量的关键环节。在钻孔作业结束后,做好孔口的防护工作,以防止堵孔。装药爆破前,应检查孔壁和孔深,并做好记录。对于堵塞关键部位的钻孔,若不能清除堵塞物,就在旁边重新钻孔,否则将严重影响爆破效果,造成大块率增加。

（2）装药及其质量

由于料场爆破装药大多采用人工操作。装药前要注意检查炮孔,清理炮孔;装药时严格控制装药数量,按爆破设计参数要求装药,在放药卷时需用木棍将药卷推至设计位置。实践证明,提高装药密度,是提高爆破质量的有效措施。梯段爆破的孔口必须堵塞,一般堵塞长度为 $30\sim35d$（d 为孔径）。对于爆破粒径较小的过渡料,堵塞长度不宜过大,以提高爆岩的破碎度。爆破后要对大于坝料最大粒径的超径块石进行二次破碎。装料时,应剔除超径块石。

6.3.2.2 填筑质量检验与控制

1. 填筑质量检查与控制目的

控制坝体填筑质量的方法是对坝体填筑的各个环节（包括坝料、铺填、洒水、碾压等）进行抽样和检查,以便调整施工工艺和参数。

（1）检查的结果能够确定坝体填筑各部位的特性是否符合设计和规范的要求。

（2）通过检查可以尽早发现施工中可能存在的质量问题,并及时予以处理,避免填筑过程中发生质量事故。

（3）可以及时反馈施工中出现的新情况、新问题。根据检查结果,在施工阶段对施工工艺进行修正、改进,必要时还应调整设计参数。

2. 填筑质量控制的内容

（1）检查料场和上坝材料的质量,特别应注意垫层料和过渡料的质量,坝料检查的内容包括超径石料的含量、细粒含量、级配等。

（2）检查坝体施工状况和施工工艺（堆石填筑层厚度、碾压遍数、加水量、分区的界面是否出现分离等）。

（3）检查坝体各区的填筑质量。

（4）检查上游坡面处理的质量、上游垫层坡面的平整度、压实度、防护面层的厚度与强度等。

（5）检查坝内观测仪器的埋设质量,使其符合设计的埋设要求。

3. 填筑质量的检查方法与控制标准

填筑质量检查包括两方面的内容,一方面是检查填筑的施工工艺和参数,另一方面是取样检查。取样检查是从正在填筑的坝体中采取试样,在现场测定坝料的干密度和级配。对于垫层料还需在现场测定垫层的渗透系数以及垫层坡面的平整度等。取样的数量依面板坝的分区、堆石种类、坝体体积和面板坝的等级确定。

坝体填筑密实度的检测方法主要有试坑注水法、压实计法两种,对于垫层料也可采用核子密度计法。另外,国内一些单位为提高检测精度、加快检测进度,研制了 K30(K50)法、附加质量法、全质量法、GPS 法等,这些方法在当时尚处于研究、试验阶段,有待于进一步完善。

(1)试坑注水法

采用试坑注水法可以测定坝体填筑的密度及颗粒级配。该法适用于爆破堆石料、砂砾料填筑的过渡区、主堆石区、任意料区的密度检验。对垫层区(包括斜坡),除注水法外亦可采用灌砂法。

(2)压实计法

压实计是当时刚发展起来的一种控制碾压质量的新型仪器。将压实计安装在振动碾上,对整个碾压作业面进行全面的、实时的质量控制。在碾压过程中,驾驶员通过指示仪表,可随时了解工作面的压实情况,并可根据仪表的指示确定是否增加压实遍数等参数。

一般情况下,压实计读数只表示坝料的压实程度,而不表示一定的工程参数。有些厂家生产的压实计经过率定后,其读数可以表示工程参数(干密度、沉降率、孔隙率等)。在后一种情况下,应尽可能保持施工参数与率定时的施工参数相同。

采用压实计控制碾压质量,可以部分代替目前施工质量检查中普遍采用的试坑注水法。由压实计全面控制碾压质量,挖坑取样进行复核,可减少挖坑取样数量。

(3)K30(K50)法

K30(K50)法又称小型荷载板检测方法,K30(K50)值是采用圆形钢板进行小型荷载试验得到的地基系数值,它是荷载试验获得的 P—S(压强—沉降量)曲线上直线段与沉降(S)轴之间夹角 α 的 tgα 值。由于 K30、K50 值能够反映地基土石料的变形、强度特性,在铁路、公路、机场跑道的设计和施工质量管理中,这种检测技术已得到了普遍应用。公伯峡面板堆石坝采用了 K30(K50)法。

(4)附加质量法

附加质量法(也可以称激振波测量法),是一种无损检测技术,此技术运用激振波在不同压实干密度的介质中传播速度不同的原理,测试压实质量的方法。此方法曾在公伯峡、洪家渡等水电站的混凝土面板堆石坝施工中应用。在施测过程中若遇超径大块石或发射激振器和接受传感器不能很好与层向耦合接触,则影响检测结果;施工机械的振动也会对测量产生一定的影响。

(5)全质量法

全质量法(也可称压实变形检测法)对已摊铺的坝料进行振动压实一遍后,与事先经试验率定的数据对比,以检测压实质量的方法。此方法曾在泰安抽水、蓄能电站上水库混凝土面板堆石坝及后来的洪家渡水电站混凝土面板堆石坝等工程中应用。

(6)GPS 法

GPS 监控系统利用 GPS 全球卫星定位技术、现代数据通信技术、计算机技术及电子技术,实时监测安装在碾压机械上的 GPS 流动站,以每秒 1 次的频次将监测数据直观地显示在监控系统显示屏上,形成碾压机械的运行轨迹,同时储存数据,并能对监测数据进行反馈分析,计算出其他碾压参数。

本工程从既要重视可靠性又要注重创新的角度出发,现场检验以经验成熟的试坑注水法为主,同时也采用了附加质量法和GPS技术。坝体填筑以设计文件和有关施工规范为控制标准。一般所测的密实度的均值不小于设计值。颗粒级配包括石料的最大粒径、小于0.1mm和小于5mm的细粒含量、不均匀系数等,均应符合设计要求。

6.3.2.3　实际采用的现场检测与监测方法

1. 坝体填筑质量试坑注水法检测

设计要求水布垭面板堆石坝填筑质量试坑注水法检测频次见表6.35,从开始填筑至2006年10月期间采用试坑注水法检测的填筑质量检测结果统计见表6.36。

表6.35　　　　　水布垭大坝填筑质量试坑注水法检测频次

分区	名称	填筑料源	试验检测频次
			干密度、颗粒级配、渗透系数
2AA	小区	料场茅口组人工扎制	每1~3层1次、干密度颗粒级配
2A	垫层区	料场茅口组人工扎制	水平:1次/500~1000m³;每层至少1次
3A	过渡区	料场茅口组灰岩爆破料、建筑物硬岩洞挖料	1次/3000~6000m³
3B	主堆石区	料场及建筑物开挖茅口组灰岩料	1次/30000~50000m³
3C	次堆石区	栖霞组灰岩混合料	1次/50000~80000m³
3D	下游堆石区	栖霞组灰岩硬岩料、茅口组灰岩料	1次/100000~120000m³

表6.36　　　　　填筑质量检测结果统计表

分区	检测项目	技术标准	统计值					
			葛洲坝试验中心抽检			监理(长科院)抽检		
			$\bar{x}/N$	max/min	$P_s(\%)$	$\bar{x}/N$	max/min	$P_s(\%)$
2A料	干密度(g/cm³)	≥2.25	2.27/702	2.34/2.25	100	2.26/48	2.32/2.20	89.6
	<5mm含量(%)	35~50	40.2/702	69.8/16.9	72.1	39.8/48	60.2/17.8	54.2
	<0.1mm含量(%)	4~7	6.9/702	16.1/2.3	56.0	8.2/48	12.8/2.8	20.8
	渗透系数(cm/s)	10⁻²~10⁻⁴	$1.42×10^{-2}/22$	$7.0×10^{-2}/4.48×10^{-4}$	100	$5.9×10^{-3}/18$	$2.4×10^{-2}/9.2×10^{-5}$	94.4
2AA料	干密度(g/cm³)	≥2.25	2.26/733	2.33/2.25	100	2.28/16	2.35/2.25	100
	<5mm含量(%)	35~57				39.66/16	54.7/28.6	68.8
	<0.1mm含量(%)	5~10				7.9/16	10.9/5.6	87.5
	渗透系数(cm/s)		$6.11×10^{-3}/3$	$1.2×10^{-2}/8.0×10^{-4}$		$2.44×10^{-2}/2$	$4.2×10^{-2}/6.9×10^{-3}$	
3A料	干密度(g/cm³)	≥2.20	2.20/137	2.29/2.20	100	2.22/31	2.29/2.17	87.1
	<5mm含量(%)	8~30	14.8/137	32.2/3.5	90.5	13.0/31	26.3/4.0	83.9
	<0.1mm含量(%)	<5	2.9/136	5.4/0.7	99.3	2.76/31	5.0/0.8	100
	渗透系数(cm/s)	自由排水	$1.91×10^{-1}/14$	$8.3×10^{-1}/1.2×10^{-2}$		$8.09×10^{-2}/15$	$4.2×10^{-1}/1.9×10^{-3}$	

分区	检测项目	技术标准	统计值					
			葛洲坝试验中心抽检			监理(长科院)抽检		
			$\bar{x}/N$	max/min	$P_s(\%)$	$\bar{x}/N$	max/min	$P_s(\%)$
3B料	干密度(g/cm³)	≥2.18	2.20/269	2.29/2.18	100	2.19/30	2.27/2.11	73.3
	<5mm含量(%)	4~19	9.7/269	26.1/2.8	91.8	9.7/30	15.6/5.2	100
	<0.1mm含量(%)	<5	1.9/260	5.2/0.5	99.6	2.3/30	4.1/0.9	100
	渗透系数(cm/s)	自由排水	6.3×10^{-1}/25	2.2×10^{0}/ 2.3×10^{-2}		6.67×10^{-2}/14	3.5×10^{-1}/ 1.0×10^{-3}	
3C料	干密度(g/cm³)	≥2.15	2.17/103	2.22/2.15	100	2.17/13	2.25/2.14	92.3
	<0.1mm含量(%)	≤5	3.4/103	6.4/1.2	86.4	3.2/13	5.9/0.4	84.6
	渗透系数(cm/s)		4.37×10^{-1}/10	2.7×10^{0}/ 5.0×10^{-3}		2.27×10^{-2}/3	3.4×10^{-2}/ 1.2×10^{-2}	
3D料	干密度(g/cm³)	≥2.15	2.19/34	2.27/2.15	100	2.16/8	2.21/2.14	87.5
	<0.1mm含量(%)	≤5	2.13/34	4.5/0.3	100	2.3/8	3.7/0.5	100
	渗透系数(cm/s)	自由排水	7.6×10^{-1}/5	1.2×10^{0}/ 2.3×10^{-1}		2.93×10^{0}/10	2.8×10^{1}/ 2.0×10^{-3}	

检测表明:施工单位检测各区料干密度全部符合设计要求;监理单位检测各区料干密度平均值大于设计要求,最小值大于设计要求值的95%,符合规范要求。施工单位和监理单位检测各区料渗透系数符合设计要求。坝料级配检测资料表明,3B、3A、2AA料级配较好,2A级配基本满足设计要求。

2. 堆石体密度附加质量法快速检测

附加质量法是将土石体等效为单自由度线弹性体系,用附加质量求得参振质量,通过检测动刚度和弹性纵波波长,求出其密度的试验检测方法。

水布垭面板堆石坝施工过程中,采用附加质量法进行堆石体密度快速检测。堆石体附加质量法现场检测试验于2002年11月至2003年1月进行。在此期间,共完成了9场试验,累计进行了67个试验单元、67个测点的测试工作,其目的在于通过试验论证附加质量法的准确性、有效性和实用性。

试验表明,附加质量法测试结果与试坑法相比,其绝对误差有正有负,相对误差较小。该方法可以较好地适用于不同粒径组成的堆石体,其料源最大粒径范围可达到3D料最大粒径为120cm。本次试验建立的一套率定系数矩阵适用于不同料区不同施工碾压参数的情况,具有离散性小、稳定性好的特点,能较好地为堆石体密度高精度计算提供前提(表6.37)。

附加质量法测试是以堆石碾压提供的施工仓面为对象,同时也是上一仓面施工前的必需工作。所以该方法是跟踪施工现场,随着堆石碾压施工进度而进行的准实时检测。每个验收单元碾压完毕后,必须等该单元附加质量法检测合格后方能进行仓面的覆盖施工。当发现检测结果不合格时,立即进行补碾,补碾后用试坑法或附加质量法进行复测,直至达到合格为止。

采用附加质量法进行生产检测现场数据采集工作自2003年3月初开始,至2004年12月31日结束。累计完成5种堆石料(2A、3A、3B、3C、3D料)共计2040个填筑单元2771个测点的测试工作。其中,2A料253个,3A料986个,3B料898个,3C料454个,3D料180个。

表 6.37　　　　　　　　　　公山包 3B 料碾压试验附加质量法与试坑法测试结果对比表

测点	附加质量法 （g/cm³）	试坑法 （g/cm³）	绝对误差 （g/cm³）	相对误差 （%）	附加质量法 平均值（g/cm³）	最大粒径 （cm）
Bax	2.138	2.135	−0.003	0.2	2.153	
Bdx	2.173	2.175	+0.002	0.1		
Bex	2.149	2.150	+0.001	0.1		
Bay	2.234	2.245	+0.011	0.5	2.215	80
Bdy	2.196	2.200	+0.004	0.2		
Bey	2.215	2.245	+0.030	1.3		
Baz	2.248	2.135	−0.113	5.2	2.243	
Bdz	2.251	2.245	−0.006	0.3		
Bez	2.231	2.225	−0.006	0.3		

　　经检测，2A 料 253 个测点中共有 17 个测点的密度值低于设计指标，一次性检测合格率为 93.3%，补碾后合格率为 100%。3A 料 986 个测点中共有 34 个测点的密度值低于设计指标，一次性检测合格率为 96.6%，补碾后合格率为 100%。3B 料 898 个测点中共有 25 个测点的密度值低于设计指标，一次性检测合格率为 97.2%，补碾后合格率为 100%。3C 料 454 个测点中共有 2 个测点的密度值低于设计指标，一次性检测合格率为 99.6%，补碾后合格率为 100%。3D 料 180 个测点中共有 3 个测点的密度值低于设计指标，一次性检测合格率为 98.3%，补碾后合格率为 100%。生产过程中附加质量法检测干密度成果见表 6.38。

表 6.38　　　　　　　　　　生产过程中附加质量法干密度检测结果统计表

填筑 分期	填筑 分区	技术标准 （g/cm³）	统计值			
			$\overline{x}$/N(g/cm³)	max/min(g/cm³)	σ	合格率（%）
二期	3D	≥2.15	2.189/142	2.276/2.153	0.037	100
	3C	≥2.15	2.171/119	2.20/2.154	0.011	100
	3B	≥2.18	2.192/417	2.216/2.180	0.007	100
	3A	≥2.25	2.214/618	2.236/2.200	0.008	100
	2A	≥2.25	2.260/142	2.277/2.239	0.006	100
三期	3D	≥2.15	2.162/38	2.179/2.150	0.007	100
	3C	≥2.15	2.165/24	2.185/2.150	0.008	100
	3B	≥2.18	2.190/135	2.210/2.180	0.006	100
	3A	≥2.25	2.210/146	2.249/2.200	0.006	100
	2A	≥2.25	2.258/23	2.271/2.250	0.006	100
四期	3D	≥2.15	2.161/22	2.173/2.151	0.006	100
	3C	≥2.15	2.165/125	2.183/2.151	0.007	100
	3B	≥2.18	2.193/56	2.217/2.180	0.007	100
	3A	≥2.25	2.210/56	2.241/2.200	0.006	100

　　附加质量法具有快速、轻便、高效、无损等特点，每个测点现场测试时间约为 20min（试坑法平均试验

时间为 4~5h)。附加质量法配合传统试坑法使用,在保证大坝填筑快速施工前提下,实现了大坝填筑所有单元均进行施工质量检测。

3. 坝体填筑 GPS 监控技术

水布垭面板堆石坝填筑中,首次开发并使用 GPS 监控技术。GPS 监控系统主要用于 3B、3C、3D 料碾压过程监控,安装在 4 台 25t 宝马自行碾上运行。根据水布垭大坝具体情况及 GPS 监控系统开发情况,利用 GPS 监控系统主要的监测内容有:碾压机械的运行轨迹、运行速度及碾压遍数。

GPS 高精度实时监控系统自 2002 年开始测试及研制,经过不断的现场试验和现场调试完善,在 2004 年开始投入试用,实现了连续、实时、自动化、高精度监控功能。无论是在监控中心、现场分控站,还是在移动远端,均可实时监视碾压机械的运行轨迹和运行速度,在显示屏上实时反映出系统 1 秒采样率的三维位置信息,并可查看碾压区域的碾压遍数情况。该系统使用过程中不受天气状况的影响,可以保证多个移动远端全天候工作,满足大坝施工全天候 24h 连续作业监控的需要。水布垭大坝填筑碾压中,该系统已作为大坝填筑质量过程控制的主要手段,并以 GPS 实时监控数据与试坑法检测数据一并作为填筑碾压单元工程的验收评定依据。

2005 年正式启用 GPS 监控系统以后,除因工况恶劣、一般性的误操作、无线通信信号覆盖不好等,系统未出现较大的损坏,运行情况比较良好。根据 2006 年对 GPS 运行情况所进行的统计情况(表 6.39)表明,GPS 系统在大坝填筑质量控制中起到了较好的监控效果。GPS 整体利用率 51.9%,达到全部施工范围的一半。

表 6.39　　　　　　　　　GPS 运行情况统计表(2005.1—2006.6)

填筑分区	验收单元数(个)	有 GPS 监控单元(个)	无 GPS 监控单元(个)	GPS 使用率(%)
3B	181	98	83	54.1
3C	108	59	49	54.6
3D	48	18	30	37.5
总计	337	175	162	51.9

经过使用表明,经过 GPS 监控系统进行实时碾压监控的填筑区域,坝料填筑干密度一次性检测均能满足干密度设计指标要求。与传统试坑法在水布垭工程同步使用,实现了堆石坝施工质量"双控"(即"过程控制"和"最终参数控制")。GPS 监控技术有效解决了大规模机械化施工与人工为主的传统检测方式之间的矛盾,使堆石体填筑施工中的碾压遍数等参数全方位、全过程、实时地得到有效监测和实时反馈控制,为堆石坝填筑质量"施工过程控制"找到了一个稳定、可靠、快速的监测手段,同时通过数据记录和存储,为今后堆石坝的设计研究和质量追溯提供了依据。

大坝施工程序研究 　　　　　　　　　　　　　　　　　第7章

近年来的工程实践表明,随着兴建的混凝土面板堆石坝越修越高,面板脱空问题也日益显现,并逐渐引起重视。面板堆石坝堆石体的施工程序包括坝体填筑程序及面板施工时机,不仅关系到施工的难易程度、安全度汛及面板温控防裂效果,还影响到堆石体和面板之间相对位移的量值和分布,进而影响到面板的应力大小和分布。合理的施工程序和施工时机可以改善面板的受力状态。

作为世界最高的混凝土面板堆石坝,水布垭混凝土面板堆石坝最大坝高 233.0m,大坝上游坝坡比 1∶1.4,相应地,混凝土面板最长达 392.28m,其面板总长亦为世界之最。为减少乃至避免产生面板脱空现象,应着力解决大坝施工的时、空问题,即不仅要厘清大坝填筑的分区部位、前后高差、各期面板部位的坝体超填高度等空间关系,还应重视坝体各区填筑程序、面板浇筑时机等时间因素。

为了制定合理的施工程序,进行了"水布垭混凝土面板堆石坝施工程序研究"特殊科研,并将取得的成果用于指导工程实施。

7.1　面板脱空现象的警示

水布垭面板堆石坝填筑时,全世界已建和在建面板堆石坝高于 100m 的有 40 余座。我国自 1985 年湖北西北口水库大坝开工以来,已建和在建面板堆石坝 70 余座,已建成的天生桥一级水电站大坝高 178m,待建的更多,已成为世界上修建面板堆石坝最多的国家之一。

但是,在高面板堆石坝建设中出现过一些问题,蓄水后原型观测分析中也遇到过一些现象,如坝体变形过大、止水失效、面板脱空和局部产生裂缝、渗漏和渗流破坏等,这些问题往往互为因果,在施工过程中已开始产生或留下隐患。这些问题的产生,都在不同程度上受到填筑施工程序的影响。

7.1.1　典型填筑程序实例

国内外高面板堆石坝因导流度汛及施工进度需要,一般分期进行坝体填筑、分期进行面板混凝土浇筑。

7.1.1.1　阿里亚(Foz do Areia)坝

巴西阿里亚面板堆石坝坝高 160m,坝顶长 828m,坝顶宽 12m,坝体填筑料为坚硬玄武岩,填筑工程量 1400 万 m³。工程采用全年导流,河床于 1977 年 4 月 1 日截流。大坝分三期填筑,混凝土面板分二期浇筑。阿里亚面板堆石坝填筑分期见图 7.1。

一期坝体于 1976 年 12 月(截流前)开始先填筑右岸,后填筑河床部位及左岸至高程 683m,于 1978 年 1 月完成一期坝体经济断面填筑,一期经济断面上下游高差为 43m。1978 年 9 月完成二期坝体全断面(一期坝体经济断面下游高程 640～683m 部位)填筑;第三期坝体于 1979 年 8 月完成全面断面填筑至坝顶高程 748m。

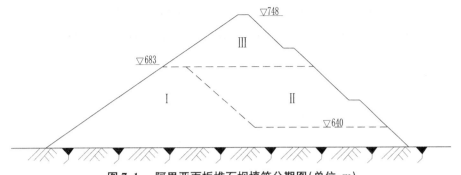

图7.1 阿里亚面板堆石坝填筑分期图(单位:m)

　　一、二期面板水平施工缝分缝高程680m,低于一期填筑经济断面顶部3m。一期面板浇筑于1978年11月完成,距一期坝体经济断面填筑完成时间10个月,二期坝体已填筑完成了2个月;二期面板浇筑于1980年2月完成,距三期坝体填筑完成时间6个月。防浪墙浇筑1980年9月完成。

　　1980年4月2日开始水库蓄水,蓄水时坝顶预沉降时间约6个月;1980年8月底水库蓄满;1980年10月1日开始发电。从截流到蓄水的工期为36个月,从截流到发电的工期为41个月。

　　坝体最大沉降量为358cm。水库首次蓄水完毕时,面板挠度为61.2cm;运行12年后,面板挠度为78cm。初期最大渗漏量为236L/s(相应库水位740m);5年后或在同一水位的渗漏量减小到60L/s。

7.1.1.2 塞格雷多(Segredo)坝

　　巴西塞格雷多面板堆石坝坝高145m,坝顶长720m,坝顶宽12m,坝体填筑料为坚硬玄武岩,填筑工程量720万m³。工程采用全年导流方式,河床于1988年8月截流。

　　工程于1986年开工,1991年8月坝体填筑完毕,1992年5月28日开始蓄水,1992年9月开始发电,1993年完建。

　　大坝分三期填筑,混凝土面板分二期浇筑。其中,二期坝体为经济断面填筑,上下游高差为55m。塞格雷多面板堆石坝剖面见图7.2。

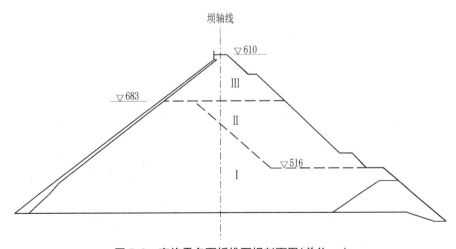

图7.2 塞格雷多面板堆石坝剖面图(单位:m)

　　蓄水前坝体最大沉降量222cm,下游面最大水平位移60cm。水库首次蓄水完毕4个月时,面板最大挠度34cm。1992年9月2日初次蓄水到库水位740m时的渗漏量为390L/s;以后库水位在603～604m范围,渗漏量减小到50～100mL/s。

通过对大坝分期填筑沉降观测资料(见图 7.3)分析认为,堆石体下游水平位移与堆石分期填筑有关,是由二期填筑时造成的,故先填上游度汛断面的施工方法,会加剧下游堆石填筑期间的上下游沉降差。

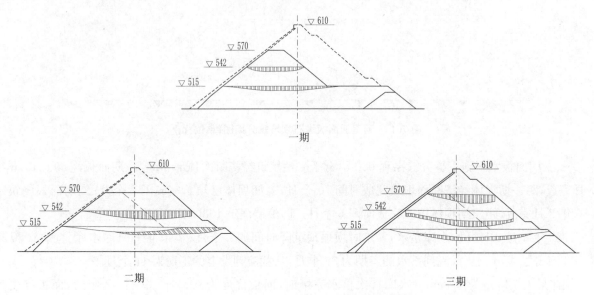

图 7.3　塞格雷多面板堆石坝分期填筑沉降图

7.1.1.3　辛戈(Xingo)坝

巴西辛戈面板堆石坝坝高 151m,坝顶长 850m,坝顶宽 10m,坝体填筑料为坚硬花岗岩,填筑工程量 1269 万 m³。辛戈面板堆石坝剖面见图 7.4。

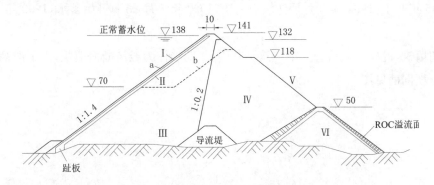

图 7.4　辛戈面板堆石坝剖面图(单位:m)

Ⅰ—垫层区;Ⅱ—过渡区;Ⅲ—主堆石区;Ⅳ—下游堆石区;a—面板;b—堆石施工分期

工程于 1987 年开工;河床于 1991 年 6 月截流;1994 年 6 月 10 日开始蓄水,10 月底蓄水至高程 134m,11 月 15 日蓄水至正常蓄水位 138m,此后库水位基本稳定,其变幅为水位 1~2m;1994 年底第一台机组发电,1997 年 9 月完建。

大坝分期填筑,当上游区填筑到高程 70m 后,暂停填筑,而下游区以反台阶形式继续填筑上升,上、下游台阶高差约 50m。混凝土面板分二期浇筑。

蓄水前坝体主堆石区最大沉降量为 170cm(为坝高的 1.13%),次堆石区最大沉降量为 290cm(为坝高的 1.92%);坝体内部最大水平位移为 53cm,表面为 61cm。蓄水后,坝体中央高程 85m 处沉降量为 40cm,坝顶沉降量为 30cm;此后 4 个月,水库水位维持在高程 132m,坝体沉降量增加 15%~25%,发生在坝体中央高程 110m 处下游方向最大水平位移 19cm。首次蓄水完毕时,面板最大挠度为 29cm,发生在高程 80m 处,此时顶部高程 138m 处的面板挠度为 8cm;此后面板挠度一直在发展,顶部挠度增加较显著,2000 年 5 月顶部最大挠度为 51cm,高程 80m 处挠度为 46cm。

开始蓄水 15d 后水库渗漏量约为 170L/s,其后 2 周降为 130L/s。

1993 年 5 月堆石料填筑到高程 130m 时,左岸对应于 L5~L6 面板范围的高程 95~127m 间的垫层料出现许多裂缝,裂缝最大宽为 5.6cm。主要原因是坝基下陷地形、下游堆石体的压缩性较大等因素所造成的上、下游沉降差,以及垫层料黏性较大。

1993 年 12 月—1994 年 1 月对混凝土面板进行检查,发现 510 条裂缝,且一期面板的裂缝比二期的多,但贯穿全宽的很少,仅部分贯宽全深度,基本上是浅表裂缝。裂缝方向基本都是水平的,绝大多数裂缝宽度为 0.1~0.2mm,宽度不小于 0.3mm 的 11 条,宽度不小于 0.5mm 的 4 条。在对一期面板检查时,发现其顶部(高程 70m)存在脱空现象,说明一期面板浇筑后堆石体产生变形。美国资深面板堆石坝专家库克(J. B. Cooke)先生也认为,辛戈坝左岸面板开裂原因是堆石体上、下游不均匀沉降,左岸不利地形进一步加剧了不均匀沉降。

7.1.1.4 塞沙那(Cethana)坝

澳大利亚塞沙那混凝土面板堆石坝坝高 110m,坝顶长 213m,坝体填筑料为石英岩。

坝体于 1968 年 10 月开始填筑,1969 年 3 月填筑到高程 151m,1969 年 7 月填筑到高程 181.5m,1969 年 11 月填筑到高程 218.5m 后,坝体暂停填筑上升,1970 年 10 月 1 个月内继续并完成剩余坝体高程 218.5~230m 部位填筑。

一、二期面板水平施工缝分缝高程 215m。一期面板浇筑于 1970 年 10 月前完成,此时已填坝体已有近 1 年的预沉降期;高仅 15m 的二期面板浇筑于 1971 年 1 月完成。

1971 年 2 月 4 日开始水库蓄水,4 月 25 日蓄至正常蓄水位 221m,其后库水位在 215~223m 范围内变动。通过布置在坝轴线附近高程 151m 和 181.5m 上的 4 个水管式沉降仪进行坝体沉降观测。

1969 年 11 月高程 151m 坝体沉降量为 228mm,高程 181.5m 坝体沉降量为 320mm;坝体暂停填筑一年后,1970 年 10 月高程 151m 坝体沉降量为 253mm,高程 181.5m 坝体沉降量为 384mm;首次蓄水时,1971 年 2 月 4 日高程 151m 坝体沉降量为 266mm,高程 181.5m 坝体沉降量为 499mm。从 1971 年 2 月蓄水开始到 1980 年,坝顶沉降量累计为 115mm,其中,蓄水期间引起的沉降量为 50mm,蓄满后引起的沉降量为 65mm;到 1992 年坝顶沉降量累计为 130mm,12 年增加了 15mm,沉降速率约 1mm/年。塞沙那坝内部沉降过程线见图 7.5。

1971 年 12 月(即水库蓄水完毕后 7 个月),中央面板最大挠度为 118mm,发生在 1/2 坝高附近的高程 183m 处;其后 9 年,高程 183m 处面板挠度增加为 140mm,同期面板顶部挠度却从 85mm 增加到 146mm;蓄水 10 年后,挠度为 190mm,挠度值超于稳定。

1971 年底、1975 年和 1992 年,通过量水堰测得渗漏量分别为 35L/s、10L/s 和 7L/s。

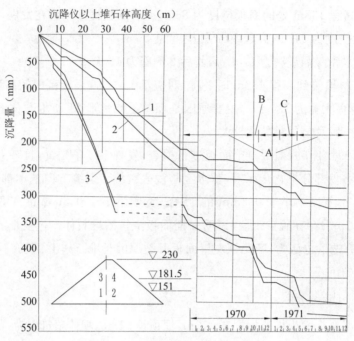

图 7.5　塞沙那坝内部沉降过程线

A—沉降过程线；B—高程 218.4～230m 堆石填筑期；C—水库蓄水期

7.1.1.5　利斯(Reece)坝

利斯坝为澳大利亚最高的混凝土面板堆石坝，坝高 122m，坝顶长 374m，坝体填筑料为辉绿岩，填筑工程量 270 万 m^3。利斯坝剖面见图 7.6。

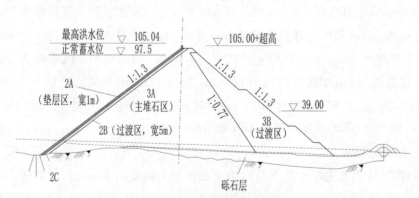

图 7.6　利斯坝剖面图(单位：m)

工程采用全年导流方式。坝体于 1983 年 6 月开始填筑，1984 年 12 月 5 日填筑到坝顶高程 105m(防浪墙基础面)。

面板浇筑于 1986 年 1 月前完成，此时已填坝体已有 1 年多的预沉降期。L 形防浪墙高 4.5m，防浪墙后堆石于 1986 年 7 月才填筑。

1986 年 4 月 14 日开始水库蓄水，5 月 16 日蓄至正常蓄水位 97.5m。

根据最大断面处布置在高程 13.7m、36.4m(上游侧)、36.6m 和 57.2m 的沉降仪观测，到 1984 年 12 月 5 日坝体填筑到坝顶时，测得沉降量分别为 310mm、476mm、688mm 和 700mm；在 1984 年 12 月至 1986 年 4 月坝体停止填筑期内，该 4 个沉降仪的沉降量分别增加了 32mm、33mm、58mm 和 88mm；水库蓄水期,该 4 个沉降仪的沉降量分别增加了 24mm、91mm、54mm 和 69mm。1984 年 12 月 5 日坝体填筑完成时,测得坝顶累计沉降量为 250mm;1985 年 2 月 5 日至 1986 年 4 月 20 日 17 个月内,测得坝顶沉降量为 280mm;水库蓄满后 1 个月、3 个月、1 年、3 年和 6 年时,对应的坝顶沉降量分别为 44mm、102mm、128mm、148mm 和 160mm。利斯坝沉降曲线见图 7.7。

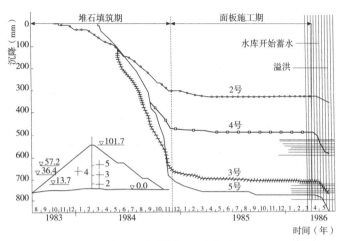

图 7.7 利斯坝沉降曲线

水库蓄满后 1 个月、3 个月、1 年和 3 年对应的坝顶水平位移量分别为 18mm、31mm、44mm 和 55mm。

1986 年 5 月 16 日水库蓄水至正常蓄水位时,面板挠度为 165mm;水库蓄满后 3 个月、1 年和 3 年时,面板挠度分别为 210mm、217mm 和 240mm。

蓄水初期,右岸漏水量达到 7L/s,并曾超过 12L/s(量水堰量程为 12 L/s),1992 年测得渗漏量为 1L/s。

7.1.1.6 珊溪混凝土面板堆石坝

珊溪混凝土面板堆石坝最大坝高 132.5m,坝顶轴线长度 448m,发电工期 3 年半,总工期 5 年。坝体填筑料为灰岩和砂砾石,总填筑量为 582.30 万 m³。坝体填筑自 1998 年 4 月开始,2000 年 10 月完成,历时 25 个月,平均月填筑 23.29 万 m³,其中在 1998 年 12 月至 1999 年 6 月连续 7 个月平均月填筑强度达到 39.12 万 m³,最高月填筑强度 56.52 万 m³。

珊溪水库工程采用坝体先期过流、后期挡水度汛方式。初期围堰挡水标准为枯水期 10 年一遇洪水,坝体过水标准为全年 20 年一遇洪水,于 1997 年 11 月 1 日大江截流;1998 年 3 月初坝轴线以下开始部分反滤料、堆石料填筑;由于 1998 年受到 4 次洪水袭击,至 1998 年 9 月底,大坝工程实际完成形象进度比总工期计划滞后 2 个月,不利于 1999 年安全度汛。为确保 1998、1999 年安全度汛,对施工计划进行了重新调整,大坝填筑连续 7 个月超 30 万 m³,比原计划提前 53d 完成梅汛的度汛目标。1999 年 6 月 12 日大坝经济断面填筑到高程 102.5m,提前 18d 完成汛期度汛目标;然后大坝继续填筑上升,于 1999 年 10 月大坝全断面填筑到高程 115m。

1999 年 11 月开始浇筑高程 108m 以下一期混凝土面板,2000 年 1 月 16 日完成一期混凝土面板浇筑;2000 年 5 月 12 日下闸蓄水,6 月 12 日水库蓄水至最低发电水位 98m,6 月 28 日首台机组发电;2000 年 11 月大坝填筑到高程 154m,2001 年 1 月完成二期混凝土面板浇筑,5 月坝体到顶完工。

珊溪面板堆石坝分期填筑形象见图 7.8。

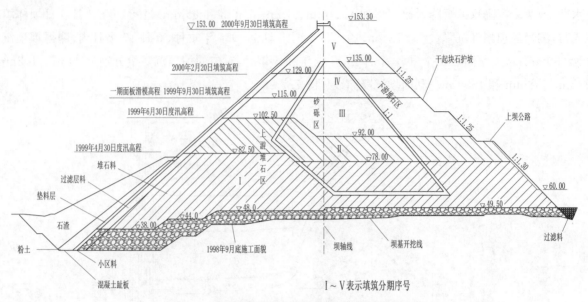

图7.8 珊溪面板堆石坝填筑分期示意图(单位:m)

珊溪面板堆石坝总沉降量偏小,施工期面板未发现裂缝,成为面板堆石坝施工成功的范例。其具有如下特点。

(1)坝体全断面均匀上升,对控制坝体变形有利,也有利于保证面板混凝土质量。按招标进度和设计要求,1999年6月30日度汛临时断面应填筑至高程102.5m,由于堆石体填筑速度加快,实际是全断面填筑至高程102.5m;8月底大坝全断面填筑至一期面板浇筑高程115m,使1999年11月初浇筑一期面板混凝土时,相应填筑体已有2个多月的预沉降期,其中,高程102.5m以下经济断面已有4个多月的预沉降期。大坝沉降观测表明,坝体最大沉降量仅68cm,并渐趋缓和,这些都对面板防裂起到了积极作用。

(2)优化坝体填筑施工方案。坝体填筑原设计方案是进行分期施工,以防御不同时段的汛期洪水,施工时需分别于高程82.5m、高程102.5m和高程110.0m在汛前形成三次临时挡水断面。后经论证,吸取国内外已建高面板坝上下游堆石区变形不协调等不利影响的经验,结合该工程料源分布、机械设备和技术能力,将临时挡水断面填筑方案改为坝体全断面平起方案,其优点是:①有利于严格控制垫层、过渡层、主堆石区之间的高差;②便于均衡压实;③有利于发挥施工机械的效率;④有利于坝体整体均匀沉降变形;⑤有效地改善了混凝土面板的工程条件。

(3)混凝土面板浇筑时,已填坝体应有一定的预沉降期和顶部填筑超高。为避免混凝土面板下部脱空,除尽量使坝体平起均衡上升,以减少填筑体上、下游高差外,在进度安排上使坝体填筑超前面板混凝土浇筑一定的时间,给坝体留出一定的沉降变形时间。一期面板浇筑时坝体填筑提前60d达到115.0m高程,比一期面板顶高程108.0m高出7m;二期面板也在坝体填筑到坝顶半个月后才开始浇筑混凝土面板。

(4)堆石体最大沉降变形发生在初期。珊溪面板堆石坝施工期沉降曲线见图7.9,蓄水期实测坝体最大沉降值为79cm,发生在高程88m的坝轴线处。从坝体沉降曲线性态看,不同测点经填筑3~6个月之后,出现明显拐点,曲线趋于平缓、收敛,坝体沉降趋于稳定。

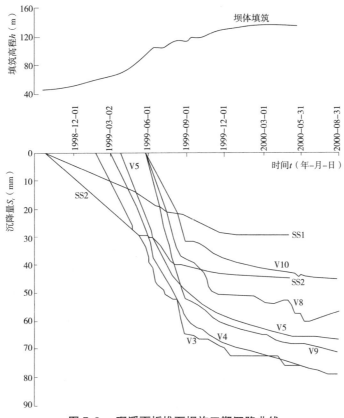

图 7.9 珊溪面板堆石坝施工期沉降曲线

7.1.1.7 天生桥一级水电站面板堆石坝

天生桥一级水电站面板堆石坝工程位于云贵高原红水河上游南盘江干流河段上，最大坝高 178m，坝顶长 1104m，坝体填筑量 1770 万 m³，面板面积 17.3 万 m²。设计最终选用过水围堰，坝体初期留缺口过流，后期坝体挡水的导流度汛方案。由于 1994 年截流后，在第一个枯水期内没能按计划进行基坑抽水，而且 1995 年、1996 年两个汛期河床过水，所以对坝体填筑、面板浇筑分期进行了相应调整。截流后第 2 个枯水期 1996 年 1 月开始坝体填筑，自坝体填筑至 1998 年 5 月大坝满足水库正式蓄水要求，坝体填筑共用了 28 个月，与规划工期相比缩短了 9 个月。大坝实际填筑分期见图 7.10。

1. 坝体填筑形进度

导流度汛及填筑分期安排大致如下。

(1)1996 年 1—6 月，大坝全断面填筑到高程 642m，留 120m 宽的缺口作泄水槽，两岸填筑到高程 660m，汛期 2 条导流洞和坝体缺口同时过水，坝面用铅丝石笼保护。坝体填筑量为 192 万 m³，平均强度为 35 万 m³/月。汛期过水 7 次，填筑体基本上没有破坏。

(2)1996 年汛后至 1997 年汛前时段。大坝预留缺口用临时断面填筑到高程 725m，两岸填筑到高程 735m，达到拦挡 300 年一遇洪水标准。其中，为了在 1997 年 2—4 月进行高程 680m 以下一期面板混凝土浇筑(实际一期面板混凝土浇筑在 1997 年 5 月 2 日完成)，于 1997 年 2 月将大坝填筑至高程 682m 经济断面。坝体填筑量为 605 万 m³，平均强度为 50 万 m³/月。

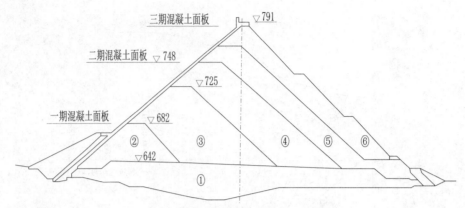

图 7.10 天生桥大坝填筑实际分区

(3)1997年汛期至1998年汛前时段。坝体临时断面填筑至高程768m,临时断面下游填筑至高程650m,其中,于1998年4月5日第4期堆石体填筑到高程748m,为高程746m以下二期面板混凝土浇筑创造条件(二期面板在1998年5月24日完成施工),满足500年一遇洪水重现期度汛要求,坝体填筑量为603.8万 m³,平均强度为50万 m³/月。1997年12月15日导流洞下闸封堵,1998年1—5月导流洞堵头施工完成,1998年8月25日放空洞闸门控制泄流,水库开始正式蓄水。

(4)1998年汛期及以后时段。自1998年6月26日至1999年2月,完成高程787.3m以下剩余坝体369.2万 m³填筑量,1999年1—5月完成高程787.3m以下三期面板混凝土浇筑,汛后完成防浪墙混凝土浇筑和坝顶公路填筑。

2. 沉降观测分析

1999年3月29日测得0+630河床断面高程725m处堆石坝体竣工期累计最大沉降量为2.92m,相当于坝高的1.64%;1999年7月1日开始水库蓄水时,测得该沉降量为2.99m,相当于坝高的1.68%;1999年12月,测得该沉降量为3.28m,相当于坝高的1.84%;2000年底,测得该沉降量为3.35m,相当于坝高的1.88%;以后稳定沉降量约为3.4m,相当于坝高的1.91%。

3. 面板脱空现象

天生桥面板堆石坝面板顶部脱空检查在下期面板或防浪墙施工前1月左右进行,脱空统计情况见表7.1。

表 7.1　　　　　　　　　　　　各期面板脱空检查综合统计表

面板分期	脱空范围	脱空面板数(块)	最大张开度(cm)	最大垂直脱空高度(m)
一期面板	R8~L14	22	15	3.95
二期面板	R18~L27	45	10	2.73
三期面板	R11~L25	36	15	5.81

注:表中"最大垂直脱空高度"系以每期面板顶部算起至张开度处的垂直高度。

4. 面板裂缝

面板施工完成后、水库蓄水以前,对第一、第二、第三期面板共进行了7次裂缝检查,统计情况见表7.2。表现为:第一、第二、第三期面板主要分布区的裂缝走向基本为水平走向;宽度较大的裂缝发生在区域内高程较低的部位,缝长较长,缝间间距较大;宽度较小的裂缝发生在区域内高程较高的部位,缝长较短,并呈密集状,尤其是第二、第三期面板比较明显,且第三期面板左边的裂缝多于右边。

表 7.2 天生桥一级水电站各期面板裂缝统计表

面板分期	裂缝分类统计(条)			分次检查情况		
	<0.3mm	0.3mm	>0.3mm	最大缝宽(mm)	高程(m)	时间
一期面板	30	12	6	0.2	635~652	1997.5.16—1997.5.22
				0.8	652~660	1997.7.10—1997.7.15
				0.8	660 以下	1997.11.18 以前
				0.5	660~680	1997.11.18 以前
二期面板	217	151	267	0.4	680~746	1998.6.9—1998.7.10
				0.4	680~722	1998.6.9—1998.7.10
				0.7	740~746	1998.11.24 以前
				0.7	722~746	1999.6.21 以前
三期面板	436	95	82	0.5	746~762	1999.6.21 以前
				1.7	762~787.3	1999.6.21 以前
				4.0	762~787.3	2000.1.24 以前

5. 坝体沉降及位移、面板挠度、脱空及裂缝的相关性分析

表 7.3 显示:(1)天生桥一级面板堆石 0+630 断面堆石顶部沉降、堆石法向位移、三期面板挠度、面板脱空及裂缝数量呈正相关;(2)面板挠度接近 40cm 就可能出现弯曲裂缝;面板浇筑后 5 个月约完成了沉降的 75%、堆石体法向位移的 60%、面板挠度的 70%。

表 7.3 天生桥一级坝 0+630 R1 面板顶部挠度、788m 高程堆石沉降和法向位移与裂缝及脱空情况

日期	历时(月)	堆石顶部沉降(cm)	堆石法向位移(cm)	位移完成百分数(%)	面板挠度(cm)	面板脱空(cm)	三期面板裂缝总数(条)	备注
1999.5.1	0	0	0	0	0	0	0	面板完工
1999.6.21	1.7	37	45	32	45	0	297	施工期面板第一次检查,库水位 721m
1999.10.1	5.0	76	93	66	90	3	未检查	1999.7.1 水库开始蓄水
2000.1.24	8.8	90	111	79	96	15	613	施工期面板第二次检查,725m 高程点开始停止上坡位移,脱空砂浆回填
2000.9.15	16.5	101	124	88	109	—	—	水库蓄满,堆石法向位移由面板挠度加 15cm 得到
2000.11.1	18	102	126	89	111	—	—	运行期
2000.1.6	20.2		126	89	111			运行期

面板与垫层料脱空是面板产生大量裂缝的主要原因之一。面板产生裂缝,有面板的温度应力和混凝土干缩的影响,有堆石体填筑过程中洒水不足等施工质量问题,也有为节省投资而填筑了 480 万 m³ 软岩料的原因在其中,但从调查结果看,后期的裂缝增加较多,而后期裂缝的产生表面上看与水库蓄水以后,

面板的应力发生变化有关。实际上,它是伴随面板与垫层料脱空所产生的。因面板脱空产生的结构性裂缝,应该是水布垭这类特大型面板堆石坝研究的重要课题。

7.1.2 填筑程序与堆石体变形的关系

面板是以堆石体坡面为支撑,大坝蓄水后,面板受水压力的作用,下部贴近大坝坡面,上部有翘起脱离大坝坡面的趋势。由于面板与堆石体的刚性差异较大,面板不能完全适应堆石体沉降时产生的坡面挠度变形,部分面板脱离堆石体坡面,产生脱空。

堆石体变形主要由坝体自重及水压力产生,而坝体自重造成的变形会以徐变形式持续到运行阶段。一般认为,堆石体变形分为五个阶段:第一阶段为堆石填筑期,坝体变形由不断增加的堆石重量所产生的弹塑性变形及徐变产生,此阶段徐变作用表现在先填筑的堆石变形先稳定,徐变现象主要表现在坝顶部位;第二阶段为堆石预沉降期,发生在面板浇筑前,坝体变形由堆石坝体自重作用下的徐变产生,徐变作用初期变形大,后期变形小,呈收敛趋势;第三阶段为面板浇筑阶段,坝体变形由堆石坝体自重作用下的徐变产生,此徐变是第二阶段徐变的继续,堆石预沉降期越长,徐变造成的面板变形越小;第四阶段为水库蓄水阶段,此阶段堆石坝体自重作用下的徐变虽在继续,但堆石体变形由水压力和徐变产生;第五阶段为运行阶段,堆石体变形由水压力和自重作用下的徐变产生,可以延续很久,并可能产生面板挤压破坏。很明显,第一、二阶段是施工过程中可以采取综合措施减小甚至消除有害变形的关键环节。

从已建高面板堆石坝正反两方面经验教训特别是上述工程实例看,坝体沉降量、水平位移等变形不仅与填筑料岩性、填筑料分区、施工质量等密切相关,还对坝体填筑程序相当敏感。

1. 坝体均匀上升

从堆石坝的整体性和尽量减少坝的不均匀沉降角度来看,做好坝体的填筑规划、尽可能地保持坝面平起均衡上升最为理想。

澳大利亚在总结之前建成的坝高大于 80m 的面板坝漏水量都很大的教训,认为面板堆石坝设计的关键是面板适应堆石体的变形。这一方面应尽量减少总沉降量和水平位移量,另一方面要最大限度地消除有害变形,从而使得面板浇筑后,不会因面板与坝体变形不协调而产生脱空现象。塞沙那坝和利斯坝基本是全断面均匀上升,坝体变形相对较小,蓄水后坝体渗漏量也小。

珊溪面板坝除二期坝体上下游有 10m 高差外,其余各期坝体实际上是全断面填筑,蓄水期实测坝体最大沉降值为 79cm,相当于坝高的 0.6%。

2. 控制坝体上下游区填筑高差

堆石坝填筑过程中,尤其是高面板堆石坝的施工,往往受到填筑强度、度汛要求、混凝土面板的浇筑、观测设备的埋设、观测房的修建等因素的制约,全断面填筑平起均衡上升很难做得到。这就要求施工设计做好填筑规划、合理分期填筑。

天生桥一级水电站混凝土面板堆石坝,填筑方量达 1800 万 m³,要求月平均填筑强度超过 50 万 m³,高峰时期月填筑强度要超过 70 万 m³。尽管该面板堆石坝施工场地宽阔,有足够的料源,运距近,道路布置也合理,但由于受到度汛要求、混凝土面板施工、观测仪器埋设等因素限制,仍难于实现长时间的高强度填筑。采取分期填筑、用临时挡水断面满足防汛要求成为必然。1997 年,大坝采用高程 725m 临时断面挡水,达到防御 300 年一遇洪水标准,实现了 1997 年工程安全度汛;1998 年,大坝采用高程 768m 临时断面挡水,达到防御 500 年一遇洪水标准,实现了 1998 年工程安全度汛。

天生桥面板堆石坝填筑分期与分区欠合理。防浪墙高程以下大坝分 6 期填筑,除一、二期按大坝过流断面填筑外,其余均按面板施工要求和度汛要求的经济断面填筑,即后期大部分为大坝下游区的填筑。

四期填筑体上、下游高差超过 80m,五期、六期填筑体上、下游高差甚至超过 120m,且填筑速度过快,1998 年 8 月下旬至 12 月底,下游区 30～60m 范围以平均每天 1m 的速度急剧上升,使大坝下游区沉降时间过短;拽动坝体向下游倾斜,加大了上部面板的脱空开度和深度。水库开始蓄水时沉降量为 2.92m,相当于坝高的 1.68%。

阿里亚坝一期填筑经济断面上下游高差为 43m,坝体最大沉降量为 358cm,相当于坝高的 2.24%,初期最大渗漏量为 236L/s。

塞格雷多坝二期填筑经济断面上、下游高差达 55m,蓄水前坝体最大沉降量为 222cm,相当于坝高的 1.53%,渗漏量为 390L/s。塞格雷多坝沉降观测资料表明,先填筑上游度汛断面,上、下游高差达 55m,下游堆石填筑期间会加剧上、下游沉降差。

辛戈坝高程 70m 部位采用反台形式上升,台阶高差达 50m,蓄水时,堆石体同样产生了约占坝高 1.92% 的变形,水库出现了 170L/s 的渗漏量。

3. 填筑体顶部适当超高当期面板顶部

填筑体顶部适当超高当期面板顶部,可以减小当期面板浇筑后,继续填筑上部坝体带来的自重增加产生的变形。

阿里亚坝一期填筑经济断面顶部高程 683m,一期面板顶部高程 680m,大坝填筑高程仅超面板顶部高程 3m;天生桥面板坝面板混凝土浇筑时,大坝填筑高程仅超面板顶部高程 2m。这些大坝填筑体顶部与当期面板顶部超填高差很小,未进行必要的堆高压实,面板施工完成后,大坝仍有较大变形。

塞沙那坝一期面板顶部高程 215m,对应的临填筑体顶部高程 218.5m,虽然二者高差仅 3.5m,但一期面板是在相应填筑体间歇近一年后才进行浇筑。

4. 筑填体应保留适当的预沉降期

天生桥大坝受各种原因影响,使堆石坝体填筑完毕到当期面板浇筑,工期仍不足 1 个月甚至是同期施工,开始浇筑面板时,间歇时间过短。此时填筑体变形大部分未完成,面板与坝体间的不协调变形较大。如二期坝体填筑经济断面在 1997 年 2 月填筑到高程 682m 平台,顶部高程 680m 的一期面板在 1997 年 1—5 月浇筑完成;四期坝体填筑经济断面在 1998 年 1 月填筑到高程 748m 平台,顶部高程 746m 的二期面板在 1998 年 1—4 月浇筑完成;六期坝体填筑经济断面在 1999 年 3 月底填筑到坝顶,三期面板在 1999 年 1—5 月浇筑完成。从表 7.3 可知,坝顶沉降、堆石体法向位移、面板挠曲度等,均由于该期面板浇筑后 5 个月出现拐点,也即是相应堆石体填筑完 5～7 个月。

阿里亚坝一期面板在一期坝体填筑完成后 10 个月浇筑完成,二期面板在坝体填筑完成后 6 个月浇筑完成。

塞沙那坝一期坝体填筑后,暂停填筑上升,一年后方才浇筑一期面板。这一年内,在徐变作用下仍产生沉降变形,最大沉降量新增 64mm。

从已有工程沉降过程线资料分析,堆石体填筑施工期内自重迭加来的沉降速率最大,堆石体填筑完成后沉降速率出现明显拐点,但初期徐变带来的沉降速率也很大。坝高 120m 级的面板堆石坝(如利斯坝),发生较大徐变量的时间为 2～3 个月;坝高 160m 级的面板堆石坝(如天生桥面板堆石坝),发生较大徐变量的时间为 6～8 个月。从珊溪大坝坝体沉降曲线性态看,也是在填筑 3～6 个月之后,填筑体沉降沉降速率出现明显拐点。

7.1.3 已建高面板堆石坝填筑经验

对于高面板堆石坝,其底部断面较大,如果全断面平起施工,则因出现施工强度大、上升速度慢、度汛要求难以满足等问题,一般需要利用经济断面进行填筑。但经济断面的填筑程序应当合理,否则,就会带来填筑质量问题。

(1)面板堆石坝的坝体填筑及面板浇筑等施工程序的选择,受多种因素的影响,其中最主要的是导流与度汛方式,同时施工强度也起了重要的限制作用。设计中,应根据实际情况详细论证导流与度汛方式和施工强度。

(2)采用坝体经济断面,先将其填筑至度汛所需高程,利用坝体经济断面挡水,从而降低上游围堰的高度,减少防洪导流费用。

根据国内外的建坝经验,经济断面划分需要做到:①前后填筑区坝体填筑高差不能太大;②坝体前缘 $0.3H$ 条带尽量做到平起上升,少分区填筑,以减少面板产生不均匀沉降的突变沉降;③各填筑分区之间的接缝缝面要放缓,不能太陡,缝面部位一定要深处理,加强碾压;④设计全断面的后坡上升要能相应跟上临时挡水断面的上升;⑤经济断面坝后坡填筑块的上升速度不宜过快,碾压要满足要求,减少对临时断面的影响。

(3)高面板堆石坝难以在堆石体填筑全部完成后将面板一次浇筑至坝顶,面板宜进行分期浇筑。面板浇筑的分期要遵守以下原则:①安排在气温较低的枯期施工;②面板施工时,相应坝体应自然沉降3个月以上,最好经历一个汛期;③施工工程量不宜过大,保证面板施工不影响坝体施工直线工期;④尽量使坝体提前挡水发电,提高经济效益;⑤避免利用过高填筑堆石体挡水,降低度汛风险。

7.2 坝体填筑边界条件

7.2.1 大坝施工进度计划

可行性研究报告批复后,通过"施工规划专题"、"提高大坝填筑强度专题"及"施工组织设计专题"等一系列研究工作,优化了施工总进度,拟于2007年汛前完成大坝填筑和混凝土面板浇筑,同期完成溢洪道和渗控工程施工,提高电站初期发电水位。与可行性研究了段相比,坝体填筑、面板浇筑和坝顶防浪墙浇筑均提前1年完工,枢纽工程总工期缩短0.5年,提前至2008年底完工。

大坝施工控制性进度计划如下:

(1)2000年初开始施工准备;

(2)导流洞在2001年3月开始施工,2002年10月初具备通水条件;

(3)2002年11月初截流,2007年11月初导流洞下闸封堵;

(4)大坝于2003年1月开始填筑,2006年10月底完成坝体填筑,2007年汛前完成面板浇筑,2008年4月完成坝顶防浪墙浇筑。

7.2.2 导流度汛标准

7.2.2.1 大坝施工期导流与度汛标准

进行本专题研究时,根据水电部颁发的《水利水电枢纽工程等级划分及设计标准》(SL 252—2000),并结合水布垭面板堆石坝坝型、坝前拦洪库容及施工期的特点,拟定导流标准与坝体施工期临时度汛洪水标准。

导流与度汛标准详见表2.2。

7.2.2.2 蓄水计划

通过《水布垭水电站蓄水时机专题研究》认为,水布垭水电站可提前于 2006 年 10 月 1 日导流洞下闸封堵、大坝开始蓄水,使导流洞下闸蓄水时间提前了一个月,不仅提高了初期蓄水的保证率,也相应地增加了导流洞堵头施工工期,缓解了堵头施工压力。

根据上述施工进度安排和工程形象进度,结合 2007 年 7 月初第一台机组发电的要求,拟定了分级蓄水高程。

(1)2006 年各下闸时间方案,导流洞封堵后水库从水位 202.5m 开始蓄水。

(2)根据初拟的导流洞下闸时间及堵头施工工期要求,2006 年 9 月至 2007 年 1 月(或 2006 年 10 月至 2007 年 2 月、2006 年 11 月至 2007 年 3 月)期间由导流洞闸门挡水。原可行性研究阶段导流洞闸门设计挡水水位为 286m,经复核,导流洞采取加固措施后,设计挡水水位可抬高到 300.1m。为安全计,初期蓄水计算中,导流洞闸门挡水期间水库蓄水水位按 290m 控制。

(3)导流洞堵头施工完毕至 2007 年 4 月,水库水位按 350m 控制。

(4)2007 年 5 月底溢洪道下游防冲及防淘墙施工完成,而溢洪道堰顶高程 378.2m,因此,5 月水库水位按 378m 控制。

(5)从 2007 年 6 月起,水布垭大坝已基本建成、泄洪设施完建,水库基本上可按正常运行调度进行操作。依照《湖北清江水布垭水利枢纽可行性研究》报告制定的水库控制水位成果,每年 6、7 月,坝前水位按汛期限制水位 391.8m 控制;5 月下旬至 8 月上旬,以 20 年一遇洪水的回水末端在恩施城区以下为条件,坝前水位按 397m 控制;其余时间坝前水位按正常蓄水位 400m 控制。

通过调洪演算,得出导流洞 2006 年 10 月初下闸、水库开始进行初期蓄水方案的初期蓄水计划见表 7.4。

表 7.4 初期蓄水计划表

蓄水时间	对应丰、平、枯水年的蓄水位(m)	采用控制水位(m)	备注
2006 年 10 月	243.43~273.29	290	
2006 年 11 月	250.2~290	290	
2006 年 12 月	250.2~290	290	
2007 年 1 月	250.2~290	290	
2007 年 2 月	250.2~290	290	
2007 年 3 月	252.94~302.34	350	
2007 年 4 月	280.32~308.78	350	
2007 年 5 月	282.23~360.0	378	
2007 年 6 月	325.36~381.45	391.8	
2007 年 7 月	352.78~391.8	391.8	
2007 年 8 月	357.7~400	397	上旬
		400	中旬
		400	下旬

7.3 初拟大坝填筑施工程序

7.3.1 施工程序初拟原则

水布垭面板堆石坝高 233m,属当代世界上最高的混凝土面板堆石坝。对于 200m 以上级的高坝,其不同施工程序相应的填筑断面初拟原则为:

(1)参考国内外已建高面板堆石坝的填筑经验。

(2)符合水布垭工程总进度要求。

(3)坝体填筑过程应满足度汛及蓄水计划要求。

(4)坝体尽量均衡填筑上升,同时协调不同填筑料所具有的不同填筑要求。

(5)尽量全断面填筑,以减小坝体分区造成的不均匀沉降,或坝体填筑上、下游高差应力求合理。

(6)混凝土面板施工前,相应部位的坝体沉降应基本完成,以免产生面板脱空现象,并尽量避开在高温季节浇筑混凝土面板。

(7)与开挖的不同区域、不同岩性的进度协调,尽可能利用开挖料直接上坝。

(8)坝体填筑应克服水布垭坝区陡峻地形和跨越溢洪道填筑对上坝交通道路等布置困难和干扰。

7.3.2 施工程序初拟

根据以上原则,综合考虑上坝运输条件、坝体碾压速度、开采料的利用等综合因素,将坝体填筑施工程序分为 6 期填筑和 5 期填筑两类,面板施工程序分为三期和四期施工。据此,初步拟出四个施工程序。

1. 施工程序(一)

施工程序(一)坝体分 6 期填筑、面板分四期施工。施工程序见图 7.11。

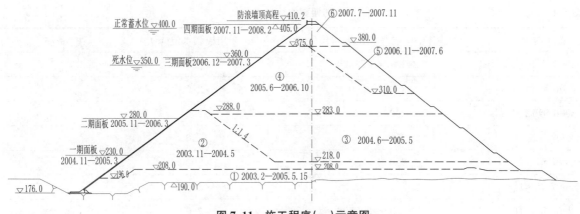

图 7.11 施工程序(一)示意图

(1)坝体填筑施工程序(一)

坝体①期填筑:2003 年 2 月至 5 月 15 日,将坝体填筑到高程 208m,其中,上游部分填筑至高程 196m。

坝体②期填筑:2003 年 11 月至 2004 年 5 月,将坝体上游部分填筑到高程 288m,下游部分填筑至高程 218m,上、下游之间以 1∶1.4 的斜坡连接。

坝体③期填筑:2004 年 6 月至 2005 年 5 月,将坝体下游部分填筑到高程 283m。

坝体④期填筑:2005 年 6 月至 2006 年 10 月,将坝体上游填筑到高程 375m,下游部分填筑至高程

310m，上、下游之间以1∶1.4的斜坡连接。

坝体⑤期填筑：2006年11月至2007年6月，将坝体填筑到高程375m。

坝体⑥期填筑：2007年7—11月，将坝体填筑到高程405m。

（2）混凝土面板施工程序（一）

一期面板：顶部高程230m，于2004年11月至2005年3月浇筑。

二期面板：顶部高程280m，于2005年11月至2006年3月浇筑。

三期面板：顶部高程360m，于2006年12月至2007年3月浇筑。

四期面板：顶部高程405m，于2007年11月至2008年2月浇筑。

2. 施工程序（二）

施工程序（二）坝体分6期填筑、面板分三期施工。施工程序见图7.12。

（1）坝体填筑施工程序（二）

坝体①期填筑：2003年2月至5月15日，将坝体填筑到高程208m，其中，上游部分填筑至高程190m。

坝体②期填筑：2003年11月至2004年5月，将坝体上游部分填筑到高程288m，下游部分填筑至高程218m，上、下游之间高程250m处设宽40m的平台，平台与上、下游部分分别以1∶1.4的斜坡连接。

坝体③期填筑：2004年6月至2005年4月，将坝体填筑到高程284m。

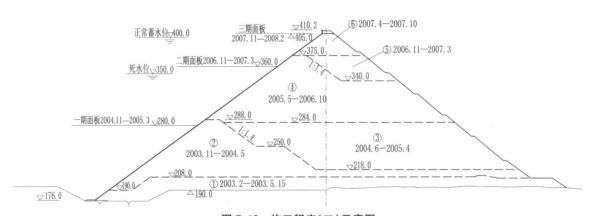

图7.12 施工程序（二）示意图

坝体④期填筑：2005年5月至2006年10月，将坝体上游填筑到高程375m，下游部分填筑至高程340m，上、下游之间以1∶1.4的斜坡连接。

坝体⑤期填筑：2006年11月至2007年3月，将坝体填筑到高程375m。

坝体⑥期填筑：2007年4—10月，将坝体填筑到高程405m。

（2）混凝土面板施工程序（二）

一期面板：顶部高程280m，于2004年11月至2005年3月浇筑。

二期面板：顶部高程360m，于2006年11月至2007年3月浇筑。

三期面板：顶部高程405m，于2007年11月至2008年2月浇筑。

3. 施工程序（三）

施工程序三坝体分6期填筑、面板分四期施工。施工程序见图7.13。

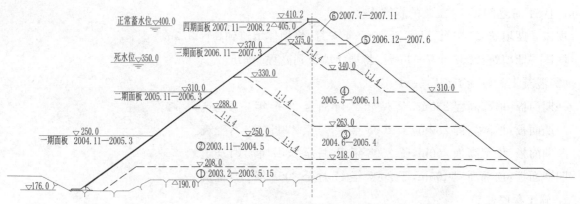

图7.13 施工程序(三)示意图

(1)坝体填筑施工程序(三)

坝体①期填筑:2003年2月至5月15日,将坝体填筑到高程208m,其中,上游部分暂不填筑。

坝体②期填筑:2003年11月至2004年5月,将坝体上游部分填筑到高程288m,下游部分填筑至高程218m,上、下游之间高程250m处设宽40m的平台,平台与上、下游部分分别以1∶1.4的斜坡连接。

坝体③期填筑:2004年6月至2005年4月,将坝体上游部分填筑到高程330m,下游部分填筑到高程263m,上、下游之间以1∶1.4。

坝体④期填筑:2005年5月至2006年11月,将坝体上游填筑到高程375m,下游部分填筑至高程310m,上、下游之间高程340m处设一平台,平台与上、下游部分分别以1∶1.4的斜坡连接。

坝体⑤期填筑:2006年12月至2007年6月,将坝体填筑到高程375m。

坝体⑥期填筑:2007年7—11月,将坝体填筑到高程405m。

(2)混凝土面板施工程序(三)

一期面板:顶部高程250m,于2004年11月至2005年3月浇筑。

二期面板:顶部高程310m,于2005年11月至2006年3月浇筑。

三期面板:顶部高程370m,于2006年11月至2007年3月浇筑。

四期面板:顶部高程405m,于2007年11月至2008年2月浇筑。

4.施工程序(四)

施工程序(四)坝体分5期填筑、面板分三期施工。施工程序见图7.14。

(1)坝体填筑施工程序(四)

坝体①期填筑:2003年2月至5月15日,将坝体填筑到高程208m,其中,上游部分填筑至高程190m。

坝体②期填筑:2003年11月至2004年5月,将坝体上游部分填筑到高程288m,下游部分填筑至高程218m,上、下游之间高程250m处设宽40m的平台,平台与上、下游部分分别以1∶1.4的斜坡连接。

坝体③期填筑:2004年6月至2005年1月,将坝体填筑到高程290m。

坝体④期填筑:2005年2—12月,将坝体上游填筑到高程355m,下游部分填筑至高程340m,上、下游之间以1∶1.4的斜坡连接。

坝体⑤期填筑:2006年2—10月,将坝体填筑到高程405m。

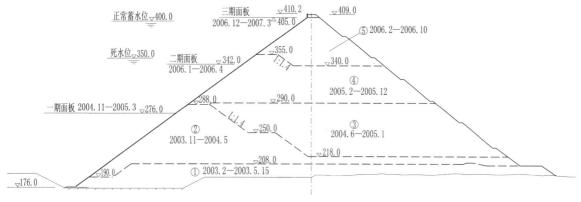

图 7.14 施工程序(四)示意图

(2)混凝土面板施工程序(四)

一期面板:顶部高程 276m,于 2004 年 11 月至 2005 年 3 月浇筑。

二期面板:顶部高程 342m,于 2006 年 1—4 月浇筑。

三期面板:顶部高程 405m,于 2006 年 12 月至 2007 年 3 月浇筑。

从上述可知,在初拟的四个施工程序中,施工程序(四)的施工工期较短,满足初期蓄水进度要求,可提前 1 年进行正常蓄水位发电,坝体填筑高差最小,有利于减小坝体不均匀变形、简化施工度汛。故暂以施工程序(四)作为坝体填筑的代表方案。

7.4 三维有限元仿真计算

早期的面板堆石坝应力变形分析较少,加载过程模拟也比较简单,数值分值中一般先考虑自重作用,然后考虑水荷载作用。随着面板堆石坝的发展,坝体的高度和填筑工程量大大增加,大坝填筑、面板浇筑与水库蓄水通常是分期进行的。在我国的工程实践中,对高混凝土面板堆石坝,为了节省导流工程的费用,一般采用初期坝体过流、中后期临时断面挡水度汛的导流方式。因此对于高面板堆石坝,若按简单加载过程考虑,面板的应力状态变化只是由于水荷载引起的,施工期堆石体位移的影响则被忽略了,不能真实反映面板的应力变形状态。采用三维仿真计算可以模拟这种复杂的加载过程,以反映真实情况。

大量工程实践和分析研究表明,施工程序对面板堆石坝尤其是高面板堆石坝应力变形影响很大,对面板应力状态影响更为显著。在进行"混凝土面板堆石坝施工程序研究"特殊科研过程中,应用三维有限元技术对施工程序(四)作为代表方案进行了仿真计算分析,同时对填筑过程中施工程序、坝体临时断面上下游部位填筑高差、面板浇筑时机与临时断面顶部的高差等问题进行了研究。

7.4.1 计算模型及参数

堆石体本构关系采用邓肯-张 E-B 模型,混凝土与垫层接触面按无厚度 Goodman 单元考虑,垂直缝、周边缝也按无厚度 Goodman 单元型式考虑。E-B 模型参数是在室内外试验基础上考虑现场实际施工条件提出的,见表 7.5。接触面参数 K_1、n、R_f、δ 分别取 4800、0.56、0.75、36°;趾板、面板混凝土按线弹性材料考虑,容重取 24kN/m³,弹性模量取 20000MPa,泊松比取 0.167。

表 7.5 堆石体材料参数表

材料	容重（kN/m³）	φ(°)	R_f	K	$n(n_{ur})$	K_b	m	K_{ur}	$\Delta\varphi$(°)
垫层料	22.70	56.0	0.78	1200	0.45	750	0.20	2400	10.5
过渡料	22.50	54.0	0.85	1000	0.40	450	0.15	2000	8.60
主堆石料	21.60	52.0	0.82	1100	0.35	600	0.10	2200	8.5
次堆石料	21.60	50.0	0.80	850	0.25	400	0.05	1700	8.4
下游堆石料	21.60	52.0	0.82	1100	0.3.5	600	0.10	2200	8.5
覆盖层	21.60	52.0	0.82	1100	0.35	600	0.10	2200	8.5

7.4.2 网格剖分及加载过程

根据地形条件及开挖要求，沿坝轴线方向剖分出 34 个横断面，最大横断面在 0+220.86 位置，该断面上水平分层数为 17。有限元模型总单元数为 4404 个，其中堆石体单元数为 3218 个，总结点数为 5513 个。按推荐施工程序，大坝加载共分 40 级，见表 7.6。

表 7.6 加载过程

加载过程	荷载级数
上游堆石体填至高程 288m，下游堆石体填至高程 218m	1～5
充水至高程 281m，退水至底部	6～11
一期面板浇筑	12
上游堆石体填筑至高程 355.0m	13～19
二期面板浇筑	20
蓄水至高程 350m	21～29
堆石体填筑至坝顶	30
三期面板浇筑	31
蓄水至高程 400m 后退水至高程 350m，再蓄水至高程 400m	32～40

7.4.3 计算结果及分析

1. 堆石坝体应力位移

根据计算结果，堆石体应力位移最大值见表 7.7。

表 7.7 大坝应力、位移最大值表

项目 \ 工况				竣工期	蓄水期
坝体	坝体位移（cm）	河流向水平位移	向上游	14.2	6.4
			向下游	64.6	74.0
		沉降		189.9	194.0
		坝轴向水平位移	向左岸	20.8	21.0
			向右岸	25.6	29.0
	坝体应力（MPa）	大主应力		3.20	3.97
		小主应力		1.18	1.44

	工况 项目			竣工期	蓄水期
面板	面板应力 （MPa）	坝轴向	拉应力	2.85	5.15
			压应力	14.58	21.10
		顺坡向	拉应力	2.19	6.29
			压应力	14.47	9.15
	面板挠度（cm）			40.6	78.0
	周边缝位移（cm）		剪切	0.84	1.62
			沉降	2.46	4.15
			张开	1.65	5.15
	垂直缝位移（cm）		张开	1.19	2.03
			压缩	0.17	0.30

（1）堆石体主应力最大值出现在坝底略偏上游，竣工期堆石体大主应力、小主应力最大值分别为3.20MPa、1.18MPa，蓄水期堆石体大主应力、小主应力最大值分别为3.97MPa、1.44MPa。堆石体应力水平大部分在0.5MPa以下，竣工期坝顶及下游坝坡应力水平较高，但大多在0.8MPa以下，因此不会引起堆石体失稳；蓄水期堆石体应力水平下降，坝顶应力水平明显降低。

（2）竣工期堆石体向上、下游两侧产生水平位移，最大水平位移64.6cm，出现在次堆石体区下游侧略高于1/3坝高处；蓄水期堆石体水平位移大部分向下游，最大值为74.0cm，发生在次堆石区下游侧1/2坝高处。

（3）竣工期堆石体最大沉降发生在次堆石区上游侧1/2坝高处，蓄水期该值略往上游和上部移动。竣工期、蓄水期堆石体最大沉降分别为189.9cm、194.0cm。

2. 面板应力变形

面板应力变形最大值见表7.7。

（1）竣工期面板最大挠度出现在河床中部1/3坝高处，蓄水期该值发生在河床中部约1/2坝高处，面板挠度竣工期和蓄水期最大值分别为40.6cm和78.0cm。

（2）竣工期面板堆石板轴向最大拉应力2.85MPa，最大压应力14.58MPa，分别出现在左岸1/2坝高和面板河床中部1/2坝高附近；蓄水期以上两值分别为5.15MPa、21.10MPa，发生部位基本一致。另外，在左岸1/2~2/3坝高处拉应力较大，面板河床中部1/2~2/3坝高处压应力较大。

（3）竣工期面板顺坡向最大拉应力2.19MPa，最大压应力14.47MPa，分别出现在面板河床的底部和中部1/3坝高附近；蓄水期以上两值分别为6.29MPa、9.15MPa，分别出现在右岸坝子沟附近和面板河床中部1/3坝高附近。由此可见，面板堆石板轴向拉应力出现在两岸，且以左岸1/2~2/3坝高内较大，右岸自坝子沟附近较低部位开始出现拉应力；面板顺坡向拉应力主要出现在周边缝附近，且以左岸1/2坝高、河床、右岸坝子沟附近较大。此外，右坝肩附近的庙包滑移体面板中部受压，上下部分受拉，但拉应力不大。值得注意的是，面板顶部顺坡向拉应力很小，这是由于堆石体填筑基本上是均衡上升，坝体沿坝轴向、顺河流向不均匀变形小，面板顶部与堆石体之间相互错动也小。

3. 接缝位移

垂直缝位移分布在桩号0+108.86m~0+404.86m段，为主要受压区，其他为主要受拉区，竣工期最大张开位移 1.19cm,蓄水期为 2.03cm。

周边缝位移分布,在左岸 1/3～1/2 坝高内,右岸坝子沟至庙包滑移体之间周边缝位移较大。具体情况为:竣工期最大剪切位移 0.84cm,最大沉降为 2.46cm,最大张开位移 1.65cm;蓄水期最大剪切位移 1.62cm,最大沉降 4.15cm,最大张开位移 5.15cm。最大剪切位移、最大张开位移出现在右岸庙包滑移体区,最大沉降则出现在左岸 1/3 坝高处。由此可见,周边缝三向位移都不大,在设计允许变形范围内。

从以上分析可以看出,坝体及面板的应力位移合乎一般规律,坝体整体稳定性好,接缝位移不大,大坝设计是安全、可靠的,按施工程序(四)作为代表方案进行大坝施工是合适的。

7.5 大坝施工程序研究

7.5.1 施工程序比选

高面板堆石板由于坝高体大、坝体填筑分区、分层多,堆石体填筑上升、碾压不均衡现象,容易产生纵横向不均匀变形,使施工期坝体产生裂缝。又由于高面板堆石坝需利用坝体临时挡水断面度汛、发电,造成坝体上、下游向填筑高差较大,如处理不当,也容易使坝体产生裂缝。面板混凝土与碾压堆石体的变形模量相差很大,两者变形难以协调,造成面板与坝体脱空。因此有必要采取一些工程措施,如限制堆石体填筑高差、限制待浇面板顶部与已填筑临时堆石体顶部之间高差等。

7.5.1.1 面板浇筑顶高程与已填堆石体顶部高差

为探讨后续填筑坝体对已填筑坝体的影响及面板脱空问题,清华大学曾对一个 200m 高的模型坝进行了研究。堆石体分 4 期填筑,面板分 4 期浇筑。图 7.15 为坝体二期填筑完成后坝体上游坡面的变形图,图 7.16 为坝体三期填筑完成后二期坝体上游坡面的变形图。

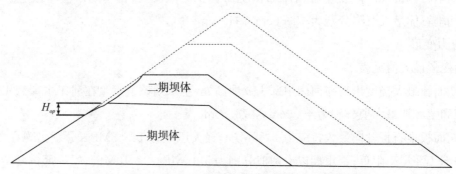

图 7.15 二期坝体填筑完成后一期坝体上游坡面变形

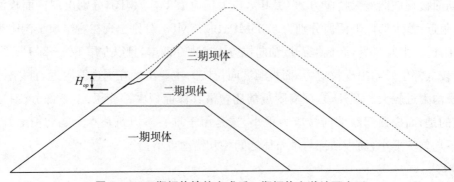

图 7.16 三期坝体填筑完成后一期坝体上游坡面变形

图 7.15 表明,当二期坝体填筑时,一期坝体上游坡面将产生向内凹陷的变形,一期坝体顶部最大法向凹陷变形约 11cm,此时的面板由于结构刚性大,难以与堆石体一起协调变形,往往一期面板顶部与下承的堆石体之间产生脱开现象,开始脱开点距离一期填筑体顶部高度 H_{op} 约 20m。图 7.16 表明,当三期坝体填筑完成后,二期面板顶部与下承堆石体之间也会产生脱开,最大法向凹陷变形约 23cm,且开始脱开点距离二期填筑体顶部的高度 H_{op} 也在 20m 左右。由此可见,对于分期填筑的高面板堆石板,各期面板的顶部与已填筑下承堆石体顶部应保持一定的高差。

水布垭面板堆石坝施工程序方案(一)和(三)一期面板顶部分别距堆石体顶部(高程 288m)58m 和 38m,虽对于该期面板后期沉降有利,但离一期面板浇筑平台高差大,增加面板浇筑难度;施工程序(二)一期面板顶部高程距离相应堆石体顶部高差仅为 8m,较小。

按施工程序(四),水布垭面板堆石坝一期面板顶部高程为 278m,距离堆石体顶部(高程 288m)10m;二期面板顶部高程为 340m,距离先填堆石体顶部(高程 355m)15m。可以合理地控制了面板浇筑高程与已填筑下承堆石体顶部高差,面板脱空的程度将降低,使得蓄水后面板的受力条件得到改善。

7.5.1.2 后期堆石体填筑程序对面板堆石板的影响

施工程序方案(一)、(三)与方案(二)、(四)后期堆石体填筑存在明显不同之处,即前两个方案后期堆石体上、下游填筑高差较大,方案(二)、(四)采取基本均衡上升方式填筑。如施工程序方案(一)二期填筑体和四期填筑体上、下游高差分别为 70m 和 65m;施工程序方案(三)三期填筑体上、下游高差为 67m;施工程序方案(二)、(四)通过对二期填筑体设台阶过渡,将其二期填筑体各级台阶上、下游高差减小,控制在 38m 以内。

过大的后期堆石体上、下游高差可能对坝体顶部、面板上部应力变形产生较大影响。为方便起见,对图 7.17 所示施工程序进行研究,为了更能体现后期堆石体填筑程序的影响,设后期填筑体高差近 100m。按图 7.18 中施工程序,一期面板(高程 280m)是在一期坝体填筑达到临时挡水断面(顶部高程 288m)后浇筑的,经二期坝体填筑,一期面板产生脱空;当二期坝体填筑到提前发电断面(顶部高程 380m)时,一期面板脱空约 2.3cm。二期面板是在二期坝体填筑完成后浇筑的,当三期坝体完成时,二期面板脱空达 7.5cm,可见二期面板比一期面板的脱空值要大,这说明三期坝体填筑对二期面板影响较大,同时,二期面板浇筑完成后,若水库开始蓄水,受水荷载作用,一期面板及二期面板中、下部被压紧,二期面板上部则由于类似悬臂作用而翘起,因此二期面板脱空较大。如果二期、三期坝体填筑采用均匀上升方式,面板脱空将会大为减小。

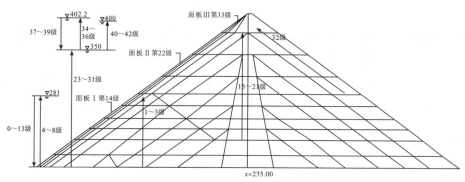

图 7.17 最大剖面网格剖分及加载图

计算分析表明,方案(四)面板脱空约 2cm,发生在一期面板顶部;考虑挤压边墙后,面板最大脱空约 6cm(含挤压边墙脱空)。可见,合理安排后期堆石体填筑可减少面板脱空,有利于面板应力状态改善。

图 7.18、图 7.19 所示是施工程序下堆石体应力水平。从图 7.19 可以看出,竣工期(坝体填筑完成,水库蓄水至 350m)坝顶及坝体上部靠近上游部位应力水平较高,容易引发坝体上游开裂。从图 7.19 可以看出,方案(四)尽管竣工期坝体顶部应力水平也较高,但高应力区较小。这就说明,采取方案(四)坝体填筑程序,可以减少坝体上游开裂的程度。

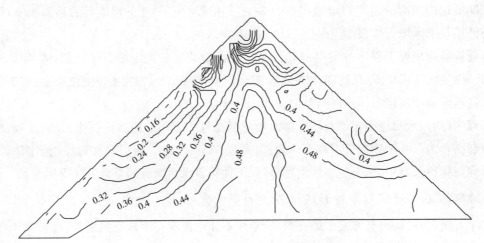

图 7.18 竣工期应力水平等值线图

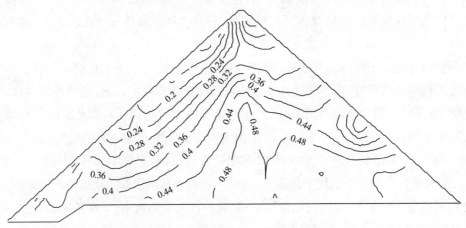

图 7.19 蓄水期应力水平等值线图

7.5.1.3 面板浇筑程序和蓄水过程研究

水库蓄水分期进行,往往是为方便施工和满足提前发电的需要而采取的一种施工程序。本工程还从数值分析角度对其进行了研究。

为方便起见,拟定三种施工和蓄水程序。施工和蓄水程序(一)加载顺序为:坝体填筑→混凝土面板浇筑→大坝竣工后水库开始蓄水;施工和蓄水程序(二)加载顺序为:坝体分期填筑→混凝土面板分期浇筑→大坝竣工后水库开始蓄水;施工和蓄水程序(三)加载顺序为:坝体分期填筑→混凝土面板分期浇筑→二期面板及临时发电断面施工完后水库开始蓄水→继续完成后期坝体填筑和面板浇筑。

计算分析表明:

(1)施工和蓄水程序(一),由于面板是在坝体填筑完成后才浇筑的,面板脱空程度很小;施工和蓄水程序(二),面板是分期浇筑的,但在施工期没有水荷载作用,面板最大脱空为 5.34cm;施工和蓄水程序(三),面板也是分期浇筑的,但二期面板完成后水库开始蓄水,面板最大脱空达 7.46cm。可见,水库蓄水过程会影响到面板的脱空程度。

（2）不同的施工和蓄水程序，面板应力尤其是顺坡向应力相差很大。施工和蓄水程序（一），面板顺坡向拉应力达 12.54MPa，最大压应力只有 3.3MPa；施工和蓄水程序（二），面板顺坡向拉应力达 6.53MPa，最大压应力 13.39MPa；施工和蓄水程序（三），面板顺坡向拉应力达 5.17MPa，最大压应力 11.82MPa。因此，面板浇筑分期是有必要的，不同的蓄水过程对面板的应力状态产生不一样的影响。

进一步分析表明，对分期浇筑的面板而言，分期蓄水和一次性蓄水对面板的应力状态及脱空程度虽不同，但并没有明显的差异。因此，能满足提前发电进行水库分期蓄水要求。

7.5.1.4 综合比较

通过以上研究计算，经综合分析比较，得出水布垭面板堆石坝填筑程序方案比选结果见表7.8。

表7.8　　　　　　　　　　　　　　　　　填筑程序方案比选表

方案	优点	缺点
施工程序（一）	1. 坝体填筑及面板浇筑直线工期 61 个月，影响初期蓄水速度； 2. 堆石填筑体速度较慢，有利于坝体沉降； 3. 面板分四期浇筑，对防裂有利	1. 正常蓄水时间较晚； 2. 二、四期堆石填筑体上、下游高差过大，高达 65～70m，对面板防脱空不利； 3. 六期坝体填筑完毕立即进行四期面板浇筑，相应部位的堆石体无预沉降时间
施工程序（二）	1. 坝体填筑及面板浇筑直线工期 61 个月，影响初期蓄水速度； 2. 坝体填筑速度较慢，有利于坝体沉降； 3. 二期填筑断面分台阶填筑，减小上、下游各级台阶高差，对沉降变形有利	1. 正常蓄水时间较晚； 2. 二、三期面板浇筑时，相应部位的堆石体尚无预沉降时间； 3. 一期面板最长，增加面板防裂难度
施工程序（三）	1. 坝体填筑及面板浇筑直线工期 61 个月，影响初期蓄水速度； 2. 坝体填筑速度较慢，有利于坝体沉降； 3. 二、四期填筑断面分台阶填筑，减小各级台阶高差，对减小沉降变形、防止面板脱空有利； 4. 面板分四期浇筑，对防裂有利	1. 正常蓄水时间较晚； 2. 四期堆石填筑体上、下游高差过大，高达 67m，对面板防脱空不利； 3. 三、四期面板浇筑时，相应部位的堆石体尚无预沉降时间
施工程序（四）	1. 坝体填筑及面板浇筑直线工期 50 个月，有利于提前 1 年正常蓄水发电； 2. 二期填筑体各级高差小，各台阶高差控制在 38m 以内，可减小相应填筑体后期沉降变形、防面板脱空有利； 3. 各期面板浇筑前，相应部位堆石体均有不少于 2 个月的沉降期； 4. 合理控制了面板浇筑顶部与已填下承堆石体顶部的高差，可降低面板脱空程度，使蓄水后面板的受力条件得到改善	一期面板较长，防裂难度大

工程实践表明，面板堆石坝采取分期施工是必需的，也是可行的，关键在于合理地制定施工程序、控制各部位填筑高差。施工期面板脱空、坝体局部开裂虽然很难避免，但通过采取合理的施工程序、控制施工质量和填筑高差可以有效地减小其发生的机率和程度。三维有限元仿真计算分析表明，按代表方案即

施工程序(四),坝体及面板的应力位移分布合乎一般规律,坝体整体稳定性好,接缝位移、坝体位移均在设计允许变形范围内,大坝设计是安全的。对施工程序的研究表明,代表方案中面板浇筑高程与已填堆石体顶部高差、堆石体填筑断面是合适的,可满足水库分期蓄水提前发电的要求。

综上所述,施工程序(四)作为水布垭面板堆石坝的推荐施工程序方案。

7.5.2 推荐施工程序方案的大坝施工进度计划

7.5.2.1 坝肩、趾板开挖施工进度

趾板和坝体基础开挖可分为以下几个开挖区。

右岸庙包区:包括庙包滑移体、电站引水渠和进口部分、趾板高程315m以上部分、坝体基础315m以上部分。其开挖应考虑不影响大坝施工进度、协调厂房进水口和引水渠的施工,开挖有用料尽量直接上坝、平衡施工强度等因素。安排2003年6—10月完成覆盖层剥离并形成岩石开挖工作面,2004年6—12月完成面板以上岩石开挖,施工工期20个月,开挖月平均强度约5.3万 m³/月。

左、右岸趾板区:右岸为高程200~315m部分趾板区,左岸为高程200m以上趾板区,开挖安排在2001年11月至2002年10月完成,强度约5.2万 m³/月。

河床趾板区,包括趾板高程200m以下部分,安排在2003年1—2月中旬完成,工期1.5个月,开挖强度约13.3万 m³/月。

河床坝体区,包括坝体基础高程200m以下部分,大部分为砂砾石开挖,安排在2002年1月完成。

左、右岸坝体区,仅为简单的表层修整,随坝体填筑进行。

7.5.2.2 坝体填筑施工进度

根据施工程序(四),进行坝体填筑分区及施工进度安排。

第1期:2003年2月至2003年5月中施工,坝体上游填筑至高程190m,下游填筑高程208m,填筑量77.6万 m³,填筑时间3.5个月,平均填筑强度22.2万 m³/月,垫层料平均月上升高度为9.3m/月。其中,2003年2月开始大坝下游堆石体填筑,2月中开始大坝主堆石区填筑,4月中开始趾板区过渡料、垫层料及堆石体填筑,5月中旬大坝趾板区填至高程190m,下游填至高程208m。

第2期:2003年11月至2004年5月施工,完成坝体高程288.0m临时挡水断面填筑,以满足挡全年200年一遇洪水的要求。大坝下游填筑形成2级平台。下部平台高程218m,以满足汛期大坝继续填筑的要求;中部平台高程250m、宽40m,以减小填筑体高差,减小坝体沉降和面板脱空。填筑量为251.9万 m³,填筑时间7个月,平均填筑强度为36.0万 m³/月,垫层料平均月上升速度14m/月。

第3期:2004年6月至2005年1月施工,坝体全断面填筑至高程290.0m,填筑量380.87万 m³,填筑时间8.0个月,平均填筑强度47.6万 m³/月。

第4期:2005年2—12月施工,大坝上游填至高程355m,以利于进行二期面板浇筑,下游填至高程340m,填筑量489.97万 m³,填筑时间11.0个月,填筑强度44.5万 m³/月,垫层料平均月上升速度6.5m/月。

第5期:2006年2—10月,坝体全断面填筑至高程405m,填筑量244.1万 m³,填筑时间持续9个月,填筑强度30.1万 m³/月。

坝顶面板以上部分填筑:2008年4月,大坝填至高程409m,填筑量3.7万 m³,填筑时间1个月。2008年5—6月,进行大坝整修,道路铺设。

大坝上游粉细砂和任意料的填筑穿插在大坝主体填筑中间进行,具体安排如下:2005年3月至2005

年 5 月,全断面填筑至高程 224m,填筑量 32.4 万 m³,填筑时间 3 个月,填筑强度 10.8 万 m³/月;2005 年 11 月至 2006 年 4 月,全断面填筑至高程 265m,填筑量 29.56 万 m³,填筑时间 6 个月,填筑强度 4.8 万 m³/月。

此外,2003 年 5 月中下旬进行坝体过水保护施工。

推荐方案施工程序(四)坝体分期填筑工程量及强度见表 7.9。

表 7.9　　　　　　　　　　堆石坝坝体填筑分期填筑进度表　　　　　　　　　　(单位:万 m³)

| 分期 | 工程量 | | | | | | 开工日期 | 完工日期 | 工期 (月) | 月平均 强度 |
	2A	3A	3B	3C	3D	合计				
1 期	2.8	6.5	27.5		40.8	77.6	2003.2.1	2003.5.15	3.5	22.2
2 期	10.8	16.3	201.7		23.1	251.9	2003.11.1	2004.5.31	7	36
3 期		3.9	104.7	218.4	53.87	380.87	2004.6.1	2005.1.31	8	47.6
4 期	12.73	24.25	237.82	186.78	28.39	489.97	2005.2.1	2005.12.31	11	44.5
5 期	11.8	16.6	123.8	65.4	26.5	244.1	2006.2.1	2006.10.31	9	30.1

7.5.2.3　趾板、面板及防浪墙混凝土浇筑施工进度

1. 趾板施工

为控制趾板裂缝,考虑趾板浇筑安排在低温季节进行,尽量避免高温浇筑,以及庙包开挖的影响,趾板混凝土大致分为 4 个阶段施工。

第一阶段:2003 年 2 月 15 日至 5 月 15 日,施工期 3 个月。浇筑河床趾板,同时两岸趾板混凝土浇筑至高程 220m,上升高度 44m。本期施工工序多,混凝土浇筑非常紧张。月浇筑强度约为 1500m³/月。

第二阶段:2003 年 11 月至 2004 年 4 月,施工期 6 个月。两岸趾板混凝土从高程 220m 上升至高程 300m,上升高度 80m。月浇筑强度约为 800m³/月。

第三阶段:2004 年 11 月至 2005 年 4 月,施工期 6 个月。左岸趾板混凝土从高程 300m 上升至高程 405m,上升高度 105m。月浇筑强度约为 400m³/月。

第四阶段:2005 年 1—5 月,施工期 5 个月。右岸趾板混凝土从高程 300m 上升至高程 405m,上升高度 105m。月浇筑强度约为 900m³/月。

2. 面板施工

面板混凝土分三期施工,分期施工进度见表 7.10。

表 7.10　　　　　　　　　　面板混凝土施工进度表

分期	起止高程	工程量(万 m³)	施工时段
第一期	176～276.0m 以下	3.47	2004.11—2005.3
第二期	276.0～342.0m	3.48	2006.1—2006.4
第三期	342.0～405m	2.82	2006.12—2007.4

一期面板:高程 276.0m 以下面板,安排在 2004 年 11 月至 2005 年 3 月浇筑,面板最大浇筑块斜长约 154m,施工期 5 个月,高峰月浇筑强度约为 0.8 万 m³/月。面板浇筑时,坝体填筑至高程 288.0m,距面板顶高差 13m。

二期面板:高程 276.0～342.0m 面板,同时满足三期面板浇筑施工期导流标准要求(挡水标准按

2006 年 11 月至 2007 年 5 月 5‰频率瞬时流 6030m³/月,上游水位为 310.2m),以及 2006 年 11 月至 2007 年 5 月全部利用二期面板挡水(挡水标准按 2006 年 11 月至 2007 年 5 月 0.2‰频率瞬时流量 11000m³/月,上游水位为 340.7m)。面板安排在 2006 年 1 月至 2006 年 4 月浇筑,施工期 4 个月,高峰月浇筑强度约为 1.1 万 m³/月。面板浇筑时,坝体填筑至高程 355.0m,距面板顶高差 15.0m。

三期面板:高程 342.0～405.0m 面板,满足坝体挡水发电要求。安排在 2006 年 12 月至 2007 年 3 月浇筑,施工期 4 个月,高峰月浇筑强度约为 0.9 万 m³/月。面板浇筑时,坝体已填筑至高程 405.0m,与面板顶齐平。

3. 坝顶防浪墙施工

坝顶防浪墙混凝土工程量为 0.55 万 m³,施工时段为 2007 年 11 月至 2008 年 3 月,工期 5 个月。坝顶防浪墙安排在坝体填筑完成 1 年后进行,有利于防浪墙与面板接缝的安全。

7.6 成果应用

1. 主要研究结论

面板堆石坝,尤其是高面板堆石坝,其填筑程序直接关系到堆石体的的质量好坏。通过对初拟的四个施工程序方案进行研究分析,得出如下结论。

(1)水布垭面板堆石坝施工程序方案(四)分 5 期填筑,在技术上是可行的,在能力上是可以达到的,而且有利于坝体提前正常蓄水发电,增加施工期发电效益,并为提前发电创造条件。

(2)水布垭面板堆石坝施工程序方案(四)的填筑断面采用低高差的经济断面,有利于坝体均衡上升,以减小不均匀沉降。

(3)水布垭面板堆石坝施工程序方案(四)混凝土面板分三期浇筑,虽然较分四期浇筑增加了面板抗裂难度,但能使各期面板在堆石体上升到一定高度并有一定的沉降期来完成大部分沉降量,并在每期面板浇筑前,相应部位的坝体沉降期不小于 2 个月,可有效减小面板脱空的可能性。

(4)通过对施工程序方案(四)进行有限元沉降计算表明:竣工期、蓄水期堆石体最大沉降分别为 189.9cm 和 194.0cm。

(5)通过 E-B 模型对施工程序方案(四)进行三维有限元仿真计算表明:竣工期周边缝最大剪切位移为 0.84cm,最大沉降 2.46cm,最大张开位移 1.65cm;蓄水期以上各值分别为 1.62cm、4.15cm 和 5.15cm。最大剪切位移、最大张开位移出现在右岸庙包滑移体区,最大沉降出现在左岸 1/3 坝高处。由此可见,周边缝三向位移都不大,在设计允许变形范围内。

综上所述,水布垭面板堆石坝采用坝体分 5 期填筑、混凝土面板分三期施工、低高差经济断面、2 个月以上的预沉降期的施工程序,有利于减小坝体的不均匀沉降变形和减小面板脱空值,且坝体及面板的应力位移合乎一般规律,坝体整体稳定性好,接缝位移不大,大坝设计是安全的。故推荐施工程序方案(四)。

2. 实际填筑形象进度

水布垭面板堆石坝填筑基本按推荐的施工程序方案(四)实施,防浪墙底部高程 405m 以下部位分 5 期填筑、面板混凝土分三期浇筑。国内首次提出并采用"坝体变形时空预沉降控制法"和"反抬法"控制坝体后期变形。水布垭面板堆石坝实际填筑形象见图 5.1,设计推荐填筑方案进度与实施进度对比表见表 7.11。

表 7.11 设计推荐填筑方案进度与实施进度对比表

施工分期	设计推荐填筑方案进度		实施进度		备注
	起止时间	工期(月)	起止时间	工期(月)	
①期坝体填筑	2003.2—2003.5.15	3.5	2003.1.31—2003.5.25	3.85	
②期坝体填筑	2003.11—2004.5	7	2003.10.1—2004.5.27	8.87	
③期坝体填筑	2004.6—2005.1	8	2004.5.28—2004.9.28	4.03	
④期坝体填筑	2005.2—2005.12	11	2004.9.29—2005.11.18	13.63	
⑤期坝体填筑	2006.2—2006.10	9	2005.11.19—2006.10.8	10.63	
高程405m以下填筑净工期		38.5		41.1	
一期面板浇筑	2004.11—2005.3	5	2005.1—2005.3	3	施工详图阶段,
二期面板浇筑	2006.1—2006.4	4	2006.1—2006.3	3	要求面板浇筑时
三期面板浇筑	2006.12—2007.3	4	2007.1—2007.3	3	间为1—3月份

由表 7.11 可知,坝体填筑和面板浇筑实施进度与设计推荐填筑方案进度,起止时间相同,只是实施过程中,根据现场情况进行了局部优化和微调。

(1)实施过程中,根据施工能力,加大了二期坝体填筑强度和工期,将经济断面下游区尽量填高,并增加一级台阶,以减小各级台阶间高差,使二期坝体填筑体台阶间高差由设计推荐填筑方案的 38m 减小到 22m,更有利于减小后期沉降。

(2)实施过程中,加大了三期坝体"反抬法"填筑强度,提高了反台阶高度,将设计推荐方案的反台阶顶部高程 290m 提高到高程 307m,由也有利于控制坝体后期变形,减小面板出现结构裂缝的可能。

(3)合理选择面板混凝土浇筑时机。施工详图阶段,在本专题研究成果的基础上进一步优化面板混凝土浇筑时机,根据可能达到的施工进度和当地气候特点,选择气候适宜、湿度较大、温和少雨的 1—3 月份进行面板浇筑,同时能争取更长的预沉降期。实施进度也全部安排在低温季节(1—3月份)浇筑。

3. 实施效果

水布垭面板堆石坝基本按设计要求的方案及进度进行填筑,质量和进度都得到保证,坝体沉降指标好于预期。

(1)竣工期坝体沉降

水布垭大坝 2006 年 10 月坝体填筑完高程 405m 时,实测坝体最大沉降量为 2.148m,相当于坝高的 0.92%,小于 1%,与"九五"攻关各单位计算值(见表 7.12)和国内外已建大坝竣工期的坝体沉降值(见表 7.13)相当,且竣工期末最大沉降值远小于阿里亚和天生桥面板堆坝的竣工期坝体沉降值。

表 7.12 "九五"攻关各单位计算竣工期末沉降值

计算单位	长江设计院	长江科学院	河海大学	武汉大学	清华大学
计算模型	E-B 模型	塑性模型	E-B 模型	E-B 模型	K-G 模型
竣工期垂直沉降(m)	1.67	1.35	1.84	1.73	1.26
备注					

表 7.13 国内外已建大坝竣工期的坝体沉降值

大坝名称	坝高(m)	竣工沉降(m)	占坝高比(%)	备注
阿里亚	160	3.58	2.24	
安奇卡亚	140	0.63	0.45	
利斯	122	0.45	0.37	
阿瓜米尔帕	187	1.65	0.88	
考兰坝	130	1.20	0.92	
天生桥	178	2.92	1.64	
水布垭	233	2.148	0.92	

(2)面板顶部脱空

水布垭面板堆石坝混凝土面分三期施工。一期面板顶部实际高程 278m,施工平台高程 288m;二期面板顶部实际高程 340m,施工平台高程 360m;三期面板顶部高程 405m。

一期 19 块面板中,有 17 块面板顶部出现脱空现象,一期面板脱空率为 89%,其中,R1、R2、R3、R5、R7、R8、R9、R10、R12、L2、L3 等 11 块面板脱空高度 2.0~5.0cm,深度 0.4~2.2m;R4、R6、R11、R13、L1、L4 等 6 块面板下有轻微脱空现象。二期 37 块面板中,有 21 块面板顶部出现脱空现象,二期面板脱空率约为 57%,面板脱空高度 0.5~4.9cm,深度 0.3~2.3m。

天生桥一级面板堆石坝一期面板分为 27 块,有 23 块出现脱空现象,一期面板脱空率为 85%,最大脱空高度 15cm;二期面板分为 53 块,有 45 块出现脱空现象,二期面板脱空率约为 85%,最大脱空高度 10cm;三期面板分为 69 块,有 36 块出现脱空现象,三期面板脱空率约为 85%,最大脱空高度 15cm。

由以上资料可知,水布垭面板堆石坝比天生桥一级面板堆石坝高 55m,二者面板脱空率基本相当,但最大脱空高度要小 2/3,说明水布垭面板堆石坝面板脱空现象尽管未能避免,但能得到有效控制,且脱空程度较轻。这些脱空面板在其下一期面板浇筑前,都采用低强度等级、低压缩性的填充材料进行灌注处理。

通过本专题研究,特别是对已建类似工程正反经验教训的总结或是计算结果证明,大坝的应力应变、剪切位移、沉降量等,的确与大坝填筑程序有关,因而进行大坝施工程序研究是非常必要的。本研究成果符合实际,不仅用于指导水布垭大坝的分期填筑断面设计,而且在总结包括水布垭大坝在内的国内外高面板堆石坝成功经验的基础上,也为《混凝土面板堆石坝设计规范》中有关面板堆石坝填筑程序要求提供技术支撑和理论依据。

面板与趾板防裂措施研究　　　　　　　　　　第 8 章

面板堆石坝越高,相应的混凝土面板越长。作为世界最高的混凝土面板堆石坝,水布垭面板堆石坝的混凝土面板单块最大长度为 392.28m,亦为面板长度世界之最。如此长的混凝土面板,其防裂问题也更显突出,因而进行了面板与趾板防裂措施的特殊科研,围绕着大坝趾板轴线布置、趾板边坡开挖、趾板基础处理、趾板结构型式、趾板与面板的连接、趾板混凝土以及面板结构型式(包括分缝、分块尺寸)、混凝土配合比、混凝土温度控制及防裂措施等进行了一系列研究,取得了系统的成果,并在工程中成功应用。

8.1　大坝趾板与面板结构型式研究

水布垭混凝土面板坝石坝趾板基础建基岩体大部分为灰岩,部分为砂页岩,岩体存在断层、软岩和岩溶洞穴等地质缺陷。左岸岸坡陡峻,岩层为视逆向坡;右岸岸坡相对较缓,岩层为视顺向坡。混凝土面板总面积 13.87 万 m^2。

大坝趾板轴线布置、结构型式直接影响到基础处理、周边缝变形、基础开挖及基础处理工程量等;面板的结构型式、面板与趾板的连接型式、混凝土材料设计与温度控制等,影响到大坝施工进度与质量、运行期的安全与维护。

8.1.1　趾板线路布置

水布垭面板堆石坝布置在清江 S 形河段腰部的顺直河段,该河段长 800m 左右,大坝设计底宽(顺水流向)627m,可供坝轴线调整的余地有限。

对于面板堆石坝,选择趾板线是确定坝轴线的关键因素之一,选择原则如下:

(1)趾板基础原则上坐落在轻微卸荷带内,局部可坐落于经过基础处理的强卸荷带内。

(2)趾板线布置尽可能平顺。为避免趾板基础开挖工程量过大,可适当设置转折点。

(3)趾板线尽可能避开断裂发育、岩溶洞穴和风化强烈等不利地质条件地基,使趾板基础的开挖和处理工作量较少。

遵循上述原则,结合右岸坝肩庙包滑移体的处理,进行了趾板线的比较。

庙包滑移体位于右岸坝肩一带,平面形态近似圆形,面积约 3.6 万 m^2;庙包滑移体顶高程 431m 左右,周缘高程 347～415m,底滑面为 131# 剪切带,最厚 55m 左右,平均厚近 30m,体积约 100 万 m^3。

庙包滑移体周缘由松散的灰岩大块石、块石夹黏土组成,厚度一般为 9.6～22.7m;中央为茅口组微细晶灰岩组成,具有一定的完整性,显示了顺层下滑的特点。

庙包滑移体对右岸坝肩稳定十分不利,对电站进水口边坡稳定也有影响,需妥善处理。根据地质资料和左岸溢流堰下 131# 剪切带抗剪参数,进行了保留处理、全部挖除和坝线下移三类多种方案的比较。

经过比较,庙包滑移体全部挖除方案措施单一,处理彻底,不留隐患,只是工程量略有增加。考虑到水布垭面板堆石坝高度位居世界第一,技术难度大,地质条件复杂,从确保工程安全出发,采用全部挖除方案,即将庙包滑移体(含 131# 剪切带)全部挖除,延长坝轴线,趾板基础坐落在坚实稳定的基础上。

在庙包滑移体全部挖除的基础上,选定的坝轴线长 674.66m,左端坐标为 $A:X=3369004.25,Y=436074.73$;右端坐标为 $B:X=3368705.26,Y=436679.52$。趾板线根据地质地形条件进行了调整,共分 10 段,累计长 1116m。

右岸趾板基础经开挖揭示,该处仍为庙包滑移体溶沟溶槽的影响范围,基岩出露高程很低(高程 382.0m 左右),因此对趾板轴线进行了调整。将趾板轴线顺 P9、P10 连线延长至右岸坝顶公路,延长段采用趾墙型式使基础坐落在基岩上,顶高程逐渐抬高与面板相接。趾墙最大墙高 17.05m。

大坝趾板轴线平面布置图见图 8.1。

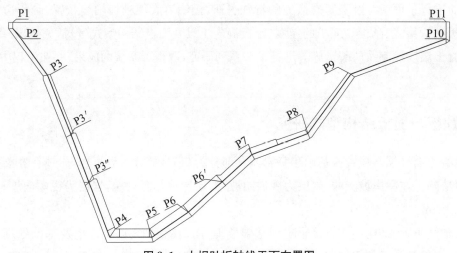

图 8.1　大坝趾板轴线平面布置图

8.1.2　组合式趾板结构

8.1.2.1　趾板型式与结构

1. 趾板结构型式比选

在面板堆石坝的设计中,河床部位的趾板布置型式为平趾板,两岸趾板体形一般分为斜趾板和平趾板两种。

(1)斜趾板:趾板底面开挖成与岸坡平行或接近于相同坡度的平面。这种布置形式开挖工程量相对小,特别是对于地形陡峭且岩石完整性好的岸坡,可以减少开挖,但由于趾板具有一定的横向坡度,趾板施工时,增加了立模、混凝土浇筑、固结灌浆和帷幕灌浆等困难。

(2)平趾板:趾板横截面上底面线为水平线,面板与趾板顶面线之间的夹角随趾板轴线与坝轴线之间的交角变化而变化。平趾板体形的优点是趾板的立模、混凝土浇筑、钻孔和灌浆均比较方便,缺点是开挖工程量较大。

水布垭混凝土面板堆石坝两岸岸坡较陡,两岸趾板区大部分位于弱卸荷带,尚有部分基础位于强卸荷带下部,趾板开挖工程量的大小取决于卸荷带的深度以及可利用作为趾板建基面的标准,虽然采用斜趾板布置型式可减少趾板基础开挖工程量,但所减少的开挖工程量较小,却给趾板的立模、混凝土浇筑、钻孔和灌浆带来很大的困难,且由于采用斜趾板,增加了对施工期雨水对垫层料的冲蚀保护难度。经综合比较研究,趾板体型采用平趾板。

2. 趾板布置

趾板线(X 线)的确定(见图 8.2),通常是早期面板堆石坝设计的一个难点,主要是随着趾板基础开挖的实施,常发现趾板基础与设计预想存在差异,往往需要通过调整趾板线来进行二次开挖,影响了施工进度,也增加了一些不确定的因素。

图 8.2 X 线趾板结构图

库克建议将面板底部与趾板的交线(Y 线)确定为趾板线,可以避免传统趾板线给施工带来的不便。其主要方法是根据地质勘探的成果,先确定趾板开挖范围,并将趾板下游面与面板的交线定为趾板线,该线一经确定,则不予改变,若开挖中发现趾板基础与设计不符(一般是开挖基础出现地质缺陷),则采用地质缺陷处理的方法予以解决(用混凝土置换基础)。

水布垭面板堆石坝趾板采用平趾板型式布置,趾板线由面 Y 线控制。趾板基础坐落在弱卸荷带上,局部坐落在经过基础处理后的强卸荷带上。

3. 趾板结构及尺寸

水布垭面板堆石坝趾板建基岩体为栖霞组灰岩第 4 段向上至茅口组灰岩,以坚硬岩石为主,但在近岸地带,因受卸荷裂隙、断裂、层间剪切带(局部夹泥)以及溶蚀影响,岩石比较破碎。因此,在趾板部位,考虑大部分地段挖除强卸荷带岩体,将趾板建在弱卸荷带中部岩体上,极少部分建在强卸荷带下部岩体上,并对建基岩体进行固结灌浆、置换混凝土处理,提高建基岩体的抗冲蚀能力。经过处理后的基岩,设计允许水力比降采用 8～15。

根据设计允许水力比降,确定的趾板宽度为 6～15m,相应最大水力比降为 8.3～13.8。

在满足允许水力比降的前提下,为减少开挖工程量,根据库克的建议,结合水布垭面板堆石坝的实际情况,趾板的结构体型推荐采用"标准板+防渗板"型式(见图 8.3)。采用这种结构型式,减少两岸岩石开挖工程量约 35 万 m³。

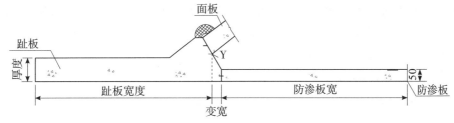

图 8.3 水布垭大坝趾板结构图

标准段宽度满足基础灌浆施工的要求,标准板和防渗板的总宽度满足趾板基础接触渗流控制标准。平趾板与防渗板之间设铜片止水。

趾板分为四类,在高程 348m 以下,下游增设防渗板(厚 50cm)。按不同高程设计,趾板尺寸见表 8.1。

表 8.1　　　　　　　　　　　　　　　　水布垭大坝趾板特征表

趾板类型	高程(m)	标准板		防渗板宽度(m)		最大水力比降
		宽度(m)	厚度(m)			
A	235 以下	8.0	1.2	12.0		11.20
B	235～285	8.0	1.0	右岸	9.0(高程 235～273.35)	9.71
					6.0(高程 273.35～285)	9.05
				左岸	8.0	10.31
C	285～348	8.0	0.8	右岸	6.0(高程 285～298.71)	8.21
					4.0(高程 298.71～348)	8.44
				左岸	4.0	9.58
D	348 以上	6.0	0.6			8.67

4. 趾板分缝

趾板线总长 1100m,不设永久缝,设置宽槽,宽槽两侧混凝土达到设计要求的回填温度后,宽槽内回填补偿收缩混凝土,趾板宽槽沿趾板轴线间距 14～16m,宽槽长 2.0m。

8.1.2.2　趾板混凝土及配筋

1. 趾板混凝土

趾板混凝土的设计强度等级为 C30,趾板混凝土抗渗等级为 W12,趾板混凝土抗冻等级为 F100。

2. 趾板配筋

趾板混凝土表面配单层双向钢筋,配筋率为趾板段设计厚度的 0.35%,保护层厚度 10～15cm,周边缝附近的保护层厚度 20cm。

防渗板上部布置单层双向钢筋,配筋率为 0.35%。

3. 趾板锚筋

趾板设置锚筋,锚入基岩 5.0m,间距 1.5m×1.5m,混凝土趾板内锚筋设弯钩。

8.1.3　面板结构

混凝土面板是面板堆石坝防渗的主体结构,位于坝体的上游表面。已建面板堆石坝的原型观测资料表明,在水压力作用下,面板大部分处于双向受压状态,仅在周边缝和面板顶部附近较小的区域出现拉应力。国内专家学者,也曾多方面探求面板的受力状态。沈珠江在对高 178m 的天生桥面板坝进行有限元分析中,将面板沿厚度分成三排单元进行应力应变计算,面板与垫层采用 10cm 厚的薄层单元模拟,计算结果表明,面板内三排单元的轴向应力基本相同,面板处于小偏心受压状态。

对水布垭面板堆石坝进行的应力应变分析表明,面板大部分区域为受压区,受拉区分布在周边缝处和面板顶部较小区域。压应力最大值为 11.82～22.74MPa,与混凝土的抗压强度相当;拉应力一般为2MPa,小于混凝土的抗拉强度,局部最大值为 5～6MPa。

8.1.3.1　面板结构尺寸

1. 面板厚度

面板顶部厚度 0.3m,河床底部面板厚度 1.1m,中间按直线变化,用公式表示为:

$$t=0.3+0.0035H$$

式中　t——面板的厚度,m;

　　　H——计算截面与高程 405m 间的垂直距离,m。

2. 面板分缝分块

面板垂直缝的间距在左岸坝肩面板受拉区和右岸庙包滑移体区为 8m（张性缝），其他部位间距为 16m（压性缝）。左岸设张性缝 11 条，右岸设张性缝 26 条。两岸垂直缝在距周边缝法线方向 1.0m 内，垂直于周边缝布置。为避免面板板间缝由于硬接触使得面板混凝土受挤压破坏的现象，在缝间填充厚 5mm 的高密板。

面板最大长度 392.28m，为改善面板的应力应变条件，自左岸面板的第 L6 块至右岸面板的第 R21 块，在面板高程 332m 设置水平结构缝。研究表明，增设此水平缝后，对减小面板拉应力是有利的。

面板分三期浇筑，设两条水平施工缝，第一期面板顶部高程 278m，第二期面板顶部高程 340m，第三期到达坝顶高程 405m。浇筑后一期面板混凝土之前，对前一期面板施工缝的缝面进行凿毛处理，清理干净，用水湿润缝面，铺一薄层高强度砂浆，面板钢筋穿过缝面。若已浇筑面板与垫层间有脱空现象，采用低强度等级、低压缩性材料灌注密实。

8.1.3.2 面板混凝土

高程 340m 以上面板混凝土抗压强度等级为 C25，该高程以下面板混凝土抗压强度等级为 C30。混凝土抗渗等级为 W12。一期面板混凝土抗冻等级为 F100，二期面板混凝土抗冻等级为 F150，三期面板混凝土抗冻等级为 F200。极限拉伸不小于 1×10^{-4}。

8.1.3.3 面板配筋

面板一般布置单层双向钢筋，周边缝附近 20m 范围及面板分期施工缝附近布置双层双向钢筋。每层配筋率顺坡向为 0.4%，坝轴向为 0.35%。钢筋保护层厚度上层 15cm，下层 10cm。为避免局部应力集中使混凝土压坏，在垂直缝处与周边缝附近设置细抗挤压钢筋。

8.2 趾板与面板混凝土原材料优选

8.2.1 面板混凝土设计理念创新

水布垭大坝混凝土面板具有如下特点：①面板长，面板最大斜长 392.28m，最大浇筑块斜长 162m；②要求高，要求面板混凝土具有良好的工作性、抗裂性和耐久性；③应力复杂，面板大部分区域为受压区，但在周边缝处和面板顶部较小区域有拉应力分布，且局部拉应力值达 5～6MPa。

为优选高性能的面板混凝土配合比，进行长期研究，先后经历了"九五"攻关、前期科研、特殊科研及适用性室内外试验等阶段，面板混凝土设计理念也从"九五"攻关的"高强度、低弹模、低收缩、耐溶蚀"的面板混凝土上升到"高强度、高抗裂、低弹模、低收缩、耐久性强、工作性好"的高性能混凝土的概念。当时，高性能混凝土在我国尚处于试验研究、推广试用的起步阶段，用于面板混凝土尚无先例。

8.2.2 已建工程面板混凝土原材料特点

国内先于水布垭面板堆石坝建设的典型混凝土面板堆石坝的面板混凝土配合比见表 8.2。国内已建工程面板混凝土采用的原材料有以下特点：

（1）水泥多采用 42.5 或 32.5 级普通硅酸盐水泥，有条件时，采用中热硅酸盐水泥，水泥中具有一定的微膨胀性则更好。

表 8.2　　国内先于水布垭工程建设的典型工程面板混凝土配合比

工程名称	砂率(%)	水胶比 W/(C+F)	材料用量(kg/m³)							外加剂			坍落度(mm)	含气量(%)
			水	水泥	粉煤灰	其他掺和料	砂	小石	中石	减水剂	引气剂	其他		
西北口	41	0.44	132	(32.5矿渣)300			800	645	528	木钙0.2%	DH90.007%		40~60	4~5
株树桥	39	0.5	158	(32.5普硅)316			747	584	584		DH90.007%		30~70	4~6
万安溪	39	0.39	141	(42.5普硅)324	74(含代砂)		655	558	558	UF(人工砂)	DH90.12%	PE0.5%	40~60	4
万安溪	40	0.4	152	(42.5普硅)340	99(含代砂)		633	534	534	木钙(天然砂)			40~60	4
小山	38	0.389	138	(抚顺42.5中热)355			687	686	457			SK引气减水剂0.36%	80	3
黑泉	37	0.35	123	(42.5中热)298	53(Ⅰ级灰)		719	674	551	FDN0.6%	DH90.008%		40~60	
成屏	27	0.55	180	(32.5普硅)294	34		498	628	793	糖蜜0.37%			30~50	
莲花	40	0.382	130	(抚顺42.5中热)340			765	981	461	SK复合引气减水剂0.36%				4
小干沟	32	0.40	150	(32.5矿渣)375		硅粉5%	600	1275		UNF1%	0.007%	破乳剂	60~90	6
龙溪	37	0.53	164	(32.5矿渣)309			681	637	521				30~70	
东津	36	0.42	155	(华新42.5普硅)369			649	645	527		DH90.008%		40~60	4
芹山	36.7	0.4	123	(武夷牌42.5普硅)268	68(含代砂)		662	483	724	FDN-2.2.03	DH90.0216		60~80	
珊溪	35	0.338	124	(42.5普硅)287	51(Ⅰ级灰)		625	671	547	NMR高效减水剂0.75%	BLY引气减水剂1%	VF-Ⅱ防裂剂8%	30~50	3~4
天生桥一级	40	0.48	144	(贵州42.5中热)240	60			55%	45%	RC-1减水剂0.2%	AE0.0295	水泥微膨	60~80	4
公伯峡	34	0.40	110	(42.5中热)220	55			50%	50%	JM-A高效减水剂0.6%	DH90.006%	JM-SRA减缩剂1.5%	70~90	4~6
洪家渡	36	0.4	132	(乌江牌42.5普硅)247	83(Ⅰ级灰)	聚丙烯纤维0.9	698	620	620	UNF-2C减水剂1%	AE0.003%	(外掺MgO)11.2	70~90	4~5

（2）采用适宜的掺合料和纤维材料。越来越重视活性材料的掺用,一般掺用粉煤灰;黑泉等工程曾研究过掺用硅粉,后因干缩过大而弃用;白溪、公伯峡及洪家渡等工程研究过掺聚丙烯纤维,并在白溪、洪家渡面板混凝土中得到应用。

（3）掺用减水剂和引气剂。减水剂从早期的木钙,到后来的萘系高效减水剂;引气剂从早期的松香热聚物,到后来的 DH9 等,使含气量达到 4%～6%;另外,珊溪采用了 VF-Ⅱ防裂剂,洪家渡还外掺氧化镁。

8.2.3 混凝土原材料优选

1. 研制对策

根据水布垭面板混凝土要求达到的多功能,应配制出"高强度、高抗裂、低弹模、低收缩、耐久性强、工作性好"的高性能混凝土,针对性地制定研制对策。

（1）高强度:选用中热水泥、高效减水剂,采用较小水胶比。

（2）高抗裂:选用较小水胶比及高效减水剂,以提高混凝土的抗拉强度和极限拉伸值;掺用合适的纤维材料,以提高混凝土的初裂强度和断裂韧性;选用中热水泥和掺用粉煤灰,以降低水化热。

（3）低弹模:掺用适量粉煤灰和合成纤维材料,以降低混凝土的弹性模量。

（4）低收缩:大量试验表明,虽然掺硅粉可显著提高混凝土强度和极限拉伸值,但也明显加大混凝土的干缩性,不宜采用;宜掺用优质粉煤灰;同时,要求采用的水泥应具有微膨胀性能,以补偿部分收缩性;选用引气剂和聚羧酸系减水剂,也能减小混凝土的收缩性。

（5）耐久性强:掺用优质减水剂和粉煤灰,以提高混凝土的抗渗性、耐溶蚀能力;掺用优质引气剂,以提高混凝土的抗冻性。

（6）工作性好:选用优质的外加剂（如聚羧酸系减水剂）,以保证混凝土具有坍落度损失小、抗分离能力强、触变性好的特点;掺用粉煤灰还能提高混凝土的和易性。

2. 原材料选择

（1）水泥

选用 42.5 级中热硅酸盐水泥,要求水泥熟料中 MgO 含量范围控制在 3.5%～5%,以保证混凝土具有微膨胀性能,使 90d 龄期自生体积变形大于 10×10^{-6},从而降低和补偿混凝土的收缩性。

试验采用的水泥为葛洲坝水泥厂生产的三峡牌中热水泥,水泥中 MgO 含量为 3.91%（含量在设计要求范围内）,水泥的物理化学基本性能试验结果见表 8.3,水泥的水化热试验结果见表 8.4。试验结果表明水泥的基本性能均能满足《中热硅酸盐水泥、低热硅酸盐水泥、低热矿渣硅酸盐水泥》（GB 200—2003）的有关规定。

表 8.3　　　　　　　　　　　　　　　　水泥的基本性能

名称	细度 (%)	稠度 (%)	密度 (g/cm³)	安定性	MgO (%)	SO₃ (%)	凝结时间 (h:min)		抗压强度 (MPa)			抗折强度 (MPa)		
							初凝	终凝	3d	7d	28d	3d	7d	28d
三峡牌 P. MH42.5	0.8	28	3.14	合格	3.91	1.76	2:50	3:50	23.6	36.9	52.5	4.6	6.0	8.6
GB200—2003 标准	≤10.0	—	—	合格	≤5.0	≤3.5	≥60min	≤12h	≥12.0	≥22.0	≥42.5	≥3.0	≥4.5	≥6.5

表8.4   水泥水化热试验结果

名称	粉煤灰掺量（%）	水化热（kJ/kg）	
		3d	7d
葛洲坝三峡牌中热水泥	0	230	262
	20	212	250
GB200—2003 中热硅酸盐水泥标准		251	293

（2）粉煤灰

随着国内外研究的不断深入，粉煤灰已由过去一般作为混凝土填充料使用，发展到如今作为混凝土功能材料使用，同样，粉煤灰的需水量比也影响到混凝土的干缩性。特别是Ⅰ级粉煤灰需水量比小于95%，且由于其含碳量低、颗粒细、球形颗粒含量高，使形态效应、微集料效应和火山灰效应得以充分发挥，起到了固体减水剂的作用，不仅能降低混凝土水化热、降低混凝土的弹模、减小混凝土渗透性，还能减少混凝土的干缩性。虽然对混凝土早期强度及极限拉伸值有一定影响，但有利于后期强度及极限拉伸值的发展，进而提高混凝土后期的抗裂性。

试验所用粉煤灰由襄樊电厂生产，粉煤灰的主要品质指标试验结果见表8.5，试验结果表明襄樊电厂粉煤灰的品质符合《用于水泥和混凝土中的粉煤灰》（GB 1596—91）对Ⅰ级粉煤灰的有关规定。

表8.5   粉煤灰的品质检验结果

品质指标	细度（%）	需水量比（%）	烧失量（%）	含水量（%）	SO_3（%）	密度（g/cm³）
襄樊电厂粉煤灰	4.8	93	1.78	0.14	0.41	2.21
GB1596—91 Ⅰ级粉煤灰指标	≤12	≤95	≤5	≤1	≤3	—

（3）粗、细骨料

要求人工骨料质地坚硬、洁净、级配良好。细骨料采用棒磨机制料，细度模数控制在2.4～2.8范围内。粗骨料采用二级配，最大粒径40mm，分成5～20mm和20～40mm两级，小石∶中石＝55∶45，以提高混凝土的抗分离能力。

对公山包、桥沟和溢洪道三个料场的灰岩人工砂石骨料进行了品质检验，砂子的品质检验结果列于表8.6，碎石的品质检验结果列于表8.7。试验结果表明，三个料场的砂石骨料都能满足《水工混凝土施工规范》（DL/T 5144—2001）的要求。一般情况下，骨料品质可由密度和吸水率判断，密度大的骨料比较密实，而且吸水率小，耐久性好。骨料强度可由压碎指标来表征，三个料场粗骨料的压碎指标都在10%～11%，强度接近。

表8.6   砂子品质检验结果

名称	饱和面干吸水率（%）	表观密度（g/cm³）	石粉含量（%）	细度模数
溢洪道砂	0.8	2.69	11.0	2.72
公山包砂	0.8	2.69	8.1	2.78
桥沟砂	0.8	2.69	10.6	2.79
DL/T 5144—2001 人工砂品质要求	—	≥2.5	6～18	2.4～2.8

表 8.7 碎石品质检验结果

名称	饱和面干吸水率(%)	表观密度(g/cm³)	压碎指标(%)
溢洪道石	0.18	2.69	10.8
公山包石	0.22	2.69	10.4
桥沟石	0.23	2.69	10.9
DL/T 5144—2001 碎石品质要求	≤2.5	≥2.55	≤16

(4)外加剂

根据水布垭面板混凝土的性能和施工特点,采用具有缓凝、减水、引气功能的复合型外加剂或是上述相容性好的外加剂是基本要求,并应具备提高混凝土工作性的功能。

我国已建面板堆石坝面板混凝土所采用的外加剂由早期的普通减水剂加引气剂,发展到 20 世纪 90 年代中后期的(萘系)高效减水剂加优质引气剂,减水率通常在 15%~18%,不仅降低了混凝土的单位用水量,其性能比普通减水剂有明显提高,还提高混凝土的耐久性,但其缺点是混凝土坍落度损失较快。

水布垭面板混凝土首次将聚羧酸系减水剂应用于面板混凝土中。聚羧酸系高性能减水剂,减水率高达 25%~30%,可进一步降低混凝土的单位用水量,以减少胶凝材料用量;与水泥的相容性好;混凝土干缩率低,有利于面板抗裂。试验表明,用聚羧酸系减水剂拌制的混凝土除具有普通减水剂和高效减水剂所具备的优点外,还具有如下特点:①具有良好的缓凝、减水及引气效果;②由于聚羧酸系减水剂的长链特性,使配制的混凝土具有良好的触变性,即混凝土静置一段时间(0.5~1h)后再振动或翻动,混凝土仍会恢复相当的流动性;③混凝土坍落度及含气量损失小,混凝土拌和物可在较长的时间内(2h 左右)保持良好的工作性,在 1h 内混凝土坍落度损失小于 20%,有助于现场混凝土坍落度保持良好的施工性能;④混凝土具有良好的黏聚性,有利于长溜槽运输过程的抗分离。以上特点对水布垭这样的高坝、长面板尤其重要,大大地改善了面板混凝土的工作性能。

试验采用了两种聚羧酸系的高性能减水剂。分别为上海马贝公司的 SR3 缓凝高效减水剂和上海麦斯特公司提供的 SP8CR-HC 缓凝高效减水剂及 AIR202 引气剂。上述外加剂的性能检测结果分别列于表 8.8 和表 8.9。

表 8.8 的试验结果表明在同等掺量(0.5%)下,SP8CR-HC 的减水率比 SR3 的高 2.6%,SP8CR-HC 的初凝时间为 6h37min,终凝时间为 10h,其凝结时间差小于《水工混凝土外加剂技术规程》(DL/T 5100—1999)对缓凝高效减水剂的要求。SR3 的初凝时间为 8h8min,终凝时间为 11h5min,其凝结时间差符合 DL/T5100—1999《水工混凝土外加剂技术规程》对缓凝高效减水剂的技术要求。两种减水剂的初终凝时间差都在 3h 左右。SP8CR-HC 3d 抗压强度比 SR3 高 45%,随着龄期增长两种减水剂的抗压强度比的差距逐渐减小,到 28d 龄期 SP8CR-HC 的抗压强度比只比 SR3 高 10%。

表 8.8 缓凝高效减水剂性能试验结果

外加剂名称	减水率(%)	含气量(%)	泌水率比(%)	凝结时间/凝结时间差(min/min)		28d 收缩率比(%)	抗压强度比(%)		
				初凝	终凝		3d	7d	28d
SR3	18.2	1.3	76.8	488/181	665/151	92	183	177	142
SP8CR-HC	20.8	1.2	32.4	397/90	600/86	109	229	194	153
DL/T 5100—1999 标准	≥15	<3.0	≤95	+120~+240	+120~+240	<125	≥130	≥125	≥120

表8.9 引气剂性能试验结果

外加剂名称	掺量	减水率（%）	含气量（%）	泌水率比（%）	凝结时间差（min）		28d 收缩率比（%）	抗压强度比（%）		
					初凝	终凝		3d	7d	28d
AIR202	1.4/万	7.8	5.2	43.0	−23	−9	122	88	81	75
DL/T 5100—1999 标准	—	≥6	4.5~5.5	≤70	−90~+120	−90~+120	<125	≥90	≥90	≥85

（5）纤维

试验表明，混凝土中掺适量的纤维，可提高面板混凝土的抗裂能力，尤其是能提高初裂强度和韧性。掺合成纤维能提高初裂强度 10%，掺钢纤维能提高初裂强度 30%。

为降低成本和混凝土弹性模量，在一、二期面板混凝土中仅采用聚丙烯腈纤维（单丝型）。该纤维弹性模量较大，比其他合成纤维（如聚丙烯纤维）的弹性模量高一个量级，与混凝土的弹性模量量级相当，便于与混凝土协调变形，这是首次将聚丙烯腈纤维（单丝型）材料应用到面板混凝土中。

由于三期面板部分处于水位变化区，要求面板混凝土具有更高的抗裂能力，所以采用了钢纤维（冷拉型）和聚丙烯腈纤维（单丝型）复掺的方式，这是在面板混凝土设计中，首次采用钢纤维和合成纤维混掺的方式。

试验采用了深圳海川工程科技有限公司提供的两种规格的聚丙烯腈纤维以及由上海贝尔卡特二钢有限公司生产的 RC65/35BN 冷拉型钢纤维，所用的纤维的规格型号及有关技术指标列于表 8.10 和表 8.11。

表8.10 钢纤维技术指标

型号	规格（mm×mm）	长径比	材质	形状	备注
RC65/35BN	ϕ 0.55×35	64	冷拔钢丝	两端带钩	水溶胶水胶结成排

表8.11 聚丙烯腈纤维技术指标

技术指标	路威 2002-MC	路威 2002-JV-2
纤度（dtex）	2.5	6.7
标称直径（μm）	16	25
长度（mm）	24	22
比重（kg/m³）	1180	1180
抗拉强度（MPa）	>570	480
最小弹性模量（GPa）	>13.5	—
平均弹性模量（GPa）	15	7.7
断裂伸长率（%）	<13	19.8
每千克纤维根数（亿）	1.65	0.62

8.3 混凝土配合比研究

8.3.1 面板混凝土性能要求

国内已建工程面板混凝土配合比设计有以下特点：

（1）采用较小的水胶比，一般为 0.35~0.50，珊溪面板混凝土水胶比小到 0.338。

（2）采用较小的坍落度。坍落度值一般为 40～70mm，珊溪等工程的面板混凝土坍落度有尽量采用较小值的趋势，最小为 30mm。

（3）面板混凝土骨料一般采用二级配，最大粒径 40mm，小石：中石＝55：45，有的甚至为 60：40；砂率范围为 27％～41％，一般在 40％左右。

水布垭面板混凝土分三期施工，根据各期面板的施工环境、受力特点及运行条件，拟定各期面板混凝土设计指标要求见表 8.12。

表 8.12   面板混凝土设计指标

面板分期	强度等级	抗渗等级	抗冻等级	级配	极限拉伸值（×10^{-6}）	坍落度（cm）	最大水胶比	纤维类型	备注
一	C30	W12	F100	二	≥100	3～7	0.38	聚丙烯腈纤维	在死水位以下
二	C30	W12	F150	二	≥100	3～7	0.40	聚丙烯腈纤维	在水位变化区
三	C30	W12	F200	二	≥100	3～7	0.40	聚丙烯腈纤维与钢纤维混掺	在水位变化区
	C25	W12	F200	二	≥100	3～7	0.43	聚丙烯腈纤维	主要用于 L7～L11 块用于压水位变化区

8.3.2 面板混凝土配合比参数的确定

1. 不外掺纤维的面板混凝土配合比参数的确定

一期面板混凝土的水胶比不宜大于 0.38，粉煤灰的适宜掺量为 20％，从面板混凝土的施工工艺考虑，骨料级配宜采用倒级配，即小石：中石＝55：45，砂率应略大于一般二级配常态混凝土，在水胶比为 0.38 时，砂率采用 39％。

（1）外加剂掺量的确定

两种聚羧酸系减水剂的推荐掺量为：SR3 减水剂 0.5％～0.6％，SP8CR-HC 减水剂 0.4％～0.5％。引气剂 AIR202 的掺量根据要求的含气量通过试拌确定。

（2）用水量的确定

混凝土单位用水量的大小在砂石骨料的品种、级配、砂率、粉煤灰掺量、外加剂品种及用量已定的情况下，主要取决于混凝土的坍落度和含气量要求。

不掺纤维的混凝土配合比试拌试验结果列于表 8.13。

表 8.13   不掺纤维的混凝土配合比试拌试验结果

编号	骨料料源	水胶比	粉煤灰掺量（％）	减水剂品种	减水剂掺量（％）	AIR202 引气剂掺量（‰）	用水量（kg/m³）	砂率（％）	坍落度（cm）	含气量（％）
1	桥沟	0.38	20	SR3	0.5	0.14	130	39	15.0	6.4
2				SR3	0.5	0.14	125	39	5.0	4.1
3				SR3	0.5	0.14	120	39	2.8	3.8
4				SP8CR-HC	0.5	0.14	120	39	9.3	4.6
5	溢洪道	0.38	20	SP8CR-HC	0.5	0.14	125	39	17.5	7.3
6				SP8CR-HC	0.5	0.14	117	39	7.0	4.7
7				SR3	0.5	0.14	122	39	7.1	4.5

编号	骨料料源	水胶比	粉煤灰掺量(%)	减水剂		AIR202引气剂掺量(‰)	用水量(kg/m³)	砂率(%)	坍落度(cm)	含气量(%)
				品种	掺量(%)					
8				SP8CR-HC	0.5	0.14	125	39	0.5	2.3
9	公山包	0.38	20	SP8CR-HC	0.5	0.14	135	39	5.0	2.7
10				SP8CR-HC	0.5	0.28	135	39	9.4	4.6
11				SR3	0.5	0.28	140	39	5.3	4.4

表 8.13 的试验结果表明,采用不同料场的骨料,混凝土的用水量有一定差别。其中用公山包料场骨料配制的混凝土的用水量最大,用桥沟料场骨料和用溢洪道料场骨料配制的混凝土的用水量较接近。在相同的掺量下,SP8CR-HC 减水剂的减水效果略好于 SR3 减水剂。在用水量不变的情况下,增加引气剂掺量,可以增加混凝土含气量。为满足混凝土含气量要求,采用公山包料场骨料比采用其他料场骨料所需 AIR202 引气剂的掺量大一些。

(3)砂率的确定

不掺纤维的混凝土试验将采用三种水胶比,分别为 0.38、0.35 和 0.32,按一般规律,水胶比每减小 0.03,砂率减小 0.5%。

2. 掺纤维混凝土配合比参数的确定

对于聚丙烯腈纤维混凝土,在不掺纤维的混凝土配合比的基础上,不调整用水量等其他配合比参数,仅通过试拌确定满足纤维混凝土含气量要求的引气剂掺量。试验发现要达到同样的含气量,在其他条件不变的情况下,掺纤维混凝土的引气剂掺量比不掺纤维的混凝土大,且随着纤维掺量的增加,引气剂掺量相应增加。

8.3.3 面板混凝土推荐配合比

根据混凝土性能试验结果,参考其他工程资料,按水布垭面板混凝土的设计性能要求,C30 面板混凝土采用水胶比 0.38、粉煤灰掺量 20%、砂率 39%、聚丙烯腈纤维(2.5dtex)掺量 0.9kg/m³,参考配合比参数见表 8.14。在实际施工中,其用水量应根据实际的砂子细度模数与和易性等因素进行适当调整。

表 8.14 水布垭面板一期混凝土施工参考配合比参数表

骨料场	减水剂		AIR202 掺量(1/‰)	每方混凝土材料用量(kg/m³)				
	品种	掺量(%)		水	水泥	粉煤灰	砂	石
公山包		0.5	0.36	135	284	71	737	1152
溢洪道	SP8CR-HC	0.5	0.26	117	246	62	773	1209
桥沟		0.5	0.26	120	253	63	767	1299
公山包		0.5	0.36	140	295	74	727	1137
溢洪道	SR3	0.5	0.26	122	257	64	763	1193
桥沟		0.5	0.26	125	263	66	757	1184

8.3.4 面板混凝土性能

1. 拌和物性能

为研究混凝土拌和物的坍落度和含气量经时损失,选择配合比编号为 M13(使用 SR3 减水剂)和

M16(使用 SP8CR-HC 减水剂)的混凝土进行了全面的拌和物性能试验,试验内容包括坍落度经时损失、含气量经时损失、泌水率和凝结时间。在同等条件下比较 SR3 和 SP8CR-HC 减水剂对混凝土拌和物性能的影响。试验结果见表 8.15。

表 8.15　　　　　　　　　　　编号 M13 和 M16 混凝土拌和物性能

编号	坍落度/坍落度经时损失(cm)/(%)					含气量/含气量经时损失(%)/(%)					泌水率 (%)	凝结时间(h:min)	
	0min	30min	60min	90min	120min	0min	30min	60min	90min	120min		初凝	终凝
M13	8.2/100	4.5/45	5.0/39	3.8/54	2.6/68	4.4/100	3.2/27	2.9/34	3.0/32	2.8/36	1.19	6:29	10:36
M16	8.1/100	4.8/41	4.5/45	3.7/54	2.7/67	5.0/100	3.4/32	3.3/34	3.3/34	3.4/32	1.06	6:44	9:34

表 8.15 的试验结果表明,使用两种不同的减水剂 SR3 和 SP8CR-HC,混凝土拌和物性能相差不大。

使用不同减水剂混凝土初凝时间均为 6 个多小时,使用 SR3 减水剂混凝土初终凝时间差为 4 个多小时,比使用 SP8CR-HC 长 1h 左右。使用两种减水剂混凝土都基本不泌水。

使用两种不同减水剂混凝土拌和物坍落度损失和含气量损失相当。试验结果表明采用两种不同的减水剂,混凝土拌和物 1.5h 后都仍然能够保持相当好的工作性,含气量在 3.0% 左右。正是由于聚羧酸系减水剂分子的长链特性,使用聚羧酸系减水剂混凝土有良好的触变性,具体表现为:混凝土静置一段时间后,只要被振动或翻拌,混凝土就会恢复相当的流动性,如采用 SR3 减水剂,配合比编号为 M13 的混凝土拌和物,0.5~1h 内基本没有坍落度损失。

2. 强度及变形性能

(1)抗压强度

1)混凝土胶水比与抗压强度的关系

根据试验数据,分别对三个不同料场的骨料和两种不同的聚羧酸系减水剂配制的不掺纤维的混凝土的胶水比与抗压强度的关系进行了回归分析。

回归分析结果表明,使用公山包骨料和 SP8CR-HC 减水剂的混凝土 7d 龄期的强度试验结果与胶水比的相关性较差,其余情况下混凝土抗压强度试验结果与胶水比之间都有较好的线形相关关系。

2)骨料对混凝土抗压强度的影响

试验结果表明,采用不同料场的骨料混凝土的抗压强度有较大的差异,但是即使在 0.38 的水胶比下,无论掺与不掺纤维,使用不同料场的骨料,混凝土 28d 的抗压强度都能满足工程的设计要求。

在不同水胶比、不掺纤维时,与桥沟骨料和溢洪道骨料相比,使用公山包骨料拌制的混凝土各龄期的抗压强度都有降低的趋势,且随着龄期的增长,抗压强度的降低比率有增加的趋势。在各水胶比下,桥沟骨料与溢洪道骨料混凝土各龄期的抗压强度基本相等。

3)减水剂对混凝土抗压强度的影响

在骨料品种、水胶比等其他条件相同的情况下,采用不同的减水剂 SR3 和 SP8CR-HC 对混凝土的各龄期的抗压强度基本没有影响。

4)聚丙烯腈纤维对混凝土抗压强度的影响

对水胶比为 0.38 的混凝土,比较了在不同骨料品种下,掺纤维与不掺纤维混凝土的性能。从试验结果来看,与不掺纤维的混凝土相比,掺聚丙烯腈纤维混凝土的抗压强度基本不变。

在相同条件下,使用不同的减水剂,纤维对混凝土抗压强度的影响程度不同。与掺 SP8CR-HC 减水剂的混凝土相比,掺 SR3 减水剂的桥沟骨料混凝土掺入聚丙烯腈纤维后混凝土抗压强度降低幅度略大。

随着纤维掺量的增加混凝土各龄期的抗压强度随之降低,而且纤维掺量对 3d 龄期的强度影响大于 7d 与

28d。但是即使在试验的最大掺量下(1.1kg/m³),纤维混凝土28d抗压强度仍能满足面板混凝土设计性能要求。

试验还比较了掺加不同规格聚丙烯腈纤维的混凝土的性能差异。纤度越大,纤维直径越大,在单根长度相同的情况下,单位质量的纤维根数就越少,试验使用的两种聚丙烯腈纤维长度略有差异,2.5dtex的纤维长度为24mm,6.7dtex的纤维长度为22mm,每千克2.5dtex纤维的根数是6.7dtex纤维的2.66倍。两种纤维混凝土7d和28d龄期的抗压强度基本相同,6.7dtex聚丙烯腈纤维混凝土低于2.5dtex聚丙烯腈纤维混凝土的3d龄期抗压强度,这说明纤维的粗细比纤维根数对混凝土早期强度的影响大,随着混凝土龄期增长,纤维与砂浆之间的黏结强度增加,这种影响不再明显。

5)混掺钢纤维与聚丙烯腈纤维对混凝土抗压强度的影响

与不掺纤维的混凝土相比,混掺钢纤维与聚丙烯腈纤维的混凝土7d、28d龄期的抗压强度平均增加10%;与单掺聚丙烯腈纤维的混凝土相比,混掺钢纤维与聚丙烯腈纤维的混凝土7d、28d龄期的抗压强度平均增长15%,但两者3d龄期的抗压强度基本相等。

(2)抗拉强度

1)减水剂对混凝土抗拉强度的影响

在不同的水胶比下,使用溢洪道骨料的混凝土,采用SR3减水剂与SP8CR-HC减水剂混凝土28d的轴拉强度基本相等;使用桥沟骨料混凝土0.35和0.32水胶比下,采用SR3减水剂与SP8CR-HC减水剂混凝土28d的轴拉强度基本相等,在0.38水胶比下采用SR3减水剂混凝土28d的轴拉强度略小于使用SP8CR-HC减水剂的混凝土;对于使用公山包骨料的混凝土,在不同的水胶比下,采用SR3减水剂混凝土28d的轴拉强度均略小于使用SP8CR-HC减水剂的混凝土。

在骨料品种、水灰比等其他条件相同的情况下,采用SR3减水剂比使用SP8CR-HC减水剂拌制的混凝土7d劈拉强度大,而28d劈拉强度两者基本相等。

2)骨料对混凝土抗拉强度的影响

无论采用哪种减水剂,使用公山包骨料和桥沟骨料的混凝土各龄期劈拉强度基本相等;在较大的水胶比(0.38和0.35)下,使用溢洪道骨料的混凝土各龄期的劈拉强度大于使用公山包和桥沟骨料的混凝土相应龄期的劈拉强度,但随着龄期的增长,这种差别有减小的趋势;在较小的水胶比(0.32)下,骨料品种对混凝土的劈拉强度影响较小,不同骨料混凝土的劈拉强度趋于一致。

使用SP8CR-HC减水剂,不同骨料对混凝土28d龄期轴心抗拉强度的影响小于使用SR3减水剂。总的来说,溢洪道骨料和公山包骨料的混凝土28d龄期的轴心抗拉强度基本相等,但比桥沟骨料差。

3)聚丙烯腈纤维对混凝土抗拉强度的影响

对于使用SP8CR-HC减水剂的混凝土,无论使用哪个料场的骨料,掺加聚丙烯腈纤维都会明显提高混凝土早期(7d)的抗拉强度,到28d龄期掺与不掺纤维聚丙烯腈纤维的混凝土抗拉强度基本相同。对于使用SR3减水剂的混凝土掺加聚丙烯腈纤维对混凝土各龄期的抗拉强度影响不大。

4)混掺钢纤维与聚丙烯腈纤维对混凝土抗拉强度的影响

混掺钢纤维与聚丙烯腈纤维对混凝土抗拉强度的影响见表8.16。

表8.16比较了相同条件下,不掺纤维、单掺聚丙烯腈纤维、混掺钢纤维与聚丙烯腈纤维混凝土的抗拉强度。与单掺聚丙烯腈纤维的混凝土相比,混掺钢纤维与聚丙烯腈纤维的混凝土7d、28d龄期的劈拉强度可分别提高7%和12%,3d、28d龄期的轴拉强度可分别提高12%和17%。与不掺纤维的混凝土相比,混掺钢纤维与聚丙烯腈纤维可显著提高混凝土早期抗拉强度。

(3)极限拉伸值

混凝土的极限拉伸值试验结果表明,各配合比混凝土28d龄期的极限拉伸值都大于100×10^{-6},满足设计要求。在相同条件下,水胶比越小,极限拉伸值越大;胶凝材料用量多,混凝土极限拉伸值也会增大。在水胶比相同的条件下,使用不同骨料混凝土极限拉伸值由大到小为:桥沟、公山包和溢洪道骨料。

值得注意的是,同等条件下,单掺聚丙烯腈纤维对混凝土极限拉伸值影响不大,在试验纤维掺量范围内,混凝土极限拉伸值基本相同;同等掺量下,聚丙烯腈纤维的纤度大小对混凝土的极限拉伸值影响不大。与单掺聚丙烯腈纤维混凝土相比,混掺钢纤维与聚丙烯腈纤维混凝土的极限拉伸值可提高 20 个微应变。

表 8.16 混掺钢纤维和聚丙烯腈纤维对混凝土抗拉强度的影响

编号	减水剂品种	骨料品种	纤维	相对劈拉强度百分率(%)		相对轴拉强百分率(%)	
				7d	28d	3d	28d
M16			0	100	100	100	100
M26			钢纤维 50kg/m³ + 聚丙烯腈纤维 0.9kg/m³	137	112	—	115
M21	SP8CR-HC	桥沟	聚丙烯腈纤维 0.9kg/m³	100	100	100	100
M26			钢纤维 50kg/m³ + 聚丙烯腈纤维 0.9kg/m³	107	112	112	117

(4)抗压弹性模量

混凝土的抗压弹模与抗压强度成正比。因此,在相同条件下,水胶比越大抗压弹模越小;纤维混凝土的抗压弹模与不掺纤维混凝土的抗压弹模基本相同;相同条件下,由于使用公山包骨料混凝土的强度略低于其他两种骨料混凝土的强度,故其抗压弹模小于其他两种骨料混凝土的抗压弹压弹模。

3. 干缩

混凝土的干缩性能试验结果表明,在相同条件下,水胶比越小,干缩越大;水胶比相同,使用不同骨料混凝土的干缩率由大到小为:公山包、桥沟和溢洪道骨料,这是因为对于不同骨料,混凝土用水量不同,用水量越大,胶凝材料用量越多,混凝土干缩越大;同等条件下,与不掺纤维的混凝土相比,掺聚丙烯腈纤维可以减小混凝土干缩,掺量越大,混凝土干缩越小,且聚丙烯腈纤维对混凝土早期降低干缩效果更好,随着龄期增长纤维混凝土的干缩与不掺纤维混凝土逐渐接近;同等掺量下,纤度大的聚丙烯腈纤维混凝土比纤度小的聚丙烯腈纤维混凝土干缩大;混掺钢纤维与聚丙烯腈纤维混凝土的干缩基本与单掺聚丙烯腈纤维混凝土的干缩基本一致。

4. 自生体积变形

混凝土的自生体积收缩变形会造成混凝土结构物产生内应力,这种内应力增大到某种程度时,会增加混凝土产生裂缝的可能。

决定混凝土自生体积变形特性及大小的因素主要是胶凝材料的化学成分。通常由于水泥水化产物的体积较反应前的总体积小,使混凝土产生收缩型自生体积变形;而当水泥中含有的膨胀成分(如 MgO)含量多时,可使混凝土产生膨胀型自生体积变形。

对配合比编号为 M4、M10、M13、M16、M28、M37 的混凝土进行了自生体积变形试验(见表 8.17)。试验结果表明使用三峡牌中热水泥混凝土基本不收缩,在其他条件相同的情况下,使用不同骨料或不同减水剂混凝土的自生体积变形略有差异。

5. 徐变

混凝土的徐变与其强度和所含凝胶体数量有密切关系,混凝土强度越高,徐变越小。混凝土在早龄期强度低,徐变相对较大;到后龄期,强度逐渐提高,徐变相应变小。混凝土凝胶体含量直接影响它在长期荷载下的变形能力,混凝土的凝胶体含量越多,徐变变形也越大。徐变试验结果见表 8.18。

表 8.17　混凝土自生体积变形试验结果（×10⁻⁶）

编号	水胶比	骨料料源	减水剂	纤维品种及掺量 (kg/m³)/(dtex)	龄期														
					1d	2d	3d	4d	5d	6d	7d	10d	14d	28d	60d	90d	120d	150d	180d
M4	0.38	公山包	SP8CR-HC	—	0	-4.14	-5.22	-6.01	-5.53	-5.60	-5.87	-6.01	-8.24	-13.17	-25.43	-20.92	-15.37	-11.37	-3.63
M10		溢洪道	SP8CR-HC	—	0	3.31	4.10	5.05	5.47	5.84	5.97	6.10	6.41	6.67	-3.91	-2.19	3.08	4.69	12.15
M13		桥沟	SR3	—	0	-0.27	-0.80	-0.77	-0.84	-1.68	-1.54	-2.18	-2.99	-4.64	-4.63	-12.49	-9.35	-6.78	-1.38
M16		桥沟	SP8CR-HC	—	0	1.22	1.43	1.95	1.72	1.64	0.70	1.27	0.90	0.06	-6.14	-5.99	-1.25	0.71	9.78
M28		桥沟	SP8CR-HC	聚丙烯腈纤维(0.9/6.7)	0	6.25	7.80	9.67	10.97	11.37	12.18	13.03	14.69	16.28	8.33	9.36	12.95	15.234	23.63
M37		溢洪道	SP8CR-HC	聚丙烯腈纤维(0.9/6.7)	0	5.32	5.68	8.65	10.32	9.65	11.25	12.65	15.26	15.68	9.46	10.11	13.44	14.65	19.45

表 8.18　混凝土抗压徐变度

配合比编号	水胶比	粉煤灰掺量(%)	加荷龄期 (d)	不同持荷时间的徐变度（×10⁻⁶/MPa）													
				1d	3d	5d	7d	10d	14d	28d	45d	60d	70d	90d	120d	150d	180d
M16	0.38	20	7	10.0	15.0	18.1	20.6	22.3	24.3	28.9	32.4	33.8	35.0	36.3	38.5	40.1	41.1
			28	5.4	7.2	8.0	9.4	11.0	12.2	15.0	16.1	17.6	18.0	19.5	20.7	21.5	22.5
			90	—	—	2.8	4.1	4.4	5.5	7.1	8.7	9.4	10.3	11.1	11.3	11.6	11.8
			180	2.1	2.1	3.0	3.0	3.7	3.8	5.3	6.3	6.4	6.9	7.2	7.6	7.8	7.8

6. 抗冻性能

各配合比混凝土 28d 龄期的抗冻等级都大于 F200,满足设计要求。

7. 抗渗性能

各配合比混凝土 28d 龄期的抗渗等级都大于 W12,满足设计要求。

8. 抗裂性能

混凝土原材料是影响混凝土抗裂性能的内在因素,主要包括水泥品种、胶凝材料用量、掺和料种类及掺量、外加剂及骨料品种等;养护要求及环境条件则是影响混凝土抗裂性能的外在因素。当混凝土中的拉应力超过了抗拉强度,或者当拉伸应变超过了极限拉伸值时,混凝土就会开裂。混凝土的化学收缩(自生体积收缩)、塑性收缩、干燥收缩、温度收缩等收缩变形受到基础及周围环境的约束时,在混凝土内就会引起拉应力,也可能引起混凝土裂缝。目前,用于评价各种混凝土抗裂性能有两种方法,一种是用抗裂指标评价的间接方法,另一种是通过抗裂性能试验的直接评价方法。

由于抗裂指标表达式是一种由多种混凝土性能参数组合而成的经验公式,其评价标准存在不确定因素,相比而言,抗裂性能试验更能准确直观地比较和反映混凝土的抗裂性能。抗裂性能试验方法主要有三种,即环形收缩试验法、平板法及温度应力试验机(或开裂架)试验方法。

平板法简单易行,试验采用平板法比对混凝土掺加纤维的效果。混凝土分别在室内不养护、室外湿养护 14d 和室外不养护直接曝露于环境中三种条件下硬化。混凝土抗裂性能试验结果见表 8.19。试验环境条件为:室内气温 27~31℃,室外气温 29~37℃,风速小于 3m/s。

表 8.19　　　　　　　　　　　　　　　混凝土抗裂性能试验

编号	水胶比	骨料	减水剂	纤维品种及掺量	裂缝产生情况		
					室内不养护	室外养护 14d	室外不养护
MZ1	0.38	桥沟	SP8CR-HC	—	0～180d 未产生可见裂缝	0～14d 未产生可见裂缝,第 17d 起逐渐出现网状裂缝	0～20d 未产生可见裂缝,第 21d 起逐渐出现网状裂缝
MZ3	0.38	桥沟	SP8CR-HC	聚丙烯腈纤维(0.9kg/m³/6.7dtex)	0～180d 未产生可见裂缝	0～180d 未产生可见裂缝	0～180d 未产生可见裂缝
MZ5	0.38	桥沟	SP8CR-HC	聚丙烯腈纤维(0.9/6.7)＋钢纤维(50kg/m³)	0～180d 未产生可见裂缝	0～14d 未产生可见裂缝,第 17d 起逐渐出现网状裂缝	成型 4h 后试板中部出现贯穿裂缝,缝宽 0.5mm,20h 后试板左侧出现长度为 40cm 的裂缝,第 20d 起出现网状裂缝

从表 8.19 的试验结果可见,截至 180d 龄期,在三种试验条件下,单掺聚丙烯腈纤维的混凝土都未产生可见裂缝;室内不养护的各配比混凝土也均未出现可见裂缝;不掺纤维的混凝土、混掺钢纤维＋聚丙烯腈纤维的混凝土在室外湿养护期间均未产生可见裂缝,但一旦终止湿养护混凝土均很快产生网状浅层裂

缝;不掺纤维混凝土在室外不养护条件下 20d 左右产生网状裂缝。值得注意的是,混掺钢纤维及聚丙烯腈纤维混凝土在室外不养护的条件下,在混凝土终凝以前就出现了较宽的贯穿性塑性裂缝,其后又出现较长的其他裂缝,20d 后也出现了网状裂缝。

混凝土发生网状开裂程度取决于干燥的严重性和混凝土对干燥收缩的敏感性。从试验结果可以看到,单掺聚丙烯腈纤维对抑制混凝土早期塑性及干缩裂缝有良好的效果。这是因为在混凝土中网架结构的聚丙烯腈纤维阻断了混凝土内部毛细管道的作用,降低暴露面水分的蒸发,有效地阻止混凝土塑性沉降和泌水现象发生,减少塑性收缩和干燥收缩,从而提高了混凝土的抗裂性。

9. 弯曲韧性

进行了混凝土弯曲韧性试验比较了掺与不掺聚丙烯腈纤维混凝土的弯曲韧性。对不同纤维掺量、不同骨料、不同减水剂混凝土的弯曲韧性进行了比较,同时分析了混掺钢纤维和聚丙烯腈纤维对混凝土弯曲韧性的影响。

弯曲韧性试验结果表明:

(1)掺聚丙烯腈纤维,对混凝土 3d 和 28d 的抗折强度、初裂强度、等效抗折强度都有不同程度的提高,尤其 3d 龄期时提高较多,这对混凝土早期防裂有利。试验结果表明,掺聚丙烯腈纤维 0.9kg/m³ 是一个比较合适的掺量。

(2)混掺钢纤维与聚丙烯腈纤维时,对混凝土 3d 和 28d 的抗折强度、初裂强度、等效抗折强度都有很大程度的提高,这对混凝土早期和后期防裂都十分有利,尤其能提高混凝土后期的防裂性能。

(3)掺聚丙烯腈纤维混凝土 3d 和 28d 的抗折强度、初裂强度很接近。混凝土早期弹模与纤维弹性模量接近,由于纤维的作用,混凝土抗折强度、初裂强度等得到了较大的提高;后期随混凝土强度的提高,弹性模量增加,纤维不再能与混凝土很好的共同受力,纤维带来的部分增强作用为混凝土本体的强度的增长所取代,从而整体上表现为后期混凝土的抗折强度、初裂强度增长不明显。

(4)弯曲韧性试验中,对初裂强度的判断受人为影响因素较大,3d 龄期时掺钢纤维混凝土的初裂强度比单掺聚丙烯腈纤维时低一些,与钢纤维混凝土材料特性可能不符合。总之,在面板混凝土中掺一定数量的钢纤维,对面板混凝土防裂抗裂性能有提高的趋势。

10. 综合评述

(1)不同骨料对混凝土性能的影响

根据对混凝土性能试验结果的分析可以看出,使用不同料场的骨料混凝土的性能有较大的差别:①使用不同料场灰岩轧制的骨料混凝土的用水量差别较大,使用公山包骨料混凝土单位用水量比使用桥沟骨料多 15kg,比使用溢洪道骨料多 18kg。②为使混凝土达到相同的含气量,使用公山包骨料的混凝土引气剂用量需比使用其他两种骨料的混凝土多 0.1‰左右。

使用不同料场骨料混凝土各项性能之间的比较见表 8.20。总的来说,使用公山包骨料混凝土的综合性能比使用其他两种骨料要差一些。

(2)不同减水剂对混凝土性能的影响

在相同掺量下,SP8CR-HC 减水剂的减水率略高于 SR3 减水剂,使用 SR3 减水剂混凝土的用水量略高于使用 SP8CR-HC 减水剂。另外,当 SR3 的掺量增加至 0.6%时,其减水率大致与 SP8CR-HC 掺量为0.5%的减水率相当,所获得的混凝土的各项性能也基本一致。使用 SR3 减水剂混凝土的干缩略大于SP8CR-HC。

表 8.20   使用不同料场骨料混凝土各项性能的比较

骨料品种	用水量	引气剂掺量	抗压强度		劈拉强度		轴拉强度	极限拉伸值	抗压静弹性模量	抗冻性能	抗渗性能	干缩
			7d	28d	水胶比 0.32	水胶比 0.35、0.38	28d	28d	28d	28d	28d	28d
桥沟	○	○	+	+	○	○	+	++	○	+	+	+
溢洪道	+	○	+	+	○	+	○	○	○	+	+	+
公山包	—	—	○	○	○	○	○	+	+	+	+	○

注:"○"表示性能满足要求,"+"表示性能较好,"—"表示性能略差。

SP8CR-HC 与 SR3 均属于聚羧酸系高性能减水剂,两种减水剂对混凝土其他性能的影响基本一致。表 8.21 表示掺加不同减水剂混凝土各项性能的比较。

表 8.21   掺加不同减水剂混凝土各项性能的比较

减水剂品种	减水率	初终凝时间差	坍落度和含气量损失	泌水率比	凝结时间差	抗压强度比	抗拉强度		极限拉伸值	抗压静弹性模量	抗冻性能	抗渗性能	干缩
							7d	28d					
SP8CR-HC	+	+	+	+	—	+	○	○	○	○	+	+	+
SR3	○	+	+	+	○	+	○	○	○	○	+	+	○

注:"○"代表性能满足要求,"+"表示性能较好,"—"表示性能略差。

从试验结果来看,两种减水剂各有优点,均可在工程中采用。相对而言,SR3 减水剂的缓凝效果较好,触变性好,坍落度及含气量损失更慢,不泌水,因而工作性能更好;SP8CR-HC 减水剂凝结时间差小于《水工混凝土外加剂技术规程》(DL/T 5100—1999)对缓凝高效减水剂的要求。

(3)聚丙烯腈纤维对混凝土性能的影响

与不掺纤维的混凝土相比,掺聚丙烯腈纤维降低了混凝土 3d 的抗压强度,对 7d 以后各龄期的抗压强度影响不大;可以提高混凝土 7d 抗拉强度,对混凝土 28d 龄期抗拉强度和力学变形性能影响不大;可减小混凝土的干缩,尤其明显减小了混凝土早期干缩;在恶劣环境条件下,掺聚丙烯腈纤维对抑制混凝土的早期裂缝有明显效果。

在试验掺量范围内($0.7\sim1.1\text{kg/m}^3$),随着纤维掺量的增加,混凝土抗压强度略有降低,抗拉强度先增后降。在相同条件下,混凝土掺加纤度为 6.7dtex 的聚丙烯腈纤维比掺加纤度为 2.5dtex 的聚丙烯腈纤维各项力学性能指标均略有降低,混凝土干缩也较大。

从试验结果来看,应优先选用纤度为 2.5dtex 的聚丙烯腈纤维,混凝土掺量 0.9kg/m^3。

(4)混掺钢纤维与聚丙烯腈纤维对混凝土性能的影响

与不掺纤维的混凝土相比,混掺钢纤维与聚丙烯腈纤维较大幅度地提高了混凝土的抗压强度、抗拉强度和极限拉伸值,明显改善了混凝土的弯曲韧性,可同时改善混凝土早期与后期的抗裂性能,但是混凝土的振捣成型较困难,混凝土泌水增加,易形成塑性裂缝。

8.4 混凝土抗裂措施研究

水布垭混凝土面板最大长度约 392m,其中一期面板最大斜长为 162m。混凝土面板是超大型的薄板结构,如何防止和控制面板开裂、提高面板抗裂性能是一个技术难题。

8.4.1 "九五"攻关及前期科研成果的主要结论

在"九五"国家攻关及前期科研中,针对 200m 级高面板堆石坝混凝土面板存在的主要问题,结合水布垭工程进行了理论和试验研究,取得了一系列研究成果。

1. 面板混凝土抗裂性研究

(1)不同板厚保证无限长度面板不开裂的抗拉强度是相同的。可以认为面板厚度不是影响面板开裂的显著因素。

(2)增加面板配筋率,对提高面板抗裂性的作用不大。面板配筋率不是影响面板裂缝的显著因素。在配筋率一定的情况下,钢筋直径增大,面板混凝土的抗裂性能降低,但钢筋直径的变化对混凝土抗裂性能的影响不显著。

(3)综合温差(由温度变化产生的温差和由湿度变化即干燥收缩引起的温差)是影响混凝土面板裂缝的重要因素。加强对混凝土面板的保温保湿,降低综合温差,对防止面板裂缝是十分有效的。

(4)混凝土热膨胀系数是影响面板抗裂性的重要因素。混凝土热膨胀系数取决于骨料和水泥石本身的热膨胀系数和弹性模量以及它们在混凝土中所占的比例。

(5)改善混凝土的抗裂性能,可以通过以下途径实现:在保证混凝土强度不变或略有增加的情况下,尽可能降低混凝土的弹性模量和干燥收缩变形值;提高混凝土的极限拉伸变形能力;可以采用低脆性水泥、活性掺合料(如粉煤灰、矿渣或钢渣等)超量取代部分水泥,使混凝土中胶凝材料总用量增加,而水胶比有一定的降低、绝热温升降低。

(6)面板混凝土改性的关键在于改善其孔结构及界面过渡条件,优质外加剂、优质掺合料及纤维材料是理想的混凝土改性材料,是获得"高强、低弹、低收缩"特性混凝土的主要技术路线,对面板防裂具有重要作用。

(7)根据弹性基础长条面板受力分析和采用极限变形概念进行理论推导与分析,并与材料改性相结合,提出了 200m 级高坝的面板混凝土可以不裂和少裂的理论依据。

2. 面板混凝土抗溶蚀耐久性研究

对高水头、高水力梯度作用下渗透溶蚀对混凝土面板危害程度进行了判断,密实的混凝土可承受较大的水力梯度,因此可采用较高的水力梯度设计面板;建立了估算混凝土面板耐久年限的计算方法;提出了改善或提高面板混凝土抗溶蚀耐久性的各种措施等。

(1)影响混凝土渗透溶蚀的因素,主要是水泥的品种和混凝土的密实程度。

(2)当混凝土承受的水力梯度高于当时混凝土的临界水力梯度时,混凝土在渗透过程中孔隙结构逐渐受到破坏,渗透系数将逐渐增大。

(3)在面板不存在裂缝等缺陷且河水不具有侵蚀性时,对于抗渗等级一般不小于 W8 的面板混凝土而言,可以满足抗溶蚀耐久 100 年的要求。

(4)提高面板混凝土抗渗透、耐溶蚀的措施应从几个方面着手:①配制高抗渗性、耐溶蚀的混凝土;

②提高施工质量,确保面板混凝土浇筑密实、无缺陷;③采取防护特殊措施;④采取正确的工程运行措施。

在以上理论及试验研究的基础上,随着水布垭面板坝混凝土面板研究工作的深入,进行了理论创新,从混凝土原材料优选、配合比优化、改善混凝土性能及面板施工等方面均采取了一系列的技术措施,取得了良好的面板抗裂效果。

8.4.2 混凝土抗裂措施

面板混凝土裂缝可分为结构裂缝和收缩裂缝。其中,结构裂缝主要由堆石坝体不均匀变形引起的,收缩裂缝是由面板混凝土的收缩变形受到约束产生的拉应力大于面板混凝土的抗拉强度引起的。在设计过程,针对不同的裂缝成因,采取相应的技术措施,力求最大限度地减少或避免裂缝发生。

8.4.2.1 结构裂缝防止措施

结构裂缝可通过合理设计,改进施工工艺和质量来避免。

1. 合理改善面板结构

根据面板受力特点,对混凝土面板合理分缝:

(1)面板设置垂直缝,在左岸坝肩面板受拉区和右岸庙包滑移体区为张性缝(左岸设张性缝11条,右岸设张性缝19条),垂直缝的间距为8m;其他部位间距为压性缝,垂直缝的间距为16m。

(2)面板分三期浇筑,设两条水平施工缝,第一期面板顶部高程278m,第二期面板顶部高程340m,第三期面板到顶。

(3)为减少面板混凝土裂缝,在二期面板设一水平永久缝,水平缝高程332.0m。

2. 改进施工工艺及质量

水布垭面板堆石坝施工中,采取了综合措施来保证施工质量:

(1)合理规划坝体填筑分期及填筑程序,经优化后,坝体分5期填筑(不含坝顶),坝体填筑形成"前低后高"的"反抬法"施工断面,严格控制填筑高差,有效降低坝体沉降对面板的不利影响。

(2)保证一、二期面板浇筑前,施工平台高程高于该期浇筑面板顶部10~20m,并且有3~6个月的预沉降期,以减小面板浇筑后坝体后期变形或面板脱空的可能性。

(3)确保施工质量,大坝填料尤其是主堆石料、过渡料和垫层料应具有低压缩性,以减小坝体后期变形。

(4)大坝上游面采用C5混凝土挤压式边墙护坡;挤压边墙在面板垂直缝处凿断,形成与面板相应的独立块体,以便挤压边墙与坝体沉降相协调;坡面涂刷阳离子乳化沥青,采用"三油二砂"(即3层沥青2层细砂)的方式,减少整体挤压边墙对面板的约束;在面板混凝土浇筑前割断架立钢筋,减少面板底部接触面的摩擦和约束。

(5)合理进行施工分期,即将面板分三期浇筑。

(6)采用高性能混凝土,提高混凝土的工作性,从而保证仓面混凝土质量。

8.4.2.2 收缩裂缝防止措施

收缩裂缝主要包括温度收缩、化学收缩、塑性收缩、碳化收缩和干燥收缩等几种形式,应根据其成因的不同,采取相应的防裂措施。

1. 减小温度收缩应力

温降收缩主要由混凝土内外温差变化及混凝土所受约束(主要是外部约束)而引起。由于面板较薄,产生面板混凝土内部温度的热源除水泥水化热外,还有施工后的太阳辐射热;外部约束主要是混凝土所

受的基础约束。据此,采取了如下综合措施:

(1)减小水化热温升,如采用发热量较低的中热硅酸盐水泥,掺用20%的Ⅰ级粉煤灰,采用具有缓凝作用的高效减水剂等。

(2)严格控制浇筑时段和浇筑温度,要求面板混凝土在气温适宜、湿度较大、温和少雨的1—3月浇筑,12—2月自然入仓,3月、11月浇筑温度为12~14℃,4月、10月浇筑温度为14~16℃,冬季混凝土浇筑温度不得低于3℃。

(3)加强混凝土表面保温和养护,及时采用覆盖草袋保温,在混凝土初凝后立即进行洒水养护;在该块浇筑完毕并终凝后,进行流水养护,表面应保持湿润直至蓄水前为止。

(4)在面板基础(垫层料或挤压边墙上游坡面)上喷涂三油两砂乳化沥青,浇筑前割断架立筋,以减小基础对面板的约束力。

2. 减小化学收缩

化学收缩是由水泥水化作用引起自干燥而造成的混凝土宏观体积的减小,主要产生于早期水化前几天尤其是第一天,其大小主要取决于水泥及矿物掺和料品种、细度及水胶比。低水胶比和大量细粒矿物掺和料的使用增加了混凝土的自收缩,而采用 MgO 含量3.5%~5%的中热水泥,使混凝土自生体积变形具有微膨胀性,从而减小并补偿了部分混凝土的自收缩性。

3. 减小塑性收缩

塑性收缩是指混凝土硬化前由于表面水分的蒸发速度大于混凝土的泌水速度而引起的收缩。此时,混凝土强度很低,不能抵抗混凝土这种变形应力,可能导致开裂。主要是通过选择1—3月份浇筑面板混凝土,并采取面板混凝土早期覆盖塑料布保湿和初凝后表面(洒)流水养护等措施,降低混凝土表面水份蒸发,以降低面板混凝土的塑性收缩。

4. 减小碳化收缩

碳化收缩是混凝土水泥浆中的 $Ca(OH)_2$ 与空气中的 CO_2 作用生成 $CaCO_3$ 而引起的表面体积收缩,碳化收缩受到结构内部未碳化混凝土的约束,也能导致表面开裂。水布垭面板混凝土通过采用0.38的低水胶比,增加混凝土的致密性,以降低混凝土的碳化程度;一期面板(基本位于死水位以下)表面涂刷一层水泥基渗透结晶型防水材料,材料中的活性化学物质利用混凝土本身固有的化学特性和多孔性,借助于水的渗透作用在混凝土表面微孔及毛细管中渗透,与混凝土中未水化的水泥颗粒再次发生水化作用,形成不溶于水的结晶体,填充、封堵混凝土中的孔隙和毛细管,使面板表面混凝土致密、防水,从而增加混凝土的抗溶蚀能力和抗碳化收缩能力。

5. 减小干燥收缩

干燥收缩是由于环境湿度降低,混凝土表层水份散失产生的体积收缩。因此,要求在混凝土初凝后及时进行洒水养护,施工完毕后进行流水养护,以推迟混凝土的干燥收缩,避免与混凝土的自收缩叠加,减少混凝土的收缩裂缝。掺加聚丙烯腈纤维也是减小塑性收缩和干燥收缩的重要手段。

8.4.2.3 提高面板混凝土本身抗裂能力

通过采用中热水泥、Ⅰ级粉煤灰、高性能减水剂、纤维材料等进行配合比优化,分期配制出具有高抗拉强度、低弹模、低收缩、高抗裂、耐久性强、工作性好的高性能混凝土。

通过优选原材料,配制出高性能混凝土,来提高面板混凝土本身的抗裂能力。

(1)采用了42.5级中热硅酸盐水泥,并对厂家提出了水泥中的 MgO 含量控制在3%~5%的要求(实际含量为3.91%),不仅降低水化热,含有适量 MgO 的还能产生一定的微膨胀量,来减少或补偿混凝土的收缩,增强混凝土的性裂能力。

(2)掺用Ⅰ级粉煤灰,不仅降低了水化热,还能改善混凝土的抗渗性,提高混凝土后期极限拉伸值,降低混凝土的弹性模量。

(3)采用优质的灰岩骨料。细骨料采用棒磨机制料的细度模数控制在 2.4~2.7 范围内。粗骨料采用二级配,最大粒径 40mm,分成 5~20mm 和 20~40mm 两级,小石:中石=55:45,以提高混凝土的抗分离能力。

(4)采用聚羧酸系高效减水剂,不仅能减少用水量,还具有 1h 内混凝土坍落度损失小、不泌水、粘聚性、抗分离能力强、触变复原性好等良好的工作性,甚至使混凝土拌和物在较长时间内(2h)仍保持良好的工作性,为水布垭面板堆石坝大落差、长面板的面板混凝土浇筑提供了质量保证。

(5)掺用适量的纤维,可提高面板混凝土的抗裂能力,尤其是能提高初裂强度和韧性,减小混凝土的干缩收缩和塑性收缩,对面板混凝土抗裂具有重要意义。在一、二期面板混凝土中仅采用聚丙烯腈纤维(单丝型),该纤维弹性模量不小于 $13000N/mm^2$,比其他合成纤维(如聚丙烯纤维弹性模量一般为 3000~3500MPa)的弹性模量高一个量级,与混凝土的弹性模量量级相当,便于和混凝土协调变形;由于三期面板部分处于水位变化区,要求面板混凝土具有更高的抗裂能力,所以采用了钢纤维(冷拉型)和聚丙烯腈纤维(单丝型)混掺的方式,进一步提高面板混凝土的韧性及抗裂性。

自 2000 年聚丙烯纤维第一次在白溪水库二期面板混凝土中采用,并在后续的洪家渡、龙首二级、吉林台、九甸峡、马沙沟等中、高面板坝面板混凝土中应用,均取得了较好的效果,而水布垭面板混凝土中首次采用了弹性模量更高、效果更好的聚丙烯腈纤维。聚丙烯腈纤维特点是能很好的抑制混凝土早期塑性收缩,有一定的阻裂、增韧能力。混凝土中存在的微裂缝是混凝土材料本身固有的一种物理性质,宏观裂缝是微观裂缝扩展的结果,聚丙烯腈纤维从源头控制了微观裂缝的生成,可以得到减少混凝土面板裂缝的良好效果。

钢纤维混凝土目前仅在龙首二级面板中局部采用。混凝土中掺入钢纤维可以明显提高混凝土的初裂强度和断裂韧性,这对于高坝混凝土面板在高水头作用下或是由坝体沉降引起面板产生较大的弯曲变形时,更能显示出钢纤维混凝土的独特功能。而在水布垭三期面板混凝土中首次采用了高弹模钢纤维与低弹模聚丙烯腈纤维复掺,综合了钢纤维混凝土较高的初裂荷载和最大荷载,以及聚丙烯腈纤维混凝土良好的延性和韧性的优点,达到逐级阻裂的效果,充分发挥了混掺纤维混凝土良好的增强、增韧功能。试验表明,掺加钢纤维的混凝土初裂强度和抗折强度分别提高约 30%,等效抗折强度提高 977%。

8.5 面板与趾板混凝土施工技术研究

8.5.1 面板混凝土施工

1. 面板结构

混凝土面板为不等厚结构,面板底部高程 177m,顶部高程 405m,坡度 1:1.4,面板厚度 30~110cm,面板面积 13.9 万 m^2,混凝土总工程量 8.24 万 m^3。面板混凝土分三期施工,实际浇筑时,各期面板顶部高程略有调整:第一期面板高程 177.0~278.0m,实际浇筑最大斜长达 174 m;第二期面板高程 278.0~340.0m,浇筑斜长 106.6m;第三期面板高程 340.0~405.0m,浇筑斜长 111.8m。

面板混凝土在高程 340.0m 以下采用 C30 二级配混凝土,高程 340.0m 以上采用 C25 二级配混凝土

（其中，L7～L11 块三期面板采用 C30 混掺聚丙烯腈纤维及钢纤维混凝土）。面板分为 58 块，块间设 57 条垂直缝，面板宽度分 16m，12m 和 8m 等 3 种型式，其中板宽 16m 的 27 块，板宽 12m 的 1 块，板宽 8m 的 30 块。高程 332.0m 处设置一道永久水平缝。

2. 面板浇筑时机选择

综合考虑大坝填筑分期、面板与坝体填筑高差、大坝预沉降期、施工总进度要求、导流与度汛要求、初期蓄水要求和气候条件等因素，分别在 2005 年、2006 年和 2007 年的 1—3 月间完成一、二、三期混凝土面板浇筑。

3. 施工工艺流程

面板混凝土施工工艺流程见图 8.4。

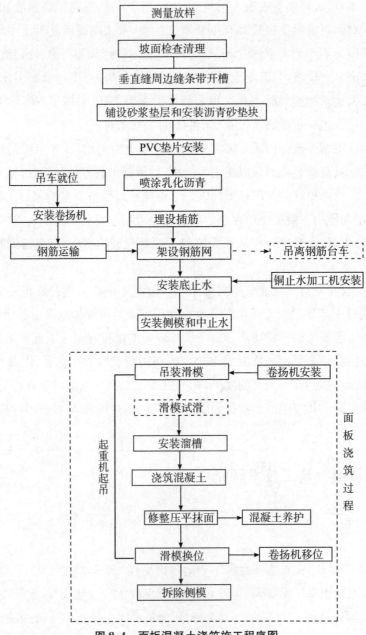

图 8.4　面板混凝土浇筑施工程序图

4. 混凝土浇筑备仓

(1)周边缝底部沥青砂垫块及缝面处理

先将周边缝趾板止水保护设施拆除,对露出的钢筋头采用人工用砂轮修整磨平,再用人工凿底部沥青垫块槽,并修整成型。垫块之间的缝隙用热沥青灌实。沥青砂垫块在预制厂预制。

(2)涂刷沥青和铺设 PVC 垫片施工

在砂浆垫层上自上而下涂刷 1 层热沥青,涂刷后立即黏贴 PVC 垫片。

(3)喷洒乳化沥青

乳化沥青喷涂施工采用专用机械,沿坡面由上至下作业;喷层间隔时间不少于 24h,喷洒按照"三油两砂"施工工艺,厚度为±3mm。

(4)钢筋施工

利用卷扬机牵引钢筋台车将钢筋运至安装工作面,人工现场绑扎。钢筋接头主要采用直螺纹套筒的连接方式。

(5)止水铜片的施工

利用超长止水铜片整体连续滚压成型机在施工现场压制成型。

(6)模板安装

面板混凝土施工采用无轨滑模。滑模由底部钢面板、上部型钢桁架及抹面平台等 3 部分组成。滑模加工为节长 7.66m 和 5.0m 两种型式。滑模用 2 台 10t 卷扬机牵引。侧模为钢木组合结构,主要由轻型槽钢[18 配木模板组成。周边三角区采用扣模施工。

侧模安装在垂直缝底止水安装完成后进行,面板侧模安装自下而上,侧模固定外侧采用三角支撑架固定,内侧采用钢筋作支撑。

(7)溜槽架设

溜槽采用轻型、耐磨、光洁、高强度的材料制作,U 形槽断面结构,每节长 2.0m。无轨滑模就位后,即在钢筋网上铺设溜槽。16.0m 宽面板的仓面配置 2 套溜槽,8.0m 宽面板的仓面配置 1 套溜槽。溜槽分段固定在钢筋网上,出料口离仓面不大于 1.5m。溜槽内每隔 50m 左右设置一柔性挡板,顶部用柔性材料遮盖封闭。

5. 混凝土施工

(1)混凝土拌制与运输

混凝土拌和以强制拌制机为主,自落式拌和机为辅。为确保面板混凝土及聚丙烯腈纤维搅拌均匀,通过搅拌工艺试验,确定强制式拌和楼拌制时间不少于 75s。混凝土出机口坍落度 3~7cm,施工过程中严格控制混凝土坍落度,并根据天气、时段等因素动态调整。

混凝土运输以 6m³ 搅拌车为主,8t 自卸汽车为辅,经集料斗受料,溜槽入仓;混凝土拌和料自加水拌和至振捣完毕的时间不超过 1h,混凝土运输时间按规范要求控制。

(2)混凝土浇筑

1)面板浇筑

面板混凝土浇筑采取由中心条块向两侧跳仓浇筑。混凝土入仓采用均匀布料,布料厚度 30~50cm;最大布料高度不超过 2m,靠近侧模和止水片的附近部位,采用人工铺料。

混凝土振捣主要利用 ϕ 100mm 插入式振捣器配合软管振捣器进行混凝土捣实。靠近侧模和止水片的部位,采用 ϕ 70mm 软管振捣器振捣。

2)周边三角区混凝土浇筑

对于面板条块与趾板相交的三角块,采用滑模旋转法浇筑。面板垂直缝与趾板夹角较小时,采用扣模板逐层浇筑。局部边角未覆盖部位采用翻转模板施工。混凝土经溜槽接至仓面内布料,从低端向高端分层浇筑。

3)滑模滑升

滑模滑升前,清除滑模前沿超填混凝土。滑模滑升时,两端提升平衡、匀速,并根据滑模仰俯状态调整滑模配重;每次滑升间隔时间不超过30min,因故停仓超过1.0h,则按施工缝处理。滑模的滑升速度,取决于浇筑强度和脱模时间,做到"勤动、慢速、少升"。平均滑升速度为1~2m/h,最大滑升速度3m/h,最小滑升速度0.5m/h,具体参数由现场试验确定。每次滑升幅度控制在30~40cm。滑模的脱模时间,取决于混凝土的凝结状态。随着滑模的提升,逐步将样架筋割除。脱模后,保持处于坡面上的混凝土不蠕动,不变形。

4)二次压面

在混凝土初凝时,用人工对混凝土表面进行二次压面抹光,确保混凝土表面密实、平整,避免形成早期裂缝。

(3)混凝土养护

1)二次压面后的混凝土,及时喷表面养护剂进行养护,防止表面水分过快蒸发而产生干缩裂缝。

2)在滑模后部拖挂长15m左右比面板略宽的塑料布,防止水分散失并保护已浇混凝土不被雨水冲刷和日晒。

3)混凝土露出塑料布后,及时覆盖隔热、保温材料,并喷水养护;混凝土终凝后,采用长流水养护,养护时间至水库蓄水;露出水面部分持续养护至工程移交。

8.5.2 趾板混凝土施工

1. 趾板结构

水布垭面板堆石坝趾板及防渗板两岸坝坡坡角为13.68°~35.54°,左岸较陡,右岸稍缓。最低建基面高程176.0m,趾板及防渗板总长为1109.2m。趾板宽8.0~6.0m,厚度1.20~0.60m,趾板的分缝长度不大于16.0m,每12.0~16.0m长设2m宽槽,钢筋穿过宽槽。趾板紧接面板,与面板分缝错开施工。趾板分三期施工,一期浇筑高程213.0m,二期浇筑高程213.0~312.0m,三期浇筑高程312.0~405.0m。趾板与基岩之间设有Φ32锚筋联接,其面层布有Φ25、Φ20及Φ22钢筋网,间距18~15cm。防渗板面层布有Φ16钢筋网,间距20cm。趾板周边缝设有止水,其中在高程345.0m以下设有W、F、M型3道紫铜止水,其上仅有F型紫铜止水。

2. 混凝土浇筑备仓

(1)基岩处理及地质缺陷处理

采用人工或机械对基岩坡面上松动块石、溶沟、溶槽及剪切带、断层进行清理、挖除,并用高压水冲洗干净,然后用C20混凝土回填,回填表面与原趾板、防渗板坡面一致,按3m分层。在混凝土浇筑时,地质缺陷回填区与基岩交接处布设限裂钢筋网。

(2)锚杆埋设

锚杆布孔孔距1.4~1.60m,排距1.5m,Φ25,孔深5m。用手风钻钻孔,成孔后采用"先注法"施工。

(3)钢筋架立

钢筋在加工厂加工,经验收合格后,由汽车运至施工部位。趾板锚筋作为钢筋网的架立筋,先在架立筋上施工钢筋样架,经测量验收后,人工铺设钢筋。

(4)模板安装

模板为钢木组合结构。顶面模板施工采用扣模;侧面模板在止水鼻坎处采用定型木模板,并用蛇形钢管进行加固。

(5)止水设置

趾板与面板接缝处设 2 道止水,与防渗板接缝处设 1 道止水。止水在加工厂按趾板的分块长度加工成型后,用 10t 平板车架运至现场设置。

3. 混凝土浇筑

混凝土入仓采用 U 形溜槽经模板上预留的下料口,混凝土振捣用 ϕ 100mm 和 ϕ 50mm 振捣器振捣密实。混凝土浇筑完毕后,进行顶面流水养护。

防淘墙施工技术研究 第9章

水布垭水电站左、右岸防淘墙均属于地下工程,规模大、地质条件差、施工条件恶劣,在国内外尚属罕见,此前仅龙羊峡水电站成功进行过类似防淘墙施工。本工程溢洪道泄洪水头高、能量大,坝下游为高边坡和滑坡体,水文地质、工程地质条件复杂,防淘墙对保护两岸边坡稳定和厂房尾水渠出口的安全、防止冲刷至关重要。作为国内外水电工程中规模最大、地质条件最为复杂、施工难度最大的防淘墙工程,如何安全、保质、按时完成防淘墙施工,是本工程一大技术难题。为此,开展了"防淘墙施工专题研究"等特殊科研和专题设计,为防淘墙施工方案最终形成提供了有益的启迪作用。

9.1 施工特性

水布垭水电站溢洪道泄洪水头高、流量大,消能防冲区地质条件差。为保护两岸边坡稳定和电站尾水渠出口安全,溢洪道下游消能冲刷区采用护岸不护底方式进行防冲保护,即在溢洪道出口左、右两岸常水位以下采用钢筋混凝土防淘墙、常水位以上采用混凝土护坡保护、不设置护底。

防淘墙折线布置,总长度 853.35m,由三部分组成,即上游横向段、左岸段和右岸段。防淘墙上游横向段从导流洞消力池右岸导墙和尾坎底部横穿,并通过钢筋与右岸导墙和尾坎形成整体结构。防淘墙上游横向段轴线长度 160.21m,墙顶高程 188～200m,墙深 15～27m。防淘墙左岸段接上游横向段左侧端点,沿大崖高边坡及大岩塄滑坡坡脚布置,轴线长度 338.48m,墙顶高程 200m,墙深 15～40m。防淘墙右岸段沿马崖高边坡坡脚布置,轴线长度 354.66m,墙顶除电站尾水渠部位为高程 185m 外,其余部位基本为高程 200m,墙深 15～40m。

防淘墙为钢筋混凝土结构,混凝土设计强度等级 C30,采用二级配混凝土。防淘墙混凝土顺河流向分段长度一般为 15～18m,墙厚 2.5～4.0m。左、右岸墙体内设有 3 排锚索,高程分别为 178m、186m、196m,间距 3m,锚索长度 45～50m,单索为 20 吨级。在防淘墙的上、下游,随着墙高的降低,预应力锚索相应减少。防淘墙山体侧布设 2.0m×2.0m 间排距,长 3～14m 不等的系统锚杆。防淘墙平面布置图见图 9.1、剖面图见图 9.2。

1. 地质条件复杂

溢洪道消能防冲区位于坝址峡谷出口的大崖沱深潭,左岸有大崖高边坡、大岩塄滑坡,右岸有马崖高边坡,枯水期河床宽度 80～100m。消能防冲区分布地层主要为二叠系下统栖霞组第 2 段(P_1q^2)至志留系中统纱帽组第 2 段(S_2sh^2)基岩及第四系松散堆积物,主要由煤系地层、灰岩、白云质砂岩夹页岩、砂页岩夹泥灰岩等组成。岩性软弱,断裂构造发育,抗冲刷能力低。

岩体完整性差,风化较强烈。岩石风化主要表现为碎裂状风化特征,从地表向岩体内部风化程度逐渐变弱。全、强风化带一般深度 20～30m,局部深达 30m 以上。在泥盆系写经寺组(D_3x)砂页岩岩体中,软弱夹层剪切破坏,地下水活动强烈,局部表现为夹层状风化特点。

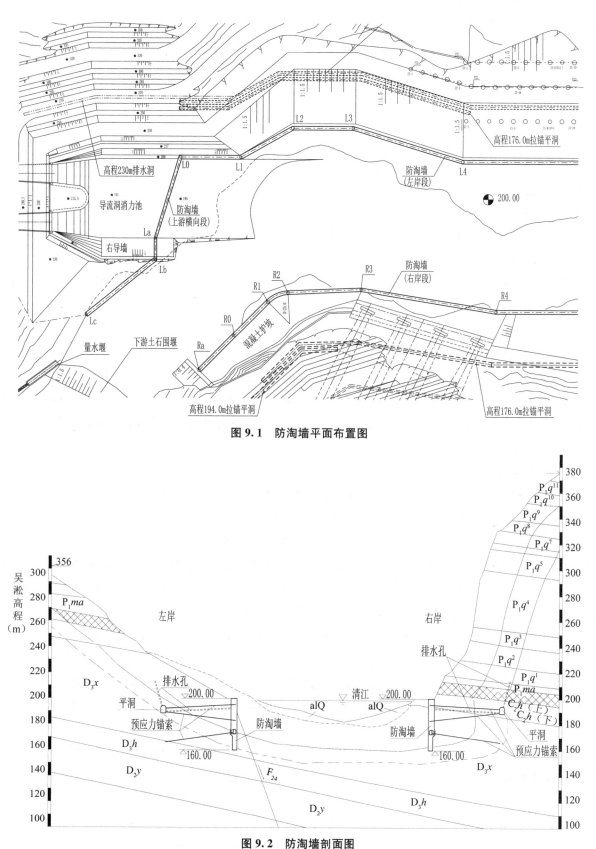

图 9.1 防淘墙平面布置图

图 9.2 防淘墙剖面图

河床浅表层基岩受卸荷改造,卸荷深度一般为 15～30m,浅层卸荷岩体完整程度遭到破坏,岩体质量变低,岩体透水性增强。

消能冲刷区两岸的大崖高边坡及马崖高边坡中卸荷带、危岩体发育。强卸荷带水平深一般为10~45m,局部地形突出或拐弯处还发育极强卸荷带和危岩体,卸荷带深度超过60m。其中右岸X号危岩体居高临下,处于防淘墙上方,后缘切割面张开数十厘米至数米宽,自然稳定性差,对泄洪消能及防淘墙施工影响较大。

主要存在的工程地质问题如下:

(1)左岸写经寺组和黄家蹬组地层中的泥化夹层呈视顺向坡倾向河床,在防淘墙槽挖过程中,岩层中的泥化夹层若被切开临空,上覆岩体就有可能沿泥化夹层发生蠕滑。

(2)消能防冲区左岸分布有大岩墩滑坡,右岸有马崖高边坡(X号危岩体)、马岩湾滑坡等,这些不良地质体紧邻溢洪道消能防冲区和雾雨区,环境地质问题复杂。

(3)防冲区内地层岩性复杂,其中马鞍组为煤系地层,写经寺组为砂页岩,岩性软弱;较坚硬的白云质灰岩、石英砂岩、砂岩等,由于裂隙、断层发育,岩体被切割成小块状,呈碎裂状结构或镶嵌结构;岩石抗冲刷能力弱,属易冲或较易冲类岩体。

(4)防淘墙地段为泥盆系写经寺组(D_3x)至二叠系栖霞组第1段(P_1q^1)地层,岩性软弱,剪切带、泥化夹层及断层裂隙等软弱结构面发育,围岩多为IV^-~V级,自稳能力较差,围岩稳定问题较为突出。围岩主要的变形破坏形式为:顺层滑移、塑性变形、塌顶和掉块、塌滑。

(5)防淘墙布置在河床近岸地带,墙顶高程200m,枯水期江水位195~200m,墙体施工长期处于江水位以下。防淘墙所在地段地下水丰富,透水性强。防淘墙施工将改变天然渗流场,可能顺断层、裂隙、层面向墙体内产生集中渗漏涌水现象。

2.施工困难

(1)防淘墙位于水布垭峡谷出口,左岸有大崖边坡、大岩墩滑坡和台子上滑坡,右岸有高度超过350m的马崖边坡及马岩湾滑坡。施工环境较差,施工布置困难。

(2)防淘墙布置在河床近岸地带,墙顶高程200m,枯水期江水位195~200m。防淘墙所在地段第四系松散堆积物,结构松散,属强至极强透水层。下伏基岩横河向断层、裂隙发育,岩层较为破碎,局部为富水含水层。防淘墙的开挖、混凝土浇筑及预应力锚索均常年在江水位以下施工,施工条件差。防淘墙底部水头高达40m,隧洞施工难度较大,防淘墙洞壁施工稳定性差。

(3)防淘墙开挖断面小,施工作业面狭小。施工时,开挖、支护、钢筋布设、混凝土浇筑及预应力锚索施工等多种工序交错平行,各工序之间施工干扰大。

(4)在整个工程建设期间,右岸有马崖高边坡治理、厂房尾水出口施工,左岸有大岩墩滑坡治理、护岸工程施工。这些工程的施工均与防淘墙施工产生干扰,防淘墙施工布置与施工时段均受到一定的限制。整个施工过程经历3个汛期,汛期洪水对施工影响较大。

(5)防淘墙所在地层岩性软弱,剪切带、泥化夹层及断层裂隙等软弱结构面发育,围岩多为IV^-~V级,自稳能力较差。墙体开挖过程中,围岩可能出现顺层滑移、塑性变形、塌顶和掉块、塌滑等变形破坏,施工安全问题突出。

(6)防淘墙混凝土浇筑采用由高处往低泵送入仓的施工方式,由于混凝土在泵送时垂直落差大,垂直运输高度最大可达40m,泵管需多次转弯,管内混凝土易产生骨料分离,从而减小混凝土的和易性和流动性,易导致堵管。

9.2 施工方案比选

鉴于工程的重要性和施工难度,在设计过程中,设计单位结合防淘墙设计与施工方法,提出了3种方案,经过比较后提出推荐方案。其他工程参建单位,针对设计单位提出的推荐方案,又提出3个比较成熟的施工方案,对设计单位提出的推荐方案进行了补充和完善,形成了最终的实施方案。

9.2.1 特殊科研阶段施工方案比选

1. 钻爆法开挖、预应力锚索加固方案(方案1)

(1)结构型式

防淘墙采用钢筋混凝土结构,墙厚2.5~4.0m。在防淘墙靠山体一侧采用系统锚杆、挂网喷混凝土方法对岩体进行支护。左、右岸防淘墙在高程178m、186m和196m设置3排预应力锚索锚入两岸岩体内。在两岸防淘墙墙后山体内设置1层预应力锚索拉锚洞,采用对穿式锚索。无拉锚洞的部位,采用内锚式锚索。拉锚洞兼作排水洞,平洞内设有排水孔,采用抽排方式,以降低山体内的地下水位。结构布置见图9.3。

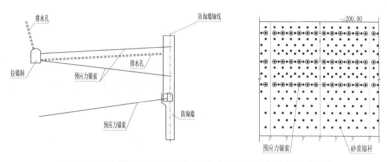

图9.3 钻爆法开挖、预应力锚索加固方案结构布置图

(2)施工方案

方案1是利用布置在防淘墙墙体部位岩体上的竖井,从最下1层开始,分层逐层向上钻爆开挖,逐层回填混凝土。墙体施工时除第1层开挖高度5m,回填混凝土厚度为3m外,以后各层开挖高度均为3m,回填混凝土厚度均为3m,这样可始终保持每一层开挖后有5m高的空间,便于立模、钢筋绑扎、混凝土浇筑以及预应力锚索的安装施工。洞内开挖均采用手风钻钻爆,小型矿车水平运渣至竖井部位后,通过起吊设备垂直提升至竖井口出渣。混凝土回填由混凝土泵车泵送入仓,或通过在墙体轴线上分段布置的混凝土下料孔下料。锚索施工在拉锚洞内进行。右岸防淘墙钻爆法开挖、预应力锚索加固方案施工布置见图9.4。

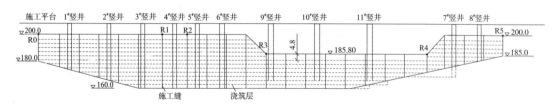

图9.4 右岸防淘墙钻爆法开挖、预应力锚索加固方案施工布置图

2. 钻爆法开挖、锚拉洞加固方案(方案2)

(1)结构型式

防淘墙采用钢筋混凝土结构,墙厚2.5~4.0m,防淘墙分段长度为15~18m。在防淘墙靠山体一侧采用系统锚杆、挂网喷混凝土方法对岩体进行支护。该方案墙体结构型式与方案1基本相同,不同之处仅为用混凝土锚拉洞代替了预应力锚索。锚拉洞对防淘墙起到拉杆作用。锚拉洞垂直于防淘墙布置。防淘墙高度大于30m的部位，每段墙体布置两层共4条锚拉洞；防淘墙高度为25～30m的部位，每段布置1层共2条锚拉洞；防淘墙高度小于25m的部位，不布置锚拉洞。锚拉洞的长度为20～37m，其端部设置在岩石边坡计算破裂面以下一定深度，并设置在性状较好的岩石内。锚拉洞断面尺寸为2.0m×2.5m（宽×高），采用城门洞形，端部断面扩大为4.0m×4.5m。锚拉洞按受拉构件设计，为减小防淘墙的变形，充分发挥高强钢绞线的抗拉强度，采用预应力混凝土结构，配有预应力钢绞线和非预应力钢筋。在两岸山体各设1条排水洞阻截山体来水，排水洞内设有排水孔，采用抽排方式。结构布置见图9.5。

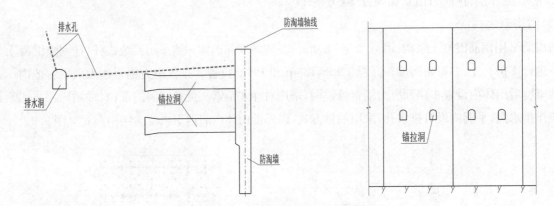

图9.5　钻爆法开挖、锚拉洞加固方案结构布置图

（2）施工方案

方案2除以混凝土锚拉洞代替锚索外，其墙体结构型式及施工方法与方案1基本相同。为进行锚拉洞施工，需在左、右两岸山体内各层锚拉洞布置施工洞，施工洞断面尺寸为4.0m×4.5m（宽×高），施工洞高程及距墙体距离根据锚拉洞的长度和高程确定。锚拉洞张拉施工在锚拉洞施工洞内进行，采用后张法施工。在防淘墙浇筑到锚拉洞层面后，将锚拉洞内锚索与防淘墙钢筋一起绑扎，并在锚索外套上套管，然后浇筑混凝土；锚拉洞混凝土浇筑完毕并达到设计龄期后，对锚拉洞内的预埋锚索进行张拉施工；锚拉洞施工洞在锚拉洞施工完毕后，回填混凝土。方案2施工布置见图9.6。

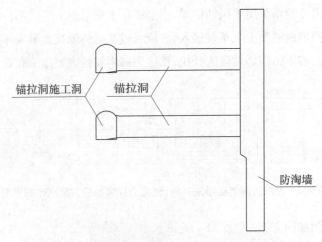

图9.6　钻爆法开挖、锚拉洞加固方案施工布置图

3. 机械成孔(槽)、预应力锚索加固方案(方案3)

(1)结构型式

该方案左岸及河床部位防淘墙结构型式及施工方法与方案1相同,仅右岸防淘墙采用机械钻孔方式成墙。大型钻孔机械沿防淘墙轴线进行钻孔,采用泥浆护壁,然后下放钢筋笼,灌注混凝土,并使桩与桩之间相互套接;或先钻2个钻孔桩,然后钻孔桩之间采用反弧槽孔相连,形成连续的防淘墙。桩顶设置钢筋混凝土盖梁。防淘墙设有3排预应力锚索,为了预应力锚索锚固端和施工张拉的需要,在距防淘墙40～45m的山体内布置两层拉锚洞。上层拉锚洞净断面尺寸为3.5m×5.0m,兼作排水洞,排水洞内设有排水孔,采用抽排方式;下层拉锚洞净断面尺寸为3.5m×4.0m。另外,在紧靠防淘墙的山体侧,布置两层锚索钻孔及锚固端与防淘墙墙体连接的平洞,其断面尺寸均为3.0m×3.5m,连接平洞内往山体钻设放射状的系统锚杆对岩体进行加固。最上一层锚索钻孔及锚固端与防淘墙墙体连接施工,在枯水期对覆盖层开挖后进行。方案3结构布置见图9.7。

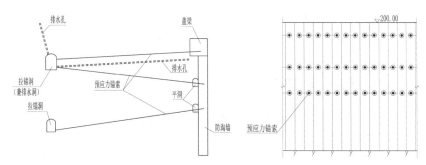

图9.7 机械成孔(槽)、预应力锚索加固方案结构布置图

(2)施工方案

因右岸防淘墙部位基岩顶板线高程较低,且地下厂房尾水渠底板高程185m,使得右岸防淘墙基本处于常水位以下,若采用钻爆法或明挖法,存在防渗及其他安全风险。故拟采用机械成孔(槽)法施工。

防淘墙施工前,先在墙体顶部沿轴线修建一定宽度的施工平台。钻孔从防淘墙一端开始,先钻奇数孔,待两相邻的奇数孔混凝土浇筑完毕并达到一定的强度后,再钻两奇数孔之间的偶数孔。相邻孔之间的中心间距为3m,由于钻孔的直径为3.5m,使桩与桩(或槽段与槽段)之间能够相互套接,形成由连续钻孔灌注桩组成的防淘墙。为防止偶数孔钻进过程中,对奇数孔已浇混凝土灌注桩钢筋笼的破坏,奇数孔的钢筋笼应与偶数孔的钢筋笼有所变化,即奇数孔钢筋笼为鼓形,偶数孔钢筋笼为圆形。对应锚索的部位,在钢筋笼上采取安装气囊或绑泡沫块等措施,使其能在混凝土浇筑后,形成一个1.8m×1.5m×1.5m的空腔。锚索内锚固段与墙体的连接在紧邻墙体的平洞内进行,锚索钻孔及张拉在拉锚洞内进行,方案3施工布置见图9.8。

4. 防淘墙结构措施、施工方案比选

对防淘墙3个方案,从结构型式、施工和造价三个方面进行了比较。3个方案的对比情况见表9.1。

通过比较,方案1防淘墙结构设计整体性好,施工方法为常规施工方法,但其施工对防水措施要求较高,施工环境较差。方案2和方案1的结构型式和施工方法基本相同,不同之处是用锚拉洞代替了预应力锚索。方案3左岸防淘墙结构型式及施工方法和方案1相同,右岸则采用机械钻孔桩成墙的施工方案代替人工开挖方案,机械钻孔桩成墙方案在地表布设钻机进行钻孔施工,功效高,不受地下水影响,施工作业环境相对较好,但该方案防淘墙整体性较差,在平洞内采用锚杆对山体进行支护,支护效果不如方案1。三个方案在施工上各有利弊,但都是可行的。三个方案工期差别不大。造价方案2最高,方案3最低,方案 1 居中。最高和最低造价差别小于 20%。

综上所述,防淘墙施工方案推荐采用方案 1,即人工钻爆法开挖、预应力锚索加固方案。

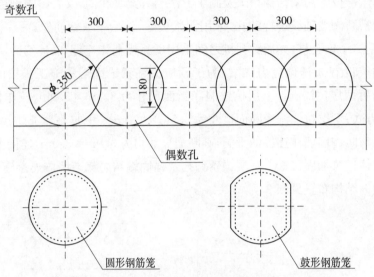

奇数孔

偶数孔

圆形钢筋笼

鼓形钢筋笼

图 9.8 机械成孔(槽)、预应力锚索加固方案施工布置图

表 9.1   特殊科研阶段防淘墙方案比较表

项目	结构型式	施工	造价
方案 1 钻爆法开挖、预应力锚索加固方案	防淘墙采用分段浇筑,布置了纵、横向钢筋,缝间设有键槽和止水,整体性好。对山体采用了喷锚和预应力锚索支护,能有效控制塑性区的开展深度,增加岩体稳定性,减小岩体变形,降低山体对防淘墙的压力。预应力锚索还可起到拉杆作用。由于岩石性状差,不能满足预应力内锚固段受力要求,预应力锚索要在山体内设置拉锚洞进行张拉	墙体采用钻爆法开挖,小型机械出渣,然后回填混凝土,为常规施工方法,简单易行,不需购买大型施工机械,即可进行施工。防淘墙在地下施工,受江水、气候条件和滑坡治理影响较小,可全年施工。受地下水影响较大,施工过程中发生崩塌的可能性大,需要采取可靠的防水和支护措施。机械化程度较低,施工工期较长。施工工作环境差,施工安全控制难度较大,地下工程量较大	工程造价比方案 3 高 10%
方案 2 钻爆法开挖、锚拉洞加固方案	防淘墙采用分段浇筑,布置了纵、横向钢筋,缝间设有键槽和止水,整体性好。对山体采用了喷锚支护,能起到增加岩体的稳定性,减小岩体变形,降低山体对防淘墙的压力的作用。但没有设置预应力锚索,支护效果不如方案 1。采用锚拉洞代替预应力锚索起拉杆作用。因是受拉构件,不能发挥混凝土的作用。墙体弯矩比方案 1 大	拉锚洞与防淘墙的施工干扰较大,其余同方案 1	工程造价比方案 3 高 17%

项目	结构型式	施工	造价
方案 3 机械成孔（槽）、预应力锚索加固方案	防淘墙右岸采用钻孔桩与钻孔桩之间相互套接，或 2 个钻孔桩之间采用反弧槽孔相连，形成连续的防淘墙。桩顶设置钢筋混凝土盖梁。由于每个钻孔桩下一个钢筋笼，钢筋笼间不联系，仅桩顶设置钢筋混凝土盖梁，整体性较差。在平洞内采用锚杆对山体进行支护，支护效果不如方案 1	在地表布设钻机进行钻孔施工，功效高，工期短，不受地下水影响，施工作业环境相对较好。地下工程量较小，施工安全性相对较好。需要大型的机械设备，施工技术要求高，受江水、气候条件影响较大，且与同期施工的马崖高边坡治理干扰较大。对钻孔偏斜度控制要求严	工程造价三个方案中最低

9.2.2 施工图阶段施工方案比选

施工图阶段，工程参建单位又分别提出了 4 个比较成熟的施工方案进行比选。

1. 钻爆法开挖、预应力锚索加固方案（方案 1）

该方法利用防淘墙墙体上的竖井，从防淘墙底部开始，分层逐层向上钻爆开挖，逐层回填混凝土。在每一开挖层回填混凝土后形成的的 2m 高空间内，立模、绑扎钢筋、浇筑混凝土以及安装预应力锚索。

2. 灌注壁式地下连续墙法（方案 2）

该方法是将防淘墙在空间上划分成若干段，分序施工，利用机械逐段成槽并灌注混凝土，使之成为一道连续墙体。

3. 搭接式机械成孔排桩墙法（方案 3）

该方法是大直径钻孔，以平面上相割一定宽度相互搭接的圆形断面排桩形成连续的混凝土墙体。

4. 支洞开挖分层钻爆逆作法（方案 4）

该方法利用施工支洞，从防淘墙底部开始，分层逐层向上钻爆开挖，逐层回填混凝土。防淘墙顶部以下 4～6m 覆盖层内采用钢支撑强支护，洞挖或槽挖法施工。

4 个施工方案的对比情况见表 9.2。

表 9.2　　　　　　　　　　　施工图阶段防淘墙方案比较表

项目	施工安全	进度	施工方案	施工设备	造价	防淘墙结构评价
方案 1 钻爆法开挖、预应力锚索加固方案	地下施工，施工安全管控难度较大	缓慢	墙体人工开挖，混凝土浇筑技术成熟简便	常规钻爆法施工设备及混凝土浇筑设备	低	墙体结构稳定性可靠，墙面平整度较好
方案 2 灌注壁式地下连续墙法	施工安全容易保证	较慢	墙体较宽，双轮铣槽机成槽困难，锚索施工需设置施工洞	需适宜在基岩中成槽的大型设备	高	墙体结构稳定性较可靠，墙面平整度较好
方案 3 搭接式机械成孔排桩墙法	施工安全容易保证	较快	施工机械成熟，施工方便，速度快，锚索施工需设置施工洞或盖梁	需大口径钻孔灌注桩设备	较高	墙体钢筋整体性较差，且搭接处为墙体最薄弱处，墙面平整度差
方案 4 支洞开挖分层钻爆逆作法	地下施工，施工安全管控难度较大	缓慢	墙体人工开挖，混凝土浇筑技术成熟简便	常规钻爆法施工设备及混凝土浇筑设备	较低	墙体结构稳定性可靠，墙面平整度较好

通过专家多次咨询,并分别从施工安全、施工进度、墙体施工、锚索施工、施工设备、工程造价、墙体稳定性和墙面平整度等 8 个方面进行综合考量,认为推荐方案(方案 1)施工具有方法简单、稳定可靠、工程造价低等优点,可作为选定施工方案。

9.3 防淘墙实施方案

在上述多方面论证、比较确定的推荐方案基础上,根据实际情况进一步调整和细化,形成了基岩段防淘墙采用钻爆法逆作施工、覆盖层段防淘墙采用宽竖井正井施工的实施方案。

9.3.1 防淘墙实施方案施工布置

由于防淘墙在水位以下施工,左岸大岩塙滑坡地段上部为覆盖层,且基岩存在断层和裂隙,为创造墙体干地施工条件,墙体开挖前需要进行必要的防渗处理。根据防淘墙墙体设计宽度及两岸地形条件,在墙体施工前,先沿左、右两岸墙体轴线修建顶面高程 206~208m、宽度 10m 的施工平台,以满足防淘墙防渗施工、竖井布置及墙体开挖出渣、混凝土浇筑等施工需要。平台形成后在墙体两侧分别进行固结灌浆和帷幕灌浆。

为解决防淘墙逐层向上施工的交通问题,根据防淘墙墙高的不同,沿左、右岸防淘墙轴线每间隔 20~50m 布置一个施工竖井,形成人工钻爆法施工通道。

左、右岸拉锚洞底板高程约 190m;需布置施工支洞与之相接,左岸在高程 230m 交通隧道内设施工支洞至拉锚洞,右岸在电站厂房高程 230m 交通洞内设施工支洞至拉锚洞内。

9.3.2 防淘墙实施方案施工方法

1. 辅助工程施工

防淘墙施工首先形成施工平台。左岸适当开挖后形成顶面高程 208m、宽度 10m 的施工平台,靠河床一侧采用钢筋笼护坡;右岸因地面高程较低,需适当回填后形成顶面高程 206m、宽度 10m 的施工平台,靠河床一侧采用钢筋笼护坡。

施工平台形成后在墙体两侧分别进行固结灌浆和帷幕灌浆。

固结灌浆和帷幕灌浆完成后,开始开挖竖井,竖井开挖至防淘墙底高程。

2. 防淘墙施工

竖井完成后,开始进行防淘墙施工。根据地质条件不同,分为基岩段施工和覆盖层段施工。

(1)岩层中墙体施工

在基岩段地质条件相对较好的部位,防淘墙通过竖井,从底部开始向上分层开挖、浇筑混凝土的逆作施工方式,分层厚度为 3m,浇筑长度和防淘墙分块长度相对应。若岩体稳定性较差时,先只进行竖井一端开挖和混凝土浇筑;若岩体稳定性较好时,则由竖井向上、下游两侧同时进行开挖与混凝土浇筑施工。随着防淘墙施工分层逐步上升,拆除施工竖井衬砌混凝土,然后再进行混凝土浇筑,使之与防淘墙连为一体,保证了防淘墙的整体性。

在基岩段地质情况相对较好的左岸防淘墙 L0~L3 段试验段,采用此种施工方法,能满足施工质量和施工进度的要求。

除左岸大岩塙滑坡体部位外,防淘墙施工通过布置在墙体上的明竖井从防淘墙底部开始,采用人工钻爆法,由竖井向两侧分层开挖及出渣、浇筑混凝土,逐层向上施工,一直施工至防淘墙顶高程 200m。如此循环往复,直至完成所有墙体施工。

施工时,除第 1 层开挖高度 5m、回填混凝土高度为 3m 外,以后各层开挖高度均为 3m,每层回填混凝土高度也为 3m,始终保持每层开挖后有 5m 高的空间,便于立模、钢筋绑扎、混凝土浇筑以及锚杆、预应力锚索的安装施工。洞内开挖均采用手风钻钻爆,小型矿车水平运渣至竖井部位后,通过起吊设备垂直提升至竖井口出渣。出渣完成后,施工锚杆和绑扎钢筋,然后浇筑混凝土,混凝土浇筑由混凝土泵车泵送入仓,或通过在墙体轴线上分段布置的混凝土下料孔下料。

根据防淘墙地质条件,防淘墙洞挖采用"短进尺、弱爆破、少扰动、强支护、勤观察"的施工方法,开挖循环进尺控制在 1.5～2.0m。总体安排上采用全断面光面爆破掘进,局部采用分区光面爆破法掘进。即在有预应力锚索的洞挖层防淘墙分层厚度为 2m,其余部位防淘墙视岩体开挖情况按 2～3m 层厚分层浇筑;混凝土分块按设计要求,每 15～18 m 的长度进行分缝。

对于地层条件较好、渗水出露较少地段,可视情况适当增加开挖及混凝土浇筑层高。墙体向上施工时,穿插进行临时、永久支护,并根据两侧和上部围岩情况,及时采取安全锚杆、挂网喷护及钢支撑等加强支护。

(2)覆盖层中墙体施工

左岸大岩塃滑坡体部位防淘墙施工难点在于上部为大岩塃滑坡体覆盖层部位的防淘墙。防淘墙基岩段洞挖完成,接近覆盖层时,停止施工。

大岩塃滑坡体部位防淘墙部位的覆盖层厚达 25m,岩性特点为第四系堆积体坡积物、强风化岩层、含有孤石及大块石,开挖时很容易出现掉块、塌方、冒顶现象,成洞条件极差。如采用自下而上水平洞挖分层施工,存在两大问题:一是安全隐患多、风险大,不仅危及施工人员安全,而且一旦发生边坡垮塌事故将影响整个大岩塃滑坡体的稳定,因此需采取比较强的支护措施;二是施工难度大,支护工程量大,工期无法得到保证。通过研究,覆盖层段防淘墙改为"宽竖井"施工方案。

设计对采取的支护措施进行了结构计算和有限元分析,最后确定采用宽竖井施工方案。宽竖井采用整体式钢筋混凝土衬砌加钢支撑的支护方案,并要求做好施工排水工作,采用分段、间隔,自上而下分层槽挖,及时衬砌和支撑的施工方法。

"宽竖井"施工方案,是以防淘墙的设计宽度作为竖井内空宽度,沿防淘墙墙体长度方向划分若干段,作为竖井的施工单元,自上而下逐层进行"宽竖井"开挖,逐层进行钢筋混凝土衬砌支护,直到已浇筑的基岩段防淘墙混凝土顶部高程,再由此自下向上逐层浇筑混凝土。完成一个"宽竖井"的混凝土浇筑即形成一个防淘墙墙体单元,各个墙体单元相连,最后形成连续的防淘墙体。"宽竖井"按隔仓、分序施工,施工过程中根据基岩顶板线高程的不同,开挖时间的不同,使各个竖井开挖高程不在同一平面,避免长条形临空面出现,有利于滑坡体及高边坡的稳定。为加强宽竖井竖向混凝土护壁的稳定性,随着宽竖井逐层向下开挖,逐层设置横向支撑。横向支撑采用工字钢,焊接于预埋在衬砌混凝土内的钢板上。

采用"宽竖井"施工方案后,墙厚由 3～4m 改为 4.5m,"宽竖井"的分块长度根据原防淘墙分块宽度确定,最大宽度不宜超过 12.0m,共布置 26 个"宽竖井"。26 个"宽竖井"开挖全部从高程 208m 平台开始,为减小开挖造成的临空面面积,以策安全,主要分 3 序施工,即第 Ⅰ 序"宽竖井"(1、2、3、4、5、11、13、17、19、21、23、25 号"宽竖井")开挖完后立即进行墙身混凝土浇筑,混凝土浇筑到一定高程后进行第 Ⅱ 序"宽竖井"(6、7、8、10、12、15、16、18、20、24 号"宽竖井")开挖施工和混凝土浇筑,最后再进行第 Ⅲ 序"宽竖井"(9、14、26 号"宽竖井")的开挖和混凝土浇筑。在高程 200m 以上开挖净宽为 3～4m,在高程 200m 以下将净宽扩挖到与墙体结构同宽,每个"宽竖井"采用 1～2 台 3～5t 卷扬机和宽竖井井架作为开挖弃渣的垂直运输设备。

"宽竖井"全部在覆盖层内施工,为确保"宽竖井"施工安全,施工中采取短进尺、强支护、弱爆破等措施,槽挖分层高度根据地质条件采用1.0~2.0m,自上而下开挖一层,采用钢筋混凝土衬砌一层后,设置钢支撑,并施工锚杆,然后再开挖下一层,一直挖到下部防淘墙顶,然后进行钢筋安装,自下而上浇筑混凝土至高程200m。

"宽竖井"衬砌混凝土厚50cm,将"宽竖井"的上、下游衬砌混凝土面做成墙体键槽形式,并对靠山侧的衬砌混凝土面进行凿毛处理,在浇筑墙体混凝土前按设计要求埋设止水铜片。施工Ⅰ序"宽竖井"时,要预留钢筋头,并使接头错开;Ⅱ序"宽竖井"钢筋与Ⅰ序"宽竖井"预留钢筋连接,确保"宽竖井"衬砌混凝土稳定。墙体混凝土每层一般按4m高度控制,在浇筑"宽竖井"墙体混凝土时,为保证与已按自下而上水平施工墙体搭接,须在已浇筑墙体上布设防裂钢筋。"宽竖井"混凝土浇筑采用水平输送将混凝土运至井口,垂直运输采用泵管输送到浇筑仓位。

3. 拉锚洞施工

拉锚洞施工程序为先施工其施工支洞,然后施工拉锚洞。洞室开挖采用手风钻钻孔,全断面一次钻孔爆破开挖成形,周边进行光面爆破,根据洞室内坡度的不同分别采用人工装渣和装载机装渣,采用小型农用自卸车出渣。地质条件差的部位采用喷锚支护,开挖完成后进行混凝土衬砌施工;然后进行预应力锚索和排水孔的施工,部分预应力锚索在防淘墙体内预留的廊道内施工。

4. 锚索施工

对穿式锚索先进行钻孔、孔道固结灌浆、拉锚洞外锚头锚垫板混凝土浇筑,待防淘墙开挖到锚索高程时,立即进行扫孔穿索。防淘墙内进行钢筋绑扎、锚板固定,混凝土达到要求的强度后进行灌浆与张拉。锚索施工先选择3根锚索进行现场生产性试验,以熟悉与优化施工工艺,验证预应力锚索提供的锚固力和设计选定的参数。

内锚式扩孔型锚索在预留廊道内施工。预留廊道顶部混凝土封顶后即进入廊道进行预应力锚索施工。钻孔穿索后,浇筑先回填区混凝土,达到设计强度后进行灌浆、张拉,最后进行后回填区的混凝土浇筑及顶拱回填灌浆。锚索采用YG-80锚杆钻机进行造孔,内锚固段扩孔采用偏心扩孔钻施工。锚索在加工厂绑扎制作,多轮拖车运输,人工配合手链或卷扬机安装,SGB6-10注浆机注浆,YDC300型千斤顶单根循环分级调直张拉,YCW350A型千斤顶整体分级张拉,HVM锚具锚定,灌浆机封孔。

5. 混凝土浇筑

防淘墙混凝土采用泵送法分层浇筑。混凝土泵输送垂直高度25~48m不等,洞内水平运输距离最大可达10m以上。混凝土在垂直向下泵送时,管内混凝土易产生骨料分离,导致骨料架空而堵管,因此混凝土的配合比选择及采取适当技术措施,是解决好混凝土泵送中的堵管问题和防止混凝土料离析的关键。

(1)混凝土配合比确定

防淘墙墙体混凝土(C30)的配合比见表9.3。

表9.3　　　　　　　　　　　　防淘墙墙体C30混凝土配合比

配合比参数			每 m³ 混凝土材料用量							塌落度 (cm)	含气量 (%)
水胶比	用水量 (kg)	砂率 (%)	水泥 (kg)	水 (kg)	小石 (kg)	中石 (kg)	砂 (kg)	JG-3 (g)	GK-9A (g)		
0.44	147	42	335	147	562	562	814	2010	13.4	16.5	5.1

注:表中缓凝剂JG-3(粉状)的掺量为胶凝材料的0.6%;引气剂GK-9A的掺量为胶凝材料的0.004%,GK-9A配置成浓度为25%的水溶液后加入。

（2）混凝土泵送技术措施

1）泵送混凝土前泵送清水，以清洗和湿润管路、料斗、混凝土缸等，再泵送适量砂浆后才泵送混凝土。

2）泵送混凝土开始时，速度要先慢后快，逐步加速，同时观察混凝土泵的压力和系统的工作情况，待系统情况正常后方可按正常速度进行泵送。

3）泵送混凝土时，受料斗内混凝土应保持充满状态，以免吸入空气而形成堵管。

4）混凝土泵送工作应连续。拌和楼生产能力、混凝土运输能力、施工作业人员配置等应相匹配。因故中断泵送后再次泵送时，先将分配阀内的混凝土吸回料斗内充分搅拌后再泵送。

防淘墙试验段于 2002 年进行施工，2003 年防淘墙其余部位进行施工招标，防淘墙工程施工在 2006 年 11 月基本完成，满足了工程施工总进度的要求，保证了工程按期蓄水的度汛安全。深厚覆盖层防淘墙施工目前国内外尚无成熟的施工技术可循，通过水布垭水电站左岸深厚覆盖层防淘墙实践证明，左、右岸基岩段防淘段防淘墙采用逆作法施工、左岸深厚覆盖层防淘墙采用"宽竖井"方案顺作法施工是成功的，施工效果（尤其是在质量、安全、进度控制上）显著。

引水发电系统施工技术研究 第 10 章

水布垭水电站引水发电系统位于右岸马崖山体内，不仅地形陡峭，交通困难，而且地质条件复杂，软岩占比高，存在软岩成洞问题，加之洞室纵横交叉，开挖断面大，主厂房与引水洞、尾水洞、母线洞、交通洞、通风洞等洞室相交达 14 处之多，挖空率高，群洞及交叉洞室稳定问题十分突出。

在如此复杂的地质条件下，既要保证施工过程中的群洞稳定，又要保证达到快速、安全施工的目的，在当时国内罕见。为此，结合国内外工程经验，围绕引水发电系统施工进行了"地下工程施工技术"特殊科研及相关专题论证、设计，主要解决施工通道、施工程序、施工方法及施工进度等关键问题，成果用于指导后续引水发电系统的设计和施工。

10.1 工程特点

10.1.1 工程布置

水布垭水电站引水发电系统洞室群布置在坝址 NE30°河段右岸山体内，电站装机 4 台，单机容量 460MW，总装机容量 1840MW，为 1 级建筑物。

引水发电系统主要由引水渠和进水塔、4 条引水隧洞、地下主厂房、安装场、4 条尾水洞、7 条母线洞（3 条上平洞和 4 条下平洞）及 4 条母线竖井、交通竖井、通风及管道洞组成，此外还有 3 层厂外排水洞、钢衬外排水洞、2 条交通洞和 5 条施工支洞等。这些洞室结构布置紧凑，形式多变，体形复杂，纵横交错，平斜竖相贯，组成庞大而复杂的地下洞室群，见图 10.1。

进水塔位于大坝上游坝子沟西南侧的边坡上，紧靠大坝呈一字形排列，其纵轴线与坝轴线夹角 20.3°。进水口平面尺寸为 124.00 m×30.00m（长×宽，下同）。从左至右依次为 4# ～1# 机组的进水塔，单机单段，每段长 24.00m，进水塔底坎高程 330.00m，塔顶高程 407.00m。紧靠 1# 机布置有 28m×25.50m 的安装平台，平台顶高程与进水塔相同，为闸门拼装兼交通转弯场地，安装平台右端设交通桥与上坝公路相连，是进水塔对外交通运输的主要通道。

引水渠顺坝子沟布置，为典型的侧向进水。其渠底高程 328.50m，宽 60m，长约 340m。

引水隧洞为一机一洞，其轴线平行并与进水塔垂直，与主厂房轴线夹角为 70°。从上游到下游分别为上平段、斜井段和下平高压段，上平段洞径为 8.5m，斜井段和下平段洞径为 6.9m，上平段进口中心高程 334.25m，下平段出口中心高程 188.00m。

主厂房轴线方位角 N286°，地下厂房尺寸为 168.50m×23m×65.47m（长×宽×高）。机组段长 118.70m，分四段布置，一机一缝；安装场长 41.50m，分两段布置，其中安Ⅰ段长 15.7m，安Ⅱ段长 25.8m。

主厂房下游侧高程 200.50m 处布置四条与主厂房垂直的母线洞，低压母线由母线洞接母线竖井，升至高程 318.70m 后，再经水平母线廊道与布置在 500kV 变电所内的主变压器相联。

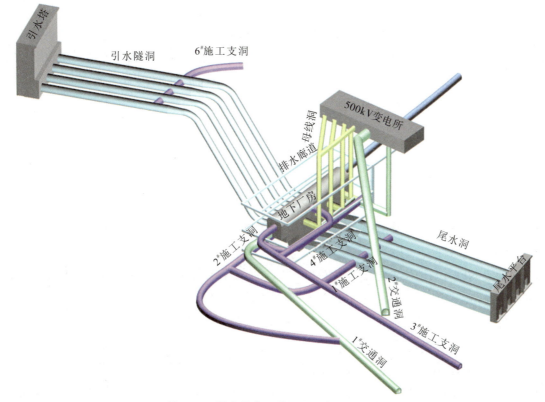

图 10.1 引水发电系统洞室群布置示意图

通风管线廊道布置于主厂房左端墙中部高程 225.70m 处,与主厂房轴线夹角 20°,并通向山外,出口高程 230.00m,开挖断面为 5.00m×4.77m。

交通竖井位于 4# 机母线洞下游末端,开挖断面尺寸为 7.76m×6.36m。内设一道楼梯和一部电梯,通至 500kV 变电所控制管理楼的楼顶,为地下厂房上下联系通道,并兼作消防安全通道。

尾水洞进口垂直主厂房轴线呈直线布置,出口位于马崖高边坡下游。尾水洞为有压洞,进口底高程 166.80m,出口底高程 186.00m,平均水平投影长度 316.88m,圆形衬砌断面,内径为 10.50m。

尾水平台与尾水洞洞轴线夹角 80°,紧贴尾水洞出口边坡布置,平面尺寸为 117m×12m,底板高程 186.00m,顶高程 230.00m。

500kV 变电所位于主厂房顶部左端,地面高程 315.00m,占地面积 130m×42m,垂直主厂房轴线布置。500kV 变电所内布置主变室、GIS 室以及电站管理楼,其下游侧为开敞式油罐区。

1#、2# 交通洞(以下分别称为"厂 1# 交通洞、厂 2# 交通洞")是地下厂房主要对外交通道。利用高程 230.00m 的 4# 公路进厂 1# 交通洞,按 7% 坡度进入主厂房右侧安 I 段高程 206.50m;由高程 303.00m 的 6# 公路经厂 2# 交通洞,进入高程 315.00m 的 500kV 变电所。电站主要的大尺寸重型机电设备分别经厂 1# 交通洞、厂 2# 交通洞用平板车运入安装场或变电所,再由厂内桥机或汽车吊吊运就位进行安装。

10.1.2 地形、地质条件

10.1.2.1 地形条件

地下厂房位于坝址 NE30° 直线河段的右岸,主厂房洞室群布置于清江峡谷长期形成的有多级台坎的山体之中。河岸岸坡下部陡立,坡角一般大于 75°;上部为台坎状斜坡,综合坡度一般 30°～45°;洞室顶部地面高程 400～450m,部分地段发育有条带状喀斯特剥蚀面。厂房洞室群布置地段地表山体比较完整,地表未见深大的溶洞、溶沟、溶槽等地貌发育。

厂房地段山体的西南部发育有坝子沟冲沟,总体走向315°,一般宽60～110m,深40～80m,自南东向西北注入清江。坝子沟的北侧即为地下电站引水洞的进口。厂房地段的东北部为马崖高边坡,边坡高陡险峻,总体坡角约70°,坡高达300m左右(最大坡高360m)。坡面走向280°,往上游方向以弧形与NE30°直线岸坡相衔接。高边坡的坡脚处即为地下电站尾水洞的出口。

10.1.2.2 地质条件

1. 地层岩性

厂区地层从下至上为泥盆系写经寺组(D_3x)、黄龙组(C_2h)、马鞍组(P_1ma)、栖霞组(P_1q)及二叠系茅口组(P_1m),其中栖霞组分为15段(P_1q^{1-15})。主要为Ⅱ～Ⅴ类围岩。

此外,山体中、缓坡地带往往有残、坡积物分布,陡坡地带的山脚处有崩、坡积物分布。

(1)引水洞地质条件

引水洞轴线NE6°,与地层走向之间夹角11°～31°,布置于三友坪向斜东翼的单斜山体之中,地层产状245°～265°∠6°～12°。引水洞围岩为栖霞组第1段(P_1q^1)～栖霞组第12段第3亚段(P_1q^{12-3})地层,其中,1#～4#机引水洞上平段穿越的围岩为栖霞组第12段第2亚段(P_1q^{12-2})和栖霞组第12段第3亚段(P_1q^{12-3})地层;斜井段穿越的围岩为栖霞组第2段(P_1q^2)～栖霞组第12段第2亚段(P_1q^{12-2})地层;下平段穿越的围岩为栖霞组第1段(P_1q^1)和栖霞组第2段(P_1q^2)地层。围岩中P_1q^2、P_1q^4、P_1q^5、P_1q^7、P_1q^9、P_1q^{11}、P_1q^{12-2}为硬岩岩组,其中:P_1q^2、P_1q^4、P_1q^5、P_1q^7、P_1q^9属Ⅱ类围岩;P_1q^{11}、P_1q^{12-2}属Ⅲ类围岩。P_1q^1、P_1q^3、P_1q^6、P_1q^8、P_1q^{10}、P_1q^{12-1}、P_1q^{12-3}为软岩岩组,属Ⅳ类围岩。1#～4#机引水洞顶拱所穿越岩体的级别见表10.1。

表10.1　　　　　　　1#～4#机引水洞顶拱围岩级别统计表

引水洞	围岩级别	Ⅱ	Ⅲ	Ⅳ
1#机	长度(m)	32.0	145.3	202.0
	所占比例(%)	8.4	38.3	53.3
2#机	长度(m)	27.0	144.9	216.0
	所占比例(%)	7.0	37.4	55.6
3#机	长度(m)	32.6	139.0	225.0
	所占比例(%)	8.2	35.0	56.8
4#机	长度(m)	120.0	133.0	150.3
	所占比例(%)	29.8	33.0	37.2

(2)主厂房地质条件

主厂房轴线296°,地层产状245°∠8°～15°,主厂房轴线与地层走向之间夹角39°。主厂房顶高程230.47m,尾水管底板开挖高程165.50m。洞顶埋深105～185m。主厂房北西端距清江右岸岸坡最短距离约85m。在高程165m处,断层F_2、F_3之间间距约400m,主厂房东距F_2断层最短距离190m,西距F_3断层最短距离55m。

主厂房围岩由上至下分别为:栖霞组第4段(P_1q^4)、第3段(P_1q^3)、第2段(P_1q^2)、第1段(P_1q^1)及马鞍组(P_1ma)、黄龙组(C_2h)等地层。其中马鞍组(P_1ma)和黄龙组(C_2h)地层岩相变化大,不仅地层厚度变化大,而且岩性成分也有变化。

主厂房上部围岩 P_1q^4、P_1q^5 厚度大,总厚度超过 50m,岩体较完整,构成一个较完整的工程地质单元,该地质单元控制了主厂房顶拱的整体稳定性。其下部 P_1q^3、P_1q^2、P_1q^1、P_1ma、C_2h、D_3x 等岩组软硬相间,软岩所占比例较大,构成一个稳定性较差的工程单元,在这个工程单元中,软岩为岩体变形、破坏的控制因素,该工程单元决定了主厂房侧墙及机坑的稳定性较差。

主厂房地段断层相当发育,断层的走向以 NE、NNW 以及近 SN 向为主,倾角陡,断层带一般宽度 0.1~1.2m,主要为方解石或方解石胶结的角砾岩所充填,沿断层面多见溶蚀、风化现象。在主厂房开挖范围内分布的断层有 f_{360}、f_{361}、f_{369}、f_{394}、f_{537}、f_{551}、F_{580}、F_{545}(F_{50})、F_{565}、F_{671}、F_{735}、f_4、F_4、f_8、f_9、f_{10}、f_{11}、f_{12}、f_{13}、f_{14}、f_{16}、f_{17} 等,其中 F545 断层带的宽度达 10.5m,且性状较差。主厂房地段裂隙亦比较发育,走向主要有四组,NE 组、NW 组、近 SN 组以及 NEE 组,大于 2m 长的裂隙密度约 3.7 条/m。

主厂房的围岩中发育有 001#、011#、021#、031-1#、031-2#、031-3#、031-4#、041# 等层间剪切带,剪切带厚度 0.1~1.0m,一般由主剪泥化带、劈理揉皱带、劈理带等构成,性状差,强度低。主剪泥化带岩体的变形模量为 0.1~0.2GPa,抗剪断参数 f 值为 0.2~0.25,C 值为 0.005~0.01MPa。此外,在厂房机窝岩体中发育有黄龙剪切带(F205),该剪切带性状变化大,一般厚 5~12m,发育于 P_1ma 的下部和 C_2h 的上部,主要由碎裂岩构成,胶结差。该剪切带为一组顺层的比较平顺的剪切面,剪切面两侧的岩体剪损轻微。

(3)母线洞地质条件

母线洞所揭露的围岩由栖霞组第 2 段(P_1q^2)~第 10 段(P_1q^{10})地层构成,产状 240°~245°∠12°~15°。其中 P_1q^2、P_1q^4、P_1q^5、P_1q^7、P_1q^9 为 Ⅱ 类围岩,P_1q^3、P_1q^6、P_1q^8、P_1q^{10} 为 Ⅳ 类围岩。围岩中规模较大的层间剪切带有 031#、041#、061#、081#、101# 等。

(4)尾水洞地质条件

尾水洞轴线方向 NE26°,进口高程 166.8m,出口高程 188.8m。其穿越的岩体为:栖霞组第 1 段(P_1q^1)、马鞍组(P_1ma)、黄龙组(C_2h)和写经组(D_3x)地层,地层产状 235°~250°∠12°~18°。尾水洞轴线与地层走向之间夹角 22°~43°。

围岩中层间剪切带发育,栖霞组第 1 段(P_1q^1)中发育 011#、012# 剪切带,马鞍组(P_1ma)上部发育 001# 剪切带,其下部和黄龙组(C_2h)上部发育黄龙剪切带(F_{205}),黄龙剪切带岩体碎裂,胶结差,厚度变化较大,一般为 5~12m。

围岩中 P_1q^1、P_1ma、D_3x 及黄龙剪切带中的岩体属 Ⅳ~Ⅴ 类围岩,C_2h 下部的相对完整岩体属 Ⅲ 级围岩。

尾水洞绝大部分洞段顶拱位于剪切带(011#、001# 剪切带及黄龙剪切带)和写经寺组(D_3x)等 Ⅳ、Ⅴ 类岩体之中,见表 10.2。这些岩体强度低、完整性差,成洞条件差,位于尾水洞顶拱之上,开挖时易形成塌顶、掉块等失稳现象。

表 10.2　　　　　　尾水洞顶拱穿越剪切带和写经寺组岩体长度统计表

尾水洞 岩组长度	穿越 011#、001# 及黄龙剪切带的长度(m)	穿越写经寺组岩体长度(m)	长度累计(m)	占全长的百分比(%)
1# 机	140	72	212	69.7
2# 机	178	30	208	69.3
3# 机	216	18	234	78.9
4# 机	232	17	249	85.0

2. 地质构造

厂房区位于三友坪向斜东翼的单斜山体之中,地层产状:$230°\sim250°\angle6°\sim25°$。主要的构造形迹有断层、裂隙、层间剪切带等。

(1)断层

厂区发育的断层主要有 NNE、NNW、NE 三组。断层以张性、张扭性为主,规模一般较小,但密度较大。倾角以高倾角为主,沿断层面往往见溶蚀、风化现象。厂房地段主要的断层约 14 条。

(2)裂隙

厂房区岩体中的裂隙十分发育,按其走向可分为四组,其中:①NE 组占 32.3%;②NW 组占 23.3%;③近 SN 组占 16.4%;④NEE 组占 13.8%。

裂隙以高倾角为主,中、缓倾角裂隙较少。裂隙宽度一般 0.2~2cm,少数较宽的达到 5~10cm,一般方解石充填,部分裂隙中见有溶蚀、风化张开或充填泥质现象。裂隙中长度大于 2m 的密度约 3.7 条/m。

(3)层间剪切带

厂房区地层产状平缓,软硬相间,历经多次构造活动后,主要沿相对软岩广泛地形成了层间剪切带。仅二叠系栖霞组(P_1q)、马鞍组(P_1ma)地层中发育的层间剪切带就达 60 余层,单层厚度大于 0.5m 的有 10 余层。

层间剪切带一般发育于炭泥质灰岩、含炭泥质灰岩、泥灰岩等相对软弱的地层之中,母岩本身的强度就比较低,在经过剪切破坏、层间揉皱等形成剪切带后岩体强度进一步显著降低,形成强度低、易变形、易风化、易软化的构造层,如果剪切带的厚度较大,其岩体还具有较强的流变特性。层间剪切带往往由主剪泥化带、劈理揉皱带、劈理带等构成,其中以主剪泥化带性状最差,强度最低。

3. 岩溶、水文地质

(1)岩溶

厂区地表出露以及地下洞群穿越的岩体中绝大部分为可溶性碳酸盐岩。可溶岩各岩组中均见有岩溶现象发育。其中层厚质纯的碳酸盐岩组岩溶相对比较发育,而含软弱夹层或燧石较多的岩组岩溶则相对微弱。岩溶发育的主要类型有:溶沟、溶槽、溶缝、溶洞、岩溶管道系统等。

厂房区内在坝子沟地带发现Ⅷ和Ⅹ两个岩溶管道系统。

(2)水文地质

厂区内地下水主要有孔隙水、裂隙水和岩溶洞穴水三种类型。地下水补给主要来源于大气降水,其次为 F_2 断层以东山体地下水的侧向补给。大气降水入渗地下形成地下水后,沿裂隙、断层、层面等自高处向低处运移。其中裂隙水、孔隙水部分以裂隙泉、片流等形式排泄于江边或边坡之上,部分汇入岩溶管道形成岩溶管道水。厂房区的岩溶管道水主要沿Ⅷ号或Ⅹ号岩溶管道运移至江边以泉点形式排入江中。

4. 岩体的风化

厂房区的岩体据其风化作用的方式和结果的不同,可分为溶蚀型风化和层状风化两种基本类型。风化深度一般为 20~30m。

10.1.3 工程特点

根据地质资料及引水发电系统结构分析,引水发电系统工程主要特点如下:

(1)地质岩性总的来说上硬下软,中间软硬相间。

(2)进水塔和引水洞、地下厂房开挖的茅口组、栖霞组岩石需利用于坝体填筑,开挖利用料应满足坝体填筑的要求,而且利用料和废弃料需分别运输,增加了施工的复杂性。

(3)单条引水洞顶拱穿越软岩岩组的平均长度约 200m,占总长度的 51%。其主要破坏形式有:塌顶、边墙沿层间剪切带的局部滑移以及塑性变形等。同时存在硬岩洞段的块体稳定及岩溶塌陷问题。

(4)地下厂房除顶部位于强度较高、完整性较好的栖霞组第 4 层外,下部处于黄龙组、马鞍组、写经寺组等软弱岩体中,其主要问题有:吊车梁部位岩体整体强度较低,部分岩体需混凝土置换,影响地下厂房开挖进度。

(5)主厂房开挖断面大,洞室纵横交叉,主厂房与引水洞、尾水洞、母线洞、交通洞、通风洞等洞室相交达 14 处,群洞稳定和交叉洞室稳定问题十分突出。

(6)尾水洞绝大部分洞段顶拱位于剪切带和写经寺组岩层中,属 Ⅳ、Ⅴ 类围岩,强度低、完整性差,成洞条件差,开挖时易形成塌顶、掉块等失稳现象。

(7)尾水出口江面较窄,修建挡水围堰很困难,尾水塔和尾水渠宜在导流洞下闸后的一个枯水期内建成。

10.2 施工通道布置研究

地下电站工程系统洞室群复杂,就象一座巨大的地下迷宫,需要纵横交错的地下通道,才能通向各个施工部位。大型地下洞室群要做到快速施工,必须确保每一施工部位均有施工通道与外部交通网络顺畅相接,并针对其地质条件,选择恰当的施工程序与施工方法,保证关键工期线路上的施工项目能连续、有序地进行施工。

施工通道要求根据建筑物的结构形式合理布置且相互兼顾。施工通道布置时主要考虑下列因素:

(1)尽可能利用永久隧洞作为施工通道或从永久隧洞内分岔布设施工支洞。

(2)自主要交通运输干线通向支洞口的运输线路工程量较小,支洞与交通运输干线连接通畅。

(3)支洞线路最短,洞线地质条件较好,洞口岩体稳定,明挖工程量较小。

(4)支洞口具有临建工程布置条件。

(5)支洞断面及纵坡满足交通运输及施工管线布置要求。

(6)支洞布置应综合考虑开挖、混凝土、机电等施工的需要。

(7)支洞布置应同时满足施工通风及安全要求。

(8)既要保证各个开挖工作面出渣通畅,又要使施工支洞工程量最少,还要满足快速施工要求,这就要求进行施工支洞布置时,做到可行性、合理性和经济性三者兼顾。

地下厂房系统开挖原设计共布置了 6 条施工支洞,承担不同部位的开挖任务。在实施阶段,通过优化设计,取消了原厂 5# 施工支洞(实际施工支洞共 5 条)。具体施工通道布置见图 10.1。

10.2.1 引水洞施工通道布置

10.2.1.1 上平段

引水系统上平段施工的入口考虑了利用进水口和布置施工支洞两个方案。选择进水口方案可以节省一条施工支洞的费用,但根据施工总进度安排,进水口部位的开挖要到 2005 年 2 月才能完成,届时方具备进行引水系统上平段施工作业的条件,不能满足总进度控制的要求。

另连接进水口作业面的 14# 公路当时未建完,而 6# 道路和施工支洞进口的高程 315m 平台都已形成,所以选择布置施工支洞方案。

进入引水系统上平段施工的施工支洞为厂 6# 施工支洞。厂 6# 施工支洞与高程 315m 平台相接,通过厂 2# 交通洞接入右岸 6# 道路。厂 6# 施工支洞需同时承担压力钢管的运输要求。该支洞长 187m,断面为城门洞形,尺寸为 8.0m×10.5m(宽×高,下同)。

10.2.1.2　下平段

引水系统下平段紧邻主厂房,其施工通道布置应与主厂房、尾水洞的施工通道布置一并考虑。根据地形条件,引水系统下平段右侧为陡峻的清江河谷,无施工道路通过,其施工通道只能从下游侧进入。按照各相邻建筑物的位置,从厂房的厂 1# 交通洞分岔布设施工支洞工程量最省。

因此,从厂 1# 交通洞分岔布设的厂 1# 施工支洞进入尾水隧洞。利用厂 1# 施工支洞,在最接近引水洞下平段的地方,分岔布置厂 2# 施工支洞,进入引水系统下平段施工。

厂 2# 施工支洞长 165m,断面为城门洞形,尺寸为 8.0m×6.0m。

10.2.1.3　斜井段

在引水系统斜井段的上部和下部分别有厂 6# 施工支洞和厂 2# 施工支洞,利用厂 6# 施工支洞和厂 2# 施工支洞即可进行引水系统斜井段的施工,不再需要另外布置施工通道。

10.2.2　主厂房系统施工通道布置

对于地下电站,主厂房的开挖与支护是影响水电工程施工总工期的关键项目,制约着整个电站的施工进度,而主厂房又需要采用分层开挖与支护,因此,在布置施工通道时,必须确保每一层均有施工通道与外部交通网络相接通畅,同时,要有机地处理和安排好其他相邻洞室与主厂房施工之间的关系,形成"平面多工序、立体多层次、多工作面交叉作业"的局面,才能达到快速、有序地进行施工的目的。

主厂房系统的施工道路布置的总体思路是层层有出路,上下层可以交叉作业,又互不干扰。

主厂房顶拱施工原拟利用主厂房左端的通风洞进入施工,但通风洞的进口处是悬崖,没有道路,修路又与大坝填筑有干扰。主厂房顶拱施工前需先期进行主厂房四壁的栖霞组第 3 段(P_1q^3)的软岩混凝土置换施工,必须解决施工交通。选择在放空洞出口与电站尾水渠之间布置厂 3# 施工支洞进入主厂房顶拱和软岩混凝土置换区,先承担主厂房四壁先期进行的栖霞组第 3 段(P_1q^3)的软岩混凝土置换施工交通,后解决厂房顶拱(Ⅰ~Ⅱ层)的开挖、支护及岩壁吊车梁的施工交通。

主厂房中、上部的(Ⅲ~Ⅳ层)开挖与支护施工交通由主厂房右侧中部高程 206.5m 布置的厂 1# 交通洞和厂 4# 施工支洞承担。从厂 1# 交通洞分岔布置厂 4# 施工支洞进入母线洞(后期可作为母线洞交通廊道),主要承担母线洞与母线竖井施工,同时可兼顾主厂房中、上部的(Ⅲ~Ⅳ层)开挖与支护施工交通。

主厂房中、下部的(Ⅴ~Ⅶ层)开挖与支护由布置于引水洞下平段的厂 2# 施工支洞经引水洞下平洞进入施工,下部由布置于尾水洞的厂 1# 施工支洞经尾水洞进入施工。

这样主厂房上、中、下部的(Ⅰ~Ⅶ层)共布置厂 3#、厂 4#、厂 2#、厂 1# 施工支洞和厂 1# 交通洞共五条施工交通道路,从而保证了主厂房从上而下有序、安全的开挖和支护施工。

厂 3# 施工支洞长 513m,断面尺寸为 8.0m×6.0m,城门洞形。厂 3# 施工支洞同时承担主厂房四壁栖霞组第 3 段(P_1q^3)的软岩混凝土置换施工。

厂 4# 施工支洞长 163.7m,断面尺寸为 4.5m×4.0m。厂 4# 施工支洞主要承担母线洞与母线竖井施工,同时可兼顾主厂房中、上部的(Ⅲ~Ⅳ层)开挖与支护施工交通。

由 6# 道路和厂 2# 交通洞承担变电所施工交通。

10.2.3　尾水洞施工通道布置

尾水洞出口处于马崖高边坡下,枯水期水位 195~200m,出口底板高程低于河床常年水位 10~15m,

且不能修建全年挡水围堰,因此出口不能作为施工通道,宜布置施工支洞进入施工。下游道路高程与尾水洞高程相差 60m,需要很长的距离降坡。将施工支洞的轴线布置在靠近引水洞下平段方向,又可兼顾引水洞下平段的施工。施工支洞的进口选择有从边坡切口和从厂 1# 交通洞分岔进入两个方案,从边坡切口需要增加洞口部位开挖和支护工程量,工期较宽松,但下游已存在厂 1# 交通洞、厂 3# 施工支洞、尾水洞及放空洞的洞口,再布置 1 个洞口较困难;从厂 1# 交通洞分岔进入方案可节省洞口部位开挖和支护工程量,但受 1# 交通洞施工进度控制。

经分析,厂 1# 交通洞施工进度满足施工支洞进口的时间要求,选择厂 1# 交通洞分岔设厂 1# 施工支洞进入尾水隧洞,将尾水隧洞分为上、下两段进行施工。厂 1# 施工支洞断面为城门洞形,断面尺寸为 8.0m×6.0m,长 661m。

10.2.4 厂房施工支洞特性

厂房共设 5 条施工支洞,各施工支洞主要特性见表 10.3。

表 10.3   地下厂房系统施工支洞特性表

支洞名称	净断面尺寸(m×m)	长度(m)	起点高程(m)	终点高程(m)	平均纵坡(%)
厂 1# 施工支洞	8.5×6.5	756.0	228.97	169.0	7.9
厂 2# 施工支洞	8.0×6.5	182.9	185.37	186.0	0.3
厂 3# 施工支洞	8.0×6.0	513.2	230.0	221.0	0.02
厂 4# 施工支洞	4.5×4.5	212.9	206.5	200.0	3.1
厂 6# 施工支洞	8.5×10.3	286.0	316.0	329.6	4.8

厂 1# 施工支洞:由 1# 交通洞高程 228.97m 处进洞,下至高程 169.00m 水平贯穿四条尾水洞,承担尾水洞开挖及厂房下层施工任务。净断面尺寸为 8.5m×6.5m(宽×高,城门洞形,下同),长 756.0m。

厂 2# 施工支洞:由厂 1# 施工支洞高程 185.37m 处进洞,上至高程 186.00m 水平贯穿四条引水洞下平段,承担引水洞下平段、斜井段及厂房中下层施工任务。净断面尺寸为 8.0m×6.5m,长 182.90m。

厂 3# 施工支洞:由 4# 道路高程 230.00m 处进洞,以下接厂房右端墙顶高程 221.00m,并从洞内高程 219m 处分岔接厂房下游墙高程 210m,再水平贯穿至厂房上游墙,分别承担厂房顶拱及上层施工任务。净断面尺寸为 8.0m×6.0m,长 513.20m。

厂 4# 施工支洞:由 1# 交通洞高程 206.50m 处进洞,下至高程 200.00m 接母线洞,主要承担母线洞与母线竖井施工任务,同时可兼顾主厂房中上部的施工。净断面尺寸为 4.5m×4.5m,长 212.90m。

厂 6# 施工支洞:由 315 平台高程 316.00m 处进洞,上至高程 329.60m 水平贯穿四条引水洞上平段,承担引水洞上平段、斜井段施工任务。净断面尺寸为 8.5m×10.3m,长 286.00m。

根据不同围岩类别,施工支洞采用锚、喷、网、钢拱架等支护措施。

10.3 施工程序与施工方法

根据地质条件、工期安排、各控制点的要求、施工支洞布置、建筑物与工程施工安全、施工机械设备的选用和经济效益等来研究施工程序与施工方法。

10.3.1 引水洞施工程序与施工方法

10.3.1.1 施工程序

引水洞由上平段、下平段和斜井段组成,根据建筑物的特点、工期要求和施工通道布置情况,各段分别施工。由厂6#施工支洞进入上平段,厂2#施工支洞进入下平段。为了尽早给引水洞斜井段施工创造条件和提供工作面,引水洞上平段先开挖厂6#施工支洞下游侧部分的下段,再开挖厂6#施工支洞上游侧部分;为了减少引水洞下平段施工对主厂房施工的影响,同时有利于主厂房施工期的稳定,引水洞下平段先开挖厂2#施工支洞下游侧的下段,再开挖施工上段。引水洞上平段下段和下平段上段隧洞施工完毕后,可进行斜井段导井施工。斜井段导井自下而上进行施工,然后自上而下扩挖斜井。

考虑到洞室群的稳定,4条引水洞分两批施工。先施工1#、3#引水洞上、下平段,然后再施工2#、4#引水洞上、下平段。先完成1#、3#引水洞斜井段的开挖和衬砌,然后再进行2#、4#引水洞斜井段的开挖与衬砌。

开挖完毕后,先衬砌引水洞上平段厂6#施工支洞上游侧部分,再进行斜井段钢衬安装和混凝土衬砌。引水洞下平段在厂房混凝土浇筑到高程182.25m后,再进行钢衬安装和混凝土衬砌。为保证主厂房施工安全,下平段在主厂房开挖至引水洞高程前,采用适当扩挖并对扩挖部分进行钢拱架喷混凝土支护的措施。具体施工程序见图10.2。

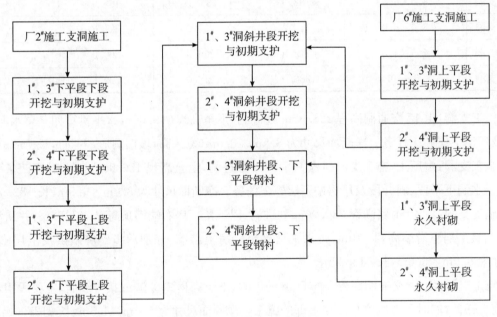

图 10.2 引水洞施工程序图

10.3.1.2 施工方法

根据工程的特点、工期和经济等条件选用中型机械设备,由这些机械设备的尺寸确定了施工支洞的断面尺寸。选用中型机械设备和相应的施工交通道路,再根据施工部位的断面尺寸选择不同的开挖和支护方法。

引水隧洞的断面尺寸较大,可选择分层开挖和全断面钻爆法开挖,都能保证单循环作业进尺。在Ⅳ类围岩洞段,为了保证施工安全,可采用先导洞、后扩挖的方式开挖。机械设备宜用三臂凿岩台车、$3m^3$侧卸式装载机、20t自卸汽车和混凝土喷射台车及双级对旋式轴流风机通风设备。

1. 引水隧洞上平段开挖

4 条引水洞上平段Ⅱ、Ⅲ类围岩洞段采用全断面钻爆法开挖，Ⅳ类围岩洞段采用先导洞、后扩挖的方式开挖。导洞尺寸为 5m×6m（宽×高）。均采用三臂凿岩台车和 6 台气腿式凿岩机钻孔、中心掏槽、周边光面爆破。全断面钻爆法开挖时，爆破后距掌子面 4.5～5.5m 以外垫渣 1.5～2.0m 厚，以利于机械设备通行，待全部爆破完成后，用 0.8m³ 反铲配合人工挖除。均采用 3m³ 侧卸式装载机装渣，20t 自卸汽车出渣。施工期支护一般采用锚喷支护，锚杆施工采用锚杆台车为主，多臂凿岩台车钻孔、人工注浆插筋为辅。喷混凝土用混凝土喷射台车施工为主，人工湿喷法施工为辅。

Ⅳ类围岩洞段和Ⅱ、Ⅲ类围岩地质条件较差洞段开挖时，需紧跟开挖进行锚喷支护，并加强围岩变形观测，及时了解围岩变形情况，以利及时采取措施，保证围岩稳定。4# 引水洞由于距岸坡距离较近，受岸剪裂隙的影响，岩体更为破碎，甚至处于卸荷风化带中，庙包滑移体挖除后，上覆岩体厚度仅 10～18m，稳定性差，隧洞开挖需控制爆破进尺和规模，减小爆破对围岩和边坡的振动影响，开挖前，采取从地面对洞顶进行灌浆、锚固等支护措施，开挖后需对周边及时进行全面锚喷支护封闭，并加强围岩变形观测，必要时，需采取钢支撑等强支护措施。

洞内通风方式采用机械压入式通风。在厂 6# 施工支洞口设一台双级对旋式 2×55kW 轴流风机，用于引水洞上平段施工时的通风。

上平段开挖料基本为填筑利用料，均先存于左岸长淌河存料场，后再转运上坝填筑。弃渣运至下游石板沟弃渣场。

2. 引水洞下平段开挖

引水洞各下平段洞室先施工厂 2# 施工支洞下段，再施工上段。Ⅱ、Ⅲ类围岩洞段采用全断面钻爆法开挖，Ⅳ类围岩洞段和Ⅱ、Ⅲ类围岩地质条件较差洞段采用先导洞、后扩挖的方式开挖，导洞尺寸为 5m×6m（宽×高）。爆破采用气腿式凿岩机钻孔、中心掏槽、周边光面爆破。施工期支护以锚喷支护为主，锚喷支护应紧跟开挖工作面进行。开挖及出渣设备与上平段相同。

由于下平段需作为主厂房施工交通，主厂房未开挖至下平段高程前，下平段钢衬不能进行施工。为保证洞室的稳定，在主厂房开挖至下平段高程前，下平段除完成必须的锚喷支护外，还应进行钢拱架喷混凝土初期支护锁口。在钢衬安装前，在开挖时将锁口段进行适当扩挖，然后进行初期支护。4 条引水洞下平段锁口段的开挖、衬砌程序与上平段相同。

下平段开挖石渣大部分为有用料，采用 3m³ 侧卸式装载机装渣，20t 自卸汽车运输，存于左岸长淌河存料场，小部分弃渣弃于下游黑马沟和石板沟弃渣场。

3. 斜（竖）井段开挖

水布垭地下厂房系统除引水隧洞布置有斜井段外，还布置有多条通风竖井、母线竖井、交通竖井，其施工方法类似。

在水利水电地下工程施工中，采用竖井和斜井结构型式的水工建筑物较多，由于竖井及斜井施工具有工作面窄小、通风困难、高空作业，同时受到炮烟、落石、淋水和粉尘等的危害，因此竖井及斜井施工历来都成为了水电施工行业的难点及重点。

竖井及斜井工程特性见表 10.4，斜（竖）井反井钻机导井施工工艺流程见图 10.3。

（1）施工方法选择

斜井（或竖井）开挖方法主要分为普通法、吊罐法、爬罐法、深孔爆破法及反井钻机法等五类。

1）普通法

一般用于掘进高度小于60m的竖井。人工搭横撑、架梯子、铺平台,进行凿岩爆破。本法工序繁杂,通风条件不良,作业安全性差,成本高,劳动强度大,材料消耗多,掘进速度慢;但在断层多,矿脉变化大的不稳定岩层中掘进,仍是有效的方法。

表10.4   竖井及斜井工程特性表

项目名称		开挖典型断面尺寸(m)	长(高)(m)	起止高程(m)	数量	导井尺寸(m)	备注
通风竖井		$\phi 1.4$	183.0	400.0~219.0	1	$\phi 1.4$	反井钻机导井法
母线竖井	1#~3#母线竖井	5.0×6.0	118.2	318.2~200.0	3	$\phi 2.0$	
	4#母线竖井	7.8×7.0	115.0	315.0~200.0	1	$\phi 2.0$	
交通竖井		$\phi 8.8$	115.0	315.0~200.0	1	$\phi 2.0$	
1#、3#、4#引水斜井			158	330.4~185.0		$\phi 1.4$	
2#引水斜井		$\phi 8.8$	158	330.4~185.0	1	3×3	吊篮法

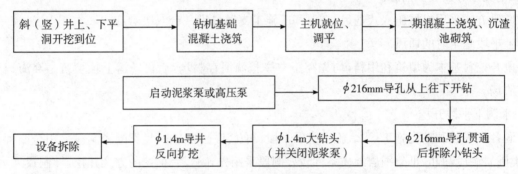

图10.3   斜(竖)井反井钻机导井施工工艺流程框图

2)吊罐法

沿竖井全高钻一中心孔,孔径100~110mm。在上水平洞安装卷扬设备,钢绳穿过中心孔与吊罐挂接,在吊罐上完成凿岩装药作业后,下放吊罐,进行爆破。在下水平洞一般用装岩机出渣。本法适用于较稳定的岩层,掘进高度可达百余米,其优点是掘进速度快、效率高、木材消耗少、作业条件较好,但钻孔偏斜较难控制。

3)爬罐法

1957年在瑞典研制成功。爬罐沿导轨上升到工作面,在爬罐的钻眼平台上进行作业,爆破时将爬罐下放到下部平巷内。爬罐用带齿轮的发动机升降,齿轮沿带齿条的导轨移动。掘进高度小于200m时用压气驱动,掘进高度200~900m时用电力驱动,掘进高度大于900m时用液压驱动。爬罐法掘进速度快,工效高。挪威某竖井高980m,倾角45°,断面5.8~6.6m²,用736个工作日掘进完成,最高日进尺32m。本法适用于稳定岩层,可掘进倾斜的高竖井、盲竖井,安全条件好;缺点是设备较复杂,初期投资大,辅助作业时间长,操作技术要求较高。

4)深孔爆破法

用深孔钻机在竖井断面内钻凿一组平行炮孔,从上水平洞装药,自下而上分段(2~5m)爆破。高度10m左右时也可一次爆破成井。分段爆破又分平行中空眼爆破法和漏斗爆破法,我国目前多用前一种。该法可增加爆破段高度,减少辅助作业时间。深孔爆破法优点是施工人员不进入工作面,作业条件好,适用于无破碎带较稳定岩层;缺点是钻孔偏斜难以控制。

5)反井钻机法

反井钻机导井法施工于 1950 年在北美首先发展,20 世纪 60 年代中期盛行于欧洲,特别是在德国倍受推广。我国较早利用反井钻机进行导井法施工的工程有大朝山水电站通风竖井等,均取得了较好的应用效果。其具有进度快、精确度高、安全性能好、工作环境好等特点。根据钻机安装的位置不同,分向上扩孔和向下扩孔两种钻进方法,通常采用前者,即沿竖井中心线从上向下钻超前导孔与竖井下面巷道贯通,再换扩孔钻头自下向上扩孔成井。钻机结构紧凑,破岩比能消耗小,钻速快,效率高,井壁平滑稳定。

前四种施工法与反井钻机法相比,由于需要人员及设备到达开挖掌子面实施钻孔爆破,存在一定的安全隐患,同时还有通风散烟条件差、排水难度大等缺点。据统计,深度在 100m 左右的竖井及斜井用正井法施工,其日平均进尺仅有 2~3m,且井深超过 100m 后施工难度和安全风险均明显加大。

根据水布垭地下厂房引水隧洞的实际情况及施工单位的设备配置,1#、3#、4# 斜井采用反井钻机导井法施工,2# 斜井采用吊罐法施工。其他较大规模竖井均采用反井钻机导井法施工。

(2)反井钻机导井法施工

1)造孔设备

水布垭地下电站厂房采用的反井钻机为苏南煤机厂生产的 LM-200 型。其相关钻具主要为 φ216mm 导孔钻头、φ1.4m 扩孔钻头、φ2.0m 扩孔钻头各一个,其主要辅助设备有:φ216mm 导孔施工需要的 TBW850/50 泥浆泵(850L/min)一台、用于输送循环冷却水的潜水泵两台,另外可根据现场供水情况自备一台 16m³ 水车进行施工供水,在施工前还需配套 6m×3m×0.7m(长×宽×高)的反井钻机混凝土基础,3m³ 沉渣池和 2m³ 泥浆循环池,3m³ 钢板水箱等相关设施。LM-200 型反井钻机施工布置见图 10.4。

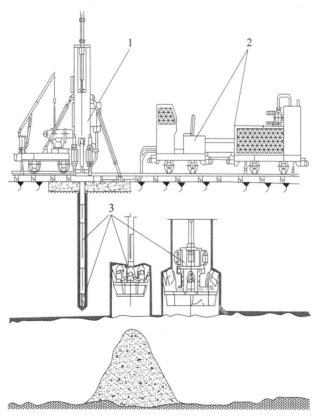

图 10.4　LM-200 型反井钻机布置示意图

1—钻机车;2—泵车;3—钻具

2)导井施工

竖井及斜井上口及下口开挖支护完成后,具备反井钻机导井法施工条件,先将反井钻机基础清至完整的基岩,再浇筑基础混凝土;待混凝土强度达到要求时,进行钻机安置、冷却水循环系统配置、沉渣池和泥浆池砌筑。混凝土基础在距钻头中心70cm内不能放置含金属物件,以防损坏钻头。沉渣池、泥浆池宜紧挨钻机基础混凝土布置,以便导孔施工时排出的石渣进入沉渣池沉淀,沉渣池(3m³)和泥浆池(2m³)之间用网栅(网眼为5m×5mm)隔开。

反井钻机导井施工分为导孔施工、扩孔施工两个步骤。导孔开始钻进时,采用高转速、低钻压(钻压2~5MPa);后续钻进时,对于松软地层和过度地层采用低钻压,对于硬基岩和稳定地层则采用高钻压。在每根钻杆钻进结束后,上下提升钻头,待孔内的石渣排完后再接钻杆钻进。稳定钻杆的作用主要是控制导孔的偏斜率,开始钻进时放置一根,每钻进30~40m及地质情况变化大的部位各放置一根,确保导孔的垂直度,但稳定钻杆不宜放置过多,否则在扩孔时容易卡钻。施工时用泥浆泵将水压入孔内,作为排渣及冷却钻头用水,钻导孔时岩屑沿钻杆与孔壁间的环行空间由洗井液浮升到井座面后经排渣槽进入沉渣池,沉淀后人工捞至堆放位置;在施工过程中,如果出现塌孔、返水较小、不返水等异常情况,则需要拌制泥浆,用泥浆泵将泥浆水压入孔内进行泥浆护壁及堵塞溶洞和裂隙,直至导孔钻透下水平巷道。导孔贯通后,进行 ϕ1.4m扩孔施工,即先将导孔钻头在此卸下,接上 ϕ1.4m 的扩孔钻头,再由下而上扩孔。在扩孔过程中使用自流水冷却钻头和冲渣,不再使用泥浆泵。通常情况下,竖井导孔扩至 ϕ1.4m 即能满足要求,如需 ϕ2.0m 扩孔施工,则待 ϕ1.4m 扩孔施工完后,再接上 ϕ2.0m 的扩孔钻头,由下而上扩孔。扩孔结束后,用钻杆将钻头放至下平洞,卸下钻头,拆卸钻杆及钻机。

反井钻机施工主要是完成竖(斜)井施工中的导井开挖,由于其断面较小(ϕ1.4~2.0m),直接作为溜渣井将会给后序的竖(斜)井扩挖增加难度和施工成本,通常还需由人工用手风钻造孔爆破一次扩挖成 ϕ3.0m 左右的溜渣导井(见图10.5)。

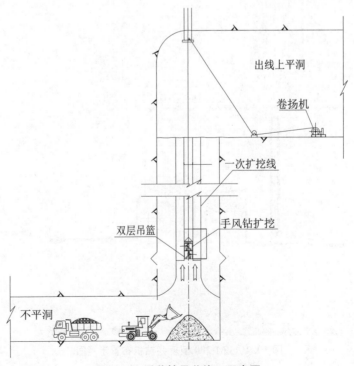

图 10.5　反井钻导井施工示意图

3）扩挖施工

竖（斜）井扩挖在空间上采用洞间跳序，与平洞施工时段相互错开施工，减少施工干扰，保持洞室围岩的稳定。单洞扩挖采用自上而下，人工手风钻造孔，分层开挖爆破。应将爆破石渣块径控制在 1/2 溜渣导井直径以下，防止堵塞导井的现象。

爆破后留于开挖区的石渣由人工扒溜，通过溜渣导井堆积于下平洞，再利用装载机配合自卸汽车运至指定渣场堆放。

4）导井造孔统计分析

反井钻机在水布垭电站引水发电系统中成功地贯通了通风竖井、交通竖井、1#～4#母线竖井及 1#、3#、4# 引水洞斜井，扩孔总长度达 1221m，钻孔倾角最大达 60°，钻进历时比用人工开挖导井的 2# 引水斜井减少 4 个月。具体造孔记录见表 10.5。

表 10.5　　　　　　　　　　水布垭水电站竖井及斜井反井钻机造孔统计记录

序号	钻孔部位	孔深(m)	施工全过程(d)	导孔纯钻进时间(台班)	扩孔 ϕ 1.4m 纯钻进时间(台班)	扩孔 ϕ 2m 纯钻进时间(台班)	小计(台班)	备注
1	地下厂房通风竖井	183	56	5.07	15.62		20.69	导孔前 24m 试机，故不能计入考核的范围
2	1# 母线竖井	110	24	8.59	16.43		25.02	
4	3# 母线竖井	110	20	6.88	15		21.88	
3	1# 支洞通风竖井	23	11	3.36	3.77	2.53	9.66	
5	2# 母线竖井	111	34	6.49	20.95		27.44	
6	4# 母线竖井	104	30	8.16	17.99		26.15	灌浆 6 次，共耗水泥 8.4t，耗砂 2.24m³
7	交通电梯井	110	20	3.92	8.71		12.63	灌浆 3 次，灌注砂浆 7m³
8	4# 引水斜井	156	44	14.04	20.41		34.45	灌浆 5 次，灌注砂浆 18m³，共耗水泥 14t，速凝剂 65kg
9	3# 引水斜井	156	34	7.98	24.98		32.96	
10	1# 引水斜井	158	23	7.96	41.35		49.31	

从表 10.5 分析可知，导孔平均钻进速度 38～40m/d，最大钻进速度 54m/d；ϕ 1.4m 平均扩井速度 18～20m/d，最大扩孔速度 28m/d。在斜井钻进中，导孔平均钻进速度 32～34m/d，最大钻进速度为 46m/d；ϕ 1.4m 平均扩井速度 14～16m/d，最大扩孔速度 23m/d；ϕ 2.0m 平均扩井速度 10m/d。

从测量成果分析，在竖井施工中，反井钻机导孔贯通后，除 4# 母线竖井由于地质条件较差，其偏差率在 2.47% 外，其余偏差率均在 1% 以内，平均偏差率为 0.88%；在 60° 斜井施工中，反井钻机导孔贯通后最大偏差率为 3.03%，平均偏差率为 1.57%。

从以上反井钻机统计记录可以说明：与以往传统的导井施工所采用的正井法、爬罐法及反井钻爆法等相比，反井钻机导井法施工在进度、质量及安全上后者具有明显优势。

(3)反井钻机导井法施工控制要点

1)不良地质段处理措施

反井钻机导井法施工中,在不良地质条件下,如何保证导孔按要求成孔是施工的难点。水布垭水电站地下厂房岩性以灰岩为主,导孔钻进过程中时常遇见溶洞、溶槽、黄泥充斥等现象,轻则造孔速度慢、成孔难度大,重则导致孔位精度难以保证、无法按要求贯通,4#引水洞斜井出现了导孔偏出设计轮廓线外。

实施过程中,采用了多种方法保证了导孔精确贯通。在正常围岩中,泥浆池中仅需要注入清水,在导孔造孔过程中通过泥浆泵采用高压水冲排孔内积渣便能满足造孔要求;如遇小溶槽、小裂隙等难以保证正常造孔时,则可在泥浆池中加入一定数量的黄泥,采用高压泥浆泵注入泥浆对裂隙封堵,待裂隙封堵后可继续钻进;如遇较大裂隙且有施工用水渗漏通道导致孔口无法返水时,则需立即停止造孔,将钻杆取出后,采用灌浆方法填充裂缝,重新扫孔直至能正常造孔。

2)斜井导孔精度控制措施

水布垭水电站地下厂房交通竖井、母线竖井等部位开挖断面大,相对而言,精度要求稍低;而厂房通风竖井造孔深度达183m、下巷道宽度仅为3m、且紧靠厂房下游边墙,引水洞斜井长度154m、倾角60°、断面小,控制精度高,同时地下厂房岩性以灰岩为主,整个岩体自上而下有明显变化趋势,施工中遇到断层裂隙较多,控制难度加大。

施工从如下几方面进行精度控制:

①测量放样。在现场采用全站仪进行对开口点进行放样,然后在安装反井钻机机身时采用水平尺和铅垂球从多角度进行精确测量,再对中心点进行校核,为便于精确调节钻机位置,底座上螺孔都加工成条型孔,最后通过调节螺栓来固定钻机,确保钻杆垂直于水平面。斜井施工则要求更高,首先是基础混凝土的浇筑,按设计倾角通过测量设备定出导线,然后是机身倾斜后的下部支撑及上部牵拉一定要牢固稳定,最后通过调节螺栓来固定,钻机造孔过程中不断进行孔向测斜。

②控制造孔速度。反井钻机导孔钻进速度越快,精度越难以保证,因此,在精度要求较高的部位,宜慢速推进。

③在孔口增加扶正器,并在导孔钻进过程中采用稳定钻杆防止钻杆偏斜。

④对于倾斜孔,由于钻机在开孔后钻杆会由于自重原因略向下倾斜,本工程预计造孔后钻机一般会向下倾0.5°～1°,在实际施工中可将钻孔倾角上调0.5°～1°,或开孔点作适当调整。

⑤遇不良地质段,需及时采取灌浆等方式进行处理,防止钻杆遇软岩发生偏斜。

4.混凝土施工

引水系统混凝土一般施工工序:基岩或仓面清理,模板(钢模台车或钢衬)及钢筋安装,混凝土浇筑,养护等。

引水隧洞混凝土由右岸侯家坪混凝土拌和系统供料。

引水隧洞混凝土采用6m³混凝土搅拌运输车运输。

运输路线:引水隧洞上平段和斜井段由右岸侯家坪混凝土拌和系统沿2#道路、6#道路和厂6#施工支洞运至施工部位,平均运距3km。下平段混凝土由右岸侯家坪混凝土拌和系统通过2#道路、4#道路、厂1#交通洞及厂1#施工支洞、厂2#施工支洞运至施工部位,平均运距2.5km。

引水隧洞采用混凝土泵入仓浇筑,分段衬砌,分段长度12～15m。引水隧洞上平段衬砌采用2台针梁钢模台车,按1#、3#洞→2#、4#洞顺序浇筑;斜井段和下平段利用钢衬作为模板,施工时两侧对称进料,均匀上升,一次成型。

混凝土浇筑后立即进行养护,保持表面湿润,养护时间不少于 28d。

10.3.2 主厂房系统施工程序与施工方法

主厂房系统施工重点应满足建筑物安全、工程施工安全和工期要求。主要有:主厂房四壁的栖霞组第 3 段(P_1q^3)的软岩混凝土置换、顶拱支护和预应力锚索施工、岩壁吊车梁和群洞相接部位的稳定等;各个建筑物单独的工期要求和其他部位相衔接的工期要求。这样主厂房系统施工适合采用"立面多层次、平面多工序"的平行作业方式。根据机械设备的工作能力和特定高程建筑物决定厂房开挖分层厚度,每层每开挖和支护完成一定的安全范围,再进行下一层的开挖与支护,做到交叉平行作业。

10.3.2.1 施工程序

为确保主厂房顶拱的稳定与安全,首先进行主厂房安装场—2#机组段侧墙栖霞组第 3 段(P_1q^3)的混凝土置换和主厂房安装场—2#机组段顶拱中导洞的开挖,待该部位置换混凝土达到一定强度、置换混凝土顶部回填和固结灌浆全部完成后,再进行该部位主厂房顶拱的扩挖。同时,先进行 2#机组段—4#机组段主厂房顶拱开挖及支护,待其永久支护完成后,再进行主厂房 2#机组段—4#机组段侧墙栖霞组第 3 段(P_1q^3)的混凝土置换。

主厂房按自上而下分 8 层进行开挖及支护,分层高度 7~12m。每开挖一层,应同时完成该层的喷锚支护施工。

根据主厂房及安装场的结构特点和施工机械的性能,结合施工通道等条件,厂房开挖施工具体分层如下:

Ⅰ层:高程 230.47~222.00m,为顶拱开挖,轮廓开挖质量要求高,喷锚支护工作量大,结合施工通道,开挖最大高度定为 8.47m。从厂 3#施工支洞进入施工。

Ⅱ层:高程 222.00~214.00m,位于岩锚梁重要部位,开挖施工质量要求很高,是地下厂房施工的难点,开挖高度定为 8.00m。从厂 3#施工支洞进入施工。

Ⅲ层:高程 214.00~204.00m,层高定为 10.00m。从厂 1#交通洞进入施工。

Ⅳ层:高程 204.00~194.00m,层高定为 10.0m。从厂 1#交通洞和母线洞进入施工。

Ⅴ层:高程 194.00~182.00m,层高定为 12.00m。从引水隧洞下平段进入开挖。

Ⅵ层:高程 182.00~179.00m,层高定为 3.00m。从引水隧洞下平段进入开挖区内降坡施工。

Ⅶ层:高程 179.00~175.00m,层高定为 4.00m。利用引水隧洞下平段和尾水隧洞进行施工。

Ⅷ层:高程 175.00m 以下,从尾水隧洞进入施工。

厂房开挖分层详见图 10.6。

当第Ⅰ层中部宽 8m 的Ⅰ₁区开挖完成后,可根据拱部岩石稳定状况,先安排进行初期支护和预应力锚索施工,在保证顶拱稳定后,再进行其两侧的扩挖及支护施工。第Ⅰ层两侧开挖时,进行通风洞的施工。

主厂房开挖至高程 182m 后,首先对下部设计保留的岩埂进行锚桩和固结灌浆施工,再将 1#、3#机部位开挖至高程 179m,进行盖重混凝土施工;然后将 2#、4#机部位开挖至高程 179m,进行盖重混凝土施工。

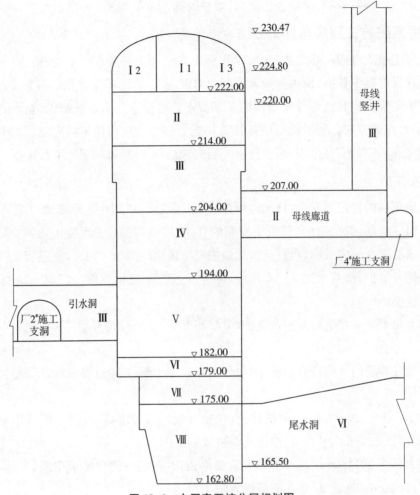

图 10.6 主厂房开挖分层规划图

高程 179m 以下由主厂房内和尾水洞两个方向开挖尾水管机坑(第Ⅶ层和第Ⅷ层),施工过程中,根据实际情况,条件许可时,第Ⅷ层可安排在主厂房开挖至高程 179m 以前从尾水洞内进行开挖和支护,以利节省工期。第Ⅷ层开挖与支护完成后,再进行第Ⅶ层的开挖与支护。尾水管机坑采用间隔开挖和喷锚支护,施工时先进行 1#、3# 机和集水井的开挖及支护,然后再进行 2#、4# 机的开挖及支护。

主厂房施工是控制主厂房与各相交洞室施工的关键,因此,各相交洞室应在主厂房开挖至比其高程高出 7～10m(一层)时完成相交段的开挖、支护和混凝土衬砌。

母线洞由厂 4# 施工支洞进入施工,先施工 1#、3# 母线洞,再进行 2#、4# 母线洞施工。4# 母线洞施工的同时,进行交通井的施工。

母线竖井采用间隔开挖和混凝土衬砌,先进行 1#、3# 母线竖井的导井开挖,再进行 1#、3# 母线竖井扩挖和 2#、4# 母线竖井的导井开挖,接着进行 1#、3# 母线竖井混凝土衬砌和 2#、4# 母线竖井扩挖,最后进行 2#、4# 母线竖井混凝土衬砌。竖井开挖均先从下平洞自下而上开挖导井,再从上平洞自上而下扩挖。混凝土衬砌自下而上进行。

主厂房左侧上部布置有高程 225.2m 通风洞。待主厂房第Ⅰ层开挖后,由主厂房内紧跟进行通风洞的开挖。

厂房系统施工总体程序安排见图 10.7,母线洞及母线竖井具体施工程序见图 10.8。

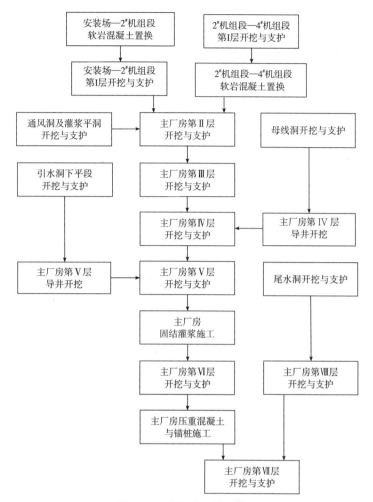

图 10.7 主厂房开挖程序图

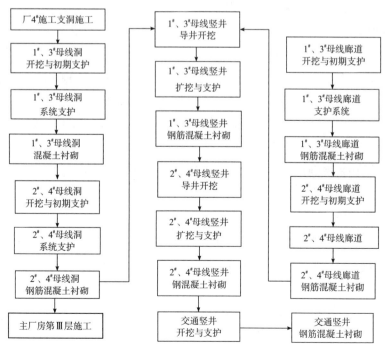

图 10.8 母线洞及母线竖井开挖程序图

10.3.2.2 施工方法

主厂房系统的施工方法,是根据不同的开挖断面、不同开挖部位、不同开挖高程和不同开挖要求而选择的。软岩置换洞开挖和主厂房第Ⅰ层(顶拱)开挖采用水平掘进;主厂房第Ⅱ~Ⅴ层采用垂直开挖;吊车梁部位岩石开挖,中部先进行施工预裂爆破,再在设计面上进行水平光面爆破;第Ⅶ层和母线竖井采用先开挖导井,再扩挖全断面等方法。

1. 开挖及支护

(1)软岩置换洞开挖

全断面开挖,气腿式凿岩机钻孔,中部为掏槽孔,周边进行光面爆破,3m³侧卸式装载机配20t自卸汽车出渣。每钻爆一个循环,先进行该循环的喷锚等临时支护,再进行该循环的出渣。

(2)机组段与安装场开挖

主厂房自上而下分8层进行开挖及支护。

第Ⅰ层(顶拱)开挖采用三臂凿岩台车钻孔,先开挖中部宽8m的Ⅰ₁区,再进行两侧(Ⅰ₂、Ⅰ₃区)开挖。中部Ⅰ₁区开挖采用中心掏槽,两侧的Ⅰ₂、Ⅰ₃区开挖采用向中部临空面分排爆破,周边均进行光面爆破。

第Ⅱ~Ⅴ层开挖均采用液压潜孔钻钻垂直孔、梯段非电毫秒微差爆破,边墙采用预裂爆破。吊车梁部位岩石开挖时,先在外侧结合该层中部开挖进行施工预裂爆破,待中部挖除后,再采用手风钻沿主厂房纵向进行水平光面爆破。

第Ⅵ层按保护层开挖方法采用水平光面爆破。

第Ⅶ层按井挖方式进行开挖。先从下而上开挖导井,再自上而下进行扩挖。

第Ⅷ层按洞挖方式从尾水洞内开挖,采用三臂凿岩台车钻孔爆破,每钻孔爆破一个循环,先进行该循环的临时支护,再进行该循环的出渣。

第Ⅰ层和第Ⅶ、Ⅷ层开挖均采用3m³侧卸式装载机配20t自卸汽车出渣,第Ⅱ~Ⅵ层均采用2.0m³挖掘机及3m³侧卸式装载机配20t自卸汽车出渣。

各层开挖时,喷锚支护紧跟开挖工作面进行。上、下游边墙预应力锚索也紧跟开挖工作面进行。顶拱预应力锚索在第Ⅰ层开挖完成后紧跟进行,顶拱预应力锚索施工完成后,再进行主厂房第Ⅱ层及以下各层的开挖与支护。以下各层每一层锚索施工时,必须先进行其下一层的周边预裂爆破,然后进行预应力锚索施工,待预应力锚索施工完成后,再进行其下一层的松动爆破。

锚杆采用锚杆台车施工,喷混凝土用喷射机台车施工。预应力锚索采用回转式钻机或全方位液压潜孔钻钻孔,100/100高压泥浆泵灌浆,大连Xm体系强拉施工。

爆破后通风排烟采用机械通风,在厂3#施工支洞口设一台双级对旋式2×55kW轴流风机,用于软岩置换洞和主厂房顶拱施工时的通风。采用低压照明系统进行施工照明,装载机、自卸汽车应安置净滤器,以保持洞内良好的施工环境。

在主厂房施工中应合理安排主厂房施工与相交洞室的施工顺序,具体安排如下:顶拱开挖时,锚喷支护紧跟开挖工作面进行,其两侧开挖时,及时进行预应力锚索施工;在主厂房开挖至较各相交洞室高程高7~10m时,各相交洞室均先完成开挖支护(包括预应力锚索)及锁口混凝土衬砌;在主厂房开挖至排水洞高程前,应完成相应排水洞和排水孔的施工。

(3)母线洞

母线洞采用全断面钻爆法开挖。用人工汽腿式凿岩机钻孔,中心掏槽,周边光面爆破。3m³侧卸式装载机配 15t 自卸汽车出渣。

施工支护一般采用锚喷支护。锚杆采用手风钻钻孔。锚喷支护要求紧跟开挖工作面进行。

母线洞间和母线洞与尾水洞顶拱间预应力锚索施工在混凝土衬砌完成后进行。采用的施工设备与主厂房相同。

在厂 1# 交通洞洞口设一台双级对旋式 $2×37kW$ 轴流风机,通风管延伸至厂 4# 施工支洞内,用于母线洞施工时的通风。

(4)母线竖井

母线竖井从下平洞内先自下而上开挖导井,待导井贯通后再扩挖至全断面。导井位于主洞中央部位,尺寸为 $2m×2m$,采用阿力马克爬罐施工,也可采用 LM-200 型天井钻机自上而下施工。扩挖从上而下用手风钻钻孔爆破,锚喷支护紧跟开挖进行,以保证施工安全。

母线竖井石渣均落于母线洞内,用 $3m^3$ 侧卸式装载机配 15t 自卸汽车出渣运至存、弃渣场。

2. 混凝土施工

主厂房系统混凝土一般施工工序:基岩或仓面清理,模板(或钢模台车)安装,钢筋及金属结构安装,混凝土浇筑,养护等。

地下主厂房系统(包括主厂房、母线洞、交通洞、通风洞等)混凝土均由右岸侯家坪混凝土拌和系统供料。

混凝土水平运输主要采用 $6m^3$ 混凝土搅拌运输车或 $10\sim15t$ 自卸汽车运输。运输路线:由右岸侯家坪混凝土拌和系统通过 2#、4# 道路和厂房施工支洞及厂房交通洞运至各施工部位,平均运距 2.5km。

主厂房(包括安装场)为地下洞室,断面型式为圆拱直墙式,混凝土采用桥机、溜槽、混凝土泵送入仓、简易栈桥配手推车等手段进行浇筑,逐层上升,母线洞、交通洞、通风洞衬砌混凝土主要采用混凝土泵送入仓浇筑。

主厂房、母线洞、通风洞、厂 1# 交通洞、厂 2# 交通洞均采用组合钢模板。

10.3.3 尾水洞施工程序与施工方法

尾水洞所处的地段地质条件差,穿越栖霞组第 1 段(P_1q^1)、马鞍组(P_1ma)、黄龙组(C_2h)和写经组(D_3x)地层。围岩中,除 C_2h 下部的相对完整岩体属Ⅲ类围岩外,P_1q^1、P_1ma、D_3x 及黄龙剪切带中的岩体属Ⅳ~Ⅴ类围岩。采用洞与洞间隔施工、单洞分层开挖方法施工,先开挖上部、支护顶拱安全后,再开挖下部。在不良的地质条件下,可采取先导洞开挖、后扩挖全断面,或断面分左、右二次开挖。必要时采取强支撑支护措施保证施工安全。

10.3.3.1 施工程序

尾水洞以厂 1# 施工支洞为界,分上、下游两段进行施工,首先进行上游段施工,再进行下游段施工。

先完成 1#、3# 尾水洞开挖和混凝土衬砌,再进行 2#、4# 尾水洞开挖和混凝土衬砌。各洞开挖、支护、洞间预应力锚索、混凝土衬砌交错施工。

尾水洞出口段预留长 20m 岩塞,作为挡水岩塞,与尾水平台基础同期开挖。

尾水洞具体施工程序见图 10.9。

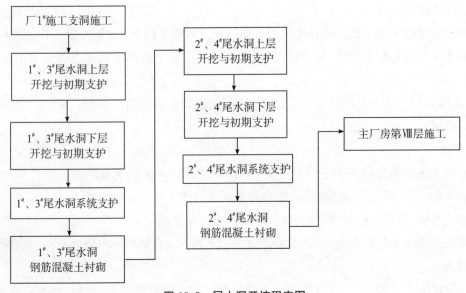

图 10.9　尾水洞开挖程序图

10.3.3.2　施工方法

1. 开挖及支护

由于尾水洞断面尺寸较大,宜采用分层开挖方法,先顶拱,后下部。顶拱开挖高度按 7.5m 控制。

顶拱部分采用全断面钻爆法开挖、锚喷支护。开挖采用三臂凿岩台车钻孔,中心掏槽,周边光面爆破。喷锚支护紧跟开挖工作面进行,并需考虑超前锚杆、钢支撑等加固支护措施。锚杆、喷混凝土施工分别采用锚杆台车、喷混凝土台车。对顶拱穿过黄龙剪切带、写经寺组和马鞍煤系的洞段,分两部分开挖,先开挖一侧宽度约 6.0m 部位、再扩挖另一侧至全断面,或先开挖中部宽约 4.0m 部位、再扩挖两侧至全断面。支护措施全部按超前锚杆、喷锚支护、钢支撑考虑。喷锚支护和钢支撑均紧跟开挖工作面进行,钢支撑间距 0.6～1.0m。

对于出口岩塞段,先采用小导管预注浆加固围岩,再采用小循环进行开挖。每开挖一个循环,及时采用钢支撑和喷锚支护。

由于岩层倾角较小,对边墙的稳定有利。下部一般采用全断面钻爆法开挖。可由三臂凿岩台车钻水平孔,向上分排抬炮爆破,周边光面爆破。支护措施采用锚喷支护,需紧跟工作面进行。下部开挖完成后,再进行混凝土衬砌。

开挖石渣采用 3m³ 侧卸装载机装渣,20t 自卸汽车出渣。

洞内通风方式采用机械压入式通风。在厂 1# 施工支洞与厂 2# 施工支洞交点处设 1 台双级对旋式 2×55kW 轴流风机,用于尾水洞的通风。

2. 混凝土施工

尾水系统混凝土一般施工工序:基岩或仓面清理,模板(或钢模台车)及钢筋安装,混凝土浇筑、养护等。

由右岸侯家坪混凝土拌和系统供料。

水平运输主要采用 6m³ 混凝土搅拌运输车。运输路线:由右岸侯家坪混凝土拌和系统,通过右岸 2#、4# 道路及厂 1# 施工支洞运至施工部位,平均运距 2.5km。尾水渠和尾水平台混凝土通过右岸 2#、4# 道路运至施工部位,平均运距 1.5km。

尾水隧洞拟采用 2 台钢模台车,按 1#、3# 洞→2#、4# 洞顺序,分段衬砌,分段长度 12～15m,由混凝土泵入仓浇筑。施工时两侧对称进料,分层浇筑上升,一次成型。

混凝土浇筑后立即进行养护,保持表面湿润,养护时间不少于 28d。

10.4 施工进度分析

根据以下主要因素研究引水发电系统各建筑物施工进度:

(1)根据总工期和工期主要控制点的要求;

(2)各建筑物的地质条件及空间关系;

(3)施工条件、施工方法及施工程序;

(4)根据国内、外已建类似工程施工经验。

10.4.1 引水渠及进水塔

引水渠及进水塔须于 2007 年汛前完成,以实现挡水发电目标。

引水渠及进水塔开挖施工进度主要受目标工期和开挖料上坝填筑进度控制。

引水渠进口段与大坝趾板开挖边坡重合,需在趾板开挖时完成部分开挖。安排于 2002 年 9 月完成引水渠上游与趾板基础相连的部分开挖,2003 年 6 月完成其他部位覆盖层剥离,2005 年 10 月完成全部开挖工作。

混凝土施工时段为 2005 年 11 月至 2006 年 10 月,施工工期共 12 个月。

10.4.2 引水洞施工进度分析

引水洞施工进度控制因素包括:

(1)电站于 2007 年 7 月第 1 台机组(1# 机)发电,2007 年 4 月前必须完成 1#、2# 引水洞全部土建和金结安装工作。

(2)在大坝帷幕灌浆穿过引水洞段施工前,需完成相应部位的引水洞开挖、混凝土衬砌和回填灌浆工作。

(3)地下厂房中、下部施工需通过引水洞下平段进入,为有利于工程安全,引水洞下平段应于主厂房开挖至下平段高程前完成开挖和支护。

按照施工程序安排,结合引水洞的地质条件,上平段和下平段开挖与支护进度按平均 2m/d 考虑,斜井段导井开挖进度按平均 1.5m/d 考虑,斜井段扩挖与支护进度按平均 2m/d 考虑。

引水洞开挖与支护施工进度具体安排见表 10.6。

表 10.6　　　　　　　　　　　　引水系统开挖施工进度

项目	进度	工期(月)
进水口开挖	2001.8—2003.9	26
厂 6# 支洞开挖	2002.10—2002.12	3
引水洞上平段		
1#、3# 引水洞上平段开挖支护	2003.1—2003.5	5
2#、4# 引水洞上平段开挖支护	2003.11—2004.3	5
厂 2# 支洞开挖	2002.10—2002.12	3

项目	进度	工期(月)
引水洞下平段		
1#、3#引水洞下平段开挖支护、锁口	2003.1—2003.3	3
2#、4#引水洞下平段开挖支护、锁口	2003.4—2003.6	3
引水洞斜井段		
1#、3#引水洞斜井段导井开挖	2003.6—2003.9	4
1#、3#引水洞斜井段扩挖与支护	2003.10—2003.12	3
2#、4#引水洞斜井段导井开挖	2004.1—2004.4	4
2#、4#引水洞斜井段扩挖与支护	2004.5—2004.7	3

1#、3#引水洞上平段衬砌混凝土施工时段为2004年10月至2005年2月,工期5个月。1#、3#引水洞斜井段混凝土衬砌施工时段为2004年5—9月,工期5个月。

2#、4#引水洞上平段混凝土衬砌施工时段为2005年7—10月,工期4个月。2#、4#引水洞斜井段混凝土衬砌施工时段为2005年2—6月,工期5个月。

1#、3#引水洞下平段钢衬安装及混凝土衬砌施工时段为2005年7—10月,工期4个月。2#、4#引水洞下平段钢衬安装及混凝土衬砌施工时段为2005年12月至2006年3月,工期4个月。

10.4.3 主厂房系统施工进度分析

水布垭水电站施工时,国内、外大型地下电站施工经验尚不多。为了合理地安排主厂房施工进度,认真吸收国内外已建地下电站主厂房施工经验,进而对水布垭地下电站主厂房开挖进度进行分析。

10.4.3.1 国内外地下电站洞室群施工进度分析

1. 小浪底工程

地下厂房最大高度61.44m,最大跨度26.2m,长度251.5m。岩锚梁长度220.75m。由法国杜美兹公司、德国霍尔茨曼公司、水电六局联营体施工。主厂房开挖工期38个月。

顶拱开挖高度9.5m,开挖直线工期12个月,从1995年2月5日开始,1996年2月15日完成。

顶拱以下至机井以上部位分7个台阶开挖,直线工期14个月。其中,岩锚梁混凝土施工工期122d,1996年4月25日至8月15日,共17仓混凝土,标准仓长度13m,跳仓浇筑;岩锚梁位于第Ⅱ层,开挖高度6m,开挖方式为中间拉槽,两侧保护层宽度各为6m,开挖工期106d,1996年2月25日至6月10日;混凝土施工与开挖施工搭接47d,开挖加混凝土施工共181d。

机井部位开挖高度17.09m,分4个台阶开挖,开挖直线工期12个月。

2. 广蓄工程

引水洞上平洞开挖,断面开挖直径9.8m,Ⅰ、Ⅱ类围岩占83%,Ⅲ、Ⅳ类围岩占17%,平均月进尺100m。

下平洞、尾水洞开挖,断面开挖直径9.8~8.8m,Ⅰ、Ⅱ类围岩占45%~72%,Ⅲ、Ⅳ类围岩占55%~28%,平均月进尺140m。

交通洞开挖,断面开挖7.7m×6.8m(宽×高),Ⅰ、Ⅱ类围岩占45%~72%,Ⅲ、Ⅳ类围岩占55%~28%,最高月进尺187.1m。

排风洞开挖,断面断面与交通洞差不多,采用双台车钻孔,最高月进尺252.6m。

厂房最大高度 44.54m,最大跨度 22m,长度 146.5m,岩锚梁长度 120m,控制爆破振动速度 10cm/s。开挖总方量 10.6 万 m³,共分 6 层施工。

厂房区洞室群,开挖总工期 2 年 9 个月。首台机组发电工期 4 年 2 个月,实际首台机组发电工期约 4 年。

广蓄主厂房开挖进度见表 10.7,平洞开挖进度见表 10.8,竖(斜)井开挖进度见表 10.9。

表 10.7　　　　　　　　　　　　　广蓄工程主厂房开挖进度表

开挖部位	工期	施工时段
主厂房Ⅰ层	8 个月	1989.5—1990.1
主厂房Ⅱ层及岩锚梁	5.5 个月	1990.1—1990.6
主厂房Ⅲ层	2 个月	1990.7—1990.8
主厂房Ⅳ层及母线洞	2 个月	1990.9—1990.10
主厂房Ⅴ、Ⅵ层	3 个月	1990.11—1991.1
合计	20.5 个月	1989.5—1991.1

表 10.8　　　　　　　　　　　　　广蓄工程平洞开挖支护进度表

开挖部位	特征值	进度
0# 施工支洞	7.5×6.5m,$L=445$m	5 个月,89m/月
上平洞	ϕ 9.8m,$L=851$m	1.5 个月,74m/月
1# 施工支洞	7.5×6.5m,$L=608$m	11 个月,63.5m/月
中平洞	ϕ 9.7m,$L=90$m	
2# 施工支洞	7.5×6.5m,$L=551$m	6 个月,91.8m/月
下平洞	ϕ 9.7m,$L=215$m	2.5 个月,86m/月
5# 施工支洞	7×6.5m,$L=284$m	10.5 个月,74m/月
引水支管	ϕ 4.7m,$L=494$m	
交通洞	7.5×6.5m,$L=1633$m	19 个月,86m/月
排风洞	7×6.5m,$L=1100$m	7.5 个月,146.7m/月
主变排风支洞	7×6.5m,$L=114$m	6.5 个月,17.5m/月
高压电缆洞	4×3.22m,$L=424$m	17 个月,25m/月
3# 施工支洞	7×6.5m,$L=156$m	8 个月,79m/月
尾水岔支管	ϕ 5.2m,$L=474$m	
尾水闸门室	5.7×11.4m,$L=92$m	8.5 个月,10.8m/月
尾水通气洞	4.5×4.8m,$L=563$m	16.5 个月,34m/月
尾水洞	ϕ 9.8m,$L=1435$m	10.5 个月,136.7m/月
6# 施工支洞	7×6.5m,$L=312$m	3.5 个月,89m/月

表 10.9 广蓄工程竖(斜)井开挖支护进度表

开挖部位	特征值	进度
上斜井导井	2×2m,L=406m	4.5 个月,90.2m/月
上斜井扩挖	ϕ 9.7m,L=406m	9.5 个月,42.7m/月
下斜井导井	2×2m,L=348m	4.5 个月,77.3m/月
下斜井扩挖	ϕ 9.7m,L=348m	8.5 个月,40.9m/月
尾水调压井导井(反导井)	2×2m,L=330m	10 个月,33m/月
尾水调压井扩挖	ϕ 14m,L=330m	5 个月,66m/月

3. 鲁布革工程

引水洞 D 段,开挖直径 8.8m,长度 2557m,93％属地质良好地段,白云岩,开挖工期 384d,最大月进尺 271.9m/月(平均月进尺 204.6m/月,一个工作面布置 2 台三臂台车并排钻孔)。

竖井和斜井开挖,采用爬罐开挖导井,手风钻钻孔深度 1.2～1.4m,爆破率 78％～83％,标准循环时间 8h,平均月进尺 105.8m/月,最高月进尺 180m/月。

主厂房开挖尺寸为 19m×38.4m(宽×高),主副厂房开挖和喷锚历时 21 个月,其中开挖占 12 个月。完成开挖方量约 77700m³,喷混凝土 1936m³,最大月开挖强度 16000m³。整个厂区枢纽地下工程开挖和喷锚工期约 24 个月。

4. 十三陵抽水蓄能工程

地下厂房尺寸为 154.5m×23m×46.6m(长×宽×高),开挖工期 21 个月。

出线竖井导井,井深 160.3m,直径 1.4m。采用 LM-200 型反井钻机施工,施工准备 12d,导孔钻孔 11d;扩井施工 14d,纯钻速 1.11m/h。

5. 二滩工程

1991 年 9 月开工,1998 年 7 月首台机组发电。

主厂房尺寸为 280.29m×25.5m×65.78m(长×宽×高),主变室尺寸为 214.9m×18.3m×25m(长×宽×高),尾调室尺寸为 230m×19.8m×69.8m(长×宽×高)。于 1992 年 12 月开始开挖,三大洞室于 1996 年 7 月开挖与支护全部完成。岩性以正长岩和蚀变玄武岩为主,围岩岩体质量 A、B 级占 80％以上。1993 年 2 月主副厂房开始开挖;1994 年 10 月主厂房已开挖至高程 1011m(开挖高度 33.68m),主变室已开挖至高程 1023m(开挖高度 20m),尾调室已开挖至高程 1036m(开挖高度 13.6m);1995 年 3 月开挖至蜗壳底板高程 998m,历时 26 个月。

6. 江垭工程

1995 年 5 月开工,1999 年 5 月首台机组发电。

主厂房尺寸为 107.75m×21m×47.145m(长×宽×高),主变室尺寸为 86.5m×18.3m×20.74m(长×宽×高),尾调室尺寸为 69.65m×13m×45.1m(长×宽×高)。地下厂房洞室群开挖支护大部分于 1997 年 5 月完成,仅主副厂房第Ⅴ层部分支护工作是在 1997 年 6—8 月完成。主厂房开挖支护施工工期 28 个月。

7. 加拿大买牙工程

工程于 1965 年 9 月动工,1976 年 12 月首批 2 台机组发电。

1965 年 9 月导流洞开始施工,1967 年 11 月截流。2 条导流洞直径 13.7m,长度分别为 893m、1093m。

主厂房尺寸为 236m×24.5m×44m(长×宽×高),开挖工期 16 个月,月平均开挖强度 4.4 万 m³,最大月开挖强度 5.9 万 m³。共配备 3350 台大型施工机械。

8. 大朝山工程

1992 年开始筹建,1993 年底导流洞开工,1996 年 11 月截流工程正式开工,计划 2000 年首台机组发电,2003 年工程全部竣工,总工期计划 8 年。

主厂房尺寸为 233.9m×30.92m×63.13m(长×宽×高)。主厂房开挖进度安排见表 10.10。

表 10.10   大朝山工程主厂房开挖进度表

部位	施工时段	工期
Ⅰ层	1997.3.13—1998.3.20	1 年零 8 天
Ⅱ层	1998.3.21—1998.5.15	1 个月 25 天
Ⅲ层	1998.7.12—1998.8.25	1 个月 14 天
Ⅳ层	1998.9.24—1998.12.5	2 个月 11 天
Ⅴ层	1998.12.24—1999.1.25	1 个月 2 天
Ⅵ层	1999.2.12—1999.3.25	1 个月 14 天
Ⅶ层	1999.4.2—1999.7.29	3 个月 28 天
合计	1997.3.13—1999.7.29	28.5 个月

10.4.3.2 水布垭主厂房施工进度分析

1. 主厂房

主厂房开挖前,尽可能完成岩锚梁混凝土置换施工。岩锚梁混凝土置换施工安排在 2002 年 5—12 月进行,相应安排厂 3# 施工支洞在 2001 年 7 月至 2002 年 4 月进行施工。

主厂房从上至下分 8 层开挖,开挖支护总工期 34 个月,从 2002 年 5 月开始施工,2005 年 2 月完成。

通过上述工程实例可知,当时国内外地下电站厂房开挖施工水平见表 10.11。

表 10.11   各工程主厂房主要数据统计表

工程名称	厂房主要尺寸(长×宽×高) (m×m×m)	主要工程量(万 m³)	厂房开挖支护总工期(月)
小浪底工程	251.5×26.2×61.44		38(其中,1~2 层 16 个月)
广蓄工程	146.5×22×44.54	10.6	20.5
鲁布革工程	125×19×38.4	7.7	24
十三陵抽水蓄能工程	154.5×23×46.6		21
二滩工程	280.29×25.5×65.78		26
江垭工程	107.75×21×47.145		28
加拿大买牙工程	236×24.5×44		16
加拿大大丘吉尔瀑布工程	300×25×50		15
大朝山工程	233.9×30.92×63.13		28.5
棉花滩工程	129.5×21.9×52.08		18
龙滩工程	388.5×30.3×74.4		42
水布垭工程	168.5×23×65.47		34

主厂房第Ⅰ层安排2个月开挖,6个月完成顶拱支护;第Ⅱ层安排2个月开挖,1个月支护;第Ⅲ层安排2.5个月开挖,2.5个月完成岩锚梁施工,预留混凝土龄期1个月;以下各层每层均安排1~2个月时间进行开挖,1~2个月支护。具体开挖进度见表10.12。

表10.12　　　　　　　　　　　　　　　　地下厂房开挖进度分析表

序号	部位	施工时间	工期(月)	施工方法	施工交通
第Ⅰ层	高程 230.47~222m	2002.5—2002.12	8	先开挖8m×7m中导洞,紧跟锚喷支护,后进行两侧扩挖,并紧跟预应力锚索施工	厂3#施工支洞
第Ⅱ层	高程 222~214m	2003.1—2003.3	3	梯段爆破开挖,周边预裂,紧跟锚喷支护施工	厂3#施工支洞
第Ⅲ层	高程 214~206m,并完成岩锚梁施工	2003.4—2003.9	6	梯段爆破开挖,周边预裂,紧跟锚喷支护和预应力锚索施工	厂1#交通洞
第Ⅳ层	高程 206~194m	2003.10—2003.11	2	梯段爆破开挖,周边预裂,紧跟锚喷支护施工	厂1#交通洞
第Ⅴ层	高程 194~182m	2003.12—2004.3	4	梯段爆破开挖,周边预裂,紧跟锚喷支护和预应力锚索施工	厂2#施工支洞经引水洞下平段
第Ⅵ层	高程 182~179m	2004.4—2004.9	6	锚桩、固灌、保护层开挖、混凝土浇筑	厂2#施工支洞经引水洞下平段
第Ⅶ层	高程 179~175m	2004.10—2004.12	3	井挖,周边光面,紧跟锚喷支护	厂2#施工支洞经引水洞下平段、厂1#施工支洞经尾水洞
第Ⅷ层	高程 175~162.8m	2005.1—2005.2	2	中心掏槽,周边光面爆破,紧跟锚喷支护和预应力锚索施工	厂1#施工支洞经尾水洞

根据2007年7月第一台机组发电,以后每半年投产一台机组的控制性要求,第一台机组单机混凝土浇筑进度关键线路工期22个月(含座环安装等5个月),施工时段为2005年3月至2006年12月。

第一台机组单机混凝土浇筑进度分析见表10.13。

表10.13　　　　　　　　　　　　　　　第一台机组单机混凝土浇筑进度分析表

部位	高程(m)	浇筑分层(层)	工期(月)	浇筑时间	备注
底板	165.0~169.0	2	2	2005.3—2005.4	
固灌			1	2005.5	
肘管段	169.0~176.29	4	3	2005.6—2005.8	含肘管段安装
锥管段	176.29~182.25	3	2	2005.9—2005.10	含锥管段安装
座环、基础环、蜗壳及机坑里衬安装			5	2005.11—2006.3	机坑里衬安装
蜗壳段	182.25~192.88	5	6	2006.4—2006.9	
水轮机层	192.88~197.08	2	1.5	2006.10—2006.11.15	
发电机层	197.08~203.03	3	1.5	2006.11.16—2006.12	
合计			22		

结合洞室开挖进度和程序,主厂房洞室吊车梁周边岩石开挖及软岩置换混凝土浇筑施工时段为 2002 年 5—12 月,工期 8 个月,其中开挖 3 个月,混凝土浇筑(包括回填灌浆)5 个月。

2004 年 1 月开始安装场混凝土施工,2004 年 11 月浇筑完毕。2004 年 9 月开始安装桥机,2004 年 12 月安装场混凝土施工完成,桥机具备运行条件。

2. 母线洞、母线竖井

母线洞由厂 4# 施工支洞进入施工,应于地下厂房开挖至比母线洞顶高程高出 8～10m 时完成全部开挖、支护和混凝土衬砌,并尽量完成母线洞间和母线洞与尾水洞间的预应力锚索施工。

1#、3# 母线洞下平段于 2003 年 2 月开挖,2003 年 3—4 月进行混凝土衬砌;2003 年 5—7 月完成母线洞与尾水洞间的预应力锚索施工。

2#、4# 母线洞下平段于 2003 年 5 月进行开挖,2003 年 6—7 月进行混凝土衬砌;2004 年 8—10 月完成母线洞与尾水洞间的预应力锚索施工。

1#、3# 母线廊道(上平段)由主变平台直接进洞施工,于 2003 年 4—5 月进行开挖,于 2003 年 6—7 月进行混凝土衬砌。

2#、4# 母线廊道于 2003 年 8—9 月进行开挖,于 2003 年 10 月进行混凝土衬砌施工。

1#、3# 母线竖井开挖于 2003 年 9 月至 2004 年 4 月施工,混凝土衬砌于 2004 年 5 月至 2004 年 9 月施工。

2#、4# 母线竖井开挖于 2004 年 8 月至 2005 年 5 月施工,混凝土衬砌于 2005 年 6—12 月施工。

变电所开挖与马崖高程 315～400m 主间的开挖同步进行,安排时间为 2001 年 11 月至 2002 年 6 月施工;混凝土衬砌于 2005 年 11 月至 2006 年 3 月施工。

3. 通风洞(井)

通风洞安排于 2002 年 9 月完成。通风井安排于 2002 年 10 月至 2003 年 1 月施工。

通风洞混凝土衬砌施工时段为 2003 年 3 月,工期 1 个月。通风井混凝土衬砌施工时段为 2003 年 1—2 月,工期 2 个月。

4. 交通洞

由于厂 1#、厂 2# 施工支洞均需从厂 1# 交通洞分岔进入相应的施工部位,根据施工进度安排,厂 1# 交通洞于 2001 年 7 月开工,至 2002 年 3 月完工。

厂 2# 交通洞作为主变平台及危岩体处理的施工通道,而且母线廊道直接从主变平台进洞施工,根据施工进度要求,厂 2# 交通洞安排于 2001 年 7 月至 2002 年 6 月完成开挖,于 2002 年 7 月至 2003 年 3 月进行混凝土衬砌施工。

厂 1# 交通洞与厂 1# 施工支洞共用段 2002 年 1 月底完成开挖,混凝土衬砌施工时段为 2002 年 2—4 月,工期 3 个月。2002 年 5 月开始开挖厂 1# 施工支洞和厂 1# 交通洞余下部位,2002 年 8—11 月完成厂 1# 交通洞余下部位混凝土衬砌,工期 4 个月。

厂 2# 交通洞混凝土衬砌施工时段为 2002 年 7 月至 2003 年 3 月,工期 9 个月。

5. 排水洞

为减少地下水对厂房围岩稳定的影响,厂房在开挖至排水洞高程前,排水洞应完成开挖,并尽可能早地完成。

高程 240～249.82m 的排水洞安排于 2001 年 8 月至 2002 年 3 月完成。

高程 201.13～221.02m 的排水洞安排于 2001 年 10 月至 2002 年 4 月完成。

高程 184.6～194.7m 的排水洞安排于 2002 年 5—12 月完成。

高程 154.14～173.69m 的排水洞安排于 2003 年 1—7 月完成。

10.4.4　尾水洞施工进度分析

尾水洞分上游段、下游段开挖和混凝土衬砌施工。

1#、3# 尾水洞上游段于 2003 年 2—3 月开挖,于 2003 年 4—5 月进行混凝土衬砌。

2#、4# 尾水洞上游段于 2003 年 9—10 月开挖,于 2003 年 11—12 月进行混凝土衬砌。

1#、3# 尾水洞下游段于 2003 年 6—11 月开挖,于 2003 年 12 月至 2004 年 4 月进行混凝土衬砌。

2#、4# 尾水洞下游段于 2004 年 8 月至 2005 年 5 月开挖,于 2005 年 6—11 月进行混凝土衬砌。

尾水洞端部岩塞安排在 2006 年 11 月至 2007 年 3 月进行施工。

10.4.5　尾水平台及尾水渠

尾水渠开挖分两期进行,先开挖 4# 公路以上边坡,于 2006 年 9 月前完成开挖和支护。后期开挖 4# 公路以下部分,于 2006 年 10 月至 2007 年 1 月完成,工期 4 个月,其中尾水塔基础于 2006 年 12 月初完成开挖,以具备尾水塔基础混凝土施工条件。

尾水渠及尾水平台高程 210.0m 以下部位混凝土施工时段为 2007 年 2—4 月,工期 3 个月。

尾水平台高程 210.0m 以上部位混凝土施工时段为 2007 年 11 月至 2008 年 2 月,工期 4 个月。

10.4.6　实际施工进度

引水发电系统主厂房开挖支护实际工期为 31 个月,实际开挖支护施工进度与规划的开挖支护施工进度缩短 3 个月,基本一致。实际施工进度见表 10.14。

表 10.14　　　　　　　　　　　　地下厂房系统施工进度统计表

序号	分部分项工程名称	开工时间	完工日期
1	引水隧洞	2003.3	2007.11
2	安装间	2004.4.29	2004.10.24
3	软岩置换体及吊车梁	2002.6.1	2004.10.19
4	主厂房开挖及支护	2002.6.1	2004.12.31
5	引水隧洞(土建)	2003.3.1	2007.10.15
6	1# 机组	2004.10.16	2006.12.25
7	2# 机组	2005.1.31	2007.2.5
8	交通竖井	2003.6.1	2007.4.26
10	进水塔(土建)及引水渠	2005.1.10	2007.5.10
11	母线洞、母线竖井及母线廊道	2002.10.1	2007.5.25
12	进水塔活动式拦污栅安装以及埋件安装	2005.10.5	2007.5.30
13	500kV 变电所	2005.12.28	2007.6.20
14	集水井和厂房检修排水廊道	2004.10.13	2007.6.8
15	3# 机组	2005.1.19	2008.1.25
16	4# 机组	2005.3.7	2008.1.25
17	厂房Ⅵ层固结灌浆	2004.3.10	2004.5.12

序号	分部分项工程名称	开工时间	完工日期
18	进水塔右侧岸坡地质缺陷处理及交通桥、进水口坝子沟防护及排水工程和厂房引水渠 352m 高程以下边坡支护及护坦区外溶槽防护工程	2005.1.15	2007.4.28
19	主厂房左侧防渗帷幕灌浆平洞	2003.1.3	2008.2.16
20	12#、12#、12−1#、38#、42# 探洞、厂房三层排水洞、试验灌浆洞工程	2002.7.2	2004.3.31
21	1#～5# 交通廊道工程	2002.12.8	2008.5.30
22	1#～5# 施工支洞工程	2002.4.22	2007.8.26
23	1#～4# 引水隧洞压力钢管安装工程	2004.2.5	2006.12.20
24	尾水隧洞上段	2003.5.14	2007.5.25
25	尾水隧洞下段	2003.7	2007.5
26	母线交通系统及变电所	2002.11	2007.6
27	地下电站厂房吊顶工程	2006.3.2	2008.7.25
28	地下电站厂房及 1# 交通廊道装饰装修工程	2006.12.30	2008.8.5
29	通风竖井、通风管道洞工程	2002.7.20	2008.8.2
30	基础排水工程	2002.12.23	2008.8.2

10.5 主要技术难点及对策

水布垭水电站为右岸引水式地下电站,主厂房开挖断面大,洞室纵横交叉,在当时属国内大断面地下厂房之一。开挖断面大、地质条件复杂、洞室纵横交叉,既要保证群室洞稳定,还要保证快速施工,难度很大。通过以往的工程设计经验和参考国内外类似工程的成功经验,对几大重难点问题进行了研究论证,提出了调整方案与解决措施,用于指导施工的同时,也经受了实际施工的检验。

(1)在充分利用地下电站系统结构洞室作为施工通道的前提下,根据各建筑物的结构特点和地形地质条件,另行布置了 5 条厂房施工支洞,以满足地下电站系统施工交通需要。通过合理布置施工通道,优化施工程序,加强支护等措施,较好地完成了地下厂房系统洞室施工,保证了施工畅通、安全,缩短了施工工期,积累了宝贵的工程实践经验。

(2)大型地下电站厂房在设计时对带有塑性及蠕动变形的软岩,特别是带有水平剪切性质的软岩,大都首选以避让为原则;无法避让时,在软岩的治理方面主要采用灌浆、锚杆、锚索、喷混凝土支护等方式进行加固。本工程首次在地下电站工程设计中,对软岩部位大规模采用混凝土置换的方式进行处理。

(3)在考虑施工程序和施工方法的前提下,选用经济的和满足各建筑物施工强度的机械设备,通过对各建筑物施工进度的分析,找出了控制主厂房系统施工进度和控制点,提出了主厂房开挖支护总工期 34 个月的目标,从 2002 年 6 月开始主厂房开挖施工,2005 年 2 月完成主要主厂房开挖。

(4)通过施工程序和施工方法研究提出:在厂房先期进行的栖霞组第 3 段(P_1q^3)的软岩混凝土置换施工;主厂房从上至下有序施工,完成下层的预裂爆破和本层支护后再进行下层开挖,群洞交叉口完成支护后再进行主厂房同高程的开挖,以及分层开挖、分左右开挖和先导洞开挖,在不同的部位进行预裂爆破、光面爆破和控制爆破等综合措施,能够保证工程施工安全和建筑物安全,达到快速、有序地进行施工的目的。

(5)水布垭电站地下厂房系统是在复杂的地质条件下布置的庞大的地下洞室群。由于软岩成洞、高边墙、洞室挖空率较高,导致洞室岩体稳定问题较突出。如何在施工中根据各种典型工程地质条件和工程特性,针对性地采取不同的开挖、支护方法,既能确保洞室安全施工,又能满足进度要求,在施工中是值得探索与研究的。

1)增设必要的随机锚杆。水布垭水电站地下厂房由于地质条件特殊,支护工程量大,特别是长锚杆(6~12m)数量较多,在施工中应进行认真组织,否则容易造成支护滞后而造成安全事故,因此,对于及时支护的部位,适当增设一定数量的随机锚杆,然后扩挖形成一段距离后,再进行系统支护,同时满足安全及进度的需要。

2)对开挖支护进行合理搭接。在施工中,充分考虑场地、施工通道等因素,采取分区开挖支护的原则。在主厂房分层开挖支护施工中,每一层开挖所占时间大致为1.5~2个月,而支护所占时间为2~3个月,全部支护需在开挖结束后1.5~2个月完成,使下一层开挖与本层支护形成搭接,加快厂房施工进度。

3)针对不同地质条件采取不同的支护形式。如对软岩部位可采取钢拱架与锚喷联合支护措施;而地质条件很差部位不仅超挖较多,而且容易形成顶部塌坍,应采用超前小管棚方法施工。

(6)本工程由于受软岩置换、吊车梁混凝土浇筑、锚杆、喷混凝土、锚索等与爆破开挖近距离同步施工的干扰与制约,如何在施工中针对性地采取不同的开挖钻爆方案,既能确保对周围建筑物、相关锚固体进行保护,又能确保工程进度及开挖质量满足要求,也在施工中进行了探索与研究。

1)从爆破监测的情况分析,采用预裂爆破在地下洞室施工中能取得有效的减振效果,经本工程实测,可达到60%~70%减振效果,因此在开挖中采取预裂爆破或光面爆破是控制爆破振动的有效手段。

2)从经验公式分析,降低单段药量能减少爆破振动,但从工程实际实施的效果看,如果每一次预裂爆破单段孔数太少,预裂爆破效果较差。因此不能单方面考虑降低最大单段药量,通过实践,每一段预裂爆破孔数不能少于10个孔,最大起爆药量控制在20kg以内,能满足爆破振动及开挖壁面质量的要求。

3)在本地下厂房预裂爆破中,采用手风钻及电钻预裂爆破(孔径45mm)一般在线装药密度为180~200g/m就能满足要求;但采用大孔径预裂爆破(孔径90 mm)时,线装药密度为500~650g/m才能满足要求。主要原因在于水布垭地下厂房水平层面及裂隙发育较多,由于大孔径预裂导致耦合系数及炮孔间距均过大,预裂孔耦合系数在2.0左右爆破效果较佳。因此,在施工中根据周围地质条件有针对性地采用钻孔设备是非常有必要的。

4)梯段主爆孔采用多段起爆方式,最好做到单孔单段,以减少最大单段起爆药量。本项工程施工要求最大单段起爆药量不超过60kg,同时,为了保证爆破效果,梯段爆破区不宜过长,以2~3排爆破孔(5~8m长范围)为宜。

5)由于受爆破周边条件影响,各测区测出的质点振动速度及 K、α 值统计值相差较大,采用经验公式计算出的数据误差较大,为确保安全,在每层开挖期间进行1~2次爆破振动安全监测,实时掌握振动影响情况。

6)在地下洞室开挖中,特别是在地质条件较差、需要及时支护的地段,在支护近区爆破难以避免。一方面在锚杆支护上采用快速水泥卷锚杆,以便锚杆在爆破前尽早形成强度,增加抗振能力,同时通过控制质点振动速度来保证周围岩体及建筑物的安全。

7)合理安排开挖、支护及混凝土浇筑工序程序,尽量将近距离的混凝土浇筑安排在开挖以后进行,洞室一般要求间隔开挖,以减少爆破振动对周边的围岩及已支护结构的影响,但实际施工过程中,由于受诸多因素的影响,要严格做到这一点很难实现。

尾水隧洞上段与主厂房下游边墙相交,计算表明,该部位的围岩变形大,塑性区范围深,围岩应力值较高,为了保证洞室围岩稳定及施工安全,在开挖技术要求中,对该部位的控制比下段更严格。为保证地下电站关键线路的主厂房施工顺利进行,需要调整尾水隧洞上段的施工程序。在满足下列条件下,同时进行 4 条尾水隧洞上段的开挖施工。

①4 条尾水隧洞上段必须间隔开挖,并在相邻洞室喷锚支护完成后,才能开挖邻洞。

②靠近主厂房下游边墙 30m 洞段,系统锚杆由原 Φ 28、长 8m、间距 1.5m×1.5m 的砂浆锚杆调整为 Φ 32、长 10m、间距 1.5m×1.5m 的张拉锚杆。

③在与上部母线洞重叠的洞段顶拱增加 6 排 150 吨级预应力锚索,每排 3 束,并在 1# 与 2#、2# 与 3# 尾水洞洞间岩柱中增加 2 排 150 吨级对穿预应力锚索,每排 6 束。

④控制爆破,并加强围岩变形监测及锚杆、锚索的应力观测。

按照上述加固措施和要求,尾水管上游段顺利开挖完成,为主厂房下部开挖、混凝土浇筑及肘管安装赢得了时间。观测成果表明,尾水隧洞上游段围岩的变形和支护结构的应力状况未出现异常,处于稳定状态,说明施工程序的调整,支护措施的加强是合适的。

由于 1# 尾水隧洞下游段地质条件很差,施工进度缓慢,严重制约了 2# 尾水隧洞下段的施工。为不影响尾水隧洞下游段的整体施工进度,根据 3# 尾水隧洞下游段扩挖及 4# 尾水隧洞下游段上层导洞开挖揭露的地质条件,3#、4# 尾水隧洞的地质条件均远比 1# 尾水隧洞好。因此,调整了 3# 及 4# 尾水隧洞的施工方案。在加强监测、及时支护原则下,3# 与 4# 尾水隧洞同时开挖,但掌子面错距要求大于 50m。调整后,加快了尾水隧洞的施工进度,保证尾水隧洞的施工形象。监测成果表明,3#、4# 尾水隧洞开挖过程中未出现异常情况,说明调整是恰当的。

根据监测成果,在采用喷锚支护及钢拱架加固后,尾水隧洞下游段围岩已经处于基本稳定状态。因此,取消了尾水隧洞下游段的对穿预应力锚索。

尾水隧洞出口岩塞段为Ⅳ、Ⅴ类岩体,岩性软弱、破碎,为保证洞室围岩及出口边坡的稳定,设计要求"1#、3# 岩塞段开挖支护及衬砌混凝土完成后,方可进行 2#、4# 洞岩塞段开挖"。根据实际揭露的地质条件,为了保证利用岩塞段挡水度汛安全,对岩塞段实施了超前固结灌浆处理,经研究,在对洞室围岩支护参数进行加强(锚杆间距由 1.5m 调整为 1.0m)的条件下,1#、3# 岩塞段开挖支护完成后,即进行 2#、4# 洞岩塞段的开挖,从而缩短了尾水隧洞出口岩塞段施工的直线工期,为保证首台机组发电的顺利实现创造了有利条件。

(7)通风散烟历来是地下工程施工中的重点及难点,该问题如能解决得好,一方面可加快施工进度,另一方面能对从事地下工程施工的人员提供良好工作环境。为此,本工程从以下两方面着手:

1)尽早形成机械与自然通风相结合的通风排烟方式。本地下洞室离出口较远(距离长达 400m),采用轴流风机通风效果不太理想,由于采用反井钻机施工,在洞顶开挖 183m 深竖井,通风竖井成形后,改善了洞内工作条件,同时缓解轴流风机工作压力,降低施工成本。

2)对洞内施工设备进行严格挑选,安排废气排放量小、引起粉尘含量低的设备进洞施工。地下洞室内对施工环境影响较大的主要有爆破或造孔产生的粉尘、洞内机械设备废气排放等几方面,本工程选用从挪威进口的 MOXY-28t 自卸汽车出渣,使尾气排放达到环保要求,对造孔设备如瑞典 Atlas-460 等进行技术革新、在孔口加防尘罩的同时,安装高压水管除尘,对洞内使用频繁但整机机况较差,发动机燃烧排出的废气污染严重的3套平台车进行技术改造,加装一套电油泵,大大降低了运行成本,又无污染,无噪音。同时,积极引进先进施工工艺,如用 ALIVE 喷车进行湿喷法喷混凝土,引进了 KHYD40A 型电钻等进行造孔施工,有效地改善了洞内施工环境。

3)为保证竖井和斜井施工安全及施工质量,导井采用反井钻机钻进,扩挖采用常规方法施工,周边进行光爆,有效地控制了施工质量及安全,解决了通风散烟、排水、出渣困难,材料、工具运输及人员上下难度大等问题,减少了导井的施工工期,从而缩短了竖井及斜井扩挖支护的总工期。

参考文献

[1] 蒋国澄. 中国的混凝土面板堆石坝[J]. 水力发电学报,1994(3).

[2] 赵增凯. 高混凝土面板堆石坝防止面板脱空及结构性裂缝的探讨[M]//关志诚. 混凝土面板堆石坝筑坝技术与研究. 北京:中国水利水电出版社,2005.

[3] 曹克明,汪易森,张宗亮. 关于高混凝土面板堆石坝设计施工的讨论[M]//关志诚. 混凝土面板堆石坝筑坝技术与研究. 北京:中国水利水电出版社,2005.

[4] 张丙印,钱晓翔,张宗亮,冯业林. 高面板堆石坝面板脱空计算分析[M]//中国水力发电工程学会混凝土面板堆石坝专业委员会. 中国混凝土面板堆石坝安全监测技术实践与进展. 北京:中国水利水电出版社,2010.

[5] 中国人民武装警察部队水电第一总队. 天生桥一级水电站 C3 标工程施工论文集[C]. 1999.

[6] 昆明勘测设计研究院等. 天生桥一级水电站混凝土面板堆石坝技术交流会论文选辑[C]. 1999.

[7] 焦家训. 小江水电站下水建造防淘墙施工技术[C]//2002 水利水电地基与基础工程学术会议论文集. 2002.

[8] 时继元. 混凝土面板堆石坝分期分块填筑的有关问题[J]. 水力发电,1999(3).

[9] 苗胜坤. 混凝土面板堆石坝堆石料开采爆破技术[J]. 人民长江,1994(10).

[10] 金虎城. 天生桥一级水电站大坝安全监测[J]. 水力发电,1999(3).

[11] 白旭宏,黄艺升. 天生桥一级水电站混凝土面板堆石坝设计施工及其认识[J]. 水利发电学报,2000(2).

[12] 张耀威. 天生桥一级水电站混凝土面板堆石坝施工中的几个问题[J]. 水利水电技术,2000(6).

[13] 陈圣平,徐明星,秦金太. 天生桥一级水电站面板堆石坝面板脱空处理[J]. 人民长江,2001(12).

[14] 弗莱塔斯,吴桂耀,勃卡提,阿拉亚,莫里. 天生桥一级水电站混凝土面板堆石坝位移监测[J]. 水利水电技术,2000(6).

[15] 高莲士,宋文晶,张宗亮,冯业林. 天生桥面板堆石坝实测变形的三维反馈分析[J]. 水利学报,2002(3).

[16] 胡召根. 浅谈天生桥一级水电站大坝面板的维护管理[J]. 红水河,2012(12).

[17] 匡焕祥. 天生桥一级水电站面板堆石坝施工导流与度汛[J]. 水力发电,1999(3).

[18] 梁传国. 天生桥一级水电站混凝土面板堆石坝施工程序[J]. 水力发电,1993(3).

[19] 匡焕祥. 天生桥一级水电站面板堆石坝施工导流与度汛[J]. 水力发电,1999(3).

[20] 应宁坚. 珊溪水库面板堆石坝施工及其特点[J]. 水力发电,2000(10).

[21] 陈泽鑫. 珊溪水库大坝堆石体施工[J]. 水力发电,2000(7).

[22] 金日团. 珊溪水库面板堆石坝施工期沉降变形探讨[J]. 人民长江,2001(9).

[23] 郑建媛,崔柏昱. 珊溪水库大坝沉降监测分析[J]. 浙江水利技术,2011(11).

[24] 黄献新. 珊溪混凝土面板堆石坝施工导流与初期导流[J]. 水力发电,1999(6).

［25］吴云鑫.芹山电站面板堆石坝施工期坝体过水度汛设计［J］.水利水电科技进展,2000(10).

［26］段伟,文亚豪,王刚,等.洪家渡混凝土面板堆石坝施工设计［J］.水力发电,2001(9).

［27］潘江洋,宁永升.三板溪面板堆石坝坝体变形控制［J］.水力发电,2004(6).

［28］陈学云,等.白云混凝土面板堆石坝的施工［J］.水利发电,1995(5).

［29］梁国辉.高塘面板坝坝体施工质量控制［J］.广东水利水电,2001,8(2).

［30］李金凤,杨启贵.水布垭面板堆石坝施工期沉降变形分析［J］.人民长江,2006(8).

［31］肖化文,杨清.对高面板堆石坝一些问题的探讨［J］.水利水电技术,2003(2).

［32］张建银,李光勇.水布垭面板堆石坝坝体沉降变形规律分析［J］.水电与新能源,2013(5).

［33］易志,李民,汪海平.水布垭面板堆石坝施工期实测沉降性态分析［J］.水电自动化与大坝监测,2006(2).

［34］王彭煦,宋文晶.水布垭面板坝实测沉降分析与土石坝沉降统计预报模型［J］.水力发电学报,2009(8).

［35］吴晓铭.面板堆石坝施工质量 GPS 实时监控系统方案研究［J］.水力发电,2002(10).

［36］黄国兵,谢世平.水布垭水电站施工导流与度汛水力学研究［J］.水电与新能源.2011(4).

［37］辜永国.水布垭枢纽围堰混凝土防渗墙的施工特点［J］.湖北水力发电,2006(2).

［38］曾祥虎.隔河岩引水隧洞施工新技术［J］.华中电力,1993(9).

［39］李昌彩,朱永国,王云清.水布垭水电站导流隧洞施工综述［J］.水力发电,2002(10).

［40］李兰勤.水布垭导流洞机械化施工及机械配套［J］.西部探矿工程,2003(10).

［41］孟祥义,李生宏,张勇,邓福清.软弱围岩特大断面导流洞渐变段施工技术［J］.铁道建筑技术,2002(5).

［42］刘斌.水布垭导流洞主要施工技术［J］.山西建筑,2007(5).

［43］李彦明.水布垭特大断面导流隧洞主要施工技术［J］.西部探矿工程,2004(8).

［44］高成雷,朱永全,张勇.大断面导流洞的开挖与支护［J］.铁道建筑技术,2004(8).

［45］崔连友,张维忠,吕少源.水布垭导流洞特大断面弧形底板施工技术［J］.铁道建筑技术,2002(5).

［46］李生宏,宫志群,张勇,马清秀.复杂地质条件下特大断面导流隧洞开挖与支护施工技术［J］.铁道建筑技术,2002(5).

［47］尹宜成,马伟峰,郑华,贺宝志.120m 高直立边坡石方爆破施工一例［J］.铁道建筑技术,2002(5).

［48］文俊杰,俞猛,张柏山,范建章,冯学善.大朝山水电站地下厂房洞室群立体开挖施工［J］.水力发电,2001(12)

［49］张大成,张跃民,陈晴,高永辉,宋新峰.大朝山水电站地下洞室群开挖支护［J］.水力发电,2001(12).

［50］冯学善.大朝山水电站地下厂房洞室群立体开挖施工技术［J］.云南水力发电.2008(6).

［51］江忠祥,李春霞.浅谈大朝山水电站尾水调压室开挖及一期支护施工［J］.云南水力发电,2000(3).

［52］刘全鹏.小浪底地下厂房顶拱的开挖与支护［J］.施工技术,2001(1).

［53］尤相增,王全亮,王琳.小浪底地下厂房施工［J］.水利水电工程设计,2001(2).

［54］熊训邦,王良生,孙殿国,原有全,朴明华.XHM-7 型斜井滑模系统的研制与应用[J].水力发电,1998(8).

［55］刘胜,马建勇.新奥法在水布垭放空洞施工中的应用[J].人民长江,2005(5).

［56］杨新贵,马玉增.全圆针梁式曲直两用钢模台车的设计与安装[J].河北水利水电技术,2004(5).

［57］罗爱民,姚自友.水布垭水利枢纽放空洞渐变段混凝土衬砌模板施工技术[J].河北水利水电技术,2004(5).

［58］杨新贵,马玉增,马建勇.水布垭水利枢纽放空洞混凝土衬砌施工方法[J].河北水利水电技术,2004(5).

［59］姚自友.水布垭水利枢纽放空洞工程混凝土表面处理技术[J].河北水利水电技术,2004(5).

［60］杨新贵,马建勇,马玉增.简述水布垭放空洞事故闸门井开挖方法[J].河北水利水电技术,2004(5).

［61］金良智,杨新贵.水布垭水利枢纽放空洞固结灌浆施工[J].河北水利水电技术,2004(5).

［62］金良智.水布垭枢纽放空洞溶洞群固结灌浆施工[J].人民长江,2005(5).

［63］刘俊峰,王宏飚.水布垭水电站溢洪道工程施工及质量控制[J].水力发电,2007(8).

［64］张建辉,彭圣华.水布垭水利枢纽防淘墙设计与施工方案研究[J].人民长江,2007(4).

［65］曾祥虎,张建辉,刘晓.水布垭防淘墙设计与施工[J].水力发电,2007(8).

［66］李昌彩,曾祥虎,吕仕龙.防淘墙工程的施工组织与管理[J].人民长江,2007(4).

［67］胡颖,刘晓,吕仕龙.水布垭防淘墙施工方案探讨与分析[J].人民长江,2007(4).

［68］李吉林.水布垭右岸防淘墙设计方案施工优化[J].贵州水力发电,2007(8).

［69］黄璐珈,熊庆财,辛剑军.水布垭防淘墙施工监理及质量控制及方法[J].水力发电,2007(8).

［70］孙大伟,彭尚仕,李林.水布垭电站左岸防淘墙混凝土的质量控制[J].人民长江,2007(4).

［71］彭善民,李吉林,李宏伟.水布垭防淘墙墙体开挖施工技术[J].人民长江,2007(4).

［72］赵献勇,张玉莉,李宏伟.水布垭防淘墙顶混凝土护坡工程施工技术[J].人民长江,2007(4).

［73］柳新根,焦家训,曾祥虎,杨大明.水布垭左岸深覆盖层防淘墙施工技术[J].人民长江,2007(4).

［74］莫珍,柳新根,夏传星.水布垭防淘墙宽竖井基坑支护设计[J].人民长江,2007(4).

［75］邹祖国.向下泵送混凝土在水布垭枢纽左岸防淘墙施工中的应用[J].湖北水力发电,2007(3).

［76］李玮,郭生练,易松松,刘攀.水布垭水库初期蓄水时机决策研究[J].水电自动化与大坝监测,2006(4).

［77］长江水利委员会.湖北清江水布垭水利枢纽可行性研究 第八篇 施工组织[R].1998.

［78］长江勘测规划设计研究院,清江水布垭工程建设公司.清江水布垭水利枢纽施工组织设计报告[R].2001.

［79］长江勘测规划设计研究院.清江水布垭水利枢纽面板堆石坝提高填筑强度论证专题报告[R].2001.

［80］长江勘测规划设计研究院.清江水布垭水利枢纽导流洞优化设计研究报告[R].2000.

［81］长江科学院.水布垭水利枢纽施工导流(马蹄形隧洞)1：80 水工整体模型试验研究报告[R].2001.

［82］湖北清江水布垭工程建设公司,长江勘测规划设计研究院,长江科学院.水布垭高面板坝导流与度汛研究及应用报告[R].2004.

［83］长江勘测规划设计研究院.湖北清江水布垭水电站下闸蓄水时机专题研究报告［R］.2004.

［84］长江勘测规划设计研究院等.清江水布垭水利枢纽混凝土面板堆石坝填筑料生产性爆破试验报告［R］.2004.

［85］长江勘测规划设计研究院等.湖北清江水布垭水利枢纽混凝土面板堆石坝填料碾压试验报告［R］.2003.

［86］长江勘测规划设计研究院等.清江水布垭水电站混凝土面板堆石坝施工程序研究［R］.2004.

［87］长江勘测规划设计研究院等.清江水布垭水电站混凝土面板堆石坝施工方法及质量控制措施研究［R］.2004.

［88］长江勘测规划设计研究院等.清江水布垭水电站地下工程施工技术研究［R］.2005.

［89］长江勘测规划设计研究院等.清江水布垭水电站厂房尾水部位施工专题研究［R］.2004.

［90］长江勘测规划设计研究院等.清江水布垭水电站防淘墙施工专题研究［R］.2005.

［91］蒋国澄,傅志安,凤家骥.混凝土面板坝工程［M］.武汉:湖北科学技术出版社,1997.

［92］马君寿.钢筋混凝土面板堆石坝［M］.北京:中国水利电力出版社,1990.

［93］汪金元,李昌彩,胡颖,孙役,等.水布垭面板堆石坝前期关键技术研究［M］.北京:中国水利水电出版社,2005.

［94］杨启贵,刘宁,孙役,熊泽斌.水布垭面板堆石坝筑坝技术［M］.北京:中国水利水电出版社,2010.

［95］曹克明,汪易森,徐建军,刘斯宏.混凝土面板堆石坝［M］.北京:中国水利水电出版社,2008.

［96］周厚贵.水布垭面板堆石坝施工技术［M］.北京:中国电力出版社,2011.

［97］中华人民共和国能源部,中华人民共和国水利部.SDJ 338—89 水利水电工程施工组织设计规范(试行)［M］.北京:水利电力出版社,1989.

［98］水利电力部水利水电建设总局.水利水电工程施工组织设计手册 第1卷 施工规划［M］.北京:水利电力出版社,1996.

［99］《水利水电工程施工手册》编委会.水利水电工程施工手册 土石方工程卷［M］.北京:中国电力出版社.2002.

［100］中华人民共和国水利部.混凝土面板堆石坝设计规范(SL 228—98)［S］.

［101］中华人民共和国国家经济贸易委员会.混凝土面板堆石坝设计规范(DL/T 5016—1999)［S］.

［102］中华人民共和国水利部.混凝土面板堆石坝施工规范(SL 49—94)［S］.

［103］中华人民共和国国家经济贸易委员会.混凝土面板堆石坝施工规范(DL/T 5128—2001)［S］.

［104］中华人民共和国水利部.混凝土面板堆石坝设计规范(SL 228—2013)［S］.

［105］中华人民共和国国家能源局.混凝土面板堆石坝设计规范(DL/T 5016—2011)［S］.

［106］中华人民共和国水利部.混凝土面板堆石坝施工规范(SL 49—2015)［S］.

［107］中华人民共和国国家能源局.混凝土面板堆石坝设计规范(DL/T 5028—2009)［S］.